Schlüsselqualifikationen für Studium, Beruf und Gesellschaft. Technische Universitäten im Kontext der Kompetenzdiskussion

Problemkreise der Angewandten Kulturwissenschaft
Heft 14
ZAK | Zentrum für Angewandte Kulturwissenschaft und Studium Generale
Centre for Cultural and General Studies
Universität Karlsruhe (TH)

Herausgeberin der Reihe: Caroline Y. Robertson-von Trotha

Bezug früherer Hefte: über obige Adresse

Schlüsselqualifikationen für Studium, Beruf und Gesellschaft. Technische Universitäten im Kontext der Kompetenzdiskussion

herausgegeben von Caroline Y. Robertson-von Trotha
unter Mitarbeit von Christine Mielke

Albert Albers, Reiner Anderl, Jochen Berendes, Günther Bergmann, Stefan Brall, Norbert Burkardt, Tobias Deigendesch, Willi Fuchs, Harald Gapski, Hermann Glaser, Jens Görisch, Wim Görts, Ingrid Isenhardt, Margarete Jarchow, Bettina Jorzik, Marion Kamphans, Michael Kaschke, Andreas Keller, Iris Koban, Claudius Krucker, Klaus Mainzer, Matthias Maring, Sigrid Metz-Göckel, Matthias Otten, Marcus-Christian von Pock, Joao Porto de Albuquerque, Karlheinz Rein, Caroline Y. Robertson-von Trotha, Arno Rolf, Uli Rothfuss, Hartwig Rüll, Petra Selent, Edouard Simon, Thomas Wägenbaur, Ute Woschnack, Diana Völz, Walther Ch. Zimmerli

universitätsverlag karlsruhe

Herausgeberin Heft 14: Caroline Y. Robertson-von Trotha

Redaktion: Yvonne Ebner, Claudia Fritz, Jasmin Halt, Christine Mielke, Nina Schuster

Umschlagfoto: Peter Kirchhoff

Impressum

Universitätsverlag Karlsruhe
c/o Universitätsbibliothek
Straße am Forum 2
D-76131 Karlsruhe
www.uvka.de

Universitätsverlag Karlsruhe 2009
Print on Demand

ISSN: 1860-4250
ISBN: 978-3-86644-375-4

Inhaltsverzeichnis

Schlüsselqualifikationen für den Beruf. Anforderungen des Arbeitsmarkts

Spektrum Schlüsselqualifikationen

Problemkreise der Angewandten Kulturwissenschaft
Vorwort zur Heftreihe

Die ‚Problemkreise der Angewandten Kulturwissenschaft' sind ein etwas anderes Periodikum – anders im Sinne einer Konzeption, die verschiedene Öffentlichkeiten ansprechen möchte, wissenschaftliche wie allgemein interessierte. ‚Public understandig of Sciene' wird dieser Anspruch genannt, der sich aus dem Wunsch nach einer Vermittlung zwischen den traditionell oft unverbundenen Sphären der akademischen Forschung und den Diskursen und Kommunikationsformen der außeruniversitären Gesellschaft entwickelte.

Das Konzept dieser ‚Öffentlichen Wissenschaft' wird von der Vorstellung getragen, dass auch interessierte Laien und nicht nur ein Fachpublikum an akademischer Forschung partizipieren können sollten und dass die gesellschaftliche Relevanz von Forschungsinhalten und -ergebnissen nachvollziehbar aufbereitet sowie kritisch zur Diskussion gestellt wird.

Konkret umgesetzt wird dieser Anspruch zunächst durch aktuelle Fragestellungen oder übergreifende Themenzusammenhänge, die durch eine facettenreiche Darstellung auf wissenschaftlicher, alltagspraktischer und – als wichtiger Bestandteil – auch künstlerisch-ästhetischer Ebene neue Zugangsmöglichkeiten erfahren. Mit diesem Konzept führt das Zentrum für Angewandte Kulturwissenschaft (ZAK) der Universität Karlsruhe seit über einem Jahrzehnt erfolgreich Veranstaltungen auf inner- wie außeruniversitären Plattformen durch; besonders die alljährlichen ‚Karlsruher Gespräche' – mit initiiert von Professor Hermann Glaser, dem das ZAK viel an kreativen Ideen verdankt – sind eine der Veranstaltungssäulen und Verbindungsglieder von Universität und Öffentlichkeit. Die vorliegende Heftreihe hat daher auch die Aufgabe diese ‚Live-Erlebnisse' zu dokumentieren und komplettieren. Aus diesem Grund wurden die ‚Problemkreise der Angewandten Kulturwissenschaft' 1996 ins Leben gerufen und stellen als Heftreihe ein breites Themenspektrum im Kontext kultureller Fragestellungen in Theorie und Praxis vor. In diesem Rahmen werden über die Dokumentation der ‚Karlsruher Gespräche' hinaus auch weitere Veranstaltungsergebnisse und Themen des ZAK aufgegriffen und – der bewährten Methodik der Heftreihe verpflichtet – publiziert.

Zusammen mit Hermann Glaser haben wir zum einen diese besondere Form der Veranstaltungen und zum anderen, darauf aufbauend, diese Art der Publikationsweise entwickelt. Hierbei geht es uns um drei Zielsetzungen:

- Mit unserem Bemühen um eine öffentliche Wissenschaft wollen wir über komplexe Zusammenhänge informieren und die Öffentlichkeit für wissenschaftliche Fragestellungen gewinnen. Wir wollen zum Verständnis beitragen aber auch zum Dialog zwischen Universität und Gesellschaft.
- Durch die interdisziplinäre, meist auch interkulturelle Zusammensetzung der Teilnehmer unserer Publikationen hoffen wir neue Perspektiven innerhalb der Wissenschaften anzustoßen.
- Mit der Einbeziehung von Expertinnen und Experten aus der Praxis wollen wir den Austausch zwischen Theorie und Praxis verstärken.

Dadurch wird auch ein weiterer Anspruch umgesetzt, den sich das ZAK seit seiner Gründung 1989 als Arbeitsstelle, später als ‚Institut für Angewandte Kulturwissenschaft' auf die Fahne geschrieben hat: ein konstruktiv und produktiv gewendeter Umgang mit dem – wie noch 1996 kritisiert wurde – ‚Zauber der Unschärfe'[1], der der jungen Disziplin anhaftet. Denn was unter Kulturwissenschaft genau zu verstehen ist, wie sie sich gegenüber anderen Disziplinen abgrenzt, was ihre ureigensten Inhalte und Aufgaben sind, wird am ZAK als fortdauernde Motivation und Chance begriffen. Mit der Methode eines interdisziplinären, sich nicht in Fachgrenzen pressenden Forschens und Lehrens, eines Arbeitens, das in aller erster Linie problemorientiert ist, werden theoretische Ansätze wie praktische Anwendungen verschiedenster Wissenschaftsdisziplinen und Gesellschaftsbereiche mit einbezogen. In Verbindung mit dem bis heute entwickelten kulturwissenschaftlichen Handwerkszeug entsteht eine Angewandte Kulturwissenschaft mit Raum für neue Erkenntnisse und Lösungen. Kulturwissenschaft als ein Ganzes, das in der Summe seiner Teile – Perspektiven, Ansichten, Traditionen – fruchtbar wird und Erkenntnisfortschritte birgt. Dafür soll die vorliegende Heftreihe ‚Problemkreise der Angewandten Kulturwissenschaft' Zeugnis und Quelle sein.

Caroline Y. Robertson-von Trotha

1 Schlesier, Renate: Zauber der Unschärfe, in: Die ZEIT, Nr. 48, 1996.

Schlüsselqualifikationen an Technischen Hochschulen. Vorwort

Der Begriff Schlüsselqualifikationen bezeichnet etwas, das im akademischen Studium seit jeher selbstverständlich sein müsste. Der Erwerb von Schlüsselqualifikationen beinhaltet das, was zu einer in allen Belangen erfolgreichen Persönlichkeit führt. Die Tradition, in der die Diskussion um die Entwicklung von curricularen Schlüsselqualifikationen steht, reicht demzufolge auch weit bis in die Antike zurück.

Die gegenwärtige Diskussion und die heutige Forderung, dass Schlüsselqualifikationen ein verbindlicher Teil des Studiums sein sollen, erklärt sich an Technischen Universitäten jedoch aus einem zeitbezogenen Kontext. Der gesellschaftliche Wandel erfordert besonders durch die beschleunigte technische Entwicklung ein Bewusstsein für gesellschaftliche Verantwortung. Auch dies scheint selbstverständlich und nicht allein für die Gegenwart gültig. Gerade im technisch-naturwissenschaftlichen Bereich sehen sich jedoch Forscherinnen und Forscher heute Handlungsoptionen gegenüber, die in ihren Auswirkungen weit über das vorhersehbare Maß hinausgehen können.

In der Wirtschaft spielen Konzepte einer Corporate Social Responsibility vermehrt eine Rolle. Ein von Kunden erwartetes soziales Engagement setzt entsprechend sensibilisierte Führungskräfte voraus. Neben spezialisiertem Wissen sind Kenntnisse, die das Denken und Erkennen in überfachlichen Zusammenhängen fördern, notwendig: sie zu verorten und zu kommunizieren muss bewusst erlernt werden. Und schließlich ist eine humanistische Bildung eine Schlüsselqualifikation per se – eine Tatsache, die nach Kriegsende, als an vielen Universitäten ein Studium Generale eingerichtet wurde, noch virulenter war, als dies heute gerade an Technischen Universitäten der Fall zu sein scheint. Am ZAK | Zentrum für Angewandte Kulturwissenschaft und Studium Generale und an dessen Vorgängerinstitutionen, dem Institut für Angewandte Kulturwissenschaft und dem Studium Generale der Universität Karlsruhe (TH) waren dies die zentralen Motivationen der Gründung. Es sind bis heute existenziell die Leitgedanken und Ziele der Zentrumsarbeit.

Die jahrzehntelange Betätigung im Bereich Zusatzqualifikationen, Kompetenzerwerb und überfachlicher Lehre kann nun, angestoßen durch den Bologna-Prozess und dessen Vorgaben der curricularen Verankerung von Schlüsselqualifikationsangeboten, in eine aktuelle und breit geführte hochschulpolitische Diskussion münden. Gerade im Jubiläumsjahr 2009, in dem auf zwanzig Jahre Angewandte Kulturwissenschaft an der Universität Karlsruhe zurückgeblickt werden kann und vor allem sich die Einführung des Studium Generale im Wintersemester 1949/50 zum sechzigsten Male jährt, freut es uns, mit dem vorliegenden Band diese Thematik aufgreifen und vertiefen zu können.

Angeregt durch die Tagung des ZAK ‚Schlüsselqualifikationen an Technischen Hochschulen' im November 2006, bestand zunächst der Wunsch, in einer Publikation die Tagungsergebnisse festzuhalten. Enstanden ist nun ein Band, der erstens die Situation an Technischen Universitäten beschreibt. Diskutiert werden die besonderen Anforderungen bezüglich gesellschaftlicher Verantwortung, die die TUs ihren Studierenden, neben der fachlichen Qualifikation und der persönlichen 'Karrierefähigkeit', vermitteln sollen. Zweitens jedoch ist es uns wichtig, die universitäre Kompetenzdiskussion facettenreicher darzustellen und zu erforschen, als dies bisher meist der Fall war. Historische Analysen und Entwicklungsdarstellungen, theoretische Diskussionen, eine Kontextualisierung im Rahmen der Globalisierungs- wie auch der Bildungsdebatte, machen den ersten Block an Beiträgen aus. Anschließend werden anhand von empirischen Untersuchungen, Projektdarstellungen und des Wettbewerbs des Stifterverbands für die Deutsche Wissenschaft Ansätze zur Beantwortung der Frage, welche Auffassung und Angebote von Schlüsselqualifikationen speziell an Technischen Universitäten sinnvoll sind, dargestellt und diskutiert. Wichtig ist es uns auch, die Perspektive umzukehren und zu fragen, welche Erwartungen die Wirtschaft und die Gesellschaft gegenüber Absolventinnen und Absolventen Technischer Universitäten haben. Vertreter namhafter Firmen sowie der Gewerkschaft Erziehung und Wissenschaft kommen hier zu Wort.

Einen Schwerpunkt des Bandes bildet die Darstellung des Spektrums, aus dem sich das Angebot zusammensetzt. Hier wurde das Augenmerk vor allem auf Qualifikationen gelegt, die besonders im Fokus des Interesses stehen, wie etwa Sozial-, Kultur- oder Genderkompetenz, Ethik oder Medienkommunikation. Abschließend schildern Verantwortliche einzelner Universitäten ihre theoretischen Ansätze und ihre je eigenen Wege der curricularen Verankerung sowie der begleitenden Forschung und Projektarbeit.

Hier wie auch in den anderen Beiträgen des Bandes wird deutlich, dass es den Königsweg zum erfolgreichen Erwerb von Schlüsselkompetenzen nicht gibt. Die Publikation möchte genau diese Heterogenität der aktuellen Diskussion und des Status quo darstellen. Auch wenn starre Konzepte und Normierungen auch immer die Flexibilität und die individuelle Anpassung an die jeweiligen Bedürfnisse der Studierenden einer Universität einschränken würden, muss dennoch um geltende Auffassungen und Standards von Zielvorstellungen gerungen werden. In diesem Sinne ist es uns ein Anliegen, die gegenwärtigen fruchtbaren Entwicklungen zu dokumentieren. Mit diesem Band wollen wir reichhaltige Ansatzpunkte und Anregungen zur Weiterentwicklung und Umsetzung von Schlüsselqualifikationen geben. Wir wollen aber auch die theoretische Diskussion wiederbeleben und anknüpfen an vergangene Thesen und Programmatiken. Denn ebenso wie in den Fachdisziplinen werden Ansätze und Umsetzungen im Bereich SQ dynamisch weiterentwickelt – als Folge veränderter Lebenswirklichkeiten und Herausforderungen einerseits und als Reaktion auf neue Erkenntnisse andererseits.

Mein Dank gilt dabei all denen, die die Thematik der Schlüsselqualifikationen am ZAK in den letzen Jahren mit großem Engagement bearbeitet haben. Iris Helene Koban und Jens Görisch sei für ihre mehrjährige Arbeit im Forschungsprojekt Schlüsselqualifikationen an Technischen Universitäten gedankt; Frau Koban außerdem für die Organisation des Workshops. Dem baden-württembergischen Ministerium für Wissenschaft, Forschung und Kultur für die Finanzierung des Projekts sowie besonders Rainer Wetzler von der TU München und Wim Görts von der TU Darmstadt als unseren Projektpartnern für die konstruktive Zusammenarbeit. Beim Forum SQ Baden-Württemberg bedanke ich mich für den stets fruchtbaren Austausch.

Für das Zustandekommen dieser Publikation, die Mithilfe bei der Konzeption und die aufwändigen Redigierungsarbeiten danke ich vom ZAK-Lektoratsteam ganz besonders Christine Mielke sowie Claudia Fritz, Jasmin Halt, Janina Hecht, Yvonne Ebner und Nina Schuster. Frau Mehl vom Universitätsverlag Karlsruhe unterstützte uns in allen grafischen Fragen, auch ihr und allen Kolleginnen und Kollegen ein Dankeschön.

Caroline Y. Robertson-von Trotha,
im Oktober 2009

Das Studium an einer Technischen Universität zwischen Bildung und Ausbildung

Schlüsselqualifikationen revisited. Ein altes Thema in Zukunftskontexten

Caroline Y. Robertson-von Trotha

> Much education today is monumentally ineffective. All too often we are giving young people cut flowers when we should be teaching them to grow their own plants.
>
> John Gardner

1. Einleitung

Wer momentan die Institution Universität genauer betrachtet, kann feststellen: Die Universität entdeckt sich selbst als lernende Organisation. Schon aus eigenem Interesse müssen und werden Bedeutung, Inhalte und Vermittlungsmethoden neu hinterfragt. Das Zitat von John Gardner weist in die Richtung eines Paradigmenwechsels, in dem auch an Technischen Hochschulen eine lernorientierte Wissensvermittlung wenigstens schemenhaft sichtbar wird: weg von der Dominanz des großen Vorlesungsbetriebs, wo möglichst viel Spezialwissen in möglichst kurzer Zeit prüfungsreif gelehrt wird – cut flowers, die lediglich in der richtigen Anordnung in die richtige Vase gesteckt werden müssen –, hin zu lernorientierten Konzepten der Problemlösung und des forschenden Lernens. Um bei der Metapher von John Gardner zu bleiben: der Garten des Wissens und die daraus hervorgehende, sich immer weiter ausdifferenzierende Struktur der spezialisierten Gärtner ist so groß geworden, dass keiner mehr allein den Überblick haben kann.

Die moderne gesellschaftliche Entwicklung ist aber auch durch kaum zu übersehende Prozesse der Entdifferenzierung gekennzeichnet. Diese Dialektik der gleichzeitigen Aus- und Entdifferenzierung und der weitreichenden Entgrenzungen des Wissens in seiner Produktion, Vermittlung und Anwendung verändert den institutionalisierten Rahmen von Forschung und Lehre radikal. Die (welt-)gesellschaftlichen Hintergründe und die sich verdichtenden Zusammenhänge zwischen Wissenschaft und Gesellschaft haben sich in ihrer Bedeutung für Innovationen und Erneuerungsprozesse verschoben: mit Prozessen der Enthierarchisierung, der Dezentralisierung, der transkulturellen und transdisziplinären Netzwerkbildung und der Delinearität der Erkenntnisprozesse werden zentrale Fragestellungen aufgeworfen. Viele davon sind nicht neu. Sie treten aber verstärkt in Erscheinung, wie etwa die alte Frage, wie die zwei Kulturen der Geistes- und Naturwissenschaften (C. P. Snow) gegenseitig fruchtbar gemacht werden könnten, sowie die immer wieder festgestellte Erkenntnis, dass Dichotomien und Dualismen die komplexen Wechselwirkungen, die unsere Lebenswelten zunehmend kennzeichnen, nicht adäquat abbilden können. Auch nimmt die Beobachtung zu, dass neue wissenschaftliche Erkenntnisse an den Rändern der Disziplinen und in der inter-, multi- und transdisziplinären Zusammenarbeit am ehesten erwartet werden können. Ebenfalls intensiviert sich das Wissen darüber, dass Akkulturationsprozesse ein Hauptmerkmal unserer Geschichte(n) ausmachen und einfache Grenzziehungen zwischen den Kulturen nicht zulassen. Sie sind ‚alte' Fragen zu nennen, die dazu verleiten könnten zu verkennen, dass wir uns in sich rasch verändernden Wissens- und Lebenswelten befinden: eine Welt mit Chancen und Gefahren. Eine Welt, die Anpassungserfordernisse mit sich bringt: Anpassungserfordernisse, die erst erkannt, analysiert, hinterfragt und in konkrete Strategien geformt und umgesetzt werden müssen. Schlüsselqualifikationen spielen in dieser Welt der vielfältigen Optionen mit ihren dazugehörenden Selektions- und Entscheidungsnotwendigkeiten eine immer größere Rolle.[1]

Das spezialisierte Wissen wird das dominante Merkmal unserer modernen Gesellschaften bleiben. Gleichzeitig haben sich jedoch die Anforderungen der Arbeitswelt geändert: der öffentliche Sektor hat sich zu Gunsten privatwirtschaftlicher Handlungsfelder geöffnet; die Halbwertzeit von Wissen hat sich in vielen Wissensbereichen drastisch verkürzt; die Wirtschaft selbst fordert kreative, flexible und kommunikative Persönlichkeitsprofile, wobei das spezialisierte (Fach-)Wissen eine notwendige, jedoch in vielen Branchen und Leitungsstrukturen längst keine hinreichende Voraussetzung für eine Einstellung mehr darstellt.[2] Die Wahrscheinlichkeit, dass Studienabsolventinnen und -absolventen mit einer einmal erlernten (Berufs-)Ausbildung einen Arbeitsplatz für das

1 Siehe Ulrich Beck/Christoph Lau (Hrsg.): Entgrenzung und Entscheidung, Frankfurt am Main 2004.

2 Hierzu siehe die Texte von Zimmerli, Rüll, Kaschke, Keller, Fuchs und Anderl im vorliegenden Band. Aufgrund der angespannten Arbeitsmarktsituation in Deutschland, wo eine Knappheit an AbsolventInnen aus den Ingenieur- und Naturwissenschaften bereits deutlich geworden ist, besteht die Gefahr, dass dies übersehen wird. Am ZAK wurde dies mit einer Querschnittanalyse von Stellenausschreibungen zuerst 2001 und im Herbst 2008 näher analysiert.

gesamte Arbeitsleben einnehmen werden, sinkt rapide. Von den Hochschulen wird zunehmend erwartet, dass ihre Absolventinnen und Absolventen in der Lage sind, selbst kreativ und unternehmerisch tätig werden zu können. Vor allem wird erwartet, dass sie bereits während ihres Studiums selbstreguliertes Lernen geübt und verinnerlicht haben, das als Grundstein des lebenslangen Lernens dient. Und schließlich sind Studierende, Absolventinnen und Absolventen, Doktoranden und Forschende Mitglieder einer immer komplexer werdenden globalen Zivilgesellschaft,[3] die sie bewusst und unbewusst mit ihrem Handeln – auch mit der Unterlassung von Handlungen – gestalten, ob sie es wollen oder auch nicht.

Die Kompatibilität zwischen sozialverantwortlichem Handeln und der Freiheit der Wissenschaften bleibt daher selbst stets ein heikles Unterfangen.[4] Spezialisten sind in den meisten Lebensverhältnissen ‚Nicht-Spezialisten'. Sie sind Bürgerinnen und Bürger und sie sind fachfremde Kolleginnen und Kollegen. Angesichts der mehr oder weniger unbestritten zunehmenden sozialen und kulturellen Auswirkungen der Wissenschaft auf die Gesellschaft einerseits und die steigenden Erwartungen der Gesellschaft an die Wissenschaft andererseits verändern sich die Bedeutung und der Stellenwert von reflexiv-kommunikativen Prozessen. Die Verständigung über Ziele und Folgen wissenschaftlichen Tuns ist notwen-

---

3 So zum Beispiel gefördert in einem Konzept der Diakonie Würtemberg und der Agentur Mehrwert, die das Lernkonzept ‚Do it!' als ‚Service Learning' für Studierende entwickelten. Im Rahmen von Bachelor-Studiengängen und dem Studium Generale können fachübergreifend Einblicke in soziale Bereiche erhalten werden. Siehe auch Heiner Keupp: Sich selbst finden im freiwilligen Engagement: Zivilgesellschaftliche Schlüsselqualifikationen durch Freiwilligendienste. Vortrag bei der Tagung ‚Gewinn für alle? Zum aktuellen Stand der Freiwilligendienste' am 10. 02. 2006 im Kardinal-Döpfner-Haus in Freising.

4 Das Großexperiment des CERN ist derzeit ein viel diskutiertes Beispiel. Es hat die regelmäßig wiederkehrende Debatte um die Kontrollmechanismen der Wissenschaften erneut intensiviert. Bezweifelt wird, ob diese durch nationale Institutionen hinreichend bewältigt werden kann. Siehe hierzu den Beitrag von Maring ‚Ethik als Schlüsselqualifikation an Technischen Universitäten' im vorliegenden Band. An anderem Ort habe ich das Verhältnis von Wissenschaft und Gesellschaft diskutiert: Caroline Y. Robertson-von Trotha: Öffentliche Wissenschaft – ein notwendiger Dialog, in: Joachim Klaus/Helmut Vogel (Hrsg.): Wissensmanagement und wissenschaftliche Weiterbildung. Dokumentation der Jahrestagung der Deutschen Gesellschaft für wissenschaftliche Weiterbildung und Fernstudium an der Universität Karlsruhe (TH) (= Beiträge 45), Hamburg 2007, S. 7-20.

diger geworden. Dem Expertenwissen wird immer weniger einfach vertraut. Es muss argumentativ-überzeugend vertreten und erklärt werden und setzt eine kognitive Basis der (Minimal-)Verständigung aller voraus: das, was wir unter ‚Scientific Literacy' verstehen und was gewissermaßen als ‚Metaschlüsselkompetenz' beschrieben werden könnte. Dies gilt sowohl für die fachliche Erstausbildung im Rahmen der gestuften Studiengänge an Universitäten als auch für die Berufs- und Weiterbildung. Und schließlich wird nicht nur gefragt, *was* als Expertenwissen nach *welchen* Kriterien zu gelten hat, sondern *wer* als Experte in welchen *Kontexten* zu gelten hat.

1.1. Scientific Literacy: eine Schlüsselqualifikation in besonderer Verantwortung der Technischen Hochschulen?

Die inzwischen breit und teilweise kontrovers diskutierte zunehmende Notwendigkeit von kompetenten ‚Übersetzern', die zwischen Experten und Experten einerseits und zwischen Experten und Laien andererseits vermitteln können, ist im Rahmen des allgemeineren Diskurses über ‚Literacy Studies' und ‚Liberal Arts' zu verorten.[5] Bildendes Kultur- und Orientierungswissen über die Gesellschaft in Vergangenheit und Gegenwart gehören dazu. Scientific Literacy, die unterschiedlich definiert wird,[6] dient als Zielsetzung einer naturwissenschaftlichen ‚Literacy', die bereits in der Schule vermittelt werden sollte. Im Rahmen der Pisa-Studien wird in ihrem internationalen Teil die Erfassung von Scientific Literacy in drei Dimensionen kategorisiert: erstens naturwissenschaftliche Konzepte, zweitens naturwissenschaftliche Prozesse und drittens Anwendungssituationen und Aufgabenkontexte.[7] Nach den amerikanischen National Science Education Standards ist

> Scientific Literacy [...] the knowledge and understanding of scientific concepts and processes required for personal decision making, participation in civic and cultural affairs, and economic productivity.[8]

---

5 Vgl. z. B. Kate Pahl/Jennifer Rowsell (eds.): Travel notes from the new literacy studies. Instances of practice, Buffalo 2006.

6 Für eine Übersicht der Diskussion und einer Zusammenfassung der unterschiedlichen historischen und aktuellen Interpretationen des Konzepts siehe Rüdiger C. Laugksch: Scientific Literacy. A Conceptual Overview, in: Science Education, No. 1, Vol. 84, January 2000, pp. 71-94.

7 Vgl. Onlinedokument http://www.mpib-berlin.mpg.de/pisa/ [07. 07. 2009].

8 National Science Education Standards, p. 22; Onlinedokument https://www.nap.edu [07. 07. 2009].

Im Rahmen der Überlegungen über Inhalte, Verbindlichkeiten und Vermittlungsformen an Technischen Hochschulen ist der Ansatz in verschiedenen Kontexten relevant. Erstens: bei der Vermittlung einer ,naturwissenschaftlichen Allgemeinbildung für alle', die jeden in die Lage versetzen soll, (natur-)wissenschaftlichen Diskursen in den Medien zu folgen.[9] Wenn wir beispielsweise eine zentrale Aussage des britischen Bodmer Reports („Instead of simply accepting or rejecting new developments in science and technology, individual citizens have an obligation to gain sufficient knowledge and understanding to express their concerns rationally"[10]) als handlungsverantwortliche Pflicht verstehen, ist es nicht nur vernünftig, sondern auch geboten die Vermittlung von fachlichen und überfachlichen Kompetenzen bereits innerhalb des Forschungs- und Lehrbetriebs zu integrieren. Dies beinhaltet auch die Vermittlung einer orientierenden Scientific Literacy für Nicht-Naturwissenschaftler. Im Forschungskontext wird vermehrt eine Auskunftspflicht erwartet (accountability); das Interesse von Nicht-Spezialisten am wissenschaftlichen Tun, aber auch an den oft umstrittenen Nebenfolgen, nimmt zu, gerade in den Bereichen der Natur- und Ingenieurwissenschaften. In diesem Kontext stellt die Vermittlung von Kommunikationskompetenzen, die Ingenieur- und Naturwissenschaftlerinnen und -wissenschaftler dazu befähigen, ihr Spezialwissen an Laien zu vermitteln, eine besondere Herausforderung dar.

Diese Feststellungen haben sowohl Implikationen für integrierte, verpflichtende Angebote der nicht-naturwissenschaftlichen Studiengänge an den Universitäten – insbesondere an den Technischen Universitäten – aber auch für die Einrichtung und Ausstattung der Universitäten mit adäquaten allgemeinbildenden naturwissenschaftlichen Weiterbildungsangeboten. Denn erstens ist es keineswegs sicher gestellt, dass Studierende über allgemeine Basiskenntnisse aus ihrer Schulzeit verfügen. Zweitens und von noch größerer Bedeutung sind die raschen Entwicklungen in den Natur- und Technikwissenschaften selbst. Neue Erkenntnisse müssen im Rahmen des lebenslangen Lernens thematisiert werden. Dies gilt ebenso für den Aufbau einer Öffentlichen Wissenschaft an den Universitäten.

---

9 Siehe (Fußnote 4 und) Robert M. Hazen: Why Should You Be Scientifically Literate?; Onlinedokument http://www.actionbioscience.org/newfrontiers/hazen.html [07. 07. 2009].

10 Siehe das OECD-Paper (97)52, p. 8; Onlinedokument http://www.oecd.org/dataoecd/20/18/1844842.pdf [07. 07. 2009].

Denn: Scientific Literacy „stands for what the general public ought to know about science."[11] Es wäre allerdings voreilig, davon auszugehen, dass Studierende und Absolventinnen und Absolventen der naturwissenschaftlichen Studiengänge per se selbst über eine Scientific Literacy verfügen: „Surprisingly, intense study of a particular field of science does not necessarily make one scientifically literate."[12] In diesem Zusammenhang weist Hazen auf die Debatte an den amerikanischen Universitäten hin: Seiner Meinung nach wird bei Kollegen der Unterschied zwischen ‚*doing* science' und ‚*using* science' nicht hinreichend berücksichtigt. Die Vermittlung eines orientierenden Basisverständnisses oder eine vertiefte Kenntnis der Wirkungszusammenhänge naturwissenschaftlicher Forschung und ihrer Folgen muss je nach Fach, Studienabschnitt und Berufsfeld differenziert werden. Dies gilt sowohl für die fachliche Ausbildung an Universitäten als auch für die Berufs- und Weiterbildung. Verfehlt wäre es erst recht, davon auszugehen, dass Absolventinnen und Absolventen der Technischen Universitäten ohne die Vermittlung einer Cultural Literacy in die Lage versetzt werden könnten, den erhöhten Selektions- und Entscheidungserfordernissen in sich stark wandelnden Berufskontexten sozialverantwortlich nachkommen und entsprechend kommunizieren zu können. Das Konzept muss daher im Rahmen einer transdisziplinären Literacy diskutiert werden. Der Erwerb einer transdisziplinären Literacy setzt zumindest grundlegende Kenntnisse soziokultureller Gesellschaftsentwicklungen voraus. Hierzu gehören die rechtsstaatlichen, politischen, ökonomischen und institutionellen Rahmenbedingungen ebenso wie ein Grundverständnis von deren Wechselwirkungen. Diese Feststellungen gelten unabhängig von der Wertigkeit einer ästhetisch-kulturellen Bildung an sich.[13]

In dem hier diskutierten Zusammenhang wird postuliert, dass Literacy eine institutionelle Bereitstellung und die individuelle Aneignung von disziplinärem und transdisziplinärem Orientierungswissen voraussetzt. Orientierungswissen ist hierbei das Allgemeinwissen, das es ermöglicht, das

11 Durant, John: What is scientific literacy?, in: John Durant/Jane Gregory/Jean-Marc Lévy-Leblond (eds.): Science and Culture in Europe, London 1993, p. 129. Durant weist auf die synonyme Anwendung der Termini ‚Scientific Literacy' (USA), ‚public understanding of science' (GB) und ‚la culture scientifique' (Frankreich) hin.

12 Ebd.; vgl. auch Robert Hazen/James Trefil: Science Matters. Achieving Scientific Literacy, New York 1990.

13 Siehe hierzu den Text von Hermann Glaser im vorliegenden Band.

durch die Disziplinen erzeugte Spezialwissen in gesellschaftliche Zusammenhänge zu stellen. Entsprechend des Konzepts einer transdisziplinären Literacy wird es komplementär angeeignet und fördert Prozesse des Verstehens und der Reflexion in gesamtgesellschaftlichen Kontexten. Somit wird sozialverantwortliches Handeln deutlich unterstützt und die Kommunikation zwischen den Wissenschaften erhöht.[14] In diesen Kontexten steht die gegenwärtige Diskussion über Schlüsselqualifikationen an Technischen Universitäten. In Zukunft wird die Spezialisierung weiter zunehmen – sie ist notwendig und unvermeidbar. Gleichzeitig, insbesondere als Folge der modernen Informations- und Kommunikationstechnologien, nimmt der Grad der Vergesellschaftung des Wissens ebenfalls stetig zu. Mit diesen Entwicklungen stellen sich grundsätzliche – auch strategische – Fragen einer institutionellen Verantwortung für die Vermittlung von Schlüsselqualifikationen. Sie stellen sich auf mehreren Ebenen und betreffen Individuen wie auch Kollektive. Drei Fragen sind dabei von besonderer Bedeutung:

Die erste Leitfrage betrifft Strukturen, Inhalte und Methoden der Aneignung von Kompetenzen, die es erlauben, erfolgreich in sich rasch wandelnden komplexen Zusammenhängen zu handeln. Die zweite Leitfrage betrifft das Zusammenfügen des individuell beherrschten und des kollek-

14 Der Begriff Orientierungswissen ist entscheidend von Jürgen Mittelstraß in Abgrenzung zu Verfügungswissen geprägt worden. Vgl. Jürgen Mittelstraß: Die unheimlichen Geisteswissenschaften, S. 130ff., in: ders.: Die Häuser des Wissens. Wissenschaftstheoretische Schriften, Frankfurt am Main 1998, S. 110-133. Verfügungswissen wird hierbei verstanden als das positive, wissenschaftlich-technisch erworbene Wissen, das Handlungsoptionen eröffnet, über deren zweckmäßige und sinnvolle Verwendung es aber notwendig der Orientierung bedarf. Kritisch betont Mittelstraß, es sei falsch, Verfügungswissen allein den Ingenieur- und Naturwissenschaften und das Orientierungswissen allein den Geisteswissenschaften zuzuordnen: „Schließlich ist Orientierung nichts, was sich disziplinär aufteilen ließe." Ebd., S. 131. Darüber hinaus weist er darauf hin, dass Orientierungs- und Verfügungswissen eigentlich eine Einheit bilden, denn in der Tat ist zu fragen, ob die Produktion von Verfügungswissen nicht stets schon eines Orientierungswissens bedarf und stets schon Ausdruck von kulturellen, normativen und institutionellen Rahmenbedingungen ist, die es zu reflektieren gilt. Die (heuristische) Gegenüberstellung erweist sich somit als problematisch und missverständlich. Darum wird hier das Orientierungswissen aus der Opposition herausgelöst und über Fragen normativer Orientierung hinaus explizit mit Wissensanteilen angereichert aus Kultur, Wissenschaft, Politik und Geschichte, die Aufschlüsse bieten über Handlungsräume und deren normative Implikationen.

tiv vorhandenen Wissens, insbesondere die Frage, welches kultur(-technische) Wissen vermittelt werden muss, damit Netzwerkkompetenzen entstehen. Eine dritte Leitfrage ist daher die nach den Konsequenzen, die sich für die universitäre Lehre ergeben. Bisher haben die veränderten gesellschaftlichen Kontexte sowohl der Wissensgenerierung als auch der Wissensanwendung ganz allgemein zu wenig Beachtung bei der curricularen Entwicklung gefunden – nicht nur an Technischen Universitäten.

Im Hinblick auf die Vermittlung von Schlüsselqualifikationen ist festzustellen, dass gerade die komplexen Entgrenzungen von Gesellschaften im Globalisierungsprozess im Zusammenspiel mit zunehmenden Formen und Orten der dezentralen Wissensgenerierung zu einer unüberschaubaren Zunahme an konkurrierenden Chancen der kreativen Wissensvermehrung geführt haben. Diese Entwicklung ist unvermeidlich mit der Produktion von Unsicherheit verbunden und dies in zweierlei Hinsicht. Erstens ist immer spezialisierteres Wissen selbst in Fach- und Expertenkreisen umstritten. Gefragt wird hier: ‚Welche Quellen sind vertrauenswürdig? Welche Kontrollstrategien sind wirksam?' Zweitens gestalten sich Validierungsprozesse für neu kommuniziertes Wissen immer aufwändiger. Eine weitere These betrifft das Verhältnis von Spezialwissen und generalistischem Wissen: die Situationen, in denen *allein* auf der Basis des spezialisierten Wissens erfolgreich gehandelt und entschieden werden kann, nehmen derzeit stark ab.

Damit stellt sich die Frage, wie eine bestmögliche institutionelle Generierung und Vermittlung von ‚sozialverantwortlichem robustem Wissen' an Technischen Hochschulen erfolgen und weiterentwickelt werden kann.[15] Welche Rolle spielen überfachliche Schlüsselqualifikationen in diesem Prozess? Vor allem ist zu fragen, wie ein Zukunftsmodell aussehen könnte, das als Vorbild für die Implementierung und Verankerung von überfachlichen Schlüsselqualifikationen an Technischen Hochschulen dienen könnte.

15 Vgl. Helga Nowotny: Wissenschaft neu denken. Vom verlässlichen Wissen zum gesellschaftlich robusten Wissen, in: Heinrich Böll Stiftung (Hrsg.): Die Verfasstheit der Wissensgesellschaft, konzipiert und bearbeitet von Karsten Gerlof/Anne Ulrich, Münster 2006, S. 24-42.

Dies war auch die Frage, die es im Rahmen des Projekts ‚Schlüsselqualifikationen an Technischen Hochschulen' zu beantworten galt.[16] Eine Ausgangsfrage war, was Schlüsselqualifikationen im Zeitalter der Globalisierung und des schnellen Wandels genau bedeuten. Welche Kompetenzen beinhalten sie? Wie und wo können sie vermittelt werden? Wie haben sich die Rahmenbedingungen des Lernens verändert? In welchem Wirkungszusammenhang stehen formelle und informelle Kontexte? Wie müssen Lernangebote dem angepasst werden? In welchem Verhältnis stehen gesellschaftliche Megatrends, wie etwa der demographische Wandel, die Entwicklung der Arbeitswelt und die Internationalisierung, die jeweils veränderte Lebenswirklichkeiten und Lebensstile verursachen, und was sind die entsprechenden Herausforderungen für formale und informale Konzepte und Strategien der Kompetenzentwicklung? Mit welchen Folgen muss gerechnet werden, wenn wir Absolventinnen und Absolventen nicht dementsprechend ausbilden? Im folgenden Kapitel werden einige der zentralen Veränderungsprozesse unserer Zeit zur Diskussion gestellt.

2. Die globalisierte Wissenschaftsgesellschaft und ihre Folgen

Grundsätzlich ist davon auszugehen, dass *makro*gesellschaftliche Veränderungen komplexe Anpassungsprozesse sowohl auf der *mikro*gesellschaftlichen Handlungsebene von Individuen als auch auf der *Meso*ebene von Institutionen, Unternehmen und Verbänden, die als Kollektive und als Rechtspersonen agieren, erforderlich machen. Im Diskurs über Schlüsselqualifikationen, ihre Notwendigkeit und ihre konkrete Umsetzung in der curricularen Entwicklung werden sie zumeist nicht oder lediglich implizit zur Kenntnis genommen.

2.1. Von der Wissensgesellschaft zur Wissen*schafts*gesellschaft

Globalisierungsprozesse und die ihnen inhärenten vielfachen Entgrenzungen, die gleichzeitig neuartige Verflechtungen bedingen, verändern unser Leben nachhaltig. Sie wirken in allen Lebensbereichen und stellen

16 Vgl. hierzu den Beitrag ‚Fachübergreifende Lehre und Schlüsselkompetenz als Programm: 20 Jahre Angewandte Kulturwissenschaft und 60 Jahre Studium Generale an der Universität Karlsruhe (TH)' sowie ‚Projekte zu Schlüsselqualifikationen an Technischen Universitäten. Konzeptionelle Überlegungen, empirische Erhebungen und interuniversitärer Austausch' von Caroline Y. Robertson-von Trotha, Jens Görisch und Iris Helene Koban im vorliegenden Band.

große Herausforderungen an die Weiterentwicklung von Bildung und Ausbildung. Die Wissenschaften selbst sehen sich mit weitreichenden veränderten Rahmenbedingungen konfrontiert, die Anpassungsprozesse erforderlich machen. Dies gilt für die Organisations- und Kommunikationsweisen der Disziplinen, für die Vermittlung im Rahmen einer forschungsorientierten Lehre und für die Schnittstellen zur Weiterbildung und zur Öffentlichen Wissenschaft. Ob wir in einer *Wissens*gesellschaft oder vielmehr in einer Wissen*schafts*gesellschaft leben, ist in diesem Zusammenhang nicht nur von akademischem Belang. Diese Frage tangiert die Interaktions- und Legitimierungskontexte der Wissenschaften in modernen Gesellschaften existentiell. In Gesellschaften, die sich durch zunehmende Beschleunigung, Verdichtung, Vernetzung und Verfügbarkeit von Wissen sowie durch eine zunehmende Spezialisierung des naturwissenschaftlichen, technischen Wissens auszeichnen, nehmen die Auswirkungen von Wissenschaft auf die Gesellschaft zu – oft mit positiven Wirkungen, aber unbestreitbar ebenso mit einer Vielzahl von komplex interagierenden, nicht-intendierten Effekten, die ihrerseits jeweils positiv oder auch negativ sein können. In diesen Zusammenhang gehören auch Angebote, die eine Optimierung von Methoden und Verfahren des Wissensmanagements sichern sollen. Auf der kollektiven Ebene soll damit das Konzept der wettbewerbsoptimierten lernenden Organisation unterstützt werden. Dies gilt für die Mesoebene der öffentlichen Institutionen, der Verbände und der privatwirtschaftlichen Unternehmen und auf der Makroebene für die zunehmend konkurrierenden Regionen und überregionalen Netzwerke wie etwa die zahlreichen cluster-orientierten Technologie-Regionen, die selbst ihre Kenntnisse und Kompetenzen im Netzwerk austauschen. Daher wird verstärkt auf Kommunikationsstärke und interdisziplinäre Teamfähigkeit bei Einstellungsgesprächen geachtet. Auf der individuellen Ebene sollte Kompetenzerwerb im Sinne des erläuterten (Scientific) Literacy-Konzepts eine Umsetzung erfahren, die diese Prozesse unterstützt und gleichzeitig mit Kenntnissen ausstattet, um komplexe Veränderungsprozesse kritisch zu hinterfragen. Primär steht aber eine Optimierung von Lebenszeit und Arbeitskraft, wie sie Konzepten des immer notwendiger werdenden lebenslangen Lernens zugrunde liegt, im Vordergrund herkömmlicher Modelle. Diese Ziele sind weiterhin wichtig und haben zweifelsohne an Bedeutung zugenommen. Hinsichtlich der veränderten Situation einer globalisierten Wissen*schafts*gesellschaft sind sie jedoch nicht hinreichend.

Kennzeichnend für die Wissenschaftsgesellschaft ist die veränderte und wachsende Verzahnung des Wissens mit wissenschaftlich-methodischem Wissen. Die Generierung des Wissens geschieht zunehmend, wie Helga Nowotny u. a. feststellen, „im Kontext seiner Anwendung."[17] Nowotny, Bechmann, Stehr, Latour und andere machen auf entscheidende Unterschiede zwischen der Wissens- und Wissenschaftsgesellschaft aufmerksam.[18] Wissenschaftliches Wissen wird nicht alleine von Wissenschaftlerinnen und Wissenschaftlern und vor allem nicht nur an Universitäten hergestellt. Die Tatsache, dass nicht nur die großen Forschungseinrichtungen, sondern vor allem auch die Industrie bei der Generierung von wissenschaftlichem Wissen gerade in Deutschland eine große Rolle spielen, ist bekannt und wird, wie in anderen westlichen Ländern, unter anderem auf die Unterfinanzierung der Universitäten zurückgeführt. Insbesondere angewandte Forschung und Entwicklung bei der Produktentwicklung findet zu einem Großteil in der Industrie statt. In den Naturwissenschaften, aber zunehmend in der angewandten Forschung und Entwicklung,[19] wird Wissen in dezentralen heterogenen Teams hergestellt, die sich international konstituieren.

In ihrer Studie, die auf einer langjährigen empirischen Gegenüberstellung zweier Wissenschaftsfelder basiert, stellte Karin Knorr-Cetina die These auf, dass sich unterschiedliche Wissenschaftsfelder differenter epistemologischer Kulturen bedienen.[20] Im tradierten Verständnis des ‚normalen' Wissenschaftsbetriebs[21] ist auf der Grundlage herkömmlicher wissenschaftstheoretischer Modelle davon ausgegangen worden, dass

17 Nowotny, 2006, S. 26.

18 Vgl. Nowotny, 2006; sowie dies./Peter Scott/Michael Gibbons: Wissenschaft neu denken. Wissen und Öffentlichkeit in einem Zeitalter der Ungewißheit, Weilerswist 2004; vgl. Gotthard Bechmann/Nico Stehr: Risikokommunikation und die Risiken der Kommunikation wissenschaftlichen Wissens. Zum gesellschaftlichen Umgang mit Nichtwissen, in: GAIA, Nr. 2, Jg. 9, 2000, S. 113-121; vgl. Bruno Latour: Eine neue Soziologie für eine neue Gesellschaft. Einführung in die Akteur-Netzwerk-Theorie, Frankfurt am Main 2007.

19 Vgl. hierzu den Beitrag von Reiner Anderl und Diana Völz ‚Global Engineering' im vorliegenden Band.

20 Vgl. Karin Knorr-Cetina: Wissenskulturen, Frankfurt am Main 2002. Für eine Kritik siehe Ronald N. Giere: Discussion Note. Distributed Cognition in Epistemic Cultures, in: Philosophy of Science, Vol. 69, December 2002; Onlinedokument http://www.tc.umn.edu/~giere/DCEC.pdf [07. 07. 2009].

21 Vgl. Thomas Kühn: Die Struktur wissenschaftlicher Revolutionen, Frankfurt am Main 1976.

Wissen durch die Aufstellung von Hypothesen und deren empirischer Verifizierung oder Falsifizierung zu einem kollektiv verfügbaren und überprüfbaren Wissen – in Termini von Nowotny, Gibbons u. a. zum ‚verlässlichen' Wissen – in der Verantwortung der Scientific Community führt, die sie als ‚Modus 1-Wissensproduktion' bezeichnen. In ihrer viel diskutierten Studie ‚The New Production of Knowledge. The Dynamics of Science and Research in Contemporary Societies' werden die strukturellen Veränderungen in der Produktion und Anwendung von wissenschaftlichem Wissen als Modus 2-Wissensproduktion charakterisiert.[22] In einer weiteren Arbeit von Nowotny u.a. wurde das Konzept einer gesellschaftlichen und wissenschaftlichen Koevolution dargestellt, das die weitgehenden Entgrenzungen, Verflechtungen und Interdependenzen in Wissenschaft und Gesellschaft aufzeigt.[23]

Das folgende Modell gibt einen Überblick über die Komplexität der heutigen Wissensproduktion und ihre Einbettung in gesellschaftliche Zusammenhänge. Die im Zuge der Globalisierung veränderten Verortungen, Aufgaben und Verantwortlichkeiten werden folgendermaßen dargestellt:

22 Vgl. Michael Gibbons/Camilla Limoges/Helga Nowotny/Simon Schwartzman/Peter Scott/Martin Trow: The New Production of Knowledge. The Dynamics of Science and Research in Contemporary Societies, London 1994.

23 Vgl. Helga Nowotny/Peter Scott/Peter Gibbons: Re-thinking Science. Knowledge and the Public in an Age of Uncertainty, Cambridge 2001.

The NEW Production of Knowledge: „Modus 1" und „Modus 2" Wissensproduktion	
Modus 1	Modus 2
• Akademischer Kontext • Disziplinen sind das grundsätzliche Deutungsmuster • Hegemonie in den Wahrnehmungen • Qualitätskontrolle und Relevanz wird durch die Peers (die eigene Disziplin) vorgenommen • Organisation und Strukturen sind eher statisch und hierarchisch • nach innen gerichtete Rechtfertigungsstrukturen • „Akademische Freiheit" und „Suche nach Neuem" werden als zentrale Ausgangspunkte gesehen	• Wissen wird im Kontext der Anwendung produziert -Antizipation der Konsequenzen der Wissenserzeugung -Orientierung an Nutzen und Klientel • Diversifizierung der Orte der Wissensproduktion -wachsende Bedeutung nicht universitärer & nicht klassisch akademisch organisierter Einrichtungen (Think-Tanks, Beratungsbüros, Industrielaboratorien) • transdisziplinäres Arbeiten • heterogene Wahrnehmung und Einschätzung • in den Einschätzungen von Qualität und Relevanz spielen externe Kriterien eine wesentliche Rolle -außerwissenschaftlicher Einfluss auf das Setzen von Forschungsprioritäten -neue interne sowie von außen kommende Evaluierungsmechanismen (Audit Society) -Rechtfertigungsnotwendigkeit nach außen

Abb. 1, Quelle: Institut für Wissenschaftsforschung, Universität Wien.[24]

In diesem Zusammenhang ist eine weitere Feststellung von Knorr-Cetina relevant:

> Revidiert werden müssen, wie es scheint auch diejenigen Vorstellungen, die der naturwissenschaftlichen Rationalität und dem naturwissenschaftlichen Handeln spezifische, von der Alltagsrationalität und dem Alltagshandeln abgehobene *formale* Qualitäten zuschreiben.[25]

24 Felt, Ulrike: Einführung in die Wissenschaftsforschung II, S. 5; Onlinedokument http://www.univie.ac.at/virusss/documents/40758223 .pdf [07. 07. 2009].

25 Knorr-Cetina, Karin: Die Fabrikation von Erkenntnis. Zur Anthropologie der Naturwissenschaft, erweiterte Neuauflage, Frankfurt am Main 2002, S. 273.

Durch diese und andere Entwicklungen, insbesondere durch den Einfluss der neuen Informations- und Kommunikationstechnologien, hat das, was als Vergesellschaftung des Wissens beschrieben werden kann, in breiten Kreisen stattgefunden: klare Grenzen zwischen Information, Wissen und Wissenschaft lassen sich immer weniger ziehen. Diese neue Komplexität der vielfachen Überschneidungen von Modi der Wissensgenerierung wirft eine Reihe von Fragen hinsichtlich der Adäquatheit herkömmlicher Auffassungen und Vermittlungsangebote von Schlüsselqualifikationen auf.

2.2. Globalisierung als Handlungskontext

Die Entstehung einer transnationalen Weltgesellschaft verstärkt die Notwendigkeit, bestehende Schlüsselqualifikationsangebote gerade für Universitätsabsolventinnen und -absolventen zu überprüfen, zu modifizieren und auszubauen.[26] Innerhalb der inzwischen sehr umfangreichen, interdisziplinär geführten Diskussion über Globalisierungsprozesse wird eine Vielzahl von gesellschaftlichen Veränderungen thematisiert, die neue Handlungskompetenzen im Studium, am Arbeitsplatz und im Alltag erfordern. So spricht Nuscheler von ‚transnationalen Sozialräumen', die gerade erst im Entstehen sind, und sieht die Globalisierungsfolgen überhaupt erst am Beginn.[27] Als Folge entwickeln sich komplexe neue Zustände, die als Globalismen beschrieben werden – als das ‚Produkt' der Globalisierung.[28] Um auf die Vielfältigkeit dieser Prozesse aufmerksam zu machen, befürwortet Roger Bromley den Begriff *Multi*-Globalismen: es gäbe nicht nur den *einen* Globalisierungsprozess

26 Schon in seinem Sammelband ‚Transkulturelle Kommunikation und Weltgesellschaft' wies Reimann auf den zentralen Stellenwert einer interdisziplinären Betrachtung globaler Kommunikationstendenzen und auf die strukturellen Verschiebungen zwischen dominanten und marginalen (Welt-)Kulturen hin. Vgl. Horst Reimann (Hrsg.): Transkulturelle Kommunikation und Weltgesellschaft. Zur Theorie und Pragmatik globaler Interaktion, Opladen 1992, S. 16ff.

27 Vgl. Franz Nuscheler: Globalisierung und ihre Folgen. Gerät die Welt in Bewegung?, in: Christoph Butterwegge/Gudrun Hentges (Hrsg.): Zuwanderung im Zeichen der Globalisierung. Migrations-, Integrations- und Minderheitenpolitik, Opladen 2003, S. 23-36 und siehe ders.: Europas Verantwortung im Zeitalter der Globalisierung, in: Caroline Y. Robertson-von Trotha (Hrsg.): Europa in der Welt – die Welt in Europa, Baden-Baden 2006, S. 197-206.

28 Für eine Einführung siehe Ulrich Beck: Was ist Globalisierung? Irrtümer des Globalismus – Antworten auf Globalisierung, Frankfurt am Main 1997.

> der vor allem als Angleichung an den Westen aufgefasst wird und in dem Elemente der Hybridität allenfalls in den Blick geraten, soweit sie eine Reaktion auf den Westen darstellen, etwa bei der Asianisierung westlicher Musik oder Fertiggerichte oder der Angleichung ‚fremder' Küchen an westliche Essgewohnheiten.[29]

Im weiteren Text ist daher der Begriff ‚Globalisierung' als eine Reduktion vielfältig in sich verschachtelter Prozesse der weltweiten Veränderungen zu verstehen.

2.2.1. Globalisierung und die reflexive Moderne

Ein erster Diskussionsstrang knüpft an die bisherigen Überlegungen an: Globalisierung wird als Teil eines umfassenden Prozesses der ‚reflexiven Modernisierung'[30] oder ‚institutionalisierten Reflexivität'[31] gesehen, eine Position, die – über alle Differenzen im Detail hinweg – von Ulrich Beck und Anthony Giddens eingenommen wird.[32] „Reflexive Modernisierung" wird dabei als „Stichwort der Gruppenbildung"[33] verstanden, d. h. als ein vorläufiger ‚Sammelbegriff' für eine Denkrichtung, die davon ausgeht, dass das Projekt der einfachen Modernisierung, die Industriemoderne, ein Ende gefunden hat und in einem sogenannten reflexiven Modernisierungsprozess aufgegangen ist. Ausgangspunkt der Überlegungen ist also keine Position des Widerrufens von Moderne,[34] sondern der Versuch, eine Radikalisierung von Modernisierungsprozessen theoretisch adäquat zu fassen. In einer auf reflexivem Niveau angelangten Moderne

29 Bromley, Roger: Multiglobalismen – Synkretismus und Vielfalt in der Populärkultur, S. 190, in: Caroline Y. Robertson/Carsten Winter (Hrsg.): Kulturwandel und Globalisierung, Baden-Baden 2000, S. 189-206.

30 Vgl. Ulrich Beck/Anthony Giddens/Scott Lash (Hrsg.): Reflexive Modernisierung. Eine Kontroverse, Frankfurt am Main 1996.

31 Vgl. ebd.

32 Die beiden Autoren verbindet die Annahme, dass die heutige sich globalisierende Welt einer radikalen Veränderung unterzogen ist, die nach neuen Beschreibungskonzepten dieser ‚zweiten' oder ‚posttraditionellen' Moderne verlangt. Vgl. dazu Beck/Giddens/Lash, 1996; Ulrich Beck: Die Eröffnung des Welthorizontes. Zur Soziologie der Globalisierung, in: Soziale Welt, Nr. 47, 1997, S. 3-16; ders., 1997; ders.: Politik der Globalisierung, Frankfurt am Main 1998; sowie Anthony Giddens: Modernity and self-identity. Self and society in the late modern age, Oxford 1991.

33 Beck/Giddens/Lash, 1996, S. 23.

34 Dabei handelt es sich um eine Position, die Ulrich Beck postmodernen Kulturtheoretikern vorwirft (vgl. Beck/Giddens/Lash, 1996, S. 24).

werden aus Gefahren nur noch durch Risiko-Abwägungen kalkulierbare Nebenfolgen:[35] Ähnlich wie Nowotny u. a. geht Giddens davon aus, dass gerade die Zunahme des Wissens über die Natur und die Gesellschaft zu einer zunehmenden, wie Giddens es formuliert „hergestellten Unsicherheit“[36] geführt hat, Zusammenhänge zweckrational einschätzen zu können.

Das Leben in spätmodernen ‚globalisierten' Gesellschaften gestaltet sich für viele multioptional:[37] es ist in vielen Bereichen im Vergleich zu moralisch und ökonomisch starreren und restringierteren Zeiten erheblich offener und vielfältiger geworden und beruht zunehmend auf einem ‚Denken in Szenarien', in Wenn-Dann-Abwägungen über eventuell eintretende Folgen. Pointiert formuliert könnte man behaupten, dass die reflexive Moderne eine Moderne ist, die auf nicht hintergehbare Weise mit den Folgen ihrer eigenen Modernisierung konfrontiert ist, eine Entwicklung, auf die der Prozess der Globalisierung umfassende Auswirkungen hat.[38] Während die erste Phase von Globalisierung in der frühen Moderne primär eine Expansion des Westens und seiner Institutionen mit imperialistischen Zügen war – man denke hier beispielsweise an den globalen Kolonialismus als einen zentralen Moment der Herausbildung moderner Nationalstaaten –, hat sich in der Spätmoderne die Globalisierung gewissermaßen zurückgewendet und spielt sich lokal in jedem einzelnen Staat ab.[39]

So haben mit der zunehmenden weltweiten Verflechtung auch die globalen Implikationen von alltäglichem, individuellen Handeln zugenommen, beispielsweise indem die Entscheidungen ein bestimmtes Kleidungsstück oder Auto zu kaufen, umfassende ‚weltweite' Auswirkungen

35 Reflexiv ist dabei nicht, wie man zuerst vermuten könnte, im Sinne von ‚reflektiert' (bewusst, gewollt) zu verstehen, sondern dahingehend, dass die Radikalisierung von Modernisierung ein eigendynamischer Selbsttransformationsprozess der Industriegesellschaft ist. Zur Differenz von Gefahr und Risiko vgl. Willy H. Eirmbter/Alois Hahn/Jacob Rüdiger: Aids und die gesellschaftlichen Folgen, Frankfurt am Main 1993.

36 Beck/Giddens/Lash, 1996, S. 317.

37 Vgl. Peter Gross: Die Multioptionsgesellschaft, Frankfurt am Main 1994.

38 Vgl. Beck/Giddens/Lash, 1996.

39 Roland Robertson hat für diese Prozesse der lokalen Rückwirkungen von Globalisierungsprozessen den Begriff ‚Glokalisierung' geprägt. Siehe Roland Robertson: Glocalization. Time-Space and Homogeneity-Heterogeneity, in: Mike Featherstone/Scott Lash/id. (eds.): Global Modernities, London 1995, pp. 15-30.

haben, etwa auf den Lebensunterhalt von Menschen auch in weitentfernten Ländern bis hin zu ökologischen Faktoren, wie die derzeitigen Verhaltensänderungen etwa in China durch den Wechsel vom Fahrrad zum Auto eindrücklich veranschaulichen. In diesem Sinne bedeutet Globalisierung auf das Individuum bezogen ein „Handeln auf Distanz",[40] bei dem das Abwesende (in unserem Beispiel des Autokaufs die globalen ökologischen Folgen) das Anwesende (die lokale Autonutzung) beherrscht.[41] Ulrich Beck spricht hier von der ‚Subpolitik', Anthony Giddens von der ‚Lebenspolitik', wobei beide damit den Zusammenhang meinen, dass in einer sich globalisierenden Welt alltäglichem Handeln eine im weitesten Sinne ‚politische' Dimension zukommen kann: Die Entscheidung für ein bestimmtes Automodell ist nicht nur eine Entscheidung für oder gegen die Ökologie, sondern auch eine Entscheidung für das Fortbestehen bestimmter Arbeitsplätze etc.

Dieser Sachverhalt stellt die institutionalisierte Trennung von Spezial- und Laienwissen, wie sie für die erste Moderne kennzeichnend ist, in Frage. Durch die Zunahme des Stellenwertes der ‚subpolitischen Dimension' von Alltagshandeln in globalisierten, spätmodernen Gesellschaften sehen sich so auch technische Experten vor neue (kommunikative) Aufgaben gestellt, da die Fragen von ‚Laien' drängender werden. Informierte, teils hochgradig antagonistische Bewegungen formieren sich unerwartet, vernetzen sich weltweit und informieren sich aus einer Vielzahl von Quellen im Internet. Passende Argumente ‚für' oder ‚gegen' wissenschaftsgestützte Projekte lassen sich schnellstens zusammenstellen und über Blogs und E-Mails über den Globus verteilen. Dies ist ein Prozess hochgradiger Vernetzung fragmentierten Wissens und insbesondere der Wissensvermittlung. Die auf diese Weise hervorgebrachten Fragen und Argumente können mehr oder weniger fundiert sein, aus bisher weniger untersuchten Kontexten und Kausalitäten herrühren und sie können in hohem Maße legitim sein. Dringend erforderlich ist daher ein vertieftes und detailiertes Wissen um Kausalitäten, deren Erkennen neue überfachliche Vermittlungsformen voraussetzt.

40 Beck/Giddens/Lash, 1996, S. 176.

41 So kann man die Gesellschaft der ‚zweiten Moderne' nach Giddens auch als ‚post-traditional' begreifen, da über die Zeit vermittelte, traditionelle Organisationen des Handelns an Relevanz verloren haben und die Relevanz des globalen Raums als Organisationsprinzip von Handeln zugenommen hat.

Der technische Experte genießt aufgrund seines Spezialwissens zwar noch einen gewissen schützenden Status gegenüber den drängenden Fragen von Laien. Doch diese Grenzziehung ist nicht mehr generell gültig, trennt nicht länger die Wissenschaft als Ganzes vom ‚lokalen Wissen' der Laien. Die zunehmende Spezialisierung der Experten macht jedermann deutlich, dass es keine ‚Experten für alle Angelegenheiten' gibt, denn jedes von Experten behauptete Wissen ist nicht nur spezifisch, sondern häufig auch in den eigenen Reihen umstritten.[42] Dies entspricht dem, was Nowotny u. a. unter der Koevolution von Wissenschaft und Gesellschaft verstehen.[43] In dieser Gesellschaftsform haben sich die Erwartungen der zivilgesellschaftlichen Öffentlichkeit radikalisiert: ‚Laien', Meinungsmacher und Medien erwarten umfangreiche Informationen, Aufklärung und Konsultationen hinsichtlich der Risiken und Folgeeffekte wissenschaftlicher Erkenntnisse in ihrer Anwendung.[44] Der Legitimationsdruck auf die Wissenschaft, insbesondere auf die Grundlagenforschung, aber auch auf die Geisteswissenschaften, die aus veränderter Kosten-Nutzen-Motivation ebenfalls ihre Existenzberechtigung nachweisen müssen, nimmt zu.[45] Wie ohnehin vielfach in der angewandten ingenieurwissenschaftlichen Forschung der Fall, wird in der Öffentlichkeit erwartet, dass Probleme hier und jetzt gelöst werden; in der Wirtschaft, dass Forschung und Entwicklung eng mit der zeitnahen Vermarktungsfähigkeit erfolgreicher Produkte verknüpft sind. Die Wahrnehmung, wonach Wissen-

42 Vgl. Beck/Giddens/Lash, 1996, S. 318.

43 Im aktuellen Forschungskontext siehe hierzu beispielsweise das Projekt ‚Biologisierung des Sozialen oder neue Biosozialität? Die Erosion alltagsnaher Natur-Gesellschafts-Unterscheidungen und ihre Konsequenzen'. Das Projekt unter der Leitung von Christoph Lau ist Teilprojekt eines Sonderforschungsbereiches (SFB 536) an der Universität Augsburg. Die Entgrenzung alltagsnaher und alltagsrelevanter Natur-Gesellschafts-Unterscheidungen in den Bereichen Gesundheit, Körperverhältnis und Erziehung stehen im Mittelpunkt des Forschungsinteresses. In diesem Projekt wird unter anderem auch gefragt, wie sich soziale Gemeinschaften bilden, die ihre Interessen auf der Grundlage einer kulturell reflektierten und gestalteten Natur artikulieren.

44 Vgl. Stefan Böschen/Peter Wehling: Wissenschaft zwischen Folgenverantwortung und Nichtwissen. Aktuelle Perspektiven der Wissenschaftsforschung, Wiesbaden 2004 und Ulrich Beck/Wolfgang Bonz/Christoph Lau: Entgrenzung erzwingt Entscheidung. Was ist neu an der Theorie reflexiver Modernisierung?, in: Beck/Lau, 2004, S. 1-54.

45 Siehe hierzu die ZAK Vorlesungsreihe im Colloquium Fundamentale ‚Geistesblitze & Orchideenfächer. Geisteswissenschaften in einer globalisierten Welt', Sommersemester 2007.

schaft selbst neue Probleme entstehen lässt, auf die gerade in der deutschen Öffentlichkeit besonders sensibel reagiert wird, stellt die Wissenschaft und auch Wissenschaftspolitik vor große Herausforderungen. Die Maßstäbe, wonach beurteilt wird, was als problematisch anzusehen ist und was nicht, sind selbst in hohem Maße kulturell geprägt und different.[46] Die Wirkungen des Kulturellen werden nicht nur aus der Sicht fachfremder Disziplinen unterschätzt: die kulturelle Geprägtheit struktureller Entwicklung wird auch innerhalb der Soziologie breit diskutiert. Roland Robertson beispielsweise kritisierte Giddens, der die ‚significance of culture' unterschätzte[47] und daher den Beitrag ‚anderer Kulturen' zum Gesellschaftsprozess in der Theoriebildung nicht adäquat in den Blick nehme:

> The whole idea that one can sensibly interpret the contemporary world without addressing the issues that arise from current debates about the politics of culture, cultural capital, cultural difference, cultural homogeneity and heterogenity, ethnicity, race and gender, and so on, is implausible.[48]

Diese Verschiebungen und Entgrenzungen der Produktion des Wissens, der globaldifferenten Normen der Legitimation wissenschaftlichen Tuns und der Erwartungen hinsichtlich der Verwendung von wissenschaftlichen Erkenntnissen hat erhebliche Implikationen für die Entwicklung eines ausdifferenzierten Portfolios von integrierten und additiven Schlüsselqualifikationsangeboten im Rahmen des lebenslangen Lernens. Ein verantwortlicher, antizipatorisch-strategischer[49] Blick auf Anpassungserfordernisse auf der institutionellen Ebene der Hochschulen erfordert die Verknüpfung zweier Ebenen – die der makrosoziologisch gesamtgesellschaftlichen Veränderungen und die der mikrosoziologischen Aspekte individueller Handlungen. Diesem Gedanken folgend haben die Universitäten eine Verantwortung Lernmöglichkeiten anzubieten, die fundiertes sozialverant-

46 Hierzu beispielsweise die Beiträge in Caroline Y. Robertson: Der Perfekte Mensch. Genforschung zwischen Wahn und Wirklichkeit, Baden-Baden 2003 sowie dies. (Hrsg.): Tod und Sterben in der Gegenwartsgesellschaft. Eine interdisziplinäre Auseinandersetzung, Baden-Baden 2008.

47 Robertson, Roland: Globalization. Social Theory and Global Culture, London 1992, p. 144, zitiert nach Deborah Eade: Capacity-building. An approach to people-centred development, Oxford 1997, p. 4.

48 Ebd., p. 145.

49 Zum Konzept der antizipatorischen Vernunft siehe Helmut F. Spinner: Pluralismus als Erkenntnismodell, Frankfurt am Main 1974.

wortliches Handeln ihrer Absolventinnen und Absolventen zum Ziel haben: wissenschaftlich gebildete Personen, die an verantwortungsvollen Schnittstellen die Weiterentwicklung, Distribution und Anwendung des Erlernten in Theorie und Praxis leisten können.[50]

2.2.2. Globalisierung und kulturelle Fragmentierung

Vor diesem Hintergrund verbindet ein zweiter Diskussionsstrang die Wirkungen der Globalisierung auf der Handlungsebene mit der Verantwortung der Hochschulen, adäquate fachübergreifende Angebote zu offerieren. Es wird die These vertreten, dass die Kompetenzen, die für den erfolgreichen Umgang in – lokalen und globalen – interkulturell geprägten Kontexten benötigt werden, differenzierter zu sehen sind, als dies üblicherweise geschieht.[51] Trotz einer Vielzahl von Best Practice-Beispielen und Initiativen gibt es an den deutschsprachigen Hochschulen häufig keine hinreichend *inhaltlich* ausgerichteten interkulturellen Angebote, die Theorie und Praxis kontextdifferenziert berücksichtigen.

50 Für eine ausführlichere Betrachtung von ‚individualistischer' und ‚kollektivistischer' Theorietraditionen und die Entwicklung einer ‚global sociology' siehe Caroline Y. Robertson-von Trotha: Die Dialektik der Globalisierung. Kulturelle Nivellierung bei gleichzeitiger Verstärkung kultureller Differenz, Karlsruhe 2009, S. 12-15; die Beiträge in Robertson/Winter, 2000 sowie zum Thema Individualismus/Kollektivismus auch: Caroline Y. Robertson-Wensauer: Ethnische Identität und politische Mobilisation. Das Beispiel Schottland, Baden-Baden 1991.

51 Im vorliegenden Band geht Matthias Otten auf die Herausforderungen und die teils kritisch zu behandelnde Praxis der interkulturellen Kommunikation als Schlüsselqualifikation ein.

Außerdem werden vorhandene Ressourcen an den jeweiligen Hochschulen nicht ausreichend genutzt – ‚Internationalisation at Home'[52] wird, trotz hohem Ausländeranteil in der Studierendenschaft nicht als Chance begriffen, in die es zu investieren lohnt.[53] Für Austauschstudierende oder für internationale Studierende finden selten Vor- und/oder Nachbereitungskurse in ausreichendem Maße statt. Zudem gibt es keine reflektierte inhaltliche Diskussion über die Chancen, durch ein Auslandssemester *interkulturelle* Kompetenz zu erlangen und nachzuweisen. Die bisherige Debatte konzentriert sich viel zu sehr auf die Abgleichung, Anrechnung und Kompatibilität der *fachlichen* Leistungen, ohne das Erlangen einer interkulturellen Kompetenz selbst explizit als Lernziel in den Vordergrund zu stellen.

52 Das Projekt ‚Internationalisation at Home' (IaH) entstand 1999 auf Initiative der Universität Malmö (Schweden) und entwickelte sich zur europäischen Initiative, an der auch das ZAK mit verschiedenen internationalen Partneruniversitäten beteiligt war. Grundgedanke war, dass Internationalisierung weit über existierende Austauschprogramme hinaus gehen und in einem erweiterten Sinne gedacht und implementiert werden muss. Ziel eines modernen Hochschulstudiums soll es vielmehr sein, dass möglichst viele Studierende internationale bzw. interkulturelle Erfahrungen sammeln können, sei es im Ausland oder an der Heimatuniversität in der Auseinandersetzung mit Internationalsierung. Dies setzt sowohl die Vermittlung von orientierend-vergleichendem Kulturwissen als auch Techniken der interkulturellen Kommunikation voraus.

53 Am IAK, der Vorgängerinstitution des ZAK, gab es 1998/1999 zahlreiche Lehrveranstaltungen und Projektseminare zum Thema ‚Internationalisation at Home', aus denen die Publikation ‚Campus Internationale' hervorging. Darin finden sich neben der Darstellung der Internationalisierungsdebatte vor allem auch Interviews mit ausländischen Studierenden, Best Practice-Modelle von internationalen Studiengängen und weitere Themen. Vgl. Caroline Y. Robertson-Wensauer (Hrsg.): Campus Internationale? Entwicklung und Perspektiven des Ausländerstudiums am Beispiel der Universität Karlsruhe (TH) (= Problemkreise der Angewandten Kulturwissenschaft, Bd. 2/98-1/99, Jg. 2/3), Karlsruhe 1999.

Im deutschen Sprachraum kann der Umgang mit ‚Diversity', mit individueller Verschiedenheit in ihren gruppenrelevanten Auswirkungen, deren Hauptmerkmale Gender, Ethnie, Alter und Behinderung sind, generell als verspätet angesehen werden.[54] Hinsichtlich interkultureller Kontaktsituationen wird implizit davon ausgegangen, dass Homogenisierungsprozesse die Effekte von kultureller Differenz ohnehin minimieren. Es reiche daher, zugespitzt formuliert, gute Sprachkenntnisse vorzuweisen. Mit dem Begriff ‚Globalisierung' werden häufig vorschnell Thesen der ‚Homogenisierung' oder gar des ‚kulturellen Imperialismus'[55] in Verbindung gebracht, die zu Fehlinterpretationen auch hinsichtlich der inhaltlichen Weiterentwicklung von Curricula führen: Sollten Kulturdifferenzen durch Globalisierung nivelliert werden, wäre die Vermittlung eher eine Frage von Bildungsangeboten und nicht von Handlungspragmatismus.

Im Gegensatz zu den Anhängern von Homogenisierungsthesen stellt Mike Featherstone Fragen der Rezeption und des Konsums in den Mittelpunkt seiner Betrachtung und konstatiert:

> Statt eine einheitliche globale Kultur herbeizuführen, bietet der Globalisierungsprozess eine Bühne für globale Differenzen. Er eröffnet nicht nur einen ‚Weltschaukasten der Kulturen', der Exotisches ins Haus bringt, sondern auch ein Feld, auf dem Kulturen aufeinander prallen. Solange kulturelle Integrationsprozesse auf globaler Ebene stattfinden, wird die Situation zunehmend pluralistisch oder polytheistisch, eine Welt mit vielen Göttern, entlang der Linien, die Max Weber in seinem Essay ‚Wissenschaft als Beruf' gezeichnet hat.[56]

54 Auswirkungen einer ‚verspäteten' Erkenntnis lassen sich besonders an der fehlenden infrastrukturellen Ausstattung empirisch veranschaulichen. So wurden Integrationskurse für Nicht-Deutsche erst als Folge des Zuwanderungsgesetzes eingeführt; interkulturelle Kommunikation ist bis heute keine curriculare Pflicht an den Pädagogischen Hochschulen; städtische Integrationskonzepte gibt es nur zum Teil und auch Diversity wird selten als für die Hochschulbildung relevant angesehen. Hierzu führte das ZAK mit der Führungsakademie Baden-Württemberg am 07. 05. 2004 im Rahmen der Europawoche Karlsruhe den internationalen Workshop ‚Diversity in Europe – Herausforderungen und Lösungen/Managing Diversity and Institutional Cultures' durch.

55 Für eine ausführliche kritische Würdigung dieses Diskurses vgl. John Tomlinson: Cultural Imperialism, London/Washington 1991 sowie ders.: Kosmopolitismus als Ideal und Ideologie, in: Robertson/Winter, 2000, S. 341-357.

56 Featherstone, Mike: Postmodernismus und Konsumkultur: Die Globalisierung der Komplexität, S. 88, in: Robertson/Winter, 2000, S. 77-106.

Diese durch Globalisierung vermittelte *kulturelle Fragmentierung* stellt in einer zuvor nicht da gewesenen Intensität spezifische Vermittlungsanforderungen zwischen den Kulturen, die nicht mehr allein durch zentrale Instanzen einer Ordnungspolitik geleistet werden können. Neue (Ver-) Handlungsspielräume und Notwendigkeiten entstehen immer häufiger auf der mikrogesellschaftlichen Ebene, in der Schule und am Arbeitsplatz, in der Nachbarschaft und in der Freizeit und fordern die Vermittlung von formellen und informellen interkulturellen Kompetenzen in vielerlei Alltagssituationen[57] – auch und erst recht in der akademischen Ausbildung. Nach dem Verständnis der Cultural Studies vollziehen sich Prozesse der Veränderung, der kulturellen Fragmentierung und der Entstehung des hybriden ‚Neuen' im Spannungsfeld eines konfliktären Kulturkontextes: ein Thema, das ohnehin in dem alltagspraktischen Umgang in den Hochschulen oft unsichtbar bleibt, negiert oder gar tabuisiert wird.[58] Dieser Kontext wird selbst von sich im Wandel befindenden gesamtgesellschaftlichen Strukturen erheblich beeinflusst und vorgeformt: durch Prozesse der globalen Ökonomisierung, des technologischen Wandels und des Wissenstransfers und auch durch die zunehmende Internationalisierung der Politik. Das kulturell ‚andere' erhöht die Komplexität von Handlungs- und Entscheidungssituationen deutlich. Diese setzt sowohl orientierendes kulturelles Kontextwissen als auch persönlichkeitsbezogene Basiskompetenzen im kommunikativen Umgang mit dem ‚Fremden' voraus.

57 Zunehmend breitet sich ein Rückzugs- und Abschottungsverhalten in ethnisch monokulturell geprägten Stadtquartieren aus, das die Herausforderungen einer interkulturellen Kommunikation erheblich erschwert und teilweise eher unrealistisch erscheinen lässt. Siehe hierzu Tahir Abbas: Islamic Political Radicalism. A European Perspective, Edinburgh 2007; id.: Muslim minorities in Britain. Integration, multiculturalism and radicalism in the post-7/7 period, in: Journal of Intercultural Studies, No. 3, Vol. 28, 2007, pp. 287-300 (= Special issue: Zlatko Skrbiš/Loretta Baldassar/Scott Poynting (eds.): Negotiating Belonging: Migration and Generations).

58 Wie reagieren Dozierende beispielsweise, wenn ein Student im Seminar befürwortet, dass „Israel ins Meer gedrängt werden müsse"? Was wissen Hochschulen über die Konfliktpotenziale in ihren eigenen Reihen? Vgl. hierzu auch Abbas, 2007.

2.3. Von der Informationsgesellschaft zur ‚nächsten Gesellschaft'

Ein weiterer Ansatz hinsichtlich der gesellschaftlichen Veränderungen mit weitreichenden Konsequenzen für die Wissensvermittlung allgemein und speziell für strategische hochschulpolitische Entscheidungen im Bereich der Schlüsselqualifikationen betrifft die Thesen, die Dirk Baecker in seinen ‚Studien zur nächsten Gesellschaft'[59]zusammengefasst hat. Die Bezeichnung ‚next society' wurde von Peter F. Drucker für die gesellschaftlichen Anpassungsprozesse als Folge der Digitalisierung eingeführt:

> next society genannt, weil sie sich in allen ihren Formen der Verarbeitung von Sinn, in ihren Institutionen, ihren Theorien, ihren Ideologien und ihren Problemen, von der modernen Gesellschaft unterscheiden wird.[60]

Auf die theoretischen Hintergründe von Baeckers Ausarbeitungen – die an die bisherigen Überlegungen anknüpfen – kann an dieser Stelle nicht näher eingegangen werden. Nur soviel: die zentrale These, die er auch in daraus abzuleitenden Folgen unter anderem für ‚die nächste Universität' und für die ‚Erziehung zur Wissenschaft' diskutiert, ist, dass die Computergesellschaft sich ähnlich dramatisch von der Buchdruckgesellschaft unterscheidet, wie diese von der vorangehenden Schriftgesellschaft der Antike.[61]

Während, so seine These, „die Antike es mit einem Überschuss an Symbolen zu tun hat und die Moderne mit einen Überschuss an Kritik, so wird sich die nächste Gesellschaft durch einen Überschuss an Kontrolle auszeichnen."[62] Baeckers Ausführungen gehen von der These Niklas Luhmanns aus, wonach die Gesellschaft nur dadurch mit den Verände-

59 Baecker, Dirk: Studien zur nächsten Gesellschaft, Frankfurt am Main 2007.
60 Ebd., S. 8.
61 Veränderungsprozesse, induziert durch das sogenannte ‚Gutenbergphänomen', sind in der frühen Diskussion über die Entwicklung von Literacy in verschiedenen westlichen Gesellschaften insbesondere dokumentiert durch die Arbeiten von Natalie Zemon Davis: Printing and the People. Society and Culture in Modern France, Stanford 1975, pp. 189-226; Elizabeth L. Eisenstein: The Printing Press as an Agent of Change, 2nd Vol., Cambridge 1979; William Leonard Joyce et al (eds.): Printing and Society in Early America, Worcester 1983; Colin Lankshear: Literacy Studies in Education. Disciplined Developments in a Post-Disciplinary Age, in: Michael Peters (ed.): After the Disciplines. The Emergence of Cultural Studies, London 1999; Onlinedokument http://www.geocities.com/c.lankshear/literacystudies.html [07. 07. 2009].
62 Baecker, 2007, S. 2.

rungsanforderungen nach der Einführung von Schrift, Buch und Computer fertig werden konnte, indem es ihr gelungen ist „passende Kulturformen des selektiven Umgangs mit dem durch die neuen Medien produzierten Überschusssinn zu finden."[63] Anknüpfend daran spricht Elena Esposito vom notwendigen ‚sozialen Vergessen', da das Zeichen der heutigen Informationsgesellschaft gerade sei, dass es keine ausreichenden Kulturtechniken zur gesellschaftlich sinnvollen Nutzung von medialer Information gebe: „Das Internet ist dabei, zum neuralgischen Zentrum der Projektionen von Zukunft zu werden, die wir unmöglich steuern können."[64] Hierfür ist ein spezielles Wissen über das Wissen notwendig, das vor allem auch die sozialen und kulturellen Faktoren der Wissensproduktion, -verwendung und -interpretation berücksichtigt.

Hinsichtlich der Vermittlung von Schlüsselqualifikationen spielen zentrale Verschiebungen und Weiterentwicklungen in den virtuellen Architekturen einer digitalen Weltgesellschaft eine zentrale Rolle und müssen berücksichtigt werden. Einige bereits beschriebene beobachtbare Trends nehmen deutlich zu: durch neue Generationen von Facebook, YouTube, Wikipedia, Weblogs und Webtagebüchern hat das Ausmaß verfügbarer Information, die partiell und in zunehmendem Maße auch als verfügbares Wissen deklariert werden kann, exponentiell zugenommen. Informationen über aktuelle Ereignisse werden dezentral ‚on the spot' erstellt, mit Bildern versehen, kommentiert und der virtuellen User-Welt zur Verfügung gestellt. Softwareentwicklung und Technologiefortschritt haben daher nicht nur die User-Freundlichkeit erhöht: Sie sind dabei, Kommunikations- und Interaktionsmuster grundlegend zu verändern. Nutzer und Kunden werden selbst gezielt als Wissensproduzenten eingesetzt. Die dadurch entstandene Beteiligungs-Zusammenarbeit (collaborative participation), die etwa für Wikipedia typisch ist, weitet sich aus und wird strategisch von Unternehmen eingesetzt. Viele Beobachter gehen von einem weitreichenden Paradigmenwechsel aus.

63 Ebd., S. 8 und siehe auch Niklas Luhmann: Die Gesellschaft der Gesellschaft, Frankfurt am Main 1997, S. 405ff.

64 Esposito, Elena: Soziales Vergessen. Formen und Medien des Gedächtnisses der Gesellschaft, Frankfurt am Main 2002, S. 10 und S. 346-357.

Neue Formen von Tauschgeschäften in flexiblen Netzwerken sind das zentrale Merkmal dieser Entwicklung, die zunehmend auch öffentliche Güter und Dienste transformiert:[65] „The traditional, monolithic, multinational business that confines value creation within its closed, hierarchical organization is dead."[66] ‚Open Innovation', ‚User Empowerment' und dialogische Kommunikation kennzeichnen die digitale Umwelt einer (Welt-)Gesellschaftsentwicklung, in der Ideen geteilt und getauscht anstatt geschützt werden. Der Zugang zu dieser neuen digitalen Umwelt setzt kulturtechnische Kompetenzen voraus, die von einer jungen Generation schnell im Learning by doing Verfahren erworben werden. Ein kritisches Urteilsvermögen, um die Inhalte des World Wide Webs einschätzen zu können, wird jedoch nicht frei Haus geliefert, sondern bedarf fundierter und reflektierter Kompetenzen.

Zusammengenommen lassen sich die in diesem Kapitel skizzierten Gesellschaftsveränderungen als zentrale Bestandteile einer globalisierten Wissen*schafts*gesellschaft beschreiben, die erhebliche Konsequenzen für formelle und informelle Lernangebote haben werden. Die Grenzen zwischen wissenschaftlich-methodischem Wissen, dezentral generiertem Wissen und dessen Verwendung im Alltagswissen werden zunehmend diffus. Wissensmonopole durch die Entdeckung, Erfindung, Komposition und Produktion neuen Wissens lassen sich nur für kurze Zeit aufrechterhalten – und dies weitgehend unabhängig davon, wo Wissen generiert wird. Individuelles Handeln und auch kollektiv institutionalisiertes Handeln wird sich auf viele neue Dynamiken zwischen Wissensherrschaft und Unwissen strategisch und sozialverantwortlich einlassen müssen – und dies auf allen Qualifikationsstufen. Eine Promotion an der Universität der ‚nächsten Generation' nach Baecker

65 Vgl. Don Tapscott/Anthony D. Williams/Dan Herman: Wikinomics. How Mass Collaboration Changes Everything; Onlinedokument http://www.usa.gov/webcontent/documents/Printversion.pdf [07. 07. 2009] und New Paradigm Learning Corporation: Government 2.0. Transforming Government for the Twenty-First Century; Onlinedokument http://www.competence-site.de/master-data-management.nsf/21ef2ef086df4793c12569eb00586838/e374bf6d9392f5ebc12572890035fedc!Open Document&Highlight=0,Stammdatenmanagement [07. 07. 2009].

66 Ebd., S.1. Siehe auch Bericht zur Jahrestagung der Wissenschaftlichen Gesellschaft für Innovatives Marketing: Web 2.0 ist ein Hype mit Substanz; Onlinedokument http://www.marketing.wiso.uni-erlangen.de/fileadmin/uploads/Jahrestagung_2007.pdf [07. 07. 2009].

hätte nicht mehr den kritischen Umgang mit Büchern, sondern den operativen Umgang mit Komplexität zum Paradigma. Sie würde auf Seiten der Betreuer wie der Promovenden von vornherein damit rechnen, dass jede Realitätsebene, auf die man sich einlässt, nur eine Perspektive unter anderen Perspektiven erschließt und daher die Existenz der anderen Perspektiven so mit ins Kalkül nehmen muss [...]. Mitten in der Flut der Daten, eingebettet in einen Wissenschaftsbetrieb, der produktiv ist wie selten zuvor in der Wissenschaftsgeschichte der Gesellschaft, eingesperrt in eine Universität, die rücksichtsloser als je zuvor in den Dienst einer sich selbst nur schlecht als Wissensgesellschaft verstehenden Gesellschaft gestellt wird, unterstützt von Computern, die mit den Möglichkeiten der Visualisierung noch der kompliziertesten Phänomene faszinieren, muss der Promovend erkennen, dass er nichts weiß. Er muss erkennen, dass er systematisch nichts weiß, das heißt nur dann Zugang zur Systemform des Wissens gewinnt, wenn er die Ignoranz im gezielten Sinne aktueller Erkenntnistheorie, das heißt im Sinne eines „ethischen", wenn nicht „kybernetischen" Könnens pflegt.[67]

3. Kompetenzkompetenz – die unerlässliche Schlüsselqualifikation der Zukunft

Davon ausgehend, dass die zuvor beschriebenen makrogesellschaftlichen Metatrends richtungsweisend und – unabhängig von ihrer Richtigkeit im Detail – eine unwiderrufliche Entwicklung kennzeichnen, werden Diskussionsstand, Konzepte und Modelle für die Vermittlung von Schlüsselqualifikationen und des Kompetenzerwerbs im Folgenden vorgestellt.

67 Baecker, 2007, S.147; zitiert nach Torsten Meyer: Dirk Baeckers Studien zur nächsten Gesellschaft; Onlinedokument http://mms.uni-hamburg.de/blogs/meyer/blog/2008/01/20/ [07. 07. 2009].

3.1. Kompetenzvermittlung – state of the art

Weder bei einer Betrachtung des deutschsprachigen Bildungsraums[68] noch im internationalen Spektrum ist die Diskussion um Schlüsselqualifikationen und Kompetenzen neu. Die Verständigung darüber, was unter Schlüsselqualifikationen zu verstehen sei, hat wechselnde Akzentuierungen über die Zeit erfahren. Sie lassen sich generell als die Qualifikationen bezeichnen, die fach- und situationsübergreifend Menschen in Stand setzen kompetent zu handeln d. h. die Selbstorganisation von Handlungsfähigkeiten zu entwickeln. Die folgende Tabelle gibt einen ausführlichen Überblick über die Handlungen und Kompetenzen, die, aus diesem Ansatz der Selbstorganisation resultierend, vorhanden sind oder entwickelt werden können.

68 Siehe hierzu Helen Orth: Schlüsselqualifikationen an deutschen Hochschulen. Konzepte, Standpunkte und Perspektiven, Neuwied 1999 und vgl. Helen Knauf/Marcus Knauf: Das Konzept der Schlüsselqualifikationen und seine Bedeutung für die Hochschule. Einführung in das Thema, in: dies.: Schlüsselqualifikationen praktisch. Veranstaltungen zur Förderung überfachlicher Qualifikationen an deutschen Hochschulen, Bielefeld 2003, S. 11ff. Knauf und Knauf beschreiben sowohl die frühe Traditionslinie, in der nach Lehmensick (1926) die Diskussion über materiale und formale Bildung im Mittelpunkt stand, bis zu den Veränderungen Anfang der 1970er Jahre, die sich aus dem Mertenschen Verständnis von Schlüsselqualifikationen ergaben. Er forderte vor allem Kompetenzen, die er definierte als „Kenntnisse, Fähigkeiten und Fertigkeiten, welche nicht unmittelbaren und begrenzten Bezug zu bestimmten [...] Tätigkeiten erbringen, sondern vielmehr a) die Eignung für die Bewältigung einer Sequenz (meist unvorhersehbarer) Änderungen von Anforderungen im Laufe des Lebens [...]" sicherstellen. Mertens, Dieter: Schlüsselqualifikationen. Thesen zur Schulung für eine moderne Gesellschaft, in: Mitteilungen aus der Arbeitsmarkt- und Berufsforschung, H. 7, 1974, S. 36-43.

Kompetenzen sind Selbstorganisationsdispositionen des Individuums	
Was wird vom Individuum **selbst organisiert?** In der Regel **Handlungen**, deren Ergebnisse aufgrund der Komplexität des Individuums, der Situation und des Verlaufs (System, Systemumgebung, Systemdynamik) nicht oder nicht vollständig voraussagbar sind.	
Welche Handlungen dieser Art werden selbst organisiert? Es sind dies	
geistige Handlungen	z. B. Problemlösungsprozesse, kreative Denkprozesse, Wertungsprozesse
instrumentelle Handlungen	z. B. manuelle Verrichtungen, Arbeitstätigkeiten, Produktionsaufgaben
kommunikative Handlungen	z. B. Gespräche, Verkaufstätigkeiten, Selbstdarstellungen
reflexive Handlungen	z. B. Selbsteinschätzungen, Selbstveränderungen, neue Selbstkonzeptbildungen
Handlungsgesamtheiten	z. B. gesamte Handlungsspektren kreativer Mitarbeiter
Die unterschiedlichen **Dispositionen** (Anlagen, Fähigkeiten, Bereitschaften), ebendiese Handlungen selbst organisiert auszuführen, bilden unterschiedene Kompetenzen. Man kann folglich unterscheiden:	
Fachkompetenzen	die Dispositionen, geistig selbst organisiert zu handeln, d. h. mit fachlichen Kentnissen und fachlichen Fertigkeiten kreativ Probleme zu lösen, das Wissen sinnorientiert einzuordnen und zu bewerten
Methodenkompetenzen	die Dispositionen, instrumentell selbst organisiert zu handeln, d. h. Tätigkeiten, Aufgaben und Lösungen methodisch kreativ zu gestalten und von daher auch das geistige Vorgehen zu strukturieren
Sozialkompetenzen	die Dispositionen, kommunikativ und kooperativ selbst organisiert zu handeln, d. h. sich mit anderen kreativ auseinander- und zusammenzusetzen, sich gruppen- und beziehungsorientiert zu verhalten, um neue Pläne und Ziele zu entwickeln
personale Kompetenzen (Individualkompetenzen)	die Dispositionen, reflexiv selbst organisiert zu handeln, d. h. sich selbst einzuschätzen, produktive Einstellungen, Wertehaltungen, Motive und Selbstbilder zu entwickeln, eigene Begabungen, Motivationen, Leistungsvorsätze zu entfalten und sich im Rahmen der Arbeit und außerhalb kreativ zu entwickeln und zu lernen
Handlungskompetenzen	die Dispositionen, gesamtheitlich selbst organisiert zu handeln, d. h. viele oder alle der zuvor genannten Kompetenzen zu integrieren

Abb. 2, Quelle: Erpenbeck/Heyse, 1999, S. 157.[69]

Immer wieder wird jedoch auf die Problematik des Kompetenzkonzepts hingewiesen, denn Kompetenz ist „ein Programm und kein Begriff",[70] d. h. dass es sich performativ erst in der praktischen Umsetzung als Konzept zeigt und nicht mit etablierten Kategorien schematisiert angewendet werden kann. In der neueren Diskussion wird deshalb davon ausgegangen, dass Kompetenzkonzepte notwendigerweise prozesshaft und reflexiv sind:

> Selbstorganisation wird gesehen als Resultat der Wechselwirkungen von kognitiven, sozialen, emotionalen und motivationalen Ressourcen, als bewusste und reflexive Steuerung des eigenen Lernens in Richtung auf eine reflexive Lebensführung.[71]

Ohne die Fähigkeit, gesellschaftliche Zusammenhänge in komplexerer Form erkennen zu können, kann auch eine individuelle Reflexion und Verortung von Veränderungsprozessen, Entscheidungsgrundlagen und die Überprüfung des eigenen Wissens nicht stattfinden. Auch aus diesem Grund ist die Vermittlung von Orientierungswissen als Schlüsselkompetenz wesentlich. Die hierin enthaltene Problematik liegt auf der Hand. Denn es lassen sich daraus noch keine konkreten bildungspolitischen Verhaltensanweisungen ableiten. Kern dieses Konzepts ist die Bedeutung selbstregulativen Handelns und dies zunehmend im Kontext lebenslangen Lernens. Dispositionelle Kompetenzen als Teil der Persönlichkeit, insbesondere Sozialkompetenz, Einfühlungsvermögen, kommunikatives und intuitives Verhalten sind individuell unterschiedlich vorhanden. Aber auch diese und weitere Basiskompetenzen können erweitert, aktualisiert und trainiert werden.[72] Sowohl Prozesse der demographischen Entwicklung, veränderte Rollen und Verhaltensmuster innerhalb der Familie als auch ein von außen entstehen-

69 Erpenbeck, John/Heyse, Volker: Die Kompetenzbiographie. Strategien der Kompetenzentwicklung durch selbstorganisiertes Lernen und multimediale Kommunikation, Münster/New York/Berlin 1999, zitiert nach Siegfried J. Schmidt: Lernen, Wissen, Kompetenz, Kultur. Vorschläge zur Bestimmung von vier Unbekannten, Heidelberg 2005, S. 161.

70 Schmidt, 2005, S. 159 und vgl. John Erpenbeck/Lutz Rosenstiel: Handbuch Kompetenzmessung. Erkennen, Verstehen und Bewerten von Kompetenzen in der betrieblichen, pädagogischen und psychologischen Praxis, Stuttgart 2003.

71 Schmidt, 2005, S. 167.

72 Hingewiesen werden muss jedoch darauf, dass um die Möglichkeiten und Grenzen der Aneignung von Basiskompetenzen intensive Diskussionen geführt werden.

der Veränderungsdruck, insbesondere hinsichtlich Flexibilitäts- und Kommunikationserfordernissen haben zwar institutionalisierte Angebote zum gezielten ‚Persönlichkeitstraining', beispielsweise durch Mentoringprogramme, integrierte und additive Coachingangebote, entstehen lassen. An den Universitäten und in den Fachdisziplinen gehen die Vorstellungen über Notwendigkeiten, Inhalte und Methoden des Kompetenzerwerbs aber weit auseinander.

In den Fakultäten erfolgt die Diskussion oft auf der Grundlage nicht wirklich transparent gemachter Vorstellungen, die lediglich der Erfüllung der Minimalerfordernisse des Bologna Prozesses dienen. Hieraus lässt sich die Notwendigkeit eines Kompetenzkonzepts ableiten, wie es beispielsweise von Erpenbeck und Rosenstiel vorliegt. In ihrem Beitrag in diesem Band beschreiben Rolf, Albuquerque und Simon die beiden Pole der derzeitigen Diskussion. Auf der einen Seite stehen die Befürworter einer engen Auslegung von Soft Skills (Kommunikations-, Team-, und Präsentationsfähigkeit, Bewerbungstrainings, Erwerb von IT-Kompetenz usw.), die es nach den Maßgaben des Bologna-Prozesses in den fakultären Studiengängen zu verankern gilt. Auf der anderen Seite werden Ansätze, die Allgemeinbildung, Humanities und Orientierungswissen in den Vordergrund stellen, favorisiert. An den Hochschulen sind Befürworter beider Positionen anzutreffen, wobei ihre Verteilung an den Fakultäten unterschiedlich ausfällt: in den Naturwissenschaften wird eher der *Soft Skills-Ansatz* vertreten, an den ingenieurwissenschaftlichen Fakultäten zuweilen *Management Skills* in den Vordergrund gestellt, während an den wirtschaftswissenschaftlichen Fakultäten sowohl Vertreter eines breiteren Ansatzes der selbstgewählten Allgemeinbildung als auch Befürworter einer *Soft Skills-orientierten* Persönlichkeitsoptimierung anzutreffen sind.

Die Befragung an der eigenen Hochschule[73] hat aber ebenso personenbezogene Favorisierungen verdeutlicht: Beim Wechsel der Person im Amt des Studiendekans wechselte zuweilen ebenso die vertretene Position hinsichtlich des inhaltlichen Verständnisses und der Auslegung von Schlüsselqualifikationen. Die Diskussionen um Begrifflichkeiten, inhaltliche Auslegungen und operative integrative und additive Umsetzungen

73 Siehe Beitrag Caroline Y. Robertson-von Trotha, Jens Gößisch und Iris Helene Koban ‚Projekte zu Schlüsselqualifikationen an Technischen Universitäten. Konzeptionelle Überlegungen, empirische Erhebungen und interuniversitärer Austausch' in diesem Band.

dauern an. Die Forderungen der Berufsverbände wie etwa des VDI (Verein Deutscher Ingenieure) oder der Wirtschaft sind seit langem bekannt. Neu ist indessen die Herstellung einer institutionalisierten, zumeist zentral verankerten Struktur innerhalb der Hochschulen, um diesen Fragen nachzugehen, wie etwa Zentren für Schlüsselqualifikationen. Diese haben selbst allerdings unterschiedliche Auffassungen darüber, welche Angebote notwendig sind und konzentrieren sich häufig auf das Training von persönlichkeitsbezogenen Basis- und Methodenkompetenzen. Dies lässt sich oft aus der Entstehungsgeschichte der Zentren erklären, aber auch durch den jeweiligen Legitimationsdruck, dem sie sich durch die Fakultäten ausgesetzt sehen.[74]

Die Aneignung von Selbststeuerungskompetenzen in Lernprozessen spielt in der internationalen Diskussion eine hervorzuhebende Rolle. Vor dem Hintergrund zweier Projekte in Großbritannien wird das Konzept der ‚Transferable Skills in Higher Education' in einem Sammelband von Allison Assister diskutiert.[75] Auch hier wird einerseits die Breite der diskutierten Konzepte deutlich, andererseits die Notwendigkeit ‚übertragbare Fähigkeiten' im Rahmen der Curriculaentwicklung einzuführen. Einige Studien thematisieren die Erwartungen der Wirtschaft im Hinblick auf mitgebrachte fachübergreifende Schlüsselqualifikationen der Berufseinsteiger. Bereits 1986 unterschied Blaschke zwischen sozialen und fachlichen Qualifikationen in einer Befragung von 4000 deutschen Erwerbspersonen.[76] Mit den personenbezogenen Dimensionen Motivation, Einstellung zu Arbeit und Beruf und Fähigkeiten im Umgang mit Anderen deckte die

74 Die am ZAK entwickelten Vorschläge zum curricularen Erwerb von Schlüsselqualifikationen fanden unter der Bezeichnung ‚Karlsruher Modell' Eingang in das Forum SQ und werden landesweit von den SQ-Einrichtungen des Landes Baden-Württemberg zur Bestimmung der SQ-Lerninhalte anerkannt. Das ‚Kriterien-Handbuch Schlüsselqualifikationen' – ein bald beendetes Arbeitsprojekt des Forum SQ – verweist zur Klärung der Lerninhalte auf die ‚Karlsruher Definitionen' zu Orientierungswissen, Basiskompetenzen und Praxisorientierung. Auch zu nennen wäre die Universität Ulm, die sich im Bereich der additiven Schlüsselqualifikationen (ASQ) bei der Bestimmung der Lehrbereiche an der Trias orientiert. Siehe Onlinedokument http://www.forum-sq.de [07. 07. 2009]

75 Vgl. Allison Assister (ed.): Transferable Skills in Higher Education, London 1995.

76 Vgl. Dieter Blaschke: Soziale Qualifikationen am Arbeitsmarkt und im Beruf, in: Mitteilungen aus der Arbeitsmarkt- und Berufsforschung, H. 4, Jg. 14, 1986, S. 536-552.

Studie erhebliche Unterschiede in den sozialen Qualifikationen auf, die besonders negativ bei niedrigeren Bildungsniveaus und geringerer Teilnahme an Weiterbildungsmaßnahmen auffielen. Zwischen der Industrie und den Hochschulen zeigen sich nicht nur Diskrepanzen hinsichtlich der Anforderungen an Berufseinsteiger, sondern auch hinsichtlich der inhaltlichen Beschreibung von Kompetenzen, die vorhanden sein sollten. Lynne Leveson weist darauf hin, dass sich dies im britischen Kontext teilweise auf die unterschiedlichen Begriffs- und Sprachgebräuche zurückführen lässt, die bisher keine übereinstimmende Definition zulassen.[77]

Mehrere Arbeiten weisen auf didaktische Mängel in der ingenieurwissenschaftlichen Lehre hin, die einerseits Grenzen einer integrativen Lehre im Bereich der Schlüsselqualifikationen aufzeigen und andererseits die zunehmende Bedeutung von Training-the-Trainer-Programmen verdeutlichen,[78]wobei teilweise eine grundsätzliche Skepsis deutlich wird.[79]

Knauf und Knauf unterscheiden in Bezug auf Schlüsselqualifikationen vier Dimensionen, Sach-, Methoden-, Selbst- und Fachkompetenz, und fügen diesen fünf Lernfunktionen hinzu, die erfüllt werden sollen. Vier davon sind eher ‚klassisch' und werden am ehesten in den Hochschulen anerkannt. Es sind: a) Verbesserung der Studierfähigkeit, b) Verbesserung des Übergangs von der Hochschule in den Beruf, c) Vorbereitung auf das Berufsleben und d) bessere Bewältigung des beschleunigten Wandels von Anforderungen. Mit der fünften Lernfunktion, e) Orientierung in einer

77 Vgl. Lynne Leveson: Disparaties in Perceptions of Generic Skills. Academics and Employers, in: Industry and Higher Education, No. 3, Vol. 14, 2000, pp. 157-164.

78 Siehe Ian J. Kemp/Liz Seagraves: Transferable Skills – Can Higher Education Deliver?, in: Studies in Higher Education, No. 3, Vol. 20, 1995, pp. 315-328.

79 Vgl. Thomas R. Hummel: Verändertes Qualifikationsprofil von Führungskräften aufgrund neuer Technologien, in: Personal, H. 47, 1995, S. 438-443. Hummel sieht die Hochschulen nur begrenzt in der Lage die erforderlichen überfachlichen Qualifikationen zu vermitteln. Ein Best Practice-Beispiel, das gerade an diese Problematik anknüpft, ist eine fachübergreifende Lehrveranstaltung zu dem Thema ‚Schlüsselqualifikationen – Theorie und Praxis', die seit dem Wintersemester 1998/99 mit Hochschullehrern und Vertretern der Industrie an der Technischen Universität Braunschweig angeboten wird. Siehe auch Christiane Borchard/Tobina Brinker/Karl Neumann/Eva-Maria Schumacher: Förderung von Schlüsselqualifikationen im Ingenieurstudium. Ringveranstaltung ‚Schlüsselqualifikationen – Theorie und Praxis' an der Technischen Hochschule Braunschweig, in: Knauf/Knauf, 2003, S. 69-80.

individualisierten Welt, wird der Schlüsselqualifikationserwerb in einen breiteren gesellschaftlichen Kontext gestellt:

> Sich auf Veränderungen einzustellen ist jedoch nicht nur aufgrund der sich wandelnden Arbeitsmarktstruktur sinnvoll und notwendig, sondern auch aufgrund der neu entstandenen Vielfalt möglicher Lebenskonzepte. Die Notwendigkeit, bereits frühzeitig aus einer Vielzahl von Optionen die Richtige auszuwählen und sich auch später immer wieder neu zu orientieren, macht Schlüsselqualifikationen notwendig.[80]

Hinsichtlich möglicher Strategien zur Förderung von Schlüsselqualifikationen an Hochschulen befürworten sie eine fachnahe Förderung, die jedoch nicht mit fachlichen Schlüsselqualifikationen zu verwechseln sei: „Sollen Kompetenzen ausschließlich auf ein Fach bezogen sein, so verlieren sie ihren Wert im Kontext gesellschaftlicher Veränderungsprozesse."[81] Mit unterschiedlichen Begründungen und Akzentuierungen wird die Vermittlung von Schlüsselqualifikationen, die den Erwerb von weitergehenden Kompetenzen ermöglichen, diskutiert. Rico Defilia und Antonietta Di Giulio beispielsweise gehen von den veränderten Erwartungen aus, mit denen sich Wissenschaftlerinnen und Wissenschaftler konfrontiert sehen. Da diese nur fachübergreifend einzulösen sind, fordern sie ein Konzept der allgemeinen Wissenschaftspropädeutik.[82] Andere Ansätze präferieren Konzepte des kritischen Denkens und Urteilsvermögens, die sozialverantwortliches Handeln und ethische Abwägungen ermöglichen.[83] Aufgrund gesamtgesellschaftlicher Veränderungsprozesse gehen soziologische Ansätze davon aus, dass neben dem lebenslangen Lernen von fachlichen Spezialkompetenzen sogenannte Meta-Kompetenzen gelernt werden müssen. Geißler und Orthey benennen

1. Pluralitätskompetenz: die Fähigkeit, sich in verschiedenen Situationen zurechtzufinden, ‚reflexive Distanz' zu entwickeln und unterschiedliche Blickwinkel einzunehmen und zu akzeptieren;

80 Knauf/Knauf, 2003, S. 18.
81 Ebd., S. 23.
82 Vgl. Rico Defilia/Antonietta Di Giulio: Interdisziplinarität und Disziplinarität, in: Jan-Hendrik Olbertz (Hrsg.): Zwischen den Fächern – über den Dingen? Universalisierung versus Spezialisierung akademischer Bildung, Opladen 1998, S. 111-137.
83 Vgl. Sharon Bailin et al: Conceptualizing Critical Thinking, in: Journal of Curriculum Studies, No. 3, Vol. 31, 1999, pp. 285-302.

2. Übergangskompetenz: Die Fähigkeit, mit Diskontinuitäten umzugehen und diese in Brücken zwischen Vergangenheit und Zukunft zu verwandeln. Zäsuren in Beruf, Partnerschaft, Wohnort und Qualifikationen sollen durch diese Kompetenz nicht mehr als Gefährdungen der Identität verstanden werden, sondern zu ihrer Konstitution beitragen;

3. Prozessstrukturbezogene Kompetenzen: Die Fähigkeit durch die Analyse der eigenen Kompetenzen und Möglichkeiten sowie durch Beobachtung der Umwelt ein realistisches Lebenskonzept zu entwerfen und es an die stattfindenden Veränderungen anzupassen.[84]

Im Rahmen des Projekts ‚Schlüsselqualifikationen an Technischen Hochschulen' befürworteten die teilnehmenden Einrichtungen der Technischen Universitäten Karlsruhe, München und Darmstadt einen ganzheitlichen Ansatz, der den Erwerb von Kompetenzen nicht auf das engere Verständnis der Berufs- und Arbeitswelt reduziert, sondern stattdessen als Grundlage für sozialverantwortliches Handeln des Einzelnen den Prozess des lebenslangen Lernens fördern kann.[85] Die am Projekt Beteiligten einigten sich daher auf eine Verständigung von SQ-Vermittlung, die die Trias Basiskompetenzen, Praxisorientierung und Orientierungswissen vorsieht – ein Ansatz, der in unterschiedlichen Ausprägungen an den beteiligten Universitäten existierte und an den Vorgängerinstitutionen des ZAK bereits vom Ansatz her umgesetzt worden ist.

3.2. Schlüsselqualifikationen und lebenslanges Lernen in gesamtgesellschaftlicher Verantwortung

Abschließend ist auf die postulierte Verantwortung der Hochschulen im Rahmen einer Öffentlichen Wissenschaft zurückzukommen. ‚Scientific Literacy für alle' wird bereits direkt oder indirekt als programmatischer Ansatz einer Wissenschaft im Dialog seit dem 19. Jahrhundert vor allem für naturwissenschaftliches Wissen diskutiert. Seit den 1990er Jahren wird

84 Geißler, Karlheinz A./Orthey, Frank Michael: Am Ende des Berufs. Das traditionelle Arbeitsmodell gilt nicht mehr. Lebenslange Anstellungen werden durch flüchtige Tätigkeiten ersetzt, in: Süddeutsche Zeitung, Nr. 13, 17./18. 01. 1998, S. 53, nach Orth, 1999, S. 35.

85 Dieser Ansatz wird im vorliegenden Band in den Beiträgen ‚Fachübergreifende Lehre und Schlüsselkompetenz als Programm' sowie ‚Schlüsselqualifikationen an Technischen Universitäten. Rahmenbedingungen, Konzepte und Angebote' näher dargestellt.

der Begriff jedoch in erweiterter Form zum Programm, so z. B. vom United States Center for Education Statistics als

> the knowledge and understanding of scientific concepts and processes required for personal decision making, participation in civic and cultural affairs, and economic productivity.[86]

Im Jahr 2004 wurde auf Initiative der Royal Society das neue Programm ‚Science in Society' (SiS) installiert, mit dem Ziel „of furthering the role of responsible and responsive science, engineering and technology in society."[87] Ausdrücklich sollte dies durch die verstärkte Einführung von ‚principles of dialogue' und die verstärkte Beachtung des gegenseitigen Informationsverhaltens zwischen Wissenschaft und Politik umgesetzt werden. Der Kern der Argumentation lässt sich mit den gesamtgesellschaftlichen Konzepten nachhaltiger Entwicklung vergleichen, wie sie aus dem kritischen Beziehungsgeflecht zwischen Wirtschaft und Gesellschaft bekannt sind: wenn Fragen des social impacts nicht beachtet und öffentlich diskutiert werden, wird das Vertrauen und damit das stillschweigende Einverständnis zum Handeln entzogen, Güter und Dienstleistungen werden nicht gekauft, Vertrauen schwindet. Gerade im Bereich der Grundlagenforschung ist aber die gesellschaftliche Legitimation durch Vertrauen eine empfindliche und unabdingbare Bedingung für die Akzeptanz wissenschaftlicher Arbeit.

Sechs Ziele, die den Prozess des Dialogs fördern sollen, bilden daher den Kern des neuen ‚Science in Society'-Programms. Diese knüpfen vom Ansatz her an die bereits diskutierten Literacy-Konzepte an:

- to promote Science in Society learning between science institutions and civil society,
- to ensure policy impact,
- to enable public and stakeholder engagement in the process,
- to enable dialogue skill acquisition within the scientific community,
- to ensure value for money.[88]

86 Onlinedokument http://www.literacynet.org/science/scientificliteracy.html [07. 07. 2009].
87 Onlinedokument http://royalsociety.org/downloaddoc.asp?id=556 [07. 07. 2009].
88 Ebd.

Eine bloße Sensibilisierung für die soziale und politische Verantwortung der Universitäten reicht nicht aus. Ohne entsprechende institutionalisierte Angebote, die jedoch nicht alleine von den Universitäten entwickelt und umgesetzt werden müssen, werden die vom Stifterverband der Deutschen Wirtschaft geforderten und (teilweise) geförderten Programme einer Wissenschaft im Dialog nicht realisiert werden können. Der nachhaltige Ausbau einer entsprechenden Institutionalisierung setzt aber bereits mit der Aufnahme geeigneter Module zum Erwerb von Schlüsselqualifikationen in den Studiengängen an.

Ein zusätzlicher Weg wird an zahlreichen britischen Universitäten, wie auch schon lange in den USA und zum Teil auch in Frankreich bestritten: Hier wurden zumeist vierjährige interdisziplinäre Studiengänge mit BA-Abschluss in ‚Science in Society' oder mit ähnlichen Schwerpunkten eingerichtet. Auch auf MA-Ebene gibt es bereits mehrere Studiengänge. Dieser Weg ist unter verschiedenen Gesichtspunkten besonders für Technische Hochschulen interessant. Benötigt werden professionell ausgebildete Übersetzer, die als Vermittler zwischen den unterschiedlichen sozialen Welten der Wissenschaften, der Wirtschaft und der Öffentlichkeit tätig sind. Dafür können Studierende gewonnen werden, die sich für einen reinen natur- oder ingenieurwissenschaftlichen Studiengang ansonsten vielleicht nicht interessieren würden. Ein solches Angebot könnte unter Umständen besonders geeignet sein, um mehr Frauen für die sogenannte MINT-Fächer – Mathematik, Ingenieur-, Natur- und Technikwissenschaften – zu interessieren. Module aus diesen Studiengängen ließen sich aber auch im Rahmen bestehender Studiengänge integrieren oder als Weiterbildungsangebote konzipieren. Die Hochschulen werden ihrer Rolle in Zukunft aber nur dann gerecht werden können, wenn es ihnen gelingt, ihre Leistungen in Forschung und Lehre gegenüber der zu Recht zunehmend kritischen Gesellschaft überzeugend zu verdeutlichen. Im Sinne einer kollektiven Sozialverantwortung müssen Hochschulen als lernende Organisationen die Paradoxie zwischen notwendiger Spezialisierung und gesamtgesellschaftlichen Folgewirkungen bereits auf der curricularen Ebene als Problem aufgreifen und entsprechende Lösungsansätze sowohl für die Studierenden als auch für die interessierte Öffentlichkeit entwickeln. Dies setzt einen Mentalitätswandel voraus. Denn die geschilderten gesellschaftlichen Veränderungen und die sich daraus ergebenden Anforderungen haben bisher noch nicht den nötigen Stellenwert im Sein und Bewusstsein der Hochschulen erhalten.

Literaturverzeichnis

Abbas, Tahir (ed.): Islamic Political Radicalism. A European Perspective, Edinburgh 2007.

id.: Muslim minorities in Britain: integration, multiculturalism and radicalism in the post-7/7 period, in: Journal of Intercultural Studies, No. 3, Vol. 28, 2007, pp. 287-300.

Assister, Allison (ed.): Transferable Skills in Higher Education, London 1995.

Baecker, Dirk: Studien zur nächsten Gesellschaft, Frankfurt am Main 2007.

Bailin, Sharon et al: Conceptualizing Critical Thinking, in: Journal of Curriculum Studies, No. 3, Vol. 31, pp. 285-302.

Bechmann, Gotthard/Stehr, Nico: Risikokommunikation und die Risiken der Kommunikation wissenschaftlichen Wissens. Zum gesellschaftlichen Umgang mit Nichtwissen, in: GAIA, Nr. 2, Jg. 9, 2000, S. 113-121.

Beck, Ulrich: Politik der Globalisierung, Frankfurt am Main 1998.

ders.: Die Eröffnung des Welthorizontes. Zur Soziologie der Globalisierung, in: Soziale Welt, Nr. 47, 1997, S. 3-16.

ders.: Was ist Globalisierung? Irrtümer des Globalismus – Antworten auf Globalisierung, Frankfurt am Main 1997.

ders./Bonz, Wolfgang/Lau, Christoph: Entgrenzung erzwingt Entscheidung. Was ist neu an der Theorie reflexiver Modernisierung?, in: Ulrich Beck/Christoph Lau (Hrsg.), Frankfurt 2004, S. 1-54.

ders./Lau, Christoph (Hrsg.): Entgrenzung und Entscheidung, Frankfurt am Main 2004.

ders./Giddens, Anthony/Lash, Scott (Hrsg.): Reflexive Modernisierung. Eine Kontroverse, Frankfurt am Main 1996.

Blaschke, Dieter: Soziale Qualifikationen am Arbeitsmarkt und im Beruf, in: Mitteilungen aus der Arbeitsmarkt- und Berufsforschung, H. 4, Jg. 14, 1986, S. 536-552.

Borchard, Christiane/Brinker, Tobina/Neumann, Karl/Braunschweig, Eva-Maria: Förderung von Schlüsselqualifikationen – Theorie und Praxis an der Technischen Hochschule Braunschweig, in: Knauf/Knauf, 2003, S. 69-80.

Böschen, Stefan/Wehling, Peter: Wissenschaft zwischen Folgenverantwortung und Nichtwissen. Aktuelle Perspektiven der Wissenschaftsforschung, Wiesbaden 2004.

Bromley, Roger: Multiglobalismen – Synkretismus und Vielfalt in der Populärkultur, in: Caroline Y. Robertson/Carsten Winter (Hrsg.): Kulturwandel und Globalisierung, Baden-Baden 2000, S. 189-206.

Davis, Natalie Zemon: Printing and the People. Society and Culture in Modern France, Stanford 1975.

Defilia, Rico/Di Giulio, Antonietta: Interdisziplinarität und Disziplinarität, in: Jan-Hendrik Olbertz (Hrsg.): Zwischen den Fächern – über den Dingen? Universalisierung versus Spezialisierung akademischer Bildung, Opladen 1998, S. 111-137.

Durant, John: What is scientific literacy?, in: John Durant/Jane Gregory/Jean-Marc Lévy-Leblond (eds.): Science and Culture in Europe, London 1993.

Eade, Deborah: Capacity-building. An approach to people-centred development, Oxford 1997.

Eirmbter, Willy H./Hahn, Alois/Rüdiger, Jacob: Aids und die gesellschaftlichen Folgen, Frankfurt am Main 1993.

Eisenstein, Elizabeth L.: The Printing Press as an Agent of Change, 2 Vols., Cambridge 1979.

Erpenbeck, John/Heyse, Volker: Die Kompetenzbiographie. Strategien der Kompetenzentwicklung durch selbstorganisiertes Lernen und multimediale Kommunikation, Münster/New York/Berlin 1999.

ders./Rosenstiel, Lutz: Handbuch Kompetenzmessung. Erkennen, Verstehen und Bewerten von Kompetenzen in der betrieblichen, pädagogischen und psychologischen Praxis, Stuttgart 2003.

Esposito, Elena: Soziales Vergessen. Formen und Medien des Gedächtnisses der Gesellschaft, Frankfurt am Main 2002.

Featherstone, Mike: Postmodernismus und Konsumkultur. Die Globalisierung der Komplexität, in: Robertson/Winter, 2000, S. 77-106.

Geißler, Karlheinz A./Orthey, Frank Michael: Am Ende des Berufs. Das traditionelle Arbeitsmodell gilt nicht mehr. Lebenslange Anstellungen werden durch flüchtige Tätigkeiten ersetzt, in: Süddeutsche Zeitung, Nr. 13, 17./18. 01. 1998, S. 53.

Gibbons, Michael/Limoges, Camilla/Nowotny, Helga/Schwartzman, Simon/Scott, Peter/Trow, Martin: The New Production of Knowledge. The Dynamics of Science and Research in Contemporary Societies, London 1994.

Giddens, Anthony: Modernity and self-identity. Self and society in the late modern age, Oxford 1991.

Giere, Ronald N.: Discussion Note. Distributed Cognition in Epistemic Cultures, in: Philosophy of Science, Vol. 69, December 2002.

Gross, Peter: Die Multioptionsgesellschaft, Frankfurt am Main 1994.

Hazen, Robert/Trefil, James: Science Matters. Achieving Scientific Literacy, New York 1990.

Hummel, Thomas R.: Verändertes Qualifikationsprofil von Führungskräften aufgrund neuer Technologien, in: Personal, H. 47, 1995, S. 438-443.

Joyce, William Leonard et al (eds.): Printing and Society in Early America, Worcester 1983.

Kemp, Ian J./Seagraves, Liz: Transferable Skills. Academics and Employers, in: Industry and Higher Education, No. 3, Vol. 14, 1986, pp. 536-552.

Keup, Heiner: Sich selbst finden im freiwilligen Engagement. Zivilgesellschaftliche Schlüsselqualifikationen durch Freiwilligendienste. Vortrag bei der Tagung ‚Gewinn für alle? Zum aktuellen Stand der Freiwilligendienste' am 10. 02. 2006 im Kardinal-Döpfner-Haus in Freising.

Knauf, Helen/Knauf, Marcus: Das Konzept der Schlüsselqualifikationen und seine Bedeutung für die Hochschule. Einführung in das Thema, in: dies. (Hrsg.): Schlüsselqualifikationen praktisch. Veranstaltungen zur Förderung überfachlicher Qualifikationen an deutschen Hochschulen, Bielefeld 2003, S. 11ff.

Knorr-Cetina, Karin: Die Fabrikation von Erkenntnis. Zur Anthropologie der Naturwissenschaft, erweiterte Neuauflage, Frankfurt am Main 2002.

dies.: Wissenskulturen, Frankfurt am Main 2002.

Kühn, Thomas: Die Struktur wissenschaftlicher Revolutionen, Frankfurt am Main 1976.

Lankshear, Colin: Literacy Studies in Education. Disciplined Developments in a Post-Disciplinary Age, in: Michael Peters (ed.): After the Disciplines. The Emergence of Cultural Studies, London 1999.

Latour, Bruno: Eine neue Soziologie für eine neue Gesellschaft. Einführung in die Akteur-Netzwerk-Theorie, Frankfurt am Main 2007.

Laugksch, Rüdiger C.: Scientific Literacy. A Conceptual Overview, in: Science Education, No. 1, Vol. 84, January 2000, pp. 71-94.

Leveson, Lynne: Disparaties in Perceptions of Generic Skills. Academics and Employers, in: Industry and Higher Education, No. 3, Vol. 14, 2000, pp. 157-164.

Luhmann, Niklas: Die Gesellschaft der Gesellschaft, Frankfurt am Main 1997.

Mertens, Dieter: Schlüsselqualifikationen. Thesen zur Schulung für eine moderne Gesellschaft, in: Mitteilungen aus der Arbeitsmarkt- und Berufsforschung, H. 7, 1974, S. 36-43.

Nowotny, Helga: Wissenschaft neu denken. Vom verlässlichen Wissen zum gesellschaftlich robusten Wissen, in: Heinrich Böll Stiftung (Hrsg.): Die Verfasstheit der Wissensgesellschaft, konzipiert und bearbeitet von Karsten Gerlof und Anne Ulrich, Münster 2006, S. 24-42.

dies./Scott, Peter/Gibbons, Michael: Wissenschaft neu denken. Wissen und Öffentlichkeit in einem Zeitalter der Ungewißheit, Weilerswist 2004.

Nuscheler, Franz: Europas Verantwortung im Zeitalter der Globalisierung, in: Caroline Y. Robertson-von Trotha (Hrsg.): Europa in der Welt – die Welt in Europa, Baden-Baden 2006, S. 197-206.

ders.: Globalisierung und ihre Folgen. Gerät die Welt in Bewegung?, in: Christoph Butterwegge/Gudrun Hentges (Hrsg.): Zuwanderung im Zeichen der Globalisierung. Migrations-, Integrations- und Minderheitenpolitik, Opladen 2003, S. 23-36.

Orth, Helen: Schlüsselqualifikationen an deutschen Hochschulen. Konzepte, Standpunkte und Perspektiven, Neuwied 1999.

Pahl, Kate/Rowsell, Jennifer (eds.): Travel notes from the new literacy studies. Instances of practice, Buffalo 2006.

Reimann, Horst (Hrsg.): Transkulturelle Kommunikation und Weltgesellschaft. Zur Theorie und Pragmatik globaler Interaktion, Opladen 1992.

Robertson, Caroline Y.: Die Dialektik der Globalisierung. Kulturelle Nivellierung bei gleichzeitiger Verstärkung kultureller Differenz, Karlsruhe 2009.

dies. (Hrsg.): Tod und Sterben in der Gegenwartsgesellschaft. Eine interdisziplinäre Auseinandersetzung, Baden-Baden 2008.

dies.: Öffentliche Wissenschaft – ein notwendiger Dialog, in: Joachim Klaus/ Helmut Vogel (Hrsg.): Wissensmanagement und wissenschaftliche Weiterbildung. Dokumentation der Jahrestagung der deutschen Gesellschaft für wissenschaftliche Weiterbildung und Fernstudium an der Universität Karlsruhe (TH) (= Beiträge 45), Hamburg 2007, S. 7-20.

dies.: Der Perfekte Mensch. Genforschung zwischen Wahn und Wirklichkeit, Baden-Baden 2003.

Robertson-Wensauer, Caroline Y. (Hrsg.): Campus Internationale? Entwicklung und Perspektiven des Ausländerstudiums am Beispiel der Universität Karlsruhe (TH) (= Problemkreise der Angewandten Kulturwissenschaft, Bd. 2/98-1/99, Jg. 2/3), Karlsruhe 1999.

dies.: Ethnische Identität und politische Mobilisation. Das Beispiel Schottland, Baden-Baden 1991.

Robertson, Roland: Glocalization. Time-Space and Homogeneity-Heterogeneity, in: Mike Featherstone/Scott Lash/id. (eds.): Global Modernities, London 1995, pp. 15-30.

id.: Globalization. Social Theory and Global Culture, London 1992.

Schmidt, Siegfried J.: Lernen, Wissen, Kompetenz, Kultur. Vorschläge zur Bestimmung von vier Unbekannten, Heidelberg 2005.

Spinner, Helmut F.: Pluralismus als Erkenntnismodell, Frankfurt am Main 1974.

Tomlinson, John: Kosmopolitismus als Ideal und Ideologie, in: Robertson/Winter, 2000, S. 341-357.

ders.: Cultural Imperialism, London/Washington 1991.

Weitere Onlinedokumente [07. 07. 2009]:

http://mms.uni-hamburg.de/blogs/meyer/blog/2008/01/20/.

http://www.actionbioscience.org/newfrontiers/hazen.html.

http://www.competence-site.de/master-data-management.nsf/21ef2ef086d47 93c12569eb00586838/e374bf6d9392f5ebc12572890035fedc!OpenDocument&Highlight=0,Stammdatenmanagement.

http://www.geocities.com/c.lankshear/literacystudies.html.

http://www.literacynet.org/science/scientificliteracy.html.

http://www.marketing.wiso.uni-erlangen.de.

http://www.mpib-berlin.mpg.de/pisa/.

http://www.nap.edu/.

http://www.oecd.org/dataoecd/20/18/1844842.pdf.

http://www.royalsociety.org/downloaddoc.asp?id=556.

http://www.tc.umn.edu/~giere/DCEC.pdf.

http://www.univie.ac.at/virusss/documents/407582231.pdf.

http://www.usa.gov/webcontent/documents/Printversion.pdf.

Wissen und Können: Ungewohnte Anforderungen an die Aus- und Weiterbildungseinrichtungen

Walther Ch. Zimmerli

Beginnen will ich, wie üblich, mit einer schlechten und einer guten Nachricht. Die schlechte Nachricht heißt: Universitäten sind nicht dazu geeignet, als Berufsausbildungseinrichtungen zu dienen. Universitäten haben eine andere Funktion und gehorchen einer anderen Logik. Diese Botschaft wird sich wie ein roter Faden durch meine folgenden Überlegungen ziehen. Zweitens will ich aber die gute Nachricht nicht ganz verschweigen. Sie heißt: Es gibt auch noch die Wirtschaft, und diese verfügt über ein gigantisches Bildungs- und Ausbildungssystem, in dem buchstäblich Hunderttausende von Personen alljährlich aus- und weitergebildet werden. Wenn die deutschen Universitäten nicht verstehen, dass hier eine für sie letztlich bedrohliche Entwicklung stattfindet, weil der Markt der Weiterbildung bereits jetzt definitiv verteilt wird, dann haben sie eine große, vielleicht die einzige Chance zu ihrer eigenen Refinanzierung und zur Erschließung eines neuen Tätigkeitsbereiches verschlafen.

Dass das zu einem guten Teil auf mangelnde Information zurückzuführen ist, kann man an folgendem Test ablesen, den jeder jederzeit wiederholen kann: Wenn man eine beliebige Gruppe von Menschen in Deutschland auffordert, drei international anerkannte Eliteuniversitäten zu benennen, kann man sicher sein, dass eine der drei benannten Institutionen Harvard heißt. Wenn man dann zweitens die Frage stellt: Was macht Ihr eigentlich in der Weiterbildung an Eurer Universität, dann zeigen dieselben Kolleginnen und Kollegen ein leicht gedrücktes Antwortverhalten nach dem Muster: Nicht viel, denn nur wer dafür Zeit hat, beschäftigt sich mit Weiterbildung; ich selber habe aber dafür keine Zeit, denn mein Kerngeschäft besteht in der Forschung und in der grundständigen Lehre! Wenn man dann aber dieselben Personen weiter fragt: An welcher Eliteuniversität würdet Ihr am liebsten unterrichten, dann wird – jedenfalls bei Wirtschaftswissenschaftlern – die Harvard Business School garantiert genannt. Dann aber wird klar, dass die Ablehnung der Weiterbildung auf Unkenntnis beruht, denn die Harvard Business School ist eine Weiterbildungseinrichtung, hoch professionell gemanagt, auch finanziell höchst erfolgreich und zudem mit höchster akademischer Reputation ausgezeichnet. Kurz: es zeigt sich, dass es das Ziel eines jeden exzellenten Wirtschaftswissenschaftlers (jedenfalls in den USA) ist, irgendwann an einer Weiterbildungseinrichtung zu landen! Das sollte man sich einmal auf deutschen Hochschulprofessoren-Zungen zergehen lassen. Das Ziel einer Wissenschaftskarriere hätte zum Kerngeschäft die Weiterbildung! So weit sind wir in Deutschland aber noch lange nicht.

Für uns sind in der Lehre immer noch die grundständigen Studiengänge das Kerngeschäft, auf das wir uns konzentrieren. Und noch eine Anmerkung in Bezug auf die Wirtschaft. Machen wir uns nichts vor: Wir bilden an den Universitäten – mit wenigen Ausnahmen – nicht für die zukünftigen Führungspositionen aus. Im Regelfalle bilden wir, gerade an Technischen Universitäten, wenn überhaupt, dann nur für Fachkarrieren aus. In vielen deutschen Industrieunternehmen ist es immer noch so, dass eines der vielen Gesetze von Parkinson gilt, nämlich dass Personen nach dem Maße ihrer Inkompetenz befördert werden. Mit anderen Worten: Wer ein hervorragender Fachingenieur ist, wird dafür häufig dadurch ‚bestraft', dass er Führungskraft werden muss. Er muss aus der Fachkarriere aus- und in die Führungskarriere einsteigen und selbstverständlich ist nicht jeder gute Ingenieur automatisch auch schon eine gute Führungskraft. De facto bilden wir also nicht primär für die zukünftigen Führungspositionen aus. Aber wir sollten es tun, denn – wer weiß – vielleicht wird ja einer von denen, die wir ausbilden, in Zukunft zur Gruppe der Führungskräfte gehören.

Im Folgenden möchte ich gerne auf die genannte schlechte Nachricht etwas genauer eingehen: Warum verhält es sich so, dass wir an den Hochschulen etwas Ungewohntes zu tun versuchen, wenn wir uns auf so etwas wie Schlüsselkompetenzen einlassen? Ja: sollten wir es überhaupt tun? Vielleicht macht es ja gar keinen Sinn, dass die Hochschulen das versuchen. Zu diesem Zwecke möchte ich uns alle in eine etwas andere Betrachtungsweise entführen. Daher gilt es an Horaz zu erinnern, ‚Parturiunt montes, nascetur ridiculus mus' zu deutsch: Es kreisten die Berge und gebaren eine winzig kleine lächerliche Maus. So wird es sich auch hier verhalten, am Ende wird es auf die guten alten Schlüsselkompetenzen hinauslaufen, wie sie im Übrigen schon seit 30 Jahren – denn so alt ist die Diskussion um Schlüsselkompetenzen – immer wieder diskutiert werden.

Zunächst will ich aber den Übergang von der Industrie- zur Wissensgesellschaft kommentieren und zwar in Bezug auf die institutionelle Frage: Welche Rolle spielt dabei die Ausbildung und wer führt sie durch? Zweitens werde ich die Idee des ‚Lifelong-Learning' diskutieren, denn das wird der andere rote Faden meiner Überlegungen sein. Drittens soll dann die Frage aufgegriffen werden: Was fehlt denn eigentlich den Hochschulen, um diese Herausforderung zu bewältigen? Vor diesem Hintergrund lässt sich viertens die Frage nach den Schlüsselkompetenzen auf die Wissenstypenfrage reduzieren, nämlich auf die Frage Kognitives Wissen versus ‚Skills' (also ‚Wissen versus Können').

1. Von der Industrie- zur Wissensgesellschaft

Erinnern wir uns: Wirtschaft und Wissenschaft unterscheiden sich seit der Industrialisierung institutionell dadurch, dass in den Fabriken Güter produziert wurden und in den Hochschulen Wissen. Biographisch betrachtet bedeutete das: Lernen fand in der Phase statt, die bis zum 25. Altersjahr dauerte, die Anwendung des Gelernten erfolgte dann vom 25. bis zum 65. Lebensjahr.

Heute dagegen sieht es völlig anders aus: Heute erfolgt in den Unternehmen überall eine wissensgestützte Produktion von Gütern und Dienstleistungen. Der Automobilsektor etwa produziert zwar auch Autos, aber wenn er allein davon leben müsste, wäre es schlecht um ihn bestellt. Da ist zum einen das ganze Finanzierungswesen, aus dem ein Großteil der Gewinne von Automobilunternehmen stammen, aus Leasing, aus Versicherungsverträgen sowie aus ‚After Sale', also aus dem, was passiert, nachdem das Fahrzeug verkauft ist, aus dem Verkauf von Ersatz- bzw. Originalteilen.

Das heißt also, dass – so betrachtet – das Kerngeschäft heute gar nicht primär im Produzieren und Verkaufen von Automobilen, sondern im ganzen systemischen Dienstleistungszusammenhang liegt und das gilt analog für alle anderen produzierenden Industrien. Aber auch hinsichtlich des Wissenserwerbs hat sich viel verändert: Biographisch gesehen lernen wir heute lebenslang, d. h. auch in den Unternehmen wird weiter gelernt; und auch in den Hochschulen ist viel Neues passiert: Vor nicht allzu langer Zeit gab es noch eine große Debatte darüber, ob es eigentlich angebracht sei, dass ein Wissenschaftler Patente halte. Anders: vor rund zehn Jahren galt das Halten von Patenten noch als Indiz dafür, dass jemand vielleicht doch kein richtiger Wissenschaftler, sondern doch eher ein Wirtschaftler sei. Das hat sich in der Zwischenzeit drastisch verändert. Heute sind Patente (wie Publikationen) Ausweis erfolgreicher wissenschaftlicher Tätigkeit. Sie werden bei Berufungsverfahren auch ähnlich bewertet, je nachdem natürlich, um welchen Lehrstuhl und um welche Disziplin es dabei geht.

Und in Zukunft wird es nochmal etwas anders aussehen. Dann wird die Wissensproduktion für erfolgreiche Innovationen wohl vorwiegend in den Unternehmen erfolgen. Das zeichnet sich jetzt bereits deutlich ab. Unternehmen werden zu Lernfabriken, d. h. in den Unternehmen werden innovationsorientierte Prozesse initiiert, die die Hochschulen aufgrund ihrer kognitiven Orientierung gar nicht in Gang setzen können.

Grundständige wissenschaftliche Erstqualifikationen, und zwar sowohl im Bachelor- als auch im Mastersegment, werden weiterhin Aufgabe der Hochschule sein. Die Konsequenz ist eine Art arbeitsteiliges System, auf das hin wir uns entwickeln, in dem die grundständige disziplinäre Erstqualifikation Bachelor und konsekutiver Master in den Hochschulen und die disziplinenübergreifende Weiterbildungsqualifikation in den Unternehmen geschieht. Dazu passt ein neuer institutioneller Typ, nämlich der der unternehmensinternen Hochschulen, die aus dem Boden schießen wie Pilze, von denen allerdings einige auch wieder vergehen wie Pilze; andere dagegen haben eine etwas längere Lebensdauer und sind dann nachhaltig.

2. Lifelong Learning

Schauen wir uns das noch in Bezug auf den Begriff der Bildung an. Bildung ist heute nicht mehr nur eine Vorbereitung aufs Leben, sondern ist zum integralen Bestandteil des Lebens selbst geworden, d. h. die Trennung ‚Zuerst Bildung bzw. Ausbildung, dann Berufspraxis bzw. Leben' ist nicht mehr aufrecht zu halten, sondern an ihre Stelle tritt das Lifelong Learning. Wenn das aber so ist, dann mag es sinnvoll sein, sich ein wenig genauer mit der Idee des Lifelong Learning zu beschäftigen.

Betrachten wir dieses Thema wieder nach demselben Muster: Was war Bildung früher? Bildung war früher ein absolutes Privileg einiger ausgewählter Menschen, die hauptsächlich aus der oberen Gesellschaftsschicht stammten. Seit der Einführung der Allgemeinen Schulpflicht und darüber hinaus seit der Entwicklung der Wissensgesellschaft hat sich das gravierend verändert. Bildung ist heute das Grunderfordernis buchstäblich jeglicher Berufsausübung. Das können wir an der zunehmenden Akademisierung aller beruflichen Aktivitäten sehen. Wieder hinken wir in

Deutschland im internationalen Vergleich etwas hinterher. Um das zu illustrieren, erinnere ich nur an eine Disziplin, die in den vergangen Jahren immer wieder für großes Aufsehen gesorgt hat, nämlich an die Pflegewissenschaften. Die Pflegewissenschaften sind an den deutschen Hochschulen mit einigen Ausnahmen (Witten/Herdecke wäre hier zu nennen) nicht beheimatet. An allen international sonst bekannten Hochschulen kommen sie aber prominent vor. Wir jedoch machen uns immer noch lustig darüber; dabei fallen dann ironische Sprüche wie der von der ‚promovierten Krankenschwester' oder vergleichbare Formeln.

Wenn wir uns aber klar machen, in wessen Hände man sich begibt, wenn man in eine Klinik eintritt, und wenn wir uns bewusst machen, wie groß der Anteil des Pflegepersonals im Verhältnis zu dem des medizinischen Personals ist, dann sieht man, dass es dringend erforderlich ist, hierfür hochqualifizierte, ja höchstqualifizierte Personen und Persönlichkeiten zu gewinnen. Und das gilt – mutatis mutandis – sinngemäß für alle anderen Berufe. Wir haben in Deutschland ein weit verbreitetes Vorurteil, das besagt, ‚Eliten', ein lange Zeit verpönter Ausdruck, bedeute, dass es nur ganz wenige davon geben dürfe. Das aber ist falsch. Es war bereits 1964 falsch, als Georg Picht sein aufsehenerregendes Buch über die deutsche Bildungskatastrophe veröffentlichte, in dem er schon damals darauf hinwies, dass wir im deutschen Bildungssystem weit abgehängt werden, wenn wir nicht von diesem absurden Vorurteil, dass Bildung etwas für ganz wenige sei, Abschied nehmen.

Wir sagen heute immer, es gebe zu viele Studierende an den Hochschulen. Das Gegenteil ist der Fall. Wir haben im internationalen Vergleich einen riesigen Nachholbedarf. Wir liegen bei gut 30 %; Großbritannien hat aber ein Programm aufgelegt ‚Sixty plus' – mindestens 60 % der Geburtenjahrgänge sollen an die Hochschulen gebracht werden, um in Zukunft international wettbewerbsfähig zu sein. Das bedeutet aber zugleich, dass die Grenzen zwischen Bildung (also dem, was man braucht, um nach dem humanistischen Ideal ein ganzer Mensch, ein guter Mensch zu sein), Ausbildung (also dem, was man braucht, um ein erfolgreicher ‚Professional' zu sein) und Weiterbildung (also dem, was man braucht, um ein erfolgreicher ‚Professional' zu bleiben) zunehmend verschwimmen. Ergo gilt: Lifelong Learning.

Die staatlichen Bildungsinstitutionen in Deutschland haben sich bisher auf die Alterskohorte zwischen 18 und 30 Jahren sowie auf disziplinäre Qualifikationen beschränkt. Das ist die Folge davon, dass wir in disziplinären Strukturen leben, d. h. dass wir versuchen, die Probleme des 21. Jahrhunderts mit einer Wissenschaftsabgrenzung des 19. Jahrhunderts zu lösen. Da das nie funktioniert hat, müssen wir immer wieder versuchen, diese Schwäche zu kompensieren. Das ist der Grund für die vielen interdisziplinären Programme, mit denen wir seit Jahrzehnten die Mauern, die wir vor Jahrhunderten zwischen den Disziplinen aufgerichtet haben, mühsam wieder zu überwinden versuchen.

Das ist es, worauf sich bei uns die Hochschulen, jedenfalls die staatlichen, beschränkt haben. Hier wird sich allerdings vieles ändern müssen. In der Wissensgesellschaft werden wir uns auf die Alterskohorte 18 bis 80 einrichten müssen. Es gibt noch viel zu tun in unserem Metier der Entwicklung transdisziplinärer Kompetenzen, nicht der Flickschusterei zwischen den Disziplinen (‚Inter-Disziplinarität') sondern der Übergang (‚trans') von einer Disziplin in die angrenzenden Disziplinen. Man muss nämlich in einer Disziplin zu Hause sein, um kompetent über deren Grenzen hinausgehen zu können, sonst heißt Interdisziplinarität: ‚zwischen allen Disziplinen' genauso wie ‚zwischen allen Stühlen' sitzen. Darüber hinaus gilt es aber, nicht nur die Grenzen zwischen den Disziplinen, sondern auch diejenigen der bloßen Theorie zu überschreiten und praxisgeneriertes Wissen, nicht nur praxisorientiertes Wissen, sondern Wissen, das aus der Anwendung in die Praxis zurückkommt, hervorzubringen. Das pflegen wir dann ‚Innovation' zu nennen, denn Innovation heißt – wie bereits von Schumpeter beschrieben wurde – nicht die neue Einsicht, sondern die *am Markt erfolgreich einzusetzende* neue Einsicht.

Und da muss dann eben die Wirtschaft ausgleichen, wo die Schulen und Hochschulen versagt haben. Genauer: wo die Schulen und Hochschulen aufgrund des speziellen Wissenstyps, den sie vertreten, gar nicht erfolgreich sein konnten. Das sind zwar Selbstverständlichkeiten, die aber trotzdem noch einmal in Erinnerung gerufen werden sollen: Ohne Wettbewerb – und das ist die eigentliche Botschaft der Exzellenzinitiative – geht nichts. Diese hat nämlich Wettbewerb ausgelöst, das ist das Gute daran. Es sind nicht so sehr die Resultate, die zwar für einzelne Hochschulen auch gut sind, und es ist auch nicht das Geld, das ein Tropfen auf den sprichwörtlichen heißen Stein ist. Ohne Wettbewerb aber stagniert das staatliche System. In Bildung als wichtigstes Gut muss investiert werden, und insofern müssen Wissenschaft und Wirtschaft hier gleichberechtigte Kooperationen unter Wettbewerbsbedingungen eingehen und zwar nach dem Muster: Nicht immer, wenn etwas schief gelaufen ist, waren es die Hochschulen. Und nicht immer, wenn etwas gut gelaufen ist, war es die Wirtschaft ... et vice versa. Globale Institutionen – und jede wissenschaftliche Institution ist mehr oder minder global angelegt – müssen global denken, aber lokal agieren: So global wir auch immer als Universität sein mögen, wir müssen unseren lokalen Campus an einem spezifischen Ort, z. B. in Karlsruhe haben.

Es muss immer wieder daran erinnert werden, dass nur etwa 10 bis 20 % dessen, was man in der Berufsausübung und zwar spezifisch bei Führungskräften braucht, in formellen Wissenssystemen erworben wird. Der Rest entsteht als ‚learning by doing', ‚training on the job', berufsbegleitende Weiterbildung etc. Auch dort also – und nicht ausschließlich in den formellen Bildungsinstitutionen – findet Bildung statt. Dafür kann man die Formel ‚Wissen auf Vorrat' verwenden, weil wir durch Bildung, im Gegensatz zur Ausbildung, nicht nur das zweckbezogene, direkt anwendbare Wissen erwerben, sondern Wissen, das irgendwann einmal vielleicht nützlich sein könnte und das daher auch allzu oft als Allotria abgetan wird. Der Nobelpreisträger Sidney Brenner hat einmal den Unterschied zwischen den kodierenden Teilen und den nicht kodierenden Teilen des Genoms auf den Begriff gebracht. Es ist ja gigantisch, wie viel in unseren Genomen nicht kodiert ist, etwa 95 %, und deshalb könnte man meinen, das brauche man eigentlich nicht. Seine Formulierung war, es handele sich dabei um den Unterschied zwischen trash und junk: „Trash you throw away, junk you keep, because it might come in handy somy day!" Analog dazu ist die Vorratshaltung an Wissen, das man direkt anwendungsbezogen nicht braucht, das man aber brauchen könnte, Bildung im Lifelong Learning.

3. Was fehlt den Hochschulen?

Was aber machen wir an unseren Hochschulen, und warum funktioniert es nicht, wenn wir mit unseren Hochschulen Bildung in diesem Sinne realisieren sollen? Zum einen gilt nach wie vor: Kein Problem des 21. Jahrhunderts (im übrigen auch nicht des 20. Jahrhunderts) richtet sich nach der hinter unserer Hochschulstruktur stehenden Wissensklassifikation des 19. Jahrhunderts. Wir können kein einziges reales Problem z. B. mit den Mitteln des Maschinenbaus alleine lösen, wir brauchen dazu immer noch Wissensbestände anderer Disziplinen. Kurz: Transdisziplinarität ist es, was unseren Hochschulen fehlt. Was fehlt sonst noch? Anders als an den traditionellen Hochschulen wird es meiner Einschätzung nach in Zukunft nicht die Regel, sondern die Ausnahme sein, dass sich Lernende und Lehrende zur selben Zeit am selben Ort einfinden. Man muss, um es thermodynamisch zu formulieren, dazu sehr viel negentropisch wirkendes energetisches Potenzial investieren. Mit anderen Worten: Man muss dafür sehr viel vorbereiten, damit die Teilnehmerinnen und Teilnehmer gleichzeitig am selben Ort sind wie die Referierenden. Trotzdem organisieren wir an unseren Hochschulen den ganzen Lehrbetrieb immer noch so, als ob das die Regel wäre. Wir werden jedoch – ob wir es wollen oder nicht – um eine Mischung von Präsenzlernen und elektronischem Distanzlernen (blended learning) gar nicht herumkommen.

Schließlich wird es – anders als in der traditionellen Hochschule – in Zukunft eher die Ausnahme als die Regel sein, dass die Studierenden dieselben Lehrbuchfälle lösen wie die Generationen von Studierenden vor ihnen. Wenn man hört, die Harvard Business School sei so gut, weil sie einen ‚case study approach' befolge (den ja im Übrigen inzwischen alle Business Schools kopiert haben), dann ist das in Wahrheit eher ein Nachteil, weil das heißt, dass die Studierenden für Lehrzwecke geschriebene Fälle bearbeiten. Das aber ist ein ‚waste of talent'. Wenn die Studierenden die besten Köpfe, unsere ‚high potentials' sind, warum will man deren Leistungsfähigkeit damit vergeuden, dass sie ihre ganze geistige Intensität in die Lösung von fiktiven oder vergangenen Problemen investieren? Warum lässt man sie nicht gleich reale Probleme lösen? Gewiss, das ist an den Hochschulen nur schwer möglich; dafür funktioniert es jedoch in der Wirtschaft. *Wertschöpfung durch Lernen* ist die Konsequenz: ‚real cases instead of paper cases'. Und das heißt im Klartext auch: enge Kooperation von Hochschule und Wirtschaft.

Das sind die derzeitigen Mängel der Lehre. Was aber fehlt der Forschung in unseren Hochschulen? Hier muss leider konstatiert werden: nach wie vor werden an den Hochschulen Lehre und Forschung – aller Humboldt-Rhetorik zum Trotz – wie zwei unterschiedliche Bereiche betrachtet. Nach wie vor ist auch die Wertung ganz klar asymmetrisch. Ich habe noch nie davon gehört, dass jemand, weil er besonders gut geforscht hat, zur Belohnung ein Semester lang nur lehren darf. Das Umgekehrte aber ist die Regel: Wir haben Forschungssemester. Daran kann man deutlich ablesen, wo die Prioritäten bei uns liegen. Wenn aber gilt, dass das Prinzip ‚Wertschöpfung durch Lernen' befolgt werden soll, dann wird gemäß dem Postulat der Einheit von Lehre und Forschung auch gelten müssen, dass in Zukunft wertschöpfendes Lernen durch Forschen der Regelfall sein wird. Also Beteiligung der Studierenden an realer, auf Innovation gerichteter Forschung und das ist in den Hochschulen beliebig schwer zu organisieren; in der Wirtschaft ließe sich dies erheblich leichter erreichen.

Außerdem gilt noch immer, dass Einrichtungen, die in unterschiedlichen Firmen in ähnlichen Bereichen forschen, räumlich und institutionell getrennt sind. Was daraus entsteht, ist ein riesiger Transaktionskostenblock. Man möge sich nur einmal vorstellen, welche Synergieeffekte möglich wären, wenn Siemens, Bosch, Volkswagen oder Daimler Chrysler mit ihren Forschungslabors im selben Gebäudekomplex untergebracht wären. Die beteiligten Forschenden müssten dann nicht immer in ihren Firmen die ganze Hierarchieleiter hochklettern und zuerst den Vorstand fragen, ob sie kooperieren dürfen, und wenn sie dürfen, was genau sie dürfen oder ob sie eine wissenschaftliche Einsicht überhaupt mit dem Mitbewerber teilen dürfen oder nicht.

Mit anderen Worten: Der Bereich der vorwettbewerblichen Forschung wird in Zukunft ein viel größeres Wachstum erleben, als wir das heute ahnen. Im vorwettbewerblichen Bereich werden sich in Zukunft Kooperationen auch zwischen den härtesten Konkurrenten finden. Das bedeutet, dass wir auf diese Weise tatsächlich einen wesentlichen Beitrag zur Verkürzung von Innovationszyklen leisten können.

4. Was fehlt außerdem noch in der Forschung?

Noch immer gibt es viel zu wenig Forschung, die marktbezogen, praxisnah und zukunftsorientiert, kurz: innovationsförderlich ist. Es gibt bei uns in den deutschen Hochschulen die Forschung von der Grundlagenforschung bis zur angewandten Forschung. Anschließend verfahren wir mit den Ergebnissen nach dem Prinzip ‚fire and forget'. Dann soll sich irgendjemand in der Wirtschaft darum kümmern, die Ergebnisse aufzugreifen und hoffentlich auf wundersame Art in innovationsorientiertes Wissen umzuwandeln. ‚Wertschöpfung durch Forschen ebenso wie Wertschöpfung durch Lernen' heißt das Prinzip. Und das können wir mit unseren bisherigen Institutionen nicht einlösen, weil wir zu stark an den kognitiven Wissenstypus gebunden sind. Wir sind viel zu wenig auf Kompetenzen und in unseren Hochschulen immer noch viel zu stark auf Wissen bezogen. Das ist zwar in Ordnung, denn Hochschulen funktionieren so. Aber wir können dann den Übergang in den Markt, den wir mit der Kompetenz zu erreichen versuchen, nicht realisieren. Anders formuliert: Schlüsselkompetenzen sind zwar das Ziel, aber sie werden auf dem Wege der klassischen Hochschulen allein wohl kaum zu erreichen sein.

5. Wissen und Können

Damit komme ich zu meinem letzten und abschließenden Schritt: Wir entwickeln uns bekanntlich zur Wissensgesellschaft. Heißt das denn auch, dass wir heute mehr wissen oder mehr wissen müssen als früher?

Die Antwort ist vermutlich leicht zu geben: In einer Wissensgesellschaft wissen wir nicht mehr, sondern individuell eher weniger als früher. Im Vergleich zu anderem Wissen ist das Wissen ein neuartiges Wissen. Wenn ich überlege, was die akademischen Lehrer früherer Zeiten – Hans-Georg Gadamer zum Beispiel – alles in ihrem Konkordanzgedächtnis gespeichert hatten, und mich damit vergleiche, muss ich sagen, eher als in eine Wissensgesellschaft bewegen wir uns in eine Ignoranzgesellschaft hinein. Und wenn meine Studierenden sich mit mir vergleichen, dann sind sie (erfreulicherweise) umgekehrt auch dieser Meinung.

Mit anderen Worten: Es ist tatsächlich so, dass heute viel weniger von dem alten Wissen vorhanden ist, aber dafür gibt es zunehmend mehr von dem neuen Wissen. Dieses neue Wissen soll auf eine Bildung jenseits von Humboldt ausgerichtet sein, aber auch jenseits von bloßem Netzsurfen. Ich erlaube mir hier, Jean Paul zu zitieren, der die wunderbare Formel geprägt hat: „Erinnerung ist das einzige Paradies, aus dem wir nicht vertrieben werden können." Das kann man übersetzen und sagen: Das, woran wir uns erinnern, ist das, was wir als ‚Bildung' bezeichnen und deswegen ist eigentlich Bildung das einzige Paradies, aus dem wir nicht vertrieben werden können.

Was bedeutet dann aber Wissen in der Wissensgesellschaft? Was mit der Kennzeichnung unserer Gesellschaft als ‚Wissensgesellschaft' gemeint ist, ist, dass der Anteil von Wissen an Produktion, Distribution und Allokation von Lebenschancen zunimmt. Das heißt: wer Berufschancen haben will, muss an diesem Wissensprozess teilnehmen. Dies ist der Grund dafür, warum unsere Gesellschaft ‚Wissensgesellschaft' heißt. Sie ist allerdings eher eine *Wissenstechnologiegesellschaft*, d. h eine Gesellschaft, in der die Fähigkeit zum Umgang mit Wissensspeichern erforderlich ist. Das war zwar immer schon so, früher in Bezug auf Enzyklopädien, jetzt in Bezug auf Suchmaschinen im Internet – diese Fähigkeit ist entscheidend dafür, wie die Berufschancen in Zukunft aussehen. Dies aber führt zu der überraschenden Konsequenz: Es ist die Allgemeinbildung, nicht die Spezialisierung, die elitebildend wirkt.

Was gehört alles dazu? Die Beherrschung der Kulturtechniken, Lesen und Schreiben, gehörte immer schon dazu. Heute aber erstreckt sich das auch auf den Umgang mit datenverarbeitenden Technologien, und zwar auch zwecks Bildung von Identität, also der Fähigkeit zur Beantwortung der Frage: Wer bin ich? Und eben das geschieht durch Bildung, damit ich mir meiner eigenen Geschichte bewusst bin. Außerdem gehört dazu die Leistungsdifferenzierung bei Gleichheit der Startchancen (wir laufen alle am gleichen Ort los, aber wer zuerst da ist, hat einen Vorteil) und schließlich die Fähigkeit und Bereitschaft, Verantwortung zu übernehmen.

Zusammenfassen möchte ich das in einer wunderbaren Formel. Sie heißt: ‚Gebildet ist, wer weiß, wo er findet, was er nicht weiß'. Diese Formulierung stammt von Georg Simmel, dem Kultur- und Sozialphilosophen. Wenn das aber zutrifft, dann fehlt uns nur noch eins, um aus dieser Bildungsvorstellung in den Bereich der Schlüsselqualifikationen als Schlüsselkompetenzen überzugehen. Wir müssen nur noch den kognitiven Teil des Know-what (das lernen wir in den Hochschulen) in den skillorientierten Teil des Know-how überführen; wenn wir das können, dann haben wir eigentlich unser Problem gelöst.

Kognitives Know-what wird vermittelt durch Lehre, durch Lektüre und die Benutzung von Enzyklopädien und des Internets. Ihre soziale Struktur ist die des Lehrer-Schüler-Verhältnisses. Skillorientiertes Know-how dagegen wird vermittelt durch Vor- und Nachmachen; es beruht auf fortgesetztem Üben und geschieht in Meister-Lehrling-Beziehungen. Während wir die kognitiven Gehalte in dem Begriff der *fachlichen Kompetenzen* zusammenfassen, hat sich seit den siebziger Jahren für die überfachlichen Kompetenzen der Begriff ‚Schlüsselqualifikationen' eingebürgert. Dieser Begriff, 1974 vom damaligen Leiter des Instituts für Arbeitsmarkt- und Berufsforschung der Bundesanstalt für Arbeit, Dieter Mertens, in die Diskussion eingeführt, bezeichnet intellektuelle und soziale Fähigkeiten und Fertigkeiten, die jemand neben der fachlichen Kompetenz benötigt, um in Beruf und Gesellschaft erfolgreich bestehen zu können. Beispiele für Schlüsselqualifikationen sind: Problemlösen, übergreifendes Handlungswissen und -können, kommunikative Kompetenzen sowie Fähigkeiten im Planen und Organisieren.

Systematisch lässt sich das so zuordnen, dass die beruflich erforderliche Handlungskompetenz sich nur zum Teil aus der konkreten Aufgabenstellung ergibt, auf die die Fachkompetenz mit einschlägigem Sachverstand reagiert. Der zunehmend wichtiger werdende Teil der Handlungskompetenz stammt aber aus der Problemorientierung und der Sozialorientierung. Auf diese kann nur angemessen eingehen, wer über Methodenkompetenz, Lernfähigkeit und Selbstständigkeit sowie über Sozialkompetenz, Team- und Verantwortungsfähigkeit verfügt. Wir müssen uns dabei allerdings leider von der Vorstellung verabschieden, dass die traditionellen Hochschulen dies alleine könnten. Die Hochschulen können in Zusammenarbeit mit der Wirtschaft dazu beitragen, dass die Bedingung der Möglichkeit dafür hergestellt wird, aber alleine sind sie ebenso verloren wie die Wirtschaftsunternehmen.

Die Unbildungskatastrophe. Was heißt ‚Geisteswissenschaft' und ‚Studium generale'? Zu welchem Ende braucht man sie und wozu ‚Bildung'?

Hermann Glaser

1. Sinnvoll, nicht nützlich!

Titel und Untertitel wollen zwei kultur- bzw. bildungsgeschichtliche Assoziationen wecken: Einerseits zu Georg Picht, der 1964 für das deutsche Erziehungswesen den Bildungsnotstand ausrief; andererseits zu Friedrich Schillers Antrittsvorlesung als Professor der Geschichte in Jena 1789, die den Titel trug: ‚Was heißt und zu welchem Ende studiert man Universalgeschichte?'

Picht[1] veröffentlichte damals in der Wochenzeitung ‚Christ und Welt' eine Artikelfolge, die den Titel ‚Die deutsche Bildungskatastrophe' trug und kurz darauf auch als Buch erschien.[2] Die Beiträge fanden ein beispielloses Echo; zweimal befasste sich der Bundestag in stundenlangen Debatten mit Pichts Thesen; desgleichen die Parlamente in Stuttgart, München, Hamburg und Berlin sowie die Konferenz der Kultusminister, die auf ihrer hundertsten Plenarsitzung die Notwendigkeit einer ‚aktiven Bildungspolitik' betonte (‚Berliner Erklärung'). Es erschienen Hunderte von Artikeln; die Bundesrepublik war aufgewühlt, denn Picht hatte seine Katastrophenprognose an Bedarfskriterien orientiert. Bildungsnotstand bedeute wirtschaftlichen Notstand. Der bisherige ökonomische Aufschwung werde ein rasches Ende nehmen, wenn die qualifizierten Nachwuchskräfte fehlten, ohne die im technischen Zeitalter kein Produktionssystem etwas leisten könne:

> Unsere gesamte Wirtschafts- und Sozialordnung ruht auf den Leistungen der Menschen, die in den lebenswichtigen Sektoren unserer Gesellschaft

1 Heidegger-Schüler, von 1946 bis 1956 Direktor der Internatsschule Birklehof in Hinterzarten/Schwarzwald, dann Leiter der Forschungsstelle der evangelischen Studiengemeinschaft in Heidelberg, später Professor für Religionsphilosophie.

2 Picht, Georg: Die deutsche Bildungskatastrophe. Dunkel über der pädagogischen Provinz, in: Christ und Welt. Sonderdruck, Juni 1964. Ferner ders.: Die deutsche Bildungskatastrophe. Analysen und Dokumentationen, Olten/Freiburg im Breisgau 1964.

> ihre Arbeit tun; sie ruht insbesondere auf der Leistung der qualifizierten Führungskräfte. Wenn unser Bildungswesen nicht mehr in der Lage ist, für diese Funktionen den nötigen Nachwuchs auszubilden, so ist der Bestand des Ganzen in Gefahr. Das Bildungswesen ist nicht autonom; es ist das Fundament jener zentralen Lebensbereiche, die unter der Verantwortung sowohl wie unter der Verwaltung der Bundesregierung stehen. Das Gebäude unserer Wirtschafts- und Sozialpolitik, unserer gesamten Verwaltung und der Landesverteidigung ruht auf dem Sockel unseres Bildungswesens. Da dieser Sockel zu zerbrechen droht, gleicht unser Staat einem Koloß auf tönenden Füßen.[3]

Auf reichlich unreflektierte Weise hatte Picht die erheblichen Defizite bei der schulischen Ausbildung zu Bildungsmängeln erklärt, also die beiden Begriffe ‚Ausbildung' und ‚Bildung' in eins gesetzt. Zudem argumentierte er ausschließlich ökonomisch, also nach Nützlichkeitskriterien, ohne zu überlegen, ob neben den Mängeln in der schulischen und universitären Ausbildung nicht auch ein Bildungsnotstand bestehen könnte. Man darf allerdings annehmen, dass in einer Zeit, in der die Bundesbürger ganz vom Wirtschaftswunder bestimmt, freilich auch von der Sorge bewegt waren, ob dieses anhalten werde, eine Kritik an fehlender Bildung kaum besondere Aufmerksamkeit erregt hätte. Es gab damals nur wenige, die Pichts auf Bedarfsorientierung zugeschnittene Argumentation, also seine einseitige Axiomatik, kritisierten. Dazu gehörte Oskar Negt: Pichts Kritik am Erziehungssystem sei so sehr an die Machtökonomie der wirtschaftlich-technologischen Entwicklung geknüpft, dass sie naturgemäß deren Schicksal auf Gedeih und Verderb teilen müsse. Eine unter Gesichtspunkten der marktwirtschaftlichen Bildungsökonomie betriebene Bildungsreform trüge nach dem Gesetz, wonach sie angetreten, bereits ihr Ende in sich. Indem ihr von Anbeginn gesellschaftlich-geschichtliches Krisenbewusstsein fehle, würde sie den Boden für eine Permanenz der Bildungskrise bereiten.[4]

Im ersten Jahrzehnt des 21. Jahrhunderts haben wir in dem nun vereinten Deutschland eine ähnliche Situation. Vor allem die Wirtschaft und in ihrem Gefolge die für ökonomische Einflüsse sehr aufgeschlossene

3 Picht, 1964, S. 56 f.

4 Vgl. Oskar Negt: Zukunft der Arbeit. Erziehung zur Arbeitslosigkeit. Was sollen unsere Kinder lernen?, S.17, in: Björn Engholm (Hrsg.): Demokratie fängt in der Schule an. Beiträge zur Wiederherstellung der Bildungspolitik am Ausgang des 20. Jahrhunderts, Frankfurt am Main 1985, S. 15-32.

Politik beklagen die mangelnde Effizienz des Bildungswesens fast ausschließlich nach Nützlichkeitsgesichtspunkten. Wiederum wird zwischen Ausbildungs- und Bildungsmängeln nicht unterschieden bzw. die Diskussion über den Mangel an Bildung ausgespart. Abgesehen davon, dass es natürlich notwendig und sinnvoll ist, sich um eine stete Verbesserung von Ausbildung in allen Bereichen der Erziehung zu kümmern; die Tatsache jedoch, dass man sich mit Bildungsfragen nicht oder kaum beschäftigt und damit der Unbildung das Feld überlässt, wird hier als ‚Unbildungskatastrophe' bezeichnet. ‚Katastrophe' (Unglück von großen Ausmaßen und entsetzlichen Folgen) ist wohl berechtigter Alarmismus, ist doch Bildung für das Gedeihen des demokratischen Rechtsstaats unabdingbar, so wie gute Ausbildung die Standards der Arbeitsgesellschaft und des Wirtschaftsgeschehens bestimmt.

Es geht nicht darum, beide Notwendigkeiten, Ausbildung und Bildung, gegeneinander auszuspielen oder zu hierarchisieren, Bildung vor Ausbildung zu setzen; Klage ist zu führen, dass das Gleichgewicht zwischen beiden gestört ist, dass bei der Ausbildung Bildung immer mehr an Bedeutung verliert. Die Auratisierung des Zwecks führt zu einer Abwertung sinnvoller Tätigkeiten, zu denen – universitär gesprochen – die Geisteswissenschaften, vor allem auch das Studium generale gehören. Die notwendige Frage: ‚Cui bono?' wird ausschließlich als ein ‚Wem-zu-Nutzen' verstanden und damit sozusagen betriebswirtschaftlichem Denken unterstellt. Das Bonum besteht aber auch in Sinnerfüllung. Auf eine besonders eindringliche Weise hat kürzlich der in Wien lehrende Philosoph Konrad Paul Liessmann den Unbildungsnotstand beklagt.[5]

Auf den ersten Blick könne es scheinen, als ob der vermeintliche Traum der Aufklärung vom umfassend gebildeten Menschen in einer rundum informierten Gesellschaft endlich Realität geworden sei. Der zweite Blick auf die aktuellen Formationen des Wissens sei allerdings höchst ernüchternd:

> Vieles von dem, was unter dem Titel Wissensgesellschaft propagiert und proklamiert wird, erweist sich bei genauerem Hinsehen als eine rhetorische Geste, die weniger einer Idee von Bildung als handfesten politischen und ökonomischen Interessen geschuldet ist. Weder ist die Wissensgesellschaft ein Novum noch löst sie die Industriegesellschaft ab. Eher noch

5 Vgl. Konrad Paul Liessmann: Theorie der Unbildung. Die Irrtümer der Wissensgesellschaft, Wien 2006, S. 7 f.

läßt sich diagnostizieren, daß die zahlreichen Reformen des Bildungswesens auf eine Industrialisierung und Ökonomisierung des Wissens abzielen, womit die Vorstellungen klassischer Bildungstheorien geradezu in ihr Gegenteil verkehrt werden.[6]

Signifikant für solche Perversion seien ja schon, vor allem im Fernsehen, die vielen Quiz-Sendungen und die Shows, in denen unter Beteiligung meist dümmlicher VIPs etwa PISA vermarktet wird:

> Gleichberechtigt stehen alle möglichen Wissensgebiete und Lebensbereiche nebeneinander, die Frage nach einer Figur aus Goethes ‚Faust' hat denselben Stellenwert wie die nach der neuesten Liaison eines Hollywood-Sternchens; es kann und darf keine Hierarchien geben, und es fiele auch keinem Kandidaten ein, eine Frage nach dem Hinweis zurückzuweisen, daß man das nicht wissen muß.[7]

Da alles Bildung sein bzw. als solche deklariert und suggeriert werden kann, ist eine Unterscheidung zwischen Bildung, Halbbildung und Unbildung immer weniger gegeben. Wissen wird wie ein Rohstoff produziert, gehandelt, gekauft, gemanagt und entsorgt – ein flüchtiges Stückwertwissen, das gerade dazu reiche, die Menschen für den Arbeitsprozess flexibel und für die Unterhaltungsindustrie disponibel zu halten. Liessmann resümiert:

> Bildung hatte einst mit dem Anspruch zu tun, die vermeintlichen Gewissheiten einer Zeit ihres illusionären Charakters zu überführen. Eine Gesellschaft, die im Namen vermeintlicher Effizienz und geblendet von der Vorstellung, alles der Kontrolle des ökonomischen Blicks unterwerfen zu können, die Freiheit des Denkens beschneidet und sich damit die Möglichkeit nimmt, Illusionen als solche zu erkennen, hat sich der Unbildung verschrieben, wie viel an Wissen sich in ihren Speichern auch angesammelt haben mag.[8]

Vor allem die Politik hat sich der Unbildung verschrieben, indem sie, völlig einseitig, die Verbesserung des Erziehungswesens in der Informationsvermehrung (in mehr Wissen) sieht, als ob allein dadurch schon eine Bildungsgesellschaft generiert werden könne. Sie beruft sich dabei, wie die meisten anderen gesellschaftlichen Kräfte, im Besonderen auf PISA; aus den Untersuchungen des ‚Programme for International Student Assess-

6 Ebd.
7 Ebd., S. 7 f. und 15.
8 Ebd., S. 175.

ment' werden jedoch vielfach falsche Schlüsse gezogen. Mit Recht stellt Hans Krieger fest, dass es den deutschen Schülern im internationalen Vergleich nicht so sehr an abfragbarem Wissen fehle, sondern an der Fähigkeit, das Gelernte selbstständig zu verarbeiten und zu verknüpfen:

> Und in kaum einem vergleichbaren Land ist das erreichbare Maß an Bildung noch immer so kraß abhängig von der sozialen Herkunft wie in Deutschland. Das deutsche Bildungswesen versagt also in den entscheidenden Punkten: Es schafft es nicht, Bildung allen Kindern zugänglich zu machen, und es bleibt selbst den relativ erfolgreichen Schülern jene sinngebende Vernetzungsarbeit weitgehend schuldig, die aus den Zufälligkeiten angehäuften Detailwissens erst ein ordnungsstiftendes Beziehungsgeflecht macht, das dann selbstständig ausgebaut und verdichtet werden kann.[9]

Das Problem besteht eben nicht darin, dass wir im internationalen Vergleich ungünstiger dastehen, sondern

> dass wir unseren Kindern nicht das an Bildung zukommen lassen, was sie brauchen, um sich in der Welt zu orientieren und ein erfülltes, selbstverantwortetes Leben zu führen. Und das Schielen nach dem Rangplatz auf der internationalen Skala kommt genau aus jenem falschen Denken, an dem unser Bildungswesen krankt einem Denken, das sich allein am äußeren Erfolg orientiert, am messbaren Ergebnis, an der ‚Effizienz' und diese ‚Effizienz' dann natürlich nicht anders ermitteln kann als in der mechanisierten Konkurrenz, im abstrakten Vergleich, der alles Individuelle niederbügelt.[10]

Was nun die andere Assoziation des Vortragstitels, diejenige zu Schillers Antrittsvorlesung in Jena betrifft, so kann man seine Antwort auf die selbst gestellte Frage, warum man Universalgeschichte studieren solle, als eine Aufforderung, sich zu bilden, verstehen. Der Begriff ‚Bildung' wird zwar nicht erwähnt, aber im enthusiasmierten Höhenflug des Textes werden diejenigen Tugenden gepriesen, die das Bürgertum der Aufklärung und Klassik als wesentliche Konstituenten von Bildung verstand. Das Studium der Weltgeschichte nämlich werde Licht im Verstande und eine wohltätige Begeisterung im Herzen entzünden. Diese anziehende Beschäftigung werde den Geist von der gemeinen und kleinlichen Ansicht moralischer

9 Krieger, Hans: Nach ‚Pisa'. Woran krankt das deutsche Schulwesen?, in: Hermann Glaser (Hrsg.): Grundfragen des 21. Jahrhunderts, München 2002, S. 235-239.

10 Ebd., S. 235.

Dinge entwöhnen und indem sie das große Gemälde der Zeiten und Völker auseinander breite, verbessere sie die vorschnellen Entscheidungen des Augenblicks und die beschränkten Urteile der Selbstsucht:

> Indem sie den Menschen gewöhnt, sich mit der ganzen Vergangenheit zusammenzufassen und mit seinen Schlüssen in die ferne Zukunft vorauszueilen: so verbirgt sie die Grenzen von Geburt und Tod, die das Leben des Menschen so eng und so drückend umschließen, so breitet sie optisch täuschend sein kurzes Dasein in einem unendlichen Raum aus und führt das Individuum unvermerkt in die Gattung hinüber.[11]

Geradezu in Vorwegnahme von Hegel, der in Geschichte das Werk des zu sich selbst kommenden Weltgeistes sah – Geschichte als ein Produkt der ewigen Vernunft, als der vernünftige notwendige Gang des Weltgeistes, als der Fortschritt im Bewusstsein der Freiheit –, geradezu hegelianisch führt nach Schiller das Studium der Universalgeschichte zu der Erkenntnis, dass, um unser *menschliches* Jahrhundert herbeizuführen, alle vorhergehenden Zeitalter sich angestrengt hätten: Unser seien alle Schätze, „welche Fleiß und Genie, Vernunft und Erfahrung im langen Alter der Welt endlich heimgebracht haben."[12] An solcher Sinnhaftigkeit der Entwicklung weiter zu arbeiten und durch das eigene Tun sie fortzuführen und zu steigern, empfand der um Bildung bemühte Bürger als Aufgabe:

> Und welcher unter Ihnen, bei dem sich ein heller Geist mit einem empfindenden Herzen gattet, könnte dieser hohen Verpflichtung eingedenk sein, ohne daß sich ein stiller Wunsch in ihm regte, an das kommende Geschlecht die Schuld zu entrichten, die er dem vergangenen nicht mehr abtragen kann? Ein edles Verlangen muß in uns entglühen, zu dem reichen Vermächtnis von Wahrheit, Sittlichkeit und Freiheit, das wir von der Vorwelt überkamen und reich vermehrt an die Folgewelt wieder abgeben müssen, auch aus *unsern* Mitteln einen Beitrag zu legen und an dieser unvergänglichen Kette, die durch alle Menschengeschlechter sich windet, unser fliehendes Dasein zu befestigen. Wie verschieden auch die Bestimmung sei, die in der bürgerlichen Gesellschaft Sie erwartet – etwas dazusteuern können Sie alle! Jedem Verdienst ist eine Bahn zur Unsterblichkeit aufgetan, zu der wahren Unsterblichkeit, meine ich, wo die Tat lebt und weiter eilt, wenn auch der Name ihres Urhebers hinter ihr zurückbleiben sollte.[13]

11 Schiller, Friedrich: Sämtliche Werke. Auf Grund der Originaldrucke hrsg. von Gerhard Fricke und Herbert G. Göpfert, Bd. 4, München/Wien 1976, S. 765.
12 Ebd., S. 766.
13 Ebd., S. 766 f.

Schillers optimistisch-idealistischer Enthusiasmus, mit dem er unter dem Vorzeichen der Universalgeschichte ein Studium generale empfiehlt – Ende des 15. Jahrhunderts meint ‚Studium' ‚eifriges Lernen' –, mag für unsere nüchterne, das Understatement bevorzugende Zeit eigenartig fremd klingen, ist aber auch nach modernem Kenntnisstand lernpsychologisch von großer Bedeutung. Wissen wir doch, gehirnphysiologisch, dass eine positive emotionale Schubkraft, etwa leidenschaftliche Neugier, den geistigen Aneignungsprozess ungemein fördert. Das Gehirn ist nicht nur endogen bestimmt, sondern in seiner Aktivität von exogenen Attraktoren abhängig.

Um es metaphorisch zu formulieren: Die Leistungen des Gehirns bedürfen der wohltätigen Begeisterung des Herzens. Die Herausbildung der Hirnstrukturen stellen einen fortwährenden Dialog zwischen den genetischen und epigenetischen Faktoren in der kindlichen und frühjugendlichen Entwicklungsphase dar:

> Es vollzieht sich ein stetiger Umbau von Nervenverbindungen, wobei nur etwa ein Drittel der einmal angelegten erhalten wird. Welche bleiben, hängt von der Aktivität ab, die sie vermitteln. Das bedeutet, dass die Ausbildung der funktionalen Architektur der Großhirnrinde in erheblichem Maß von Sinnessignalen und damit von Erfahrung beeinflusst wird.[14]

Es geht darum, den Menschen zu begaben:

> In den allermeisten Fällen wird es genügen, darauf zu vertrauen, dass die jungen Gehirne selbst am besten wissen, was sie in verschiedenen Entwicklungsphasen benötigen und dank ihrer eigenen Bewertungssysteme kritisch beurteilen und auswählen können. Kinder sind in aller Regel genügend neugierig und wissbegierig, um sich das zu holen, was sie brauchen.[15]

Nach wie vor kommt es also auf den Eros an, den Drang nach Erkenntnis und schöpferischer geistiger Tätigkeit. Die Geisteswissenschaften können ihm im besonderen Maße genügen, da sie mit ihrer hermeneutischen Methode hauptsächlich auf ein Verstehen des menschlichen Daseins ausgerichtet sind und sich um Sinngebung bemühen. Natürlich sind sie in Phänomenologie fundiert: Was hinter den Dingen steckt, lässt sich nur

14 Singer, Wolf: Was kann ein Mensch wann lernen?, in: Nelson Killius/Jürgen Luge/Linda Reisch (Hrsg.): Die Zukunft der Bildung. Frankfurt am Main 2002, S. 83.

15 Ebd., S. 96.

ergründen, wenn man die Dinge selbst beachtet. Denken und Handeln brauchen jeweils einen Gegenstand. Der Mensch, so Wilhelm von Humboldt in seiner ‚Theorie der Bildung der Menschen' muss versuchen, so viel Welt als möglich zu ergreifen und so eng, als er nur kann, mit sich zu verbinden.[16] Sich in den Berg der Fakten, Informationen, Gegebenheiten, Vorgänge hinein zu graben, darf jedoch nicht dazu führen – so formulierte es Jakob Burckhardt einmal –, dass man einen Haufen Geröll hinterlässt.

Bei der Suche nach dem Wesentlichen sind die Geisteswissenschaften an den W-Fragen orientiert: Was tun wir warum mit welchen Mitteln? Woher kommen wir, wohin gehen wir? Es mag schwierig sein, darauf Antworten zu bekommen. Da steht man dann frustriert wie Goethes Faust da: Als ein armer Tor, der nach dem Studium der Philosophie, Juristerei und Medizin, und leider auch der Theologie, zu dem Ergebnis kommt: „Ich bin so klug als wie zuvor." Faust verkennt freilich, dass allein schon der Impetus, den die W-Fragen verleihen, den Menschen mit einer Qualität ausstattet, die durch die reine Akkumulation von Informations- und Wissenselementen nicht erreicht werden kann. Der Weg ist eben auch hier das Ziel, bestimmt von dem Glauben, dass man Sinnzusammenhänge ergründen kann: „Daß ich erkenne, was die Welt / im Innersten zusammenhält." Diesen Drang, der das Studium generale antreiben sollte, mag man als nutzlos einstufen, weil keine pragmatischen Vorteile zu erwarten sind. Er gleicht einem Hufeisen, dessen glückverheißende Wirkung man glauben muss, aber nicht beweisen kann.

Der große dänische Physiker Niels Bohr bekam Besuch in seiner Skihütte. Da fiel der Blick des Besuchers auf ein Hufeisen, das über der Tür angebracht war. Verwundert fragte er Bohr: „Sie als Naturwissenschaftler glauben daran?" Darauf Bohr: „Selbstverständlich glaube ich nicht daran, doch hat man mir versichert, daß Hufeisen auch dann wirken, wenn man nicht an sie glaubt." Selbst der Skeptiker sollte also nicht die ‚wohltätige' Wirkung der Geisteswissenschaften gering einschätzen.

2. Exkurs: Ist Theologie eine Geisteswissenschaft?

Eine ‚Abschweifung' zu der Frage, ob Theologie als Geisteswissenschaft zu bezeichnen sei (indem sie das faustische Erkenntnisstreben anzuregen vermag), kann einige allgemeine Erkenntnisse befördern helfen. Johann

16 Zitiert nach Liessmann, 2006, S. 55.

Gottlieb Fichte wollte sie aus dem Kosmos geisteswissenschaftlicher Fakultäten gestrichen sehen. Er ging wohl von der Überlegung aus, dass durch sie, zumindest in ihrer orthodoxen Form, nicht Geheimnisse ergründet und Sinnzusammenhänge gesucht, sondern a priori feststehende, verbindliche ‚Wahrheiten' verkündet würden. Zweifellos trifft dies für jede fundamentalistisch-theologische Exegese zu. Der Geist weht dann nicht, wann und wo er will; seine Emanationen dürfen nicht reflektiert, nicht in Frage gestellt, relativiert werden. Akzeptiert muss werden, was ex cathedra dekretiert wird.

Deshalb ist im Mittelalter und in der anbrechenden Neuzeit Curiositas bei der Kirche als vana curiositas ein ‚epikureisches' Laster, das vom Teufel herstammt. Die Abwertung des menschlichen Bemühens, „alle Gründ' am Himmel und Erden zu erforschen", wie es in der ‚Historia von D. Johann Fausten' 1587 heißt – einer Kampfschrift gegen das hybride Wissenwollen des Menschen (denn Wissen stehe nur Gott zu)[17] –, ist bereits im christlichen Schöpfungsmythus, in der Genesis, angelegt und hat die kirchliche Diskriminierung der Frau über die Jahrhunderte bestimmt. Eigentlich ist Eva, im Hebräischen ‚die Frau' genannt, die Ahnherrin der Geisteswissenschaften: Im Gegensatz zum tumben Adam, der im Paradies vegetativ bewusstloses Glück genießt, macht sie sich als Fragende auf den Weg der Erkenntnis – will sie doch wissen, was gut und böse, falsch und richtig ist (damit freilich auch, ob der damit verbundenen Zweifel, unglückliches Bewusstsein hervorrufend). Eva beginnt mit dem experimentum medietatis: dem Versuch, anstelle Gottes sich als Mensch in die Mitte der Welt zu rücken und macht damit eine auf Menschen bezogene Wissenschaft überhaupt erst möglich. Dementsprechend werten aufgeklärte Geister von der Renaissance bis zur Gegenwart, von Giovanni Pico della Mirandola bis zum antipapalen Eugen Drewermann, die Missachtung des göttlichen Erkennntnisverbotes als Fortschritt und Gewinn.

In seiner Abhandlung ‚De dignitate hominis' (‚Über die Würde des Menschen', 1486) lässt der Humanist Pico della Mirandola – ein von der offiziellen Lehre der Kirche abweichender Ketzer, der von Papst

17 Vgl. Hermann Glaser: Europa. Umbruch und Aufbruch, S. 18, in: Ingo Hermann (Hrsg.): Terra-X. Und dann kam Kolumbus. Als die Welt sich veränderte, München 1992, S. 11-53.

Innozenz VIII. verfolgt wurde und mit einunddreißig Jahren starb – Gott zu Adam sagen:

> Ich habe dich in die Mitte der Welt gestellt, damit du Dich von dort aus bequemer umsehen kannst, was es auf der Welt gibt. Weder haben wir dich himmlisch noch irdisch, weder sterblich noch unsterblich geschaffen, damit du wie dein eigener, in Ehre frei entscheidender, schöpferischer Bildhauer dich selbst zu der Gestalt ausformst, die du bevorzugst. Du kannst zum Niedrigeren, zum Tierischen entarten; du kannst aber auch zum Höheren, zum Göttlichen wiedergeboren werden, wenn deine Seele es beschließt.[18]

Für Immanuel Kant bedeutet der Sündenfall – die Vertreibung aus dem paradiesischen Garten, die Entlassung aus dem Mutterschoße der Natur – den

> Übergang aus der Rohigkeit des bloß tierischen Geschöpfes in die Menschheit, aus dem Gängelwagen des Instinkts zu Leitung der Vernunft, mit einem Worte: aus der Vormundschaft der Natur in den Stand der Freiheit [...].[19]

Künftig werde dem Menschen die Mühseligkeit des Lebens zwar öfter den Wunsch nach einem Paradiese, dem Geschöpfe seiner Einbildungskraft, wo er in ruhiger Untätigkeit und beständigem Frieden sein Dasein verträumen oder vertändeln könne, ablocken:

> Aber es lagert sich zwischen ihm und jenem eingebildeten Sitze der Wonne die rastlose und zur Entwickelung der in ihn gelegten Fähigkeiten unwiderstehlich treibende Vernunft, und erlaubt es nicht, in den Stand der Rohheit und Einfalt zurück zu kehren, aus dem sie ihn gezogen hatte. Sie treibt ihn an, die Mühe, die er hasst, dennoch geduldig über sich zu nehmen, dem Flitterwerk, das er verachtet, nachzulaufen, und den Tod selbst, vor dem ihm grauet, über alle jene Kleinigkeiten, deren Verlust er noch mehr scheut, zu vergessen.[20]

18 Mirandola, Giovanni Pico della: Über die Würde des Menschen, übersetzt von Norbert Baumgarten, hrsg. und eingeleitet v. August Buck, Hamburg 1990, S. 7.

19 Kant, Immanuel: Mutmaßlicher Anfang der Menschengeschichte, in: ders.: Werke, Bd. VI (= Schriften zur Anthropologie, Geschichtsphilosophie, Politik und Pädagogik), hrsg. von Wilhelm Weischedel, Darmstadt/Frankfurt 1964, S. 92 (Ersterscheinung 1786).

20 Ebd., S. 115.

Kant – so resümiert Odo Marquard dessen Gedankengang – wollte sagen, dass der Sündenfall der Schritt des Menschen zu sich selbst sei. Als Gewinn der Freiheit durch die erste Freiheitstat erweise sich der Sündenfall als eine glückliche Schuld, felix culpa, die kaum noch culpa, sondern nur noch felix sei.[21]

Friedrich Schiller folgt in seiner Jenaer Vorlesung ‚Etwas über die erste Menschengesellschaft nach dem Leitfaden der mosaischen Urkunde' (1790) Kants Interpretation des Sündenfalls, wenn er feststellt, dass im Paradies der Mensch zwar vollendet gewesen sei – aber nur als Pflanze und Tier; sein sanfter Anfang diente der Stärkung zum Kampfe; er war zu ganz anderem bestimmt:

> Was die Natur in seiner Wiegenzeit für ihn übernommen hatte, sollte er jetzt selbst für sich übernehmen, sobald er mündig war. Er selbst sollte der Schöpfer seiner Glückseligkeit werden, und nur der Antheil, den er daran hätte, sollte den Grad dieser Glückseligkeit bestimmen. Er sollte den Stand der Unschuld, den er jetzt verlor, wieder aufsuchen lernen durch seine Vernunft, und als ein freier, vernünftiger Geist dahin zurück kommen, wovon er als Pflanze und als eine Kreatur des Instinkts ausgegangen war; aus einem Paradies der Unwissenheit und Knechtschaft sollte er sich, wär' es auch nach späten Jahrtausenden, zu einem Paradies der Erkenntniß und der Freiheit hinauf arbeiten, einem solchen nämlich, wo er dem moralischen Gesetze in seiner Brust ebenso unwandelbar gehorchen würde, als er anfangs dem Instinkte gedient hatte, als die Pflanze und die Thiere diesem noch dienen.[22]

Mit dem Sündenfall habe er sich in das wilde Spiel des Lebens geworfen, sich auf den gefährlichen Weg zur moralischen Freiheit gemacht:

> Wenn wir also jene Stimme Gottes in Eden, die ihm den Baum der Erkenntniß verbot, in eine Stimme seines Instinkts verwandeln, der ihn von diesem Baume zurückzog, so ist sein vermeintlicher Ungehorsam gegen jenes göttliche Gebot nichts anders, als – ein Abfall von seinem Instinkte – also erste Äußerung seiner Selbstthätigkeit, erstes Wagestück seiner Vernunft, erster Anfang seines moralischen Daseins. Dieser Abfall des Menschen vom Instinkte, der das moralische Übel zwar in die Schöpfung

21 Marquard, Odo: Felix culpa?, in: Manfred Fuhrmann u. a. (Hrsg.): Text und Applikation, München 1981, S. 58.

22 Schiller, Friedrich: Die Sendung Moses und Etwas über die erste Menschengesellschaft nach dem Leitfaden der mosaischen Urkunde, hrsg. von Johannes Bertram, Hamburg 1960.

> brachte, aber nur um das moralische Gute darin möglich zu machen, ist ohne Widerspruch die glücklichste und größte Begebenheit in der Menschengeschichte; von diesem Augenblick her schreibt sich seine Freiheit, hier wurde zu seiner Moralität der erste entfernte Grundstein gelegt.[23]

Ähnlich spricht dann Hegel vom paradiesischen Zustand als einem Zustand sittlicher Indifferenz, der des Menschen unwürdig sei: Zustand des Tiers, der Bewusstlosigkeit, da der Mensch nicht vom Guten und auch nicht vom Bösen wisse. Die ‚wahrhafte Natur' des Menschen mache seine Freiheit aus, die ‚freie Geistigkeit, das denkende Wissen des an und für sich Allgemeinen'. Die Schlange habe nicht gelogen, als sie zu Eva sagte, diese werde, wenn sie die Frucht vom Baum der Erkenntnis esse, sein wie Gott: um das Gute und Böse wissen.[24]

Im ironisch-lyrischen Parlando beschreibt Heinrich Heine den Weg, den der Mensch mit dem Experimentum medietatis eingeschlagen habe – wobei freilich auch bei ihm (wie schon bei Mirandola und fast allen anderen Humanisten wie Aufklärern) in patriarchalischer Stereotypie die Auslösung des Prozesses der Kultur und Zivilisation dem unbeweglich-saturierten Adam und nicht der neugierig-alerten Eva zugeschrieben wird.

> Du schicktest mit dem Flammenschwert
> Den himmlischen Gendarmen,
> Und jagtest mich aus dem Paradies,
> Ganz ohne Recht und Erbarmen!
>
> Ich ziehe fort mit meiner Frau
> Nach andren Erdenländern;
> Doch daß ich genossen des Wissens Frucht,
> Das kannst du nicht mehr ändern.
>
> Du kannst nicht ändern, daß ich weiß,
> Wie sehr du klein und nichtig,
> Und machst du dich auch noch so sehr
> Durch Tod und Donnern wichtig.

---

23 Schiller, Friedrich: Sämtliche Werke in zwei Bänden, hrsg. von Karl Prochaska, Bd. 2, Leipzig/Wien 1870, S. 484.

24 Vgl. Georg Friedrich Wilhelm Hegel: Vorlesungen über die Philosophie der Religion, in: ders.: Sämtliche Werke, hrsg. von Hermann Glockner, Bd. 1, Stuttgart/Bad Cannstatt 1965, S. 285, 287 f.

[...]

Vermissen werde ich nimmermehr
Die paradiesischen Räume;
Das war kein wahres Paradies –
Es gab dort verbotene Bäume.

Ich will mein volles Freiheitsrecht!
Find ich die g'ringste Beschränknis,
Verwandelt sich mir das Paradies
In Hölle und Gefängnis.[25]

Die moderne Theologie freilich integriert sich der Geisteswissenschaft, weil sie, so Stephan Schaede, Arbeitsbereichsleiter ‚Religion und Kultur' an der Forschungsstätte der evangelischen Studiengemeinschaft Heidelberg, existentiell durch Neugier bestimmt sei. Sie will Wahrheit ergründen und könne dies nur tun, wenn sie auf Einsichten und Methoden anderer Disziplinen zurückgreife. Und sie bejahe Fragwürdigkeit, unterwerfe also den kritischen Geist des Intellekts nicht dem affirmativen Heiligen Geist, der des Diskurses nicht bedarf. Kant habe geschrieben:

> Die Beobachtungen und Berechnungen der Sternkundigen haben uns viel Bewunderungswürdiges gelehrt, aber das Wichtigste ist wohl, daß sie uns den Abgrund der Unwissenheit aufgedeckt haben, den die menschliche Vernunft ohne diese Kenntnisse sich niemals so groß hätte vorstellen können.[26]

Es gehöre zu den Leistungen der Theologie als Geisteswissenschaft, „das Kulturwesen Mensch in den Stand zu versetzen, mit diesem Abgrund lebensproduktiv umgehen zu können."[27]

Der Ausweg aus dem ‚Ungemach', Orientierungsangebote zu erhalten, aber nicht stringente, dogmatische Wegweisung zu erfahren – die ‚Unschärferelation' der Geisteswissenschaften – besteht eben in der Annahme der Herausforderung, die im Zweifel am Erfolg der Wahrheitssuche besteht. In ‚Der gute Mensch von Sezuan' von Bertolt Brecht ziehen sich bekanntlich die Götter, die den guten Menschen auf Erden

25 Heine, Heinrich: Adam der Erste, in: ders.: Werke und Briefe in zehn Bänden, hrsg. von Hans Kaufmann, Bd. 1, Berlin (Ost) 1961, S. 319 f.

26 Kant, Immanuel: Kritik der reinen Vernunft, 2. Aufl., Riga 1787, 122/6, B 603.

27 Schaede, Stephan: Mit dem Abgrund der Unwissenheit leben können. Theologie der Geisteswissenschaft, in: Politik und Kultur, H. 5/6, 2007, S. 17.

suchten, aber nicht fanden, wieder aus der Welt zurück (‚...den Vorhang zu, und alle Fragen offen'); sie spielen freilich, enttäuscht über ihren Misserfolg, dem Publikum, den Menschen, die Verantwortung zu:

> Der einzige Ausweg wär' aus diesem Ungemach / sie selber dächten auf der Stelle nach / auf welche Weis' dem guten Menschen man / zu einem guten Ende helfen kann. / Verehrtes Publikum, los, such dir selbst den Schluß! / Es muß ein guter dasein / muß, muß, muß![28]

3. Auf den Menschen bezogen

Dieser Menschenbezug der Geisteswissenschaften – in einem doppelten Sinne Sokrates verpflichtet: als einem Meister philosophisch-anthropologischen Forschens und philosophisch-anthropologischer Fragestellungen – will durch Verstehen und Deuten von Vergangenheit der Zukunftsgestaltung dienen; das heißt helfen bei der Klärung der Frage, wie man denn leben *will*. Die ‚denkende Betrachtung historischer Lebensverhältnisse' hat ein gesteigertes Bewusstsein von den Möglichkeiten menschlicher Orientierung zum Ziel:

> Ob Geistes- und Kulturwissenschaftler eher auslegend oder eher empirisch arbeiten, ob sie die Gewalt und Grausamkeit erforschen, ob sie nach der Reichweite und den Grenzen des Wissens fragen oder nach der Struktur und Legitimität politischer Ordnungen – immer erkunden sie den Spielraum der menschlichen Welt und sagen uns, was wir – im Guten wie im Schlechten – sind und sein können. Sie geben uns Orientierungen über unsere Orientierungen. Sie öffnen den Spielraum unserer Selbstverständigung, was umso intensiver gelingt, je weniger sie auf Dienstleistungen zu diesem oder jenem praktischen Zweck, zurechtgeschnitten werden. Dies führt zu einem paradoxen Befund: Je mehr die Geisteswissenschaften sich nützlich zu machen versuchen, desto mehr verlieren sie an Wert.[29]

Da aber der Menschenbezug in der modernen (industrialisierten, digitalisierten, ökonomisierten, insgesamt abstrahierten) Welt und Gesellschaft immer mehr verloren geht – Hand in Hand mit dem Verlust von lebens-

---

28 Brecht, Bertolt: Gesammelte Werke, Bd. 4, Frankfurt am Main 1967, S. 1607.

29 Seel, Martin: Wir sind doch kein Service-Unternehmen! Je mehr die Geisteswissenschaften sich nützlich machen wollen, desto mehr verlieren sie an Wert, in: Die Zeit, Nr. 7, 08. 02. 2007; Onlinedokument http://www.zeit.de/2007/07/Geisteswissenschaften [07. 07. 2009].

weltlichen Vertrautheiten und unmittelbar erlebbaren Sinnbezügen, die ‚Farbigkeit' bedeuten – sprechen Joachim Ritter und Odo Marquard von der großen Bedeutung der Geisteswissenschaften bei der Kompensation solcher Defizite. Sie sind somit ein Gegengewicht zu dem ‚falschen Bewusstsein', das geschichtliche Herkunftswelten, die doch dem Menschen das Gefühl der Vertrautheit geben, als ‚veraltet' zu ‚entsorgen' sucht:

> Die Menschen: das sind ihre Geschichten. Geschichten aber muß man erzählen. Das tun die Geisteswissenschaften: Sie kompensieren Modernisierungsschäden, indem sie erzählen; und je mehr versachlicht wird, desto mehr – kompensatorisch – muß erzählt werden: sonst sterben die Menschen an narrativer Atrophie. Das unterstreicht und präzisiert meine Grundthese: Je moderner die moderne Welt wird, desto unvermeidlicher werden die Geisteswissenschaften, nämlich als erzählende Wissenschaft.[30]

Der ‚Nachteil' der Kompensationstheorie besteht wohl darin, dass sie Verlorengegangenes nur virtuell auszugleichen versucht, aber nicht wirklich restituiert. Man möchte jedoch lieber Bildung, gegenüber Ausbildung, als etwas Primäres, Originäres empfinden: als eine Möglichkeit, humanitäre Verluste (in welcher Ausprägung auch immer – als Natur oder Kultur) zu verhindern, was dann ihren Ersatz überflüssig machen würde.

4. Vom Nützlichen des Sinnvollen

Der Bildungsauftrag der Demokratie zielt auf den möglichen ‚menschlichen Menschen'; dabei muss – freudianisch gesprochen – seine vernunftferne, oft abgründige Triebdynamik sublimiert (veredelt) werden. Es geht um die Herausbildung einer sowohl individuellen wie kollektiven Vernunft durch Aufklärung; das ‚Sapere aude! Habe Mut, dich deines eigenen Verstandes zu bedienen!' soll ermöglicht werden.

Heute, angesichts der ‚Dialektik von Aufklärung' (der Verkehrung ins Gegenteil als Folge ihrer einseitigen Instrumentalisierung), geht es um eine ‚neue' Aufklärung: um die Versöhnung verschiedener Vernunftarten. In der Antike hat man unter ‚Vernunft' weniger das gemeint, was wir damit im Auge haben (rationales Denken und Argumentieren, den Ver-

30 Marquard, Odo: Je moderner die Welt, desto unvermeidlicher werden die Geisteswissenschaften. Ein Plädoyer für die Geisteswissenschaften, in: Süddeutsche Zeitung, 15./16. 11. 1986.

stand, der nach den Regeln der Logik verfährt), sondern vor allem und in erster Linie eine beglückende Schaukraft im Menschen (logos, nous, lumen naturale), die ihn das göttliche Gute als lebenszielsetzende Macht erkennen lässt (Wolfgang de Boer).[31] Dementsprechend gilt es in ‚modern times', Rationalität vor sich selbst zu retten; das heißt: sie aus ihrer Beengung des Subsystems (des ‚Rationellen') herauszuführen und sie wieder in Form ganzheitlichen Denkens zurückzugewinnen. Das wäre dann der eigentliche Kern von Bildung.

Im Zeitalter der Industrialisierung bedeutete jeder Modernisierungsschub ein Triumph analytischer Vernunft. Die Maschinisierung von Arbeit wie die Arbeitsteilung basierten auf der Zerlegung in Einzelelemente und in deren sich perfektionierender Ergründung und Handhabung. Dass man von immer weniger immer mehr wusste, brachte den Aufstieg des Expertentums und damit in allen Bereichen zivilisatorischen Fortschritt; ohne analytische Vernunft würde der Mensch auf eine Art Urzustand in Geistferne regredieren. Freilich: Im ‚Apparat' wurden die ich-bewussten Subjekte installiert und dann verdinglicht; Arbeit erwies sich nicht mehr als „Selbsterzeugungsprozeß des Menschen" (Georg W. F. Hegel),[32] sondern als Vehikel der mit der Verwissenschaftlichung und Rationalisierung des Denkens einhergehenden Entfremdung: Die Umwelt, als Produkt menschlicher Tätigkeit, trat dem Individuum als etwas Fremdes, in dem es sich nicht wiedererkennen kann, gegenüber und ließ Lebenstätigkeit als inhalts-, sinn- und beziehungslos erscheinen. Doch ist der Homo sapiens – im Gegensatz zum Homo faber – zu begreifen als ein Mensch, der kognitiver wie intuitiver, intellektueller wie emotionaler Lebens- und Weltanschauung *gleichermaßen* bedarf und auch fähig ist. Dabei ergibt sich eine Interdependenz der verschiedensten ‚Vernunftarten': der analytischen, synthetischen, prinzipiellen, okkasionellen, aleatorischen Vernunft – und auch zynische Vernunft mag von Fall zu Fall ihre Berechtigung haben.[33] Will die Moderne aus dem Käfig ihres einseitigen Vernunftbegriffs ausbrechen, wird sie eine neue Sensibilität für Doppel- und Mehrfachwahrheiten entwickeln müssen – wobei freilich die Komplexität vernünftigen Denkens und Handels in Widerspruch steht zu der Ein-

31 Boer, Wolfgang de: Das Versagen der Aufklärung, S. 116, in: Universitas, H. 2, 1987.

32 Vgl. Georg Wilhelm Friedrich Hegel: Phänomenologie des Geistes, Frankfurt am Main/Berlin/Wien 1970, S. 113 ff. (Ersterscheinung 1807).

33 Vgl. Peter Sloterdijk: Kritik der zynischen Vernunft, Frankfurt am Main 1983.

deutigkeit binärer Kodierung; ankämpfen muss man verstärkt – und dazu dient das Studium generale – gegen die durch zunehmendes Computerdenken auferlegte kategoriale Verengung, die in ‚Einfachwahrheit' (Null oder eins, richtig oder falsch, wahr oder unwahr) besteht.

Bei der Lösung der immer stärker in Erscheinung tretenden Problemlagen erweist sich ‚Vernetzung' als besondere Hoffnung. www – world wide web: Als Abbreviatur für die vernetzte Welt faszinieren die drei stabreimenden Worte die Menschen der Industriegesellschaften durchaus; sie versprechen ein Paradies der Informations- und Kommunikationsmöglichkeiten, die der grundmenschlichen, geradezu archetypischen Neugier ungeahnte Möglichkeiten zu erschließen scheint. Doch besteht insofern eine paradoxe Situation, als zwar die Worte ‚Vernetzung' und ‚Globalisierung' in aller Munde sind, zugleich aber das Wahrnehmungsvermögen des Menschen für Zusammenhänge sich immer mehr zurückbildet. Spezialisierung ist eine Selbstverständlichkeit. Wenn man aber nach ‚Ganzheit' strebt, also die Synthesis (auch Synergie) von Teilbereichen, erreichen will, trifft man auf weitreichende Ignoranz; sie ist nur mit Hilfe von ‚Allgemeinbildung' erreichbar, als einer Gleichgewichtigkeit der verschiedenen Möglichkeiten, ‚vernünftig' zu sein.

Schule und Universität zum Beispiel sind nicht durch einen *Kosmos* von Fächern bestimmt, sondern durch Perfektionierung innerhalb des jeweiligen Bruchstücks. Ob Medizin oder Wirtschaft, Verwaltung oder Politik: Aufteilung ohne Vernetzung bestimmt unser Denken und Tun. Man weiß zwar, dass bei Gesundheit wie Krankheit das Wechselspiel von Seele und Körper sehr wichtig ist; aber Psychosomatik als Prinzip wird im medizinischen Alltag wenig und oft genug wenig kompetent beachtet. Betriebswirtschaftlich geht es darum, dass etwas *sich* rechnet, die Rendite sich möglichst rasch einstellt. Volkswirtschaftliche Kalkulation wird dagegen in ihrer Bedeutung verkannt.

Das Defizit an vernetzender Bemühung spiegelt auch die heutige Beschleunigungskrise; sie besteht darin, dass das Prinzip ‚Immer schneller' nur hinsichtlich der dadurch sich ergebenden Vorteile beurteilt wird; die dabei entstehenden Schäden bleiben weitgehend unbeachtet. Erst im Stau – also reflexiv, nicht reflektierend – merken die Menschen die Problematik, wobei ‚Stau' natürlich eine Metapher für den Beschleunigungsinfarkt insgesamt bedeutet. Überall drohe, so der Soziologe Ulrich Beck, eine allgemeine Verstopfung und Überflutung, beispielsweise auch in den Massenmedien, wo mit tausend Kanälen dem öffentlich-rechtlichen System das Ende bereitet und der Beliebigkeit Tor und Tür geöffnet werde. Die ‚Risikogesellschaft' zu Ende dieses Jahrhunderts hat sich als Folge des Selbstlaufs folgenblinder, gefahrentauber Modernisierungsprozesse ergeben.[34]

In allen Bereichen des Lebens und der Wissenschaft bräuchte man Spielräume, in denen man Fakten und Gedanken verschieden kombinieren und simulieren und die Ergebnisse dann vergleichend prüfen kann (was man ‚optimieren' nennt). Ein Ruckzuck-Verfahren endet häufig im Fix-und-Fertig; es wäre besser, man käme langsamer zu guten und durch Dauerhaftigkeit sich bewährenden Lösungen als rasch zu falschen Reaktionen.

‚Bildung' (Allgemeinbildung) stellt in der postmodernen Industriegesellschaft eine Trias dar: Spezialqualifikation, Schlüsselqualifikation, soziokulturelle Kompetenz. Als vor einiger Zeit ein brasilianisches Verkehrsflugzeug im Amazonas-Urwald abstürzte und viele Passagiere umkamen, lag der Grund dafür im Folgenden: Die Piloten vertrauten ganz ihrer Spezialqualifikation, die sich auf die Computerausstattung und -einstellung verließ; doch war ein Fehler unterlaufen, der nicht den Zielflughafen ansteuern ließ, sondern den Irrflug in die Weite des Amazonas-Urwaldes bewirkte. Der Treibstoff ging aus, das Flugzeug musste notlanden. Die Einseitigkeit und Fragwürdigkeit der Spezialqualifikation hätte revidiert werden können, wenn man den Ratschlägen eines Passagiers gefolgt wäre, der die Landschaft beobachtete; sein geographisches Orientierungswissen (seine Schlüsselqualifikation) führte zu der dringenden Ermahnung der Piloten, sich doch nicht auf das instrumentelle Wissen zu verlassen. Hätten die Piloten soziokulturelle und moralische Kompetenz besessen, hätten sie angesichts solchen Ratschlages eine Überprüfung durchführen müssen; doch war die technologische Hybris so groß, dass die Katastrophe sich ereignete. (Die Geschichte ist, das muss angesichts der hervorragenden Ausbildung des Flugpersonals gesagt werden, untypisch; wäre diese Ausbildung nicht so gut, würden ständig Flugzeuge abstürzen.)

34 Vgl. Ulrich Beck: Die Erfindung des Politischen. Zu einer Theorie reflexiver Modernisierung, Frankfurt am Main 1993, S. 169.

Pars pro toto: Ein Flugkapitän, der sich z. B. in seiner Freizeit eindimensional von der Vergnügungsindustrie berieseln ließe, am Flipper seine Stunden eintönig verbrächte, sich mit Alkohol betäuben würde – man fühlte sich nicht wohl, wenn man sich ihm am nächsten Tag anvertraute. Der Fahrzeugmechaniker, der Reifen montiert – wäre er durch soziale oder seelische Probleme gepeinigt, abgelenkt, frustriert und dementsprechend aggressiv – man vertraute sich lieber einer anderen Werkstatt an, mit der größeren Sicherheit, dass die Schrauben auch wirklich festgedreht sind und das Rad sich nicht bei hoher Geschwindigkeit lösen wird.

‚Allgemeinbildung' (als Trias der Qualifikationen) sieht sich zunehmend mit Informationsverschmutzung konfrontiert; das bedeutet, dass man die Informationsfülle nicht mehr zu ordnen, nicht mehr zu verarbeiten vermag. Der Umweltverschmutzung als Anhäufung und Ablagerung von Zivilisationsschutt, als Verpestung der Natur, entspricht die Meta-Umwelt-Verschmutzung als Schutthalde von Informationselementen. Um mit Max Horkheimer und Theodor W. Adorno zu sprechen: Das Positive, das sich der Mensch erwählte, verwandelt sich in ein Negatives, Zerstörendes. Das Bemühen um Zugang zu und Zugriff auf Information führt in Labyrinthe.

Während früher der Mensch als (gebildetes) Subjekt eine größere Chance hatte, in seine Umwelt einzugreifen und sie zu gestalten, bedrängt heute die Meta-Umwelt der Informationen (etwa die Signale des Rundfunks, des Fernsehens, der Reklame) den Menschen; er wird zum Opfer der Informationsflut; die Informationsimpulse decken ihn ein, überlagern seine Spontaneität, Kreativität, Phantasie, seine Aktivität. Er ist vielfach ein informationsverwirrtes Wesen. Der gänzlich verkabelte Mensch ist ein außengesteuerter Typ. Das audiovisuelle Zeitalter erscheint vielen deshalb als ein gigantisches Rollback der ursprünglich vom Menschen scharfsinnig gestalteten Möglichkeiten für Informationsvermittlung.

Etwa alle fünf Jahre, schätzen Wissenschaftler, verdopple sich das Wissen der Menschheit, aber in drei bis vier Jahren sei die Hälfte davon auch schon wieder unbrauchbar. Das neue Gespenst heißt ‚Halbwertzeit des Wissens': Alle fünf Minuten entdecken Forscher eine medizinische Erkenntnis, alle drei Minuten einen physikalischen Zusammenhang und jede Minute eine chemische Formel; zwischen 40 und 50.000 Patente werden jährlich beim Deutschen Patentamt in München neu angemeldet;

vier Kilometer Regale müssen im Deutschen Zentralarchiv in Frankfurt jedes Jahr angebaut werden, um 225.000 ‚Einheiten' – Bücher, Zeitschriften, Dissertationen, Tonbänder, Filme – unterzubringen und der Nachwelt zu erhalten. Von 1980 bis ins Jahr 2000 hat sich das Wissen versechzehnfacht. Im Vergleich der Jahrhunderte ist dieser Fortschritt längst nicht mehr zu messen: Ein Einführungstext in das Studium der quantitativen Chemie enthält mehr chemische Informationen als alle Bücher des Paracelsus zusammen. Der Mensch aus einer früheren Epoche wäre dieser Überflutung hilflos ausgeliefert.

„Ich bin sicher", schreibt Hans Magnus Enzensberger in seinem Essay ‚Über die Ignoranz', „eine einzige Ausgabe der *Bild*-Zeitung hätte genügt, um Johann Gottfried Herders Denkvermögen wochenlang mattzusetzen."[35] Was Not tut, ist ‚Informationsökologie' – die Schaffung eines symbiotischen Verhältnisses des Menschen zu der ihn umgebenden Informations-Metawelt. Wie müssen die Apparate beschaffen sein, damit sie nicht dysfunktional sind, sondern die Informationsflut bewältigen können? Wie muss zum Beispiel ein Verwaltungsapparat aussehen, damit er als Informationsverarbeitungsstätte erfolgreich zu wirken vermag? Was hier als ‚Informationsökologie' bezeichnet wird, nennt Peter Zec ‚Informationsdesign' (= ‚Gestaltung von Information'):

> Beim Informationsdesign geht es zunächst um die Planung, Koordination und Gestaltung von Prozessen der elektronischen Datenverarbeitung und Informations- und Kommunikationssysteme zum Zweck einer geordneten und verwertbaren Übermittlung von Informationen. Im Zentrum steht die Notwendigkeit sowie das immer stärker aufkommende menschliche Bedürfnis, der durch die Automation der Kommunikation und des Informationstransportes hervorgerufenen Informationsflut wie auch der damit einhergehenden Gefahr einer Informationsüberlastung wirkungsvoll entgegenzutreten. Die Grundlage hierfür bilden die natürliche Kreativität und Phantasie sowie die daraus hervorgehenden intellektuellen und gestalterischen Fähigkeiten des Menschen. Das Informationsdesign bezeichnet somit zunächst weniger ein neues abgeschlossenes Berufsbild, sondern vielmehr eine zeitgemäße und problemorientierte integrale Wahrnehmungs-, Denk- und Handlungsweise, bei der es darauf ankommt, die technologisch informatisierte und entmaterialisierte Wirklichkeit besser (als es bis-

35 Enzensberger, Hans Magnus: Über die Ignoranz, S. 20, in: ders.: Mittelmaß und Wahn, Frankfurt am Main 1988, S. 9-22. Vgl. auch Hermann Glaser: Grundfragen des 21. Jahrhunderts. Ein Lesebuch, München 2002, Kap. III und Kap. IV.

lang der Fall war) zu verstehen und durch einen bedürfnisgerechten, humanen Umgang mit dem neuen Rohstoff ‚Information' aktiv an ihrer Gestaltung mitzuwirken.[36]

Allgemeinbildung verhilft dazu, die einzelnen Wissensfragmente nicht nur innerhalb ihrer Axiomatik zu sehen, sondern miteinander zu vernetzen. „Wer nur etwas von Chemie versteht, versteht auch diese nicht recht" – eine solche Feststellung von Georg Christoph Lichtenberg[37] ist außerordentlich modern, übrigens auch, mittel- und langfristig kalkuliert, rentabel. Denn Technologie und Ökonomie setzen heute nicht nur auf spezielle Ausbildung; die ‚Reprofessionalisierung' von Arbeit (die Notwendigkeit, im Rahmen der computerisierten Produktion im Cockpit, bei der Steuerung, Entscheidungen zu treffen, die der Gesamtlage entsprechen, also nicht mehr tayloristisch nach Drill und Dressur zu funktionieren), diese Form der auf Übersicht und Durchsicht bezogenen Qualifikation hat der Baden-Württembergische Forschungsbericht von 1987 im Auge, wenn er formuliert:

> Da, wo die mechanistische Industriegesellschaft ihr Heil suchte im Zerlegen, Reduzieren, Analysieren und Spezialistentum, wird die kommende Informationsgesellschaft, stimuliert und unterstützt durch die neuen Informations- und Kommunikationstechnologien, der ganzheitlichen, systemgerichteten, generalistischen Vorgehensweise den Vorrang geben. Der Spezialist wird mehr Platz machen müssen für den Generalisten.[38]

Tyll Necker, der frühere Präsident des ‚Bundesverbandes der Deutschen Industrie', hat in einem Zeitungsaufsatz Folgendes ausgeführt:

> Selbstverständlich muß in der naturwissenschaftlichen und technischen Lehre der fortschreitende Stand der Erkenntnis berücksichtigt werden, aber es ist gerade nicht so, daß die Wirtschaft den fertigen, perfekten Spezialisten erwartet. Im Gegenteil: Gefragt ist in Zukunft zunehmend der Mensch mit möglichst breitem Bildungsansatz, der eine flexible Haltung zum Einstieg in die berufliche Praxis hat. Das Anhäufen von Detailwissen verliert somit an Bedeutung, da es immer rascher veraltet. Wichtiger ist die Konzentration auf ‚Schlüsselqualifikationen', die das Erlernen von

36 Zec, Peter: Informationsdesign. Die organisierte Kommunikation, Osnabrück/Zürich 1988, S. 104.

37 Lichtenberg, Georg Christoph: Sudelbücher I, Bd. 1, in: ders.: Schriften und Briefe, hrsg. von Wolfgang Promies, 2. Aufl., München 1973.

38 Baden-Württembergischer Landesforschungsbericht von 1987.

wechselndem Spezial- und Fachwissen erleichtert. Aufbauend auf einer soliden Basis von Grundfakten muß in der Ausbildung

- das Verständnis von Grundzusammenhängen des Fachs,
- die Fähigkeit zum logischen systematischen Denken und
- die Fähigkeit zum sprachlichen Ausdruck und Verstehen

eingeübt werden. Hinzukommen muß die Fähigkeit, erlerntes Wissen auf praktische Probleme und neue Aufgaben anzuwenden und im Team zusammenzuarbeiten.

Etwas überspitzt, aber mit einem durchaus richtigen Kern, hat daher kürzlich ein bekannter Personalberater für Führungskräfte in einem Artikel formuliert: „Gefragt ist in Zukunft der Generalist mit humanistischer Bildung."[39]

Es desavouiert Allgemeinbildung bzw. kulturelle Bildung nicht, wenn sie nützlich ist; doch muss sie gegenüber rein ökonomischer Vereinnahmung als Befähigung zu selbstbestimmtem, vernünftigem Handeln verstanden werden. Vor dem Hintergrund der Wechselbeziehungen von Mensch und Welt stellt sich Bildung als ein Prozess der Vermittlung zwischen inneren Bedingungen des Menschen und den äußeren, gesellschaftlichen Bedingungen dar, der in eine individuelle Ganzheit persönlicher Fähigkeiten mündet: Die gesellschaftlichen Inhalte der Bildung ergeben sich aus dem Verhältnis des Menschen zur Natur, zur Gesellschaft und ihrer Geschichte sowie aus dem Verhältnis zu den geistig-ästhetischen Werken der Menschheit (Wolfgang Klafki).

39 Süddeutsche Zeitung, Beilage Nr. 98, 1990; Die Zeit, Nr. 22, 27. 05. 1994.

Literaturverzeichnis

Baden-Württembergischer Landesforschungsbericht von 1987.

Beck, Ulrich: Die Erfindung des Politischen. Zu einer Theorie reflexiver Modernisierung, Frankfurt am Main 1993.

Boer, Wolfgang de: Das Versagen der Aufklärung, in: Universitas, H. 2, 1987.

Brecht, Bertolt: Gesammelte Werke, Bd. 4, Frankfurt am Main 1967.

Enzensberger, Hans Magnus: Über die Ignoranz, in: ders.: Mittelmaß und Wahn, Frankfurt am Main 1988, S. 9-22.

Glaser, Hermann: Europa. Umbruch und Aufbruch, in: Ingo Hermann (Hrsg.): Terra-X. Und dann kam Kolumbus. Als die Welt sich veränderte, München 1992, S. 11-53.

Hegel, Georg Wilhelm Friedrich: Phänomenologie des Geistes, Frankfurt am Main/Berlin/Wien 1970 (Ersterscheinung 1807).

ders.: Vorlesungen über die Philosophie der Religion, in: ders.: Sämtliche Werke, hrsg. von Hermann Glockner, Bd. 1, Stuttgart/Bad Cannstatt 1965.

Heine, Heinrich: Adam der Erste, in: ders.: Werke und Briefe in zehn Bänden, hrsg. von Hans Kaufmann, Bd. 1, Berlin (Ost) 1961.

Kant, Immanuel: Kritik der reinen Vernunft, 2. Aufl., Riga 1787.

ders.: Mutmaßlicher Anfang der Menschengeschichte, in: ders.: Werke, Bd. VI (= Schriften zur Anthropologie, Geschichtsphilosophie, Politik und Pädagogik), hrsg. von Wilhelm Weischedel, Darmstadt/Frankfurt 1964 (Ersterscheinung 1786).

Krieger, Hans: Nach ‚Pisa'. Woran krankt das deutsche Schulwesen?, in: Herman Glaser (Hrsg.): Grundfragen des 21. Jahrhunderts. Ein Lesebuch, München 2002, S. 235-239.

Lichtenberg, Georg Christoph: Sudelbücher I, Bd. 1, in: ders.: Schriften und Briefe, hrsg. von Wolfgang Promies, 2. Aufl., München 1973.

Liessmann, Konrad Paul: Theorie der Unbildung. Die Irrtümer der Wissensgesellschaft, Wien 2006.

Marquard, Odo: Je moderner die Welt, desto unvermeidlicher werden die Geisteswissenschaften. Ein Plädoyer für die Geisteswissenschaften, in: Süddeutsche Zeitung, 15./16. 11. 1986.

ders.: Felix culpa? Bemerkungen zu einem Applikationsschicksal von Genesis 3, in: Manfred Fuhrmann u. a. (Hrsg.): Text und Applikation. Theologie, Jurisprudenz und Literaturwissenschaft im hermeneutischen Gespräch, München 1981.

Mirandola, Giovanni Pico della: Über die Würde des Menschen, übersetzt von Norbert Baumgarten, hrsg. und eingeleitet v. August Buck, Hamburg 1990.

Negt, Oskar: Zukunft der Arbeit. Erziehung zur Arbeitslosigkeit. Was sollen unsere Kinder lernen?, in: Björn Engholm (Hrsg.): Demokratie fängt in der Schule an. Beiträge zur Wiederherstellung der Bildungspolitik am Ausgang des 20. Jahrhunderts, Frankfurt am Main 1985, S. 15-32.

Picht, Georg: Die deutsche Bildungskatastrophe. Dunkel über der pädagogischen Provinz, in: Christ und Welt, Sonderdruck, Juni 1964.

ders.: Die deutsche Bildungskatastrophe. Analysen und Dokumentationen, Olten/Freiburg im Breisgau 1964.

Schaede, Stephan: Mit dem Abgrund der Unwissenheit leben können. Theologie der Geisteswissenschaft, in: Politik und Kultur, Mai/Juni 2007, S. 17.

Schiller, Friedrich: Die Sendung Moses und Etwas über die erste Menschengesellschaft nach dem Leitfaden der mosaischen Urkunde, hrsg. von Johannes Bertram, Hamburg 1960.

ders.: Sämtliche Werke in zwei Bänden, hrsg. von Karl Prochaska, Bd. 2, Leipzig/Wien 1870.

ders.: Sämtliche Werke. Auf Grund der Originaldrucke hrsg. von Gerhard Fricke und Herbert G. Göpfert, Bd. 4, München/Wien 1976.

Seel, Martin: Wir sind doch kein Service-Unternehmen! Je mehr die Geisteswissenschaften sich nützlich machen wollen, desto mehr verlieren sie an Wert, in: Die Zeit, Nr. 7, 08. 02. 2007; Onlinedokument http://www.zeit.de/2007/07/Geisteswissenschaften [07. 07. 2009].

Singer, Wolf: Was kann ein Mensch wann lernen?, in: Nelson Killius/Jürgen Luge/Linda Reisch (Hrsg.): Die Zukunft der Bildung, Frankfurt am Main 2002, S. 78-99.

Sloterdijk, Peter: Kritik der zynischen Vernunft, Frankfurt am Main 1983.

Zec, Peter: Informationsdesign. Die organisierte Kommunikation, Osnabrück/Zürich 1988.

Welche Schlüsselqualifikationen für Studierende an Technischen Universitäten?

Fachübergreifende Lehre und Schlüsselkompetenz als Programm. 60 Jahre Studium Generale und 20 Jahre Angewandte Kulturwissenschaft an der Universität Karlsruhe (TH)

Caroline Y. Robertson-von Trotha

1. Einleitung

Die Frage, welche Qualifikationen Schlüsselqualifikationen genannt werden sollen, ob und in welcher Verbindlichkeit diese angeboten, wo und von wem sie als Lehrangebot entwickelt werden sollen und in welcher Verantwortung Hochschulen stehen, allgemeinbildende Lernmöglichkeiten zu organisieren, wird seit den Anfängen universitärer Ausbildung immer wieder reflektiert und diskutiert. Schlüsselqualifikationen lassen sich generell als die Qualifikationen bezeichnen, die fach- und situationsübergreifend Menschen befähigen kompetent zu handeln.[1] Auf der alleinigen Grundlage exzellenten Fach- und Spezialwissens lässt sich dieses Ziel nicht erreichen, so das Argument, das bereits sinngemäß von Wilhelm von Humboldt oder an der eigenen Hochschule, der Universität Karlsruhe, von Ferdinand Redtenbacher vertreten wurde.

Im vorliegenden Band wird von mehreren Autorinnen und Autoren dargestellt, dass in aktuellen Kontexten die Überlegung und die Notwendigkeit, junge Menschen besser mit fachübergreifenden Kompetenzen auszustatten, eher zugenommen haben. Damit stellt sich die Frage nach der Verantwortung der Universitäten, entsprechende Lehrangebote anzubieten – als freiwillige Zusatzqualifikationen und als verbindliche Elemente der Fachcurricula. Dabei hat ein adäquates Angebot von Schlüsselqualifikationen die unterschiedlichen Kenntnisstände, Kompetenzen, Dispositionen und Interessen von Studierenden aus Natur- und Technikwissenschaften auf der einen und aus Sozial- und Geisteswissenschaften auf der anderen Seite zu berücksichtigen. Entsprechend einem komplementären Ansatz sind auch die Stärken und die Schwächen der einzelnen Studierenden, aber auch die sich verändernden Berufserfordernisse und Gesellschaftsentwicklungen in den Blick zu nehmen. Demnach gilt es, Studierenden von der Bachelor-Stufe bis zur Promotion ein ausdifferen-

1 Vgl. hierzu Caroline Y. Robertson-von Trotha ‚Schlüsselqualifikationen revisited. Ein altes Thema in Zukunftskontexten' im vorliegenden Band.

ziertes, breites Lehrangebot zu bieten, das das Ziel hat, sie als künftige Entscheidungsträgerinnen und -träger, Nachwuchswissenschaftlerinnen und -wissenschaftler und sozialverantwortlich handelnde *citoyens* ganzheitlich auszubilden.

Die Entwicklung der fachübergreifenden Lehre an der Universität Karlsruhe (TH) bis zu ihrer jetzigen inhaltlichen Ausformung und institutionellen Verankerung hat eine lange Vorgeschichte. Sie ist einerseits gekennzeichnet von zahlreichen innovativen Entwicklungen und Erfolgsgeschichten, andererseits jedoch selbst Beleg für die andauernde Kluft zwischen den Wissenskulturen. Zudem verdeutlicht sie die weit auseinandergehenden Standpunkte, wie sie die Anhänger der ‚reinen' Lehre des Fachwissens im Gegensatz zu den Befürwortern einer eher ganzheitlichen Ausbildung in Einklang mit dem Humboldtschen Ideal vertreten. Diese unterschiedlichen Einschätzungen der Bedeutung der überfachlichen Lehre fallen nicht nur von Fakultät zu Fakultät anders aus: sie lassen sich auch *innerhalb* von Fakultäten nachweisen, wo sie vermehrt zu Spannungen führen können. Der Bologna-Prozess, der mehrheitlich in den Ingenieur- und Naturwissenschaften abegelehnt wurde und noch mit großen Vorbehalten betrachtet wird, verstärkt die potentiell gegensätzliche Betrachtungsweise: denn de facto hat sich das studentische Zeitbudget verknappt. Dies macht die Diskussion über curriculare Inhalte, Organisationen und Prioritäten umso dringlicher. Die Erfordernisse dieses Prozesses bieten aber auch die Chance, diese Gegensätze wenigstens zu relativieren – eine Chance, die allerdings erst dann wahrgenommen werden kann, wenn ein Problembewusstsein jenseits fachinterner Interessen besteht. Dies setzt allerdings eine Offenheit der Beteiligten voraus und die Erkenntnis, dass Bologna jenseits des Vorwurfs der Verschulung viele Implementierungswege offen lässt.[2]

In diesem Beitrag wird hinsichtlich der fachübergreifenden Lehre sowohl auf das Erreichte als auch auf die strukturellen Hindernisse eingegangen, die auf ähnliche Weise auch an anderen Technischen Hochschulen bestehen. Auf die Problematik der institutionellen Implementierung einer fachübergreifenden Lehre wird vor allem deshalb eingegangen, da durchaus die Gefahr besteht, dass die Einführung der

2 Dabei ist darauf hinzuweisen, dass das in Deutschland geltende 6+4-Semestermodell der zweistufigen Abschlüsse sich nicht zwingend aus dem Bologna-Prozess ableiten lässt.

zweistufigen Studiengänge zu einer weiteren ‚Bildungsverarmung' führen könnte. Das Argument des curricularen Zeitbudgets hat sich verschärft und wird von Vertretern möglichst spezialisiert ausgelegter Fachcurricula engagiert vertreten. Die Herausforderung, mehr als nur Minimalstandards für ‚fachfremde' Inhalte durchzusetzen, ist groß, wenn sich auch erhebliche Unterschiede zwischen den Fakultäten feststellen lassen. Sie setzt Kenntnisse über Grundannahmen, Gegenargumente und Verhinderungsstrategien voraus. Ein adäquates Angebot an fachübergreifenden Schlüsselqualifikationen benötigt aber auch ein Wissen um die große Streubreite der bereits praktizierten Vermittlung von Schlüsselqualifikationen an den Fakultäten und deren Selbstverständnis. Auf der Grundlage einer empirischen Untersuchung an der Universität Karlsruhe (TH) werden diese sichtbar und im gemeinsamen Beitrag mit Jens Görisch und Iris Koban[3] kurz dargestellt. Schon hier lässt sich feststellen: Die Diskussion zeigt, dass die Verständigung über die Inhalte und die bestmögliche Vermittlung von Schlüsselqualifikationen umstritten bleibt. Gemeinsame Anstrengungen über die Fakultäten hinweg – vor allem im freiwilligen Bereich – haben dennoch nachhaltige Angebotsstrukturen hervorgebracht. Dazu zählen vor allem die des Zentrums für Angewandte Kulturwissenschaft und Studium Generale.

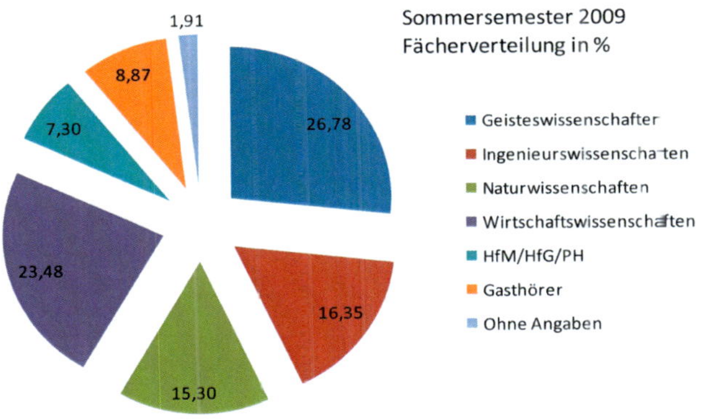

Abb. 1: Studierende aller Studienangebote am ZAK im Sommersemester 2009, Quelle: eigene Darstellung.

3 Im vorliegenden Band.

2. Vom IAK zum ZAK und Studium Generale: besondere Zielsetzung von Anfang an

Das ZAK | Zentrum für Angewandte Kulturwissenschaft und Studium Generale wurde 2002 an der Universität Karlsruhe (TH) als zentrale Einrichtung gegründet. Es ist aus den Vorgängerinstitutionen *Interfakultatives Institut für Angewandte Kulturwissenschaft* (IAK), gegründet 1989,[4] zuvor Forschungsstelle für Angewandte Kulturwissenschaft (1983-1989), und aus dem traditionsreichen *Studium Generale* hervorgegangen. Bereits durch die intensive Arbeit des interdisziplinär zusammengesetzten IAK[5] hatten sich die Metaprinzipien des inter- und transdisziplinären Arbeitens sowie des interkulturellen Vergleichs etabliert.[6]

Ein Grundanliegen in der Gründungsphase des Instituts war es, den Dialog zwischen Ingenieur- und Geistes- und Sozialwissenschaften zu fördern und zu einem fruchtbaren Wissenstransfer beizutragen. Es wurde die Ansicht vertreten, dass gerade an einer Technischen Hochschule das Spannungsfeld zwischen Kultur und Technik, die Problematik der Kulturbedingtheit der Technik ebenso wie die der Technikbedingtheit der Kultur und deren Verhältnis zum materiellen und immateriellen kulturellen Erbe als ihrer Grundlage eine besondere Rolle spielen müsse – ein Ansatz, der selbst in unterschiedlichen Ausprägungen mit Unterbrechungen und mit mehr oder weniger Intensität in der Geschichte und Gegenwart der Uni-

4 Schon die Zeitspanne von zwanzig Jahren seit der Gründung des IAK und späteren ZAK legt eine Betrachtung des Erreichten nahe.

5 Beteiligt waren 17 Fachbereiche aus sieben Fakultäten. Die Forschungsstelle ging auf die Initiative von Bernd Thum und Götz Großklaus zurück, zu der in der frühen Phase Ottokar Uhl, Wolfgang Hartmann, Hans-Joachim Klein, Fuad Kandil, Ernst Oldemeyer und die Autorin gehörten. Es kamen noch vor der Institutsgründung Hans Lenk, Bernhard Schäfers, Helmut F. Spinner, Rolf Funck und – vor allem – der Informatiker Detlef Schmid hinzu, ohne dessen Unterstützung eine dauerhafte Institutionalisierung des IAK nicht zustande gekommen wäre. Die Förderung der Institutsgründung durch den kunstinteressierten Mathematiker und damaligen Rektor der Fridericiana, Heinz Kunle, war ebenfalls von großer Bedeutung.

6 Für eine ausführlichere Beschreibung der Entstehungsgeschichte siehe Caroline Y. Robertson-Wensauer (Hrsg.): Interfakultatives Institut für Angewandte Kulturwissenschaft Universität Karlsruhe (TH). 1989-1999: Zehn Jahre interdisziplinäre Institutsarbeit, Karlsruhe 1999.

versität immer wieder hervorgehoben wurde.[7] Die Thematik der Wechselwirkungen zwischen Kultur und Technik wurde in interdisziplinären Vortragsreihen erörtert und dabei das gemeinsame Verständnis einer angewandten Kulturwissenschaft herausgearbeitet. Die Konsolidierung der Arbeit der Forschungsstelle fand kurz vor der Gründung des Instituts besondere Aufmerksamkeit durch die Ausrichtung der internationalen Konferenz *Technisch-industrielle Welt in der Vielfalt der Kulturen. Grundlagen und Entwicklungsprozesse*. Diese eröffnete offiziell die von der UNESCO proklamierte Weltdekade für kulturelle Entwicklung (1988-1997) in Deutschland.

Von Anfang an ging es um Bedeutung und Notwendigkeit von vernetztem und damit auch fachübergreifendem Denken und Handeln und um das, was heute unter soziokulturellen Kompetenzen verstanden wird:

> Ausgehend von der Prämisse, daß echte interdisziplinäre Kompetenz nur auf der Grundlage von fundiertem, spezialisiertem Wissen erworben werden kann, ging es uns um die Befähigung zum vernetzten Denken sowie um die Vermittlung der hierzu notwendigen Schlüsselqualifikationen.[8]

Hermann Glaser, der von 1996 bis 1997 für eine Stiftungsgastprofessur gewonnen werden konnte,[9] konstatierte:

> Je dynamischer, komplexer und unvorhersehbarer die gesellschaftliche, technische, wirtschaftliche und damit persönliche Umweltentwicklung verläuft, desto größere Bedeutung erhalten für die existentielle Bewältigung von Herausforderungen solche Bildungselemente, welche Schlüsselcharakter haben – deshalb so genannt, weil sie den Schlüssel zur raschen und reibungslosen Erschließung von wechselndem Spezialwissen bilden. Sie erschließen Verstehens-, Verarbeitungs- und Verhaltensmuster höchst unterschiedlicher Art, und zwar je nach Maßgabe des zu bewältigenden Problems.[10]

---

7 Der Historiker Franz Schnabel (1887-1966), der Geschichte als Kulturgeschichte auffasste, gehört zu den prominentesten Vertretern eines derartigen Ansatzes, den er in seinem vierbändigen Werk ‚Deutsche Geschichte' (1929-1937) umsetzte. Im eigenen Fach galt er gerade aufgrund seiner ganzheitlichen Auffassung von Geschichtsschreibung als Außenseiter. Das aktuellste Beispiel ist der sich in Gründung befindende Schwerpunkt Mensch und Technik' am Karlsruher Institut für Technologie, an dem das ZAK beteiligt ist.

8 Robertson-Wensauer, Caroline Y.: Wozu ‚Angewandte Kulturwissenschaft' an einer technischen Hochschule?, in: dies., 1999, S. 22.

9 Die Stiftungsgastprofessur wurde durch die Landeskreditbank Baden-Württemberg – Förderbank (L-Bank) gefördert.

10 Glaser zitiert nach Robertson-Wensauer, 1999, S. 23.

Durch die großzügige Unterstützung der Landeskreditbank Baden-Württemberg (L-Bank) konnte das junge Institut sein Drei-Säulen-Modell verwirklichen: ausgehend vom Grundkonzept der Interdisziplinarität und der Interkulturalität sollten Forschung, Lehre und eine damals in Deutschland noch weitgehend unbekannte ‚Öffentliche Wissenschaft'[11] entwickelt werden.

2.1. Das Begleitstudium Angewandte Kulturwissenschaft

Resultierend aus der Zielsetzung der vorangegangenen Forschungsstelle für Angewandte Kulturwissenschaft wurde die Verantwortung für die fachübergreifende Lehre als Ziel eines zu gründenden interfakultativen Instituts formuliert. Über Interdisziplinarität wurde viel in der Forschungs- und Hochschullandschaft diskutiert, ohne jedoch Studierenden entsprechende Möglichkeiten zur Aneignung trans- und interdisziplinärer Methoden, Inhalte und Arbeitsweisen anzubieten. Ebenso wurde eine bessere Verknüpfung von Theorie und Praxis – insbesondere in den Geisteswissenschaften – gefordert. Speziell für Studierende der Geisteswissenschaften richteten sich die Bemühungen auf ein Zusatzstudium, das die Erfordernisse der Berufspraxis stärker thematisieren sollte. Für die anderen Fächer stand die Vermittlung von Orientierungswissen und gesellschaftlichen Zusammenhängen im Vordergrund. Der Praxisbegriff sollte dabei nicht auf Tätigkeiten in (vor-)bestimmten (Berufs-)Kontexten reduziert werden, sondern vielmehr auf der Basis theoretischer Auseinandersetzung und analytischer Methoden Studierende in die Lage versetzen, in vielerlei Situationen handlungsfähig zu sein. Als wichtiges Leitbild diente eine ganzheitliche Perspektive bezogen auf einen erweiterten Kulturbegriff. Studierende sollten auf der Grundlage theoretischen Wissens die Überlappungen und Verknüpfungsmöglichkeiten von Wissensbereichen sowie deren unvermeidliche Wirkungszusammenhänge in gesamtgesellschaftlicher Perspektive wenigstens vom Ansatz her erkennen können. Die Begriffssprachen und Erkenntnisfokussierungen der Disziplinen einerseits,

11 „Das Institut für Angewandte Kulturwissenschaft ist hier einer der Vorreiter in Baden-Württemberg. Durch seine Vortragsreihen und durch neu konzipierte Symposien bringt das Institut komplexe wissenschaftliche Fragestellungen einer interessierten Öffentlichkeit nahe. [...] Mit unserer Stiftungsprofessur unterstützen wir das Institut bei seinem Anliegen, Wirtschaft, Technik und Kultur zusammenzuführen." Grußwort des Vorsitzenden des Vorstands der Landeskreditbank Baden-Württemberg – Förderbank, Dietmar Sauer, zitiert nach Robertson-Wensauer, 1999, S. 9.

andererseits ihre überfachlichen kulturellen Wirkungen und gestalterischen Steuerungsmöglichkeiten im Hinblick auf die Gesellschaft sollten das Studium prägen.

Ohne dass die Begriffe Scientific und Cultural Literacy verwendet worden waren,[12] orientierten sich die Überlegungen zur Einführung eines interdisziplinären Studiengangs an den Intentionen eines ganzheitlichen komplementären Ansatzes. Studierende aller Fachrichtungen sollten, auch wenn diese Vorgeschichte nicht explizit kommuniziert wurde, ganz im Sinne der früheren Zielsetzungen des Historikers Walther Peter Fuchs ihr Fachstudium ergänzen können:

> Geisteswissenschaftler an einer TH sollten daher der Welt der Naturwissenschaften und Technik, die unser Dasein bestimmen, komplementär die Dimension der sozialen Umwelt, der politischen Verantwortung, der schöpferischen Leistung in den Künsten, der philosophischen und historischen Besinnung gegenüberstellen mit dem Ziel, daß sich die Bereiche gegenseitig durchdringen.[13]

Zunächst wurde an die Einführung eines Aufbaustudienganges gedacht. Wie sich nach verschiedenen Diskussionen bald zeigte, wäre dies universitätspolitisch nicht durchsetzbar gewesen. Zudem bestand die Gefahr, dass eher Studierende der Geisteswissenschaften oder Studierende ohne klare Berufsperspektiven sich hieran beteiligen würden. Ziel war es aber, hoch motivierte junge Menschen aus allen Fächern anzusprechen in der Absicht, eine junge, fachübergreifend gebildete Nachwuchselite zu fördern. Diesem Verständnis folgend ist von Professoren aus den Fachbereichen Architektur, Arbeitswissenschaft, Informatik, Kunst- und Kulturwissenschaft, Literaturwissenschaft/Mediävistik/Interkulturelle Germanistik, Philosophie/Technikphilosophie, Soziologie und Wirtschaftswissenschaft

12 Vgl. hierzu Caroline Y. Robertson-von Trotha ‚Schlüsselqualifikationen revisited. Ein altes Thema in Zukunftskontexten' im vorliegenden Band.

13 Fuchs, Walther Peter: Die Stellung der Geisteswissenschaften an den Technischen Hochschulen, S. 62, in: Die Fridericiana 1963. Gedanken und Bilder aus einer Technischen Hochschule. Hans Freudenberg zum 75. Geburtstag, hrsg. i. A. des Senats der Technischen Hochschule Fridericiana Karlsruhe von Otto Kraemer, Klaus Lankheit, Rolf Lederbogen, Johannes Weissinger, Karlsruhe 1963, S. 59-69, zitiert nach Michael Stolle: Aus der Wahrheit des Geistes. Walther Peter Fuchs als Hochschulreformer und Hochschullehrer, in: Angela Borgstedt/ders.: Walther Peter Fuchs – revisited. Beiträge zur Wirkung und Bedeutung eines Karlsruher Historikers (= Gelbe Hefte, Bd. 6), Karlsruhe 2006, S. 11.

das Begleitstudium Angewandte Kulturwissenschaft konzipiert worden. Es wird seit dem Wintersemester 1990/91 angeboten und kann von allen Studierenden der Universität Karlsruhe (TH), der Hochschule für Gestaltung Karlsruhe und der Staatlichen Hochschule für Musik Karlsruhe als zertifizierte Zusatzqualifikation absolviert werden. Durch diese Öffnung für Studierende sowohl aus Technik-, Ingenieur-, Natur- und Wirtschaftswissenschaften als auch der Geistes- und Sozialwissenschaften sowie die besondere Konzeption der Seminarangebote wird eine interdisziplinäre Zusammensetzung und Ausrichtung des Lernumfelds ermöglicht und in den Lehrinhalten verstärkt. Schon lange bevor es um die aktuelle Diskussion integrierter Schlüsselqualifikationen ging, wurden sie in den Seminaren des IAK umgesetzt. Die Heterogenität der Fachrichtungen der Studierenden im Seminar wird von Dozierenden wie Studierenden als besondere und anregende Herausforderung verstanden: Neben unterschiedlichen disziplinären Wissensbeständen und vorgeprägten methodischen Vorgehensweisen spielen die fachdifferenten Verständnisse von Sprache und Begriffen eine hervorzuhebende Rolle. Wie inzwischen von Alumni bestätigt wird, besteht ein besonderer Vorteil in der interdisziplinären Zusammensetzung der Studierenden in den Seminaren des Begleitstudiums, da sie auf diese Weise zusätzliche Schlüsselqualifikationen in Teamarbeit, durch Gruppenpräsentationen und durch eine damit verbundene fächerübergreifende Verständigung erlernen können. Die Möglichkeit, die teils sehr abstrakt-disziplinären Wissensbestände in anwendungsbezogene gesellschaftliche Zusammenhänge zu stellen, die Einübung des ‚reflexiven Hinterfragens', des Argumentierens und die Bereitstellung überfachlichen Orientierungswissens wird von Studierenden positiv hervorgehoben.[14]

14 Zum Beispiel in den semesterweisen Evaluationen, denen alle Seminare des ZAK unterzogen werden.

Das Angebot des Begleitstudiums setzt sich aus 14 Bausteinen zusammen:

1. Grundzüge moderner Kulturinstitutionen
2. Historische Dimensionen der Kulturpraxis/Kulturelles Erbe
3. Medienkommunikation
4. Interkulturelle Kommunikation/interkulturelles Lernen/Multikulturalität
5. Wissenschaft und Kultur
6. Wertewandel/Verantwortungsethik
7. Kulturpolitik
8. Kultursoziologie/Kulturwissenschaft/Cultural Studies
9. Kulturökonomik/Kulturmanagement
10. Architektur und Stadtplanung als Kulturpraxis
11. Arbeitswissenschaft
12. Theorie und Praxis der Kulturästhetik
13. Allgemeine Ökologie/Umwelt- und Ressourcenökonomik
14. Technikentwicklung/Technikgeschichte

Nach erfolgreichem Abschluss des Begleitstudiums erhalten Studierende ein vom Rektor unterzeichnetes benotetes Zertifikat und ein Zeugnis der Universität Karlsruhe (TH). Hierfür müssen die Ringvorlesung ‚Angewandte Kulturwissenschaft' und fünf frei wählbare Seminare aus den Studienbausteinen absolviert werden. Hinzu kommt eine mündliche Prüfung in zwei der ausgewählten Bausteine und ein Praktikum von mindestens zwei Wochen im Kultur-, Sozial- oder Medienbereich. Das Begleitstudium steht auch Doktorandinnen und Doktoranden sowie Teilnehmerinnen und Teilnehmern von Graduiertenkollegs offen.

Neben interdisziplinärem Grundlagenwissen werden an kulturwissenschaftlichem Denken orientierte Kompetenzen im Rahmen eines fachübergreifenden Orientierungswissens vermittelt, die für alle Berufe zunehmend an Bedeutung gewinnen. Das Konzept der Angewandten Kulturwissenschaft als Zusatzqualifikation orientiert sich an dem Vorbild der ‚Liberal Arts' des angloamerikanischen Studiensystems. Dort werden, verallgemeinernd gesprochen, dem Fachstudium vorgelagert oder ergänzend, sogenannte ‚general education classes' absolviert, die ein möglichst breites, intellektuelle Fähigkeiten förderndes Orientierungswissen ausbilden.

2.2. Öffentliche Wissenschaft

Unter dem Begriff ,Öffentliche Wissenschaft'[15] und lange bevor das Thema in Deutschland programmatisch durch den Stifterverband der Deutschen Wissenschaft aufgegriffen worden ist, wurde das Konzept, das seine Anfänge am IAK hatte, konsequent ausgebaut. Der Austausch zwischen der Universität und der interessierten Öffentlichkeit gehört zu den herausragenden Zielen des ZAK und wurde bereits von den Vorgängerinstitutionen praktiziert. Inzwischen wird durch eine Vielzahl von regelmäßig angebotenen Veranstaltungen und Veranstaltungsformaten das Konzept einer Öffentlichen Wissenschaft wahrgenommen und akzeptiert. Öffentliche Wissenschaft will einem breiten Publikum komplexe Themen in verständlicher Form nahe bringen. Ziel ist es, die Öffentlichkeit an der Diskussion über neue Erkenntnisse und die Folgen wissenschaftlichen Handelns zu beteiligen und das dafür notwendige kritische Wissen zu vermitteln. Umgekehrt sollen entsprechend dem Verständnis einer ,Wissenschaft im Dialog'[16] gesamtgesellschaftliche Fragestellungen und Impulse an die Wissenschaft herangetragen und thematisiert werden. Dies entspricht dem Ansatz einer universitären Verantwortung für die Vermittlung von Scientific und Cultural Literacy als Bestandteil des lebenslangen Lernens. Die Veranstaltungen in diesem Rahmen sind interdisziplinär ausgerichtet. Das Zentrum und seine Vorgängerinstitutionen können auf zahlreiche Tagungen, Symposien, Podiumsdiskussionen und Vorträge mit international renommierten Fachleuten zurückblicken. Die Veranstaltungen zeichnen sich durch eine interdisziplinäre Perspektive auf Wissen-

15 Der Begriff ,Öffentliche Wissenschaft' wurde von der Autorin zuerst eingeführt und dann von der Stadt Karlsruhe übernommen und hat sich inzwischen auch in der Literatur etabliert. Für eine ausführlichere Darstellung des Konzepts siehe Robertson-Wensauer, 1999; Peter Faulstich (Hrsg.): Öffentlichte Wissenschaft. Neue Perspektiven der Vermittlung in der wissenschaftlichen Weiterbildung, Bielefeld 2006; Caroline Y. Robertson-von Trotha: Öffentliche Wissenschaft – ein notwendiger Dialog, in: Joachim Klaus/Helmut Vogel (Hrsg.): Wissensmanagement und wissenschaftliche Weiterbildung. Dokumentation der Jahrestagung der deutschen Gesellschaft für wissenschaftliche Weiterbildung und Fernstudium an der Universität Karlsruhe (TH) (= Beiträge 45), Hamburg 2007, S. 7-20.

16 ,Wissenschaft im Dialog' ist eine Gemeinschaftsaktion der deutschen Wissenschaftsorganisationen. Sie dient der Öffentlichkeitsarbeit der Wissenschaft und will den offenen Austausch, Diskussionen und die Meinungsbildung fördern. Ausführlichere Informationen siehe Onlinedokument http://www.hrk.de/de/projekte_und_initiativen/114.php [07. 07. 2009].

schaft, Politik, Kultur und Wirtschaft aus.[17] Zur Umsetzung der Grundidee wissenschaftliche Themen einem breiteren Publikum zugänglich und verständlich zu machen und/oder gesamtgesellschaftliche Themen einer öffentlichen wissenschaftlichen Betrachtung zu unterziehen, werden auch neue Wege eingeschlagen. Zunehmend finden Veranstaltungen an Orten *außerhalb* der Universität statt: Ein städtisches Publikum, das den Universitätshörsaal eher als Barriere empfindet, soll teilhaben können und dazu aktiv aufgefordert werden. Zu diesen Veranstaltungen gehören die Karlsruher Gespräche, Universität – inzwischen KIT[18] – im Rathaus, das wissenschaftliche Symposium im Rahmen der Europäischen Kulturtage sowie das in den Anfängen befindliche Konzept einer Öffentlichen Wissenschaft im Theater.[19] Zudem finden weitere Einzelveranstaltungen statt, die unabhängig von den etablierten Reihen ein aktuelles Thema ansprechen. Im Jahre 2008 fand so u. a. eine Matinee in Zusammenarbeit mit der Anna-Lindh-Stiftung im Rahmen der Kampagne ‚1001 actions for dialogue' statt, aber z. B. auch die Veranstaltung ‚Deutschland aus der Vogelperspektive' mit den Politikern Bernhard und Hans-Jochen Vogel.

Neben dem Hauptziel, ein außeruniversitäres Publikum zu interessieren und dadurch eine Verantwortung im Sinne einer ‚Wissenschaft im Dialog' umzusetzen, sollen Studierende aus allen Fachrichtungen hierfür gewonnen werden. Im Folgenden werden diese Aktivitäten kurz skizziert.

2.2.1. Karlsruher Gespräche

Die hervorzuhebende wichtigste Aktivität des ZAK im Rahmen der öffentlich Wissenschaft sind die jährlich stattfindenden Karlsruher Gespräche. Finanziert durch Drittmittel – derzeit durch die Sparda-Bank Baden-Württemberg eG als Hauptsponsor, durch die Stadt Karlsruhe und mit Unterstützung der Industrie- und Handelskammer Karlsruhe – greifen sie jeweils ein aktuelles Thema auf, das unter Einbeziehung

17 Viele Beiträge aus den Veranstaltungen im Bereich Öffentliche Wissenschaft werden in unseren Publikationsreihen veröffentlicht; siehe Onlinedokument http://www.zak.uni-karlsruhe.de/16.php [07. 07. 2009] (siehe auch die Videoaufzeichnungen unter http://www.zak.uni-karlsruhe.de/499.php [07. 07. 2009]).

18 Nach der erfolgreichen Bewerbung im Rahmen der Exzellenzinitiative des Bundesministeriums für Bildung und Forschung 2005 schlossen sich die Universität Karlsruhe (TH) und das Forschungszentrum Karlsruhe zum Karlsruher Institut für Technologie (KIT) zusammen. Die gesetzlich geregelte Zusammenführung beider Einrichtungen ist im Jahr 2009.

19 Siehe Onlinedokument http://www.zak.uni-karlsruhe.de/1790.php [07. 07. 2009].

Karlsruher Kulturinstitutionen auf diskursiv-reflektierende und ästhetisch-künstlerische Weise behandelt wird. Das international ausgerichtete Sympo-sium ermöglicht damit gleichermaßen einen wissenschaftlich fundierten Überblick sowie die sinnliche Erschließung der Themenbereiche. Die Karlsruher Gespräche wollen einerseits durch den Austausch zwischen Kultur, Wirtschaft, Medien und Wissenschaft die Reflexion, Diskussion und kreative Suche nach neuen Wegen für strittige Gesellschaftsfragen anregen. Andererseits gilt es, das Bewusstsein für problematische gesellschaftliche Entwicklungen zu erhöhen. Die Auswahl des Formats kurzer Fachvorträge, Vorträge aus der Praxis und Diskussionsrunden bietet aber auch neuartige Perspektiven für die aktiven Teilnehmerinnen und Teilnehmer, die über die üblichen Möglichkeiten enger konzipierter Fachtagungen hinausgehen. Beispiele der letzten Jahre waren die Tagung ‚Trennung, Tod – Tabu?', bei der unter anderem die Legitimation bzw. das Verbot von passiver und aktiver Sterbehilfe aus internationaler und interdisziplinärer Sicht behandelt wurde, oder die 11. und 12. Karlsruher Gespräche zum Thema ‚Mein Europa – Dein Europa'. Hier stellten zum einen Nicht-Europäer mit ihrem Lebensmittelpunkt außerhalb Europas ihre Außenperspektive auf Europa vor und im nächsten Jahr zum anderen Personen mit ihrem Lebensmittelpunkt innerhalb Europas, aber mit einer außereuropäischen Migrationsbiographie. Im Jahr 2009 wurde das Thema ‚Rechts außen: Rechtsextremismus in Europa heute' aus amerikanischer und internationaler europäischer Sicht erörtert und durch die ‚ARTE-Filmnacht' mit Dokumentar- und Spielfilmen zum Thema ergänzt. Den Abschluss bildete wie in den vergangenen Jahren auch eine szenische Lesung des Badischen Staatstheaters.

2.2.2. Colloquium Fundamentale

Als zentrale Vortragsreihe der Universität Karlsruhe (TH) blickt das Colloquium Fundamentale auf eine lange Tradition zurück. Es wird als Bestandteil des Studium Generale in jedem Semester veranstaltet und macht ein interdisziplinäres Thema zum Gegenstand einer Reihe mit Vorträgen, Streitgesprächen und Podiumsdiskussionen. Das Karlsruher Institut für Technologie (KIT) führt diese Tradition fort und wendet sich mit dem Colloquium Fundamentale an Studierende und Mitglieder des KIT sowie an eine interessierte Öffentlichkeit. Jeweils im Wintersemester wird ein Themenbereich von gesellschaftspolitischer Relevanz behandelt. So stellte das ZAK im WS 2007/08 die an Brisanz gewonnene Frage ‚Eliten wozu?' und diskutierte in den Jahren zuvor die ‚Schattenseiten des Internets' und die ‚Zukunft der Arbeit'. Im Sommersemester hingegen steht häufig ein natur- oder ingenieurwissenschaftlicher Forschungsbereich mit seiner gesellschaftlichen Wirkung im Mittelpunkt. Als Beispiele, die ebenfalls aktuelle Relevanz besitzen, sind die Vortragsreihen ‚Erleuchtung oder Blackout? Energieversorgung der Zukunft' (SS 2008) und ‚Naturkatastrophen – zwischen Schicksal und Herausforderung' (SS 2005) zu nennen. Die meist auswärtigen Referentinnen und Referenten sind anerkannte Fachspezialisten aus mehreren Disziplinen. Auf diese Weise soll das Colloquium Fundamentale für Mitglieder der Universität und des Forschungszentrums die Möglichkeit bieten, komplementäre Betrachtungen aus anderen wissenschaftlichen Disziplinen und Einrichtungen diskutieren zu können. In der abschließenden Podiumsdiskussion wird das Thema mit Vertretern der Praxis und/oder der Medien erörtert.

2.2.3. Internationales Forum

Nach der Gründung des ZAK | Zentrum für Angewandte Kulturwissenschaft und Studium Generale im Jahr 2002 wurde der Bereich Öffentliche Wissenschaft weiterentwickelt. Hierzu zählt die Einrichtung des Internationalen Forums, die mehreren Zielsetzungen folgt. Zum einen ist die Fridericiana seit jeher ein Ort internationaler Begegnung, ohne dass dies jedoch in der Öffentlichkeit besonders wahrgenommen wird. Über 3.300 ausländische Studierende und eine große Zahl an Gastwissenschaftlerinnen und -wissenschaftlern sind an den Instituten und Einrichtungen der Universität tätig. Mit der Zusammenführung der Universität und des Forschungszentrums zum Karlsruher Institut für Technologie erhöht sich der Anteil internationaler Wissenschaftler und Gastwissenschaftler deutlich. Zugleich lässt sich aber ebenfalls feststellen, dass das Bewusstsein für die Chancen und Probleme der interkulturellen Vielfalt und für Fragestellungen der internationalen Entwicklung eher implizit und im nicht-öffentlichen Raum thematisiert wird. Die Chancen einer ‚Internationalisation at Home',[20] die es zu fördern gilt,

20 So der Name einer 1999 ins Leben gerufenen europäischen Initiative zur Hochschulentwicklung, an der das IAK beteiligt war. Weitere Informationen unter Onlinedokument http://www.zak.uni-karlsruhe.de/~67.php#iah [07. 07. 2009]. Siehe dazu auch Matthias Otten ‚Interkulturelle Kommunikation und akademische Schlüsselqualifikationen. Anmerkungen zur Diskussion über eine gewagte Allianz' im vorliegenden Band.

werden nicht hinreichend wahrgenommen. Das Internationale Forum am ZAK ist eine Präsentations- und Diskussionsplattform für kulturelle Vielfalt zum Austausch zwischen Hochschule und Öffentlichkeit und will die allgemeine Sensibilisierung innerhalb und außerhalb des KIT für internationale Themenstellungen erhöhen.

Die Ausstellung ‚Mit den Augen des Anderen' der Givat Haviva Stiftung, Tel Aviv/Israel, die in diesem Jahr ihr 60-jähriges Bestehen feiert, bildete den offiziellen Auftakt zur Eröffnung des Internationalen Forums im Wintersemester 2004/05. Innerhalb des IF finden Einzelvorträge, Filmabende und Gesprächsrunden statt. Weitere Beispiele für das Themenspektrum sind die Vorträge von Prof. Dr. Heinz-Wilhelm Alten ‚6000 Jahre Mathematik' oder von Prof. Dr. Shalini Randeria ‚Geteilte Geschichten: Europa in einer (post-)kolonialen Welt'.

2.2.4. KIT im Rathaus

Seit dem Zusammenschluss zum Karlsruher Institut für Technologie ist die Vermittlung der Forschungsinhalte, Zielsetzungen und ehrgeizigen Pläne des KIT an eine breitere Öffentlichkeit von großer Bedeutung. In der Nachfolge der bewährten Veranstaltungsreihe Universität im Rathaus, bei der sich seit 2002 in jedem Semester im Rathaus der Stadt Karlsruhe eine andere Fakultät präsentierten konnte, wird seit dem Sommersemester 2008 das KIT mit seinen Zentren, Kompetenzbereichen und Schwerpunkten vorgestellt. Die Veranstaltung findet auf Einladung des Oberbürgermeisters und des KIT-Vorstands im Großen Bürgersaal statt. Im Beisein von Vertreterinnen und Vertretern des Gemeinderats, Bürgerinnen und Bürgern sowie Mitgliedern des KIT werden Strukturen, Inhalte und Ergebnisse der Forschung präsentiert. Als besondere Zielgruppe werden auch Schülerinnen und Schüler eingeladen. Im SS 2008 präsentierte sich das KIT-Zentrum Energie mit dem Thema ‚Forschung für eine nachhaltige Energieversorgung', im WS 2008/09 das KIT-Zentrum Elementarteilchen und Astroteilchenphysik (KCETA) zum Thema ‚Teilchen und Kräfte im Universum'.

2.2.5. Europäische Kulturtage

Das ZAK beteiligt sich wie seine Vorgängerinstitutionen seit 1992 mit einem Symposium – zunächst einer Vortragsreihe – an den Europäischen Kulturtagen Karlsruhe (EKT). Die inzwischen alle zwei Jahre stattfindenden Europäischen Kulturtage sind eines der besonderen Kulturangebote der Stadt Karlsruhe. Die beteiligten Kulturinstitutionen in Stadt und Region widmen sich der zeitgenössischen oder historischen Kultur des europäischen Kontinents, jeweils bezogen auf eine Region oder ein bestimmtes Thema. Das wissenschaftliche Symposium zu den EKT beschäftigt sich in erster Linie mit gegenwärtigen und zukünftigen Perspektiven des jeweiligen Themas. Beispiele der letzten Jahre sind ‚Revolutionen: Geschichte – Reflexionen – Perspektiven' (1998), ‚KunstStück Zukunft – Der perfekte Mensch' (2000) und ‚Ex oriente lux. (Ein)Blicke in das deutsch-türkische Kulturmosaik' (2004). Das Symposium für das Jahr 2010 zum Thema ‚Budapest zwischen den Zeiten' ist in Vorbereitung und wird vom ZAK federführend in Kooperation mit dem ZKM | Zentrum für Kultur und Medientechnologie und dem Badischen Staatstheater veranstaltet.

3. Entstehung und Entwicklung des Studium Generale an der Universität Karlsruhe (TH)

Das bereits institutionell und inhaltlich Erreichte sowohl an fachübergreifenden Lehrangeboten als auch im Bereich der Öffentlichen Wissenschaft ist nicht selbstverständlich und weiterhin in einem nicht einzuschätzenden Maße instabil.[21] Eine kurze Betrachtung der Enstehungs- und Entwicklungsgeschichte des Studium Generale, einer Einrichtung mit langer Tradition, belegt auf besondere Weise die kaum überwindbaren Schwierigkeiten, denen sich überfachlich ausgerichtete Institutionen ausgesetzt sehen – eine Problematik, die sich keineswegs nur an der Universität Karlsruhe (TH) gezeigt hat.

21 Trotz elf Jahre erfolgreicher Arbeit in Forschung und Lehre blieb die Stellung und Zukunft des Interfakultativen Instituts für Angewandte Kulturwissenschaft lange Zeit offen und führte 2002 zur Gründung des ZAK. 2009 erhielt das ZAK erstmals eine personelle Verbesserung seiner Grundausstattung.

3.1. Probleme der Etablierung und Institutionalisierung fachübergreifender Angebote

Das Studium Generale an der Universität Karlsruhe (TH) hat trotz namhafter Leiter wie Walther Peter Fuchs, Historiker (1953-1959), Simon Moser, Philosoph und Technikphilosoph (1960-1977), Günther Ropohl, Technikphilosoph (1977-1987), und Helmut F. Spinner, Philosoph und Soziologe (1987-2002), und trotz vieler Befürworter aus den Fakultäten über Jahrzehnte hinweg stets um seine Stellung besorgt sein müssen. Die Geschichte der Einrichtung und ihres Überlebenskampfes kann an der paradoxen Gleichzeitigkeit der posthumen Ehrung von Simon Moser 1993 durch die Benennung eines Campusweges mit seinem Namen und der fortgeführten ‚Minimal-Ausstattung' des Studium Generale verdeutlicht werden. Moser hatte die ungelöste Problematik zwischen dem hohen Anspruch des Auftrags und der geringen Ausstattung beklagt und festgestellt, dass zwischen Auftrag und Verwirklichungsmöglichkeiten eine deutliche Diskrepanz liege.[22]

Als Vordenker und Gründungsvater allgemeinbildender Lehrangebote kann Ferdinand Redtenbacher (1809-1863) gelten. Er war Professor für Maschinenbau und von 1857 bis 1863 Direktor des Polytechnikums Karlsruhe. Sein Verdienst ist es, dass er wissenschaftlich-mathematische Methoden in die bis dahin handwerklich-empirisch ausgerichtete Maschinenlehre einführte. Redtenbacher, der renommierte Fachwissenschaftler, der Weltrang erlangte, setzte sich aber ebenso intensiv für den Ausbau der allgemeinbildenden Fächer ein, die eine breite humanistische Bildung der Ingenieure sichern sollten.

Redtenbacher förderte die Fächer Philosophie, Geschichte, Literatur, Nationalökonomie sowie Staats- und Rechtskunde. Denn die rein technische Berufsbildung mit Vernachlässigung aller humanistischen Studien isoliere den Techniker im bürgerlichen Leben und entfremde ihn den ideellen Interessen der Gesellschaft.[23]

22 Vgl. Simon Moser: Studium Generale, in: ‚Fridericiana', H. 16, 1975, S. 95ff., zitiert nach Helmut F. Spinner: Studium Generale und Fachstudium, in: ‚Fridericiana', H. 40, 1987, S. 62.

23 Vgl. Franz Schnabel: Anfänge des technischen Hochschulwesens, zitiert nach Angela Borgstedt: Universitätsgeschichte aus pragmatischer Absicht. Fuchs, Redtenbacher und die Geschichte der TH Karlsruhe, in: dies./Stolle, 2006, S. 18f.

Künftigen Ingenieuren Kenntnisse in Philosophie und Geschichte abzuverlangen sei daher „weder Zierrat noch Luxus."[24] Unter seiner maßgeblichen Mitwirkung wurde 1860 ein Lehrstuhl für Geschichte und Literaturwissenschaft eingerichtet, der für die weitere Entwicklung des Ausbaus einer ‚Allgemeinen Abteilung' von großer Bedeutung war. Die Einrichtung bereitete der Entstehung einer eigenständigen Fakultät 1966 den Boden.[25] Sie wurde 1972 in die Fakultäten Wirtschaftswissenschaften und Geistes- und Sozialwissenschaften geteilt.

Die Institutionalisierung eines Studium Generale erfolgte an deutschen Universitäten und Technischen Hochschulen als Reaktion auf die Diktaturerfahrungen im Nationalsozialismus und den Zweiten Weltkrieg – an der Fridericiana im Wintersemester 1949/50. Die erklärte Absicht der Einführung war es, Studierenden Orientierungshilfen in der jungen rechtsstaatlichen Demokratie der Bundesrepublik zu geben. Ab Wintersemester 1972/73 existierte das Studium Generale in Karlsruhe als eine vom Senat der Universität gegründete zentrale Universitätseinrichtung. Es sollte zudem laut Satzung „der aktuellen und auf künftige Probleme gerichteten Selbstreflexion der Universität dienen" (§1 der Satzung). In der frühen Anfangszeit spielte der Karlsruher Historiker Walther Peter Fuchs eine besondere Rolle. 1952, nach einem dreimonatigen Aufenthalt an amerikanischen Universitäten, war er davon überzeugt, dass das Studium Generale gestärkt werden müsse und quasi modulartig in die Lehrpläne eingeführt werden sollte.[26] Nach Auffassung von Fuchs sollte das Studium Generale dazu beitragen, „dass an die Stelle von bloßen Funktionären der Technik verantwortungsbewusste Akademiker treten."[27]

24 Ebd.

25 Für die komplexe Geschichte der vielfältigen Veränderungen des Fächerzuschnitts und der Umbenennungen siehe ‚Geschichte der Fakultät für Geistes- und Sozialwissenschaften an der Universität Karlsruhe (TH)'; Onlinedokument http://fakultaet.geist-soz.uni-karlsruhe.de/81.php [07. 07. 2009].

26 Fuchs, der in dieser Zeit auch dem Studium Generale in Heidelberg vorstand, empfahl, das Studium Generale nicht nur in Form von Vorlesungen für Hörer aller Fakultäten anzubieten, sondern als Fachstudium, das die auftretenden überfachlichen Probleme aufgreife und in das Bewusstsein der Wissenschaft bringe. Er argumentierte damit auch für die ganzheitliche Ausbildung von Persönlichkeiten und nicht nur von qualifizierten Fachkräften. Vgl. Arbeitsbericht über die Studium generale Tagung in Heidelberg vom 11. Juli 1956, UA 25007, 1 Studium generale 1953 – 1960, zitiert nach Stolle, 2006, in: Borgstedt/ders., 2006, S. 10.

27 Fuchs, 1963, S. 62.

Er konnte sich jedoch nicht durchsetzen und zog sich Ende 1959 resigniert zurück. Auch damals waren sowohl Befürworter als auch Gegner einer institutionalisierten fachübergreifenden Lehre in vielen Fakultäten zu finden. In einem Brief an den gleichgesinnten Vorsitzenden der Senatskommission für das Studium Generale, Karl Strubecker, ist seine Begründung festgehalten:

> In den vergangenen sieben Jahren habe ich den Eindruck gewonnen, daß unsere Hochschule als Ganzes zwar auf das Studium generale nicht verzichten will, [...] daß sie aber nicht die Absicht hat, sich an dieser Stelle in einer konstruktiven Weise zu engagieren. [...] In der Praxis ist nach zahlreichen und langen Besprechungen alles beim Alten geblieben. Angesichts dieser Situation halte ich mein Pulver für verschossen.[28]

Simon Moser beschäftigte sich bereits in den 50er Jahren mit den politischen und sozialen Folgen technologischer Entwicklung und der Implementierung von groß dimensionierten technologischen Systemen; ein Schwerpunkt, der im Studium Generale unter Einbeziehung vieler Professoren eine bedeutende Rolle spielte. Insbesondere in den 70er Jahren gab es mehrere Professoren an der Fakultät für Geistes- und Sozialwissenschaften, die sich mit den Zusammenhängen zwischen Technologieentwicklung und Gesellschaft und deren Wechselbeziehungen beschäftigten.[29] Hierzu zählten insbesondere die Philosophen Hans Lenk, Ernst Oldemeyer, Günther Ropohl, der Soziologe Hans Linde und später Helmut F. Spinner. Diese Tradition wurde fortgesetzt, als 1986 Helmut F. Spinner auf eine Professur mit der Denomination Technik und Gesellschaft/Technikphilosophie berufen und zum Leiter des Studium Generale ernannt wurde.

Mit dem programmatischen Ziel die ‚zwei Wissenskulturen' (C. P. Snow) zu überbrücken, wenigstens aber eine gegenseitige Kenntnisnahme zu ermöglichen, beschrieb Spinner fünf große Defizite des einzelwissenschaftlichen Fachstudiums, die es zu überwinden galt: 1. die Überbrückung der Reflexionslücke, 2. die Überwindung der Fachisolation, 3. die Verringerung der Praxislücke, 4. die Aufhebung der Selbstspaltung in zwei getrennte Kulturen und 5. die Milderung der Kulturisolation ‚unse-

28 Ebd., S. 21. Diese Situation hat sich bis zum heutigen Tag unwesentlich geändert und ist ein Schicksal, das das Interfakultative Institut für Angewandte Kulturwissenschaft auf ähnliche Weise erfuhr.

29 Siehe hierzu Hans Lenk: Technological Responsibility and the Humanities. The University of Karlsruhe, in: PHIL & TECH 4:4 Summer 1999; Onlinedokument http://scholar.lib.vt.edu/ejournals/SPT/v4n4/pdf/lenk.pdf [07. 07. 2009].

rer' besonderen Art und Weise, die Welt zu sehen.[30] Diese Programmatik hat an Anspruch und Gültigkeit nicht verloren. Die Fakultät für Geistes- und Sozialwissenschaften, selbst konfrontiert mit ungünstigen *scales of economy*, entwickelte sich durch Neuberufungen zunehmend in eine andere Richtung. ‚Gefangen' in der Zwickmühle sich einerseits aus der Funktion des Dienstleisters eindeutig und endgültig entfernen zu wollen und dennoch eine Profilierung und Positionierung als geistes- und sozialwissenschaftliche Fakultät einer Technischen Hochschule zu bewerkstelligen, verzichtete die Fakultät, die als erste in Deutschland einen Bachelor-Studiengang eingeführt hatte, schließlich auf das Studium Generale, das bis dahin von einem Professor der Philosophie geleitet worden war. Die Professur des Leiters wurde umgewidmet, das Studium Generale – damals bestehend aus Lehrangeboten von Lehrbeauftragten und Lehrveranstaltungen der Fakultäten (gekennzeichnet als *Für Hörer aller Fakultäten*) – sowie das Colloquium Fundamentale wurden aufgrund eines Senatsbeschlusses vom 5. Juli 2002 an das neu gegründete Zentrum für Angewandte Kulturwissenschaft und Studium Generale weitergegeben. Die übernommene Ausstattung bestand aus einer halben Sekretariatsstelle und einem bescheidenen Etat für die Lehrbeauftragten. Vorausgegangen war die Aufforderung des Senats ein Konzept vorzulegen, das die Aufgaben und Zielsetzungen des Studium Generale in den kommenden Jahren festlegen sollte.

3.2. Konzepte und Angebote des Studium Generale und des ZAK

Bei der Konstituierung des ZAK | Zentrum für Angewandte Kulturwissenschaft und Studium Generale im Jahr 2002 bestand die Absicht, die besonderen Zielsetzungen, die bei der Gründung des Interfakultativen Instituts für Angewandte Kulturwissenschaft (IAK) maßgebend waren, zu intensivieren und mit den neu hinzugekommenen Möglichkeiten des Studium Generale fortzuführen und zu erweitern.

Hierzu zählten

- die Förderung interdisziplinärer Zusammenarbeit in Forschung und Lehre,
- die Vermittlung eines gesellschaftsrelevanten Orientierungswissens für Studierende der technischen Fachrichtungen,

30Spinner, 1987.

- die stärkere Berücksichtigung von Praxis- und Anwendungsorientierung in der Lehre,
- die Konzeption und Realisierung einer ‚Öffentlichen Wissenschaft', die zwischen Gesellschaft und Wissenschaft vermittelt. Speziell eine intensivere Verbindung von Universität und der Stadt bzw. der Region Karlsruhe wird damit angestrebt.

Anknüpfend an die Leistungen des IAK mit seinem damals in Deutschland einzigartigen Begleitstudium ‚Angewandte Kulturwissenschaft' und an das breit gefächerte Angebot des Studium Generale wurde das Zentrum durch Zusatzmittel des baden-württembergischen Wissenschaftsministeriums für eine Pilotphase von drei Jahren finanziert.[31]

Ausgehend davon, dass fachübergreifende und außerfachliche Qualifikationen für den Lebens- und Berufserfolg immer wichtiger werden, und unabhängig davon, dass dies in den Fakultäten häufig anders gesehen wird, wurde das Gesamtlehrangebot des neuen Zentrums umstrukturiert und erweitert. Während die dem Studium Generale zugrunde liegende prinzipielle Möglichkeit erhalten bleiben sollte, dass auf freiwilliger Basis und nach persönlichen Neigungen und Interessen einzelne Veranstaltungen besucht werden können, wurden weitere Ziele verfolgt. Zum einen sollte die Sichtbarkeit von interdisziplinären Zusammenhängen, gesellschaftlichen Rahmenbedingungen und Anwendungskontexten sowie ‚fremdfachlichen' thematischen Zugängen erhöht werden. Zum anderen sollte den Fakultäten die Möglichkeit geboten werden, bestimmte Themenfelder und Lernbereiche als Ergänzungsfach oder in Teilen als (damals an mehreren Fakultäten noch vorgesehenes) Nichttechnisches Wahlpflichtfach als prüfungsrelevant anzuerkennen. Zudem sollte ein strukturiertes Angebot die Umstellung auf die zweistufigen BA-/MA-Studiengänge und den Bologna-Prozess erleichtern:

> In einer zunehmend auf Wissen, Information und Dienstleistungen ausgerichteten Gesellschaft muss die Bildung in allen Ländern neuen Anforderungen gerecht werden, die eine Überprüfung von Bildungszielen und Bildungsinhalten und die Schaffung einer neuen Lernkultur erforderlich

31 Auf der Grundlage einer Zielvereinbarung wurde je eine BAT IIa Stelle für die Bereiche Angewandte Kulturwissenschaft und Studium Generale für einen Zeitraum von drei Jahren von der Universität und vom Land gemeinsam übernommen. Voraussetzung war die Verpflichtung der Universität die Kosten beider Stellen bei positiver Evaluierung weiter zu tragen.

> machen. Es ist gemeinsame Überzeugung der Minister, dass Europa eine neue Partnerschaft zwischen Bildung und Wirtschaft entwickeln muss, um im weltweiten Wettbewerb bestehen zu können. Dabei bekräftigen die Minister, dass der Hauptauftrag der Bildung darauf gerichtet bleibt, die Gesamtpersönlichkeit zu entwickeln und persönliche, soziale und kulturelle Kompetenzen zu vermitteln. [...] Für die Beschäftigungsfähigkeit junger Menschen ist eine solide Grundbildung entscheidend. Dazu gehören nicht nur alte und neue grundlegende Kompetenzen wie grundlegende IKT-Kenntnisse [Informations- und Kommunikationstechnologie], Medienkompetenz und Fremdsprachenkenntnisse, sondern auch lebenspraktische Fähigkeiten, die Eigenverantwortung, Kreativität, Teamfähigkeit und eigenständiges Lernen fördern.[32]

Im Hinblick auf den sich stetig beschleunigenden weltweiten Wissenszuwachs wird es immer wichtiger, bei der Bewältigung von Problemen mit anderen zusammenzuarbeiten sowie das eigene Fachwissen und Urteilsvermögen so darzulegen, dass auf die Argumente anderer eingegangen wird. In immer mehr Bereichen verschwinden die Fach- und Ressortgrenzen. Die Fähigkeiten einer interdisziplinären Kommunikation und die Einordnung von Fachwissen in internationale, gesamtgesellschaftliche Zusammenhänge werden somit zur Kernkompetenz.[33]

Im Rahmen der vom Wissenschaftsministerium Baden-Württemberg geförderten Pilotphase des neuen Zentrums wurde das Angebot des bisherigen Studium Generale in Form von interdisziplinären Lernbereichen umstrukturiert. Dabei entstanden fünf Lernbereiche, deren Angebote in jedem Semester aus Veranstaltungen des ebenfalls neu eingerichteten ‚Kollegiums am ZAK'[34] und aus Lehrangeboten der Fakultäten zusammengestellt werden. Diese Lernbereiche sind: 1. Mensch & Gesellschaft, 2. Natur & Technik, 3. Kultur & Medien, 4. Wirtschaft & Recht und 5. Politik & Globalisierung. ‚Interdisziplinär' bedeutet hier zweierlei: Zum einen sind viele Veranstaltungen ‚in sich' fächerübergreifend angelegt,

32 ‚Das Europäische Haus der Bildung: Bildung und Wirtschaft – eine neue Partnerschaft'. Konferenz der europäischen Bildungsminister, 24.-26. Juni 1999, Budapest, S. 12; Onlinedokument http://www.bmbf.de/pub/konf_bmd.pdf [07. 07. 2009].

33 Vgl. dazu Robertson-von Trotha ‚Schlüsselqualifikationen revisited. Ein altes Thema in Zukunftskontexten' und Jochen Berendes ‚Interdisziplinäre Kommunikationskompetenz und Schlüsselqualifikationen' im vorliegenden Band.

34 Zum Kollegium des ZAK vgl. Onlinedokument http://www.zak.uni-karlsruhe.de/158.php [07. 07. 2009].

zum anderen ist die Zusammensetzung der Zuhörerinnen und Zuhörer innerhalb der einzelnen Lehrveranstaltungen sowie die Zusammenstellung der Veranstaltungen innerhalb der Lernbereiche interdisziplinär. Sie regt dazu an, über mehrere Fächer hinweg Zusammenhänge zu erkennen und entsprechend der eigenen Studieninteressen Veranstaltungen komplementär auszuwählen und zu vertiefen. Vom Ansatz her entspricht dies einem ganzheitlichen Denken in gesamtgesellschaftlichen Zusammenhängen.

Das ZAK bietet Einblicksveranstaltungen aus dem Angebot der Einführungsvorlesungen der Fakultäten an, die eine Einführung in das jeweilige Fachgebiet oder Studienfach ermöglichen. Mit diesem Veranstaltungsformat sollen Studierende für Fachwissen außerhalb ihres eigenen Studienfachs interessiert werden. Ein weiteres wichtiges Angebot des ZAK besteht im Bereich Basiskompetenzen & EDV mit Seminaren zu Methodenkompetenz (Lernstrategien, Präsentationstechniken u. a.), Sozialkompetenz (Team- und Konfliktfähigkeit u. a.) und Selbstkompetenz (Management der eigenen Ressourcen, Kreativität u. a.) sowie zu Multimedia und EDV. Schließlich werden mit dem regelmäßigen Angebot von Kreativitätswerkstätten Gestaltungsräume geschaffen, um das eigene kreative Potenzial zu entdecken und dieses als Teil einer anwendungsorientierten kulturellen Bildung zu entwickeln.

3.2.1. Thematische Qualifikationsmodule im Studium Generale

Das Lehrangebot des ZAK wird ergänzt durch Qualifikationsmodule, die, wie das Begleitstudium, interdisziplinär ausgerichtet sind. Mit einem deutlich geringeren Umfang an Semesterwochenstunden[35] als das Begleitstudium und inhaltlich thematisch konzentriert, bieten die Qualifikationsmodule des Studium Generale die Möglichkeit Zusatzqualifikationen zu erwerben, die in maximal vier Semestern neben dem Hauptstudium zeitlich gut zu bewältigen sind. Als freiwilliges Angebot unterstützen sie den Erwerb von Schlüsselqualifikationen und tragen der Verzahnung von spezialisierter Fachausbildung und akademischer Allgemeinbildung Rechnung. Sie dienen außerdem der interdisziplinären Profilbildung im Studium und der Verbesserung der Berufsaussichten.

35 Bisher konnten die Qualifikationsmodule aus rechtlichen Gründen nicht mit ECTS-Punkten versehen werden. Dies wird aber künftig angestrebt.

Bei der Konzipierung der bisher vier bereichsspezifischen Module INTERACT – *Internationalisierung und interkulturelle Handlungskompetenz*, MeKKo – *Medien-Kultur-Kommunikation*, FunD – *Führungskompetenz und unternehmerisches Denken* sowie des Moduls DiMa – *Diversity Management* wurden interdisziplinäre Schlüsselthemen gewählt, die das technische Profil der Universität Karlsruhe (TH) berücksichtigen. Das fünfte Modul Studium Generale *klassisch*[36] wird bewusst für das gesamte Themenspektrum offen gehalten, um Studierenden eine breite Allgemeinbildung nach individuellen inhaltlichen Neigungen und Interessen zu ermöglichen. Damit wurde ein Angebot geschaffen, das einer Umsetzung des Konzepts einer Cultural Literacy zumindest vom Ansatz her nahe kommt. Seit der Einführung der Qualifikationsmodule wird das Modul Studium Generale *klassisch* am häufigsten gewählt. Dies unterstützt die These, dass Studierende komplementäre, allgemeinbildende Lerninhalte gerne annehmen. Das 2007 eingeführte sechste Modul EURIIS – *European Integration and Identity Studies* ist Teil des ‚Jean Monnet Programms' und wird von der EU gefördert. Ein zentraler Baustein des Moduls ist das auf europäische Fragen ausgerichtete Ringseminar, das mit einer Keynote Lecture durch eine herausragende europäische Persönlichkeit eröffnet wird. In Kooperation mit der Universitäts- und Heinrich Hertz-Gesellschaft konnten so u. a. Hans Dietrich Genscher und Cem Özdemir gewonnen werden.

Zur Qualitätssicherung wurden regelmäßige – inzwischen zentrale – Lehrevaluationen eingeführt, eine Alumnibefragung vorgenommen und für die Lehrbeauftragten Weiterbildungsangebote und der Austausch von Erfahrungen im Rahmen einer Semesterklausur des ‚Kollegium am ZAK' organisiert.[37]

36 Das Modul Studium Generale *klassisch* umfasst zwar die fünf Lehrbereiche Mensch & Gesellschaft, Natur & Technik, Kultur & Medien, Wirtschaft & Recht und Politik & Globalisierung, aber nicht die weiteren Veranstaltungsbereiche wie beispielsweise Basiskompetenzen & EDV oder Kreativitätswerkstätten. Die Teilnahme an einer Vortragsreihe des Colloquium Fundamentale ist obligatorisch.

37 Von den etwa 180 Lehrveranstaltungen eines Semesterprogramms des Studium Generale werden ca. 50 von den Dozierenden des ZAK-Kollegiums geleitet. Dabei handelt es sich um universitäre und außeruniversitäre Expertinnen und Experten aus Wissenschaft, Forschung, Wirtschaft, Kultur, Verwaltung und Politik, die hohe fachliche Kompetenz und breite berufliche Erfahrung in die Seminare und Vorlesungen einbringen.

3.2.2. Musikalische Praxis im Studium Generale: Orchester & Chor

Die Universität Karlsruhe (TH) bietet ein breites Spektrum an Möglichkeiten zur musikalischen Praxis an. Als unabhängig agierende Formationen, die unter dem Dach des Studium Generale zusammengeführt werden, stehen sie Studierenden, Alumni und Mitgliedern der Universität offen. Hierzu zählen zwei große Orchester, das Collegium musicum der Universität und das Sinfonieorchester an der Universität. Dazu kommen das Kammerorchester an der Universität, die Uni Big Band, und das Uni-Tanzorchester. Ferner bestehen mehrere Chöre. Zur Auswahl stehen der Universitätschor, der Kammerchor der Universität Karlsruhe, das Studio Vocale, ein semiprofessioneller Kammerchor, und der Jazzchor. Diese teilweise traditionsreichen Musikangebote bieten eine vielfältige Auswahl von klassischer und moderner Musik auf hohem Niveau. Viele Konzertreisen ins Ausland, Preise und die Produktion von CDs bestätigen die erfolgreiche Tätigkeit.

4. Neue Zusatzqualifikationen und Weiterbildungsangebote am ZAK

In jüngster Zeit konnten neue studienbegleitende Weiterbildungsangebote in Form von innovativen freiwilligen Zusatzqualifikationen mit Unterstützung der Wirtschaft entwickelt werden. Das konkrete Engagement der Wirtschaft basiert auf Grundsätzen, die im vorliegenden Band mehrfach zur Sprache kommen, nämlich auf der Erkenntnis, dass Universitätsabsolventinnen und -absolventen häufig nicht mit den erforderlichen überfachlichen Kompetenzen ausgestattet sind, die sie im Berufsleben benötigen. Bereits bei seiner Würdigung des Begleitstudiums Angewandte Kulturwissenschaft im Jahr 1999 stellte Dietmar Sauer, damaliger Vorstandsvorsitzender der L-Bank, fest:

> Im Zeitalter des Internet tritt die Produktion von Gütern in weiten Bereichen der Wirtschaft in den Hintergrund, die Dienstleistungs- und Wissensgesellschaft gewinnt immer höhere Bedeutung. Doch über Wissen zu verfügen reicht allein nicht aus, um sich im Wettbewerb zu behaupten. Wissen muss bewertet und in einen Zusammenhang gestellt werden, um es nutzbar zu machen. Der Vermittlung von Schlüsselqualifikationen, von sozialer und kultureller Kompetenz kommt dabei eine herausragende Bedeutung zu.[38]

38 Robertson-Wensauer, 1999, S. 8f.

Ein weiterer Anreiz für die Wirtschaft besteht in der Aussicht, besonders engagierte junge Menschen bereits im Studium für ihre Unternehmen zu gewinnen. Auf diese Weise ergibt sich eine sogenannte Win-Win-Situation für Universität und Unternehmen.

4.1. KompetenzKompass – *Finde Deinen Weg!*

Ein zu 100 % durch Drittmittel finanziertes Angebot unter dem Titel ‚KompetenzKompass – *Finde Deinen Weg!*' wird für Studierende, insbesondere der Ingenieurwissenschaften, durch eine Partnerschaft mit der Wirtschaft ermöglicht. Der Intensivkurs mit 26 Trainingseinheiten wird durch die Unternehmen EnBW Energie Baden-Württemberg AG und bis vor kurzem Linde Material Handling GmbH gefördert. Das Programm hat einen ganzheitlichen Ansatz, der anhand von Selbstreflexion, Praxisorientierung und Orientierungswissen auf eine Entwicklung der Persönlichkeit abzielt. Neben Trainingseinheiten und Praktika gehören Gruppen- und Einzelcoaching zum Angebot. Hierdurch sollen die Wahrnehmung von Menschen und Interaktionen gefördert, die jeweiligen Ressourcen der Teilnehmenden erhöht, ihre Handlungsspielräume erweitert und ihre Leistungsfähigkeit gestärkt werden. Immer im Blick sind dabei die Wechselbeziehungen zwischen der/dem Einzelnen, dem Team und der Dynamik der Unternehmenskulturen, die das tägliche Berufsleben prägen.

4.2. FemtecCareerbuilding Programm

Ein besonderes Anliegen sowohl der Technischen Hochschulen als auch der Unternehmen liegt zunehmend im Bereich Gender Mainstreaming. Junge Frauen sollen für das Studium von natur- und ingenieurwissenschaftlichen Fächern gewonnen und auf ihrem Karriereweg gezielt gefördert werden. Die Universität Karlsruhe (TH) ist mit diesem Ziel im Juli 2007 als offizieller Partner dem *Femtec.Network* beigetreten. In diesem im Jahr 2003 etablierten bundesweiten Kooperationsverbund haben sich neun große Unternehmen[39] und sieben Technische Universitäten[40] zu-

39 Hierzu zählen: EADS, The Boston Consulting Group, E.ON AG, Robert Bosch GmbH, ThyssenKrupp AG, Siemens AG, Porsche AG, Daimler AG und Deutsche BP AG.

40 Folgende Universitäten beteiligen sich am Femtec Programm: RWTH Aachen, Technische Universität Berlin, Technische Universität Darmstadt, Technische Universität Dresden, Universität Karlsruhe (TH), Universität Stuttgart, ETH Zürich.

sammengeschlossen, um das Interesse junger Frauen an den Ingenieur- und Naturwissenschaften zu fördern und die Ein- und Aufstiegsmöglichkeiten von Frauen in technische Berufsfelder zu verbessern. Das Engagement der Universität in diesem Netzwerk begründet Rektor Prof. Dr. Horst Hippler wie folgt:

> Für die Universität Karlsruhe (TH) ist die Förderung von Mädchen und Frauen ein Schlüssel zur Sicherung der Exzellenz in Forschung, Lehre und Innovation. Insbesondere in den Natur- und Ingenieurwissenschaften sind Frauen nach wie vor unterrepräsentiert – sowohl im Studium als auch in der Wissenschaft. Wenn wir das große Potenzial von Frauen für diesen Bereich erschließen wollen, müssen wir eine individuelle Förderung anbieten, gegen ein veraltetes Rollenverständnis argumentieren und vor allem ein Beispiel geben, wie es besser gehen kann. Die Femtec-Initiative ist unsere Antwort auf diese Herausforderung.[41]

Die wissenschaftliche Leitung und Koordination des Programms wurde der Autorin und dem ZAK vom Rektorat übertragen. Das FemtecCareerbuilding Programm, das über einen Zeitraum von zwei Jahren zu absolvieren ist, fördert ausgewählte leistungsstarke Studentinnen mit Führungspotenzial aus den entsprechenden Disziplinen.[42] Es ist ausgerichtet auf den Berufseinstieg und die Übernahme von Führungsaufgaben und bildet ein fach- und universitätsübergreifendes Netzwerk von jungen Frauen und für diese. Zudem wird über das Programm die Vorbildfunktion und Förderbereitschaft gestärkt, um dadurch talentierte und engagierte Schülerinnen zum Studium der Ingenieur- und Naturwissenschaften zu ermutigen. Ergänzend zum Fachstudium sollen die erforderlichen Sozial- und Selbstkompetenzen sowie fachübergreifendes Wirtschafts-Know-how durch ein gestuftes Angebot von Workshops und Trainings vermittelt werden. Ergänzt wird das Programm durch eine zielgerichtete Integration von Berufsfeldkontakten, Praxismodulen und dem Einsatz innovativer Instrumente der individuellen Karriereförderung wie Coaching und Mentoring. Das Programm richtet sich an Studentinnen aus den naturwissenschaftlich-technischen Disziplinen im Haupt- und Masterstudium.

41 Onlinedokument http://www.femtec.org/content/0/2070/1085/ [07. 07. 2009].

42 Obwohl die Universität Karlsruhe als jüngste Universität dem Verbund beigetreten ist, verzeichnete sie bereits die größte Anzahl von Berwerberinnen und Teilnehmerinnen. Da lediglich zehn Teilnehmerinnen pro Universität im Semester/Jahr angenommen werden, findet eine sehr konkurrenzbetonte Auswahl durch Assesment statt.

4.3. AWWK – Akademie für Wissenschaftliche Weiterbildung Karlsruhe

Seit dem Sommer 2008 engagiert sich das ZAK im Auftrag der Universität Karlsruhe (TH) an der Akademie für Wissenschaftliche Weiterbildung Karlsruhe.[43] Hierdurch können sowohl die wissenschaftliche Weiterbildung als Teil des lebenslangen Lernens als auch die Öffentliche Wissenschaft weiterentwickelt werden. Die Gesellschaft der Akademie für Wissenschaftliche Weiterbildung Karlsruhe e. V. wurde 1986 unter dem Vorsitz des damaligen Oberbürgermeisters der Stadt Karlsruhe von den damaligen Rektoren der Universität, der Pädagogischen Hochschule und der Fachhochschule gegründet. Im Gründungskonzept werden die Ziele des Vereins festgehalten:

> Die Akademie für Wissenschaftliche Weiterbildung sieht es somit generell als ihre Aufgabe an, die Teilnehmer über die aktuellen wissenschaftlichen Entwicklungen, über Forschungsmethoden und -ergebnisse zu informieren.

Es wurde aber bereits damals erkannt, dass dies im Dialog zwischen Wissenschaft und Gesellschaft zu geschehen hat, indem die Akademie

> Veranstaltungssequenzen anbietet, die die anthropologische sowie soziokulturelle Bedeutung wissenschaftlicher Entwicklungen [...] sowie die ethische Dimension wissenschaftlicher Forschung zum Thema haben.

Mittlerweile bietet die AWWK semesterweise Weiterbildungskurse durch Professorinnen und Professoren der Universität und der Pädagogischen Hochschule sowie durch Lehrbeauftrage der kooperierenden kulturellen Einrichtungen an. Das Angebot knüpft an das vom ZAK erstellte Konzept

43 Prof. Dr. Caroline Y. Robertson-von Trotha (Vorsitz), Direktorin ZAK | Zentrum für Angewandte Kulturwissenschaft und Studium Generale, Universität Karlsruhe (TH), Prof. Dr. Urs Thurnherr (Stellvertretender Vorsitzender), Prorektor Pädagogische Hochschule Karlsruhe, Martin Hettich (Schatzmeister), Prokurist/GBV, Sparda-Bank Baden-Württemberg eG, Prof. Dr.-Ing. Jürgen Becker, Prorektor Universität Karlsruhe (TH), Prof. Hartmut Höll, Rektor der Hochschule für Musik Karlsruhe, Prof. Dr. Norbert Lenz, Direktor des Staatlichen Museums für Naturkunde, Karlsruhe, Prof. Dr. Klaus Schrenk, Direktor der Staatlichen Kunsthalle Karlsruhe, Knut Weber, Schauspieldirektor am Badischen Staatstheater, Karlsruhe, Prof. Dr. phil. Gabriele Weigand, Professorin für Allgemeine Pädagogik an der Pädagogische Hochschule Karlsruhe. Vgl. auch die Rede zur Semestereröffnung und Neukonstituierung von Caroline Y. Robertson-von Trotha; Onlinedokument http://www.awwk-karlsruhe.de/downloads/Robertson_Eroeffnungsrede.pdf [07. 07. 2009].

U3 – Universität für den Dritten Lebensabschnitt an, das im Jahr 2004 der Universitätsleitung vorgelegt wurde, und soll nicht nur für (ältere) Erwachsene attraktiv sein. Ziel ist es, das Konzept des lebenslangen Lernens zu unterstützen und intergenerationelles Lernen unter Einbeziehung des Erfahrungswissens zu ermöglichen. Aufgezeigt werden Interdisziplinarität und interkulturelle Aspekte, besonders durch den Ausbau des Angebots entsprechend der Ansätze Scientific und Cultural Literacy und durch die Einbeziehung der Öffentlichen Wissenschaft. Besonders profitieren wird das Bildungsangebot der AWWK von Kooperationen mit der Staatlichen Kunsthalle, der Hochschule für Musik, dem Staatlichen Naturkundemuseum und dem Badischen Staatstheater sowie von allen öffentlichen Veranstaltungen an der Pädagogischen Hochschule und der Universität Karlsruhe (TH), hier insbesondere im Bereich natur- und ingenieurwissenschaftlicher Themen. Die Geschäftsstelle ist dem ZAK zugeordnet und ermöglicht die Herstellung und Nutzung wichtiger Synergien.[44]

5. Ausblick: Diversity als Programm

Der kompetente Umgang mit Vielfalt und Pluralität gehört zu den wichtigsten Schlüsselqualifikationen der Zukunft. Mit den Qualifikationsmodulen INTER-ACT – *Internationalisierung und interkulturelle Handlungskompetenz*, MeKKo – *Medien-Kultur-Kommunikation*, DiMa – *Diversity Management* sowie EURIIS – *European Integration and Identity Studies* bietet das ZAK bereits eine Reihe von interdisziplinären Lernmodulen an, die die Thematik gesellschaftlicher Vielfalt inhaltlich mit unterschiedlichen Gewichtungen und Praxiselementen in den Mittelpunkt stellen. Das Femtec Programm wie auch die AWWK behandeln unter anderem Fragestellungen für die jeweiligen Zielgruppen. In allen Fällen besteht ein wesentliches Lernziel in dem Erkennen von gruppenspezifischen, kulturell geprägten Handlungsmustern und in dem sozial verantwortlichen Umgang miteinander in einer an Komplexität zunehmenden pluralen Gesellschaft.

44 Weiteres unter Onlinedokument http://www.awwk-karlsruhe.de [07. 07. 2009].

Mit den Erweiterungen der Aufgaben des Zentrums für Angewandte Kulturwissenschaft und Studium Generale in der Weiterbildung baut das ZAK seine vielfältigen Tätigkeiten in Forschung und Lehre auch im Bereich Diversity Management aus.[45] Praxiserfahrungen kommen dem systematischen Ausbau dieses Bereichs zugute. In Hinblick auf die demographischen, alltagskulturellen und wirtschaftlichen Veränderungen nimmt die Häufigkeit der Situationen deutlich zu, in denen Menschen mit dem für sie ‚Anderen' interagieren möchten und unvermeidlich auch müssen. Gerade an einer Technischen Universität gilt es, Studierende für diese komplexen Situationen der Kommunikation und der Interaktion zu sensibilisieren und mit der dafür nötigen Kompetenz auszustatten.[46]

In Deutschland wurde die Bedeutung kultureller Vielfalt sowohl im Rahmen wirtschaftlicher Prozesse als auch in Alltagsfragen des ‚Miteinanders' lange unterschätzt: zum einen, was die aus der Verschiedenheit der Bevölkerung erwachsenden kreativen Potenziale betrifft, zum anderen aber auch die Kehrseite der Heterogenität samt ihrem oft überraschenden Konfliktpotential. Dieses macht sorgfältig durchdachte und gleichzeitig praktikable Lösungsstrategien vonnöten. In einem 2004 gemeinsam mit der Führungsakademie Baden-Württemberg ausgerichteten internationalen Workshop konnte auf die zunehmende Bedeutung des Diversity-Ansatzes hingewiesen werden. Im gleichen Jahr wurde das bereits erwähnte Qualifikationsmodul DiMa am ZAK eingeführt, innerhalb dessen interkulturelle Kommunikation oder Gender-Studien als Schwerpunkte gewählt werden können. Hinsichtlich des Erwerbs von SQ lässt sich der Umgang mit Diversity auf verschiedenen Ebenen verdeutlichen: Auf der Kommunikationsebene der Enabling Skills und praxisorientierten Anwendung, die in vielfältigen Berufs- und Alltagskontexten relevant sind. Zweitens auf der gesellschaftlichen Ebene, die zunehmend mit normativen Vorstellungen einer Global Corporate Social Responsibility verknüpft wird – ein Anspruch, der keineswegs altruistisch formuliert wird, sondern der im Rahmen einer sogenannten Win-Win-Situation legitimiert werden

45 Hierzu führte das ZAK mit der Führungsakademie Baden-Württemberg am 07. 05. 2004 im Rahmen der Europawoche Karlsruhe der internationalen Workshop ‚Diversity in Europe – Herausforderungen und Lösungen/Managing Diversity and Institutional Cultures' durch. Onlinedokument http://www.zak.uni-karlsruhe.de/img/content/doku_DiMa_2004_FueAk-ZAK-Europawoche.pdf [07. 07. 2009]

46 Siehe hierzu auch Reiner Anderl/Diana Völz: Global Engineering (im vorliegenden Band).

kann. Im Bewusstsein der Notwendigkeit einer aktiven Auseinandersetzung mit Ungleichheit und Diskriminierung, die zunehmend explizit auch als Wettbewerbsnachteil wahrgenommen werden, sind inzwischen 131 Unternehmen und öffentliche Einrichtungen[47] der von der Wirtschaft initiierten ‚Charta der Vielfalt' beigetreten. Diese Entwicklung zum Erkennen und Übernehmen gesellschaftlicher Verantwortung unterstreicht den dringenden Bedarf, kulturelle Vielfalt und Diversity Management als Kernbereich des Schlüsselqualifikationsangebots in die universitäre Bildung, Aus- und Weiterbildung zu integrieren.[48]

6. Das House of Competence – Entstehungskontexte[49]

Wie in der soziologischen Forschung bestens belegt, entstehen neue Strukturen häufig eher aus zufälligen Konfigurationen, aus Personen, Ideen und Ereignissen, so auch das ‚House of Competence – Cultures of Social Competence and Personal Fitness' an der Universität Karlsruhe (TH). Das ZAK | Zentrum für Angewandte Kulturwissenschaft und Studium Generale war nach Ablauf der vom Ministerium für Wissenschaft, Forschung und Kunst geförderten Pilotphase im April 2005 sehr positiv evaluiert worden und sollte – so die Empfehlung des Evaluationsrates – eine stärkere Gewichtung als wissenschaftliches Zentrum erhalten. Dem auswärtigen Evaluationsrat gehörten Vertreterinnen und Vertreter der Technischen Universitäten München und Dortmund, der Universität Münster sowie der Siemens AG an.[50]

47 Onlinedokument http://www.charta-der-vielfalt.de [07. 07. 2009]

48 Zu den Gründungsinitiatoren zählen die Daimler AG, die Deutsche Bank, die Deutsche Telekom und die Deutsche BP. Mit der Einrichtung ihres Global Diversity Office und dem erklärten Ziel, das führende Unternehmen im Bereich Diversity Management zu werden, baut die Daimler AG diesen Bereich systematisch aus. Vgl. ebd.

49 Das House of Competence (HoC) ist eine zentrale wissenschaftliche Einrichtung der Universität Karlsruhe (TH). Dazu gehören fünf Einrichtungen: Fernstudienzentrum, kww – die Wissenschaftliche Weiterbildung, Sprachenzentrum, Zentrum für Angewandte Kulturwissenschaft und Studium Generale, Zentrum für Lehrerbildung. Jede dieser Einrichtungen nimmt spezifische Aufgaben wahr und ist dennoch unter dem Dach des HoC in strategischer und synergetischer Absicht vereint.

50 Die Gutachter des Evaluationsrates waren: Dr. Ludwig Kronthaler, Kanzler der TU München, Dr. Hartwig Rüll, Siemens AG, München, Prof. Dr. h.c. Siegfried J. Schmidt, Institut für Kommunikationswissenschaft Westfälische Wilhelms-Universität Münster und Prof. Dr. Elisabeth Wacker, Lehrstuhl für Rehabilitationssoziologie, Universität Dortmund.

Der Evaluationsrat charakterisierte das ZAK als

> Drehscheibe bzw. Begegnungsstätte für Studierende, Doktoranden und Mitarbeiter der verschiedenen Fächerkulturen [...], Inkubator für kulturelle Kompetenz [...], Vernetzer verschiedener interner und externer Einrichtungen [...], ‚Außenministerium' für Dialoge und Wissenstransfer.[51]

Nach den Vorstellungen des damaligen Rektorats sollte es mit der zentralen Aufgabe der Erstellung eines umfassenden Forschungs- und Weiterbildungskonzepts betraut werden.[52] Der Bereich Schlüsselqualifikationen sollte in diesem Prozess in die Forschung eingebunden und mit dem bewährten Konzept der Öffentlichen Wissenschaft verknüpft werden. Trotz der innerhalb und außerhalb der Universität anerkannten Leistungen des ZAK wurden die dafür nötigen Mittel jedoch nicht zur Verfügung gestellt.

Zur gleichen Zeit endete auch die Pilotphase des am Sportinstitut eingerichteten FoSS (Forschungszentrum für den Schulsport und den Sport von Kindern und Jugendlichen) und die weitere Ausstattung dieser ebenfalls erfolgreichen Einrichtung war nicht gesichert. So entstand die Idee,[53] eine Einrichtung zu konzipieren, die geistige und körperliche Fitness im Prozess des lebenslangen Lernens zum Ziel haben sollte. Dafür sollten erneut Landesmittel beantragt werden. Der erste Entwurf eines Antrags an das baden-württembergische Wissenschaftsministerium wurde vom ZAK, dem Sportinstitut durch Hans Steiner und dem später dazu gekommenen Berufspädagogen Gerd Gidion erstellt.[54] Eine neue Dynamik erhielt das Vorhaben durch die zeitliche Überschneidung mit der Antragsstellung der Universität im Rahmen der Exzellenzinitiative des Bundes. Das House of Competence wurde Teil der dritten Förderlinie (‚Zukunftskonzepte zum projektbezogenen Aufbau der universitären Spitzenforschung'). Auf diese Weise entstand ein größeres Projekt, das aus

51 Onlinedokument http://www.zak.uni-karlsruhe.de/download/Evaluationsbericht.pdf [07. 07. 2009].

52 Vgl. Caroline Y. Robertson-von Trotha: Statut des ZAK und Leitlinien für eine Aufbauphase II, Entwurf von 2005.

53 Maßgeblich hieran beteiligt war Regierungsrat Dr. Adalbert Bader, der damals zuständige Referent im Ministerium für Wissenschaft, Forschung und Kunst Baden-Württemberg.

54 Zur Zeit der Antragsstellung wechselte auch der Amtsinhaber des Prorektors für Lehre: Auf Prof. Dr.-Ing. Volker Krebs folgte Prof. Dr.-Ing. Jürgen Becker, beide Mitglieder der Fakultät für Elektrotechnik und Informationstechnik, aber mit unterschiedlichen Auffassungen hinsichtlich der Ausstattung einer überfachlichen Lehre.

dem Zusammenwirken von bottom up und top down-Prozessen hervorging. Der von Anfang an formulierte Grundgedanke ein Zentrum zu etablieren, das Forschung und Lehre interinstitutionell und interdisziplinär fördert, ist zentral geblieben. Die Anzahl der beteiligten Einrichtungen ist jedoch wesentlich größer geworden und ermöglicht es neuartige Wege zu gehen.

Im Februar 2007 nahm das House of Competence seine Arbeit auf. Gefördert wird es vom Land Baden-Württemberg auf der Basis einer Zielvereinbarung mit der Universität Karlsruhe (TH). Das HoC hat zum Ziel, ein fächerübergreifendes Forschungs- und Lehrprogramm zu etablieren, das die sozialen und kulturellen Kompetenzen sowie die Leistungsfähigkeit von Studierenden, Wissenschaftlerinnen und Wissenschaftlern sowie Beschäftigten des neu gegründeten Karlsruher Instituts für Technologie (KIT) verbessert. Im Rahmen seiner Aufgaben unter dem Dach des HoC bietet das ZAK Lehrveranstaltungen zum Erwerb von sozialen, kulturellen und interdisziplinären Schlüsselkompetenzen im Studium an. Das HoC ist nicht nur ein Dienstleistungszentrum für Kompetenzerwerb und effektive Lernstrategien, sondern bündelt in seiner Arbeit auch verschiedene Ansätze zur Kompetenzforschung aus den Sozial-, Kultur-, Erziehungs-, Sport- und Ingenieurwissenschaften. Neue Professuren für *Soziologie unter besonderer Berücksichtigung des Kompetenzerwerbs*, für *interkulturelle Kommunikation* und für *Pädagogische Psychologie* wurden seit dem Wintersemester 2007/08 eingerichtet und sind zum Teil besetzt. Einen wissenschaftlichen Schwerpunkt bildet auch die Verknüpfung von Bewegung und Lernen im Sinne einer ‚Personal Fitness'.

6.1. Schlüsselqualifikationen am House of Competence

Die Erforschung des Kompetenzerwerbs und die Weiterentwicklung von Schlüsselqualifikationen am House of Competence bündelt bisherige Erfahrungen und Erkenntnisse und wendet sie im Rahmen der Lehre an.

Hierzu zählen auch die empirische Untersuchung des ZAK ‚Fachübergreifende Lehre und Schlüsselqualifikationen in der ingenieurwissenschaftlichen Ausbildung in Deutschland'[55] sowie das vom ZAK geleitete Verbundprojekt ‚Schlüsselqualifikationen an Technischen Hochschulen'.[56] Im Rahmen einer Arbeitsgruppe unter Mitarbeit der dafür relevanten am HoC tätigen Einrichtungen wurde das Konzept der Vermittlung von Schlüsselqualifikationen auf der Basis der aus dem Verbundprojekt hervorgegangenen Trias

- allgemeines Orientierungswissen
- praxisorientiertes Anwendungswissen
- Basiskompetenzen als Schlüsselqualifikationen im engeren Sinne

weiterentwickelt und in Form von Lernzielen formuliert (‚Karlsruher Modell').[57] Unter der maßgeblichen Mitwirkung des ZAK und unter Berücksichtigung der Ergebnisse des Verbundprojekts ‚Schlüsselqualifikationen an Technischen Universitäten' zusammen mit der Carl von Linde-Akademie der Technischen Universität München und der Hochschuldidaktischen Arbeitsstelle der Technischen Universität Darmstadt ist daraus ein Modulhandbuch für Schlüsselqualifikationen entstanden, das als Orien-

55 Vgl. Caroline Y. Robertson: Fachübergreifende Lehre und Schlüsselqualifikationen in der ingenieurwissenschaftlichen Ausbildung in Deutschland. Ergebnisse einer empirischen Studie, Karlsruhe 2001. Das Projekt und eine inhaltsanalytische Vorstudie von Stellenanzeigen in lokalen und überregionalen Zeitungen fand unter der Mitarbeit von Matthias Otten (Hauptstudie), Tobias Kuhnimhof (statistische Datenanalysen) und Zinga Makumbunda (Inhaltsanalyse) statt; siehe Onlinedokument http://www.zak.uni-karlsruhe.de/167.php [07. 07. 2009].

56 Siehe hierzu den Beitrag von Caroline Y. Robertson-von Trotha, Jens Görisch und Iris Helene Koban ‚Projekte zu Schlüsselqualifikationen an Technischen Universitäten. Konzeptionelle Überlegungen, empirische Erhebungen und interuniversitärer Austausch' im vorliegenden Band.

57 Lehrveranstaltungen mit dem Schwerpunkt Orientierungswissen behandeln vor allem Aspekte gesellschaftlicher, politischer, rechtlicher und kultureller Rahmenbedingungen und sollen die gesellschaftlich-kulturelle Einbettung von Wissenschaft und Ingenieurtätigkeit fördern. Praxisorientiertes Anwendungswissen umfasst neben ingenieurwissenschaftlichem Spezialwissen allgemeinere berufspraktische Qualifikationen wie Management, EDV u. a. Schlüsselqualifikationen im engeren Sinne beinhalten Querschnittskompetenzen über verschiedene Wissensbereiche hinweg, die auf die langfristige Entwicklung von Persönlichkeit und Sozialkompetenzen, interkultureller Kompetenz und Medienkompetenz abzielen.

tierungshilfe für Fakultäten und Studierende dient. Mit Hilfe dieses Handbuchs können die von der Universität Karlsruhe (TH) vorgesehenen Veranstaltungen für die sechs additiv erwerbbaren ECTS Punkte gewählt werden. Ein vom ZAK eingebrachter Vorschlag, mindestens 10 ECTS Punkte vorzusehen, ließ sich gegenüber den Fakultäten nicht durchsetzen, da die hochschulpolitische Erwünschtheit und Zielsetzung zu diesem Zeitpunkt bereits reduziertere SQ-Elemente vorsah.

Im Modulhandbuch für das Wintersemester 2008/09 wird die besondere Relevanz von anspruchsvoll ausgerichteten Schlüsselqualifikationen betont: Sie sind erforderlich für „eine berufliche Karriere in Führungspositionen und eine verantwortungsbewusste Rolle in der Gesellschaft" und stehen „in einem komplexen Funktionszusammenhang einer modernen Arbeitswelt und Gesellschaft." Sie müssen aber auch „an die individuellen Interessen, Bedürfnisse und Ziele der Studierenden" sinnvoll anschließen.[58]

> Dies bedeutet, dass es *eine einzige* Strategie oder *nur ein einziges* Lernprogramm nicht geben kann, mit denen Schlüsselqualifikationen optimal gefördert werden können. Vielmehr gibt es unter den individuellen Bedingungen nur eine bestmögliche individuelle Strategie. In diesem Sinne sollten alle Studierenden die Möglichkeit erhalten, nach eigenen Interessen und Bedürfnissen aus dem vorliegenden Lehrangebot frei zu wählen, um eine optimale und individuell abgestimmte Förderung zu erhalten.[59]

Diese Lösung, den Studierenden uneingeschränkte Wahlfreiheit innerhalb des SQ-Lehrangebots einzuräumen, ist nicht unproblematisch und birgt Gefahren. Denn Wahlfreiheit setzt bei den Studierenden nicht nur aufgeklärte Interessen und ein ungeschöntes Selbstbild voraus, sondern auch Einsicht in die Relevanz fachübergreifender, Berufswelt und Gesellschaft prägender Kontexte. Gerade solcher Einsicht muss aber nicht selten in Lehrkontexten überhaupt die Basis geschaffen werden. Im Bereich Schlüsselqualifikationen ein anspruchsvolles, Orientierungswissen umgreifendes Lehrprogramm zu etablieren, setzt eine kontinuierliche Auseinandersetzung mit Vorurteilen voraus, die auf allen Ebenen universitärer Einrichtungen zu finden sind und Schlüsselqualifikationen auf Basiskompetenzen reduzieren. Wahlfreiheit ist nur unter der Voraussetzung ein gu-

58 Zum Modulhandbuch siehe Onlinedokument http://www.hoc.kit.edu/downloads/HoC_Modul_Veranstaltungen_1-5.pdf [07. 07. 2009].
59 Ebd.

tes Konzept, wenn es gelingt, solchen strukturell verankerten Vorurteilen entgegenzutreten und bei den Studierenden ein entsprechendes Interesse und Problembewusstsein zu wecken. Wenn dies nicht gelingt, bewirkt Wahlfreiheit nur die nachfrageorientierte Reduktion der Veranstaltungen, die Orientierungswissen zum Lehrziel erklären. An der Universität Karlsruhe (TH) / KIT wird es den Fakultäten überlassen, entweder die ‚additiven' ECTS-Punkte mit ausgewählten Bereichen festzulegen oder die Studierenden ohne Einschränkung frei unter allen Angeboten des gesamten Wahlbereichs wählen zu lassen. Das durch das Verbundprojekt ‚Schlüsselqualifikationen an Technischen Universitäten' entwickelte Konzept der Trias wird an der eigenen Hochschule damit zwar umgesetzt, aber nicht als fester Ordnungsrahmen in den SQ-Pflichtbereich der Studiengänge integriert. Umso erfreulicher ist es, dass es unter der Bezeichnung ‚Karlsruher Modell' Eingang in das Forum SQ[60] gefunden hat und es somit landesweit von den SQ-Einrichtungen des Landes Baden-Württemberg zur Bestimmung der SQ-Lerninhalte anerkannt wird: Das ‚Kriterien-Handbuch Schlüsselqualifikationen' – ein bald beendetes Arbeitsprojekt des Forum SQ – verweist zur Klärung der Lerninhalte auf die ‚Karlsruher Definitionen' zu Orientierungswissen, Basiskompetenzen und Praxisorientierung. Auch zu nennen wäre die Universität Ulm, die sich im Bereich der additiven Schlüsselqualifikationen (ASQ) bei der Bestimmung der Lehrbereiche an der Trias orientiert.[61]

60 Das Forum SQ besteht seit 2002 und wurde von den Organisatorinnen der SQ-Angebote der Universitäten Freiburg, Mannheim und Tübingen gegründet. Dabei handelt es sich um einen informellen Zusammenschluss der SQ-Verantwortlichen aller baden-württembergischen Universitäten. Das Forum SQ trifft sich mehrmals im Jahr im Wechsel an den beteiligten Universitäten und bietet Raum für einen gemeinsamen Austausch über Ideen, SQ-Begrifflichkeiten, Konzepte, Organisationsformen und Finanzierungsansätze. Darüber hinaus dient das Forum SQ als Plattform zur Realisierung gemeinsamer Projekte, Veranstaltungen und Publikationen der Kooperationspartner. Einmal im Jahr berichtet das Forum im Rahmen der Treffen der Prorektoren für Lehre am Ministerium für Wissenschaft und Kultur; siehe Onlinedokument http://www.forum-sq.de [07. 07. 2009].

61 In modifizierter Form: Basiskompetenz, Praxiskompetenz, Orientierungskompetenz und zusätzlich Fremdsprachen und interkulturelle Kompetenz.

7. Schlussfolgerungen

Zum ‚Doppeljubiläum' des Zentrums für Angewandte Kulturwissenschaft und Studium Generale zeigt sich eine wachsende Anerkennung der erklärten Ziele des Zentrums. Dies gilt insbesondere hinsichtlich des Ansatzes einer ‚Wissenschaft im Dialog', die dem Konzept der Öffentlichen Wissenschaft zugrunde liegt.

Trotz der erörterten kritisch zu sehenden Etablierungssituation von Schlüsselqualifikationen an Technischen Universitäten kann eine zunehmende Bedeutung von Zusatzqualifikationen als Teil eines umfassenden Bildungsangebots beobachtet werden. Konzepte, die den gesamtgesellschaftlichen Kontext berücksichtigen, werden auch durch die genannten kritischen Aspekte unbezweifelbar in ihrer Relevanz gestärkt. Auf diese Weise können ein komplementärer Bildungsansatz in Anlehnung an Scientific und Cultural Literacy wenigstens vom Ansatz her realisiert werden. In diesem Zusammenhang ist es lohnend, auf den ‚Report of the Task Force on General Education' der Harvard University zu verweisen.

Der 2007 publizierte Bericht sieht einen umfangreichen verpflichtenden Anteil von fachübergreifenden Schlüsselqualifikationen vor. Diese werden vornehmlich im Bereich des Orientierungswissens verortet und folgen vier Hauptzielen:

- General education prepares students for civic engagement;
- General education teaches students to understand themselves as products of – and participants in – traditions of art, ideas, and values;
- General education prepares students to respond critically and constructively to change;
- General education develops students' understanding of the ethical dimensions of what they say and do.[62]

Diese Ziele sollen durch die Belegung eines halben Kurses von jeweils acht Lernbereichen erreicht werden: Aesthetic and Interpretative Understanding, Culture and Belief, Empirical Reasoning, Ethical Reasoning, Science of Living Systems, Science of the Physical Universe, Societies of the World und The United States in the World. Mit diesem Ansatz verfolgt

62 Onlinedokument www.fas.harvard.edu/~secfas/General_Education_Final_Report.pdf [07. 07. 2009]

Harvard Ziele, die mit den Konzepten und den freiwilligen Angeboten des ZAK durchaus vom Ansatz her – vergleichbar sind. Die zukünftigen Herausforderungen zur Förderung von Schlüsselqualifikationen an Technischen Universitäten liegen in der Weiterentwicklung eines in den Curricula der Studiengänge etablierten Pflichtangebots als Mindestanforderung bei gleichzeitiger Stärkung des bereits gut ausgebauten freiwilligen Angebots. Warum sollte am Karlsruher Institut für Technologie nicht möglich sein, was an der Harvard University empfohlen, dort erfolgreich praktiziert wird und programmatisch an der Carl von Linde-Akademie der TU München teils eingebunden, teils als Zusatzqualifikation ebenfalls verfolgt wird.

Der Erwerb von Schlüsselqualifikationen und sozial-kultureller Handlungskompetenzen in einer durch Technik, Wissenschaft und Globalisierung sich rasch verändernden Welt ist ein lebenslanger Lernprozess, der individuell unterschiedlich gefördert werden muss. Die Verantwortung, geeignete wissenschaftliche Angebotsstrukturen zu entwickeln und mit Inhalten zu füllen, liegt bei den Universitäten.

Literaturverzeichnis

Borgstedt, Angela/Stolle, Michael: Walther Peter Fuchs – revisited. Beiträge zur Wirkung und Bedeutung eines Karlsruher Historikers (= Gelbe Hefte, Bd. 6), Karlsruhe 2006.

dies.: Universitätsgeschichte aus pragmatischer Absicht. Fuchs, Redtenbacher und die Geschichte der TH Karlsruhe, in: dies./Stolle, 2006, S. 17-23.

‚Das Europäische Haus der Bildung: Bildung und Wirtschaft – eine neue Partnerschaft'. Konferenz der europäischen Bildungsminister, 24.-26. Juni 1999, Budapest; Onlinedokument http://www.bmbf.de/pub/konf_bmd.pdf [07. 07. 2009].

Fuchs, Walther Peter: Die Stellung der Geisteswissenschaften an den Technischen Hochschulen, in: Die Fridericiana 1963. Gedanken und Bilder aus einer Technischen Hochschule. Hans Freudenberg zum 75. Geburtstag, hrsg. i. A. des Senats der Technischen Hochschule Fridericiana Karlsruhe von Otto Kraemer, Klaus Lankheit, Rolf Lederbogen, Johannes Weissinger, Karlsruhe 1963, S. 59-69.

‚Geschichte der Fakultät für Geistes- und Sozialwissenschaften an der Universität Karlsruhe (TH)'; Onlinedokument http://fakultaet.geist-soz.uni-karlsruhe.de/81.php [07. 07. 2009].

Lenk, Hans: Technological Responsibility and the Humanities. The University of Karlsruhe, in: PHIL & TECH 4:4 Summer 1999; Onlinedokument http://scholar.lib.vt.edu/ejournals/SPT/v4n4/pdf/lenk.pdf [07. 07. 2009].

Moser, Simon: Studium Generale, in: ‚Fridericiana', H. 16, 1975.

Robertson-von Trotha, Caroline Y.: Öffentliche Wissenschaft – ein notwendiger Dialog, in: Joachim Klaus/Helmut Vogel (Hrsg.): Wissensmanagement und wissenschaftliche Weiterbildung. Dokumentation der Jahrestagung der deutschen Gesellschaft für wissenschaftliche Weiterbildung und Fernstudium an der Universität Karlsruhe (TH) (= Beiträge 45), Hamburg 2007, S. 7-20.

Robertson-Wensauer, Caroline Y.: Wozu ‚Angewandte Kulturwissenschaft' an einer technischen Hochschule?, in: dies. (Hrsg.): Interfakultatives Institut für Angewandte Kulturwissenschaft Universität Karlsruhe (TH). 1989-1999: Zehn Jahre interdisziplinäre Institutsarbeit, Karlsruhe 1999, S. 19-23.

Spinner, Helmut F.: Studium Generale und Fachstudium, in: ‚Fridericiana', H. 40, 1987.

Stolle, Michael: Aus der Wahrheit des Geistes. Walther Peter Fuchs als Hochschulreformer und Hochschullehrer, in: Borgstedt/ders., 2006, S. 7-16.

Onlinedokumente [07. 07. 2009]:

http://www.awwk-karlsruhe.de

http://www.charta-der-vielfalt.de

http://www.fas.harvard.edu/~secfas/General_Education_Final_Report.pdf

http://www.femtec.org/content/0/2070/1085/

http://www.forum-sq.de

http://www.hoc.kit.edu/downloads/HoC_Modul_Veranstaltungen_1-5.pdf

http://www.hrk.de/de/projekte_und_initiativen/114.php

http://www.zak.uni-karlsruhe.de

Projekte zu Schlüsselqualifikationen an Technischen Universitäten. Konzeptionelle Überlegungen, empirische Erhebungen und interuniversitärer Austausch

Caroline Y. Robertson-von Trotha, Jens Görisch und Iris Helene Koban

> General education is one distinct component of a liberal education and it is effective only when the other components of the undergraduate experience are working in concert with it.
>
> Report of the Task Force on General Education, Harvard University, 2007.[1]

1. Rahmenbedingungen: Wissensaustausch und Bildung an Technischen Universitäten

Im März 2006 formulierte die Universität Karlsruhe (TH) mehrere programmatische Leitgedanken für das Selbstverständnis der Universität. Der Leitgedanke zu ‚Wissensaustausch und Bildung' folgt einem breiten Verständnis und der Notwendigkeit von Orientierungswissen für Forschende, Lehrende und Studierende:

> Unsere Universität gibt Raum und Zeit für geistige Begegnungen, den Austausch von Wissen und die Erweiterung von Horizonten; sie schafft Bildung. Im Spannungsfeld von fachlicher Herausforderung, Umgang mit Menschen und der Auseinandersetzung mit anderen Kulturen reifen Persönlichkeiten heran, die sich durch Verantwortungs- und Leistungsbereitschaft, Standvermögen, vorausschauendes Denken, Kreativität und Konsensfähigkeit auszeichnen. Unsere Absolventinnen und Absolventen sind in der Lage, das Miteinander verschiedener Kulturen schöpferisch und verantwortungsbewusst mitzugestalten. In diesem Sinne verstehen wir die Heranbildung von Eliten.[2]

Orientierungswissen ist als Schlüsselqualifikation an Technischen Universitäten eine wichtige Grundlage, um dem formulierten Anspruch gerecht zu werden. Neben Lerninhalten und Lernzielen spielen dabei alle Um-

1 Onlinedokument http://www.fas.harvard.edu/~secfas/General_Education_Final_Report.pdf Preface [07. 07. 2009].

2 ‚Leitgedanken – Einladung zum Dialog', verabschiedet vom Senat der Universität Karlsruhe (TH) im März 2006 und als Faltkarte publiziert

feldfaktoren eine mindestens genauso wichtige Rolle. Innovationsfreudige, kreative und verantwortungsbewusste junge Menschen brauchen zur Herausbildung dieser Eigenschaften ein Milieu, in dem eine Kultur der Offenheit herrscht. In Zeiten des durch wachsende Komplexität gekennzeichneten gesellschaftlichen Wandels ist es essentiell, Erkenntnisse und Methoden aus verschiedenen Wissensgebieten miteinander zu vernetzen: Technik und Naturwissenschaften, Geistes- und Sozialwissenschaften, aber auch soziale und kulturelle Erfahrungen des Alltags müssen in Zusammenhang gebracht werden, um die vielfältigen neuartigen Herausforderungen zu bewältigen. Durch Globalisierungsprozesse und technische Innovationen haben sich unsere Märkte, Arbeitsprozesse und Unternehmensorganisationen verändert.

Im postindustriellen Zeitalter hängt die wirtschaftliche Leistungsfähigkeit einer an natürlichen Ressourcen armen Gesellschaft vom Wissen und den Fähigkeiten der einzelnen Menschen ab. Europa hat nur als Wissensgesellschaft, Gesellschaft der Vielfalt und Kommunikationsgesellschaft eine wettbewerbsfähige Zukunft. Dementsprechend hat sich die Europäische Union mit der ‚Lissabon-Strategie' zum Ziel gesetzt, bis zum Jahr 2010 zur dynamischsten wissensbasierten Wirtschaftsregion der Welt zu werden – ein ehrgeiziges Ziel, dass nicht nur aufgrund des intervenierenden ‚Faktors' Wirtschaftskrise wohl kaum zu erreichen sein wird.

Vor diesem Hintergrund sind besonders an die Fach- und Führungskräfte in unserer Gesellschaft neue Anforderungen zu stellen. Faktoren wie geistige und physische Flexibilität und Mobilität, Kommunikation und Kooperation, Urteils- und Entscheidungsfähigkeit, Selbstorganisation und Selbstverantwortung gewinnen erheblich an Bedeutung.

Die Universitäten als Ausbildungsstätten von Nachwuchswissenschaftlerinnen und -wissenschaftlern, Führungskräften, Entscheidungsträgerinnen und -trägern und gesellschaftlicher Eliten müssen die veränderten Anforderungen in der Definition ihrer Ausbildungsziele durch die Erweiterung um Schlüsselqualifikationen, insbesondere von Orientierungswissen berücksichtigen. Dies gilt insbesondere für Technische Universitäten, weil sie für Arbeitsfelder ausbilden, die in hohem Maße vom Wandel geprägt sind. Steigender Innovationsdruck und kurze Halbwertszeiten von Wissen, globaler Wettbewerb und weltweite Kooperationen sind heute die Bedingungen für technologische Entwicklungen. Ingenieurinnen und Ingenieure sowie Naturwissenschaftlerinnen und -wissenschaftler, die in Forschung und Industrie tätig sind, müssen über ein hohes Maß an persönlicher Stabilität und kommunikativer Souveränität verfügen. Solide Kenntnisse der eigenen kulturellen und individuellen Verfasstheit sind dabei unerlässlich. Die Fähigkeit zu lebenslangem Lernen und zu vernetztem Denken, die Fähigkeit Verantwortung zu übernehmen und für Nachhaltigkeit zu sorgen, in internationalen Teams zu agieren und im Führen dieser Teams die unterschiedlichen Stärken der einzelnen Mitglieder zu erkennen und zur Wirkung zu bringen, all dies gehört zum Profil des ‚Global Engineer'.

Der Erwerb von Schlüsselqualifikationen ist ein dynamischer Prozess, der sich auf allen Stufen einer Bildungsbiographie vollzieht und in unterschiedlichen Rahmen stattfindet. Für die Lehre an der Universität bedeutet dies, dass sowohl die berufliche Perspektive des studierten Faches für die Konzeption der Schlüsselqualifikationsförderung wichtig ist, als auch, dass alle Etappen der akademischen Ausbildung – Bachelor, Master, Promotion, Post Graduate-Phase – unterschiedliche Herangehensweisen für Angebote erfordern. Entsprechend der Vielfalt unterschiedlicher Schlüsselqualifikationen gibt es verschiedenartige Lernorte und Lernformen.

2. Studien des ZAK zu ‚Fachübergreifender Lehre' (FÜL)

2.1. Der Projektvorgänger: Fachübergreifende Lehre I, 2000

Im Frühsommer 2000 führte das ZAK | Zentrum für Angewandte Kulturwissenschaft und Studium Generale eine schriftliche Befragung durch, um auf breiter empirischer Basis die Bedeutung und Gestaltungsmöglichkeiten der fachübergreifenden Lehre in der ingenieurwissenschaftlichen Hochschulausbildung in Deutschland zu untersuchen.[3] In der Studie ist mit dem Begriff der ‚Fachübergreifenden Lehre' (FÜL) zunächst allgemein die akademische Vermittlung von Wissensbereichen gemeint, die nicht

3 Vgl. Caroline Y. Robertson: Fachübergreifende Lehre und Schlüsselqualifikationen in der ingenieurwissenschaftlichen Ausbildung in Deutschland. Ergebnisse einer empirischen Studie, Karlsruhe 2001. Das Projekt und eine inhaltsanalytische Vorstudie von Stellenanzeigen in Zeitungen fand unter der wesentlichen Mitarbeit von Matthias Otten (Hauptstudie), Tobias Kuhnimhof (statistische Datenanalysen) und Zinga Makumbundu (Inhaltsanalyse) statt; Volltext siehe Onlinedokument http://www.zak.uni-karlsruhe.de/167.php#FueL [07. 07. 2009].

zum originären inhaltlichen Kernbestand der verschiedenen technischen Studiengänge gehörten, d. h. es wird zwischen spezialisiertem ingenieurwissenschaftlichem Fachwissen und fachübergreifendem Wissen unterschieden. Bei der Formulierung des Projektantrags wurde darauf geachtet, die besonderen Rahmenbedingungen, Vorverständnisse und Erwartungen der Technischen Universitäten in den Mittelpunkt zu stellen. Mit Unterstützung der Hochschulrektorenkonferenz konnten alle Technischen Universitäten und Fachhochschulen Deutschlands befragt werden. Dazu wurden bundesweit die technischen Studiengänge Maschinenbau, Bauingenieurwesen, Elektrotechnik, Informatik sowie die angrenzenden wirtschaftswissenschaftlich geprägten, technischen Studiengänge Wirtschaftsingenieurwesen und Wirtschaftsinformatik untersucht. Insgesamt wurden 495 Studiengänge, davon 168 an Universitäten und 327 an Fachhochschulen, identifiziert und angeschrieben. Der Rücklauf lag bei den Universitäten bei 38,1 % und bei den Fachhochschulen mit 37,8 % fast gleich hoch.

Ausgangspunkt der Studie war die These, dass neben den thematischen Wissensbereichen auch die Vermittlung von Schlüsselqualifikationen (SQ) zunehmend an Bedeutung gewinnt. In Anlehnung an die Begriffsbestimmung der als ‚Bildungs-Delphi' bekannten Studie des BMBF[4] bedeuten Schlüsselqualifikationen ganz allgemein Kompetenzen „im Umgang mit Wissen". Um das breite Spektrum an fachübergreifenden Wissensarten und Kompetenzen, das in der Lehre aufgegriffen wird, darzustellen, teilte die Studie fachübergreifende Lehre in drei Kategorien[5] ein und folgte damit dem bereits vorhandenen und praktizierten Verständnis des Institut für Angewandte Kulturwissenschaft (IAK), der Vorgängerinstitution des ZAK:

4 Bundesministerium für Bildung und Forschung (Hrsg.): Delphi-Befragung 1996/1998 – Potentiale und Dimensionen der Wissensgesellschaft – Auswirkungen auf Bildungsprozesse und Bildungsstrukturen. Endbericht, München 1998; Onlinedokument http://www.bmbf.de/pub/delphi-befragung_1996_1998.pdf [07. 07. 2009].

5 Die Definition der Teilbegriffe im damaligen Verständnis der Trias hat sich in der inhaltlichen Auseinandersetzung im Verbundprojekt SQ modifiziert und unterscheidet sich daher von der heute gültigen Abgrenzung, wie sie im Kapitel ‚Verbundprojekt Schlüsselqualifikationen an Technischen Universitäten' des vorliegenden Beitrags angeführt wird. Siehe Seite 148f. in diesem Beitrag

Allgemeines Orientierungswissen wird in Anlehnung an die genannte BMBF-Studie im Fragebogen als ‚Basiswissen' erfragt. Es zielt vor allem auf die gesellschaftlich-kulturelle Einbettung von Wissenschaft und Ingenieurtätigkeit ab und soll eine kritisch-konstruktive Reflexion der Wechselbeziehungen von Wissenschaft, Technik und Gesellschaft anregen und vertiefen. Hierzu zählen z. B. Lehrveranstaltungen über gesellschaftliche, politische, rechtliche und kulturelle Rahmenbedingungen in Technikgeschichte, Ethik und Technikfolgen oder Kulturpolitik.

Praxisorientiertes Anwendungswissen hat neben dem ingenieurwissenschaftlichen Spezialwissen einen allgemeinen berufspraktischen Anwendungsbezug (z. B. Management und Betriebswirtschaft, EDV- und Anwendungsprogramme, Patentrecht).

Schlüsselqualifikationen im engeren Sinne beinhalten weniger bestimmte thematische Wissensgebiete, sondern fördern als Querschnittskompetenzen über alle Wissensbereiche hinweg die langfristige Entwicklung der Persönlichkeits- und Sozialkompetenzen, der interkulturellen Kompetenzen sowie der Medienkompetenzen (in der späteren Terminologie der Trias werden sie als Basiskompetenzen geführt). Hierzu gehören z. B. die Entwicklung von Teamfähigkeit, Kommunikations- und Präsentationsfähigkeit, soziale Verantwortung in Beruf und Alltag oder Toleranz für andere Werte und Kulturen. Die Funktion solcher Schlüsselqualifikationen kann allgemein als soziale Handlungskompetenz verstanden werden, die unabhängig von der jeweiligen Tätigkeit und Ausbildung benötigt wird. Herbert Beck spricht in diesem Zusammenhang unter anderem von „relativ lange verwertbaren Kenntnissen, Fähigkeiten, Fertigkeiten, Einstellungen und Werthaltungen zum Lösen gesellschaftlicher Probleme."[6] Demzufolge geht es im Kontext von Schlüsselqualifikationen nicht nur um das inhaltliche Wissen, sondern vor allem um die Handhabung und Anwendung dieses Wissens.

6 Beck, Herbert: Schlüsselqualifikationen. Bildung im Wandel, Darmstadt 1997, S. 17.

Die Studie erfragte vor diesem Hintergrund die Wichtigkeit von insgesamt zehn unterschiedlichen Wissens- und Kompetenzbereichen im Rahmen der ingenieurwissenschaftlichen Ausbildung.[7] Die Auswertung und Analyse der Befragung ergab:

- fast alle Wissens- und Kompetenzbereiche wurden in der Tendenz als wichtig bis sehr wichtig eingestuft. Am wichtigsten wurden Methodenkompetenzen, kommunikative Kompetenzen und personale Vermittlungsfähigkeit beurteilt;
- interkulturelle Kompetenzen sowie ‚soziale Orientierung', die sich auf Fragen nach dem Bewusstsein für soziale Gerechtigkeit, Toleranz und soziale Verantwortung bezog, wurden als durchschnittlich wichtig eingeschätzt;
- im Vergleich zu den neun übrigen Wissens- und Kompetenzbereichen wurde dem Orientierungswissen deutlich weniger Wichtigkeit beigemessen;
- das erforderliche fachliche Grundwissen und das spezialisierte Fachwissen sowohl mit den allgemeinen Bedingungen zunehmender Wissenserfordernisse als auch mit einer sich ändernden Berufspraxis in Einklang zu bringen, wurde zunehmend als Zwang begriffen;
- Definitionen und Vorstellungen zu fachübergreifender Lehre und Schlüsselqualifikationen blieben unklar. Es wurde eine große Bandbreite unterschiedlicher Wissens- und Kompetenzbereiche miteinander vermischt und Unterschiedliches darunter verstanden.;

---

7 Die Einteilung der Wissensgebiete erfolgte in Anlehnung an eine Typologie der o. g. Delphi-Befragung und unter Berücksichtigung weiterer Typologien von Schlüsselqualifikationen, siehe Klaus Meisel u. a.: Schlüsselqualifikationen in der Diskussion, Frankfurt am Main 1989; Hubert Gräfen: Ingenieurausbildung im Wandel der Zeit, in: ders. (Hrsg.): Die fachübergreifende Qualifikation des Ingenieurs, Düsseldorf 1990, S. 9-24; Dieter Wilsdorf: Schlüsselqualifikationen. Die Entwicklung selbständigen Lernens und Handelns in der industriellen gewerblichen Berufsausbildung, München 1991; Beck, 1997; Helen Orth: Schlüsselqualifikationen an deutschen Hochschulen. Konzepte, Standpunkte und Perspektiven, Neuwied/Kriftel/Berlin 1999; Norbert Franck: Schlüsselqualifikationen vermitteln. Ein hochschuldidaktischer Leitfaden, Marburg 2000.

- selten wird näher bestimmt, was genau zu den überfachlichen Qualifikationen zählt und in welcher Relevanz und Gewichtung diese Teilelemente zueinander stehen.

Hieraus wird ersichtlich, dass Technische Universitäten zum Zeitpunkt der Durchführung der Studie keine hinreichend stringenten Gesamtkonzeptionen zu Inhalt und Vermittlung von fachübergreifender Lehre und Schlüsselqualifikationen hatten. Das Bewusstsein für einen steigenden Bedarf wurde jedoch sichtbar.

Mit der FÜL-Studie wurde ein Grundstein gelegt, um bei der hochschulbezogenen Diskussion über Schlüsselqualifikationen einem breiten Verständnis zu folgen, d. h. von einem von fachübergreifendem Wissen über anforderungsbezogene Kompetenzen bis zur Berücksichtigung von Fähigkeiten reichenden SQ-Begriff zu sprechen. Am ZAK wurde diese Dreiteilung in einer Folgestudie zur Fachübergreifenden Lehre von November 2008 bis Juni 2009 und vor allem im ‚Verbundprojekt Schlüsselqualifikationen an Technischen Universitäten' wieder aufgegriffen und, wie im Folgenden ausgeführt, inhaltlich neu diskutiert und ausgearbeitet.[8]

2.2. Die Folgestudie FÜL II, 2009

Bevor ausführlich auf das zentrale Projekt ‚Schlüsselqualifikationen an Technischen Universitäten' eingegangen wird, soll in Grundzügen auf die aktuell beendete Studie FÜL II eingegangen werden.[9] In dieser werden die aus dem SQ-Projekt gewonnenen theoretischen Erkenntnisse, die praktisch qualitativ an der Universität Karlsruhe (TH) untersucht wurden, in empirischer Form deutschlandweit überprüft und verglichen. Befragt wurden Leiter der Fakultäten und Fachbereiche der technischen bzw. na-

8 Die am ZAK entwickelten Klassifizierungsvorschläge zum curricularen Erwerb von Schlüsselqualifikationen fanden entsprechend der beschriebenen Trias unter der Bezeichnung ‚Karlsruher Modell' Eingang in das Forum SQ (Vgl. Fußnote 14) und werden von den SQ-Einrichtungen des Landes Baden-Württemberg zur Bestimmung der SQ-Lerninhalte anerkannt. Das ‚Kriterien-Handbuch Schlüsselqualifikationen' – ein bald beendetes Arbeitsprojekt des Forum SQ – verweist zur Klärung der Lerninhalte auf die ‚Karlsruher Definitionen' zu Orientierungswissen, Basiskompetenzen und Praxisorientierung; siehe Onlinedokument http://www.forum-sq.de [07. 07. 2009].

9 Die Studie wurde durchgeführt von Theresa Sinnl unter Mitarbeit von Christoph Bauer unter der Leitung von Caroline Y. Robertson-von Trotha.

turwissenschaftlichen Studiengänge Maschinenbau, Elektrotechnik, Bauingenieurwesen, Wirtschaftsingenieurwesen, Wirtschaftsinformatik, Informatik, Physik und Chemie an sämtlichen deutschen Universitäten und Fachhochschulen. Erste Ergebnisse der Studie können im Folgenden bereits genannt werden. Angeschrieben und zum Ausfüllen eines Fragebogens aufgefordert wurden 580 Personen, die Anzahl der Rückmeldungen lag bei 221. Der Rücklauf lag insgesamt bei 38,1 %, bei den Universitäten bei 41,57 %, bei den Fachhochschulen bei 35,38 %. Die Hauptfragestellung betraf die Verankerung von Schlüsselqualifikationen in der Studienordnung. Dazu gaben rund 75 % der Befragten an, dass der Erwerb von SQ in der Studienordnung verankert sei. Durchschnittlich sind über 19 ECTS-Punkte für den Erwerb von SQ in den Studienordnungen vorgesehen.[10] Der Anteil integrativer SQ liegt dabei etwas höher als der Anteil additiver SQ. Im Detail stellt sich dies so dar, dass integrative SQ durchschnittlich mit 12,4 ECTS-Punkten in den Studienordnungen verankert sind, wohingegen additiv erwerbbare SQ mit durchschnittlich 10,2 Punkten festgeschrieben sind. Die Werte der vorgeschriebenen ECTS-Punkte zum Erwerb von SQ in den einzelnen Studiengängen wurden angegeben mit: Wirtschaftsinformatik 23,8; Wirtschaftsingenieurwesen 22,4; Bauingenieurwesen 21,6; Elektrotechnik 21,6; Informatik 19,8; Maschinenbau 18,6; Chemie 14,9; Physik 14,2.

An den Universitäten des TU 9-Verbunds sind durchschnittlich 12,9 ECTS-Punkte in der Studienordnung verankert. Bei knapp 35 % dieser Universitäten existiert jedoch keine Verankerung von SQ in der Studienordnung. Der Rücklauf von befragten Studiengängen innerhalb der TU 9 betrug insgesamt 44 %.

10 In einzelnen Fällen wurden bis zu 100 ECTS-Punkte für SQ angegeben. Einige der hohen Angaben lassen sich durch eine Internetrecherche nicht verifizieren. Dies deutet auf ein anderes Verständnis von SQ hin, das durch den Fragebogen nicht eindeutig abgebildet werden kann. Einige hohe Werte z. B. in einzelnen Fällen 30 ECTS-Punkte lassen sich durch die Recherche verifizieren. Eine Überprüfung aller Angaben müsste jedoch im Rahmen einer separaten Studie durchgeführt werden. Festgehalten werden muss jedoch, dass auch wenn Werte über 30 ECTS-Punkte aus der Berechnung ausgeklammert werden, sich immer noch ein Durchschnitt von über 15 ECTS-Punkten ergibt.

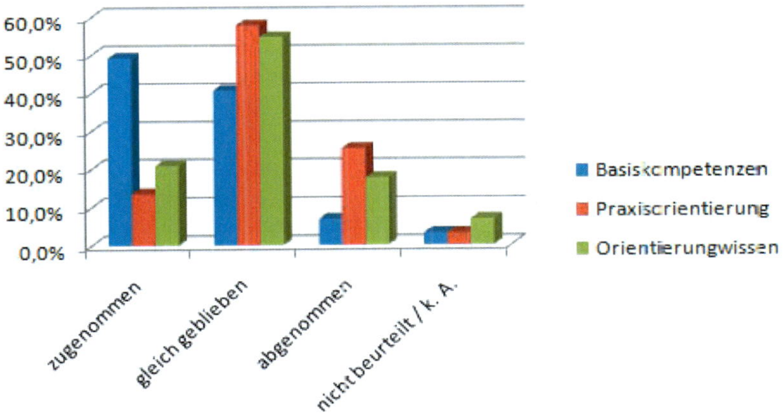

Abb.1: SQ und die Umstellung auf Bachelorabschlüsse, Quelle: eigene Darstellung.

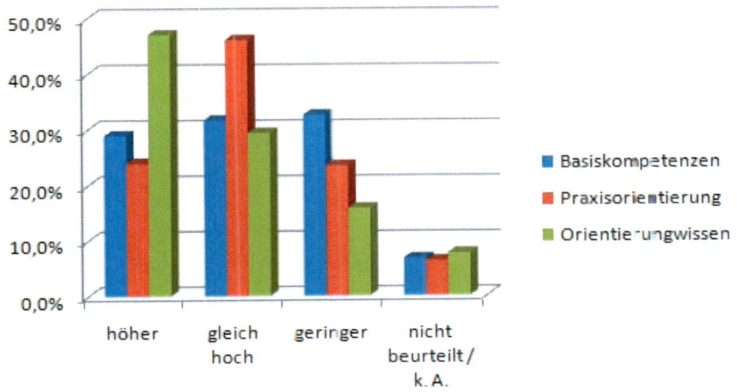

Abb. 2: SQ und die Umstellung auf Masterabschlüsse, Quelle: eigene Darstellung.

In Schaubild 1 („Inwieweit hat sich das SQ-Angebot bei der Umstellung auf BA-Abschlüsse verändert?") zeigen die Umfrageergebnisse vor allem, dass wenn sich bei der Umstellung auf Bachelorabschlüsse Veränderungen des Anteils an Schlüsselqualifikationen ergeben haben, diese vor allem den steigenden Anteil an Basiskompetenzen im Studium betreffen. Schaubild 2 („Inwieweit hat sich das SQ-Angebot bie der Umstellung auf Masterabschlüsse verändert?") zeigt hingegen, dass sich im Curriculum von Masterstudiengängen im Vergleich zum vorherigen Diplomstudiengang das Gewicht von SQ-Inhalten hin zu mehr Orientierungswissen verlagert hat.

Im Rahmen einer Vorstudie wurden zudem Stellenanzeigen von Wirtschaftsunternehmen analysiert. Untersucht wurden die Anforderungen der Arbeitgeber im Hinblick auf Schlüsselkompetenz. Die Häufigkeit der Nennungen der jeweiligen Kompetenzen ist in der unten stehenden Grafik in blau gekennzeichnet. Die Ergebnisse der Vorstudie sind vor allem in Hinblick auf einen Vergleich mit den Ergebnissen der Hauptstudie, der Sicht von bundesweiten Hochschulvertretern bezüglich der Verankerung von SQ in den jeweiligen Studiengängen, interessant.[11] Die Befragten sollten zum einen zu den mit dem SQ-Angebot verfolgten Lernzielen und angestrebten Kompetenzen in einer offenen Frage Auskunft geben. Die Häufigkeit der Nennungen ist in der unten stehenden Grafik rot gekennzeichnet. Darüber hinaus wurde die Wichtigkeit vorgegebener Aspekte von SQ in einer geschlossenen Frage erfragt. Diejenigen Aspekte, die von den Befragten mit ‚wichtig' und ‚sehr wichtig' bewertet wurden, wurden herausgegriffen und im Schaubild 3 grün gekennzeichnet.

11 Ein exakter Vergleich ist hier aufgrund der unterschiedlichen Parameter nicht möglich, sondern lediglich eine Erfassung und Beschreibung von Trends.

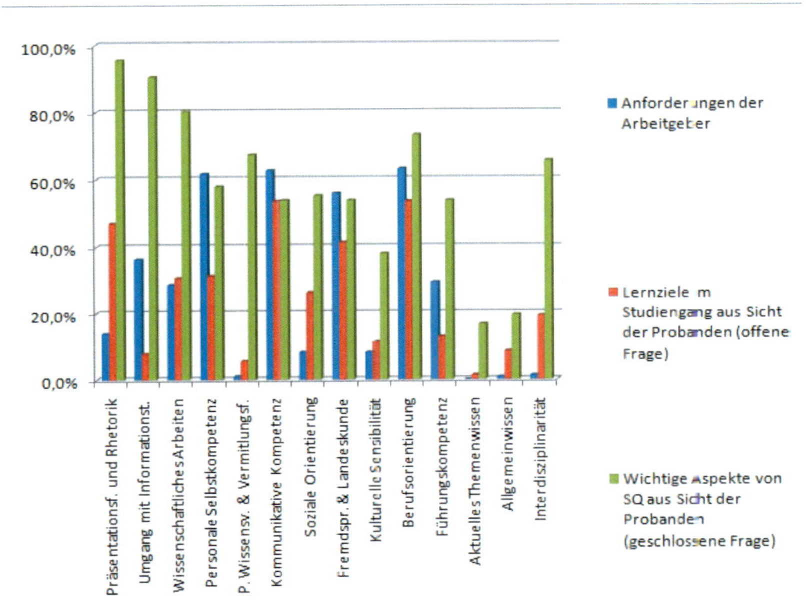

Abb. 3: Schlüsselkompetenzen von HochschulabsolventInnen. Anforderungen, Lernziele und Bedingungen im Vergleich, Quelle: eigene Darstellung.

Auffällig ist, dass es zwischen den Anforderungen der Arbeitgebenden und den für wichtig erachteten Schlüsselkompetenzen aus Sicht der befragten Hochschulen wenig gleich hohe Werte gibt. Von Seiten der Hochschulen wird laut dieser Umfrageergebnisse bis auf drei Ausnahmen jeder SQ-Aspekt höher, oft sehr viel höher bewertet als von Seiten der Arbeitgeber. Die Ausnahmen stellen ‚Personale Selbstkompetenz', ‚Kommunikative Kompetenz' sowie ‚Fremdsprachen & Landeskunde' dar. Während ‚Personale Selbstkompetenz' wie auch ‚Fremdsprachen & Landeskunde' allgemein hoch und von den Arbeitgebern nur wenige Prozent höher als von den Hochschulprobanden eingeschätzt werden, so wird ‚Kommunikative Kompetenz' von Arbeitgebern höher eingeschätzt.

Signifikant unterschiedlich sind die Werte auch, was die Punkte ‚Präsentationstechnik und Rhetorik' sowie ‚Interdisziplinarität' betrifft. Diese Kompetenzen werden seitens der Arbeitgeber selten gefordert, hingegen von Hochschulvertretern fast immer (‚Präsentation und Rhetorik' mit über

95 %) oder sehr häufig (‚Interdisziplinarität' mit ca. 65 %) als wichtig eingestuft. Der Vergleich zeigt, dass in den Anforderungsprofilen der Arbeitgeber gängige Schlüsselkompetenzen zum Großteil nicht oder sehr wenig (von 14 Items 6 unter 10 % und 1 Item unter 15 %) formuliert werden – dies kann auch daran liegen, dass sie als selbstverständlich vorhanden angesehen werden. In 40 % der Anzeigen wurden 3 bis 7 Einzelkompetenzen genannt, in den meisten Fällen, in knapp über 60 % der Anzeigen, nur drei Kompetenzen angesprochen. Berücksichtigt werden muss bei diesem Ergebnis, dass die Vorstudie Anzeigentexte auswertete und nicht direkt die Auswahlkriterien von Personalbüros einbeziehen konnte. Insofern kann es natürlich sein, dass die Auswahl zu einem Bewerbungsgespräch und letztendlich die Einstellung einer Universitätsabsolventin oder eines -absolventen indirekt doch nach vorhandenen Schlüsselkompetenzen erfolgt, die zwar nicht explizit im Anzeigentext gefordert wurden, jedoch aus dem Lebenslauf und im direkten Gespräch ersichtlich sind.

Weiterhin interessant ist der Vergleich von Ergebnissen in Bezug auf die genannten Lernziele der Studiengänge und der als wichtig genannten Aspekten von SQ betrifft. Hier zeigen sich signifikante Unterschiede beim ‚Umgang mit Informationstechnologien', bei ‚Führungskompetenz' und ‚Interdisziplinarität', die als Lernziele eher gering, als wichtige Aspekte jedoch sehr hoch eingestuft wurden. Den höchsten Wert als Lernziel erhielt der Punkt ‚Berufsorientierung', jedoch auch dieser wurde sowohl von den Arbeitgebern als auch von den Befragten in den geschlossenen Fragen jeweils noch deutlich höher bewertet.

3. Verbundprojekt ‚Schlüsselqualifikationen an Technischen Universitäten'

Von Oktober 2005 bis März 2007 führten das ZAK | Zentrum für Angewandte Kulturwissenschaft und Studium Generale der Universität Karlsruhe (TH) unter Leitung von Caroline Y. Robertson-von Trotha, die Hochschuldidaktische Arbeitsstelle der Technischen Universität Darmstadt und die Carl von Linde-Akademie der Technischen Universität München gemeinsam das Verbundprojekt ‚Schlüsselqualifikationen an Technischen Universitäten' durch. Gefördert im Rahmen des Bündnisses für Lehre des baden-württembergischen Ministeriums für Wissenschaft, Forschung und Kunst hatte sich das Projekt zum Ziel gesetzt, Strukturen und Konzepte für den Erwerb von Schlüsselqualifikationen und fachübergreifenden Kompetenzen zu entwickeln.

Das Verbundprojekt baute sowohl auf den Erfahrungen des ZAK und seiner Vorgängerinstitutionen als auch auf den Ergebnissen der oben genannten empirischen Studie zu ‚Fachübergreifender Lehre und Schlüsselqualifikationen in der ingenieurwissenschaftlichen Ausbildung in Deutschland' auf. Im Projekt wurden Literatur sowie Vorträge zum Thema ‚Schlüsselqualifikationen' zusammengetragen und ausgewertet, Gespräche und leitfadengestützte Interviews mit Angehörigen von Fakultäten der Universität Karlsruhe (TH) geführt, die inner- und interuniversitäre Vernetzung gefördert, der Kontakt mit Vertretern aus der Wirtschaft hergestellt und zu diesen Zwecken Veranstaltungen organisiert. Eine Hauptaufgabe des Projektes war es, die bereits in der Studie aus dem Jahr 2000 entwickelte Klassifizierung des Verständnisses von Schlüsselqualifikationen im Kontext einer pragmatisch modifizierten Auseinandersetzung mit aktuellen Bedingungen zu etablieren (dazu ausführlicher im Positionspapier der Verbundpartner im Anhang zu diesem Beitrag). Die Trias der Schlüsselkompetenz gestaltet sich demnach folgendermaßen:

- zu *Basiskompetenzen* gehören Sozialkompetenzen, Methodenkompetenzen und Selbstkompetenzen.[12]
- *Praxisorientierung* wird erworben u. a. durch betriebswirtschaftliche Grundkenntnisse, Kenntnisse vom Funktionieren von Organisationen, Projektmanagement, Fremdsprachen und Praktika im Studium.[13]
- Eine Schlüsselfunktion nimmt das *Orientierungswissen* ein. Gemeint ist das Integrieren von Wissensbeständen aus anderen Disziplinen, um Kenntnisse über die historischen, politischen, wirtschaftlichen und institutionellen Rahmenbedingungen der eigenen sowie anderer Kulturen zu gewinnen. Reflexionsfähigkeit, Urteilsfähigkeit, Argumentationsfähigkeit und Darstellungsvermögen werden durch Angebote für Orientierungswissen geschult und Flexibilität, Kreativität und ethisch begründete und interkulturelle Handlungsfähigkeit gefördert.

Voraussetzung für die Förderung des Projektes durch das Land war erstens die Kooperation mit zwei Partnern und zweitens die Zielsetzung, Ergebnisse verfügbar zu machen, die grundsätzlich auf alle Universitäten des Landes übertragbar sein könnten. Organisatorisch geschieht dies im Rahmen des Forum SQ,[14] dem alle Landesuniversitäten in Baden-Württemberg angehören.

12 Basiskompetenzen werden häufig auch unter der Bezeichnung Soft Skills geführt. In der Terminologie der Trias wird der Begriff hingegen vermieden, da er oft in besonderem Maße unscharf verwendet wird und eher eine umgangssprachliche Bezeichnung ist statt wissenschaftlich operationalisierbar zu sein.

13 Der Begriff korrespondiert mit dem Verständnis von ‚Enabling Skills', wie sie im Bologna-Prozess formuliert wurden.

14 Das Forum SQ besteht seit 2002 und wurde von den Organisatorinnen der SQ-Angebote der Universitäten Freiburg, Mannheim und Tübingen gegründet. Dabei handelt es sich um einen informellen Zusammenschluss der SQ-Verantwortlichen aller baden-württembergischen Universitäten. Das Forum SQ trifft sich mehrmals im Jahr im Wechsel an den beteiligten Universitäten und bietet Raum für einen gemeinsamen Austausch über Ideen, SQ-Begrifflichkeiten, Konzepte, Organisationsformen und Finanzierungsansätze. Das Forum präsentiert seine Überlegungen zum ‚State of the Art' einmal im Jahr beim Treffen der Prorektoren für Lehre im Ministerium für Wissenschaft, Forschung und Kunst des Landes Baden-Württemberg. Darüber hinaus dient das Forum SQ als Plattform zur Realisierung gemeinsamer Projekte, Veranstaltungen und Publikationen der Kooperationspartner; siehe Onlinedokument http://www.forum-sq.de [07. 07. 2009].

Dadurch, dass die Carl von Linde-Akademie der TU München als Verbundpartner gewonnen wurde,[15] konnte das Projekt auf die wichtigen Erkenntnisse einer für die Konzeption der Carl von Linde-Akademie durchgeführten Delphi-Studie zurückgreifen, in der auch Erfahrungen und Erwartungen der Wirtschaft erfasst worden sind. Die TU Darmstadt[16] – zweiter Verbundpartner im Projekt – hat im Jahr 2006 eine Studie mit Empfehlungen für die Konzeption und den Ausbau von Schlüsselqualifikationen zum Erwerb interkultureller Kompetenz veröffentlicht: In Zusammenarbeit mit acht Universitäten in einem internationalen Netzwerk vom Massachusetts Institute of Technology bis zur Shanghai Jiao Tong University wurde für die Entwicklung künftiger Ausbildungskonzepte für Ingenieurinnen und Ingenieure die Vermittlung einer ‚globalen Kompetenz' als unerlässliche Schlüsselqualifikation von Absolventinnen und Absolventen identifiziert. Das Erlernen von Fremdsprachen und die Befähigung zu interkultureller Kommunikation sind dabei zentral. Angeregt wird, dass die acht Partneruniversitäten im Rahmen des Projektes eigene und gemeinsame Studiengänge für den Abschluss ‚Master of Global Engineering' konzipieren und einrichten, wobei ein Schwerpunkt auf erfolgreichem Arbeiten in internationalen und interkulturellen Teams liegen soll.[17]

4. Hochschulinterner Workshop zu Good Practice-Beispielen im Verbundprojekt Schlüsselqualifikationen an Technischen Universitäten

Im Rahmen des Verbundprojektes fand am 14. 03. 2006 ein hochschulübergreifender eintägiger ‚Good Practice-Workshop Schlüsselqualifikationen' an der Universität Karlsruhe (TH) statt.

15 Vgl. zur Carl von Linde-Akademie den Beitrag von Klaus Mainzer im vorliegenden Band. Bei der Entstehung der Akademie diente u. a. das ZAK als Vorbild.

16 Vgl. die Beiträge von Reiner Anderl und Diana Völz sowie von Wim Görts in diesem Band.

17 Vgl. den Beitrag von Reiner Anderl und Diana Völz ‚Global Engineering' in diesem Band. Ende der neunziger Jahre wurde am damaligen IAK ein Konzept für einen Studiengang namens Global Engineering bis zur Antragsreife ausgearbeitet. Es konnte jedoch zum damaligen Zeitpunkt an der Universität Karlsruhe (TH) nicht umgesetzt werden.

Dieser Auftaktworkshop schuf ein Forum, in dem sich alle Einrichtungen aus den drei beteiligten Universitäten, die Schlüsselqualifikationen anbieten, vorstellen und sich gegenseitig kennen lernen konnten.[18]

Drei Ziele galt es hierbei zu berücksichtigen:

1. Konvergenzen und Dissonanzen in der Angebotsstruktur der beteiligten Universitäten zu identifizieren und zu diskutieren;
2. die unterschiedlichen Strukturen der mit der Umsetzung von SQ beauftragten Einrichtungen zu erörtern;
3. die unterschiedlichen Definitionen und inhaltlichen Ausgestaltungen des SQ-Angebots zu sichten.

Dass ein Austausch dringend notwendig sei, unterstrich zudem der Prorektor für Lehre der Universität Karlsruhe (TH), Jürgen Becker. Er wies darauf hin, dass dies auch hinsichtlich der quantitativen Umsetzung der Förderung von Schlüsselqualifikationen gelte. Hier müsse die Universität Karlsruhe die Aufgabe bewältigen, eine Angebotspalette zu entwickeln, die den zukünftigen Bedarf an SQ in einem Umfang von mindestens sechs ECTS-Punkten[19] für die 20.000 Studierenden decken könne.

---

18 Teilnehmerinnen und Teilnehmer von der Technischen Universität Darmstadt waren: Wim Görts, Hochschuldidaktische Arbeitsstelle (HDA), Dr. Gerhard Stärk, Geschäftsführer des Zentrums für Interdisziplinäre Technikforschung (ZIT); von der Technischen Universität München: Ivan Gergintchev, E-Learning-Plattform (EllecTUM), Dr. Rainer Wetzler, Geschäftsführer der Carl von Linde-Akademie; von der Universität Karlsruhe (TH): Prof. Dr. Albert Albers, Institut für Produktentwicklung (IPEK), Prof. Dr.-Ing. Jürgen Becker, Prorektor für Studium und Lehre, Anke Diez, Leiterin der Wissenschaftlichen Weiterbildung Karlsruhe (kww), Angela Gabriel, kww, Prof. Dr. Gerd Gidion, Institut für Berufspädagogik (IBP), Jens Görisch, ZAK | Zentrum für Angewandte Kulturwissenschaft und Studium Generale, Joachim Klaus, Leiter Fernstudienzentrum (FSZ), Iris Helene Koban, ZAK, Caroline Mattingley-Scott, Leitung AlumniKaTH, Career Service, Fundraising + Stiftungen, Dr. Christine Klein-Blenkers, Career Service, Mirko Meboldt, IPEK, PD Dr. Caroline Y. Robertson-von Trotha, Direktorin des ZAK, Prof. Dr. Alexander Wanner, Institut für Werkstoffkunde I (IWK I), Daniel Weichsel, FSZ, Dr. Elisabeth Zuber-Knost, Leiterin der Pressestelle.

19 Vgl. in diesem Kontext den Beitrag von Caroline Y. Robertson-von Trotha ‚Fachübergreifende Lehre und Schlüsselkompetenz als Programm'. Hier wird das Zustandekommen der Regelung mit 6 ETCS-Punkte beschrieben sowie darauf eingegangen, warum diese niedrige Anzahl kritisch gesehen wird.

Der Workshop verfolgte auch vor dieser mit Bologna verbundenen Herausforderung das Ziel, spezielle und bewährte Konzepte, Good Practice-Modelle und universitäre wie überuniversitäre Einrichtungen zu präsentieren und zu diskutieren. Erste Ergebnisse der im Verbundprojekt durchgeführten Befragung zum Status quo der SQ-Angebote wurden vom ZAK vorgestellt. Diese machten die heterogenen Verständnisse und Ansätze von Schlüsselqualifikationen sehr deutlich. Überzeugende Beispiele und Argumente gab es sowohl für die *integrierte* Schlüsselkompetenzförderung in Verbindung mit der Fachausbildung als auch für *additive* und fachübergreifende Angebote, die von zentralen oder interfakultativen Einrichtungen außerhalb der Fakultät wahrgenommen werden können. Dass als integrative Schlüsselqualifikationen fachintegrierte Projektarbeit in der Ingenieurausbildung erfolgreich durchgeführt wird, wurde anhand des Karlsruher Lehrmodells für Produktentwicklung (KaLeP) vom Institut für Produktentwicklung (IPEK) der Fakultät für Maschinenbau demonstriert.[20] Weitere Wege, die den integrierten SQ-Erwerb fördern, zeigten die vielfältigen Praxiserfahrungen an der TU Darmstadt, die von Seiten der Hochschuldidaktischen Arbeitsstelle vorgestellt wurden.[21]

Einen allgemeinbildenden, Orientierungswissen vermittelnden Ansatz stellte die TU München mit der Carl von Linde-Akademie vor.[22] Auch das Feld des E-Learnings/Blended Learnings, das an der TU München durch das Projekt ‚E-Learning-Plattform' (ElleсTUM) vorangetrieben wird, wurde diskutiert. Den Schwerpunkt auf interdisziplinäre Zusatzqualifikationen legte das Zentrum für Interdisziplinäre Technikforschung (ZIT) an der TU Darmstadt mit seinem Beitrag.

Die Präsentationen und anschließenden Diskussionen machten deutlich, dass sich die Angebotsstrukturen und die mit der Umsetzung von SQ beauftragten Einrichtungen an der beteiligten Universitäten ganz unterschiedlich entwickelt haben. So ist an der TU Darmstadt die Praxis der SQ-Förderung historisch gewachsen und folgt keinem einheitlichen Konzept. Es wurde besonders deutlich, dass günstigere institutionelle Rahmenbedingungen und eine stärkere ergänzende Förderung auch im Top-Down-Verfahren durch die Hochschulleitung wünschenswert wären. Die

20 Vgl. den Beitrag von Albert Albers in diesem Band. Allerdings entspricht das Modell der Fakultät für Maschinenbau nicht dem Konzept der SQ-Trias, wie sie vom ZAK ausgearbeitet und empfohlen wurde.
21 Vgl. den Beitrag von Wim Görts in diesem Band.
22 Vgl. den Beitrag von Klaus Mainzer in diesem Band.

Hochschuldidaktische Arbeitsstelle (HDA) fördert vor allem den integrierten Erwerb von Schlüsselqualifikationen als Bestandteil des Studiums und als Teil von Anwendungen in Lehrveranstaltungen. Es gibt zahlreiche Projektveranstaltungen, Planspiele, Fallstudien, betreute Übungen, Mini-Forschungs-Projekte, Seminare mit hoch aktivierenden Anteilen, gut betreute Laborübungen und Praktika sowie Exkursionen, die je nach Bedingungen und Bedarf in den einzelnen Fachbereichen unterschiedlich sind. Besonders groß ist die Zahl der Projektveranstaltungen (30-40 pro Jahr), die zum Teil in Eigenregie von den Fachgebieten ausgerichtet werden, zum Teil mit Unterstützung der HDA.

Als weitere Einrichtung der TU Darmstadt hatte das Zentrum für Interdisziplinäre Technikforschung (ZIT) bis 2007 eine Plattform- und Institutsfunktion und übernahm fachübergreifende Aufgaben. Es nutzte dafür Binnenkontakte und externe Kooperationen. Im Bereich der Lehre etablierte das ZIT drei interdisziplinäre Studienschwerpunkte und hatte den Status einer zentralen wissenschaftlichen Einrichtung.[23] Der Bezugsrahmen für die Aktivitäten des ZIT war durch programmatische Äußerungen des Verbands Deutscher Ingenieure (VDI) bereits 1991 und 1998 sowie von der Hochschulrektorenkonferenz (HRK), der Kultusministerkonferenz (KMK) und dem Bundesministerium für Bildung und Forschung (BMBF) gegeben, mit denen fachübergreifende Anteile in der Lehre gefordert wurden. Aus diesen Forderungen folgerte das ZIT, dass disziplinäre Kompetenzen durch interdisziplinäre Kompetenzen im Umfang von etwa 20 % ergänzt werden sollten und bot dementsprechend interdisziplinäre Studienschwerpunkte an: Dies waren thematisch fokussierte, curricular strukturierte, studienbegleitende Lernangebote, die sich an alle Studierenden, insbesondere aber an Studierende der ingenieurwissenschaftlichen Studiengänge richteten.

An der TU München besteht seit 2004 die Carl von Linde-Akademie. Die TUM verfügt über kein Studium Generale, so dass die Carl von Linde-Akademie unter anderem auch gegründet wurde, um diese Lücke zu schließen. Das fachübergreifende Konzept unterscheidet drei Bereiche: den Faktor ‚Mensch' (Motivation und Kreativität, Verantwortung, Selbstorganisation und Selbstdarstellung, Kommunikation und Koopera-

23 Vgl. Gerhard Stärk: Verantwortung in der Ingenieurausbildung an Universitäten, in: Daniela Manger, Alexander Roßnagel, Ina Rust (Hrsg.): Technik verantworten, Berlin 1999, S. 129-146.

tion, Mitarbeiterführung und Fairness), den Faktor ‚Kultur' (Verantwortung für die Welt von Morgen, kulturelle Gemeinsamkeiten und Differenzen, weltweites Zusammenwirken von Wirtschaft, Wissenschaft und Politik) und den Faktor ‚Grenzüberschreitung' (Transdisziplinarität, Querdenken und Querhandeln, Beschäftigung mit außerfachlichen Denksystemen). Auf diesen Bereichen aufbauend, stehen Veranstaltungen folgender Themenfelder zur Verfügung: Kommunikation & Information, Ethik & Verantwortung, kulturelle Kompetenzen, Werte & Wandel, Innovation & Risiko. Die Veranstaltungen der Carl von Linde-Akademie werden zertifiziert und sind curricular eingebunden in vier Fakultäten der TUM. Zudem ist geplant, mittelfristig ein Begleitstudium einzurichten. Im Prinzip sind alle Angebote der Carl von Linde-Akademie freiwillig.

An der Universität Karlsruhe (TH) bietet die Umstellung auf die gestuften Studiengänge mit Bachelor- und Masterabschlüssen eine Chance, die Curricula zu optimieren und mit integrierten SQ-Modulen zu ergänzen, um damit eine internationale Akkreditierung vorzubereiten. Hierzu wurde eine ‚Task Force Schlüsselqualifikationen' eingerichtet, um in diesem Feld tätige Einrichtungen wie das ZAK, das Fernstudienzentrum (FSZ), die Wissenschaftliche Weiterbildung Karlsruhe (kww), das Gleichstellungsbüro sowie das Institut für Biomedizinische Technik, das Institut für Berufspädagogik und das Institut für Produktentwicklung Karlsruhe einzubeziehen. Aufbauend auf einer Vielzahl von bewährten Angeboten – wie denen des ZAK, z. B. im Studium Generale, das allen Studierenden und Gasthörern offen steht, den Qualifikationsmodulen des ZAK, dem Tutorenprogramm der kww, – soll ein Prozess weitergeführt werden, der Schlüsselqualifikationen nachhaltig in alle Studiengänge integriert.

In den Diskussionen des Workshops wurde Einigkeit darüber erzielt, dass die Universitäten das Fachwissen ergänzende Kompetenzen als Teil ihres Ausbildungszieles begreifen sollten. Der Bologna-Prozess, der nach ‚learning outcomes' fragt, wurde als große Chance begriffen, das Thema Schlüsselqualifikationen stärker zu betonen. Entsprechend sind für die breite und nachhaltige Förderung von SQ auch ‚Train the Trainer'-Programme, also die Aus- oder Weiterbildung von Lehrenden notwendig. Um bei den hohen Studierendenzahlen möglichst viele Studierende zu erreichen, muss zudem mit Tutorien gearbeitet werden. Die Tutorinnen und Tutoren wiederum, vor allem Studierende aus höheren Semestern, könnten für ihre Tutorate ECTS-Punkte im Bereich Schlüsselqualifikationen (Führungsfähigkeit, Kommunikationsfähigkeit, Teamfähigkeit etc.)

erhalten. Der hochschulinterne Workshop zu Good Practice-Beispielen im Verbundprojekt Schlüsselqualifikationen an Technischen Universitäten verbesserte vor allem den Erfahrungsaustausch und vollzog einen weiteren Schritt zur konzeptionellen Weiterentwicklung von Schlüsselqualifikationsangeboten auch verpflichtender Art.

5. Das SQ-Projekt des ZAK: Befragung in den Fakultäten der Universität Karlsruhe (TH) zum Status quo

Mit dem Ziel, einen umfassenden Überblick über bereits bestehende Ansätze zur Förderung von Schlüsselkompetenzen an der Universität Karlsruhe (TH) zu gewinnen und darüber hinaus die jüngsten Planungen bezüglich der Einführung neuer Studiengänge im Rahmen der Umstellung auf Bachelor und Master kennenzulernen, befragte das ZAK im Sommer- und Wintersemester 2006/07 die Studiendekane, die Fachschaftsvertreter und exemplarisch im Bereich Schlüsselqualifikationen tätige Instituts- und Fakultätsmitarbeiter.

In den Interviews wurden die in der Abbildung 4 aufgeführten Begrifflichkeiten zur Kennzeichnung von SQ-Angeboten zum einen nach fachlichem (integrativem) bzw. fachübergreifendem (additivem) Angebot und zum anderen nach der Art der Verankerung im Studiengang (curricular oder fakultativ) inhaltlich unterschieden. Die Abbildung verdeutlicht auch, dass in der Diskussion um additive und integrative SQ der Blick nicht im Rahmen einer Fachausbildung verharren darf. Erst die Möglichkeit Zusatzqualifikationen, also freiwillige SQ, zu erwerben, kann den Anspruch auf Orientierungswissen erfüllen.

Art des Angebots: / Art der Verankerung:	**curricular/verpflichtend** (Bestandteil grundständiger Lehre)	**fakultativ/zusätzlich** (offene Zusatzangebote, Wahlfreiheit, Freiwilligkeit)
integrativ (in der Fachausbildung; fachspezifisch)	gemäß Studienordnung, benotete fachspezifische Veranstaltungen	z. B. zusätzliche Praktika, Exkursionen; Angebote der Fachschaften, Tutorien Fachkolloquium/ Ringvorlesungen der Fakultäten
additiv (zusätzlich; außerhalb des Hauptfaches; fachübergreifend, interdisziplinär)	Nichttechnisches Wahlpflichtfach (NTW), Wahlpflichtbereich SQ	Studium Generale Öffentliche Wissenschaft *mit Zertifikat:* Qualifikationsmodule im Studium Generale Begleitstudium Angewandte Kulturwissenschaft

Abb. 4, Quelle: eigene Darstellung.

Anhand eines Interviewleitfadens führten die Projektverantwortlichen an allen technischen und naturwissenschaftlichen Fakultäten, an der Fakultät für Wirtschaftswissenschaften und an der Fakultät für Architektur insgesamt 33 Gespräche durch. Zunächst wurden die Gesprächspartner nach ihrem Verständnis von Schlüsselqualifikationen befragt. Anhand der Dreiteilung in Basiskompetenzen, Praxisorientierung und Orientierungswissen und dem direkten Bezug von SQ zu Studium, Beruf und Gesellschaft wurden die weiteren Aspekte des Begriffs im Einzelnen diskutiert und herausgearbeitet. Hiernach schlossen sich die weiteren Fragen zu den Studiengängen an: Wie könnte man den Erwerb von Schlüsselkompetenzen an der Hochschule fördern? Wie könnte man die Studierenden dabei unterstützen, solche Fähigkeiten zu erwerben? Wie werden SQ derzeit in den Studiengängen der Fakultät angeboten? Wo und wie werden Schlüsselkompetenzen erworben (gefragt wurde nach vorstellbaren Lernorten wie Vorlesung, Seminar, Projektseminar, Blended Learning sowie nach Gruppengröße, Arbeitsmethoden und Lerninhalten)? In welchem Umfang werden Angebote zum Erwerb von Schlüsselqualifikationen von außerhalb der Fakultät/des Instituts wahrgenommen? Wie viel anteiliges Gewicht haben die Schlüsselkompetenz-Inhalte (sowohl integrativ als auch additiv) im Curriculum? Werden Angebote der Hochschuldidaktik/wissenschaftlichen Weiterbildung von Fakultätsmitgliedern wahrgenommen und genutzt? Welche Veränderungen sind im Hinblick auf die Einführung gestufter Studiengänge und bezogen auf den Umfang zusätzlicher Angebote von Schlüsselqualifikationen von außerhalb der Fakultät/des Instituts geplant? Welchen Einfluss haben hierbei die Bologna-Maßgaben und Akkreditierungsanforderungen? Welche Chancen und Hindernisse werden mit der Einführung der BA-/MA-Studiengänge gesehen? Sind generell Anreize notwendig, um die Lehre attraktiver zu gestalten und welche können dies sein?

Die Bereitschaft Auskunft zu geben, war insgesamt sehr hoch. Von allen Interviews wurden ausführliche Mitschriften angefertigt, die an dieser Stelle nur zusammenfassend mit Bezug auf das Verständnis und die Verankerung von SQ wiedergeben werden können. Die Auswertung der Interviews gibt den Stand der Dinge bis zum Jahr 2007 wieder. Daher ist darauf hinzuweisen, dass sich die Diskussion und Umsetzung in den Fakultäten und einzelnen Studiengängen inzwischen weiterentwickelt hat. Die Grundtendenzen bleiben aber vielfach sichtbar und haben die jeweilige Entwicklung der Curricula beeinflusst.

5.1. Zusammenfassung der Befragung an den Fakultäten der Universität Karlsruhe (TH)

Die Ergebnisse der Befragung zeigen ein Meinungsbild, das sich in vielen Aspekten unterscheidet. Die Reform aller Studiengänge mit der Einführung der Bachelor- und Masterstruktur stellt alle Fakultäten vor besondere Herausforderungen, nicht zuletzt dadurch wurde das Thema SQ bei den Studiendekanen und allen Interviewten als wichtig wahrgenommen. Grundsätzlich wird deutlich, dass die Förderung von Schlüsselqualifikationen an einer Technischen Universität anderen Voraussetzungen Rechnung tragen muss, als an ‚klassischen'

Universitäten. So wird auf ‚employability', d. h. auf eine berufliche Handlungskompetenz in den ingenieurwissenschaftlichen Studiengängen traditionell Wert gelegt. Naturwissenschaftlerinnen und Naturwissenschaftler haben in der Regel hervorragende Chancen auf dem Arbeitsmarkt, nicht zuletzt wegen der durch das Studium geprägten Querschnittsfähigkeiten wie analytisches Denken und Problemlösungsfähigkeit. Es hat sich herausgestellt, dass die Berufsziele, die die Fakultäten jeweils für die Absolventinnen und Absolventen ihrer Studiengänge im Blick haben, ausschlaggebend für die Konzeption und das Maß der bereits bestehenden Förderung von SQ sind. Schlüsselqualifikationen werden daher meist aus einer Perspektive heraus behandelt, die ein optimal auf das jeweilige Berufsziel zugeschnittenes Angebot verlangt und wenig Freiräume von Seiten der Studierenden ermöglicht sowie wenig allgemeine und vertiefende Reflexion von Seiten der Institution erlaubt bzw. benötigt.

Geht es um die wissenschaftliche Karriere, auf die z. B. das Physikstudium vorbereiten soll, dann werden Schlüsselkompetenzen innerhalb des Curriculums kaum gefördert. Sieht das Ausbildungsziel explizit die Option einer Führungsposition in der Industrie vor, dann ist die Förderung der Schlüsselkompetenzen, wie etwa im Studiengang Maschinenbau, ein integraler Bestandteil des Curriculums.

Aus den Mitschriften der Interviews ergeben sich folgende Kernaussagen. Diese stellen keinen Konsens dar, sondern spiegeln lediglich eine Mehrheitsmeinung wider:

- an den befragten Fakultäten besteht ein unterschiedlich großes Bewusstsein für das Thema Schlüsselqualifikationen. Alle Befragten betonen den Vorrang des Fachwissens. Es sei die wichtigste Voraussetzung zum beruflichen Erfolg. Es zeigte sich deutlich, dass das Selbstverständnis des Faches den Zugang zu Schlüsselqualifikationen bestimmt;
- die BA-/MA-Umstellung schafft eine Konkurrenzsituation zwischen der Vermittlung von Fachwissen und verpflichtenden additiven Schlüsselqualifikationsangeboten;
- in Bezug auf die Berufsbefähigung weisen die Fakultäten alle auf die hervorragenden Arbeitsmarktchancen ihrer Absolventinnen und Absolventen hin;

- es besteht die Überzeugung, dass mit der Vermittlung des Fachwissens immanent auch ein Erwerb von Schlüsselqualifikationen einhergeht. Basiskompetenzen werden durch Anforderungen wie Hausarbeiten und Präsentationen bereits im Fach erworben. Hinzu kommen die im Vordiplom vermittelten Fähigkeiten wie Zeitmanagement, Teamarbeit und Arbeitsorganisation;
- darüber hinaus fördern Fakultäten direkt oder indirekt, aber bewusst den Erwerb von Schlüsselqualifikationen auf unterschiedliche Weise und fordern dafür ein Minimum an Veranstaltungen. So müssen die Studierenden etwa im Hauptstudium ein Seminar besuchen, bei dem ein Vortrag zu halten ist;
- SQ-Veranstaltungen sollten in direktem Bezug zur Fachlehre stehen oder darüber hinaus freiwillig belegbar sein;
- freiwilliges Engagement in Praktika oder berufliche Erfahrungen, als wissenschaftliche Hilfskraft oder in Hochschulgruppen und in zusätzlichen Lehrveranstaltungen wird als ‚Königsweg' angesehen, SQ zu erwerben;
- es besteht Konsens über die Notwendigkeit von kommunikativen Kompetenzen: Teamfähigkeit, Schreiben, Präsentieren muss gefördert und gefordert werden – als SQ schon für das Studium selbst;
- Praxisorientierung wird soweit möglich in die Fachlehre integriert. Es gibt allerdings je nach Fakultät erhebliche Einschränkungen durch große Studierendenzahlen (insbesondere im Maschinenbau) und durch eine starke Grundlagenorientierung (wie in Mathematik und Physik);
- SQ sollten in kleinen Lerngruppen erworben werden. Bei 400 bis 600 Studienanfängern entstehen in Relation zu den zur Verfügung stehenden Dozenten und Tutoren schwierige Vermittlungsbedingungen;
- Orientierungswissen und fachübergreifende Inhalte werden grundsätzlich positiv beurteilt und sind erwünscht, sollten aber nur ergänzend als freiwillig zu belegende Veranstaltungen angeboten werden.

Praxisorientierung wird oftmals durch eigens zu diesem Zwecke geplante Lehrveranstaltungen wie Projektseminare mit realem Charakter, bei denen Teamarbeit, Projektmanagement und Präsentationen eingeübt werden, in das Curriculum verankert. Allerdings schränken in vielen Studiengängen die vorhandenen Rahmenbedingungen diese Möglichkeiten ein. Hilfreich für eine Praxisorientierung im Studium ist die enge Kooperation von Instituten mit der Industrie, die für die ingenieurwissenschaftliche Forschung häufig unerlässlich ist. Zudem eröffnet die berufliche Herkunft vieler Professorinnen und Professoren der Ingenieurwissenschaften mit Industrieerfahrung Praxiseinblicke und Berufsmöglichkeiten für Studierende. Abgesehen von den generellen Vorbehalten gegenüber verpflichtenden fachübergreifenden Angeboten, die zu Lasten der Kerncurricula gehen könnten, wurden im Hinblick auf Basiskompetenzen immer wieder Mängel bei den Studierenden hervorgehoben. Dies betraf insbesondere kommunikative Fähigkeiten wie Schreiben, Teamarbeit, Fremdsprachen, interkulturelle Kommunikation, aber auch Aspekte des Orientierungswissens und einen generell fehlenden ‚Blick über den Tellerrand'. In der folgenden Abbildung 5 werden die Ergebnisse der Befragung graphisch zusammengefasst.

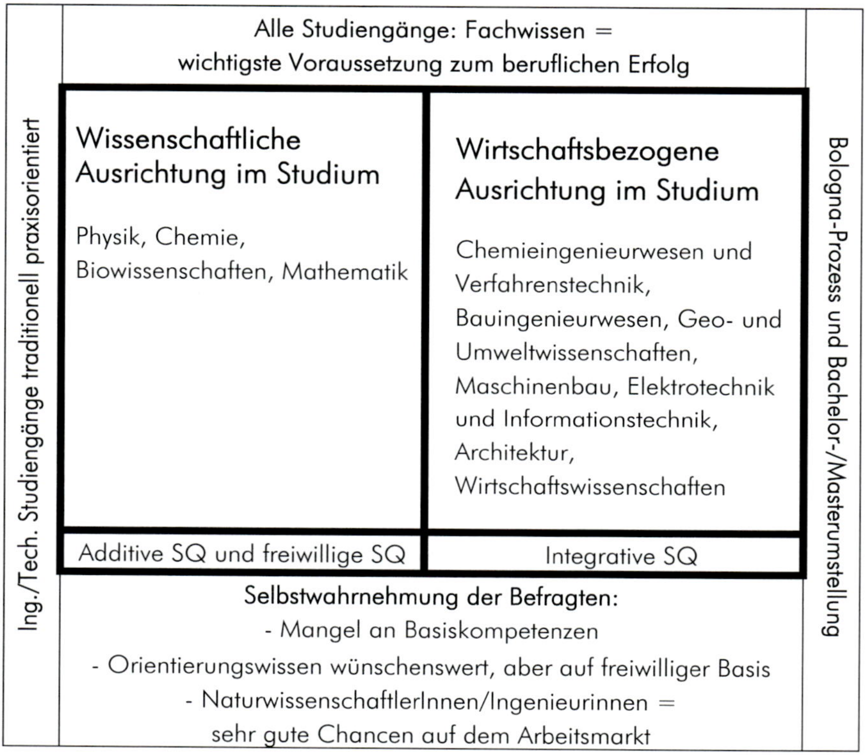

Abb. 5: Visualisierte Ergebnisse der Befragung in den Fakultäten, Quelle: eigene Darstellung.

6. Die Konferenz ‚Schlüsselqualifikationen an Technischen Universitäten' am 28. 11. 2006

Die Status quo-Umfrage an der Universität Karlsruhe (TH) hat bestätigt, dass besonders die Technischen Universitäten, die dem Bologna-Prozess lange ablehnend gegenüber standen, ein ambivalentes Verhältnis zur Förderung von SQ an Universitäten haben. Einerseits wird der Praxisbezug stark unterstützt; nicht zuletzt deshalb haben deutsche Ingenieurinnen und Ingenieure international hohes Ansehen. Andererseits werden die Rufe der Industrie nach einer umfassenden Förderung von Schlüsselqualifikationen, die Persönlichkeitsbildung und Orientierungswissen umfassen, kaum wahrgenommen. Vor diesem Hintergrund hatte die Konferenz ‚Schlüsselqualifikationen an Technischen Universitäten' als Teil des gleichnamigen Verbundprojektes mehrere Ziele. Zum einen sollte jenes Feld der SQ-Förderung besonders erörtert werden, das innerhalb der Programme an Technischen Universitäten noch am geringsten berücksichtigt wird: nämlich die Förderung von Orientierungswissen, das für eine Tätigkeit in der immer komplexer werdenden Welt so wesentliche Kompetenzen umfasst wie Kontextualisierungsfähigkeit, Reflexionsfähigkeit und interkulturelle Kompetenz. Zum anderen sollte unter starker Beteiligung der Wirtschaft die Konzeption des Verbundprojekts einer kritischen Bewertung unterzogen werden. Schließlich sollte durch den Rahmen der Veranstaltung die (universitäts-)öffentliche Aufmerksamkeit für das Thema Schlüsselqualifikationen generell erhöht werden.

Das ZAK konnte für diese Veranstaltung die IHK Karlsruhe als Partner gewinnen, die als Mitveranstalter ihre Mitglieder ansprach und somit eine größere Teilnahme von Wirtschaftsvertretern ermöglichte. Über 100 Personen nahmen an der Veranstaltung teil, darunter auch Vertreter aus sieben der im TU 9-Verbund organisierten Technischen Universitäten.[24] Eine ausführliche Dokumentation der Konferenz liegt vor[25] und mehrere der Vorträge sind im vorliegenden Band als Beiträge enthalten.

7. Vernetzung mit außeruniversitären Partnern

Die Konferenz bot eine hervorragende Möglichkeit, die Vernetzung mit außeruniversitären Partnern voranzutreiben. Außer Vertretern der Wirtschaft waren der Verband Deutscher Ingenieure (VDI), der Stifterverband für die Deutsche Wissenschaft und die von der Wirtschaft geförderte Bayerische Elite-Akademie mit Referentinnen und Referenten an der Konferenz beteiligt. Zudem wurden im Rahmen des Verbundprojekts Kooperationsgespräche mit der Führungsakademie Baden-Württemberg geführt und das Steinbeis Europa-Zentrum organisierte in Kooperation mit dem ZAK ein Seminar zum Thema interkulturelle Kompetenz für Nachwuchswissenschaftlerinnen und -wissenschaftler sowie für Projektleiterinnen und -leiter, das bisher zweimal veranstaltet wurde.

24 Über die Konferenz berichtet der Artikel ‚Verschämter Blick durch die Firmentür', VDI Nachrichten vom 08. 12. 2006.

25 Die Dokumentation zur Konferenz und die Vorträge sind verfügbar unter Onlinedokument http://www.zak.uni-karlsruhe.de/1116.php [07. 07. 2009].

8. Transfer und Ausbau von hochschulübergreifenden Lehrangeboten

Die nach Vorstudien des ZAK erarbeitete und dann in dem Verbundprojekt gemeinsam getragene Konzeption zur Förderung von Schlüsselqualifikationen mit der Trias von Basiskompetenzen, Praxisorientierung und Orientierungswissen hat an allen drei beteiligten Universitäten Wirkung gezeigt. An der TU Darmstadt ist das Konzept in das Curriculum des neu zu akkreditierenden Bachelor- und Master-Studienganges ‚Mechanical Engineering' im Fachbereich Maschinenbau eingegangen. Neben der Förderung von Basiskompetenzen und Praxisorientierung in umfangreichen Projektveranstaltungen sieht der Studienplan in der Bachelorphase eine Lehrveranstaltung ‚Philosophie für Maschinenbauer' und in der Masterphase ein Studium Generale im Umfang von 12 ECTS-Punkten vor.

Im Rahmen des landesweiten Forum SQ Baden-Württemberg hat das Konzept Eingang in die Förderung des SQ-Erwerbs an der auch technisch orientierten Universität Ulm gefunden, die sich im Bereich der additiven Schlüsselqualifikationen (ASQ) bei der Bestimmung der Lehrbereiche an der Trias orientiert. In der Zuständigkeit des Humboldt-Studienzentrums werden Angebote zur Vermittlung von Schlüsselqualifikationen im Bereich Basis-, Praxis- und Orientierungskompetenzen umgesetzt. Das ZAK beteiligt sich innerhalb des House of Competence an den Planungen und der Durchführung einer umfassenden SQ-Förderung, die in die Studiengänge der Universität Karlsruhe (TH) Eingang finden soll. Die Arbeit wird unter maßgeblicher Beteiligung der Expertise des ZAK durch die Arbeitsgruppe ‚Modulhandbuch Schlüsselqualifikationen' am House of Competence fortgesetzt.[26]

9. Berufsorientierung in der Wahrnehmung der technischen Universitäten

Technische Universitäten unterscheiden sich in ihrer Geschichte und (Aus-)Bildungstradition von klassischen Universitäten. Ihr Schwerpunkt liegt traditionell – bei aller Berücksichtigung des universitären Bildungsanspruchs – auf dem Anwendungsbezug der Forschung und auf der Ausbildung von Ingenieurinnen und Ingenieuren sowie Naturwissenschaftle-

26 Zur Darstellung des Wahlpflichtbereichs ‚Schlüsselqualifikationen für Bachelor-Studiengänge' an der Universität Karlsruhe (TH) im Wintersemester 2008/09 siehe Onlinedokument http://www.hoc.kit.edu/downloads/HoC_Modul_Veranstaltungen_1-5.pdf [07. 07. 2009].

rinnen und -wissenschaftlern. Insofern steht auch die Förderung von Schlüsselqualifikationen an Technischen Universitäten vor spezifischen Anforderungen. Dabei ergibt sich ein grundsätzlich verkürztes Denkmodell. Denn selbstverständlich scheint zu sein, dass sich Schlüsselqualifikationen an den Gegebenheiten der Berufswelt auszurichten haben, ohne jedoch deren dynamische Entwicklung und vielfältige Wechselwirkungen in gesellschaftlichen Kontexten hinreichend in den Blick zu nehmen. Die folgende Aufstellung zeigt deren Komplexität:

- Makroebene: bestimmt von Globalisierung, Technisierung, Flexibilisierung und Internationalisierung;
- Mesoebene: vielfältig, sehr dynamisch, von Flexibilitätsanforderungen bestimmt, von Inter- und Transdisziplinarität sowie Inter- und Transkulturalität geprägt;
- Mikroebene: Absolventinnen und Absolventen bleiben nicht an einem Arbeitsplatz, in einem Arbeitsumfeld; selbst bei relativ homogener Berufslaufbahn ist von einer Patchwork-Biographie auszugehen.

Additive Angebote für den Erwerb von Schlüsselqualifikationen sollen für eine Verbesserung der Ausbildung sorgen. Praxisbezug und Berufsfeldorientierung, die an klassischen Universitäten auch zur Verbesserung der Arbeitsmarktchancen von Absolventinnen und Absolventen gefördert werden, sind an Technischen Universitäten nicht zuletzt durch zahlreiche Kooperationen mit der Industrie häufig Gegenstand des Fachcurriculums. Hier gilt es gemeinsam mit den Fakultäten praktikable Modelle auszubauen und konsequenter in die Curricula zu verankern.

Gerade durch die zunehmende ‚Verschulung' des Studiums in Folge des Bologna-Prozesses bleibt es eine umso wichtigere Aufgabe, dem universitären Bildungsanspruch durch Orientierungswissen und Basiskompetenzen mit dem Ziel einer umfassend gebildeten Persönlichkeit gerecht zu werden.

10. Schlussfolgerungen

Im Rahmen des Verbundprojekts wurde von den Verbundpartnern gemeinsam ein Positionspapier[27] erstellt. In dieses gingen in konzentrierter Form die diskutierten Gedanken zur Notwendigkeit von Schlüsselqualifikationen ein. Es wurde erarbeitet, um im Vorfeld der Konferenz eine Orientierungsposition zur Verfügung zu stellen und künftige Bezugspunkte der Diskussion zu schaffen. Im Positionspapier wird unterstrichen, dass neben der spezifischen Praxisorientierung der Erwerb von Basiskompetenzen und Orientierungswissen für jede qualifizierte Ausbildung wichtig sind. Je nach Fach und Berufsfeld kann das unterschiedliche Anforderungen und Qualifikationen zur Folge haben, die sich über die Zeit strukturell und auch im Verlauf der Berufsbiographie ändern können.

Ausgehend von der Überzeugung, dass die Förderung von Schlüsselqualifikationen notwendig ist, sollten Basiskompetenzen, Praxisorientierung und Orientierungswissen je nach Fach und Berufsfeld in unterschiedlichen Verhältnissen zueinander verpflichtend angeboten werden. Entsprechend der Absicht eines komplementären Ansatzes gilt es, die bestehende Praxis der Fakultäten bei der Förderung von Schlüsselqualifikationen zu unterstützen.

Um Schlüsselkompetenzen optimal zu fördern, sind Anreize erforderlich, die einerseits ein Maximum an Wahlfreiheit zulassen und andererseits nicht zur Beliebigkeit führen sollten. Auf der Basis der Selbstreflexion, die auch mit Hilfe von Coaching unterstützt werden kann, bleibt selbstmotiviertes und selbstorganisiertes Lernen die Grundlage. Deshalb sollte ein differenziertes, flexibles, aber auch vorstrukturiertes Angebot vorhanden sein.

Fakultative Zusatzangebote, die Studierende freiwillig belegen können, zum Beispiel Veranstaltungen und Seminare im Studium Generale, Zusatzqualifikationen in Form ganzer Module bis hin zu einem begleitenden Studiengang, sind deshalb sinnvoll und wichtig, weil ein curricular beschränktes SQ-Angebot sich oft nur an minimalen Standards wird orientieren können. Zusatzqualifikationen bieten einen Anreiz mehr zu wissen und mehr zu können. Interdisziplinär konzipierte Studienangebote gehören bereits seit langem zum Standard an internationalen Spitzen-Universitäten. Die am ZAK seit 1991 gemachten Erfahrungen zeigen,

27 Siehe Anhang zu diesem Beitrag.

dass gerade fachlich gute, engagierte und besonders motivierte Studierende davon Gebrauch machen.[28] Die Offenheit der universitären Ausbildung für Zusatzqualifikationen, wie das Begleitstudium Angewandte Kulturwissenschaft, aber auch international ausgerichtete Studienprogramme wie Tripartit und Doppeldiplom, müssen daher erhalten bleiben. Die Herausforderung besteht darin, Programme aufzustellen, die modular und flexibel aufgebaut sind: Programme, die die veränderten Bedingungen der globalisierten Gesellschaftsentwicklung berücksichtigen und ein sinnvolles und erkennbar ganzheitliches Konzept bis hin zum Ideal des lebenslangen Lernens darstellen.

Ziel der wissenschaftlichen Bemühungen im Feld der begleitenden Forschung zu Schlüsselqualifikationen und zur curricularen Implementierung und praktischen Umsetzung ist es, einen Konsens anzustreben, der ein umfassendes Verständnis von der Prozesshaftigkeit des Erwerbs von Schlüsselqualifikationen formuliert. Genauso wie in den Fachdisziplinen müssen Inhalte, Zielsetzungen und die Verfahren zum Erwerb regelmäßig zur Diskussion gestellt werden. Auf diese Weise können die Absolventinnen und Absolventen der technischen wie auch der klassischen Universitäten in Deutschland nicht nur erfolgreich beruflich Fuß fassen und den Bedürfnissen der Wirtschaft und Industrie entgegenkommen, sondern vor allem auch etwas über gesellschaftlich verantwortliches Handeln und persönliche Zufriedenheit als Kongruenz von gesellschaftlichem und individuellem Handeln erfahren.

Mehr denn je wird die fachwissenschaftliche Ausbildung in ingenieur- und naturwissenschaftlichen Studiengängen nur dann exzellent sein, wenn sich die Technischen Universitäten einen hohen Bildungsanspruch zu eigen machen. In den Leitgedanken des Senats der Universität Karlsruhe vom März 2006 wurde dieser – wie eingangs zitiert – ausdrücklich formuliert. Das akademische Studium hat sowohl die hervorragende fachliche Ausbildung der Absolventinnen und Absolventen zu gewährleisten, als auch zunehmend Kompetenzen, die den fachlichen Bereich um Schlüsselqualifikationen ergänzen. Damit kann die Individualität der Studierenden an Bedeutung gewinnen und Sozial-, Methoden- und Selbst-

28 Vgl. Caroline Y. Robertson-Wensauer: Wozu Angewandte Kulturwissenschaft an einer technischen Hochschule? Orientierungswissen, Schlüsselqualifikationen und Querschnittskompetenzen als zentrale Kategorien einer modernen Bildungspolitik, in: Transfer. Zeitschrift des Vereins Karlsruher Wirtschaftswissenschaftler e. V., Jg. 11, 1997, S. 46-52.

kompetenz im Rahmen und zusätzlich zur Fachausbildung weiterentwickelt werden. Studierende wie Absolventinnen und Absolventen sollten eine exzellente, breite und nachhaltige Förderung von Schlüsselkompetenzen erhalten, die schon im Studium wirksam werden, die im Beruf das erfolgreiche Bestehen garantieren und die auch für die Gesellschaft im Ganzen einen Beitrag leisten können. An diesem Anspruch müssen sich neue Standards und Angebote für Schlüsselqualifikationen an Technischen Universitäten messen lassen.

Schlüsselqualifikationen an Technischen Universitäten

Positionspapier

für die Konferenz am 28. November 2006

Im Rahmen des Verbundprojektes ,Schlüsselqualifikationen an Technischen Universitäten' haben das ZAK | Zentrum für Angewandte Kulturwissenschaft und Studium Generale der Universität Karlsruhe (TH), die Carl von Linde-Akademie der Technischen Universität München und die Hochschuldidaktische Arbeitsstelle der Technischen Universität Darmstadt eine Position zur Föderung von Schlüsselqualifikationen an Technischen Universitäten entwickelt. Der Vorschlag fußt auf Literatur- und Good Practice-Analysen, auf den Ergebnissen einer Befragung, die das ZAK an den Fakultäten der Fridericiana durchgeführt hat, auf einer Delphi-Studie der TU München im Vorfeld der Gründung der Carl von Linde-Akademie, auf einem hochschulübergreifenden Schlüsselqualifikationen-Workshop an der Universität Karlsruhe (TH) sowie auf intensiven Gesprächen mit Experten.

Die Rahmenbedingungen für die Ausbildung an Technischen Universitäten sind durch die Globalisierung der Arbeitswelt bestimmt. Steigender Innovationsdruck und kurze Halbwertszeiten von Wissen, globaler Wettbewerb und weltweite Kooperation sind heute die Bedingungen von technologischen Entwicklungen. Vor diesem Hintergrund sind besonders an Fach- und Führungskräfte neue Anforderungen zu stellen: Faktoren wie geistige und physische Flexibilität und Mobilität, Kontextualisierungsfähigkeit und verantwortliches Handeln, Kommunikation und Kooperation, Urteils- und Entscheidungsfähigkeit, Selbstorganisation und Selbstverantwortung gewinnen erheblich an Bedeutung.

Für die Lehre an der Universität bedeutet dies, dass sowohl die berufliche Perspektive des studierten Faches für die Konzeption der Schlüsselqualifikationsförderung wichtig ist, als auch die Persönlichkeitsbildung von Absolventen, die als gesellschaftliche Eliten die Lebenswelten ihrer und künftiger Generationen gestalten.

Auf allen Stufen der akademischen Ausbildung (Bachelor, Master, Graduate School, Post-Doc) ist daher neben der Fachexpertise der Erwerb von Schlüsselqualifikationen zu berücksichtigen. Dies erfordert unterschiedliche Herangehensweisen in der Art der Lernformen und der Lernorte innerhalb und außerhalb der Universität.

Vor dem Hintergrund des gesellschaftlichen Wandels, der die Ausbildung an Technischen Universitäten besonders betrifft, wird empfohlen, drei Bereiche der Schlüsselqualifikationsförderung – Basiskompetenzen, Praxisorientierung und Orientierungswissen – zu unterscheiden und in der Ausbildung zu verankern. Die Bereiche stehen untereinander und mit der Fachexpertise in einem Wechselverhältnis und gehen zum Teil fließend ineinander über.

Über **Basiskompetenzen** (soft skills) verfügt jeder Mensch entsprechend seiner familiären und schulischen Vorprägung. Für das Studium und die Berufsfähigkeit lassen sich diese Kompetenzen in der Regel nach Nutzen und Bedarf erweitern, aktualisieren und optimieren. Zu den Basiskompetenzen gehören Sozialkompetenzen, Methodenkompetenzen und Selbstkompetenzen.

Die Universitäten engagieren sich dafür, in der Lehre einen Praxisbezug herzustellen und gezielt auf berufliche Tätigkeiten vorzubereiten. Zu solcher **Praxisorientierung** (enabling skills) gehören etwa betriebswirtschaftliche Grundkenntnisse, Kenntnisse vom Funktionieren von Organisationen, Projektmanagement, Fremdsprachen und Praktika im Studium.

Für Technische Universitäten, deren Stärke traditionell in exzellenter Fachausbildung liegt und die heute das Bild des weltoffenen, umfassend gebildeten Experten, des ‚global engineers' vor Augen haben, wird **Orientierungswissen** als Schlüsselqualifikation besonders wichtig. Gemeint ist das Integrieren von Wissensbeständen aus anderen Disziplinen, um Kenntnisse über die historischen, politischen, wirtschaftlichen und institutionellen Rahmenbedingungen der eigenen sowie anderer Kulturen zu gewinnen. Reflexionsfähigkeit, Urteilsfähigkeit, Argumentationsfähigkeit und Darstellungsvermögen werden durch Angebote für Orientierungswissen geschult und Flexibilität, Kreativität und ethisch begründete und interkulturelle Handlungsfähigkeit gefördert.

Das Aktionsprogramm ‚Schlüsselqualifikationen^{plus}' des Stifterverbandes für die Deutsche Wissenschaft und der Stiftung Mercator

Bettina Jorzik

„What is an engineer?"

Das ist eine naheliegende Frage für Technische Universitäten, die sich dort alle täglich stellen und die keineswegs so banal ist, wie es sich vielleicht zunächst anhört. Und die banalsten Fragen sind ja oft die schwierigsten.

„What is an engineer"[1] ist eine Frage, die Lee Shulman in einem großangelegten Forschungsprojekt gestellt hat. Er ist von Haus aus Psychologe und Präsident der Carnegie Foundation for the Advancement of Teaching. Die Carnegie Foundation hat vergleichend das professionelle Verständnis verschiedener Berufsgruppen, unter anderem eben von Ingenieurinnen und Ingenieuren, untersucht und sich für die Frage interessiert, wie sich dieses professionelle Selbstverständnis im Ausbildungsprozess herausbildet. Die Eingangsfrage an Vertreterinnen und Vertreter der jeweiligen Profession war immer: What is a teacher, what is a nurse, what is an engineer usw.

Der erste Teil der Antwort ist nicht so überraschend: „An engineer is someone who uses math and science to mess with the world by designing and making things that other folks can use." Aber dann heißt es im zweiten Teil der Antwort: „And once you mess with the world, you're responsible for the mess you've made." Dies als griffiges Zitat zur Erläuterung, warum zu einer Ausbildung an einer technischen Universität mehr gehören muss als das Fachwissen. Im Ausschreibungstext zum Aktionsprogramm ‚Schlüsselqualifikationen^{plus}' wurde dies folgendermaßen formuliert:

1 Vgl. Lee S. Shulman: If Not Now, When? The Timeliness of Scholarship of the Education of Engineers, in: Journal of Engineering Education, No. 1, 2005; Onlinedokument http://findarticles.com/p/articles/mi_qa3886/is_200501/ai_n9521134/?tag=content;col1 [07. 07. 2009].

> Zur Vorbereitung der Studierenden auf verantwortliche Tätigkeiten in Wirtschaft, Wissenschaft und Gesellschaft gehört nicht nur eine fachliche und berufsfeldorientierte akademische Ausbildung an den Hochschulen. Ein Hochschulstudium erfüllt auch sozialisierende und persönlichkeitsbildende Funktionen [...]. Auch der im Bologna-Prozess zentrale Begriff employability erfordert die Vermittlung überfachlicher Schlüsselqualifikationen.[2]

Es gibt sehr viel, was die Hochschulen, auch die technischen Hochschulen in diesem Bereich leisten. Die Bestandsaufnahme zeigt:

- Angebote zum Erwerb von Soft Skills
- inter- und transdisziplinäre Lehrangebote
- Studium generale als feste Einrichtung
- Orientierungsangebote vor und während des Studiums
- wissenschaftspropädeutische Veranstaltungen

Aber – und das betrifft alle Hochschulen – als wir das Programm konzipierten, konnten wir feststellen, dass diese Angebote überwiegend fakultativ sind. Nicht alle, aber jedenfalls wir als Programmpartner und auch die Jury, sind der Meinung, dass sich dieses Prinzip der Freiwilligkeit nicht bewährt hat. Kritisch haben wir auch gesehen, dass die Angebote curricular häufig nicht integriert sind. Dies hängt eng zusammen mit dem fakultativen Aspekt; dass sie nicht prüfungsrelevant sind, unkoordiniert und wenig transparent. Unsere Schlussfolgerung aus dieser Bestandsaufnahme bzw. die Begründung warum wir diese Angebotsstruktur kritisch sehen, ist: Auf diese Weise werden die Angebote von Studierenden und Lehrenden gleichermaßen als nachrangig betrachtet. Deshalb ist es notwendig, sie aus dem Bereich der Freiwilligkeit und Beliebigkeit und der mangelnden Curriculumsintegration auf eine studien- und prüfungsrelevante Stufe zu heben. Das sind Ausgangssituation und Hintergrund, vor denen wir dieses Programm ausgeschrieben haben.

Ziel war es, Best Practice-Modelle zu identifizieren, sie dann mit einem Preisgeld auszuzeichnen und zu fördern, um der Bildungsfragmentierung, der durch den Bologna-Prozess – entgegen seines ursprünglichen Anliegens – unserer Meinung nach noch Vorschub geleistet wurde, um dieser

2 Onlinedokument http://www.stiftung-mercator.de/cms/front_content.php [7. 07. 2009].

Fragmentierung entgegenzuwirken, um also wieder den ganzheitlichen Bildungsanspruch der Hochschulen in den Vordergrund zu rücken und auch um Qualitätsstandards für Schlüsselqualifikationen zu entwickeln. Insgesamt haben wir 93 Anträge bekommen, die sich folgendermaßen verteilen:

- Universitäten: 53 Anträge
- Fachhochschulen: 38 Anträge
- Private Hochschulen: 10 Anträge
- Technische Universitäten: 13 Anträge

Interessant ist für die Technischen Universitäten, dass sich mit Ausnahme der TU Hannover alle Universitäten des Verbunds TU 9 beteiligt haben. Die 93 Anträge wurden von den Jurymitgliedern nach folgenden Beurteilungskriterien begutachtet:

- Verständnis von Schlüsselqualifikationen
- Inhalte und Studienziele
- Verbindlichkeit, curriculare Verankerung
- Lehr- und Prüfungsformen
- Organisationsformen
- Ressourcen
- Qualitätssicherung
- Modellcharakter

Jedem Antrag sind zwei Jurymitglieder als Berichterstattende zugeordnet worden. Jedes einzelne Kriterium ist auf einer Vierer-Skala von sehr gut, eher gut, eher schlecht bis schlecht eingestuft worden. Wichtiger aber noch war das Gesamturteil, ob ein Antrag als sehr förderungswürdig, bedingt förderungswürdig oder nicht förderungswürdig eingeschätzt worden ist. Diese Beurteilung ist im Diskussionsprozess nochmals abgeglichen worden. Man sollte also nicht die Vorstellung haben, dass ein Antrag, der in der Begutachtung sehr gut abgeschlossen hat, dann auch notwendigerweise in die Finalrunde kam und sich als Preisträger durchsetzte. Im Folgenden gehe ich nun auf die ersten beiden Beurteilungskriterien näher ein:

1. Verständnis von Schlüsselqualifikationen, Inhalte und Studienziele

Unter Schlüsselqualifikationen verstehen wir alle Kompetenzen, die über die rein fachlichen Fähigkeiten hinaus Türen öffnen und Zugänge erschließen und gesellschaftliche Teilhabe in einem umfassenden Sinne ermöglichen. Hierunter fallen auch Orientierungswissen im Sinne eines Studium generale und die Fähigkeit zur Selbstreflexion. Dieser Begriff ist in der Konzeption des Aktionsprogrammes sehr wichtig; er impliziert, dass Fachkompetenz natürlich das Fundament ist. Wir haben also nicht die Vorstellung gehabt: Hauptsache man ist schlüsselkompetent. Wir wollen auch nicht die Botschaft vermitteln, wir bräuchten Spezialisten für das Generelle. Aber wir halten es für notwendig, dass zusätzlich zu diesem Fachfundament auch Orientierungswissen vorhanden ist.

Um nochmal auf das Positionspapier der Technischen Universitäten zurückzukommen: Unser Verständnis von Schlüsselqualifikationen umfasst diese Basiskompetenzen, das ist sicherlich wenig überraschend, denn dies ist das allgemeine Verständnis von Schlüsselqualifikationen, und das Orientierungswissen, tendenziell eher nicht die Praxisorientierung. Diese beiden Kriterien sind für die Mehrheit der Anträge, also etwas mehr als die Hälfte, übereinstimmend als sehr oder eher gut beurteilt worden, und – sehr erfreulich – hinsichtlich des Verständnisses von Schlüsselqualifikationen schneiden die Technischen Hochschulen signifikant besser ab als andere Gruppen. Viele haben das Orientierungswissen in ihren Ausführungen in den Vordergrund gestellt, was auch bei der Jury sehr gut angekommen ist. Aber: Die Umsetzung in entsprechende Inhalte und Studienziele wird durchweg mindestens eine Kategorie schlechter beurteilt. Hier ist ein großes Defizit gesehen worden. Salopp gesagt: Super Leitbild, aber die Umsetzung lässt zu wünschen übrig.

Als Fazit, das insgesamt auf die Technischen Hochschulen zutrifft, lässt sich zusammenfassen: Die Hochschulen beherrschen inzwischen die Semantik, können professionell Anträge schreiben. Aber wenn man dann genau hinschaut, wie die Curricula aufgebaut sind, dann stellt man fest: Es ist schon eine Menge passiert, Soft Skills kommen inzwischen in fast allen Curricula vor. Einem an sich ganzheitlichen Bildungsbegriff steht jedoch das Fehlen einer curricularen Umsetzung gegenüber, d. h. etliche Hochschulen haben sich den gesetzlichen Bildungsauftrag, neben einer exzellenten fachlichen Ausbildung auch zur Persönlichkeitsentwicklung beizutragen, in ihren Leitbildern zu eigen gemacht. Aber eine systematische Konkretisierung bei der Curriculumsentwicklung und eine entsprechende Abbildung in den Studieninhalten erfolgt nur selten. Insbesondere an der Auseinandersetzung mit komplementären Fachkulturen, also dem, bei dem wir der Meinung sind, dadurch bilde sich vor allem Orientierungswissen aus, fehlt es häufig.

2. Verbindlichkeit, curriculare Verankerung

Wie schon zu Anfang gesagt, hat unsere (nicht repräsentative) Bestandsaufnahme ergeben, dass die meisten Angebote fakultativ sind und die meisten Hochschulen überraschenderweise auf integrierte Ansätze setzen; integriert im Gegensatz zu additiv. Fast dreiviertel aller Hochschulen haben einen integrierten Vermittlungsansatz. An den Technischen Universitäten hingegen ist es nur etwas mehr als die Hälfte. Bei genauerer Betrachtung fällt auf, dass es sich bei den integrierten Angeboten oft lediglich um eine formal-strukturelle Integration handelt. Häufig findet sich in den Curricula nur ein ‚Platzhalter', der von den Studierenden beliebig gefüllt werden kann. Das bedeutet, es gibt eine Anzahl von Stunden, die für den Erwerb von Schlüsselqualifikationen vorgesehen ist, aber inhaltlich besteht kein Bezug zum fachlichen Curriculum; es ist letztlich beliebig, für welches Angebot sich die Studierenden entscheiden.

Der nächste Punkt, der auch zur Verbindlichkeit curricularer Angebote gehört, ist, ob die Angebote obligatorisch oder fakultativ sind. Auch hier setzt die Mehrheit der Hochschulen mit 57 % auf die obligatorische Vermittlung, aber an den Technischen Hochschulen nur 38 %. Insgesamt wurde die Verbindlichkeit weniger gut beurteilt wie die curriculare Verankerung, aber immer noch für ein Drittel aller Anträge mit ‚sehr gut' oder ‚eher gut'. Und das ist sicher der entscheidende Punkt, den man rückblickend festhalten muss: Die Technischen Hochschulen schneiden hinsichtlich dieses Punktes signifikant schlechter ab als alle anderen Hochschulen. Kein anderes Kriterium ist für die Anträge der Technischen Hochschulen so schlecht beurteilt worden und das ist völlig gegen den Trend. Denn bei allen anderen Hochschulen waren es ganz andere Kriterien. Kein einziges Vorhaben einer Technischen Hochschule hat bei diesem Kriterium ein ‚sehr gut' erzielt.

Zumindest in den neuen Bachelor- und Master-Studiengängen ist der Erwerb von Schlüsselqualifikationen in nahezu allen Fällen obligatorisch. Aber der Anteil der Schlüsselqualifikationen am Curriculum bleibt häufig deutlich hinter den entsprechenden Empfehlungen zurück. So hat der Verein Deutscher Ingenieure (VDI) schon vor über 20 Jahren empfohlen 20 % des Curriculums für überfachliche Qualifikationen zu reservieren.

Mitunter sind nur 6 ECTS Punkte vorgesehen, wobei dann fachbezogene Lehrveranstaltungen und gängige Studienelemente als überfachlich ausgewiesen werden, denn solche Angebote werden häufig als nicht problematisch (im Gegensatz zu fachfremden) wahrgenommen. Studienarbeiten gehören traditionell zum ingenieurwissenschaftlichen Curriculum und natürlich kann man anhand der Studienarbeit auch methodische Kompetenzen erwerben, aber es ist im Sinne der Ausschreibung problematisch, dies als überfachliche Qualifikation zu rechnen.

3. Lehr- und Prüfungsformen

Hinsichtlich der Lehrformate konnte festgestellt werden, dass die Formate zur Vermittlung von Schlüsselqualifikationen deutlich vielfältiger sowie handlungsorientierter und studierendenzentrierter sind als im Fachstudium. Kritisiert werden muss aber, dass noch viel Potenzial ungenutzt bleibt. Die privaten Hochschulen sind hier weiter: Dort gibt es soziale Aktivitäten, wie den ‚Social Day' an der Bucerius Law School in Hamburg oder die Einbeziehung studentischer Projekte an der IUB. Dies fehlt häufig an staatlichen Hochschulen, hier könnte mehr gemacht werden.

Das Fazit zum Thema Prüfungen: Es bleibt eine Entwicklungsaufgabe, denn hinsichtlich geeigneter Prüfungsformate herrscht verbreitet Rat- und Ideenlosigkeit. Wenn Schlüsselqualifikationen überhaupt expliziter Gegenstand einer Prüfung sind – und hier geht es mehr um das Know-how statt um dass Know-what –, wird zumeist auf gängige Formate wie Klausuren oder mündliche Prüfungen zurückgegriffen. Diese sind geeignet, um kognitive Fähigkeiten zu attestieren, und weniger, um richtiges Know-how festzustellen. Auch hinsichtlich angemessener Beurteilungs- und Feedbackverfahren (z. B. Portfolio) gibt es noch großen Entwicklungsbedarf.

4. Organisationsformen

In diesem Punkt haben die Technischen Hochschulen besser abgeschnitten als die anderen. Egal ob hochschulweit oder fachbereichsübergreifend – der Wettbewerb hat auf hochschulweite Angebote abgezielt. Dies ist an Technischen Hochschulen auch überwiegend der Fall und in weit größerem Maß als an anderen Hochschulen. Es gibt verschiedene Möglichkeiten, wie man den Erwerb von Schlüsselqualifikationen organisieren kann, damit das Angebot hochschulweit erfolgt. Besonders populär ist die Einrichtung von Zentren für Schlüsselqualifikationen oder vergleichbaren zentralen Einrichtungen, also hochschuldidaktische Arbeitsstellen oder Career Services. An manchen Hochschulen gibt es eigene Fachbereiche oder fachbereichsähnliche Strukturen. Nur an sehr wenigen Universitäten gibt es spezielle Professuren; lediglich in Hamburg-Harburg und Witten/Herdecke.

Es gab innerhalb der Jury eine große Skepsis gegenüber diesen Zentrenlösungen. Denn die Zentren ziehen in Verteilungskämpfen oder Entscheidungsprozessen gegenüber den Fächern immer den Kürzeren. Andererseits muss man sich überlegen, wie man ein hochschulweites Angebot organisiert. Das Fazit wäre, dass der Spagat zwischen zentraler Organisation und fachlicher Verankerung geschafft werden muss. Die Qualität der Organisationsform ist daran zu messen, inwieweit gewährleistet ist, dass die Fächer nicht aus ihrer Verantwortung für die Vermittlung von Schlüsselqualifikationen und deren curricularer Berücksichtigung entlassen werden. Hinsichtlich der Gründung oder der Beauftragung bestehender zentraler Einrichtungen dürfen diese nicht innerhalb der Hochschule auf Dauer isoliert werden und Auseinandersetzungen mit den Fächern unterliegen.

5. Ressourcen

Über alle Anträge hinweg sind die Ressourcen und der Modellcharakter am schlechtesten beurteilt worden, bei den Technischen Hochschulen jedoch viel besser als insgesamt. Dies ist ein Signal dafür, dass hier die Hochschulleitungen die Relevanz erkannt haben und Gelder investieren. Aber die Ressourcenlage ist in vielen Fällen vergleichsweise desolat. Im Wettbewerb um knappe Ressourcen setzen sich die Fächer in der Regel durch.

6. Fazit

Feststellen lässt sich ein wachsendes Problembewusstsein über die Notwendigkeit von Schlüsselqualifikationen. Was nun folgen muss, ist ein Perspektivenwechsel. Die Bereitschaft, ergänzende Lehrangebote zum Fachstudium zu entwickeln bzw. zu nutzen und Schlüsselqualifikationen zu vermitteln bzw. zu erwerben, hat in den letzten Jahren deutlich zugenommen. Aber ein wirklicher Perspektivenwechsel ist überwiegend noch nicht gelungen. Zu oft beschränken sich Angebote der Hochschulen und auch Nachfragen der Studierenden auf ein eklektisches ‚Fitnesstraining' für den Arbeitsmarkt.

7. Zusammenfassung: Was wäre Best Practice?

Welche Empfehlung kann den Technischen Hochschulen gegeben werden? Der ganzheitliche Bildungsbegriff, für den sie gegenüber den anderen Hochschulen so gelobt worden sind, muss in konkrete Studienziele und -inhalte übersetzt werden. Hier möchte ich aus dem Positionspapier zitieren: „Auf allen Stufen der akademischen Ausbildung ist daher neben der Fachexpertise der Erwerb von Schlüsselqualifikationen zu berücksichtigen."

Die curriculare Verbindlichkeit muss deutlich erhöht werden. Nach dem Wettbewerb kann aus Sicht des Stifterverbandes dies als die Gretchenfrage formuliert werden: „Wie halte ich es mit der Verbindlichkeit?" Wie ernst eine Hochschule ihren ganzheitlichen Bildungsauftrag nimmt und wie glaubwürdig sie ist, erweist sich maßgeblich in der Verbindlichkeit der Angebote zur Vermittlung von Schlüsselqualifikationen.

Eine weitere Empfehlung ist, Soft Skills domänenspezifisch zu schulen, also angebunden an das eigene Fach statt eigener Lehrveranstaltungen, die keinerlei Fachbezug haben. Im Fachstudium können Freiräume für die Vermittlung von Schlüsselqualifikationen geschaffen werden, indem ich meine Lehrformate entsprechend umstelle und die Studierenden beispielsweise Teamarbeit machen lasse. Es kommt natürlich vor, dass Studierende entsprechende Schlüsselqualifikationen im Fachstudium bereits trainieren, aber dies muss explizit gemacht werden, damit den Studierenden auch bewusst ist, was konkret sie hier als Schlüsselkompetenz erworben haben. So zum Beispiel beim Thema Studienarbeit, bei der die Studierenden auch Projektmanagement lernen können. Hier kann im Kurs zusätzlich Input geliefert werden, es muss jedoch kein extra Kurs angeboten werden, da Projektmanagement eben im Rahmen der Projektarbeit erlernt und eingeübt werden kann. Für das Orientierungswissen ist jedoch ein strukturiertes Curriculum gerade in technischen Disziplinen nötig. Also nicht ein breites Angebot, aus dem die Studierenden wählen können, was ihnen gefällt oder was aktuell ist, sondern eine gezielte Beratung und Strukturierung.

Und schlussendlich muss das Commitment der Fachbereiche sichergestellt werden. Die Vermittlung von Schlüsselqualifikationen und prinzipiell die Lehre ist letztendlich in der Verantwortung und die Aufgabe der Fächer. Und das fachliche Fundament kann auch nur als Fundament wirken, wenn es eine enge Verbindung gibt und wenn die Vermittlung von Schlüsselqualifikationen nicht völlig abgekoppelt wird.

Anhang

Ausschreibung: Aktionsprogramm ‚Schlüsselqualifikationen^plus‘

Wettbewerb der Stiftung Mercator und des Stifterverbandes zur Auszeichnung von Best Practice-Modellen für die Vermittlung fundamentaler überfachlicher Kompetenzen an Hochschulen.

Hintergrund

Zur Vorbereitung der Studierenden auf verantwortliche Tätigkeiten in Wirtschaft, Wissenschaft und Gesellschaft gehört nicht nur eine fachliche und berufsfeldorientierte akademische Ausbildung an den Hochschulen. Ein Hochschulstudium erfüllt auch sozialisierende und persönlichkeitsbildende Funktionen, die sich im Leitbild der Hochschule, ihren Bildungszielen und Studienprogrammen widerspiegeln sollten. Auch der im Bologna-Prozess zentrale Begriff der ‚employability‘ erfordert die Vermittlung überfachlicher Schlüsselqualifikationen.

Was aber ist mit dem Begriff ‚Schlüsselqualifikationen‘ eigentlich gemeint? Ungeachtet zahlloser Definitionen und Klassifizierungsversuche ist gerade im Kontext des Bologna-Prozesses eine begriffliche Einengung auf sogenannte Soft Skills (z. B. Präsentations- und Moderationstechniken), Sekundärtugenden (z. B. Pünktlichkeit, Belastbarkeit) sowie Fremdsprachen- und Computerkenntnisse festzustellen, die vor allem den ökonomischen Erfordernissen des Arbeitsmarktes Rechnung tragen. Eine solche Einengung wird jedoch den umfassenden Anforderungen einer Bildungsgesellschaft nicht gerecht.

Unter ‚Schlüsselqualifikationen‘ verstehen wir alle Kompetenzen, die über die rein fachlichen Kenntnisse und Fähigkeiten hinaus Türen aufschließen, Zugänge eröffnen und gesellschaftliche Teilhabe in einem umfassenden Sinne ermöglichen. Hierunter fallen auch die Fähigkeit zur (Selbst-)Reflexion und Orientierungswissen im Sinne eines Studium generale. Es gilt, Fachübergreifendes und Interdisziplinäres in das Curriculum einzubauen und mit den fachlichen Inhalten zu verzahnen, damit kein oberflächliches und mechanisches Ausbildungskonzept entsteht.

In den letzten Jahren haben zahlreiche Hochschulen mit vielfältigen Angeboten zur Vermittlung von Schlüsselqualifikationen reagiert. Dazu gehören unter anderem:

- Orientierungsangebote vor dem Studium und während des Studiums
- wissenschaftspropädeutische Veranstaltungen
- inter- und transdisziplinäre Lehrangebote
- Studium generale-Curricula
- Kollegstufen-Modelle
- Angebote zum Erwerb von Soft Skills

Die Organisations- und Integrationsformen für solche Angebote sind sehr unterschiedlich und noch wenig bekannt. So gibt es zur Vermittlung überfachlicher Qualifikationen sowohl additive als auch kooperative und integrative Ansätze zwischen Fachbereichen und zentralen Einheiten an den Hochschulen mit jeweils unterschiedlicher Einbettung in das fachliche Curriculum und der zu erbringenden Leistungen in die Bewertung des Gesamtstudiums.

Den Angeboten ist jedoch gemeinsam, dass sie in der Regel nur fakultativ, unverbindlich, oft unkoordiniert und wenig transparent sind. Zudem sind sie meist zu wenig in die Curricula eingebunden und nur selten Gegenstand von Prüfungen. So werden die Angebote von Studierenden und Lehrenden gleichermaßen als nachrangig betrachtet. Es ist daher notwendig, sie aus dem Bereich der Freiwilligkeit, Beliebigkeit und mangelnden Curriculumsintegration auf eine studien- und prüfungsrelevante Ebene zu heben. Dazu müssen die zu erlangenden Kompetenzen definiert und in verbindliche, ergebnisorientierte sowie fachlich verzahnte Lehrmodule und -programme umgesetzt werden.

Hinweise zur Antragstellung

Der Antrag ist an keine besondere Form gebunden. In jedem Fall sollten aber die folgenden Fragen beantwortet werden:

Leitidee/Inhalte/Studienziele

- Was verstehen Sie unter Schlüsselqualifikationen?
- Welche Inhalte werden vermittelt?
- Mit welchem Bildungsbegriff wird die Vermittlung von Schlüsselqualifikationen verknüpft?

- Wie gestaltet sich das Verhältnis von Interdisziplinarität und disziplinären Studieninhalten?
- Wann und warum haben Sie mit der Vermittlung von Schlüsselqualifikationen begonnen?

Curriculare Verankerung

- Wie erfolgt die Abstimmung der überfachlichen Lehrinhalte mit den Fachbereichen?
- Welche Lehr- und Vermittlungsformen werden gewählt?
- Wie werden die Schlüsselqualifikationen in den Fachdisziplinen reflektiert?
- Wie werden die Lernleistungen geprüft, bewertet und kreditiert? (Verbindlichkeit)
- Welchen Anteil haben Schlüsselqualifikationen am Erwerb des Studienabschlusses?
- Wie ist die Vermittlung von Schlüsselqualifikationen in lebenslange Lernbiografien eingebettet? (Schnittstellen Schule – Hochschule bzw. Hochschule – Beruf)

Organisationsform und Ausstattung

- Welche Organisationsform ist für die Vermittlung der überfachlichen Lehrinhalte vorgesehen?
- Wer trägt die inhaltliche und organisatorische Verantwortung?
- Welche Ressourcen stehen dafür zur Verfügung? (Personal, Infrastruktur, Sachausstattung)

Qualitätssicherung

- Wie erfolgt die Qualitätssicherung im Bereich Schlüsselqualifikationen?
- Welche Qualitätsstandards haben Sie für die Vermittlung von Schlüsselqualifikationen?
- Wer ist bei der Entwicklung der Lehr- und Lerninhalte beteiligt?

- Welche Maßnahmen werden ergriffen, um die Lehrenden für die Vermittlung von Schlüsselqualifikationen zu qualifizieren?
- Wie werden eventuell auftretende Probleme identifiziert und gelöst?

Bitte legen Sie darüber hinaus dar, worin Sie die Modellhaftigkeit Ihres Konzeptes sehen und wie Sie die Preisgelder im Bewilligungsfall einsetzen würden.

Die ausgezeichneten Best Practice-Modelle sollen grundsätzlich auf andere Hochschulen übertragbar sein. Einzelvorhaben wie beispielsweise ein Kursprogramm zur Vermittlung von Kommunikationstechniken oder eine Ringvorlesung zur Wissenschaftsgeschichte, die nicht in ein Gesamtkonzept zur Vermittlung von Schlüsselqualifikationen eingebettet sind, erfüllen nicht die Ausschreibungskriterien.

Jeder Antragsteller muss mit der Veröffentlichung seiner Konzeption einverstanden sein. Es ist geplant, die verschiedenen Modelle in ihrer Entstehungsgeschichte, ihrem inhaltlichen und organisatorischen Aufbau sowie ihrer Funktionsweise zu publizieren.

Anträge müssen über die Hochschulleitungen eingereicht werden (Antragsfrist: 15. August 2005).

Ein Beirat mit Experten aus Wissenschaft und Wirtschaft wird die Stiftung Mercator und den Stifterverband bei der Durchführung des Programms unterstützen. Das Auswahlverfahren erfolgt in zwei Stufen:

1. Nach einer Begutachtung der Anträge wird der Beirat zunächst die Modelle auswählen, die zu einer mündlichen Präsentation eingeladen werden.
2. Auf der Grundlage des schriftlichen Antrags und der mündlichen Präsentation wird dann die endgültige Auswahlentscheidung getroffen.

Begründungsschreiben der Preisvergabe:

Hochschulen werden schlüsselkompetent

Stiftung Mercator und Stifterverband zeichnen vier Hochschulen für ihre vorbildlichen Modelle zur Vermittlung überfachlicher Kompetenzen mit insgesamt 450.000 Euro aus. In ihrem gemeinsamen Wettbewerb ‚Schlüsselqualifikationen^{plus}' haben der Stifterverband für die Deutsche Wissenschaft und die Stiftung Mercator aus insgesamt 93 teilnehmenden Hochschulen vier Preisträger ausgewählt. Je 100.000 Euro erhalten die Ruhr-Universität Bochum, die International University Bremen, die Universität der Bundeswehr München und die Universität Witten/Herdecke. Einen Sonderpreis der Jury in Höhe von 50.000 Euro erhielt die Initiative ‚femtec – Hochschulkarrierezentrum für Frauen Berlin'.

Die vom Stifterverband und der Stiftung Mercator eingesetzte Jury lobte die in der Endrunde des Wettbewerbs vorgestellten Konzepte. Im Sinne eines breiten Bildungsbegriffs ging es der Jury dabei um die Entwicklung derjenigen Kompetenzen von Studierenden, die über die fachliche Ausbildung hinaus neue Zugänge eröffnen und gesellschaftliche Teilhabe in einem umfassenden Sinne ermöglichen. „Hierunter fallen Orientierungswissen im Sinne eines Studium generale und auch die Fähigkeit zur Selbstreflexion", erläutert Dr. Volker Meyer-Guckel, stellvertretender Generalsekretär des Stifterverbandes. „Es gilt deshalb", betont Robert Faulstich, Geschäftsführer der Stiftung Mercator, „Fachübergreifendes in das Curriculum einzubauen und mit den fachlichen Inhalten so zu verzahnen, dass an Hochschulen innovative Bildungs- und Ausbildungsmöglichkeiten entstehen." Zwar seien auch die honorierten Modelle in Teilen noch entwicklungsfähig, so die Jury. Es sei aber deutlich geworden, dass die Notwendigkeit, Studierende umfassend zu bilden, von den Hochschulen, die es bis in die Endrunde des Wettbewerbs geschafft hatten, besonders ernst genommen werde.

Insgesamt hatten sich an dem Wettbewerb 93 Hochschulen mit ihren Konzepten beworben. 53 davon wurden von Universitäten eingereicht; das entspricht in Bezug auf die Gesamtzahl der Universitäten einer Beteiligungsquote von 45 %. Darüber hinaus beteiligte sich fast jede vierte Fachhochschule an dem Programm. Zehn der 93 Bewerber hatten Stifterverband und Stiftung Mercator zur ausführlichen Präsentation ihrer Konzepte vor der neunköpfigen Jury nach Bonn eingeladen.

Die Preisträger im Einzelnen

Ruhr-Universität Bochum (RUB)

Am Konzept der RUB imponierte der Jury insbesondere, dass es gelungen ist, die Vermittlung von Schlüsselkompetenzen an einer staatlichen Massenuniversität (32.000 Studierende, 20 Fakultäten) durch eine funktionierende Organisationsform zu verankern. Die RUB sei – auch durch das gelungene Anreizsystem für die Fakultäten – auf einem guten Weg zu einer breiten und fundierten Ausbildung. Die Auszeichnung sei damit auch eine Ermunterung durch die Jury, diesen Weg konsequent weiter zu gehen.

International University Bremen (IUB)

An dem Modell der IUB lobte die Jury vor allem die intensive Einbeziehung der Studierenden in die Fragen zur Gestaltung der Hochschule. Einrichtungen wie beispielsweise der ‚Student Court', in dem die Studierenden über inneruniversitäre Konflikte debattieren und eigenständig über Konfliktlösungen entscheiden können, machen die Hochschule zu einem wirklichen Lern- und Erfahrungsraum. Das Konzept der IUB sei ein Beispiel für gelebte Interkulturalität, weil es in vorzüglicher Weise gelinge, das Campusleben mit Kommilitonen aus 85 Ländern in das Gesamtausbildungskonzept zu integrieren.

Universität der Bundeswehr München (UniBWM)

Das Konzept der UniBWM lobte die Jury als guten Ansatz für eine technisch orientierte Universität. Beeindruckend sei vor allem die lange Erfahrung der Universität: Schon seit 1973 verfügt die UniBWM über ein integrales Begleitstudium, in dem Studierende überfachliche Qualifikationen erlernen können. Hieraus resultierten aus Sicht der Jury insbesondere das professionelle Methodentraining für die Lehrenden und die Tatsache, dass Verbesserungsvorschläge von Studierenden in eine kontinuierliche inhaltliche und konzeptionelle Weiterentwicklung des Begleitstudiums einbezogen werden.

Universität Witten/Herdecke (UWH)

Das Wittener Modell des ‚Studium fundamentale' überzeugte die Jury vor allem durch seine hohe Ausdifferenziertheit. Mit einer eigens dafür eingerichteten Fakultät und eigenen Dozenten zeige die Universität, welch hohen Stellenwert sie den Schlüsselqualifikationen im Rahmen ihres Gesamtkonzepts einräumt. Die Tatsache, dass an einem Tag in der Woche kein Fachunterricht stattfindet, sondern dieser ausschließlich dem Studium fundamentale gewidmet ist, befand die Jury als wegweisend.

Femtec – Hochschulkarrierezentrum für Frauen Berlin GmbH

Der Wettbewerbsbeitrag der Femtec erhielt von der Jury einen Sonderpreis. Das von der Technischen Universität Berlin (TU Berlin) und der Europäischen Akademie für Frauen in Politik und Wirtschaft e.V. (EAF) initiierte Femtec-Network ist eine in Deutschland bisher einzigartige Public-Private-Partnership Technischer Universitäten und führender Technologieunternehmen zur Förderung von Frauen in den Natur- und Ingenieurwissenschaften. Das Konzept der Femtec überzeugte die Jury, weil es mit einem hervorragenden beruflichen Qualifizierungsprogramm Frauen neue Wege in die Technikwissenschaften erschließt.

Mitglieder der Jury

- Christian Brei, Mitglied des Tönissteiner Studentenforums, Witten
- Norbert Hofstetter, Geschäftsführer, NewMark Human Resources GmbH & Co. KG, Frankfurt am Main
- Professor Elmar Lampson, Präsident, Hochschule für Musik und Theater Hamburg
- Professor Dr. Jörn Rüsen, Präsident, Kulturwissenschaftliches Institut, Essen
- Monika Scheddin, Geschäftsführerin, WOMAN's Business Akademie GmbH, München
- Dr. Ulrich Schreiterer, Senior Research Scholar, Yale Center for International and Area Studies und am Department of Sociology, New Haven, Connecticut, USA
- Professor Dr. Elsbeth Stern, Forschungsgruppenleiterin, Max Planck Institute for Human Development, Berlin

Drei Gedanken zur Frage: ‚Welche Schlüsselkompetenzen[1] brauchen Hochschulabsolventen?'

Wim Görts

Erster Gedanke

Auch nach Abschluss des Wettbewerbs ‚Schlüsselqualifikationen^plus', den die Stiftung Mercator und der Stifterverband für die Deutsche Wissenschaft 2005/06 ausriefen, ist nicht deutlich, wie gute Hochschulprogramme für die Ausbildung in ‚Schlüsselqualifikationen' aussehen. Zwar wissen wir jetzt, wie wichtig zentral gesteuerte und breit verankerte Programme sind, aber weder wissen wir dadurch mehr darüber, was wir unter Schlüsselqualifikationen verstehen sollen, noch aus welchem Kontext heraus man sie begründen sollte.

Spätestens mit der Einführung von Bachelor-Studiengängen an deutschen Hochschulen und des damit verbundenen Begriffs ‚Employability' werden die Entscheider an Fachbereichen und Fakultäten mit der Forderung konfrontiert, dass die Studierenden in ‚Schlüsselqualifikationen' ausgebildet werden sollen – was auch immer das ist. Akkreditierungskommissionen machen es sich seitdem zur Aufgabe, Studienordnungen danach zu durchforsten, in welchen Curricularanteilen sich diese Ausbildung aufspüren lässt. Mit der Preisausschreibung ‚Schlüsselqualifikationen^plus' 2005 und der Auswahl der Sieger 2006 haben die Stiftung Mercator und der Stifterverband für die Deutsche Wissenschaft versucht, der wild wuchernden Schlüsselqualifikations-Programmatik Richtung und Tiefe zu verleihen und der Ausbildungspraxis einen Schub zu geben. In der Ausschreibung vom Mai 2005 heißt es dazu:

---

1 Anmerkung zum Sprachgebrauch: Der Autor bevorzugt, vor allem im Zusammenhang mit der Outcome-Orientierung für die Bachelor- und Master-Studiengänge, den Begriff ‚Schlüsselkompetenzen' anstelle von ‚Schlüsselqualifikationen'. Der Begriff Schlüsselqualifikationen ist allerdings älter und verwurzelter, wurde noch vor einem Jahr sogar im Titel eines Hochschulwettbewerbs benutzt. Beide Begriffe werden faktisch meist synonym verwendet. Die Verwendung beider Begriffe in diesem Artikel ist in diesem Sinne zu verstehen.

> Ungeachtet zahlloser Definitionen und Klassifizierungsversuche ist gerade im Kontext des Bologna-Prozesses eine begriffliche Einengung auf sogenannte Soft Skills (z. B. Präsentations- und Moderationstechniken), Sekundärtugenden (z. B. Pünktlichkeit, Belastbarkeit) sowie Fremdsprachen- und Computerkenntnisse festzustellen, die vor allem den ökonomischen Erfordernissen des Arbeitsmarktes Rechnung tragen. Eine solche Einengung wird jedoch den umfassenden Anforderungen einer Bildungsgesellschaft nicht gerecht.[2]

Was die umfassenden Anforderungen einer Bildungsgesellschaft sind und auf welche davon die Hochschulen nun reagieren sollen und welchen davon mit einer Ausbildung in Schlüsselqualifikationen Genüge getan werden kann, darüber lässt sich die Ausschreibung nun wiederum gar nicht oder nur recht beliebig und allgemein aus:

> Unter ‚Schlüsselqualifikationen' verstehen wir alle Kompetenzen, die über die rein fachlichen Kenntnisse und Fähigkeiten hinaus Türen aufschließen, Zugänge eröffnen und gesellschaftliche Teilhabe in einem umfassenden Sinne ermöglichen. Hierunter fallen auch Orientierungswissen i. S. eines Studium generale und die Fähigkeit zur (Selbst-) Reflexion. Es gilt, Fachübergreifendes und Interdisziplinäres in das Curriculum einzubauen und mit den fachlichen Inhalten zu verzahnen, damit kein oberflächliches und mechanisches Ausbildungskonzept entsteht.[3]

Haben sich an dieser Stelle die Preisausschreiber gescheut, selbst einen Definitionsbeitrag zu liefern, oder wollten sie es bewusst über diese sehr vagen und unsystematischen Andeutungen hinaus den Hochschulen überlassen, ihr Verständnis von Schlüsselqualifikationen selbst zu formulieren? Aus welchen Gründen dies immer geschah, die Vernachlässigung einer Antwort auf die in der Ausschreibung vorgegebene Aufgabenstellung hinterlässt tiefe Spuren im gesamten Verfahren, insofern aus den siegenden Programmen keine eindeutigen Schlüsse zu ziehen sind. Die Antwort steht damit auch nach dem Abschluss des Wettbewerbs aus, obwohl mehr als 90 Hochschulen eine Beschreibung ihrer Programme eingereicht haben.

Welche Hinweise auf ein gutes Programm Schlüsselqualifikationsausbildung kann man den preisgekrönten Programmen des Wettbewerbes entnehmen? Keine eindeutigen. Beim Haupt-Preisträger war nicht das

2 Stifterverband für die Deutsche Wissenschaft: Aktionsprogramm Schlüsselqualifikationen^{plus}, Mai 2005, S. 1.
3 Ebd., S. 1.

Programm an sich ausschlaggebend, sondern seine institutionelle Verankerung. Die anderen Preisträger repräsentieren in ihrer Struktur und Entstehungsgeschichte nicht die typische Hochschule.

Einzelne Fachbereichsprogramme, Programme von Zentraleinrichtungen oder besondere Lehrveranstaltungen hatten keine Chance beim Wettbewerb. Leitkriterium für die Jury war offensichtlich die Frage, ob ein eingereichtes Programm „in ein Gesamtkonzept zur Vermittlung von Schlüsselqualifikationen eingebettet"[4] war. Dadurch entstand die Situation, dass Gutes und Richtungweisendes gekoppelt sein musste an eine Umsetzung auf der gesamten Hochschulebene. Letztere Situation jedoch ist gegenwärtig in den meisten Hochschulen immer noch nicht gegeben. Vielmehr ist sie dadurch gekennzeichnet, dass es Fragmentarisierung und exemplarische Insellösungen in den Fachbereichen gibt oder Spezialeinrichtungen für Schlüsselqualifikctionsprogramme, deren Angebote nur lose mit den Curricula verbunden sind. Nicht selten trifft man eine Kombination von beiden an. Am Ende wählte die Jury die Ruhr Universität Bochum zum ersten Preisträger, weil sie es

> als Massenuniversität mit 32.000 Studierenden und 20 Fakultäten geschafft [habe], die Vermittlung von Schlüsselkompetenzen [...] durch eine funktionierende Organisationsform zu verankern.[5]

Dass gerade beim ersten Preisträger eher organisatorische statt inhaltliche Gründe ausschlaggebend waren, ist insbesondere deswegen schade, weil es bei der Ausbildung in Schlüsselqualifikationen an Hochschulen ja tatsächlich darum geht, Antworten ‚auf die Anforderungen einer Bildungsgesellschaft' zu geben, wie es die Wettbewerbsveranstaltenden fordern. Womöglich hat die Ausrichtung der Wahl am Maß der Verankerung und Institutionalisierung ihre Gründe darin, dass sie damit ein Signal an die Hochschulen senden wollten, die Ausbildung in Schlüsselqualifikationen ernster zu nehmen. Damit war es ein Signal an die Leitungsebenen, bewusster in die Verantwortung zu gehen. Und in dieser Hinsicht kann die Universität Bochum dann tatsächlich als Vorbild dienen. Das hatte aber die negative Konsequenz, dass die entscheidende inhaltliche Frage gar nicht berücksichtigt wurde.

---

4 Ebd., S. 4.

5 Aus der Begründung für die Preisvergabe; Onlinedokument http://www.stifterverband.de [07. 07. 2009].

Die weiteren drei Preisträger (International University Bremen, Universität der Bundeswehr München, Universität Witten/Herdecke) und der Sonderpreisträger Femtec mit seinem zusätzlichen Qualifizierungsangebot für weibliche Studierende haben in der Tat sehr interessante Programme oder Programmteile in der Ausbildung für Schlüsselqualifikationen vorzuweisen. Aber können historisch gewachsene große und mittelgroße staatliche Hochschulen – die das Gros der Hochschulen ausmachen – von ihnen wirklich viel lernen? Programminhalte an Hochschulen, ob nun im Bereich Schlüsselqualifikationen oder in anderen Bereichen, sind immer eng gekoppelt an die Frage, unter welchen Bedingungen sie durchsetzbar sind. Die genannten drei Universitäten sind zweifellos keine Durchschnittseinrichtungen, sondern Sonderanstalten, sowohl von ihrer Größe, ihrer Gründungsgeschichte, ihrem Lehrpersonal als auch von ihrer studentischen Klientel her. Für die Normal-Hochschule von ihnen zu lernen, fällt schon deswegen schwer, weil man angesichts ihrer vergleichsweise luxuriösen Ausgangsbedingungen geneigt ist, sich ihre Programme gar nicht erst anzuschauen. Es drängt sich bei ihnen unmittelbar der Eindruck auf, dass alles, was sie tun und tun können, nur jenen besonderen Umständen zu verdanken ist, die man an den anderen Hochschulen niemals wird erreichen können. Schaut man sich die öffentlichen Begründungen an, die die Jury dazu bewegte, sie mit einem Preis zu ehren, dann verstärkt sich noch dieser Eindruck. Folgende Argumente waren für die Ehrung der einzelnen Hochschulen bzw. Programme im Rahmen der Preisverleihung ausschlaggebend:[6]

- Zentrale Organisationsform und ausgewiesenes Programm (Bochum)
- Hochschule als Lebens- und Erfahrungsraum und gelebte Interkulturalität (Bremen)
- Integrales Begleitstudium unter Einbeziehung der Studierenden (München)
- Hoher Stellenwert durch eine eigene Fakultät und Dozenten für Schlüsselqualifikationen und ein ganzer Tag ausschließlich für deren Ausbildung (Witten/Herdecke)

6 Vgl. Onlinedokument http://www.stifterverband.de [07. 07. 2009]. Zur Begründung für die Preisvergabe siehe auch den Anhang zum Beitrag von Bettina Jorzik in diesem Band.

Das Resultat der Vorgehensweise der Wettbewerbsveranstaltenden ist von daher unter anderem, dass man mit dem Wettbewerb beim Ziel, benchmarking in Sachen Schlüsselqualifikationsprogramme an Hochschulen zu betreiben, auf halber Strecke stecken geblieben ist. Nach wie vor stehen diejenigen, die sich mit solchen Programmen auseinandersetzen, mit ein paar Fragen allein. Erstens stehen sie vor der Aufgabe, eine Antwort auf die Frage zu finden, welche die Anforderungen der Bildungsgesellschaft sind und auf welche davon die Masse der Hochschulen mit einem Programm der Schlüsselqualifikationsausbildung antworten sollte. Zweitens ist die Frage der Inhalte nicht von ihrer strukturellen Realisierung zu trennen. Eine angemessene Ausbildung in Schlüsselqualifikationen erfordert große Veränderungen, für die die Hochschulen aber gewonnen werden müssen. Dieses Problem wird nicht lösbar sein, wenn die Ausbildung nicht in Einklang gebracht wird mit dem Selbstverständnis der jeweiligen Hochschule.

Im nächsten Abschnitt wird der Versuch unternommen, eine Herangehensweise zur Lösung beider Fragen aufzuzeigen.

Zweiter Gedanke

In einem gemeinsamen Verbundprojekt ‚Schlüsselqualifikationen an Technischen Universitäten' hat der Autor erlebt, wie durch eine sorgfältige Prüfung der Gemeinsamkeiten und Unterschiede der Ausbildungspraxis an den drei beteiligten Technischen Universitäten eine strukurelle Einteilung verschiedener Arten von Schlüsselqualifikationen sichtbar gemacht werden konnte, die in eine direkte Beziehung zum mitgedachten Berufsprofil und einem spezifischen Gesellschaftsmodell gebracht werden konnten. Beim Versuch, schlüssige Programme für die Schlüsselqualifikationen zu entwickeln, ist es also vielleicht doch nicht so schlecht, zunächst einmal von den historisch gewachsenen Gegebenheiten an den unterschiedlichen Hochschularten auszugehen. Die dahinter liegende Annahme ist, dass die Unterschiede zwischen diesen Hochschularten durchaus Sinn machen und von daher die Entwicklung zu einem vertretbaren Programm für Schlüsselqualifikationen auch auf unterschiedlichen Wegen erfolgen muss.

Was man zweifellos aus dem Wettbewerb lernen kann, ist, dass Best Practice-Programme sich u. a. dadurch auszeichnen, dass

- sie für die gesamte Hochschule gelten;

- eine diesbezügliche Kooperation aller hochschulintern relevanten Ressourcen gegeben ist und
- die Verantwortung für diese Ausbildung und ihre Qualität auf zentraler Ebene angesiedelt ist.

Tun die Hochschulen das? Die wenigstens tun dies gegenwärtig. Der ausgelöste Wettbewerb zeigte, dass es neben den privaten Universitäten eine Vielzahl staatlicher Universitäten und Fachhochschulen gibt, an denen es Personen gibt, die sich mit diesen Fragen ernsthaft beschäftigen. Sie entwerfen und betreiben Programme für Schlüsselqualifikationen und machen sich Gedanken darüber, wie diese zu optimieren sind und welche in welcher Weise Eingang in die Curricula finden sollten und können. Es gibt eine reichhaltige Praxis auf diesem Gebiet, die allerdings wenig kritisch-selektiv ist und schon gar nicht nach erkennbaren Kriterien vorgeht. Die Praxis ist schlicht da, meist über längere Zeit historisch gewachsen und in ihrer Existenz auf das Vorgehen einzelner Personen zurückzuführen. Es gibt ein buntes Nebeneinander sowohl vom Verständnis von Schlüsselqualifikationen als auch vom Qualitätsanspruch und Qualitätsniveau. Hervorragende einzelne Programmangebote, die sich durch eine langjährige Bewährung und große Tiefe auszeichnen, befinden sich an derselben Hochschule oft in Koexistenz mit einer radikalen Leugnung der Relevanz einer Ausbildung in Schlüsselqualifikationen. Wer kennt nicht in diesem Zusammenhang jene Spezies Hochschullehrerin und Hochschullehrer, die im Rahmen eines Gespräches über Schlüsselqualifikationen im Brustton der Überzeugung stolz verkündet, dass das bei ihnen ein alter Hut sei: „Schlüsselqualifikationen? Ach, Soft Skills meinen Sie! Na klar, meine Studenten müssen schön immer alle ran mit einem Vortrag!" Neben der inhaltlich-qualitativen Unterschiedlichkeit gibt es eine Diversifikation, was die Verankerung, die Anbindung an das Studium und die Verbreitung betrifft. Auch an Hochschulen, in denen die Leitung Schlüsselqualifikationen einen wichtigen Bestandteil des Studiums nennt, hat die Ausbildung darin – im Gegensatz zum Fach-Angebot – nicht den Stellenwert eines Aushängeschildes, mit dem man Studierende anwerben will.

Im Gegensatz zu dieser bunten Praxis, die von vielen getragen wird, ist die Reflexion über die Praxis dürftig. Die theoretische Auseinandersetzung über die mögliche Bedeutung von Schlüsselqualifikationen in der Hochschulausbildung und wie sie tatsächlich zum Erwerb bedeutsamer Kompetenzen führen kann, wird in kleinen Zirkeln geführt und an den Hochschulen nur von wenigen Interessierten zur Kenntnis genommen. Zwischen ihr und der tatsächlichen Einführung von Maßnahmen gibt es wenig Zusammenhang. Dieser wird – wenn überhaupt – auf der Umsetzungsebene im letzten Glied hergestellt. Dennoch ist – besonders angestoßen durch die Bachelor-Master-Akkreditierungsverfahren – unverkennbar zunehmend eine Entwicklung an Hochschulen zu beobachten, Elemente einer Ausbildung in Schlüsselqualifikationen in die Curricula aufzunehmen. Diese Veränderungen geschehen nur zum Teil aus Überzeugung, entwickeln sich nur sehr langsam und meist erst dann, wenn der (finanzielle, gesetzliche, politische oder mediale) Druck in Richtung Veränderung stärker geworden ist als der Widerstand dagegen. Die dabei entstehenden Programme basieren nur selten auf einer ausführlichen Debatte und verfügen meist nicht über entsprechend unterlegte Qualität. Im günstigsten Fall versucht man dann eben, angestoßen durch Re-Akkreditierungsvorgänge, bei Kritik die Programme im laufenden Geschäft nachzubessern.

Um so mehr tut eine Auseinandersetzung über Inhalte, organisationale Bedingungen und Qualitätsanforderungen Not, auf die Akteure an den Hochschulen zurückgreifen können, die über ein systematisches Verständnis von Schlüsselqualifikationen verfügen wollen. Hilfreich könnten in diesem Zusammenhang Anregungen in Bezug auf die Inhalte sein, die im Rahmen eines Verbundprojektes ‚Schlüsselqualifikationen an Technischen Hochschulen' entstanden, das die Universität Karlsruhe (TH) 2005 ins Leben rief. Federführend für Karlsruhe war dabei die Leitung des Zentrums für Angewandte Kulturwissenschaft und Studium Generale (ZAK), die im Rahmen des bewusst über das eigene Bundesland hinaus gewählten Verbundes die TU München und die TU Darmstadt um Kooperation bat. Für die TU München beteiligte sich die Geschäftsführung der Carl von Linde-Akademie, für die TU Darmstadt der Autor dieses Artikels in Vertretung der Hochschuldidaktischen Arbeitsstelle. Alle drei Universitäten beteiligten sich über die im Verbundprojekt tätigen Akteure während der Projektlaufzeit unabhängig voneinander auch am Ausschreiben ‚Schlüsselqualifikationen^{plus}', allerdings erfolglos, was Anlass für eine kritische Hinterfragung der eigenen eingereichten Programme, aber auch der Vorgehensweise der Jury war. In einer gemeinsamen Stellungnahme an den Stifterverband für die Deutsche Wissenschaft im April 2006 stellten die drei Einrichtungen als Ergebnis ihrer Beratungen u. a. fest, dass es durchaus sinnvoll wäre, Programme für Schlüsselqualifikationen für verschiedene Hochschultypen aus dem geschichtlichen Werdegang und dem Charakter dieser Hochschulen heraus zu entwickeln:

> Die Technischen Hochschulen, erst später Universitäten, sind seit ihrer Gründung primär auf Ausbildung ausgerichtet gewesen, nicht auf Bildung. Sie entstanden in einer historisch anderen Epoche und haben andere Vorläufer als Universitäten. Bemühungen, an Technischen Universitäten Programme zur Herausbildung von Schlüsselkompetenzen heimisch zu machen, setzen daher u. a. sehr stark am Bedarf an, den die beruflichen Anforderungen diktieren. Employability und Enabling Skills sind Begriffe, die dies verdeutlichen. Dieser Umstand bedeutet keineswegs, dass die Befürworter und Praktiker solcher Programme eine engstirnige Sicht auf den Nutzen und den Charakter von Schlüsselqualifikationen haben; sie berücksichtigen aber zur Herausbildung von Einsicht in die Notwendigkeit solcher Programme jene Felder, die den Akteuren in den Ingenieurwissenschaften und Naturwissenschaften nahe liegen. [...] Diese Ansätze und Traditionen an Technischen Hochschulen sind anders als an den Traditionsuniversitäten, sie entsprechen aber dem Auftrag dieser Hochschulen und müssen weiterhin gepflegt, systematisiert und ausgebaut werden.[7]

Aussagen von Jury-Mitgliedern (allesamt nicht mit der Situation an Technischen Universitäten vertraut) bei der öffentlichen Anhörung der zehn in die engere Wahl genommenen Anträge, ließen erkennen, dass die Chancen für die Persönlichkeitsbildung, die in bestimmten Ansätzen insbesondere an Technischen Universitäten stecken, nicht erkannt wurden. So wurden dem Femtec-Programm ‚Korsett-Qualifikationen' für eine industrielle Verwertbarkeit unterstellt. Einrichtungen an Technischen Universitäten, die wie an der TU München, der TU Darmstadt und der TH Karlsruhe Programme der Förderung von Schlüsselqualifikationen betreiben, die mit unterschiedlichen Ansätzen weit über die traditionelle Berufsfeldorientierung hinausgehen, sehen sich durchaus nicht im Gegensatz zu den Bestrebungen, Schlüsselqualifikationen als Teil einer notwendigen, weit über das Fach hinausreichenden Bildung im Studium zu verankern. Sie betreiben dieses Ziel jedoch durch einen Mehrfach-Ansatz, der ausgeht von der sich andauernd wandelnden Rolle und Bedeutung von Technik und Naturwissenschaften in der Gesellschaft. Diesen Wandel

7 Schreiben des Karlsruher Verbundprojektes ‚Schlüsselqualifikationen an Technischen Hochschulen' an den Stifterverband für die Deutsche Wissenschaft, Karlsruhe/Darmstadt/München, 30. 04. 2006, S. 2-3.

setzen sie in Bezug sowohl zu den Anforderungen im Studium, zu denen im Beruf und zu denen in der Gesellschaft im weiteren Sinne. Aus folgendem Zitat geht hervor, wie dies im Verbundprojekt gesehen wurde:

> Zugleich erkennen einige Technische Hochschulen inzwischen an, dass es in Zeiten der Globalisierung, der Wissens- bzw. Informationsgesellschaften unerlässlich für Naturwissenschaftler und Ingenieure, die als Führungskräfte für die Industrie ausgebildet werden, sein wird, über wesentlich mehr ‚Bildung' zu verfügen als es früher der Fall war. Die Erweiterung der Ingenieurausbildung um SQ-Elemente, die dem Verständnis des Stifterverbands entsprechen, ist noch längst nicht selbstverständlich und bedarf insofern der besonderen Aufmerksamkeit und Förderung. Kurz gesagt: Traditionell ging die SQ-Ausbildung an Technischen Universitäten in Richtung Berufsfeldorientierung und muss in der heutigen Zeit dringend erweitert werden um ein Verständnis von Aneignung von Kompetenzen im Sinne einer Persönlichkeitsbildung. Unsere Hochschulen befinden sich derzeit genau auf diesem Weg.[8]

Aus der Sicht der drei Technischen Universitäten kommt man der Realisierung des bildenden Charakters eines technisch-naturwissenschaftlichen Studiums näher, wenn man seine Ausformung als dynamischen Prozess begreift:

> Der Erwerb von Schlüsselqualifikationen ist ein dynamischer Prozess, der sich auf allen Stufen einer Bildungsbiographie vollzieht und in je verschiedenem Rahmen stattfindet. Die Rahmenbedingungen für die Ausbildung an Technischen Universitäten sind durch die Globalisierung der Arbeitswelt bestimmt. Steigender Innovationsdruck und kurze Halbwertszeiten von Wissen, globaler Wettbewerb und weltweite Kooperation sind heute die Bedingungen von technologischen Entwicklungen. Vor diesem Hintergrund sind besonders an Fach- und Führungskräfte neue Anforderungen zu stellen: Faktoren wie geistige und physische Flexibilität und Mobilität, Kontextualisierungsfähigkeit und verantwortliches Handeln, Kommunikation und Kooperation, Urteils- und Entscheidungsfähigkeit, Selbstorganisation und Selbstverantwortung gewinnen erheblich an Bedeutung. Für die Lehre an der Universität bedeutet dies, dass sowohl die berufliche Perspektive des studierten Faches für die Konzeption der Schlüsselqualifikationsförderung wichtig ist, als auch die Persönlichkeitsbildung von Absolventinnen und Absolventen, die als gesellschaftliche Eliten die Lebenswelten ihrer und künftiger Generationen gestalten.[9]

---

8 Schreiben des Karlsruher Verbundprojektes, S. 3.

9 Leitbildentwurf für ‚Schlüsselqualifikationen an Technischen Universitäten' des Karlsruher Verbundprojektes ‚Schlüsselqualifikationen an Technischen Hochschulen', S. 1.

Konsequenterweise prüften die Beteiligten im Rahmen des Verbundprojektes ihre eigene Praxis der Schlüsselqualifikationsprogramme an den drei Technischen Universitäten und verglichen sie untereinander. In Anbetracht der Vorzüge und der Defizite eines jeden Programms war es möglich zu erkennen, dass sie alle ihre Berechtigung haben, sich stark voneinander unterscheiden, aber eigentlich zusammengehören. Im nächsten Schritt ließen sich die verschiedenen Anwendungsfelder in drei Bereiche unterteilen, die mit den Anforderungen im Studium und denen im Berufsfeld in einem sinnvollen Zusammenhang stehen:

1. Der Bereich der *Basisqualifikationen*. Über Basiskompetenzen (oft umschrieben als Sozial-, Methoden- und Selbstkompetenzen) verfügt jeder Mensch zu Anfang des Erwachsenenalters bereits entsprechend seiner biologischen, familiären und schulischen Vorprägung. Für das Studium und die Berufsfähigkeit lassen sich diese Kompetenzen in der Regel nach Nutzen und Bedarf erweitern, aktualisieren und optimieren. Der Erwerb dieser Kompetenzen ist ein lebenslanger Vorgang. Sie sind unabkömmlich für alle Prozesse der Kommunikation, Kooperation und des Kompetenzerwerbs (auch im Sinne des lebenslangen Lernens). Ohne jetzt zu sehr ins Detail zu treten, zählen im Einzelnen insbesondere folgende Kompetenzen, die einen Bezug zu tatsächlich relevanten Tätigkeiten innerhalb des Studiums (und darüber hinaus!) aufweisen, dazu:

    a) lernen, wie man individuell effektiv und effizient lernt und arbeitet und sich auf Prüfungen vorbereitet;

    b) die Kompetenz, gut in Gruppen und Teams zu arbeiten. Dazu gehören zuhören, auf andere eingehen, Rückmeldung geben, Empathie zeigen, gemeinsam über Fachprobleme sprechen, Argumente austauschen und prüfen, in Alternativen denken, kreative Techniken einsetzen, darstellen, präsentieren, visualisieren, konsensorientiert arbeiten und entscheiden, Meinungsunterschiede und Konflikte austragen, kritische Situationen aushalten, Sitzungen leiten und moderieren;

    c) über wissenschaftliche Texte sprechen können (auch in Gruppen); sie bearbeiten und selbst schreiben können; problemlösendes Arbeiten an (Übungs-)Aufgaben lernen;

d) sich organisieren, sich motivieren, Verantwortung übernehmen wollen und können, Leben, Studieren und Arbeiten miteinander in Einklang bringen können, sich auf unterschiedliche Situationen einstellen können, aktiv verschiedene Situationen positiv beeinflussen können.

2. Der Bereich der Enabling Skills. Damit sind jene Qualifikationen gemeint, die für die Orientierung im Beruf und die Anwendung des während des Studiums Gelernten in der beruflichen Umgebung unabdingbar sind. Zu ihnen gehören beispielsweise betriebswirtschaftliche Grundkenntnisse, Kenntnisse vom Funktionieren von Organisationen, Projektmanagement und andere heute übliche Arbeitsformen im Beruf, Fremdsprachen und Gewandtheit im Umgang mit modernen Medien.

3. Schließlich der Bereich des *Orientierungswissens*. Für Technische Universitäten, deren Stärke traditionell in der Fachausbildung liegt und die heute das Bild des weltoffenen, umfassend gebildeten Experten, des ‚global engineers', vor Augen haben, wird besonders wichtig, dass seine Absolventinnen und Absolventen Personen sind, die das, was sie fachlich gelernt haben, im Kontext der gesellschaftlichen Entwicklung sehen können. Das Studium soll einen Beitrag dazu leisten, dass sie lebenslang lernen, Wissensbestände aus anderen Disziplinen integrieren, um daraus Kenntnisse über die historischen, politischen, wirtschaftlichen und institutionellen Rahmenbedingungen der eigenen Kultur sowie anderer Kulturen zu gewinnen. Insbesondere Reflexionsfähigkeit, kulturelle Sensibilität, Urteilsfähigkeit und Argumentationsfähigkeit sollen durch Angebote für Orientierungswissen geschult und vertieft werden (alle Ausführungen sinngemäß nach Leitbild-Text).

Diese Dreiteilung impliziert nicht zwangsweise einen entsprechenden chronologischen Aufbau innerhalb des Studiums. Aus ihr lassen sich auch nicht unmittelbar Schlüsse für die Gestaltung von Curricula ableiten. Sie sollen dazu dienen, die Klarheit darüber zu verstärken, welche Kompetenzen denn nun – außerhalb fachlicher – innerhalb des Studiums und später innerhalb der Lebensphase der Berufsausübung gebraucht werden. Ihr Erwerb ist eher als ein fortlaufender Prozess innerhalb eines Kontinuums zu verstehen, der auch mit dem Hochschulabschluss nicht beendet ist. Dennoch ist es ratsam, insbesondere mit den Basisqualifikationen frühzeitig im Studium anzufangen, weil sie zum Erwerb der Enabling Skills und des Orientierungswissens benötigt werden.

Im nachfolgenden, abschließenden Teil des Beitrages wird anhand von zwei Beispielen an der TU Darmstadt gezeigt, in welcher Weise Kompetenzen aus allen drei Bereichen entweder innerhalb des Studiums oder zusätzlich zum Studium erworben werden können.

Dritter Gedanke

Im nachfolgenden Abschnitt soll gezeigt werden, wie die Technische Universität Darmstadt in exemplarischen Bereichen sowohl additive als auch integrative Ausbildungsmaßnahmen innerhalb und außerhalb von Curricula ergreift, um bestimmte Schlüsselkompetenzen zu fördern. Wie erreicht man nachweisbar Qualität in der Ausbildung von Schlüsselqualifikationen? Es geht dabei einerseits um die Themen. Dann aber geht es auch um die Frage, wie die Studierenden tatsächlich Kompetenzen erwerben und nicht nur nachweisen, an bestimmten Lehrveranstaltungen teilgenommen zu haben. Der Wettbewerb ‚Schlüsselqualifikationen^plus^' klammerte diese Frage weitgehend aus, sie muss aber beantwortet werden und ist keineswegs nachrangig.

Die kürzlich vorgeschlagene neue Studienordnung des Bachelor- und Master-Studienganges Mechanical Engineering am Fachbereich Maschinenbau der TUD zeigt, dass es Ingenieur-Fachbereiche gibt, die das Kompetenzprofil heutiger Absolventinnen und Absolventen von Ingenieurdisziplinen durchaus im Sinne vom oben vorgestellten Drei-Bereiche-Modell angehen. Das Ausbildungsprojekt ‚Sprungbrett Zukunft', das die Persönlichkeitsentwicklung im letzten Drittel des Studiums in den Mittelpunkt stellt, ist dagegen – noch – komplementär zum Studium im Bereich des Übergangs zum Berufseinstieg angesiedelt. Beide Curricula realisieren die Verbindung von wichtigen Schlüsselqualifikationsthemen mit geeigneten Formen zum Erwerb der gewünschten Kompetenzen.

Erstes Beispiel: Die neu zu akkreditierende Studienordnung des Bachelor- und des Master-Studienganges Mechanical Engineering am Fachbereich Maschinenbau der TU Darmstadt

Vom Fachbereich im April 2007 verabschiedet, ist diese Studienordnung noch anspruchsvoller als die gegenwärtig gültige, die vom Stifterverband für die Deutsche Wissenschaft im Juli 2003 als eine von vier hervorragenden neuen Bachelor-Master-Studienordnungen preisgekrönt wurde. Mit ihr versucht der Fachbereich nicht nur, hohe fachwissenschaftliche Ansprüche, Breite der Ausbildung und Nähe zur Praxis unter Beweis zu stellen. Er stellt sich außerdem – in voller Überzeugung der Notwendigkeit – dem Problem, wachsende fachliche Anforderungen mit gleichzeitig wachsenden Anforderungen an die überfachlichen Fähigkeiten seiner Absolventinnen und Absolventen in einem Curriculum abzubilden. Der Fachbereich steht damit exemplarisch für die zunehmende Bereitschaft der Ingenieurwissenschaften, sich gegenüber den Erkenntnissen und Methoden auch der Geistes- und Gesellschaftswissenschaften zu öffnen. Diese Bereitschaft muss allerdings immer wieder in einem zähen internen Ringen in Überstimmung gebracht werden mit dem Grundanliegen, ingenieurwissenschaftliche Fachkompetenz nicht substantiell anzutasten. Generell sollte im Zusammenhang mit den Anforderungen in Richtung Schlüsselqualifikationen nicht verschwiegen werden, dass es nicht nur an den Hochschulen diesbezüglich nach wie vor stark kontrastierende Meinungen gibt. Auch zwischen den Hochschulen und – beispielsweise – Wirtschaftsunternehmen gibt es keine gemeinsame Ansicht darüber, welche Leistungen die Hochschulen in dieser Beziehung erbringen sollten. Um so höher muss das Bemühen eines Fachbereiches bewertet werden, der sich angesichts so widersprüchlicher Interessenlagen nicht scheut, die Identität des heutigen Ingenieurs und die Ausformung seines Berufsprofils immer wieder neu zu prüfen und in Bezug zum Curriculumsangebot zu setzen. Dabei geht es um die Rolle der Technik, die Ausprägung moderner Technologien, den Ingenieurberuf als sozialen Stand, die Rolle des Ingenieurs im Unternehmen, um nationale und globale gesellschaftliche Veränderungen und um ethische Verantwortung.

Ob die hohen Qualifikationsziele, die der Fachbereich mit seiner im Folgenden beschriebenen ausformulierten neuen Bachelor-Studienordnung verbindet, tatsächlich erreicht werden können, sollte überprüft werden, wenn eine genügende Anzahl Studierender die neue Ausbildung abgeschlossen hat. Sie sind in der Tat sehr anspruchsvoll, wie man folgender Aufzählung aus einer entsprechenden Präsentation des Fachbereiches entnehmen kann:[10]

10 Die Präsentation ‚Neue Ordnung der Bachelor- und Masterstudiengänge. Maschinenbau – Mechanical & Process Engineering und Paper Science and Technology. Version 2.0' wurde anlässlich einer Info-Veranstaltung des Fachbereiches am 30. 03. 2007 vorgestellt.

- Kenntnisse in den mathematischen und naturwissenschaftlichen Grundlagen der Ingenieurwissenschaften zu erwerben,
- Kenntnisse und Fähigkeiten zu erwerben, mit denen komplexe Probleme erkannt und durchdrungen, ingenieurwissenschaftliche Lösungsansätze entwickelt und ganzheitliche Lösungen realisiert werden,
- wissenschaftliche Methoden beurteilen, anwenden und weiterentwickeln zu lernen, um so als Ingenieure in Planung, Entwicklung, Forschung, Konstruktion, Fertigung, Produktion, Vertrieb und Consulting den gesellschaftlichen, technischen und wissenschaftlichen Fortschritt zu betreiben,
- die theoretischen Grundlagen für den Einsatz der Informationstechnik bei ingenieurwissenschaftlichen Problemen zu erwerben,
- die Fähigkeit zur Teamarbeit zu entwickeln,
- die gesellschaftlichen, volkswirtschaftlichen und umweltwirksamen Folgen der Ingenieurtätigkeit zu erkennen, um auch über seinen engeren Aufgabenbereich hinaus als Ingenieure in der Gesellschaft verantwortlich zu handeln.

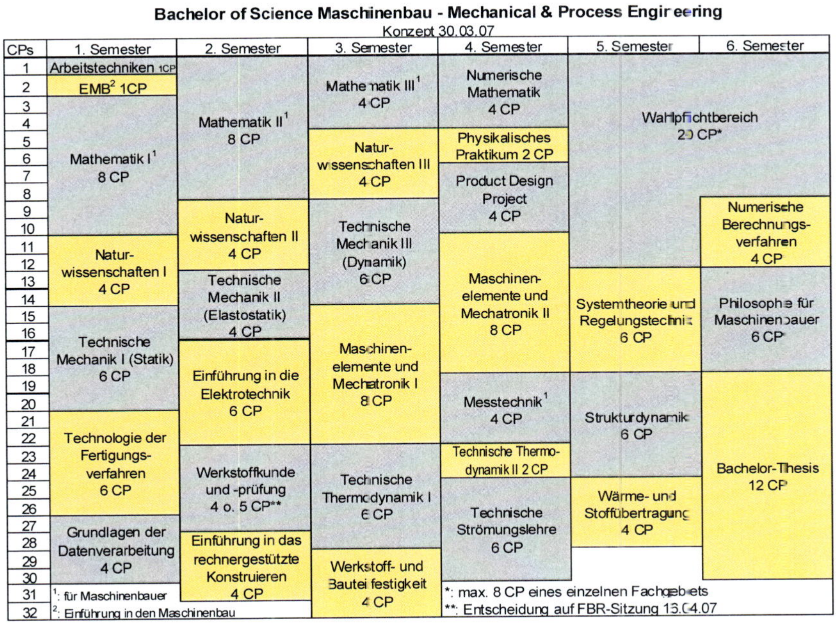

Abb. 1: Entwurf Bachelor-Studienordnung nach einer Grafik des Fachbereichs Maschinenbau.[11]

Folgende Abbildung gibt den Entwurf der Bachelor-Studienordnung wieder. Die stark umrandeten Elemente sind Erneuerungen. Ob die Lehrveranstaltungen die Versprechungen halten, lässt sich nicht vorhersagen. Nähere Erläuterungen können aber aufhellen, was gemacht wurde und was geplant ist. Die Glaubwürdigkeit kann auch daran gemessen werden, was heute bereits praktiziert wird.

Der Fachbereich ging die Veränderungen mithilfe von tasks forces an, die mit Hochschullehrerinnen und Hochschullehrern, wissenschaftlichen Mitarbeitenden und Studierenden besetzt wurden. Die fachlich-inhaltlichen Veränderungen wurden u. a. herbeigeführt durch die Überprüfung

11 Diese Abbildung wurde für den PowerPoint-Vortrag ‚Neu-Entwurf BA-MA Maschinenbau TU Darmstadt. Mechanical and Process Engineering: Ein wegweisendes Beispiel?' im Rahmen der Tagung IGM und HBS vom 19. 04. 2007 in Berlin erstellt.

der Lehrveranstaltungsinhalte auf Redundanz. Gleichzeitig wurden neue Kombinationen hergestellt oder neue Lehrveranstaltungen eingeführt. Im Einzelnen:

- Neustrukturierung der Naturwissenschaften, indem Chemie, Physik und Werkstoffe zusammengefasst werden. Redundanzen werden durch Ausrichtung der Inhalte auf den Berufsbedarf der Maschinenbauer beseitigt (nach einer systematischen Bedarfsabfrage).
- Es gibt eine neue Lehrveranstaltung Messtechnik, die aus einer Experimentalvorlesung plus E-Learning-Übung im virtuellen Labor plus Übungsreferaten der Studierenden besteht (wobei schon hier hingewiesen wird auf den bewusst vorgenommenen Einbau der Schlüsselqualifikationen E-Learning und Vortragen).
- Die Einführung in die Elektrotechnik wird um ein Viertel gekürzt wegen bisheriger Redundanzen mit anderen Fächern.
- Technische Strömungslehre wird in das 4. Semester vorverlegt, damit Wahlpflichtveranstaltungen darauf aufbauen können.
- Systemtheorie und Regelungstechnik, Strukturdynamik werden aus bisher anders strukturierten Fach-Veranstaltungen neu zusammengesetzt.

Sind schon der Aufwand und der Ertrag dieser fachlichen Veränderungen nicht zu unterschätzen, sind die explizit eingebauten Ausbildungen in Schlüsselqualifikationen umso relevanter:

- Es gibt eine Lehrveranstaltung Arbeitstechniken unmittelbar im ersten Semester, die zu Anfang aus einer Vorlesung besteht, dann in je eine ganztägige Übungsveranstaltung (20 Teilnehmer) zu Zeitmanagement und Prüfungsvorbereitung umgewandelt wird. Die darin enthaltenen Übungsaufgaben haben einen direkten Bezug zum Studium.
- Das seit Wintersemester 1998 bestehende Projekt ‚Einführung in den Maschinenbau' ist ein Musterbeispiel für den in das Studium integrierten Erwerb von Schlüsselkompetenzen (solche, die im Drei-Bereiche-Modell ‚Basisqualifikationen' genannt werden). War die Projektveranstaltung bislang freiwillig, mit einer Teilnehmerzahl von bis zu 270 Erstsemestern, so wird sie jetzt umgewandelt in eine Pflichtveranstaltung, an der 360-400 Studierende teilnehmen sollen. In dieser einwöchigen Veranstaltung, für die gleichzeitig alle anderen Lehrveranstaltungen ausfallen, lernen Studierende, ein komplexes Fachproblem in

einem 10er Team zu besprechen, zu planen und zu entwerfen, zu berechnen, über Alternativen zu entscheiden und ihre Lösung vorzustellen. Sie werden dabei von geschulten wissenschaftlichen und studentischen Betreuern begleitet.

- Neu ist das große Experiment einer Lehrveranstaltung ‚Philosophie für Maschinenbauer', die bewusst an die Stelle bisher beliebig zu wählender, in ihrer Wirkung nicht zu überprüfender Veranstaltungen aus anderen Fachbereichen gesetzt wird. Inhalte sollen sein: Ethik des Ingenieurs, Wissenschaftsgrundlagen und gesellschaftliche Technikbetrachtungen durch Philosophen und Historiker. Die Lehrveranstaltung soll bestehen aus Vorlesung und Seminar (mit Seminararbeiten).

Nicht direkt der Übersicht zu entnehmen, sind folgende Anteile an Schlüsselqualifikationselementen im Curriculum:

- In den Lehrveranstaltungen Mathematik I, II und III und Technische Mechanik I, II und III wird ein Übungsprinzip angewandt, bei dem Studierende in Kleingruppen lernen, Übungsaufgaben selbstständig und methodisch zu lösen. Sie werden dabei betreut von geschulten studentischen Tutoren.
- Ein Drittel der Lehrveranstaltungen ‚Einführung in das rechnergestützte Konstruieren' und ‚Maschinenelemente und Mechatronik' besteht erneut aus einer Projektaufgabe, die betreut in Projektgruppen durchgeführt wird.
- Auch die Lehrveranstaltung ‚Product Design Project' ist eine Projektveranstaltung.

Damit wird in einer beträchtlichen Zahl von Schlüsselqualifikationen ausgebildet, insbesondere aus dem Bereich Basisqualifikationen, aber auch aus dem Bereich Orientierungswissen und vereinzelt aus dem Bereich Enabling Skills. Dies in Lehr-/Lernformen, die Kompetenzerwerb tatsächlich ermöglichen.

Im Entwurf für die neue Master-Studienordnung wird die gezielte Integration der Schlüsselqualifikationsausbildung ebenso konsequent vollzogen.

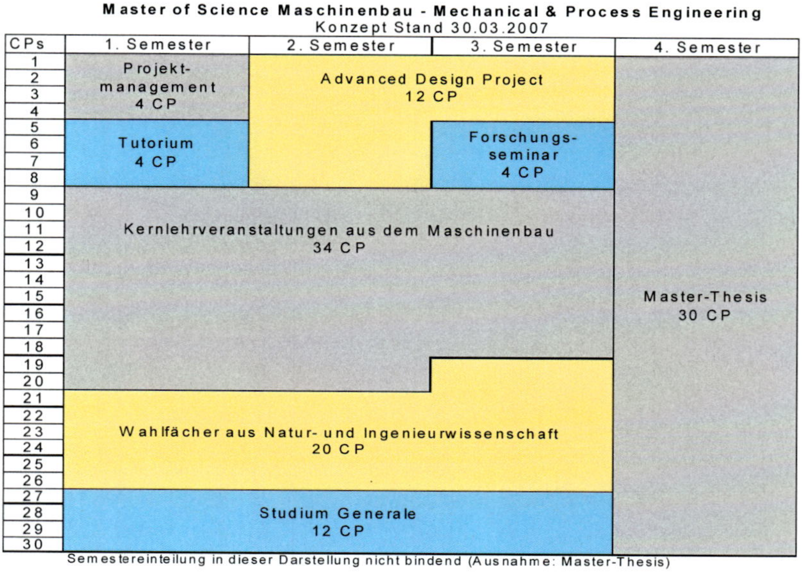

Abb. 2: Entwurf Master-Studienordnung nach einer Grafik des Fachbereichs Maschinenbau.[12]

Die Qualifizierungsziele, die der Fachbereich für den Master-Studiengang definiert, lauten wie folgt:

- Entwicklung der Fähigkeit, die Grenzen des Faches zu erweitern und den Zusammenhang zwischen dem neuen Wissen und dem bisherigen Wissen herzustellen;
- Heranführen an die Rolle des kreativen Gestalters oder der kreativen Gestalterin, in der er oder sie schöpferisch tätig ist und Produkte, Prozesse oder Methoden erschafft, die es zuvor nicht gegeben hat;
- Befähigung der Studierenden, Problemstellungen aus der Praxis in eine von ihnen mit den Methoden der Forschung/Wissenschaft zu lösende Fragestellung umzusetzen;

12 Diese Abbildung wurde für den PowerPoint-Vortrag ‚Neu-Entwurf BA-MA Maschinenbau TU Darmstadt. Mechanical and Process Engineering: Ein wegweisendes Beispiel?' im Rahmen der Tagung IGM und HBS vom 19. 04. 2007 in Berlin erstellt.

- Ausbildung der Fähigkeit und der Souveränität, Aussagen zu seinem Fach kritisch zu hinterfragen und den eigenen Standpunkt vor Fachkollegen und Laien sicher zu vertreten;
- Ausbildung der Fertigkeiten für eine präzise und verständliche Darstellung der Ergebnisse wissenschaftlicher Arbeit in mündlicher wie auch schriftlicher Form;
- Befähigung zur Strukturierung komplexer Probleme bei angemessener Berücksichtigung der relevanten technologischen, ökonomischen und ökologischen Kriterien;
- Befähigung zur Zusammenarbeit mit anderen Disziplinen, also zum Aufgreifen von Problemstellungen anderer Disziplinen und Erkennen, welche wissenschaftlichen Lösungsansätze zielführend sind;
- Verdeutlichung der gesellschaftlichen Herausforderungen und der gesellschaftlichen Folgen der Ingenieurarbeit sowie Ermutigung zur Übernahme von Verantwortung;
- Verdeutlichung der betriebswirtschaftlichen Auswirkungen seiner oder ihrer neu geschaffenen Produkte, Prozesse oder Methoden und Förderung des unternehmerischen Denkens;
- Befähigung zur bewussten Auseinandersetzung mit den relevanten interkulturellen Aspekten des globalen Marktes;
- Befähigung, sich realistische und auch anspruchsvolle Ziele zu setzen, diese in einem angemessenen Zeitraum umzusetzen und die Ergebnisse und den Weg dorthin zu reflektieren;

Veränderungen gegenüber der bestehenden Master-Studienordnung sind insbesondere:

- Ausbau der Lehrveranstaltung Projektmanagement (von 2 auf 4 CP). Aufbauend auf den praktischen eigenen Erfahrungen vorhergehender Projektveranstaltungen vertiefen die Studierenden ihre Kenntnisse über Projektmanagement durch die Auseinandersetzung mit professionellen Methoden. Fallbeispiele von betrieblichem Projektmanagement, vorgestellt durch Expertinnen und Experten aus Unternehmen, werden in Hausübungen verarbeitet. Die Teilnehmer setzen sich mit Projektorganisation, Zeitplanung und Teamarbeit aus der Sicht von Unternehmen auseinander und erhalten Anregungen zu einer individuellen Work-

Life-Balance. Die Veranstaltung sorgt für eine Verknüpfung mit dem Advanced Design Project in der Anwendung von Projektmanagement-Tools;

- Ausbau der Projektveranstaltung Advanced Design Project (von 4 auf 12 CP). Aufgrund der positiven Erfahrungen mit dieser fortgeschrittenen Projektveranstaltung in den vergangenen sechs Jahren findet eine Ausweitung statt. 4-7 Studierende bearbeiten in Teams komplexe fachliche Themen, die aus einem Fachgebiet oder aus mehreren Fachgebieten gemeinsam stammen;

- Kernveranstaltungen (Basislehrveranstaltungen aus den Maschinenbau-Fachgebieten und ‚Herzstück der Maschinenbau-MSc-Wissensvermittlung') werden nicht mehr in methodenvermittelnde und anwendungsorientierte Fächer unterteilt, da die Grenzlinie zwischen diesen nicht eindeutig zu ziehen ist;

- das Tutorium dient der fachlichen oder methodischen Vertiefung. Neue Angebote für Querschnittsmethoden-Tutorien sollen geschaffen werden;

- das Forschungsseminar stärkt die Forschungsorientierung der MSc-Ausbildung und bereitet methodisch auf die Master-Thesis vor. Dazu recherchieren Studierende zu aktuellen (und jährlich wechselnden) Themen, präsentieren und diskutieren die Ergebnisse im Seminar;

- es wird ein Studium generale im Umfang von 12 CP geschaffen. Zur Förderung der Interdisziplinarität können die Master-Studierenden Lehrveranstaltungen aus anderen Fachbereichen besuchen und absolvieren. Die Anerkennung erfolgt auf Antrag; zur Unterstützung erstellt der Fachbereich eine Positivliste.

Ersichtlich sind folgende bedeutsame Elemente einer in das Studium integrierten Ausbildung in Schlüsselqualifikationen:

- Basisqualifikationen werden weiter geübt und ausgebaut, sowohl im Tutorium und im Forschungsseminar als auch im Advanced Design Project und in der Lehrveranstaltung Projektmanagement;

- Enabling Skills stehen im Vordergrund in der Lehrveranstaltung Projektmanagement und im Forschungsseminar;

- Stark betont wird der Bereich ‚Orientierungswissen' im Studium generale mit seiner Ausrichtung auf die Auseinandersetzung mit Wissensbeständen aus anderen Disziplinen, wobei dem Aspekt der Lehr-/Lernform in diesem Fall wenig Aufmerksamkeit verliehen wird.

Zweites Beispiel: ‚Sprungbrett Zukunft', ein Ausbildungsprojekt für Studierende als Partnerschaftsprojekt mit Unternehmen

‚Sprungbrett Zukunft' wurde 2005 an der TU Darmstadt ins Leben gerufen und inzwischen als Erfolgsmodell von den Technischen Universitäten München und Karlsruhe übernommen. Es wurde von der Hochschuldidaktischen Arbeitsstelle entwickelt aus dem Gedanken heraus, Studierende über bestehende Ansätze im Studium hinaus weiter in der Herausbildung von Schlüsselkompetenzen zu fördern. Sie sollten die Möglichkeit erhalten, sich ganz bewusst mit ihrer eigenen Entwicklung in einer sich rasch verändernden, turbulenten Gesellschaft auseinander zu setzen, damit sie sich besser auf die verantwortliche Wahrnehmung von beruflichen Aufgaben vorbereiten könnten. Da die Ausbildung dafür nur von speziellen Trainerinnen und Trainern, die die nötige Erfahrung und das richtige Engagement besitzen, durchgeführt werden kann, war es notwendig, externe Sponsorinnen und Sponsoren für die Finanzierung einzubeziehen. Gefunden wurden diese für eine erste Durchführung in den Jahren 2005/06 mit den Unternehmen Linde Material Handling & Co KG GmBH und Energieversorgung Baden-Württemberg (EnBW AG), die sich für das Projekt als neues Rekrutierungsinstrument interessierten. Am Projekt im ersten Durchlauf mit einer Laufzeit von ca. 1,5 Jahren nahmen 21 Studierende im letzten Drittel des Studiums aus dem Maschinenbau, der Elektro- und Informationstechnik, der Informatik und dem Wirtschaftsingenieurwesen teil.

‚Sprungbrett Zukunft' ist ein Experiment, bei dem es darum geht zu prüfen, ob diese Art von Ausbildung, die nicht unmittelbar mit dem Studium verknüpft ist, geeignet ist, Persönlichkeitsentwicklung ergänzend zur fachlichen Ausbildung gezielt zu fördern. Mit der ersten Durchführung ist der Nachweis erbracht, dass das Konzept tauglich ist: Teilnehmende, Trainerinnen und Trainer, Projektleitung und Unternehmen waren mit dem Ergebnis in höchstem Maße zufrieden. Die Leitung der TU Darmstadt hat das Projekt inzwischen offiziell als Baustein der TUD für den Übergang vom Studium in den Beruf anerkannt. Dies, obwohl einige Umstände durchaus kritisch zu sehen sind: Erstens werden die Studierenden durch die Trainings und Workshops an den Wochenenden sehr belastet, da ihnen freie Wochenenden fehlen. Sie müssen weiterhin hinnehmen, dass ihre Zusatzqualifikation bislang nicht im Studium anerkannt wird. Zusätzlich müssen sie einen finanziellen Eigenbeitrag in Höhe von 560 € leisten. Und ein allgemeiner Mangel: Die Ausbildung kann nur einer kleinen Menge von Studierenden zur Verfügung gestellt werden. Aber obwohl ein solches Projekt dadurch strukturell noch kein optimales Modell für die Schlüsselqualifikationsausbildung darstellt, erlaubt dessen Umsetzung, mit neuen Kooperationsprojekten im weiten Feld zwischen Unternehmen und Hochschulen zu experimentieren. Die Hochschulen brauchen Beispiele qualitativ überzeugender Formen und Inhalte dieser Ausbildung. Wichtig dabei ist nur, die Unabhängigkeit der Hochschulen zu wahren und darauf zu achten, dass die Erkenntnisse und Praxis solcher Experimente in die grundständige Ausbildung eingehen.

‚Sprungbrett Zukunft' besteht aus einem Paket von 28 Workshop- und Trainingstagen, bis zu acht individuellen Coachings, zwei Einzelgesprächen der Teilnehmenden mit der Projektleitung und einem mindestens fünfwöchigen Praktikum in einem der beiden Partnerunternehmen. Die Qualität der Ausbildung liegt im Wesentlichen begründet im Konzept der Mischung von themen- und personenorientierter Ausbildung in einer konstant gleich besetzten Gruppe von 10-12 Teilnehmenden, die sich über einen Zeitraum von fast eineinhalb Jahren immer wieder trifft. Jedes Thema dient sowohl der Kenntnisgewinnung, der Reflexion wie der Herausbildung von Kompetenzen. Jede Gruppe wird in ihrer kollektiven und personenbezogenen Entwicklung betreut von einer gruppenverantwortlichen Trainerin (oder Trainer), die über ein Drittel der Workshops selbst durchführt. Sie werden über die Projektleitung regelmäßig über die Begebenheiten in den anderen Trainings und Workshops unterrichtet. Diese Trainerinnen und Trainer führen auch die Coachings mit den Teilnehmenden durch. Es ist insbesondere dieses dichte Informations-, Beratungs- und Begleitsystem, das eine Tiefenwirkung des Programms ermöglicht. Nirgendwo sonst im Studium haben die Studierenden einen Ort, wo sie dermaßen häufig und fundiert, von Kommilitoninnen und Kommilitonen wie von Professionals, Rückmeldung über ihr Verhalten erhalten und wo sie gezielt Vorhaben entwickeln können, die intensiv kommentiert und begleitet werden. Der Projektleitung und dem verantwortlichem Trainerpaar ermöglicht das System einen unmittelbaren Einblick in die Entwicklung der Gruppen und Einzelpersonen und eine Ausrichtung der Trainings auf den gegebenen Entwicklungsstand. Die Ziele, die von den Initiierenden mit der Ausbildung verbunden wurden, wurden bewusst etwas großzügig formuliert. Es sollte nicht primär darum gehen, beispielsweise die Fähigkeiten der Teilnehmenden beim Halten eines Vortrages oder beim Verhalten in einem Assessment-Center zu verbessern (häufig die entscheidenden Ziele von berufsorientierten Vorbereitungsmaßnahmen), auch wenn die Herausbildung konkreter Fähigkeiten Teil des Programms war. Das Anliegen war, ein Programm und einen Ablauf derart zu schaffen, dass die Teilnehmenden als ganze, besondere Person in ihrer Individualität sichtbar und wahrnehmbar werden würden, damit die Chance entsteht, sie in ihrer jeweiligen Entwicklung zu fördern. Dafür wurde eine programmatische Plattform geschaffen, die weit über die Beschreibung der Notwendigkeit des Erwerbs einiger nahe liegender Schlüsselqualifikationen hinausging und die die Unternehmen akzeptierten. In dieser Plattform wurde u. a. ausgeführt:

> Wesentliche gesellschaftliche Veränderungen in den Ländern Europas, die sich bereits seit einigen Jahren abzeichnen, entfalten gegenwärtig eine enorme Dynamik. Dieser als Strukturwandel gekennzeichnete Prozess hat demografische, technologische und Wertschöpfungsursachen. Die Faktoren Arbeit und Bildung, die bislang wesentliche Alleinstellungsmerkmale unserer Gesellschaft waren, verlieren im schnellen Tempo ihre selbstverständliche Einmaligkeit. Aufgrund von Unternehmenszusammenschlüssen und massiven Verlagerungen von Produktions- und Dienstleistungsbereichen ins europäische und außereuropäische Ausland wird für weibliche und männliche Absolventen von beruflicher und akademischer Ausbildung der Arbeitsmarkt weniger kalkulierbar als je zuvor. Es gilt nicht mehr, dass gut ausgebildete Personen selbstverständlich eine entsprechende Arbeitsstelle finden. Gleichzeitig ist aufgrund einer Knappheit an akademischen Nachwuchskräften bereits ein Wettlauf um Spitzenkräfte und Fachkräfte in einer Reihe von Bereichen im Gange. [...] Angesichts dieser Entwicklungen werden nicht nur Politik und Institutionen neue Weichenstellungen vornehmen müssen, sondern auch die Individuen müssen die Möglichkeit erhalten, sich auf die veränderten Arbeits- und Lebensbedingungen besser vorzubereiten. Dies gilt insbesondere für jene, die sich für künftige Führungsaufgaben berufen fühlen und sich bereits während ihres Studiums ernsthaft auf eine solche Zukunft vorbereiten wollen. Führungspersonen der Zukunft werden zum größeren Teil aus Hochschulen kommen. Es ist von daher nur konsequent, wenn Hochschulen anfangen, sich bewusst der Aufgabe zu stellen, Führungskräfte mit heranzubilden.[13]

13 Plattform des Ausbildungsprojektes ‚Sprungbrett Zukunft' an der TU Darmstadt, S. 1.

Der Text benannte weiterhin folgende Ausbildungsziele:

> Das Ausbildungsprogramm bezweckt den verstärkten, systematischen Erwerb von fachergänzenden Schlüsselkompetenzen (Selbstkompetenz, Sozialkompetenz, Methodenkompetenz) durch die Teilnehmer und Teilnehmerinnen, in erster Linie um diese zur Entscheidungs- und Handlungskompetenz zu befähigen, vor allem für spätere Führungsaufgaben. [...] Der Erwerb der Schlüsselkompetenzen wird in einer aktiven Auseinandersetzung mit projekt- und fallbezogenen praktischen Problemen und in Konfrontation mit Führungsaufgaben in einer zunehmend globalisierten Welt gefördert. [...] Absolventinnen und Absolventen der Universität sollen ermutigt und gefördert werden, eine Haltung einzunehmen, mit ihrem Wissen und ihren Kompetenzen persönlich Verantwortung für die Gesellschaft zu übernehmen. Sie sollen nicht nur ihren Organisationen dienen, sondern darüber hinaus die Probleme einer globalisierten Gesellschaft im Auge haben. Mündigkeit und Zivilcourage sollen ebenso handlungsleitend sein wie Fach- und Sachkenntnisse und Selbstkenntnis. Diesem Bezugsrahmen dient auch die Entdeckung der eigenen Persönlichkeit und die Selbstentfaltung der beteiligten Studierenden im Rahmen des Ausbildungsprogramms.[14]

Das konkrete Trainings- und Workshop-Programm, mit dem versucht wurde, die Teilnehmer an diese Ziele heranzuführen, sah dann wie folgt aus:

2 Tage Gruppenbildung
2 Tage Vortragen und Präsentieren
2 Tage Stärken und Schwächen im Team
3 Tage Projektarbeit im Team
2 Tage Globalisierung und Menschenrechte
1,5 Tage Gruppenreflexion
3 Tage Karriereplanung und Lebensgestaltung
2 Tage Innovationsmanagement und Kreativitätstechniken
2 Tage Urteile bilden und entscheiden
2 Tage Gender und Interkulturalität
2 Tage Firmenkultur und Führungsaufgaben
2 Tage Qualitätsmanagement in der Produktentwicklung
1,5 Tage Moderieren und Diskutieren
1 Tag Abschluss

---

14 Ebd.

Die in den Workshops und Trainings eingesetzten Methoden bestanden aus einer Kombination von Trainer-Input; Plenumsarbeit, Kleingruppenarbeit, Biographiearbeit; Einsatz von verschiedenen Tests zum Verhalten, zu Stärken und Schwächen und Lernfeldern, Rollenspiele, Übungen und Fallbeispiel-Bearbeitungen. In diesem Sinne wurden die Workshops und Trainings themenunabhängig immer so gestaltet, dass die aktive Tätigkeit der Teilnehmer in Form von diskutieren, beraten, entscheiden, visualisieren etc., etc. durchgängig gefordert, gefördert und reflektiert wurde: Dadurch wird deutlich, dass hier in großem Umfang Basisqualifikationen geschaffen beziehungsweise verstärkt wurden. Bestimmte Workshops zielten auf spezielle methodische Kompetenzen aus diesem Bereich, wie z. B. der zu Kreativitätstechniken. Andere Workshops (und durchgehend die Coachings) konzentrierten sich auf die Selbstkompetenz, wie z. B. die ‚Stärken und Schwächen im Team' oder auch die Workshops zur ‚Lebensgestaltung und Karriereplanung'. Letztere wiederum gehörten auch zum Bereich der Enabling Skills, wie auch die Workshops zu ‚Firmenkultur und Führungsaufgaben' und ‚Qualitätsmanagement in der Produktentwicklung'. Der Bereich ‚Orientierungswissen' findet sich in Workshops wie ‚Globalisierung und Menschenrechte' und ‚Gender und Interkulturalität'.

Zeigt sich die Qualität der Studienordnung Mechanical Engineering in der viel versprechenden Ausgestaltung einer Schlüsselqualifikationsausbildung, die mit den Lehrveranstaltungen verbunden ist und weit über eine engstirnige, wirtschaftliche vorteilhafte Verwertbarkeit hinausweist, so besteht die Besonderheit des studienunabhängigen, im üblichen Sprachgebrauch ‚additiven' Ausbildungsprojektes ‚Sprungbrett Zukunft' darin, den Nachweis erbracht zu haben, dass man mit diesem dichten Betreuungsmodell die Persönlichkeitsentwicklung besonders intensiv fördern kann. Im Supplement des Zertifikats, das alle Teilnehmer nach Ablauf erhielten, wurde diese Entwicklung beschrieben als Zugewinn an

- Klarheit über die eigene Persönlichkeit und die eigene Berufsplanung;
- Kompetenz im Umgang mit Diversity;
- Fähigkeit zur Übernahme einer verantwortungsvollen beruflichen Rolle;
- vertieftem Wissen über das Funktionieren von Unternehmen;
- Wissen über die Probleme einer globalisierten Welt;

- Fähigkeiten, um Kompetenzen, Ideen und Entscheidungen verantwortungsvoll zu entwickeln, darzulegen und zu beurteilen;
- Fähigkeiten des aktiven und selbstständigen Agierens in einer Vielzahl unterschiedlicher Situationen;

Damit liegen von der TU Darmstadt zwei exemplarische Beispiele für Schlüsselqualifikationsprogramme vor, die nicht hochschulweit angewandt werden, aber im Sinne des im Beitrag vorgestellten Drei-Bereiche-Modells Anregungen für Antworten auf die Fragen liefern können, welche Schlüsselqualifikationen bei Hochschulabsolventinnen und -absolventen unsere Gesellschaft braucht, wo sie ansiedelbar sind und welche Erfahrungen mit tauglichen Lehr-/Lernformen bereits vorliegen.

Literaturverzeichnis

Plattform des Ausbildungsprojektes ‚Sprungbrett Zukunft' an der TU Darmstadt. (Unveröffentlicht)

PowerPoint-Präsentation des Fachbereiches Maschinenbau: ‚Neue Ordnung der Bachelor- und Masterstudiengänge. Maschinenbau – Mechanical & Process Engineering und Paper Science and Technology. Version 2.0'. Info-Veranstaltung 30. 03. 2007. (Unveröffentlicht)

‚Schlüsselqualifikationen an Technischen Universitäten', unveröffentlichter Leitbild-Entwurf des Verbundprojektes ‚Schlüsselqualifikationen an Technischen Hochschulen', November 2006.

Schreiben des Karlsruher Verbundprojektes ‚Schlüsselqualifikationen an Technischen Hochschulen' an den Stifterverband für die Deutsche Wissenschaft, Karlsruhe/Darmstadt/München, 30. 04. 2006. (Unveröffentlicht)

Stifterverband für die Deutsche Wissenschaft: Aktionsprogramm Schlüsselqualifikationen^{plus}, Mai 2005.

Schlüsselqualifikationen für den Beruf.
Anforderungen des Arbeitsmarktes

Schlüsselqualifikationen für die Arbeit der Zukunft

Hartwig Rüll

Im folgenden Beitrag wird der Einfluss von ausgewählten Trends aus dem technologischen und wirtschaftlichen Umfeld auf die Schlüsselqualifikationen für die Arbeit der Zukunft betrachtet.

1. Technologie-Trends

1.1. Das Gesetz der fallenden Informationskosten

Seit die Menschheit Informationen speichert, bearbeitet und überträgt, sind die Kosten für diese Aktivitäten stetig gefallen. Einen wesentlichen Beitrag für diese Kostensenkung liefert seit der Mitte des letzten Jahrhunderts die Mikroelektronik. Ihr gelingt es mehr und mehr, Funktionen auf einem Siliziumchip unterzubringen. Gordon Moore beschrieb dies im nach ihm benannten Mooreschen Gesetz: „Die Zahl der aktiven Komponenten auf einem Chip verdoppelt sich alle 16-18 Monate."[1] Damit steigt auch die Mächtigkeit der integrierten Schaltungen. Sie können mehr Daten speichern und mehr Daten in kürzerer Zeit verarbeiten und übertragen; gleichzeitig fallen die Kosten hierfür. Im Jahre 1972 kostete die Speicherung von einem Megabit (eine Million Bits) noch ca. 5000 USD. 1999 hingegen betrug der Preis nur noch 0.5 USD und der Trend hält unvermindert an.

Ähnliches gilt auch für die Verarbeitung von Informationen sowie für deren Übertragung: die Kosten für Information fallen stetig. Dieses Gesetz der fallenden Informationskosten wurde von Francis McInerney formuliert.[2] Es hat nachhaltige Auswirkungen auf die Art und Weise, wie wir in Zukunft arbeiten und wie sich die Geschäftsprozesse künftig weiterentwickeln werden. Mit immer leistungsfähigeren Systemen können auch zunehmend komplexere Arbeitspakete digitalisiert, gespeichert, verarbeitet und übertragen werden. Arbeit wird gewissermaßen fluid. Sie geht

---

1 Moore, Gordon: Cramming more components onto integrated circuits, in: Electronics, No. 8, Vol. 38, April 19th 1965; Onlinedokument ftp://download.intel.com/research/silicon/moorespaper.pdf [07. 07. 2009].

2 Vgl. Francis McInerney: Soccerball Management. How top CEOs get A-Grade, in: Performance, No. 3, 2004, p. 16.

dorthin, wo sie am besten erledigt wird: zum richtigen Zeitpunkt, in der richtigen Qualität und zu den richtigen Kosten. Raum und Zeit verlieren zunehmend ihre Trennkraft. Mit der rasch steigenden Vernetzung von Menschen und Maschinen kann Arbeit an jedem Ort und zu jeder Zeit erbracht werden.

1.2. Entwicklung der Rechenleistung

Mit jeder neuen Generation von Prozessorchips erhöht sich auch ihre Rechenleistung. Hans Moravec vom Robotics Institut der Carnegie Mellon Universität in Pittsburg, Pennsylvania/USA, untersuchte den rasanten Anstieg der Rechenleistung, die wir für 1000 USD (1997) kaufen können, über die Jahre hinweg.[3] Abbildung 1 zeigt sein Ergebnis: auf der vertikalen Achse sehen wir links die Rechenleistung in MIPS (Million Instructions Per Second), die man für 1000 USD erhält. Rechts ist zum Vergleich die Rechenleistung einiger Lebewesen aufgetragen, vom Bakterium bis hin zum menschlichen Gehirn. Die horizontale Achse zeigt den Zeitabschnitt von 1900 bis zum Jahr 2020.

3 Vgl. Hans Moravec: When will computer hardware match the human brain?, in: Journal of Evolution and Technology, No. 1, 1998; Onlinedokument http://www.transhumanist.com/volume1/moravec.htm [07. 07. 2009].

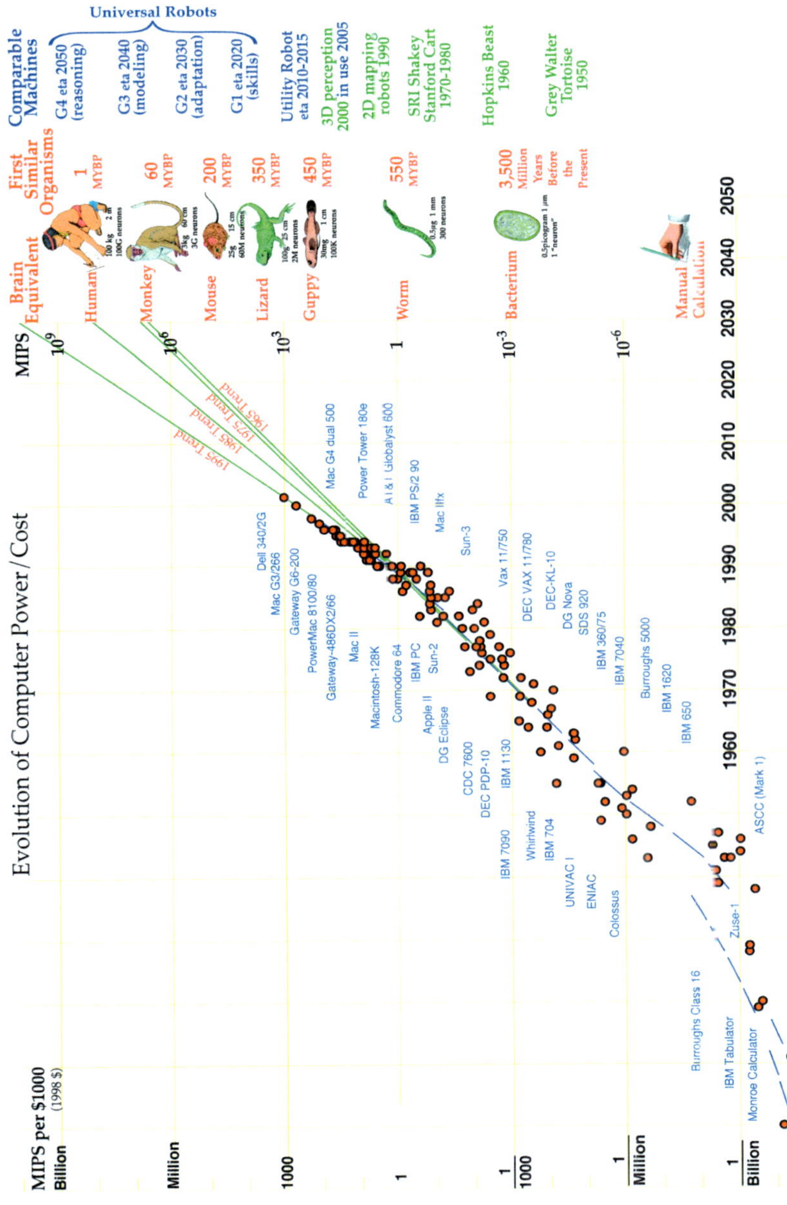

Abb. 1, Quelle: Moravec, 1998.

Drei Dinge sind an diesem Bild bemerkenswert:

1. Die Streuung der Datenpunkte nimmt als Funktion der Zeit ab. Im Laufe der Rechnerentwicklung haben sich Regeln etabliert, die den Fortschritt der Rechnerleistung vorgeben. Systeme, die von diesen Regeln abweichen, werden im Markt nicht akzeptiert.

2. Je jünger die Prognosen, desto aggresiver sind sie.

3. Im Jahre 2020 wird die Rechenleistung der Silizium Systeme das Niveau der menschlichen Rechenleistung erreichen.

Diese Entwicklung wird gravierende Auswirkungen auf die Arbeit der Zukunft haben. Arbeitsinhalte, die bisher dem Menschen vorbehalten waren, werden in Zukunft Zug um Zug auf Rechnersysteme übertragen. Diese Systeme werden zu unabdingbaren Assistenten im Geschäftsleben. Sie analysieren komplexe Geschäftssituationen nach optimierten Heuristiken, sie erarbeiten Lösungsvorschläge und machen auf Risiken aufmerksam. Über Hochgeschwindigkeitsnetze tauschen sie Informationen und Programme mit anderen ‚befreundeten' Rechnersystemen aus.

Für die Schlüsselqualifikationen für die Arbeit der Zukunft bedeutet dies: der Einzelne muss seine Computer Skills stetig weiterentwickeln. Wir müssen die Rechner der Zukunft richtig und gezielt einsetzen können und vor allem ihre Begrenzungen verstehen.

2. Trends in der Ökonomie

2.1. Der Aufstieg der BRIC-Staaten (Brasilien, Russland, Indien, China)

Die Investmentbank Goldman Sachs hat modelliert, wie sich die Volkswirtschaften der BRIC-Staaten im Vergleich zu den Industriestaaten entwickeln werden.[4] Es würde an dieser Stelle zu weit führen, näher auf die Mechanismen dieses Modells einzugehen. Es möge genügen, darauf hinzuweisen, dass dieses, ausgehend von den wirtschaftlichen Eckdaten Nachkriegsdeutschlands, die wirtschaftliche Entwicklung bis hin zur Gegenwart erstaunlich genau prognostizieren konnte.

---

4 Vgl. Dominic Wilson/Roopa Purushothaman: Dreaming With BRICs. The Path to 2050 (= Goldman Sachs: Global Economics Paper No. 99, 1st October 2003).

Abbildung 2 zeigt einerseits einige der bereits erzielten, andererseits die prognostizierten Ergebnisse: Auf der vertikalen Achse sind die BRIC Staaten aufgeführt. Die horizontale Achse zeigt den Zeitraum von 2000 bis 2050. Hierbei sieht man am Beispiel Chinas, dass die deutsche Volkswirtschaft laut der Prognosen noch vor dem Jahr 2010 überholt werden wird. Japan wird 2015 überholt und die USA etwa 2040. Der Schwerpunkt der wirtschaftlichen Entwicklung verlagert sich demnach nach Osten.

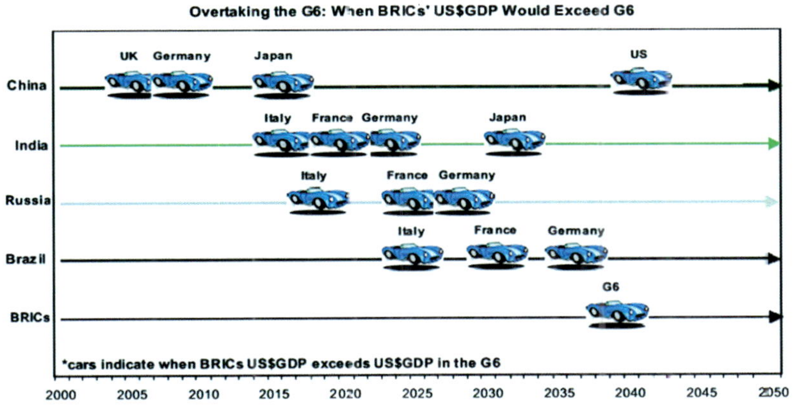

Abb. 2: Shift towards Asia, Quelle: Dominic Wilson/Roopa Purushothaman: Dreaming With BRICs: The Path to 2050 (= Goldman Sachs: Global Economics Paper No. 99, 1st October 2003), p. 3.

Im Osten entstehen die meisten Millionenstädte und auch die Bedeutung der Konsumenten dort steigt rasch an. Im Segment der Luxusgüter hatten 2004 die japanischen Konsumenten mit 42 % den weitaus größten Anteil, während China lediglich 12 % zum Verbrauch beitrug. Dies wird sich in Zukunft nachhaltig ändern: bis 2015 wird der Anteil der chinesischen Konsumenten auf 29 % ansteigen und mit Japan gleichziehen. China und Japan sind dann die Regionen mit dem höchsten Verbrauch an Luxusgütern, jeweils doppelt so hoch wie die USA als drittgrößte Verbrauchsregion. Die Bedeutung dieser Trends der Schlüsselqualifikationen für die Arbeit der Zukunft ist klar: wer Erfolg haben will, muss seine interkulturellen Fähigkeiten stetig weiterentwickeln, von den Sprachen bis hin zum Verständnis der Geschäftskulturen in den Wirtschaftsregionen des Ostens und in den BRIC-Staaten.

2.2. Neue, leistungsfähige Geschäftsmodelle

Der Wettbewerbsdruck in den einzelnen Wirtschaftssektoren wächst, die Geschäftsabläufe werden komplexer und die Geschäfte takten zunehmend rascher. Gefragt sind deshalb Geschäftsmodelle, die möglichst robust sind gegenüber Schwankungen des Sektors und nachhaltige Wettbewerbsvorteile bieten.

Eine Klasse von Geschäftsmodellen, die diese Eigenschaften haben, sind die sogenannten ‚Soccerballs',[5] wie sie von Francis McInerney und Sean White konzipiert und beschrieben wurden. Eine Soccerball-Firma zeichnet sich in erster Linie durch folgende Eigenschaften aus: alle Aktivitäten, die nicht in direkter Wechselwirkung mit den Kunden stehen, werden weitgehend nach außen verlagert. Im ‚Inneren' werden diese Firmen von hochleistungsfähigen, internetähnlichen IT-Strukturen zusammengehalten. Sie sind innen quasi hohl wie ein Fußball; daher der Name ‚Soccerball'. Diese innere Struktur ermöglicht den ‚Soccerballs' eine sehr hohe Reaktionsfähigkeit. Zudem kann man zeigen, dass sie in der Lage sind, F&E Aufwendungen ebenso wie Verwaltungsaufwendungen mit einem wesentlich höheren Wirkungsgrad in Gewinne umzusetzen, als dies klassische Wettbewerber vermögen.[6]

Die Geschwindigkeit, mit der Soccerballs ‚Atome' durch ‚Bits' substituieren, gibt das Moorsche Gesetz vor. Firmen, die deutlich langsamer Menschen und Material durch Information ersetzen, müssen entsprechende Wettbewerbsnachteile in Kauf nehmen. Soccerball-Firmen fokussieren ihre Investitionen auf ihre kundennahen Aktivitäten, auf ihre ‚Hülle'. Dort konzentrieren sie auch ihre fähigsten Mitarbeiter. Beispiele für Soccerball-Firmen sind etwa Dell, Cisco, Wal-Mart, Apple, Southwest Airlines u. a.

5 Vgl. Francis McInerney: Panasonic. The largest corporat restructuring in history, New York 2007.

6 Vgl. Hartwig Rüll: Vorlesung: Strategieentwicklung in I&K Märkten, WS 2007/2008, Technische Universität München, Lehrstuhl Prof. Dr. Ralf Reichwald sowie: Schlüsselqualifikationen für die Arbeit der Zukunft. Vortrag vom 12. 01. 2006 im Rahmen des Colloquium fundamentale am Zentrum für Angewandte Kulturwissenschaft Karlsruhe; Onlinedokument http://digbib.ubka.uni-karlsruhe.de/diva/2006-24/ [07. 07. 2009]

Generell ist hierbei eine steigende Transformationstendenz zu erkennen. Beispielsweise hat McInerney vor kurzem wesentlich dazu beigetragen, Panasonic erfolgreich in einen Soccerball zu transformieren.[7] Der Soccerball-Ansatz beginnt in Japan rasch an Boden zu gewinnen. Goldman Sachs begann Ende 2007 die Bewertung des japanischen Unterhaltungselektroniksektors auf die Soccerball-Metriken umzustellen.[8]

Es ist davon auszugehen, dass sich nunmehr ein Sektor nach dem anderen in der japanischen Industrie in Richtung Soccerball-Management bewegt. Diese Situation erinnert stark an den Siegeszug der ‚Six Sigma'-Qualitätsoffensive, die ebenfalls Mitte des letzten Jahrhunderts in Japan begann. Sie verbesserte die Wettbewerbsstärke der japanischen Industrie sehr nachhaltig und flankierte wirkungsvoll den Siegeszug japanischer Firmen in vielen Industriesektoren.

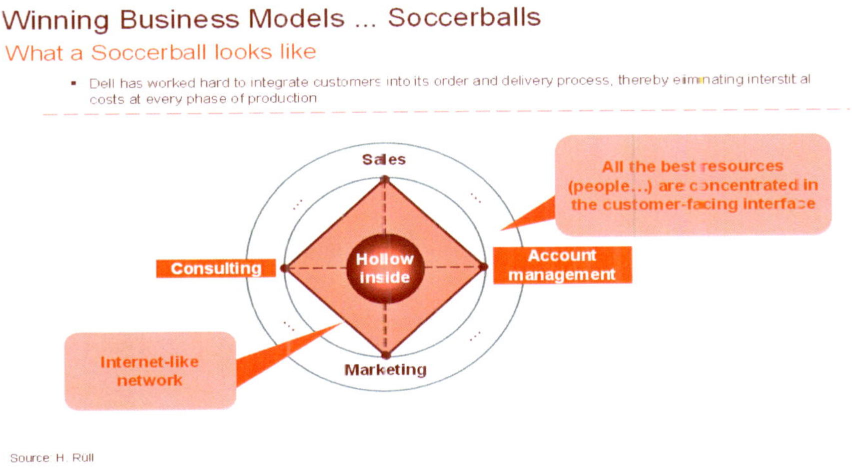

Abb. 3: What a soccerball looks like, Quelle: eigene Darstellung.

7 Vgl. McInerney, 2007.
8 Vgl. Yuji Fujimori: Why Japanese Manufacturers cannot come up with an iPhone (= Goldmann Sachs: Global Investment Research, September 14th 2007), o. S.

Es ist davon auszugehen, dass sich nunmehr ein Sektor nach dem anderen in der japanischen Industrie in Richtung Soccerball-Management bewegt. Diese Situation erinnert stark an den Siegeszug der ‚Six Sigma'-Qualitätsoffensive, die ebenfalls Mitte des letzten Jahrhunderts in Japan begann. Sie verbesserte die Wettbewerbsstärke der japanischen Industrie sehr nachhaltig und flankierte wirkungsvoll den Siegeszug japanischer Firmen in vielen Industriesektoren.

Die Robustheit von Soccerball-Firmen gegenüber Schwankungen des Geschäftssektors ist in Abbildung 4 dargestellt. Sie zeigt die Gewinnentwicklung im Segment der Telekom-Netzausrüster während und nach dem Platzen der Internet-Dotcom-Blase. Die blau gekennzeichneten soccerballähnlichen Firmen überstehen die Krise nahezu unbeschadet. Die in der Abbildung rot gefärbten, klassischen Wettbewerber hingegen erleiden dramatische Verluste, von denen sie sich z. T. bis heute noch nicht erholt haben.

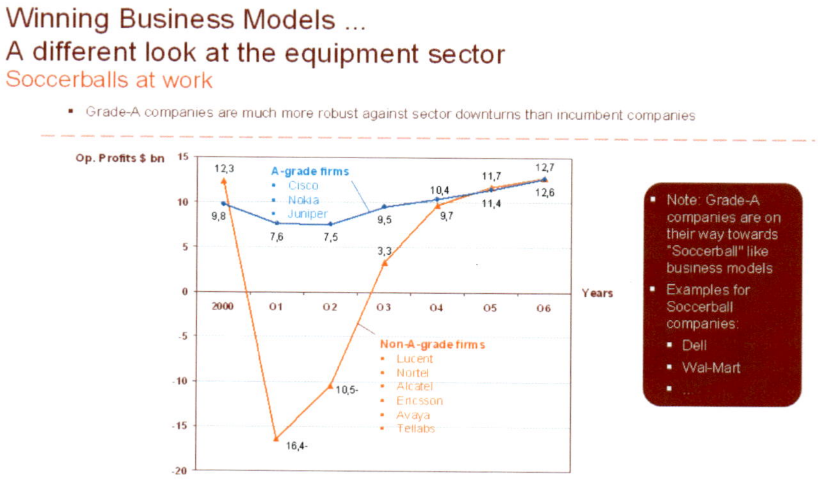

Abb. 4: Soccerballs at work, Quelle: UBS/JPM/eigene Darstellung.

Abbildung 5 zeigt die Entwicklung des operativen Free Cashflows in demselben Sektor in demselben Zeitabschnitt. Die blau gekennzeichneten soccerballähnlichen Firmen extrahieren aus dem Sektor erheblich mehr Cashflow als die klassischen Firmen. Über die Zeit hinweg summiert haben die blau dargestellten Firmen einen vierzigfach höheren Cashflow als die rot markierten klassischen Wettbewerber. Es ist daher leicht vorherzusehen, welche Gruppe von Wettbewerbern über die Zeit hinweg erfolgreicher sein wird: ‚Only Soccerballs can beat Soccerballs'.

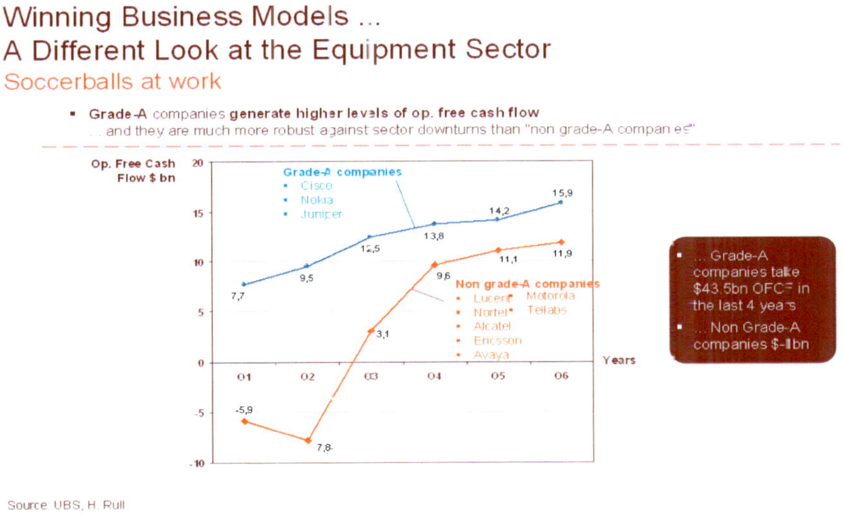

Abb. 5: Soccerballs at work, Quelle: UBS.

Für die Schlüsselqualifikationen für die Arbeit der Zukunft bedeutet dies: Um Erfolg zu haben, müssen die Fähigkeiten zum vernetzten Denken und Handeln stetig weiterentwickelt werden. Die Prozesse in Soccerball-Firmen sind so eng mit denen ihrer Kunden und Lieferanten verzahnt, dass die Mitarbeiter bei ihrem Tun stets für die Geschäftspartner mitdenken müssen.

3. Humankapital, Sozialkapital und Wirtschaftswachstum

Deutsche Bank Research untersuchte den Zusammenhang zwischen dem Wirtschaftswachstum (BIP pro Kopf) und dem Humankapital. Unter Humankapital wird dabei die mittlere Ausbildungsdauer der 25- bis 64-jährigen verstanden. Mit anderen Worten: Humankapital ist die Summe der Fähigkeiten und des Wissens von Menschen in einer Gruppe.

Die Forschungsergebnisse zeigen einen starken Zusammenhang zwischen dem BIP pro Kopf und den Ausbildungsjahren,[9] wie Abbildung 6 verdeutlicht. Je länger die Ausbildung, desto höher ist das BIP pro Kopf. Als Faustregel gilt: 10 % mehr Ausbildung entspricht ca. 8 % bis 9 % mehr BIP pro Kopf. Humankapital ist damit ein wichtiger Faktor der wirtschaftlichen Entwicklung.

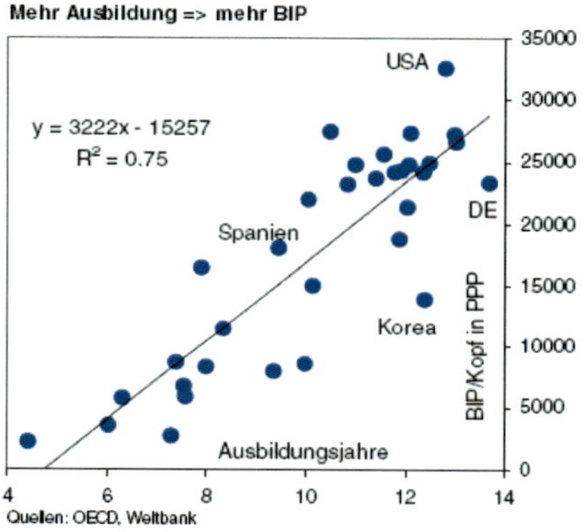

Abb. 6: Ausbildung und Bruttoinlandsprodukt, Quelle: OECD/Weltbank.

Ein ähnlicher Zusammenhang ergibt sich, wenn man das BIP-Wachstum pro Kopf und die Veränderung der relativen Ausbildungsdauer betrachtet. Dies ist modellhaft in Abbildung 7 für die Jahre 2006 bis 2020 dargestellt.[10] Die Beobachtungen und Prognosen für Deutschland sehen in diesem Zusammenhang nicht gut aus. Der Faktor des deutschen Humankapitals stagniert und entsprechend schwach sind die Wachstumsaussichten des BIP pro Kopf. Die Studie kommt deshalb zu dem Schluss: „Germany's human capital per person is set to barely grow over the coming years, as a result, GDP growth is likely to remain modest."[11]

9 Vgl. Stefan Bergheim: Humankapital wichtiger Wachstumstreiber, DBR Symposium vom 15. 03. 2006, Berlin, S. 4; Onlinedokument http://www.dbresearch.de/PROD/DBR_INTERNET_DE-PROD/PROD0000000000197095.pdf [07. 07. 2009].

10 Schneider, Stefan (Deutsche Bank Research): Human Capital is the key to growth, September 1st 2005, p. 3; Onlinedokument http://www.dbresearch.com/PROD/DBR_INTERNET_EN-PROD/PROD0000000000190080.pdf [07. 07. 2009].

11 Schneider, 2005, S. 9.

Zum Vergleich: im Zeitraum von 1991 bis 2001 stieg das mittlere Humankapital pro Person in Spanien um 20 %, während es in Deutschland lediglich um 3 % stieg.

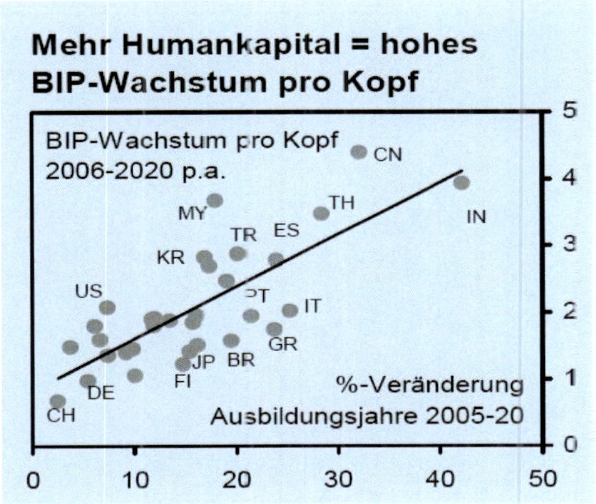

Abb. 7: Humankapital, Quelle: Deutsche Bank Research.

Neben dem Humankapital ist das Sozialkapital ein wichtiger Faktor der wirtschaftlichen Entwicklung.[12] Sozialkapital ist dabei die Ressource, die sich aus Beziehungen in sozialen Netzwerken bzw. den Merkmalen einer Netzwerkstruktur ergibt und die Nutzen hervorbringt. Durch soziales Kapital entstehen potenziell Formen der sozialen Organisation und Vertrauen. Die Effizienz von Handlungen wird potenziell erhöht, da die Koordination erleichtert wird. Dies wird jeder bestätigen, der über eine entsprechende Führungserfahrung verfügt. Teams, die derselben Vision folgen und die einig sind im taktischen Vorgehen, erzielen überlegene Ergebnisse. Wissens- und Fähigkeitslücken werden umgehend über die persönlichen Netzwerke behoben. In Bezug auf die Schlüsselqualifikationen für die Arbeit der Zukunft bedeutet dies: wer Erfolg haben will, muss sowohl sein individuelles Humankapital als auch sein persönliches Sozialkapital stetig weiterentwickeln. Dies ist nur möglich durch die Bereit-

12 Vgl. Ingo Rollwagen (Deutsche Bank Research): Wachstumspotenzial durch Sozialkapital. Vortrag beim Kongress ‚Wege in die Zukunft', Jena, 04. 12. 2007, S. 6 ff; Onlinedokument http://www.dbresearch.de/PROD/DBR_INTERNET_DE-PROD/PROD0000000000219108.pdf [07. 07. 2009].

schaft und das Angebot für ein lebenslanges Lernen sowie durch stetiges, vernetztes Denken und Handeln. Die Summe der Überlegungen sind in Abbildung 8 schematisch zusammengefasst.

Das innere Polygon stellt die Schlüsselqualifikationen der Gegenwart zusammen. Das äußere Polygon stellt die zukünftige Entwicklung dar. Stark ausgebaut werden müssen demnach vor allem die interkulturellen Fähigkeiten sowie die Fähigkeiten zum vernetzten Denken und Handeln.

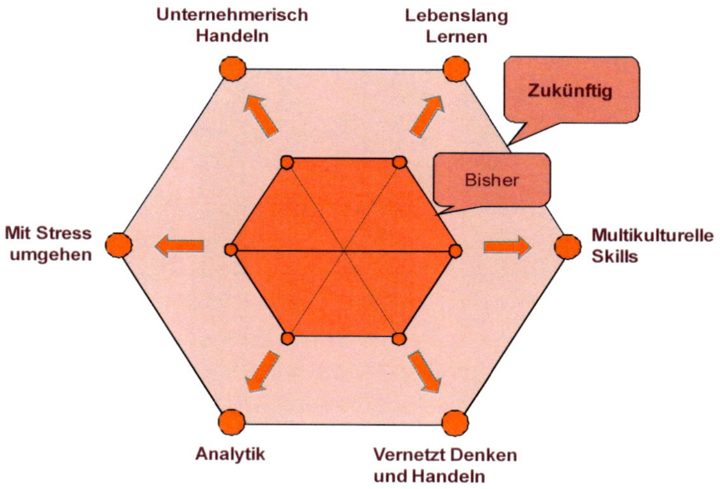

Abb. 8: Veränderung der Anwendungsprofile, Quelle: eigene Darstellung.

An die Verantwortlichen in Politik und Wirtschaft ergeht der Appell, Aus- und Weiterbildung als Investition zu betrachten. Ziel dabei muss es sein, die Veränderung des Humankapitals in Deutschland auf ein international führendes Niveau zu heben und das Sozialkapital gezielt auf eine Führungsposition hin zu entwickeln.

Literaturverzeichnis

Bergheim, Stefan: Humankapital wichtiger Wachstumstreiber, DBR Symposium vom 15. 03. 2006, Berlin; Onlinedokument http://www.dbresearch.de/PROD/DBR_INTERNET_DE-PROD/PROD0000000000197095.pdf [07. 07. 2009].

Fujimori, Yuji: Why Japanese Manufacturers cannot come up with an iPhone (= Goldmann Sachs: Global Investment Research, September 14th 2007), o. S.

McInerney, Francis: Management Failure. A White Paper on the Outlooks for US ILECs, April 2002.

id.: Soccerball Management. How top CEOs get A-Grade, in: Performance, No. 3, 2004.

id.: Panasonic. The largest corporat restructuring in history, New York 2007.

Moore, Gordon: Cramming more components onto integrated circuits, in: Electronics, No. 8, Vol. 38, April 19th 1965; Onlinedokument ftp://download.intel.com/research/silicon/moorespaper.pdf [07. 07. 2009].

Moravec, Hans: When will computer hardware match the human brain?, in: Journal of Evolution and Technology, Vol. 1, 1998; Onlinedokument http://www.transhumanist.com/volume1/moravec.htm [07. 07. 2009].

Rollwagen, Ingo (Deutsche Bank Research): Wachstumspotenzial durch Sozialkapital. Kongress: Wege in die Zukunft, Jena, 04. 12. 2007; Onlinedokument http://www.dbresearch.de/PROD/DBR_INTERNET_DE-PROD/PROD0000000000219108.pdf [07. 07. 2009].

Rüll, Hartwig: Schlüsselqualifikationen für die Arbeit der Zukunft. Vortrag vom 12. 01. 2006 im Rahmen des Colloquium fundamentale am Zentrum für Angewandte Kulturwissenschaft Karlsruhe; Onlinedokument http://digbib.ubka.uni-karlsruhe.de/diva/2006-24/ [07. 07. 2009]

ders.: Vorlesung: Strategieentwicklung in I & K Märkten, WS 2007/2008, Technische Universität München, Lehrstuhl Prof. Dr. Ralf Reichwald.

Schneider, Stefan (Deutsche Bank Research): Human Capital is the key to growth, September 1st 2005; Onlinedokument http://www.dbresearch.com/PROD/DBR_INTERNET_EN-PROD/PROD0000000000190080.pdf [07. 07. 2009].

Wilson, Dominic/Purushothaman, Roopa: Dreaming With BRICs. The Path to 2050 (= Goldman Sachs: Global Economics Paper No. 99, 1st October 2003); Onlinedokument http://www2.goldmansachs.com/ideas/brics/book/99-dreaming.pdf [07. 07. 2009].

Schlüsselqualifikationen für die optische/medizintechnische Industrie[1]

Michael Kaschke, Marcus-Christian von Pock und Karlheinz Rein

1. Chancen in der optischen Industrie

1.1. Die Carl Zeiss AG

Als innovationsstarker Anbieter von Produkten und Dienstleistungen in der zukunftsorientierten optischen Industrie zählt Carl Zeiss zu den besonders forschungsintensiven Technologiekonzernen. Die Carl Zeiss Gruppe hat sich auf die drei strategischen Wachstumsfelder Medical and Research Solutions, Industrial Solutions sowie Lifestyle Products spezialisiert. In diesen Wachstumsfeldern ist Carl Zeiss in fünf Unternehmensbereiche gegliedert, die als marktorientierte Tochterunternehmen mit weitgehender Selbstständigkeit und Eigenverantwortung in ihren Märkten in der Regel die Position eins oder zwei belegen. Das Augenoptik-Geschäft firmiert als Carl Zeiss Vision International GmbH und belegt unter den Brillenglasanbietern weltweit Platz zwei. Diese Gesellschaft ist zu jeweils 50 % im Besitz der Carl Zeiss AG und eines Finanzpartners

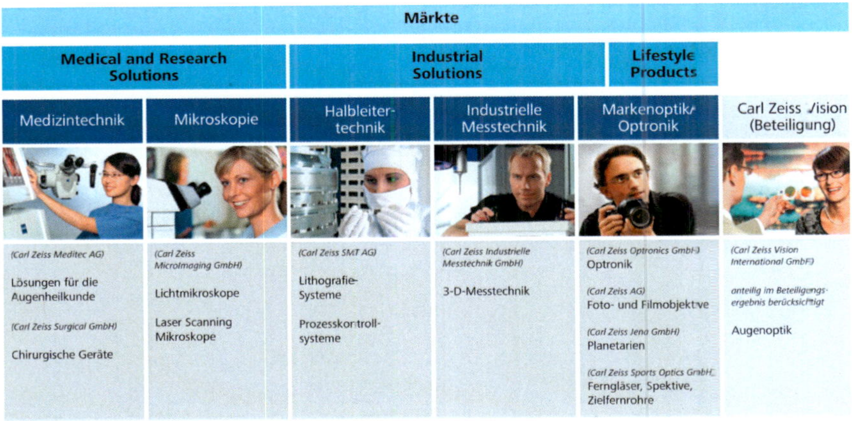

Abb. 1: Die Märkte der Carl Zeiss Gruppe.

---

1 Besten Dank an Eva Sesselmann und Kathrin Kunze, die zum Entstehen dieses Artikels maßgeblich beigetragen haben.

1.2. Wirtschaftliches Umfeld

Als Anbieter optischer Technologien agiert die Carl Zeiss Gruppe in einem bedeutenden Zweig für die deutsche Wirtschaft: Die deutsche Photonik-Industrie generiert Erlöse in Höhe von rund 22 Milliarden Euro (2005). Darüber hinaus sind etwa 150.000 Menschen direkt in der deutschen Photonik-Industrie beschäftigt. Den größten Anteil besitzen hierbei kleine und mittlere Unternehmen (KMU). Indirekt beeinflusst von den optischen Technologien werden sogar rund 1 Million Arbeitsplätze, dies sind 15 % aller Arbeitsplätze in der deutschen Industrie. Deutsche Unternehmen sind in diesem Industriezweig innerhalb der EU sowie in globalen Märkten gut positioniert und werden weltweit als Partner anerkannt. Generell zeichnet sich die Photonik-Industrie durch eine viel versprechende Zukunft sowie exzellente Arbeitsplatzmöglichkeiten aus.

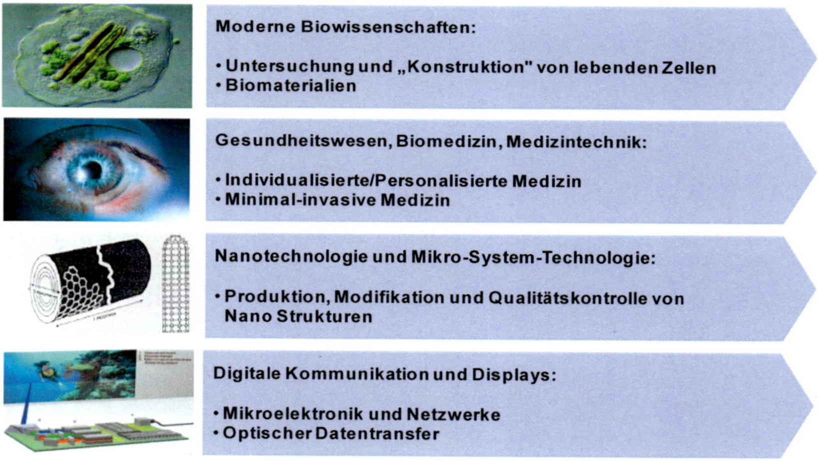

Abb. 2: Optik & Photonik Industrie.

1.3. Bedarf an Fach- und Führungskräften

Angesichts dieser dynamisch wachsenden Industrie wird der Bedarf an hochqualifizierten Fach- und Führungskräften, insbesondere im Umfeld Forschung & Entwicklung (F&E) in Zukunft ein kritischer Erfolgsfaktor sein. Abbildung 3 zeigt am Beispiel von Carl Zeiss den Verlauf und den anhaltenden Trend im Bereich Forschung und Entwicklung.

- **Gegenwärtig (Februar 2007) arbeiten weltweit an mehr als zehn Standorten über 1750 Mitarbeiter in der Forschung & Entwicklung (F&E) :**
  - Australien: Adelaide
  - Frankreich: La Rochelle
  - Deutschland: Aalen, Bernried, Darmstadt, Dresden, Jena, München, Oberkochen, Wetzlar
  - USA: Dublin CA, Minneapolis MN, Peabody, MA
- **Weltweit wurden im Geschäftsjahr 2005/06 über 900 Personen eingestellt, davon rund 25 Prozent in der F&E.**
- **Im Geschäftsjahr 2005/06 wurden im Bereich F&E rund 250 Mio. Euro ausgegeben.**

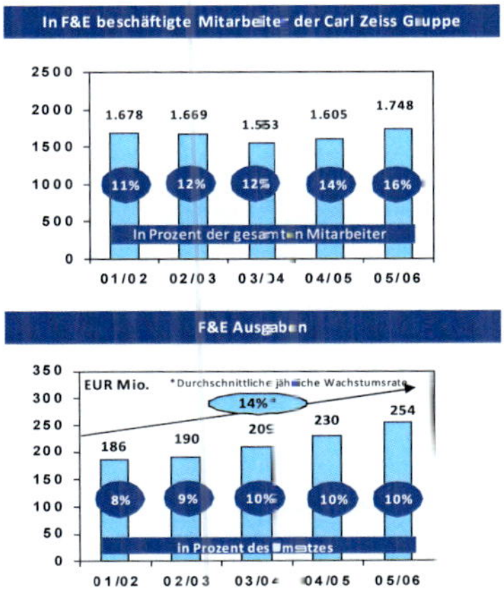

Abb. 3: Anhaltender Trend der F&E bei der Carl Zeiss Gruppe.

2. Case Study Carl Zeiss Meditec AG

2.1. Medizintechnik bei Carl Zeiss

Carl Zeiss hat auf dem Gebiet der Medizintechnik mehr als 100 Jahre Erfahrung. Sie wurde als Beispiel gewählt, weil sie sich dynamisch entwickelt, hoch komplex ist und eine Zukunfts- und Schlüsselbranche darstellt. Heute firmiert die gesamte Medizintechnik von Carl Zeiss unter dem Dach der Carl Zeiss Meditec AG, die mit weltweit rund 2.100 Mitarbeitenden (Stand 30. 09. 2008) erfolgreich im Bereich der Augenheilkunde sowie Mikrochirurgie tätig ist.

In der Augenheilkunde bietet die Carl Zeiss Meditec Komplettlösungen für die vier Hauptkrankheitsbilder Fehlsichtigkeit (Refraktion), Grauer Star (Katarakt), Grüner Star (Glaukom) und Netzhauterkrankungen (Retina-Erkrankungen) an. Die Systemlösungen des Unternehmens kommen während des gesamten Krankheitsverlaufs – von der Diagnose über die Behandlung bis hin zur Nachsorge – zum Einsatz. Im Bereich der Mikrochirugie (Neuro- und HNO-Chirurgie) ist die Carl Zeiss Meditec der weltweit führende Anbieter von Operationsmikroskopen und innovativen Visualisierungslösungen. Diese werden hauptsächlich zur Unterstützung bei der Entfernung von Tumoren, der Behandlung von Gefäßerkrankungen sowie der Therapie funktioneller Krankheiten verwendet. Abgerundet wird das Medizintechnik-Portfolio durch Visualisierungssysteme für niedergelassene Ärztinnen und Ärzte und innovative, viel versprechende Zukunftstechnologien wie die intraoperative Strahlentherapie. Mit ihr lassen sich beispielsweise Brustkrebs- und Hirntumorerkrankungen bereits während der Operation gezielt radiotherapeutisch behandeln.

2.2. Zukünftige Herausforderungen der Medizintechnik

Eine wachsende Weltbevölkerung, ein steigender Anteil älterer Menschen an der Gesamtbevölkerung, neuartige Behandlungsmethoden und steigende Erwartungen der Ärztinnen und Ärzte und Patientinnen und Patienten an Behandlungsergebnisse führen zu einem hohen und nachhaltigen Wachstum in der Medizintechnik. Bedingt durch die zunehmende internationale Angleichung von medizintechnologischen Standards nimmt als Folge die Internationalisierung des Medizintechnikmarktes stark zu. Darüber hinaus sorgen neuartige Behandlungsmethoden und zunehmender Wettbewerb für hohen Innovationsdruck in der Medizintechnik und damit für steigende Entwicklungsaufwendungen. So erzielen deutsche Unternehmen im Medizintechnik-Markt über 50 % ihres Umsatzes mit Produkten, die jünger als zwei Jahre sind.[2]

Um in diesem globalen bzw. branchenweiten Wettbewerb zu bestehen, hat sich Carl Zeiss als Ziel gesteckt, in seinen Märkten Markt- und Technologieführer zu sein. Zur Stärkung der internationalen Wettbewerbsfähigkeit und um zusätzliche Wachstumsoptionen zu erschließen, wurden diverse Akquisitionen und Fusionen durchgeführt, wie die Übernahme der Laser Diagnostic Technologies, Inc. (LDT), durch die Carl Zeiss Meditec im Dezember 2004 oder der Erwerb der Acri.Tec AG im Oktober 2007.

3. Zukunftsfähige Schlüsselqualifikationen und ihr Status

Betrachtet man die oben genannten Anforderungen, so wird deutlich, dass dadurch die fachlichen und sozialen Ansprüche an unsere Mitarbeitenden immer komplexer werden. Um dieser Entwicklung nachhaltig ge-

2 Bundesministerium für Bildung und Forschung (2005): Studie zur Situation der Medizintechnik in Deutschland im internationalen Vergleich; Onlinedokument http://www.bmbf.de/pub/situation_medizintechnik_in_deutschland.pdf [07. 07. 2009].

recht zu werden, halten wir die folgenden Schlüsselqualifikationen für eine Voraussetzung heutigen und zukünftigen Erfolges.

3.1. Technische Fachkompetenz und Geschäftsverständnis

Die exzellente Ausprägung der technischen Fachkompetenz erhält bei Carl Zeiss höchste Priorität, da wir als innovationsstarker Technologiekonzern in besonderem Maße von der technischen Fachkompetenz unserer Mitarbeitenden abhängig sind, um dem zunehmenden Innovationsdruck in der Medizintechnikbranche standzuhalten. Daneben fordern wir Kenntnisse betriebswirtschaftlicher Zusammenhänge in sämtlichen Bereichen unseres Unternehmens, so dass alle Handlungen von den jeweiligen Mitarbeitenden unmittelbar auf ihre möglichen wirtschaftlichen Auswirkungen hin beurteilt werden können. Die technische Fachkompetenz befindet sich aktuell bei Berufseinsteigern von Universitäten und technischen Hochschulen auf einem relativ hohen Niveau. Dies zeugt von dem heute sehr guten Ausbildungsstandard dieser Hochschulen. Das Geschäftsverständnis der meisten Absolventinnen und Absolventen ist dagegen eher gering.

3.2. Fähigkeit, Probleme selbständig zu lösen

Selbstständige Problemlösung, die Kompetenz, Problemlösungsprozesse anzustoßen und zu organisieren sowie die Fähigkeit, beim Auftreten einer Konfliktsituation den Gedankenaustausch aktiv einzuleiten und die Gruppen-, Kommunikations- und Leitungsstruktur dem jeweiligen Problemtyp entsprechend zu gestalten, ist eine Antwort auf die Herausforderungen von zunehmend komplexeren Umfeldern. Die von uns bei Absolventinnen und Absolventen beobachtete Problemlösungsfähigkeit ist sehr unterschiedlich ausgeprägt, und weist darüber hinaus eine abnehmende Tendenz auf. Kritisch ist dies vor allem vor dem Hintergrund, dass die Absolventinnen und Absolventen dadurch keineswegs für die bei uns im Entwicklungsbereich übliche Projektarbeit befähigt sind.

3.3. Kreativität, Improvisationsvermögen und Eigeninitiative

Kontinuierlich wachsende Anforderungen durch Wettbewerb, Kundinnen und Kunden, Lieferantinnen und Lieferanten, erfordern ein hohes Maß an Kreativität und Improvisationsvermögen. Wir erwarten von unseren Mitarbeitenden, dass sie sich für unsere Dienstleistungen und Produkte einsetzen sowie die Strategie unseres Unternehmens unterstützen. Zur weiteren Sicherung eines ausgeprägten Innovationspotenzials legen wir großen Wert auf Neugier und Eigeninitiative. Wir fördern ausdrücklich das Entwickeln, Vorstellen und Durchsetzen eigener Lösungsvorschläge unserer Mitarbeitenden. Wir finden Kreativität, Improvisationsvermögen und Eigeninitiative der heutigen Absolventinnen und Absolventen auf höchstens mittlerem Niveau ausgebildet.

3.4. Interdisziplinäre Projekterfahrung

Projektarbeit ist eine ideale Möglichkeit, Fachkompetenz und methodisches Know-how anzuwenden und alle anderen oben genannten Schlüsselqualifikationen weiter auszubilden. Interdisziplinäre Projekte fördern insbesondere das Verständnis für angrenzende Gebiete sowie den Blick über den ‚eigenen Tellerrand' hinaus ebenso wie die Fähigkeit, komplexe Sachverhalte schnell erfassen und strukturieren zu können, der heute zunehmend neben der hohen Fachkompetenz erforderlich ist. Die Mehrzahl der Absolventinnen und Absolventen bringt auf diesem Feld ein eher durchschnittliches Maß an Erfahrungen mit.

3.5. Kommunikationsfähigkeit, Netzwerkfähigkeit

Kernaussage dieser Qualifikationsanforderung ist es, seinem Gegenüber eine Botschaft richtig zu verstehen zu geben und Aussagen anderer richtig zu interpretieren – z. B. im Rahmen von Gesprächen, Präsentationen, Schriftwechseln oder Verhandlungen. Dazu gehört nicht nur, gut zuzuhören, sondern auch alle anderen Signale wie Mimik, Gestik und Körperhaltung zu entschlüsseln und entsprechend zu reagieren. Ein ausgeprägtes Netzwerk und die richtigen Kontakte in der ganzen Welt werden immer wichtiger, um eine umfassende Versorgung mit relevanten Informationen sicherzustellen, so dass der Aufbau und die Nutzung von Netzwerken heute zunehmend an Bedeutung gewinnen. Die Kommunikationsfähigkeit ist innerhalb der Fachthemen gut, generell gibt es jedoch ein deutliches Verbesserungspotenzial.

Die Fähigkeit der Absolventinnen und Absolventen, Netzwerke zu knüpfen und in ihnen zu agieren, ist in den meisten Fällen eher durchschnittlich ausgeprägt, eine steigende Tendenz ist zu beobachten.

3.6. Interkulturelle Kompetenz, internationale Erfahrung

In einem global agierenden Unternehmen wie Carl Zeiss ist es von höchster Bedeutung, neben der allgemeinen Kommunikationsfähigkeit auch über interkulturelle Kompetenz zu verfügen, das heißt den richtigen Umgang mit fremden Kulturen, die Kommunikation in einer fremden Sprache und professionelle Umgangsformen hinsichtlich Gesprächs- und Verhandlungsführung zu beherrschen. Internationale Erfahrungen helfen, ein Gespür für die Besonderheiten anderer Kulturen zu entwickeln. Die interkulturelle Kompetenz und die Zahl der Absolventinnen und Absolventen mit internationaler Erfahrung sind aktuell durchschnittlich ausgeprägt, steigen jedoch stetig an. Dies ist wohl bedingt durch ein zunehmendes Angebot an Austauschprogrammen sowie Auslandssemestern bzw. -praktika.

3.7. Prozess-Know-how und Kenntnisse über Abläufe in der Industrie

Ein grundlegendes Verständnis für Prozesse und Abläufe innerhalb eines global agierenden Industrieunternehmens ist für Mitarbeitende, die sich in einem komplexen Wettbewerbsumfeld bewegen, heute eine unabdingbare Voraussetzung, um Zusammenhänge erkennen und Sachverhalte angemessen beurteilen zu können. Grundkenntnisse über konkrete Prozesse in Unternehmen sowie der jeweiligen Industrie sind bei vielen Absolventinnen und Absolventen technischer Hochschulen erfahrungsgemäß eher schwach ausgeprägt.

4. Universitäten und Industrie als Partner in der Ausbildung

Industrie sowie Absolventen sind gleichermaßen an der Ausbildung von Schlüsselqualifikationen interessiert: In der kontinuierlichen Arbeit mit Absolventinnen und Absolventen zeigen diese ein wachsendes Interesse an einer Vertiefung ihrer Schlüsselqualifikationen, um sich auch international eine gute Ausgangsposition zu verschaffen. Um diesem Interesse gerecht zu werden und eine bestmögliche Ausbildung zu ermöglichen, sollten sich Universitäten sowie Industrieunternehmen auf diesem Feld gemeinsam engagieren. Die Universitäten sollten den Absolventinnen und Absolventen in erster Linie ein solides Fundament an Fachkompetenz vermitteln, das mit den oben genannten Schlüsselqualifikationen und Erfahrungen (Soft Skills) ergänzt wird. Dieses Qualifikationsprofil wird dann in der Industrie weiter ausgebaut und geschärft.

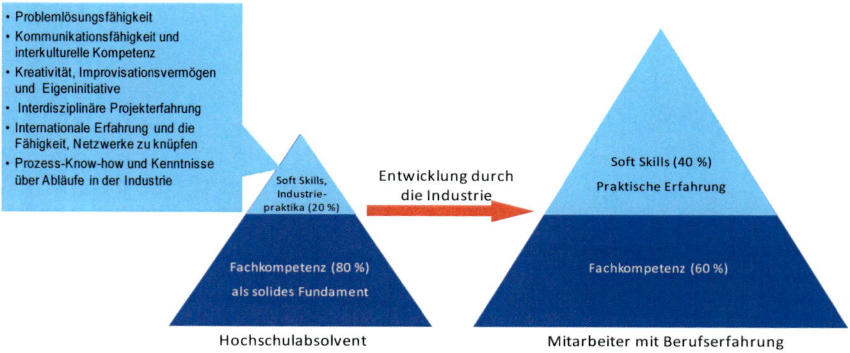

Abb. 4: Pyramide der erwünschten Qualifikationen von Absolventinnen und Absolventen technischer Hochschulen und Entwicklung durch die Industrie.

4.1. Anforderungen an die universitäre Ausbildung

Wie schon unter Punkt 3 verdeutlicht, ist derzeit allerdings noch an vielen Stellen eine erhebliche Diskrepanz zwischen dem von der Industrie geforderten Grundstock an Schlüsselqualifikationen und dem aktuellen Ausbildungsstatus der Absolventinnen und Absolventen bezüglich dieser Anforderungen erkennbar.

Exzellenz in technischer Fachkompetenz erhalten. Der heutige gute Stand an technischer Fachkompetenz muss auch in den neu eingeführten Bachelor-/Master-Studiengängen sichergestellt und weiter entwickelt werden, um aktuellen Tendenzen zur Verwässerung der Standards entgegenzuwirken. Es muss dabei besonders darauf geachtet werden, dass die wünschenswerte Kürze des Studiums nicht zu Lasten der Selbstständigkeit geht.

Grundlegende Kenntnisse betriebswirtschaftlicher Zusammenhänge schaffen. Ergänzend sollten grundlegende Kenntnisse betriebswirtschaftlicher Zusammenhänge verpflichtend in den Fächerkanon aufgenommen werden: strategisches Management, Organisation, Marketing, Innovationsmanagement, Kostenrechnung und -management, Investitionsrechnung, Unternehmensbewertung, Finanzmanagement, wertorientierte Unternehmensführung, Controlling.

Projekte, Projekte, Projekte. Dringend nötig ist Ausbildung und vor allem praktische Erfahrung in Projektarbeit, speziell in interdisziplinären und internationalen Projekten. So könnten auch andere schwach ausgeprägte Qualifikationen (selbstständige Problemlösungsfähigkeit, Kreativität, Improvisationsvermögen, Eigeninitiative, Netzwerkfähigkeit, interkulturelle Kompetenz) stark gefördert werden. Neben der Vermittlung von betriebswirtschaftlichen Grundkenntnissen auch in technischen Studiengängen könnte die Veränderung der Struktur des Studiums hilfreich sein: Um hier eine praxisnahe Vermittlung der Vorlesungsinhalte zu gewährleisten, sollten verstärkt Projekt- und Teamarbeiten angeboten werden. Darüber hinaus bieten die Einführung von Pflichtpraktika in Industrieunternehmen im In- und Ausland sowie die Umsetzung eigener Lösungsvorschläge anhand fremdsprachiger Präsentationen eine Chance zur Gestaltung einer effektiven Basisaufbauarbeit. Internationale Projekte und die Honorierung außerfachlicher Arbeit (Studium generale) können die interkulturelle Kompetenz fördern. Ziel sollte es sein, die Lücke zwischen den Anforderungen der Industrie und dem Ausbildungsniveau der Absolventinnen und Absolventen langfristig zu minimieren.

4.2. Ergänzende Ausbildung in der Industrie

Nach Abschluss des Studiums ist es die Aufgabe von Industrieunternehmen wie Carl Zeiss, die Qualifikationsbasis der Absolventinnen und Absolventen weiter auszubauen. Dazu wurden bei Carl Zeiss konzern- und bereichsspezifische Entwicklungsmodule entwickelt, die individuell ausgewählt und angepasst werden. Das Top Trainee-Programm ermöglicht interessierten Hochschulabsolventinnen und -absolventen, sich fach- und abteilungsübergreifend den Themen und Aufgaben ihrer späteren Funktion im Unternehmen zu nähern. Innerhalb von 15 Monaten werden die Trainees für eine anspruchsvolle Fachfunktion mit Schnittstellencharakter qualifiziert – eine ideale Ausgangsposition für eine hervorragende Fach- oder Führungskarriere bei Carl Zeiss. Das Junior Leadership Program (JLP) stellt eine qualitativ hochwertige Weiterentwicklung der Nachwuchsführungskräfte sicher. Auslandserfahrungen werden durch die Übernahme von Funktionen bei internationalen Carl Zeiss Gesellschaften im Rahmen des Global Mobility Program gefördert. Hier werden die interkulturellen Kompetenzen und das internationale Business-Know-how der Mitarbeitenden systematisch gefördert und ausgebaut.

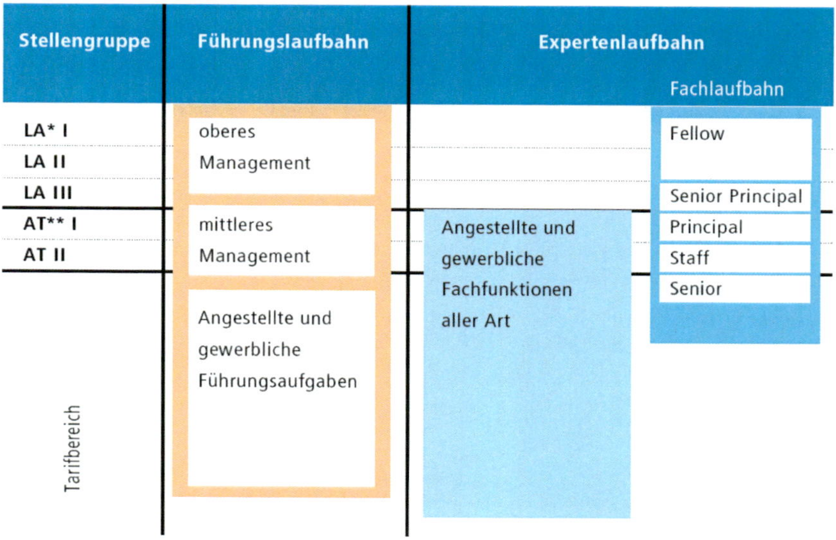

Abb. 5: Führungs- und Expertenlaufbahn bei Carl Zeiss im Überblick (*LA = Leitende Angestellte; **AT = Außer Tarif).

Karriere machen bei Carl Zeiss bedeutet allerdings nicht nur, ‚Höhe gewinnen auf der Karriereleiter', sondern auch ‚Vertiefung im jeweiligen Fachthema'. Deshalb bietet Carl Zeiss zusätzlich zu einer Karriere im General Management eine Fachkarriere an. Bei dieser stehen also nicht Führungs- und Managementverantwortung im Vordergrund, sondern die Erweiterung und aktive Anwendung des eigenen Fachwissens. Kriterien für die Ernennung in die Fachlaufbahn sind: technisches Wissen, Ideenführerschaft, Problemlösung, Wirkung und Marktverfügbarkeit. Diese Karriere umfasst die Stufen Senior-, Staff-, Principal-, Senior Principal- und Fellow Scientist/Engineer wobei die einzelnen Stufen den entsprechenden Stufen einer General Management-Karriere entsprechen (siehe Abbildung 5). Typische Karrierepfade bei Carl Zeiss Meditec werden an zwei Beispielen vorgestellt: Das erste Beispiel zeigt Dr. Hans-Joachim Miesner, der nach seinem Studium und der anschließenden Promotion in Physik eine erfolgreiche Karriere im General Management gestartet hat. Das zweite Beispiel erläutert den Weg von Dr. Michael Kempe, ebenfalls promovierter Physiker, der eine Fachkarriere eingeschlagen hat.

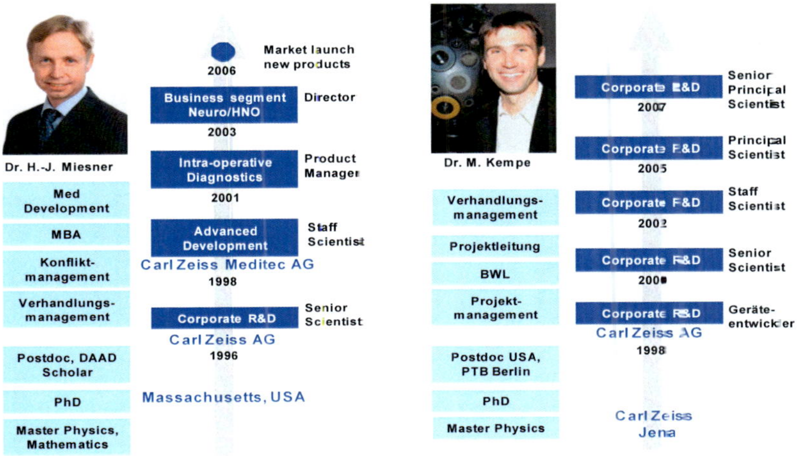

Abb. 6: Zwei Beispiele für unterschiedliche Laufbahnen bei der Carl Zeiss Meditec.

5. Mitarbeiterqualifizierung – Case Study Carl Zeiss Meditec

Im Rahmen des First Step Programms werden durch die Zusammenarbeit mit Studierenden sowie Professorinnen und Professoren ausgewählter Universitäten und Fachhochschulen Schnittstellen zwischen der Carl Zeiss Meditec und den Hochschulen geschaffen. Bereits in der Praktikums- und Diplomarbeitsphase werden Studierende z. B. in aktuelle Entwicklungsprojekte, interne Fort- und Weiterbildungsveranstaltungen sowie wertschöpfende Tätigkeiten eingebunden. Im Rahmen des Patenprogramms steht dem Berufsanfangenden eine Patin oder ein Pate in der Eingliederungszeit unterstützend zur Seite, vermittelt Spielregeln, beantwortet Fragen und sorgt für eine schnelle Orientierung bei Carl Zeiss.

Um das Bewusstsein für die Notwendigkeit von Schlüsselqualifikationen bereits während des Studiums den potenziellen Mitarbeitenden von morgen zu vermitteln, halten Führungskräfte regelmäßig Fachvorträge an ausgesuchten Hochschulen, sind auf Hochschulkontaktmessen präsent und richten jährlich stattfindende ‚Adventure Days'[3] aus.

3 Studierende und Professoren besuchen Carl Zeiss Medizintechnik.

6. Resümee

Betrachtet man die oben genannten Anforderungen an zukünftige Absolventinnen und Absolventen naturwissenschaftlicher Studiengänge, so ist heute deutlich zu erkennen, dass sich die Top-Universitäten auf einem guten Weg befinden, das erforderliche Fundament an Fachwissen für den Berufseinstieg zu schaffen. Die Exzellenz in der Fachkompetenz sollte in Zukunft bewusst sichergestellt und ausgebaut werden. Grundlegende wirtschaftliche Zusammenhänge und Abläufe müssen in Theorie und Praxis ausgebildet werden. Dazu muss die Ausbildung von Soft Skills (selbstständige Problemlösungsfähigkeit, Kreativität, Improvisationsvermögen, Eigeninitiative, Netzwerkfähigkeit, interkulturelle Kompetenz) in das Studium integriert werden, z. B. über ein stärkeres Angebot von Projektarbeit. Gelingt es, die Lücke zwischen den Anforderungen der Industrie und dem Ausbildungsniveau der Absolventinnen und Absolventen langfristig zu minimieren, können Universitäten und Industrie gemeinsam zu nachhaltigem Wachstum und damit zur Sicherung des Standorts Deutschland beitragen.

Berufsbefähigung und Qualitätssicherung. Die Perspektiven der Bildungsgewerkschaft GEW

Andreas Keller

Berufsbefähigung als Qualitätskriterium

Für die in ‚Education International' zusammengeschlossenen Bildungsgewerkschaften haben die Sicherung und kontinuierliche Verbesserung der Qualität von Studiengängen eine besondere Bedeutung. Die Gewerkschaften unterstützen die Studienreform im Zusammenhang mit dem Bologna-Prozess, weil sie sich von ihr eine bessere Qualität des Hochschulstudiums im Europäischen Hochschulraum versprechen. Eine Verbesserung der Qualität des Studiums ist wiederum Voraussetzung für die Verbesserung der Chancen der Hochschulabsolventinnen und -absolventen, einen guten Arbeitsplatz zu erhalten – sowohl auf dem einheimischen inländischen als auch auf dem internationalen Arbeitsmarkt. Wenn die berufliche Praxis von der Qualität der Hochschulabschlüsse und des Studiums ausländischer Bewerberinnen und Bewerber überzeugt ist, haben sie die gleichen Chancen wie inländische Bewerberinnen und Bewerber. Qualitätssicherung ist somit ein Beitrag zur Steigerung der internationalen Mobilität von Studierenden und von Akademikerinnen und Akademikern.

Ein wichtiger Aspekt der Qualitätssicherung von Hochschulabschlüssen und Studiengängen ist, die Berufsfähigkeit der Hochschulabsolventinnen und -absolventen zu verbessern. Die Berufsbefähigung ist ein wichtiges Kriterium für die Qualität eines Studienganges. Die Gewerkschaften fordern, dass der berufsbefähigende Charakter jedes Studienganges nachgewiesen wird. Maßnahmen zur Qualitätssicherung und Qualitätsentwicklung – insbesondere Akkreditierungsverfahren – sind entsprechend auszugestalten.

Insbesondere bei Bachelorstudiengängen hat der Nachweis der Berufsbefähigung eine hervorgehobene Bedeutung. In vielen Ländern Kontinentaleuropas wie auch in Deutschland, wo die gestuften Studiengänge mit den Abschlüssen Bachelor und Master erst im Zuge des Bologna-Prozesses seit 1999 eingeführt werden, ist die Akzeptanz der neuen Studiengänge bei den Studierenden und in der beruflichen Praxis noch nicht in allen Fachrichtungen gegeben. Der überzeugende Nachweis der

Berufsbefähigung der neuen Studiengänge kann somit einen wichtigen Beitrag zur Verbesserung der Akzeptanz der neuen Studiengänge und damit zum Erfolg der Studienreform im Zuge des Bologna-Prozesses leisten.

Qualitätssicherung als partizipatorischer Prozess

Was im Einzelnen die Berufsbefähigung und damit die Qualität eines Studienganges ausmacht, kann nicht top down dekretiert werden – weder von der Kultusbürokratie noch allein von den wissenschaftlichen Fachvertreterinnen und -vertretern an den Hochschulen. Studienreform und Qualitätssicherung müssen vielmehr als partizipatorische Prozesse organisiert werden, an denen auch die Studierenden sowie Vertreterinnen und Vertreter der beruflichen Praxis beteiligt sind. Die berufliche Praxis muss dabei von beiden Seiten repräsentiert werden: sowohl von den Arbeitgeberinnen und Arbeitgebern als auch von den Gewerkschaften als Vertreterinnen der Arbeitnehmerinnen und Arbeitnehmer. Qualitätssicherung und Studienreform sind nur dann tragfähig, wenn alle beteiligten Stakeholder spezifische Perspektiven und Anforderungen artikulieren und geltend machen können. Dies betrifft sowohl die interne Qualitätssicherung an den Hochschulen als auch die externe Qualitätssicherung durch Agenturen.

Für die interne Qualitätssicherung sehen die ‚Standards and Guidelines for Quality Assurance in the European Higher Education Area', die das European Network for Quality Assurance in Higher Education (ENQA) im Auftrag der europäischen Hochschulministerinnen und -minister zur 3. Bologna-Folge-Konferenz 2005 vorgelegt hat, vor, dass die Hochschulen über Strategien, Konzepte und Verfahren zur Sicherung der Qualität ihrer Studiengänge und Abschlüsse verfügen müssen. Diese müssen veröffentlicht werden und die Studierenden sowie weitere Akteurinnen und Akteure einbeziehen. Die Gewerkschaften fordern, dass die Hochschulen in ihren Strategien, Konzepten und Verfahren zur Qualitätssicherung der Sicherung der Berufsbefähigung der Studiengänge einen besonderen Stellenwert geben und neben den Studierenden als weitere Akteurinnen und Akteure der Qualitätssicherung Vertreterinnen und Vertreter der beruflichen Praxis einschließlich der Gewerkschaften beteiligen. Für die externe Qualitätssicherung durch Agenturen sehen die ‚Standards and Guidelines' eine externe Beurteilung seitens einer Expertengruppe vor. Dieser Expertengruppe soll, wo es angebracht ist (‚as appropriate'), so die ‚Standards and Guidelines', eine Studentin oder ein Student angehören. Die Gewerkschaften fordern, dass auch bei der externen Beurteilung sowohl die Studierenden als auch Vertreterinnen und Vertreter der beruflichen Praxis, einschließlich der Gewerkschaften, stets beteiligt werden. In Deutschland sind Studierende und Vertreterinnen und Vertreter der Gewerkschaften am Akkreditierungsverfahren beteiligt: sowohl in der externen Beurteilung durch Akkreditierungsagenturen als auch im Akkreditierungsrat, der über die Anerkennung der Akkreditierungsagenturen und die von ihnen anzuwendenden Verfahren zu entscheiden hat. Hochschulen, Agenturen und Staat sind in Deutschland in dieser Hinsicht insgesamt zufrieden mit diesem Verfahren, das sich als praktikabel erwiesen hat und die Berücksichtigung unterschiedlicher Sichtweisen und Verständnisse von Qualität ermöglicht. Soweit transnationale Qualitätssicherungsverfahren etabliert werden, fordern die Gewerkschaften nach dem Vorbild dieser guten Praxis die Beteiligung der relevanten Stakeholder, namentlich der Studierenden und der beruflichen Praxis einschließlich der Gewerkschaften.

‚Education International' ist überzeugt: Die Gewissheit, dass Vertreterinnen und Vertreter der beruflichen Praxis an der Qualitätssicherung von Studiengängen beteiligt sind, verbessert auch die Akzeptanz und Anerkennung der jeweiligen Hochschulabschlüsse im Ausland. Denn letztlich ist es die berufliche Praxis – Arbeitgeber und Arbeitnehmerinnen und Arbeitnehmer – die für die Einstellung der Akademikerinnen und Akademiker und für ihre Integration in die Betriebsabläufe und Arbeitsprozesse verantwortlich sind. Die Transparenz des Verfahrens, die den Akteurinnen und Akteuren auf dem internationalen Arbeitsmarkt einen vollständigen Einblick in Verfahren, Kriterien und Beteiligte der Qualitätssicherung gibt, ist hierfür eine zentrale Voraussetzung.

Inhaltliche Anforderungen an Berufsbefähigung

Welche inhaltlichen Vorstellungen von Berufsbefähigung als einem wesentlichen Kriterium für die Qualität von Studiengängen haben die Gewerkschaften? Von entscheidender Bedeutung ist zunächst, dass Berufsbefähigung nicht auf die verkürzte Vorstellung reduziert werden darf, dass ein Hochschulstudium in erster Linie unmittelbar beruflich verwertbare Fertigkeiten vermittelt. Insofern greift der verbreitete Begriff ‚Beschäftigungsfähigkeit' (Employability) zu kurz. Umgekehrt würden die Hochschulen ihren Aufgaben aber auch nicht gerecht, wenn sie völlig losgelöst von beruflichen Anforderungen an die Hochschulausbildung einen zweckfreien Wissenskanon vermitteln wollten. Die Gewerkschaften sind überzeugt: Ein Studium ist gerade dann berufsbefähigend, wenn es einerseits auf die berufliche Praxis Bezug nimmt und andererseits die Studierenden zugleich dafür qualifiziert, die berufliche Praxis auf wissenschaftlicher Grundlage kritisch zu reflektieren. Ein Hochschulstudium muss die Studierenden auch befähigen, die gesellschaftlichen Grundlagen und Rahmenbedingungen der beruflichen Praxis sowie die Folgen der Anwendung wissenschaftlicher Erkenntnisse in der Praxis für Menschen und Umwelt zu reflektieren.

Darüber hinaus hat ein Studium jene überfachlichen Qualifikationen zu vermitteln, die für die eigenständige Lösung von Problemen in der beruflichen Praxis benötigt werden. Absolventinnen und Absolventen müssen in der Lage sein, sich selbstständig in die berufliche Praxis einzuarbeiten, in Teams mitzuarbeiten und diese zu leiten, mit Kolleginnen und Kollegen, Kunden und Partnern zu kommunizieren und zu verhandeln, über ihr eigenes Fachgebiet hinaus interdisziplinäre Zusammenhänge zu erkennen und zu verstehen, Projekte zu managen und Entscheidungen verantwortungsbewusst zu treffen.

Schließlich hat die Hochschule heute in jedem Studiengang die Verantwortung, den Studierenden Kompetenzen zu vermitteln, die speziell für eine Berufstätigkeit im Ausland, insbesondere im europäischen Hochschulraum, benötigt werden. Neben Sprachkompetenzen geht es dabei um interkulturelle Kompetenz sowie um die Fähigkeit, die spezifischen politischen, sozialen und ökonomischen Rahmenbedingungen für die Berufsausübung im Heimatland als solche zu identifizieren und zu reflektieren und Unterschiede im Ausland wahrzunehmen und angemessen mit ihnen umzugehen.

Unter diesen Voraussetzungen werden die wissenschaftlich ausgebildeten Akademikerinnen und Akademiker auch in der Lage sein, die sich stets wandelnden beruflichen Anforderungen zu bewältigen und die dafür benötigten Qualifikationen eigenständig weiterzuentwickeln. Denn ein Hochschulstudium ist heute nur dann berufsbefähigend, wenn es die Grundlage für eine dauerhafte Berufsbefähigung legt und die Studierenden zu lebenslangem Lernen befähigt.

Herausforderungen für die Hochschulen

Für die Hochschulen ergeben sich daraus folgende Herausforderungen: Die wissenschaftlichen Fachdisziplinen an den Hochschulen müssen sich endlich systematisch mit den Berufsfeldern, für die sie Akademikerinnen und Akademiker ausbilden, auseinandersetzen und diese zum Gegenstand ihrer Forschung machen. Erst auf dieser Grundlage sind sie in der Lage, die Curricula ihrer Studiengänge und Inhalte ihrer Lehrveranstaltungen auf die für die Berufsausübung erforderlichen Kompetenzen zu beziehen. Die vom Bologna-Prozess geforderte Modularisierung der Studiengänge eröffnet in diesem Zusammenhang große Chancen, wenn darunter mehr verstanden wird als die Zusammenfassung von Vorlesungen und Seminaren zu Modulen. Ziel der Modularisierung muss vielmehr die inhaltliche Erneuerung der Lehrangebote nach Maßgabe einer klaren Orientierung an Lernzielen oder Kompetenzen (learning outcomes) sein. In diesem Sinne treten die Gewerkschaften für eine wirklich qualitative Studienreform im europäischen Hochschulraum ein.

In die Konzepte für die neuen Studiengänge sind Theorie und Praxis, Forschungsorientierung und Anwendungsorientierung zu integrieren. Konkret bedeutet das: Die Studiengänge sollten einerseits praxisorientierter werden und mehr Anteile eines projekt- und problemorientierten Studiums und Praktika enthalten; andererseits sollten die Studierenden durch forschendes Lernen frühzeitig an die eigenständige wissenschaftliche Arbeit herangeführt werden. Die praxisorientierten Studienanteile sind als eigene Lehr- und Lernform in das Studium zu integrieren und als Teil des Studiums mit Anrechungspunkten zu versehen.

Die Hochschulen werden diese Leistungen nur dann erbringen können, wenn ihr Lehrpersonal dafür inhaltlich wie didaktisch qualifiziert ist. Dies unterstreichen auch die Empfehlungen des offiziellen Bologna-Seminars zum Thema ‚Enhancing European Employability', das im Juli 2004 in Swansea stattfand:

> The ensuing complexity of options for further study or employment, combined with the encouragement of student mobility requires the provision of high quality professional staff guidance for students and appropriate staff development for academic and other university staff.

> In this context, higher education institutions and governments should promote a coherent cross-departmental strategic approach, to allow institutions to integrate the international dimension and particularly student mobility in institutional policy and curriculum planning.[1]

Die Gewerkschaften erwarten daher von den Hochschulen, die Anforderungen an ein berufsbefähigendes Studium von Studierenden in der Ausbildung des wissenschaftlichen Nachwuchses sowie in der Weiterbildung des wissenschaftlichen Personals angemessen zu berücksichtigen. Dass, wie derzeit an vielen deutschen Hochschulen, ausgerechnet den in Folge des Bologna-Prozesses geschaffenen neuen Bachelorstudiengängen häufig Praxissemester und Freiräume für selbst organisiertes Studium zum Opfer fallen, ist vor diesem Hintergrund alarmierend. Es ist daher im Einzelnen sehr genau zu prüfen, ob die Berufsfähigkeit schon in sechs Semestern vermittelt werden kann oder ob dafür, wie es für den Europäischen Hochschulraum die Bologna-Erklärung von 1999 ausdrücklich zulässt, nicht sieben oder acht Semester erforderlich sind.

Ausblick

Die Gewerkschaften sind nicht nur bereit, an der Studienreform und Qualitätssicherung im europäischen Hochschulraum konstruktiv mitzuwirken. Sie sind auch davon überzeugt, dass der Erfolg der Reformprozesse die aktive Mitwirkung der Gewerkschaften als Vertreterinnen der Arbeitnehmerseite der beruflichen Praxis voraussetzt. Vor diesem Hintergrund sieht ‚Education International' mit Sorge, dass das London Communiqué der europäischen Hochschulministerinnen und Hochschulminister vom Mai 2007 mit dem Titel ‚Towards the European Higher Education Area: responding to challenges in a globalised world' zwar die Arbeitgeber, aber nicht die Arbeitnehmerinnen und Arbeitnehmer als erste Gesprächspartner ansieht. So heißt es unter Ziffer 3.5. des Communiqué unter der Überschrift ‚Employability': „Governments and HEIs [Higher Education Institutions, A. K.] will need to communicate more with employers and other stakeholders on the rationale for their reforms."[2] Die Gewerkschaften sind bereit, sich in diesen Dialog auf gleicher Augenhöhe mit den Hochschulen und Arbeitgebern einzumischen.

---

1 Onlinedokument http://www.bolognaconference.swan.ac.uk/recommendations.html [07. 07. 2009].

2 Onlinedokument http://www.cicdi.ca/docs/bologna/2007LondonCommunique.en.pdf [07. 07. 2009].

Schlüsselqualifikationen. Ein Weg zur internationalen Vergleichbarkeit der Ingenieurausbildung

Willi Fuchs

1. Einleitung

Vielfach ist es hilfreich, zunächst den Blick in die Vergangenheit zu richten, bevor man sich mit der Zukunft auseinandersetzt. Betrachtet man das Zeitalter der Industrialisierung, waren die Ingenieure häufig Unternehmer und vermarkteten technische Neuerungen. Dadurch förderten sie in erheblichem Maß das ökonomische Wachstum. Sie verfügten über ein hohes soziales Bewusstsein und setzten sich dementsprechend für die Entwicklung sozialer Systeme ein.

Dass dieses holistisch geprägte Ingenieurverständnis einer zunehmenden Wahrnehmung von Spezialisierung gewichen ist, beruht auf dem unaufhaltsam voranschreitenden industriellen Wachstum mit stark wachsenden technischen Ansprüchen. Die sich daraus ergebende Auffächerung des Ingenieurberufes in verschiedene Ingenieurdisziplinen, wie z. B. Maschinenwesen, Elektrotechnik oder Bauwesen, ist eine logische Konsequenz.

Heutzutage wird von Ingenieurinnen und Ingenieuren weltweit erwartet, dass sie die Herausforderungen eines globalen Wirtschaftssystems bewältigen können. Dies beinhaltet jedoch nicht nur die Entwicklung und Vermarktung technischer Neuerungen und das Erschließen neuer Märkte. Ihnen muss zudem bewusst sein, dass jede ihrer Handlungen, auch wenn man glaubt, sie seien nur lokal, einen Einfluss auf andere Regionen oder Kontinente haben kann. Ein Beispiel sind die weltweiten Bemühungen zur Reduzierung des CO^2-Ausstoßes. Damit trägt die Ingenieurin und der Ingenieur von heute noch mehr als im Zeitalter der Industrialisierung ein hohes Maß an sozialer und humanitärer Verantwortung. Diese globale Verantwortung ist am gewählten Beispiel einfach nachzuvollziehen. Aber auch scheinbar in ihrer Wirkung begrenzte Innovationen – beispielhaft sei die Medizintechnik genannt – ermöglichen Entwicklungen mit weitgehenden gesellschaftlichen Auswirkungen.

Nicht nur die Technik, sondern auch die Volkswirtschaften haben sich weiterentwickelt und verändert. Heute beruht die Produktivität der hoch industrialisierten Staaten hauptsächlich auf dem ihnen zur Verfügung stehenden technologischen Wissen. Träger und Anwender dieses Wissens sind Menschen, jedoch soll hier der Begriff Humankapital bewusst nicht verwendet werden. Die demographischen Entwicklungen dieser hoch industrialisierten Staaten werden dazu führen, dass Wissensträger weniger werden. Alle heutigen Industrienationen leiden unter einer zunehmenden Überalterung. 2040 werden in den USA 30 %, in Deutschland und Japan sogar fast 40 % der Bevölkerung älter als 60 Jahre sein. Selbst Länder wie China werden von dieser Entwicklung nicht verschont bleiben. Für die Menschen im Ingenieurberuf bedeutet dies eine längere Lebensarbeitszeit. Doch nur länger arbeiten ohne eine kontinuierliche Kompetenzerweiterung reicht nicht aus. Ingenieurinnen und Ingenieure, seien sie Arbeitgeber oder Arbeitnehmer, müssen für ein lebenslanges Lernen bereit und in der Lage sein.

Allein die drei hier auf Grund von Spezialisierung, Globalisierung und Überalterung angesprochenen Herausforderungen zeigen deutlich, dass Ingenieurinnen und Ingenieure in jedem Land der Welt gebraucht werden und gemeinsam eine hohe Verantwortung für die Zukunft tragen. Damit sie dieser Verantwortung gerecht werden können, muss die Ingenieurausbildung international vergleichbar sein. Dabei dürfen wir aber Vergleichbarkeit nicht mit Gleichheit verwechseln. Die Vielfalt der Kulturen mit den unterschiedlichsten Bildungstraditionen schließt eine international einheitliche Ausbildung nämlich von vornherein aus.

2. Ingenieurausbildung heute

In Folge der wachsenden Spezialisierung in den technischen Anwendungen hat sich eine Vielzahl von Ingenieurdisziplinen entwickelt. Während bei der Ingenieurausbildung die Spezialisierungsthemen fast ausschließlich in den Vordergrund rücken, wird den sozialen und humanitären Aspekten des Ingenieurberufs in den Ingenieurstudiengängen immer weniger Zeit eingeräumt.

Damit haben sich die Ingenieurstudiengänge weg von einer umfassenden, hin zu einer oft sehr eng gefassten Ausbildung entwickelt. Die Studierenden sehen vordergründig die hohen speziellen Anforderungen des von ihnen gewählten Fachgebietes und fokussieren sich entsprechend.

Die Konsequenz ist vielfach, dass es den heutigen Ingenieurstudierenden an Wissen um ökonomische, soziale und ethische Problemstellungen sowie deren Auswirkungen fehlt.

3. Konsequenz für die Anforderungen an eine zukünftige Ingenieurausbildung

Die wichtigste Aufgabe der Ingenieurausbildung muss sein, die Studierenden optimal auf ihren zukünftigen Beruf vorzubereiten. Dies ist keine statische, sondern gerade in der heutigen Zeit eine dynamische Aufgabe. Die hier aufgezeigte Entwicklung des Ingenieurberufs verdeutlicht dies eindrucksvoll. Deutlich erkennt man, dass die Arbeit einer Ingenieurin und eines Ingenieurs einer Vielzahl von Anforderungen unterliegt, die nur zum Teil aus dem eigentlichen Fachgebiet entstammen. Der übrige Teil dieser Anforderungen wird sehr stark durch das Arbeitsumfeld geprägt. Dazu gehören das fachliche Einsatzgebiet und die Branche ebenso wie z. B. auch die Firmengröße, Kundenstruktur oder Internationalität. Da die Möglichkeiten mannigfaltig und fast beliebig kombinierbar sind, benötigen die Berufstätigen gerade im Ingenieurwesen weiterführende Qualifikationen, sogenannte Schlüsselqualifikationen.

Sofort stellt sich die Frage, welche Schlüsselqualifikationen notwendig sind. Bei der Beantwortung muss man behutsam vorgehen, denn es besteht die Gefahr, einfach die oft bemühten Standardantworten zu geben. Dabei ist jedoch zu berücksichtigen, dass einerseits die Vermittlung der Qualifikationen im Rahmen eines Studiums zeitlich und inhaltlich möglich sein muss, andererseits die vermittelten Kompetenzen ihren weiteren Ausbau durch Erfahrung und Weiterbildung ermöglichen. An dieser Stelle soll versucht werden, diese Frage vor dem Hintergrund der Internationalisierung und damit der Vergleichbarkeit der Ingenieurausbildung zu beantworten. Wichtig ist somit, dass die hier genannten Schlüsselqualifikationen auch für Ingenieurinnen und Ingenieure in anderen Ländern von Bedeutung sind.

Ingenieurinnen und Ingenieure müssen in der Lage sein, in Teams mit Fachleuten aus anderen Disziplinen, wie z. B. Marketing, Vertrieb und Finanzen sowie aus anderen Ländern und Kulturen aktiv mitzuwirken. Von der Ingenieurin und vom Ingenieur wird dabei erwartet, komplexe technische Zusammenhänge allgemeinverständlich klären und erklären zu können, in international besetzten Teams selbstverständlich in englischer Sprache. Auch gilt es, den Umgang mit gruppendynamischen Prozessen zu kennen, um diese steuern zu können. Nicht zuletzt muss die Ingenieurin und der Ingenieur Managementkompetenzen besitzen, um zielgerichtet die notwendigen Entscheidungen herbeizuführen und deren Umsetzung voranzutreiben. Dabei darf der Blick für das ‚große Ganze' nicht verloren gehen.

Die Komplexität von Innovationen und ihre Auswirkungen auf den Alltag – über den reinen Arbeitsalltag und die Optimierung von Produktionsprozessen hinaus – führen zurück zur Betrachtung der mitunter globalen Auswirkungen des technischen Schaffens. Entscheidungsfreude und Umsetzungskraft, ohne das Wissen um die Prinzipien und Prozesse der Technikbewertung,[1] können zu fatalen Fehlentwicklungen führen. Zu diesen Prinzipien gehören die Wechselwirkungen von Ökonomie und Ökologie einerseits und einzelnen Technologien andererseits. Im Zentrum der Technikbewertung steht das Abwägen von möglichen Chancen und Risiken für die Gesellschaft. Auf der Basis ethischer Grundlagen, wie sie der VDI im Jahre 2000 und die FEANI (Fédération Européenne d'Associations Nationales d'Ingénieurs) als Vertreter von 28 nationalen Ingenieurorganisationen im Jahre 2006 auf europäischer Ebene verabschiedet haben, sind Entscheidungen wie Teilnehmen oder Nichtteilnehmen, Umsteuern, Tolerieren oder beherztes Gegensteuern zu treffen.

Ingenieurinnen und Ingenieure stehen an vorderster Front der Globalisierung. Besonders gilt das für Deutschland als Exportweltmeister. Dies bedeutet, dass sich die Ingenieurinnen und Ingenieure in dieser globalisierten Welt sicher bewegen müssen. Das Beherrschen von Fremdsprachen ist in diesem Zusammenhang selbstverständlich. Noch viel wichtiger als die Beherrschung der Sprache ist das Wissen über Tradition und Werte anderer Kulturen. Aufgrund der Unkenntnis über Tradition und Werte ausländischer Geschäftspartner sind schon viele Aufträge verloren gegangen oder Kooperationen gescheitert bzw. erst gar nicht zustande gekommen. Gerade Ingenieurinnen und Ingenieure können mit der rasanten Wissenserweiterung nur dann Schritt halten, wenn sie bereits im Studium befähigt werden, sich kontinuierlich weiterzubilden. Das Wissen um die Notwendigkeit des lebenslangen Lernens ist eine der wichtigsten Schlüsselqualifikationen für sie.

1 Verein Deutscher Ingenieure (Hrsg.): VDI Richtlinie 3780. Technikbewertung – Begriffe und Grundlage, Nr. 9, 2000.

4. Vergleichbarkeit durch Qualitätssicherung

Eine vom VDI und WFEO (World Federation of Engineering Organisations) in den Jahren 2002 bis 2004 durchgeführte Analyse zeigt, dass eine internationale Vergleichbarkeit der Ingenieurstudiengänge anhand der Studiendauer und der erreichten Abschlüsse nicht möglich ist.

Somit bleibt als Konsequenz festzustellen, eine Vergleichbarkeit der Studiengänge wird man nur über die im Studium erworbenen Kompetenzen erreichen können. In dem von der Europäischen Union geförderten Projekt EUR-ACE hat man die im Ingenieurberuf wichtigsten Kompetenzen in sechs Ausbildungsergebnissen (Outcomes) zusammengefasst. In diesen Ausbildungsergebnissen werden neben

- Wissen und Verständnis von Grundlagen,
- ingenieurwissenschaftlicher Analyse,
- ingenieurwissenschaftlichem Design,
- Recherche und
- ingenieurwissenschaftlicher Praxis

auch explizit Schlüsselqualifikationen aufgeführt.

Auf der Basis der Ergebnisse des EUR-ACE Projekts sollen nun gemeinsame Pilotakkreditierungen von Ingenieurstudiengängen in Europa erfolgen. Hierdurch wird ein Weg aufgezeigt, wie anhand von Ausbildungsergebnissen die erfolgreiche Vermittlung von Kompetenzen nachgewiesen werden kann und damit die Vergleichbarkeit von Ingenieurstudiengängen möglich ist. Diese Vorgehensweise ist analog zum Washington Accord. Auch hier erfolgt die Akkreditierung von Studienprogrammen durch Outcomes. In einem nächsten Schritt gilt es dann, die Akkreditierungsverfahren und deren Anforderungen miteinander abzugleichen. Dies wäre ein weiterer Schritt in Richtung internationaler Vergleichbarkeit von Ingenieurstudiengängen.

5. Vergleichbarkeit, nicht Gleichheit

Die moderne Ingenieurausbildung muss, neben der Vermittlung von technischem Fachwissen, auch die Persönlichkeitsförderung und die Wechselwirkungen zwischen ökonomischen, ökologischen, sozialen und ethischen Aspekten umfassen. Letztere gilt es international im Kontext mit anderen Kulturen zu vermitteln. Aus diesem Grund kann die Ingenieurausbildung nicht in allen Ländern dieser Erde gleich sein, aber vergleichbar. Hierfür ist es notwendig, dass die erfolgreiche Vermittlung der für die Ausübung des Ingenieurberufs notwendigen Kompetenzen im Rahmen von Akkreditierungen überprüft wird. Dies ist nicht möglich durch den Vergleich von curricularen Inhalten und Studiendauer, sondern nur durch die Überprüfung der tatsächlich erreichten Ausbildungsergebnisse. Das Erreichen einer internationalen Vergleichbarkeit der Ingenieurausbildung liegt in der Verantwortung aller in der Wissenschaft und der Industrie beschäftigten Ingenieurinnen und Ingenieure – sowohl auf nationaler als auch auf internationaler Ebene.

Spektrum Schlüsselqualifikationen

Integrierte Förderung der sozialen Kompetenz in der Hochschulausbildung

Günther Bergmann

Von allen Akkreditierungsagenturen werden für die Akkreditierungsverfahren von neuen Bachelor- und Master-Studiengängen Nachweise darüber verlangt, ob und in welcher Form eine systematische Vermittlung von Sozial- und Methodenkompetenz im Studium erfolgt. Die Förderung der sozialen Kompetenz ist damit zu einem notwendigen Bestandteil der Hochschulausbildung geworden, unabhängig von individuellen Entscheidungen von Fakultäten über deren Sinn bei der Einbindung in Fachcurricula. Natürlich ist das Thema nicht neu; entsprechende Angebote für Studierende in Form von Trainingsveranstaltungen zu Kommunikation, Teamarbeit, Präsentation, Führung etc. gab und gibt es an den meisten Hochschulen, allerdings überwiegend als optionale Angebote, die nicht in das fachliche Studium integriert sind.

Maßgebend für die Konzeption geeigneter Programme sind die Prinzipien und Erfahrungen, die auf einem ähnlichen Feld in der Personalentwicklung von Unternehmen zur Anwendung kommen. Die Integration in Arbeitsprozesse (Unternehmen) bzw. in Studienprozesse (Hochschule) ist ein zentrales Merkmal. Die hier beschriebene Konzeption zur Förderung der Sozial-, Methoden- und interkulturellen Kompetenz wurde in einer betriebswirtschaftlichen Fakultät umgesetzt; die genannten Prinzipien und Verfahrensweisen lassen sich jedoch problemlos auf technische Studiengänge übertragen.

Konzept der sozialen Kompetenz und Konsequenzen für die Umsetzung im Studium

Unter dem Motto „Erfolgsfaktor Sozialkompetenz"[1] postulierten Faix und Laier, dass fachliche Kompetenz nur dann einen Beitrag zum beruflichen Erfolg leisten kann, wenn sie durch soziale und methodische Kompetenz ergänzt wird. Handlungskompetenz stellt die Schnittmenge der drei Kompetenzbereiche unter dem Gesichtspunkt der (beruflichen) Umsetzung

1 Faix, Werner/Laier, Angelika: Soziale Kompetenz. Das Potential zum unternehmerischen und persönlichen Erfolg, Wiesbaden 1991, S. 36 und S. 41.

von Wissen und Kenntnissen dar. Der Begriff Sozialkompetenz beschreibt ein multidimensionales Konzept. So spricht man auch im Plural von sozialen Kompetenzen, um ein Bündel von Fähigkeiten zu beschreiben, die zur Erreichung eines Ziels bzw. zur Erfüllung einer Aufgabe notwendig sind und dabei eine Interaktion mit anderen Personen einschließen. Daher überrascht es nicht, dass ein Kernfeld der sozialen Kompetenz die interpersonale Kommunikation darstellt.

Die genannten Fähigkeiten stellen eine innere Disposition oder ein Potenzial einer Person dar, welches in Abhängigkeit von unterschiedlichen situativen Bedingungen ein sozial kompetentes Verhalten ermöglicht. Diese Disposition ist eine latente – also nicht beobachtbare – Eigenschaft; nur (offenes) Verhalten lässt sich beobachten. Daher ist es sinnvoll, Sozialkompetenz und sozial kompetentes Verhalten zu unterscheiden. Sozial kompetentes Verhalten ist „das Verhalten einer Person, das in einer spezifischen Situation dazu beiträgt, die eigenen Ziele zu verwirklichen, wobei gleichzeitig die soziale Akzeptanz des Verhaltens gewahrt wird."[2] In diesem Verständnis tritt zu der inneren Disposition einer Person (ihrer Kompetenz) die Wirkung des Verhaltens auf andere hinzu. Dies entspricht auch dem altbekannten Dogma der Kommunikationspsychologie: Über den Erfolg einer Kommunikation entscheidet nicht die Absicht des Senders, sondern die Wirkung beim Empfänger.

Diese Unterscheidung in soziale Kompetenz und sozial kompetentes Verhalten (auf das es letztlich ankommt) mag spitzfindig erscheinen, hat jedoch Konsequenzen für einen präzisen Sprachgebrauch und für die Umsetzung in Studium und Beruf. Zunächst kann man Sozialkompetenz nicht in einem kognitiven Sinne vermitteln – bzw. genauer, die kognitiv zu vermittelnden Elemente stellen nur einen Teilbereich dar. Studierende sollen nicht nur Wissen über soziale Prozesse erwerben, sie entwickeln ihre Wahrnehmung sozialer Prozesse weiter. Sie erfahren und akzeptieren andere bzw. neue Verhaltensoptionen, bevor sie in der Lage sind, diese in sozial-akzeptables Verhalten umzusetzen. Hieraus ergibt sich zwingend eine andere didaktische Form als bei der Vermittlung von fachlichen Inhalten – das sogenannte verhaltensorientierte Training als didaktisches Prinzip, bei dem es im Kern um ‚Erfahrungslernen' geht.

2 Kanning, Uwe: Soziale Kompetenzen. Entstehung, Diagnose und Förderung. Praxis der Personalpsychologie, Bd. 10, Göttingen 2005, S. 4.

Des Weiteren ist ein sozial kompetentes Verhalten immer von situativen Faktoren abhängig: Was als ‚sozial kompetent' gelten kann, ist nicht im Sinne von ‚richtig' und ‚falsch' zu bewerten, sondern ist kontextabhängig.[3] Ein Beispiel: Für einen Projektleiter ist eine diskussions- und konsensorientierte Gesprächsführung in einem Projektteam meist sinnvoll, nicht jedoch bei einem akuten Krisenmanagement, bei dem es auf Reaktionsschnelligkeit ankommt. Für die Umsetzung in Trainingsveranstaltungen bedeutet dies: Das erwünschte Resultat besteht in der Erweiterung des individuellen Verhaltensrepertoires, um flexibel und zielorientiert in unterschiedlichen sozialen Situationen reagieren zu können.

Das bedeutet nicht, dass sich die Beobachtung und Beschreibung eines sozial kompetenten Verhaltens in Beliebigkeit auflösen würde. Vielmehr existieren kulturell und ethisch bestimmte Standards, was als sozial akzeptabel angesehen wird und was nicht. Zur Kulturabhängigkeit ein Beispiel hinsichtlich des Präsentationsverhaltens: Unmittelbar nach der Wende zeigten sich deutliche Besonderheiten im Auftreten von ehemaligen DDR-Führungskräften vor Gruppen. Der kulturelle Standard bestand in einer politisch korrekten und sich nach allen Seiten absichernden Ausdrucksweise. Teilnehmerorientierung und Authentizität als Merkmale einer Präsentation spielten eine untergeordnete Rolle.

Aus dieser begrifflichen Differenzierung lassen sich Konsequenzen auch für die formalen Aspekte der Umsetzung im Studium ableiten. Man sollte nicht von einem ‚Erwerb sozialer Kompetenzen' sprechen, sondern von deren Förderung. Kein Mensch hat oder hat nicht Sozialkompetenz; es handelt sich nicht um ein entweder/oder. Grundsätzlich ist eine Benotung im Sinne der Bewertung eines Einzelnen problematisch, da – wie oben ausgeführt – sozial kompetentes Verhalten kontextabhängig ist. Für die Prozessdynamik eines verhaltensorientierten Trainings ist eine Bewertung nach Noten in jedem Fall abträglich. Hier geht es um die persönliche Akzeptanz von Verhaltensoptionen, um sozial akzeptable Feedbackprozesse, um neue Sichtweisen etc. Auch in Wirtschaftsunternehmen ist es vernünftigerweise nicht üblich, bei einem verhaltensorientierten Training eine individuelle Bewertung der Teilnehmer zu fordern.

3 Vgl. Uwe Kanning: Soziale Kompetenzen in der Personalentwicklung, in: ders. (Hrsg.): Förderung sozialer Kompetenzen in der Personalentwicklung, Göttingen 2007, S. 13-36.

Aufgrund der genannten Überlegungen sei weiterhin vor der ausufernden Verwendung des Begriffs ‚Persönlichkeitsentwicklung' gewarnt. Persönlichkeit bezeichnet im Sinne der psychologischen Forschung überdauernde Merkmale einer Person (‚trait'), umgangssprachlich auch als Charakter oder Eigenschaften einer Person bezeichnet, welche wiederum Basis der sozialen Kompetenz sind. Die Veränderung der Persönlichkeit ist weder Auftrag der Hochschule noch kann dies zu den Aufgaben der Personalentwicklung in einem Unternehmen zählen (im Sinne von Lern- oder Entwicklungszielen). Richtig ist, dass sich die Persönlichkeit des Einzelnen entwickelt (oder entwickeln kann) aufgrund von Anreizen und Erfahrungen, die im Rahmen des Studiums ermöglicht werden (ebenso wie durch die Personalentwicklung in Unternehmen). Zielgerichtet beeinflusst werden können durch ein Training sozialer Kompetenzen lediglich die Einstellungen als Verhaltensdispositionen sowie das offene Verhalten (sozial kompetentes Verhalten als Richtungsziel der Interventionen). Die Veränderung der Persönlichkeit ist Gegenstand psychotherapeutischer Interventionen und selbst dies ist umstritten und auf einzelne therapeutische Schulen begrenzt. Am Beispiel: Unbewusstes durch Feedback-Prozesse bewusst zu machen, ist durchaus Ziel eines verhaltensorientierten Trainings; am ‚Unterbewusstsein' als Basis der Persönlichkeit zu arbeiten, kann eine Strategie einzelner psychotherapeutischer Schulen darstellen und ist keinesfalls Gegenstand von Entwicklungsprozessen an Hochschulen oder in Unternehmen.

Am Rande sei noch eine Folgerung für Akkreditierungsprozesse erwähnt. Inzwischen wird zwar sinnvollerweise gefordert, Lernziele als Lernresultate zu formulieren – dies kann jedoch nicht für Programme zur Förderung der Sozialkompetenz gelten. Aus den oben genannten Gründen sind Lernresultate in einem hohen Maße abhängig von einer individuellen Verarbeitung der Erfahrungen während eines Trainings sowie von der Umsetzung in einem spezifischen sozialen Kontext. In diesem Feld ist es bei weitem sinnvoller, den Lernprozess als Lernziel zu formulieren – und diesen zu evaluieren.

Ein Beispiel zur Verdeutlichung: Ein Lernresultat der Art ‚Studierende sind in der Lage, bei Konflikten zwischen den Standpunkten der Konfliktbeteiligten zu vermitteln' ist platt, überzogen, nicht immer situationsangemessen und nicht überprüfbar (wie, in welchem Kontext ?). Hingegen sinnvoll ist das Lernziel: ‚Studierende erfahren die Notwendigkeit, bei Konflikten den Standpunkt ihres Gegenübers zu verstehen'. Hier kann auf den Nutzen einer Übungssequenz des Trainings Bezug genommen werden; das tatsächliche Verhalten in einem Konfliktfall im Berufsleben lässt sich im Studium ohnehin nicht abbilden.

Bedeutung der sozialen Kompetenz

Empirische Untersuchungen des Zusammenhangs von Sozialkompetenz und Berufserfolg sind rar. Dies liegt auch in der Allgemeinheit des Begriffs ‚Sozialkompetenz' begründet. Sucht man jedoch nach spezifischen Aspekten der Sozialkompetenz (Führungsfähigkeit, Konfliktfähigkeit, Teamfähigkeit), so finden sich in der Literatur zahlreiche Untersuchungen aus dem jeweiligen Kontext.[4] Allerdings bleibt das methodische Problem bestehen, dass der (individuelle) berufliche Erfolg kaum überzeugend zu operationalisieren ist. Häufig wird daher auf Arbeitszufriedenheit als Validitätskriterium zurückgegriffen.

Zum Thema Führung berichtet die GLOBE-Studie über einen internationalen Vergleich, bei dem deutsche Führungskräfte als vorwiegend aufgabenorientiert und weniger sozial zugewandt beschrieben werden als Manager anderer Länder.[5] In der methodisch umstrittenen Studie des Gallup-Instituts von 2002 werden 69 % der deutschen Arbeitnehmer als demotiviert eingestuft, was in Beziehung gesetzt wird zu der mangelhaft ausgeprägten Sozialkompetenz deutscher Manager (fehlende Anerkennung von Mitarbeiter/innen, keine Beachtung von Vorschlägen, geringe Verantwortungsübertragung).

Im Kontext von Teamarbeit konnte gezeigt werden, dass die soziale Kompetenz von Teammitgliedern ein wichtiger Prädiktor der Teamleistung ist.[6] Mittels Meta-Analysen anderer Studien wurden wesentliche Persönlichkeitsfaktoren mit unterschiedlichen Erfolgskriterien korrelationsstatistisch verglichen.

---

4 Eine Zusammenstellung findet sich bei Kanning, 2005, S. 15 ff.

5 Vgl. Felix Brodbeck/Michael Frese/Mansour Javidan: Leadership made in Germany. Low on Compassion, high on performance. Academy of Management Executive, No. 16, 2002, pp. 16-29.

6 Vgl. Dieter Koreimann: Projektmanagement: Technik, Methodik, soziale Kompetenz, Heidelberg 2002.

Ein deutlicher Zusammenhang zwischen sozialer ‚Verträglichkeit' (näherungsweise: sozial kompetentes Verhalten) und der Leistung bei Gruppenarbeit konnte gesichert werden; bei anderen Leistungskriterien fielen die Zusammenhänge weniger klar aus.[7] Weitere Untersuchungen finden sich bei Stumpf, Klaus und Süßmuth,[8] wobei das Konstrukt der „Gruppenreflexivität"[9] als ein entscheidender Faktor für die Effizienz von Teamarbeit herausgearbeitet wird. Reflexivität beschreibt die Bereitschaft und Fähigkeit von Gruppen, den Prozess der internen Zusammenarbeit gemeinsam zu reflektieren und zu bearbeiten. Diese Fähigkeit ist offensichtlich assoziiert mit der sozialen Kompetenz der Gruppenmitglieder.

Insgesamt bewegt sich die Forschung auf einem schwierigen Feld, da weder die Ausgangskriterien eines sozial kompetenten Verhaltens (multidimensionaler Begriff) noch die Validitätskriterien des individuellen Berufserfolgs vergleichbar zu operationalisieren sind. Wenn man die oben genannte Gallup-Studie böswillig interpretiert, könnte auch postuliert werden, dass ein hohes Maß an Sozialkompetenz hinderlich sei für den beruflichen Aufstieg; oder anders gesagt: Rücksichtslosigkeit zahlt sich aus. In eine ähnliche Richtung weist ein Nebenbefund aus einer Validierungsstudie zu dem Testverfahren BIP, nach der ‚Soziabilität' (auf Harmonie ausgerichtetes Verhalten) in keinerlei Zusammenhang (eher in einem leicht negativen Zusammenhang) zum beruflichen Entgelt und beruflichen Erfolg steht.[10]

Dies ist jedoch kein gültiges Fazit zur Bedeutung sozialer Kompetenz für den beruflichen Erfolg im Sinne des Erreichens von Führungsfunktionen. Aus guten Gründen bemühen sich nahezu alle Unternehmen um eine Verbesserung des Führungsverhaltens ihrer Manager mit dem Ziel, die Mitarbeitermotivation und Leistungsbereitschaft zu erhöhen und die Mitar-

7 Vgl. Murray Barrick/Michael Mount: Personality and performance at the beginning of a new millennium. What do we know and where do we go next?, International Journal of Assessment and Selection, No. 9, 2001, pp. 9-29.

8 Vgl. Siegfried Stumpf/Carolin Klaus/Bernd Süßmuth: Gruppenreflexivität als Determinante der Effektivität und Weiterentwicklung von Arbeitsgruppen, in: Siegfried Stumpf/Alexander Thomas (Hrsg.): Teamarbeit und Teamentwicklung, Göttingen 2003, S. 143-165.

9 West, Michael A.: Reflexivity and work group effectiveness. A conceptual integration, in: id. (eds.): Handbook of work group psychology, Chichester 1996, pp. 555-579.

10 Vgl. Rüdiger Hossiep/Michael Paschen: Bochumer Inventar zur berufsbezogenen Persönlichkeitsdiagnostik (BIP), 2. Aufl., Göttingen 2003.

beiterbindung zu verbessern, aktuell unter Aspekten der demographischen Entwicklung. Führungskompetenz im Sinne sozial kompetenten Verhaltens ist ein Merkmal der Kompetenzprofile in nahezu allen groß- und mittelständischen Unternehmen und essenzieller Bestandteil von Personalentwicklungs- und Führungsinstrumenten (Kompetenzmodell als Selektionskriterium für die berufliche Weiterentwicklung, Management-Potenzial-Analysen u. a. mittels Assessment Center, Führungstraining, Management Development, Führungsfeedback und 360° Feedback und anderes mehr).

Interessant ist in diesem Zusammenhang die Unterscheidung von durchschnittlichen, karriereerfolgreichen und effektiven (gemessen an Qualität und Quantität ihrer Arbeit) Managern in einer älteren US-amerikanischen Studie.[11] Insgesamt für Führungsfunktionen bezeichnend ist, dass durchschnittlich ein Manager 29 % seiner Arbeitszeit mit Kommunikation, 20 % mit Personalmanagement und 19 % mit Netzwerkpflege verbringt. Netzwerkpflege stellt dabei auch eine Form der Kommunikation dar, nur ist die Absicht hier im Wesentlichen die Förderung des eigenen Ansehens und der eigenen Karriere. Bei karriereerfolgreichen Managern stellt die Netzwerkpflege mit 48 % den größten Anteil der Tätigkeiten dar, Personalmanagement mit 11 % den geringsten. Bei effektiven Managern verhält es sich umgekehrt. Netzwerkpflege macht mit 11 % den geringsten Anteil an seiner Tätigkeit aus, Kommunikation mit 44 % den größten und Personalmanagement mit 26 % den zweitgrößten Anteil. Mögen die relativen Zahlenwerte auch überschätzt sein, Kommunikation und Personalmanagement (mit einem sehr hohen Kommunikationsanteil) stellen entscheidende Merkmale der Tätigkeit von Führungskräften für den sachlichen Erfolg, den Nutzen für das Unternehmen dar. Der individuelle Berufserfolg ist nicht das einzige Kriterium, anhand dessen über den Nutzen von Sozialkompetenz im Berufsleben zu entscheiden ist. Es ist auch der Nutzen für das Unternehmen im Sinne der Aufgabenwirksamkeit zu untersuchen. So konnte nachgewiesen werden, dass der sozialen Kompetenz von Bankangestellten eine überragende Bedeutung für die Kundenzufriedenheit zukommt.[12]

11 Luthans, Fred/Hodgetts, Richard et al: Real Managers, Cambridge 1988; zit. nach Stephen P. Robbins: Organisation der Unternehmung, 9. Aufl., München 2001, S. 24.

12 Vgl. Uwe Kanning/Nina Bergmann: Bedeutung sozialer Kompetenzen für die Kundenzufriedenheit: Zwei Studien, in: Zeitschrift für Arbeits- und Organisationspsychologie, H. 50, 2006, S. 148-154.

Diese Ergebnisse können plausiblerweise auf alle vertriebsnahen Funktionen in Unternehmen übertragen werden. Eine möglichst hohe Dienstleistungs- und Kundenorientierung wird von allen Unternehmen als Basis des Unternehmenserfolgs angesehen.[13] Auch für das Kompetenzfeld Teamfähigkeit kann ein positiver Zusammenhang zwischen Sozialkompetenz und beruflicher Zielerreichung als gesichert angenommen werden, sofern sich die Tätigkeit eines Mitarbeiters in zumindest wesentlichen Anteilen in realen Team- oder Projektstrukturen bewegt. In den Technikbereichen von Unternehmen, insbesondere in Entwicklungsbereichen, sind Team- und Projektarbeit mehr als verbreitet. Für Projektleiter ohne disziplinarische Führungskompetenz ist ein hohes Maß an Sozialkompetenz unerlässlich, um Projektziele zu erreichen. Der geniale Entwickler als Einzelkämpfer ist zur absoluten Ausnahme geworden. Die Sozialkompetenz des Projektleiters ist ein entscheidender Parameter für die Effizienz der Teamarbeit, in welchem Maße alle Teammitglieder tatsächlich eingebunden sind und Verantwortung für die Projektziele übernehmen bzw. zu übernehmen bereit sind.[14]

Im Zuge der Internationalisierung von Unternehmen gewinnt darüber hinaus die interkulturelle Kompetenz an Bedeutung. Auch diese Kompetenzanforderung ist in der Mehrzahl der Kompetenzprofile von Großunternehmen enthalten. Auch wenn Anspruch und Umsetzung in der Unternehmensrealität auseinanderfallen,[15] bleibt es sinnvoll, dieser aktuellen Herausforderung auch in der Hochschulausbildung zu begegnen. Ziel ist dabei die Verbesserung der ‚cultural awareness', ein Begriff, der sich im Deutschen nur sehr sperrig mit ‚interkultureller Achtsamkeit' übersetzen lässt.[16] Da es an einer Hochschule nicht oder nur eingeschränkt um die

13 Vgl. die Literatur und Praxis des Total Quality Management, insbesondere das Excellence Model der European Foundation for Quality Management; z. B. Meinulf Kolb/Günther Bergmann: Qualitätsmanagement im Personalbereich, Landsberg am Lech 1997.

14 Vgl. Ulrike Becker-Beck/Rudolf Fisch: Erfolg von Projektgruppen in Organisationen: Erträge der sozialwissenschaftlichen Forschung, in: ders./Dieter Beck/Birte Englich (Hrsg.): Projektgruppen in Organisationen. Praktische Erfahrungen und Erträge der Forschung, Göttingen 2001, S. 19-42; Ulrich Zeutschel/Siegfried Stumpf: Projektgruppen, in: Stumpf/Thomas, 2003, S. 431-445.

15 Vgl. Günther Bergmann: Studie zur internationalen Personalentwicklung: Personalentwicklung für Expatriates während des Auslandseinsatzes. Personalführung, H. 7, 2005, S. 18-31.

16 Vgl. ebd.

Vermittlung von Wissen über unterschiedliche Kulturen und kulturell geprägte Verhaltensweisen geht (Vielzahl der Kulturräume, welche eine kulturspezifische interkulturelle Vorbereitung erfordern), stehen Elemente der sozialen Kompetenz wie werte-tolerante Einstellungen und die persönliche Wahrnehmungsfähigkeit auch bei der Förderung der interkulturellen Kompetenz an Hochschulen im Vordergrund.

Maßstab der Beschäftigungsfähigkeit von Hochschulabsolventen hinsichtlich des Berufeintritts sind die Anforderungen von Unternehmen, die sich in Stellenanzeigen und den entsprechenden Anforderungsprofilen niederschlagen. Nicht ohne Grund werden in der Mehrzahl von Stellenausschreibungen soziale Kompetenzen gefordert, insbesondere Teamfähigkeit.[17] Dabei werden bei den Qualifikationsprofilen Kriterien der Sozial- und Methodenkompetenz von deutschen Unternehmen deutlich häufiger genannt, als dies in den europäischen Nachbarländern der Fall ist. In Deutschland werden bei Stellenausschreibungen für Hochschulabsolventinnen und -absolventen in über 90 % der Fälle soziale Kompetenzen erwartet (68 % in Frankreich und 69 % in Großbritannien).[18] Der Blick der Unternehmen richtet sich dabei zunehmend auf die Hochschulen, von denen mehr Engagement zum Thema Sozialkompetenz erwartet wird: Weitere Orientierungshilfe (zur Beurteilung der Qualität von Bachelor-Studiengängen) soll ein neues Rating erbringen. Es erfasst, inwieweit ein Studiengang Sozial- Methodenkompetenz (neben Praxisbezug und Internationalität) vermittelt. Initiator ist der Arbeitskreis Personalmarketing, gegründet von namhaften deutschen Unternehmen.[19]

Training sozialer Kompetenz an Hochschulen: Konsequenzen aus der Personalentwicklung in Wirtschaftsunternehmen

Nachdem seit mehr als 35 Jahren in der Personalentwicklung aller großen Unternehmen in Deutschland, ebenso wie von vielen mittelständischen Unternehmen, ein Training sozialer Kompetenzen praktiziert wird, ist es naheliegend, diese Erfahrungen zu nutzen. Vor diesem Hintergrund

17 Crisand, Ekkehard: Soziale Kompetenz als persönlicher Erfolgsfaktor, Heidelberg 2002.

18 ISM – International School of Management, Dortmund (2006). Studie zitiert nach Abendblatt ‚Deutsche fordern soziale Kompetenz'; Onlinedokument http://www.abendblatt.de/daten/2006/05/27/566977.html [07. 07. 2009].

19 Onlinedokument http://www.dcpm.org Stichwort: Bachelorrating [07. 07. 2009]

muss es erstaunen, welchen ‚Neuigkeitswert' dieses Thema an Hochschulen hat – und wie gering die Professionalität im Umgang damit ausgeprägt ist. Während in allen größeren Unternehmen eine systematische Personalentwicklung (mehr oder weniger – und auch konjunkturellen Schwankungen unterliegend) funktionsübergreifend etabliert ist, ist eine ebensolche systematische Personalentwicklung hinsichtlich der sogenannten Soft Skills für Studierende an Hochschulen bisher die Ausnahme oder bleibt beschränkt auf die Initiativen einzelner Studiengänge, die solche Fähigkeiten in besonderem Maße einfordern.

Natürlich gibt es wesentliche Unterschiede zwischen der Personalentwicklung eines Unternehmens und dem Training sozialer Kompetenzen an einer Hochschule. Der wichtigste Unterschied besteht in der strategischen Ausrichtung: Personalentwicklung in Unternehmen sollte an der Geschäftspolitik und an konkreten strategischen Zielen des Unternehmens orientiert sein.[20] An einer Hochschule existieren solche konkreten strategischen Ziele nicht; der strategische Maßstab ist jedoch die Beschäftigungsfähigkeit (Employability) der Absolventinnen und Absolventen als Bildungsauftrag der Hochschulen. Die Bedeutung dieser Ausrichtung wurde im vorangegangenen Kapitel erläutert.

Seit Anfang der 90er Jahre haben viele Unternehmen erkannt, dass eine angebotsorientierte Personalentwicklung (d. h. Weiterbildungsangebote, die Mitarbeiter wahrnehmen können oder auch nicht) nicht zielführend ist. Eine systematische Personalentwicklung kann die damit verbundenen Ziele des Unternehmens nur dann erreichen, wenn eine Nachhaltigkeit in die Teilnahme definierter Zielgruppen gelegt wird. Für die Umsetzung an Hochschulen bedeutet dies, dass die Teilnahme an definierten Veranstaltungen zu einem Pflichtbestandteil des Studiums zählen sollte (dies ist schließlich bei fachlichen Lehrveranstaltungen auch der Fall). Es gibt überhaupt keinen Grund, davon auszugehen, dass die Teilnahme an Trainings zur Förderung der sozialen Kompetenz einer beliebigen, rein individuellen Entscheidung überlassen bleiben sollte. Ein geeignetes Instrument ist die Vergabe von Credits, welche in der Studien- und Prüfungsordnung verankert und als Pflichtbestandteil des Studiums vorgesehen sind. Eine Benotung sollte hiermit nicht verbunden werden (Begründung siehe oben).

20 Vgl. Manfred Becker: Personalentwicklung, Stuttgart 2005; Kolb/Bergmann, 1997; Rolf Stiefel: Personalentwicklung in KMU, Leonberg 2006.

Hinsichtlich der Didaktik bei der ‚Vermittlung' sozialer Kompetenzen handelt es sich um verhaltensorientierte Trainings, also im Kern nicht um eine kognitive Wissensvermittlung. Neben kurzen ‚Inputs', die als kognitives Raster zum Verständnis und zur Generalisierung von Übungseinheiten dienen, sind die eigenen Erfahrungen in Übungen sowie Feedback- und Reflexionsprozesse zentrale Bestandteile eines verhaltensorientierten Trainings, welche in der Personalentwicklung von Unternehmen seit langer Zeit etabliert und optimiert sind.[21] Dies wurde und wird auch an Hochschulen meist so gesehen und erfahrene externe Trainer aus der Wirtschaft werden als Lehrbeauftragte eingesetzt. Auch wenn dies sachlich begründet ist, birgt dies eine ernst zu nehmende Gefahr. Die primär ihren fachlichen Inhalten verpflichteten Hochschullehrer nehmen die Ziele und Inhalte der verhaltensorientierten Trainings kaum zur Kenntnis; sie delegieren die Verantwortung für die Vermittlung sozialer Kompetenzen nach außen und ‚entlasten' (wörtlich genommen) sich damit. Kritisch formuliert: An dem, was Externe vermitteln, muss sich die Hochschule selbst und ihre Lehrveranstaltungen nicht messen lassen (schließlich geht es – nur – um soziale Kompetenz). Diese ‚Entlastungsdelegation' ist allerdings auch aus Unternehmen wohl bekannt.

Nicht anders reagieren zahlreiche Führungskräfte, wenn sie im Mitarbeitergespräch dem Mitarbeiter das ein oder andere Seminar zur Förderung der sozialen Kompetenz empfehlen und sich selbst nicht weiter mit den Inhalten und Zielen befassen. Damit ist ein Grundproblem verhaltensorientierter Trainings angesprochen, nämlich der unzureichende Transfer.[22] Dieser liegt weniger in der individuellen Unfähigkeit oder dem individuellen Desinteresse des Einzelnen begründet, sondern in der mangelnden Nachhaltigkeit, mit der die Inhalte und Ziele einer Förderung der sozialen Kompetenz verbunden werden. Im Unternehmen: Es interessieren nur Ergebnisse (Zahlen anhand von Zielvorgaben) – nicht wie sie zustande kamen; auch nicht, wie sie verbessert werden könnten.

21 Z. B. Karlheinz Sonntag/Ralf Stegmaier: Verhaltensorientierte Verfahren in der Personalentwicklung, in: Karlheinz Sonntag/Heinz Schuler (Hrsg.): Handbuch der Arbeits- und Organisationspsychologie, Göttingen 2007, S. 613-624; Bärbel Voß (Hrsg.): Kommunikations- und Verhaltenstrainings, Göttingen 1996.

22 Vgl. Becker, 2005; Günther Bergmann: Bildungscontrolling – Transfer – Evaluation, in: Laila Hofmann/Erika Regnet (Hrsg.): Innovative Weiterbildungskonzepte, 3. Aufl., Göttingen 2003, S. 267-279; Peter Mudra: Integrative Gestaltung betrieblicher Lern- und Veränderungsprozesse, München 2004.

An der Hochschule: Es interessieren nur Noten – als Individualleistung und i. d. R. ausschließlich auf das Fachliche bezogen (Lernziele als Zielvorgaben). An dieser Stelle sei ein Seitenverweis gestattet: Manche Kritiker aus der Unternehmenspraxis, die die mangelnde Sozialkompetenz von Hochschulabsolventen reklamieren, müssen sich fragen lassen, ob und wie sie tatsächlich die Sozialkompetenz ihrer Mitarbeiter/innen und insbesondere ihrer Führungskräfte nachhaltig (!) fördern.

Um keine Missverständnisse auszulösen: Selbstverständlich sind im Unternehmen sachliche Zielvorgaben ebenso zu erfüllen wie an einer Hochschule kognitive Lernziele. Allerdings stellt sich im Unternehmen ebenso wie an der Hochschule die Frage, wie die weniger messbaren sozialen Kompetenzen kontinuierlich verbessert und dauerhaft verankert werden können. Hierfür gibt es in der Unternehmenspraxis durchaus Lösungsmöglichkeiten:

1. Transfer durch Handeln (ein altbekanntes didaktisches Dogma). Die zeitnahe Umsetzung von Trainingsinhalten bewirkt ein höheres Interesse an den Inhalten und bietet die praktische Möglichkeit, eigene Erkenntnisse und Absichten umzusetzen. Hierfür müssen geeignete Rahmenbedingungen geschaffen werden.

2. Nachhaltigkeit durch Nachhalten. Die Umsetzung von zentralen Lerninhalten sollte nicht dem Zufall oder der bloßen individuellen Absicht überlassen bleiben. Was man überprüfen kann, sollte man auch überprüfen (und was nicht, das nicht). Ein isoliertes Training sozialer Kompetenzen, auf das im weiteren Arbeitsprozess oder Studienverlauf keinerlei Bezug genommen wird, verkommt zu einer Alibi-Veranstaltung und verliert schon nach kurzer Zeit seine Wirkung.

3. Integration von Trainingsinhalten in den Arbeitsprozess bzw. in das fachliche Studium. Hierzu sind hinsichtlich der Personalentwicklung im Unternehmen die Führungskräfte gefordert. Diese müssen aus Seminarinhalten entsprechende Umsetzungen in den Arbeitsprozess entwickeln und mit ihren Mitarbeitern vereinbaren. An einer Hochschule sind alle Lehrenden in ähnlicher Weise gefordert.

4. Für die Entwicklung sozialer Kompetenzen sind persönliche Ziele zu vereinbaren. Im Unternehmen kann dies im Rahmen eines Zielvereinbarungsprozesses geschehen. Neben aufgabenbezogenen Zielen, die an Kennzahlen gemessen werden, kennt man auch qualitative bzw.

Entwicklungsziele, die individuell mit einem Mitarbeiter vereinbart werden können. In welchem Maße diese sanktioniert werden, spielt für die Wirksamkeit keine entscheidende Rolle. Wichtig ist, dass auch diese Ziele im persönlichen Gespräch nachgehalten werden, dass nachgefragt wird (sanktionsfreie Nachhaltigkeit). Eine Analogie an der Hochschule kann in der Vereinbarung von persönlichen Lernzielen im Mentoring-Prozess und bei der Praktikantenbetreuung gesehen werden.

Gemeinsames Merkmal dieser Interventionsformen ist es, die Elemente der Förderung der sozialen und methodischen Kompetenz in Arbeitsprozesse (Unternehmen) bzw. in die Studienformen (Hochschule) zu integrieren und dadurch eine Nachhaltigkeit zu erzeugen.

Im Folgenden wird ein Vorschlag zur Förderung der Sozial-, Methoden- und interkulturellen Kompetenz beschrieben. Natürlich gibt es alternative Vorgehensweisen und Verbesserungspotenzial hinsichtlich der Erreichung der oben genannten vier Forderungen. Die geschilderte Vorgehensweise an der Hochschule Pforzheim, Fakultät Wirtschaft und Recht, stellt ein Konzept dar, welches das Machbare mit einem begrenzten Ressourceneinsatz erreicht. Das Programm ist in einer betriebswirtschaftlichen Fakultät umgesetzt, es dürfte jedoch problemlos möglich sein, die entsprechenden Verfahrensweisen auf technische Studiengänge zu übertragen. Sachlich gibt es nur wenige Spezifikationen, die nicht unmittelbar anzupassen sind (außer Unternehmensplanspiel und BWL-Fallstudie).

Das Programm SIK an der Hochschule Pforzheim

Die Abkürzung ‚SIK' steht für Förderung der Sozial-, Methoden- und interkulturellen Kompetenz. Das Programm wurde im Zuge der Umstellung auf die neuen Bachelor-Studiengänge für die Fakultät Wirtschaft und Recht entwickelt und startete im Jahr 2006. Inzwischen haben vier Generationen von Studierenden an dem Programm teilgenommen. Es handelt sich um ein fakultätsweites Programm, nicht um Initiativen von einzelnen Hochschullehrern. Erarbeitet wurde das Programm von einem Professoren-Team der Fakultät, ohne jegliche Drittmittel in Anspruch zu nehmen.

Trainings zur Sozialkompetenz, Präsentationstrainings und Unternehmensplanspiele gab es an der Hochschule Pforzheim in einzelnen Studiengängen und in vielfältiger Form – dies ist nicht neu. Bemerkenswert ist vielmehr die Tatsache, dass jetzt alle Studierenden der Bachelor-Studiengänge der Fakultät Wirtschaft und Recht ein geschlossenes Programm zur Förderung der Sozial-, Methoden- und interkulturellen Kompetenz durchlaufen. Das Programm ist als Pflichtbestandteil entsprechend der Studien- und Prüfungsordnung mit insgesamt 5 Credits hinterlegt. Die Trainings finden in kleinen Gruppen von maximal 13 Teilnehmern statt. Pro Semester nehmen im 1. und 2. Studiensemester knapp 700 Studierende an dem Programm teil, die außer durch Hochschullehrer von 53 Tutoren (pro Semester) betreut werden. Für eine Studierenden-Generation sind dies im 1. Studiensemester im WS ca. 420 und im SS ca. 270 Teilnehmer.

Das Programm umfasst u. a. folgende wesentliche Komponenten:

- Unternehmensplanspiel (1 Tag) und Training Kommunikation und Teamarbeit (in Tutorien, 2 Tage) in der Einführungswoche des 1. Studiensemesters,
- Durchführung einer BWL-Fallstudie in Kleingruppen (Gruppenarbeit und Tutorien, ca. 1 SWS),
- Präsentationstraining (Tutorien, 1,5 Tage) zu Beginn des 2. Studiensemesters,
- Interkulturelles Training unter Einbezug der internationalen Studierenden im 3. Studiensemester (2 SWS),
- Betreuungs- und Mentoring-Konzeption (im 1. und 2. Semester durch Tutoren, danach durch Hochschullehrer) in den Studiengängen, hier u. a. individuelle Lernzielvereinbarungen zu sozialer Kompetenz,
- Integration der Trainingsinhalte in die fachlichen Lehrveranstaltungen des weiteren Studienverlaufs (Verfahren s. u.).

Im Kommunikationstraining werden die Teilnehmer für mögliche Störungen von Kommunikationsprozessen sensibilisiert und üben in Rollenspielen erfolgreiche Konfliktlösungsstrategien und Verhandlungstechniken. Im Trainingsteil Teamarbeit geht es u. a. um Konflikt und Kooperation sowie um individuelle Rollen in Gruppen. Im späteren Studienverlauf ist in mindestens drei Seminaren eine Arbeit in Teams verpflichtend vorgesehen. Basierend auf den Lernzielen des Trainings wird ein Fragebogen zur Selbstevaluation der Teamarbeit von den Studierenden ausgefüllt und besprochen. Aber auch bereits im ersten Semester arbeiten Studierende in Kleingruppen parallel zu den Vorlesungen an einer BWL-Fallstudie. Die Resultate werden in der Tutoriumsgruppe präsentiert.

Ein ebenfalls von Tutoren durchgeführtes Präsentationstraining behandelt die Planung von Präsentationen, den Medieneinsatz und die Visualisierung ebenso wie das Präsentationsverhalten. Das Training bietet Gelegenheit, das Erlernte direkt in Kurzpräsentationen umzusetzen; alle Teilnehmer erhalten zu ihren Präsentationen ein individuelles Feedback. Schwerpunkt des Trainings ist die Methodenkompetenz, wobei insbesondere hinsichtlich des Auftretens bei Präsentationen auch Aspekte der Sozialkompetenz angesprochen sind. Im weiteren Studienverlauf erfolgt eine Bewertung von Präsentationen anhand eines auf den Lernzielen des Trainings basierenden Kriterienkatalogs (in allen Seminaren – unabhängig von den jeweiligen Dozenten).

Die Bewertung des Präsentationsverhaltens geht als Teilnote in einer definierten Gewichtung in den Leistungsnachweis der entsprechenden Seminare ein. Dies widerspricht nicht dem oben genannten Prinzip, dass innerhalb eines verhaltensorientierten Trainings keine Bewertung erfolgen sollte. Denn nun handelt es sich um die Anwendung des Gelernten in einem fachbezogenen Seminarkontext (die Seminargruppe als Zielgruppe) und um eine Bewertung nach grundlegenden Kriterien der Wirksamkeit einer Präsentation (z. B. Aufbau, Visualisierungsprinzipien, Sprechweise, Kontakt zum Publikum, Blickkontakt).

Der Einsatz eines Unternehmensplanspiels zu Beginn des Studiums ist ungewöhnlich. Die Lernziele liegen nicht im Wissenserwerb. Vielmehr geht es um einen ersten Einblick in die Zusammenhänge betriebswirtschaftlicher Entscheidungsprozesse, bevor Teilfunktionen in den fachlichen Vorlesungen im Detail erarbeitet werden. Der Einsatz eines Unternehmensplanspiels zu einem so frühen Zeitpunkt des Studiums ist darin begründet, dass Studienanfängerinnen und -anfänger ohne BWL-Vorkenntnisse und diejenigen mit einer kaufmännischen Berufsausbildung oder Absolventinnen und Absolventen von Wirtschaftsgymnasien über unterschiedliche Vorkenntnisse verfügen. Obwohl es kaum möglich ist, innerhalb eines Tages eine gemeinsame Ausgangsbasis zu schaffen, verfügen alle Studierenden zumindest über elementare Grundvoraussetzungen, um betriebswirtschaftliche Problemstellungen einordnen zu können. Die Diskussionen in den gemischten Kleingruppen erweisen sich hierfür als außerordentlich zweckdienlich.

Die Entwicklung von interkultureller Kompetenz im 3. Studiensemester kann in der Anwendung auf solch große Gruppen von Studierenden nur in einer ersten Näherung an die Ziele eines interkulturellen Trainings bestehen (Cultural Awareness). In die Seminare mit der Bezeichnung ‚Cross-Cultural Communication' werden auch die internationalen Studierenden im Rahmen des International Study Program einbezogen. Der Sinn liegt darin, die multikulturelle Zusammensetzung der Gruppe der Studierenden als Lernfeld zu nutzen. Seminargruppen in multikultureller Zusammensetzung mit 20 bis 25 Teilnehmerinnen und Teilnehmern tagen alternierend zwei- bis dreimal über das Semester verteilt. Zu den im Stundenplan vorgesehenen Regelterminen zwischen den Terminen der Seminargruppen treffen sich Kleingruppen à fünf Teilnehmer zu definierten Arbeitsaufgaben. Im Nebenziel dient dieses Format einer besseren Integration der internationalen Studierenden. Hinsichtlich einer Evaluierung dieses Ansatzes müssen zunächst noch weitere Erfahrungen gesammelt werden.

Eine weitere Besonderheit der SIK-Konzeption stellt die Betreuung der Studierenden in kleinen Gruppen über den gesamten Studienverlauf hinweg dar (Mentoring-Konzept). Im ersten und zweiten Studiensemester wird diese Funktion von studentischen Tutoren wahrgenommen, ab dem dritten Studiensemester von Professoren. Im Rahmen der Betreuungskonzeption durch Hochschullehrer werden in Kleingruppen von fünf bis sieben Studierenden u. a. individuelle Lernziele im Bereich der Sozial- und Methodenkompetenz erarbeitet und weiterverfolgt. Im Rahmen der Praktikantenbetreuung werden fachliche und sozial-kommunikative Lernaspekte mit den Erfahrungen im professionellen Umfeld zusammen gebracht. Das Praktikum wird so als Lernfeld für die Verbesserung sozialer Kompetenzen in einer systematischen Weise erschlossen. Dieser Teil der SIK-Konzeption stellt ein eigenständiges hochschuldidaktisches Modell dar, dessen Ausführung den Umfang in dieser Darstellung sprengen würde.

Durchführung des SIK-Programms

Trainings in kleinen Gruppen von maximal 13 Teilnehmern erlauben größtmögliche individuelle Lerneffekte. Die hierfür erforderlichen mehr als 50 Einzelseminare wären aus Lehrdeputat oder durch Lehraufträge nicht realisierbar. Deshalb werden für einzelne SIK-Komponenten qualifizierte Studierende höherer Semester als Tutoren eingesetzt. Der organisatorische Aufwand, pro Semester 700 Studierende und 53 Tutoren zu koordinieren, ist also erheblich. Aus Gründen der Raumverfügbarkeit kommt hierfür in der Einführungswoche ein dreitägiger Rotationsplan zum Einsatz (für mehr als 400 Studierende im Wintersemester). Das Unternehmensplanspiel wird als Großgruppenveranstaltung von je 120 Teilnehmern an drei Tagen von zwei Professoren und zwei Mitarbeitern organisiert und gestaltet. Die Arbeit der Studierenden in den einzelnen Entscheidungsphasen des Planspiels erfolgt in Kleingruppen von sechs Teilnehmern.

Der Einsatz von Tutoren für die Durchführung der Trainings erfordert eine gute Vorbereitung. Hierzu erhalten die Tutoren ein dreitägiges ‚Train-the-Trainer-Seminar' durch externe Lehrbeauftragte in je zwei Trainingsgruppen. Die Inhalte wurden auf die speziellen Anforderungen eines Multiplikatorentrainings im SIK-Programm zugeschnitten. Zur Qualitätssicherung und für größtmögliche Lerneffekte der Tutoren selbst wird ca. vier Wochen nach den Tutorien eine Tutorensupervision durchgeführt. Dabei geht es einerseits um die Besprechung der individuellen Erfolge und Schwierigkeiten als Trainer, andererseits um die Programmevaluation und Weiterentwicklung aus der Sicht der Tutoren. Letztere (es sind immerhin knapp 10 % eines Abschlussjahrgangs) erwerben so eine exzellente Qualifikation hinsichtlich ihrer Fähigkeiten, Gruppen selbstständig zu führen und anzuleiten

Nach den ersten beiden Durchgängen des SIK-Programms im ersten und zweiten Semester wurden die Erfahrungen der Tutoren aus ihren Trainings sowie die Rückmeldungen der Studierenden berücksichtigt, um die Seminare weiter zu optimieren. Es steht jetzt ein Konzept zur Verfügung, das auch von Tutoren ohne eigene Trainingserfahrungen erfolgreich umgesetzt werden kann. Sehr erfreulich ist die hohe Motivation der Tutoren, die sich mit großem Engagement und eigenen Ideen einbringen. Die Reaktionen der Studierenden werden jedes Semester mittels eines kurzen Fragebogens evaluiert. Ein Ergebnis aus der Studierendengeneration des Wintersemesters 2007/08 hinsichtlich einer zentralen Akzeptanzfrage „Wenn dieses Training kein verpflichtender Studienbestandteil wäre, würde ich anderen Studienanfängern trotzdem eine Teilnahme empfehlen" sei berichtet: Auf einer fünfstufigen Skala zwischen 1 (‚stimmt genau') und 5 (‚stimmt nicht') wird für die einzelnen SIK-Komponenten eine mittlere Zustimmung zwischen 1,9 und 2,1 angegeben. Einzelne Items der Evaluation erreichen noch deutlich positivere Werte. Als weitere Evaluationsstrategien werden die Erfahrungen der Tutoren im Rahmen der Tutorensupervision sowie durch eine Nachbefragung nach den Präsentationstrainings regelmäßig erhoben.

Die für das Programm benötigten Ressourcen halten sich in vertretbaren Grenzen. Die Tutoren werden nach dem Stundensatz für wissenschaftliche Hilfskräfte bezahlt. Ihr Einsatz für alle Komponenten des SIK-Programms wird mit ca. 360 € honoriert. Diese sparsame Vergütung versteht sich eher als Aufwandsentschädigung denn als Honorar. Die Motivation für eine Tätigkeit als Tutor liegt in der herausfordernden Aufgabe selbst und in der Darstellungsmöglichkeit im Lebenslauf, welche durch ein entsprechendes Zertifikat unterstützt wird. Alternativ könnte auch die Tutorentätigkeit als Studienleistung mittels Credits honoriert werden.[23] Von dieser Option wurde jedoch abgesehen; zum einen, da eine Tutorentätigkeit nicht allen Studierenden angeboten werden kann, und zum anderen, weil evtl. mit nicht-dienlichen Motivationen gerechnet werden müsste. Der Einsatz von externen Dozenten als Trainer für das Tutorentraining beläuft sich auf insgesamt 12 Tage pro Jahr. Auch das Tutorentraining wird in Gruppengrößen von maximal 16 Teilnehmern durchgeführt; zwei externe Dozenten arbeiten dabei parallel. Die Kosten der Tutorenvergütung und Lehrbeauftragtenhonorare zuzüglich der Sachkosten für die ausführlichen Materialien für Tutoren und Teilnehmer sowie für Moderations- und Präsentationsmaterial belaufen sich auf 60.000 € pro Jahr, die zum Teil aus Studiengebühren finanziert werden können. Hinsichtlich interner Ressourcen werden pro Semester 4 SWS an Lehrdeputat zuzüglich 4 SWS Assistenzleistung für das Unternehmensplanspiel und 2 SWS an Lehrdeputat für die Programmleitung aufgewendet. Die organisatorischen Aufgaben können mit einer 1/2 Assistentenstelle abgedeckt werden. Für das interkulturelle Training wird die Kapazität von einer Lehrkraft für besondere Aufgaben eingesetzt. Nach einer Stabilisierung der organisatorischen Abläufe sind Entlastungen der Leitungsfunktion möglich. Der Einsatz eines wissenschaftlichen Leitungsgremiums zur Unterstützung, Begleitung und Evaluation des Programms ist geplant. Die Verantwortlichkeit für das Programm liegt beim Fakultätsvorstand.

23 Vorschläge hierzu z. B. von Erwin Amann/Walter Assenmacher u. a: Anerkennung von Tutorentätigkeit als Studienleistung im Rahmen des Erwerbs von Schlüsselkompetenzen, in: Wirtschaftswissenschaftliches Studium, H. 12, 2005, S. 701-704.

Fazit

Die Umsetzung der oben genannten vier Prinzipien gelingt im Ansatz erfolgreich durch eine Mischung von Trainingseinheiten und deren Integration in das Studium:

1. Transfer durch Handeln. Die Umsetzung der Inhalte des Trainings Kommunikation und Teamarbeit wird durch die Bearbeitung einer BWL-Fallstudie in Kleingruppen ermöglicht. Dies geschieht zeitnah in den ersten zwei Monaten nach dem Training.

2. Nachhaltigkeit durch Nachhalten. Im weiteren Studienverlauf werden alle (!) Präsentationen anhand des Kriteriensystems bewertet, welches Inhalt des Präsentationstrainings war. Alle Kolleginnen und Kollegen der Fakultät führen die Bewertung von Präsentationen in ihren Seminaren nach diesen Kriterien durch (Beschluss der zentralen Studienkommission).

3. Integration von Trainingsinhalten in das weitere Studium. Dies wird erreicht durch die genannten bewerteten Präsentationen. Das Thema Teamarbeit wird in mindestens drei Seminaren des zweiten Studienabschnitts aufgegriffen, in denen Team- oder Projektarbeit in Kleingruppen Pflicht ist. Die Teamarbeit wird durch einen Fragebogen zur Selbstevaluation von den Teilnehmern selbst beurteilt. Über eine geeignete Form eines objektiveren Outcome Assessment (der Lernresultate) wird derzeit nachgedacht.

4. Persönliche Lernziele. Diese werden im Rahmen des Mentoring-Prozesses (in Kleingruppen) in einer eher unverbindlichen Form besprochen. Bei der Praktikumsbetreuung (ebenfalls in Kleingruppen) werden für das Praktikum dezidierte persönliche Lernziele (zur fachlichen, sozialen, methodischen und persönlichen Kompetenz) anhand eines Formblatts vereinbart. In einer Zwischen- und einer Abschlussevaluation werden auch die Angaben des Firmenbetreuers einbezogen. Individuelle Stärken und Schwächen werden in einem professionellen Umfeld besprochen.

Selbstverständlich sind hinsichtlich der konsequenten Umsetzung der genannten Prinzipien Verbesserungsmöglichkeiten denkbar. Um eine möglichst große Zahl von Kolleginnen und Kollegen in den Prozess der Förderung sozialer Kompetenz einzubinden, muss die Komplexität der Verfahrenweisen in praktikablen Grenzen gehalten werden.

Die Studierenden wie auch die Tutoren gaben ein ausgesprochen positives Feedback zu den SIK-Veranstaltungen. Aus der Sicht der Studierenden erweist sich ein Nebenziel angesichts der bewusst gewählten zeitlichen Lage mehrerer SIK-Komponenten unmittelbar zu Studienbeginn als wichtig: Durch die intensive Arbeit in kleinen Gruppen können die Studierenden untereinander Kontakte knüpfen, sich austauschen und von den Tutoren Erfahrungen einholen. Es geht letztlich beim SIK-Programm um mehr, als sich in Lernzielen, Inhalten und Übungen abbilden lässt – es geht um die Sozialisation an der Hochschule. Die erste Studienerfahrung besteht nicht darin, mit hundert anderen in einem Großhörsaal zu sitzen. Die erste Studienerfahrung fokussiert vielmehr die Kommunikation untereinander, Teamarbeit sowie die Erarbeitung von Sachthemen in einer angstfreien Atmosphäre ohne Klausurdruck. Den Spaß am Lernen zu fördern, ist somit ein nicht unbedeutendes Nebenziel der SIK-Konzeption.

Literaturverzeichnis

Amann, Erwin/Assenmacher, Walter u. a: Anerkennung von Tutorentätigkeit als Studienleistung im Rahmen des Erwerbs von Schlüsselkompetenzen, in: Wirtschaftswissenschaftliches Studium, H. 12, 2005, S. 701-704.

Barrick, Murray/Mount, Michael: Personality and performance at the beginning of a new millennium. What do we know and where do we go next?, International Journal of Assessment and Selection, No. 9, 2001, pp. 9-29.

Becker, Manfred: Personalentwicklung, 4. Aufl., Stuttgart 2005.

Becker-Beck, Ulrike/Fisch, Rudolf: Erfolg von Projektgruppen in Organisationen: Erträge der sozialwissenschaftlichen Forschung, in: Rudolf Fisch/Dieter Beck/Birte Englich (Hrsg.): Projektgruppen in Organisationen. Praktische Erfahrungen und Erträge der Forschung, Göttingen 2001, S. 19-42.

Bergmann, Günther: Bildungscontrolling – Transfer – Evaluation, in: Laila Hofmann/Erika Regnet (Hrsg.): Innovative Weiterbildungskonzepte, 3. Aufl., Göttingen 2003, S. 267-279.

ders.: Studie zur internationalen Personalentwicklung: Personalentwicklung für Expatriates während des Auslandseinsatzes, in: Personalführung, H. 7, 2005, S. 18-31.

Bittner, Andreas: Interkulturelles Training: Mehr Schein als Sein?, in: Laila Hofmann/Erika Regnet (Hrsg.): Innovative Weiterbildungskonzepte, 3. Aufl., Göttingen 2003, S. 113-123.

Brodbeck, Felix/Frese, Michael/Javidan, Mansour: Leadership made in Germany. Low on Compassion, high on performance, Academy of Management Executive, No. 16, 2002, pp. 16-29.

Crisand, Ekkehard: Soziale Kompetenz als persönlicher Erfolgsfaktor, Heidelberg 2002.

Faix, Werner/Laier, Angelika: Soziale Kompetenz. Das Potential zum unternehmerischen und persönlichen Erfolg, Wiesbaden 1991.

Hossiep, Rüdiger/Paschen, Michael: Bochumer Inventar zur berufsbezogenen Persönlichkeitsdiagnostik (BIP), 2. Aufl., Göttingen 2003.

ISM – International School of Management, Dortmund (2006) Studie zitiert nach Onlinedokument http://www.abendblatt.de/daten/2006/05/27/566977.html [07. 07. 2009].

Kanning, Uwe/Bergmann, Nina: Bedeutung sozialer Kompetenzen für die Kundenzufriedenheit: Zwei Studien. Zeitschrift für Arbeits- und Organisationspsychologie, H. 50, 2006, S. 148-154.

Kanning, Uwe: Soziale Kompetenzen. Entstehung, Diagnose und Förderung. Praxis der Personalpsychologie, Bd. 10, Göttingen 2005.

ders.: Soziale Kompetenzen in der Personalentwicklung, in: ders. (Hrsg.): Förderung sozialer Kompetenzen in der Personalentwicklung, Göttingen 2007, S. 13-36.

Kolb, Meinulf/Bergmann, Günther: Qualitätsmanagement im Personalbereich, Landsberg am Lech 1997.

Koreimann, Dieter: Projektmanagement: Technik, Methodik, soziale Kompetenz, Heidelberg 2002.

Mudra, Peter: Integrative Gestaltung betrieblicher Lern- und Veränderungsprozesse, München 2004.

o. A.: Gallup-Institut, in: Personalführung, H. 11, 2002, S. 6-7.

Robbins, Stephen P.: Organisation der Unternehmung, 9. Aufl., München 2001.

Sonntag, Karlheinz/Stegmaier, Ralf: Verhaltensorientierte Verfahren in der Personalentwicklung, in: ders./Heinz Schuler (Hrsg.): Handbuch der Arbeits- und Organisationspsychologie, Göttingen 2007, S. 613-624.

Stiefel, Rolf: Personalentwicklung in KMU, 5. Aufl., Leonberg 2006.

Stumpf, Siegfried/Klaus, Carolin/Süßmuth, Bernd: Gruppenreflexivität als Determinante der Effektivität und Weiterentwicklung von Arbeitsgruppen, in: Siegfried Stumpf/Alexander Thomas (Hrsg.): Teamarbeit und Teamentwicklung, Göttingen 2003, S. 143-165.

Voß, Bärbel (Hrsg.): Kommunikations- und Verhaltenstrainings, Göttingen 1996.

West, Michael A.: Reflexivity and work group effectiveness: a conceptual integration, in: id. (eds.): Handbook of work group psychology, Chichester 1996, pp. 555-579.

Zeutschel, Ulrich/Stumpf, Siegfried: Projektgruppen, in: Siegfried Stumpf/Alexander Thomas (Hrsg.): Teamarbeit und Teamentwicklung, Göttingen 2003, S. 431-445.

Genderkompetenz als Schlüsselqualifikation in der natur- und ingenieurwissenschaftlichen Lehre

Marion Kamphans, Sigrid Metz-Göckel und Petra Selent

1. Einleitung und Fragestellung zur genderkompetenten Lehre

Der Begriff Schlüsselqualifikation bezieht seine integrative Kraft aus einer gewissen Unbestimmtheit und seine bildungspolitische Bedeutung durch seine breite Wirkung.[1] Indem Individuen Schlüsselqualifikationen erwerben, so der Grundgedanke, sollen sie zu einem lebenslangen Lernen befähigt werden und dazu, mit Diskontinuitäten im Lebensverlauf und im Berufsleben umzugehen. In diese bisher allseits ‚geschlechtsneutral' vorgestellten Schlüsselqualifikationen soll zeitgemäß die Genderperspektive integriert werden und Genderkompetenz die Debatte bereichern.

Genderkompetenz wurde im Rahmen des neu eröffneten Studienganges ‚Genderkompetenz' der FU Berlin in einem Forum zu definieren versucht, an dem Vertreterinnen und Vertreter der Wirtschaft und der Wissenschaft teilnahmen. Sie machten deutlich:

1 Der Schöpfer des Begriffs Dieter Mertens verstand vor allem materiale Fähigkeiten und Fertigkeiten darunter wie allgemeine Wissensinhalte, Fachqualifikationen und formale Fähigkeiten wie Methoden- und Zugriffswissen. Vgl. Dieter Mertens: Schlüsselqualifikationen. Thesen zur Schulung für eine moderne Gesellschaft, in: Mitteilungen aus der Arbeitsmarkt- und Berufsforschung, H. 7, 1974, S. 36-43. Sowie veröffentlicht in: Friedrich Buttler/Lutz Reyher (Hrsg.): Wirtschaft – Arbeit – Beruf – Bildung: Dieter Mertens – Schriften und Vorträge 1968 bis 1987, Nürnberg 1991, S. 559-572. Nach Laur-Ernst hatte das Konzept in der Berufsbildung in Deutschland deshalb einen so großen Erfolg, weil es unmöglich sei, den zukünftigen Qualifikationsbedarf in der Berufsbildung zu prognostizieren. In den angelsächsischen Ländern führte dies in den 1970er Jahren zu einer Modularisierung der Berufsbildung, in Deutschland zu einer breiteren Qualifikationsbasis, die grundlegende Fertigkeiten vermittelt. Vgl. Ute Laur-Ernst: Schlüsselqualifikationen in Deutschland – ein ambivalentes Konzept zwischen Ungewissheitsbewältigung und Persönlichkeitsbildung, S. 18, in: Philipp Gonon (Hrsg.): Schlüsselqualifikationen kontrovers: Eine Bilanz aus kontroverser Sicht (= Pädagogik bei Sauerländer, Bd. 23), Aarau 1996, S. 17-23.

- Genderkompetenz braucht eine Zielvorstellung, die meist eine politische ist,
- Genderkompetenz ist keine additive Kompetenz, sondern sollte auch in den anderen Kompetenzbereichen enthalten sein,
- Genderkompetenz ist keine einmalige ‚Impfung', sondern ein ‚lebenslanger Prozess', der erlernbar ist, mit den Komponenten Wissen, Wollen und Können.[2]

Soll Genderkompetenz kein modisches Schlagwort sein, sondern zur Aufklärung bisher verdeckter Phänomene beitragen, dann sollte transparent werden, welche Rolle die Geschlechtszugehörigkeit und die inkorporierten Geschlechterbilder in den Köpfen von Lehrenden und Lernenden in den jeweiligen Studiengängen spielen. Worin bestehen die Stärken von Männern, worin die von Frauen? Warum sind (gleich gut ausgebildete) junge Frauen und Männer in unterschiedlichen Berufen und Positionen zu finden? Für welche Berufe und Tätigkeiten eignen sich Frauen und Männer in besonderer Weise? Wie sollten ingenieur- und naturwissenschaftliche Studiengänge ausgerichtet werden, um für junge Frauen und Männer gleichermaßen attraktiv zu sein? Dies sind bedeutende Fragen, wenn es darum geht, alltagsweltliche Vorstellungen über Frauen und Männer in der Hochschulausbildung mit wissenschaftlichen Forschungsergebnissen zu geschlechterdifferenzierenden Lehr-Lernprozessen zu konfrontieren.

Im Folgenden stellen wir aktuelle Befunde der Frauen- und Geschlechterforschung vor und stellen den Zusammenhang zu ingenieur- und naturwissenschaftlichen Fach- und Lehrkulturen her, da wir in dieser Verknüpfung ein Veränderungspotenzial sehen, um diese Fächer zukünftig so zu gestalten, dass sie für beide Geschlechter gleichermaßen attraktiv und studierfähig sind. Wir referieren zunächst den Forschungsstand zur Konstitution der Geschlechterverhältnisse in den Ingenieur- und Naturwissenschaften, gehen auf Genderaspekte in Studiengängen sowie auf die personale Lehr-Lerninteraktion ein und formulieren anschließend kontextbezogene Handlungsempfehlungen, wie Studiengänge gendergerecht gestaltet werden können.

2 Vgl. Dorothea Lüdke/Anita Runge/Mechthild Koreuber (Hrsg.): Kompetenz und/oder Zuständigkeit. Zum Verhältnis von Geschlechtertheorie und Gleichstellungspraxis, Wiesbaden 2005, S. 181 ff.

Hintergrund der folgenden Ausführungen ist das Konzept des Gender Mainstreaming, da es die institutionelle Ebene mit der personalen verbindet und eine systematische kulturelle Gegensteuerung zum alltagsweltlichen Verständnis der Geschlechter einschließt. Gender Mainstreaming ist ein Konzept, das darauf abzielt, in allen gesellschaftlichen Bereichen ungleiche Geschlechterverhältnisse zu verändern. Dadurch soll eine freie und selbstbestimmte Lebensgestaltung jenseits von stereotypisierenden Geschlechterrollen ermöglicht und eine tatsächliche Gleichstellung erreicht werden.[3] Konkret für die Hochschulen bedeutet Gender Mainstreaming, alle Politiken, Programme und geplanten Maßnahmen in der Hochschulsteuerung, Personalentwicklung, Forschung, Lehre und im Studium einschließlich der sozialen Rahmenbedingungen[4] einer Gender-Prüfung zu unterziehen und eine gleichberechtigte Partizipation beider Geschlechter in allen Bereichen und auf allen Ebenen anzustreben.[5]

Dazu gehört auch, eine selbstreflexive und gendersensible Position einzunehmen, um die eigene Beteiligung am doing gender in Lehr-Lernsituationen zu erkennen und eigene Geschlechterbilder zu reflektieren und zu verändern. Dies stellt eine enorme Herausforderung für das professionelle Handeln dar und erfordert ein hohes Maß an fundiertem Wissen, wie Studentinnen und Studenten in Lehr-Lernsituationen reagieren, über welche Lernstrategien sie verfügen, in welcher Form sie sich beteiligen und Kontakt zu den Lehrenden suchen etc. Dies ist deshalb eine hohe Anforderung an die diagnostische Fähigkeit von Lehrenden, weil

3 Das Konzept Gender Mainstreaming ist Mitte der 1980er Jahre im Kontext der internationalen Entwicklungszusammenarbeit und der internationalen neuen sozialen Frauenbewegungen entstanden und über supranationale Institutionen wie den Vereinten Nationen und der Europäischen Union in die internationale und nationale Diskussion eingebracht worden und über diesen Weg schließlich in die Hochschulen gelangt.

4 Kahlert, Heike: Gender Mainstreaming an Hochschulen. Anleitung zum qualitätsbewussten Handeln, Opladen 2003.

5 Die Definition des Europarats lautet: „Gender Mainstreaming besteht in der (Re-)Organisation, Verbesserung, Entwicklung und Evaluierung der Entscheidungsprozesse, mit dem Ziel, dass die an politischer Gestaltung beteiligten AkteurInnen den Blickwinkel der Gleichstellung zwischen Frauen und Männern in allen Bereichen und auf allen Ebenen einnehmen." (Sachverständigenbericht für den Europarat 1998, zit. nach der Übersetzung von Gertraude Krell/Ulrich Mückenberger/Karin Tondorf: Gender Mainstreaming. Informationen und Impulse. Hrsg. vom Niedersächsischen Ministerium für Frauen, Arbeit und Soziales, Hannover 2001, S. 5.

nicht immer klar ist, welche Relevanz gerade die Kategorie ‚Geschlecht' in Interaktionen hat. Zudem, und dies macht es noch verwirrender, ist nicht immer von einem Unterschied zwischen den Geschlechtern auszugehen, vielmehr sind häufig die Unterschiede innerhalb einer Geschlechtergruppe viel relevanter. Daher gehen wir an dieser Stelle von der ‚Gender Similarities'-These[6] aus und damit von einer generellen Gleichheit der Geschlechter, was kognitive, verbale und soziale sowie körperliche Fähigkeiten betrifft.[7]

Eine Umsetzung von Gender Mainstreaming in ingenieur- und naturwissenschaftlichen Studiengängen würde bedeuten, nicht nur den Anteil der Frauen an den Studierenden, Promovierenden, Professuren und bei den Lehrenden zu erhöhen, sondern fachkulturelle Gewohnheiten kritisch zu prüfen. Im Kern zielt Gender Mainstreaming darauf ab, die (männlich) dominierende Fach- und Lehrkultur auch in ingenieurwissenschaftlichen Disziplinen so zu verändern, dass unterschiedliche Interessen und Perspektiven von Studierenden männlichen wie weiblichen Geschlechts berücksichtigt werden.

Diese fachkulturelle Geschlechtersensibilisierung, wie wir sie nennen, könnte darin bestehen, Lehrende zu befähigen, ihre Lehre genderkompetent zu gestalten. Genderkompetente Lehre meint, in den Vermittlungsprozessen auf eine geschlechtsneutrale oder geschlechterbewusste Wissensvermittlung zu achten, die kein Geschlecht diskriminiert, und wenn es in Interaktionen zu subtilen, (un-)bewussten diskriminierenden Äuße-

6 Hyde, Janet Shibley: The Gender Similarities Hypothesis, in: American Psychologist, No. 6, Vol. 60, 2005, pp. 581-592.

7 Hyde hat in ihrer Untersuchung herausgefunden, dass sich Frauen und Männer, Mädchen und Jungen in ihren Persönlichkeitsmerkmalen in den meisten Fällen gleichen und nur bei wenigen psychologischen Merkmalen Unterschiede zu finden sind. Sie hat Daten von 46 Meta-Analysen aus dem Zeitraum von 1984 bis 2004 untersucht und verglichen und kommt zu dem Ergebnis, dass Geschlechterunterschiede in insgesamt 78 % der Studien kaum bis gar nicht ins Gewicht fielen. In 30 % der Studien wurden keine Geschlechterunterschiede festgestellt, sehr geringe Unterschiede zwischen den Geschlechtern in der Hälfte der Studien (48 %), dies betrifft kommunikative Aspekte, mathematische Fähigkeiten, logisches Denken, moralische Orientierung. In 23 % der Studien wurden Unterschiede zwischen den Geschlechtern gemessen, dies betrifft die Neigung zur körperlichen Gewalt, die Einstellung zur Promiskuität, die Weite und Schnelligkeit beim Weitwurf. Vgl. Hyde, 2005, S. 582-586.

rungen (meist in der informellen Kommunikation oder im Subtext) und geschlechterstereotypisierenden Zuschreibungen kommt, diesen entgegenzusteuern.

2. Genderkompetenz als (berufliche) Schlüsselqualifikation in der Hochschullehre

Dass Lehrende und Studierende in Frauen und Männer eingeteilt werden, ist so selbstverständlich, dass es lange Zeit als zu trivial galt, sich wissenschaftlich damit zu beschäftigen. Seit die Frauen- und Geschlechterforschung begonnen hat, differenziert zu untersuchen, welche Rolle das Geschlecht und die Geschlechtszugehörigkeit in der Gestaltung von Studiengängen und in den Lehr-Lernprozessen tatsächlich spielt, sind einige Vorurteile und Geschlechterschemata z. B. über Kompetenzprofile von Frauen und Männern ins Wanken geraten.

Da das Denken und Verhalten von Männern wie von Frauen gesellschaftlich und kulturell geprägt ist, sind auch Differenzierungen innerhalb der Geschlechtergruppe zu berücksichtigen, ebenso wie die unterschiedlichen Kontexte, in denen die Geschlechter zu denen gemacht werden, als die sie erscheinen. Zu den Kontexten, in denen junge Menschen in ihrem sozialen Geschlecht geformt werden, gehören die Bildungs- und Ausbildungsprozesse in Familie und Schule, aber auch das Lernen und Lehren in den Hochschulen.

Im Kontext der Diskussion zu den Schlüsselqualifikationen spielt es eine entscheidende Rolle, ob die junge Generation lediglich fachlich für den Beruf oder kompetenzorientiert ausgebildet werden soll im Sinne einer sozialverträglichen Handlungsfähigkeit, die an einer Vorstellung von Bildung durch Wissenschaft festhält, wie dies Huber für die Hochschuldidaktik formuliert hat.[8] Sein emphatischer Bildungsbegriff orientiert sich nicht am formalen Lernen des Lernens, sondern daran, wie sich „das Subjekt ein bedeutsames Stück Welt aneignet, durch das sich die ganze Person entwickelt."[9] Den Schlüsselqualifikationen spricht Huber zwar eine Nützlichkeit nicht ab, in dieser Gedankenfigur werde jedoch nur

8 Vgl. Ludwig Huber: Training oder Reflexion? Zur notwendigen Rückbeziehung der Hochschuldidaktik auf Bildungstheorie, S. 46 ff., in: Michael Craanen/ders. (Hrsg.): Notwendige Verbindungen. Zur Verankerung von Hochschuldidaktik in Hochschulforschung, Bielefeld 2005, S. 46-51.

9 Ebd., S. 47.

„die Funktionalität der auszubildenden Fähigkeiten zur Multifunktionalität erweitert. Mit Bildung wird hingegen der Anspruch der Person anerkannt, als Subjekt angesprochen zu werden",[10] um eine mündige, vernünftige, selbstbestimmungsfähige Person zu werden. Zu dieser Person wird man nur in sozialen Kontexten, in denen sich die Lehrenden als reflektierte Praktikerinnen und Praktiker von Verantwortung und ethischen Maßstäben leiten lassen und nicht lediglich durch Flexibilität und Spezialwissen. In diesen Prozessen kommt es auch darauf an, wie gelernt wird. „Spezialisierung, so wichtig sie ist, wird zur Bornierung, also auch zur Verengung von Problemen geraten, wenn der Spezialist nicht selbstreflexiv und über die Grenzen seines Fachgebiets hinaus verständigungsfähig ist."[11] In diesem Gedankenumfeld ist Genderkompetenz mehr als eine Anpassungsleistung an aktuelle Studienreformen, sondern als Handlungskompetenz bezogen auf die Veränderungen individueller Haltungen und die Bedingungen im Geschlechterverhältnis. Es kommt dann auch auf die Formate an, in denen sie vermittelt und angeeignet werden.

Relevanz wie Irrelevanz der Variable ‚Geschlecht' sind von gesellschaftlichem wie wissenschaftlichem Interesse, wenn es darum geht, die Ausbildung der nächsten Generation zu konzipieren. Dabei unterscheiden wir drei Ebenen:

- die globale bzw. überregionale Ebene der jeweiligen nationalen Ausbildungssysteme,
- die institutionalisierten Studiengänge an den jeweiligen Hochschulen sowie
- die personalen Interaktionen in den Lehr- und Lernprozessen.

Kompetenz, so präzisieren wir weiter, verbindet allgemeine Strukturveränderungen mit individuellen Lernprozessen.[12]

Zur überregionalen Ebene: Die europaweite Umsetzung des Bologna-Prozesses in den 1990er Jahren mit der Intention, berufsqualifizierende Kompetenzen und die Beherrschung von Fremdsprachen bereits im Studium zu vermitteln, entfachte eine (erneute) Diskussion zur Bedeutung

10 Ebd.
11 Ebd., S. 51.
12 Vgl. Peer Pasternack: Dazwischen und mittendrin. Der Platz der deutschen Hochschulen in einer wissensgesellschaftlichen Systemarchitektur, in: Craanen/Huber, 2005, S. 9-16.

von Schlüsselqualifikationen für die Gestaltung von Studiengängen. Damit wurde der Begriff Schlüsselqualifikation, der ursprünglich für die Berufsausbildung gedacht war,[13] auch auf die Hochschulausbildung übertragen. Wenn im Folgenden die Auseinandersetzung zu den Schlüsselqualifikationen unter Genderaspekten reflektiert wird, dann weil wir nicht nur der Frage nachgehen, welche Bedeutung das soziale Geschlecht (gender) für das Lehren und Lernen hat, sondern auch inwiefern es neue Horizonte erschließen kann, die bisher unbeachtet blieben.

Warum studieren in unserer Gesellschaft vergleichsweise wenige Frauen die Ingenieur- und Naturwissenschaften? Warum ist das Interesse für diese Studiengänge auch bei jungen Männern rückläufig und ziemlich stark von Arbeitsmarktprognosen abhängig? Und wie lassen sich Veränderungen in den beruflichen Anwendungsfeldern so mit den Ausbildungsprozessen verbinden, dass Anreize und Motivationen für diese Studiengänge entstehen, die beide Geschlechter ansprechen?

Der zweite zentrale Fragenkomplex lautet, wie in diesen Studiengängen die bisherige Vergeschlechtlichung, die auf einen bestimmten Männlichkeits- und Lerntyp ausgerichtet ist, aufgebrochen werden kann.

2.1. Begriffliche Klärungen zur Geschlechterperspektive

Der Begriff ‚Gender', der sich zunehmend einbürgert, bezieht sich auf beide Geschlechter und die Relationen zwischen ihnen sowie auf die sozial-kulturelle Formung der Geschlechterzuschreibungen. Gender als soziales Geschlecht wird im englischen Sprachgebrauch von sex, dem biologischen Geschlecht unterschieden, während im Deutschen beide Bedeutungen im Begriff Geschlecht verbunden sind. Daher setzt sich mehr und mehr die englische Terminologie durch. Der Begriff ‚Geschlecht' erhält seine Bedeutung durch das Handeln von Menschen, denn „jede und jeder ‚macht gender', ohne darüber nachzudenken."[14] Dieser Prozess der ‚Vergeschlechtlichung' vollzieht sich eher unbewusst als bewusst.

13 Vgl. Mertens, 1974.
14 Lorber, Judith: Gender Paradoxien, Opladen 1999, S. 55.

Aus der Perspektive der Geschlechterforschung ist zum ersten von vielen möglichen Geschlechtern auszugehen,[15] wobei sich die Aufmerksamkeit auch auf die Unterschiede innerhalb der Gesamtgruppe der Frauen und Männer richtet. Zum zweiten gilt die Aufmerksamkeit den Prozessen der Entwicklung, Bestärkung und Auflösung von Geschlechterzuschreibungen und Geschlechterhierarchien. Wenn das, was wir mit Frauen und Männern verbinden, in sozialen Interaktionen hergestellt und vermittelt wird, heißt dies, dass auch die Vorstellungen vom männlichen bzw. weiblichen Verhalten in sozialen Zusammenhängen entworfen und tradiert werden. An diesem *,doing gender'* sind alle beteiligt, meist im Sinne einer Bestärkung der symbolischen Geschlechterordnung, aber auch mit der Möglichkeit, den herkömmlichen Geschlechtervorstellungen entgegenzuwirken (*undoing gender*). Zwar sind alle an diesen Prozessen beteiligt, aber nicht alle in gleicher Weise, da es innerhalb der bestehenden Geschlechterordnung Personen mit mehr oder weniger mächtigen Einflussnahmen gibt. Aber die Möglichkeit einer kulturellen Gegensteuerung ist damit prinzipiell gegeben, wovon auch das Gender Mainstreaming ausgeht. Zum dritten beziehen sich Prozesse einer Vergeschlechtlichung auch auf Sachverhalte, die dem Geschlecht zugeschrieben werden – z. B. ein geringes Interesse von Frauen für die Kerninformatik –, die auf andere Faktoren zurückzuführen sind, z. B. auf die Selbstpräsentation des Faches und antizipierte Berufsprobleme. Eine solche Sichtweise impliziert die Einnahme eines Standpunkts, der nicht mehr von der Polarität der Geschlechter ausgeht, sondern nach einem übergeordneten Bezugspunkt oder differenzierteren Modellen sucht.

Das (wieder) erwachte Interesse an Schlüsselqualifikationen ist im raschen technologischen und arbeitsorganisatorischen Wandel der Berufswelt begründet, der sich in den vergangenen Jahrzehnten beschleunigt hat. Dies gilt ganz besonders für die akademischen Berufe und die leitenden Positionen in Wissenschaft, Wirtschaft und Verwaltung. Dieses Phänomen wird in der Literatur mit der Umgestaltung von Tätigkeiten und Arbeitsabläufen erklärt sowie mit innovationsbedingten Veränderungen in Wirtschaft und Verwaltung. Ein höheres Maß an Informati-

15 Die Formulierung ,Vielheit der Geschlechter' spielt darauf an, dass es nicht *den* Mann bzw. *die* Frau gibt, sondern unterschiedliche Konstruktionen von Männlichkeit und Weiblichkeit. Vgl. Ulrike Teubner/Angelika Wetterer: Gender-Paradoxien: Soziale Konstruktion transparent gemacht. Eine Einleitung, in: Lorber, 1999.

ons- und Abstimmungsleistungen sei erforderlich geworden, denn zum einen vermindern sich die unmittelbaren sozialen (face-to-face) Interaktionen u. a. durch die Möglichkeit medial unterstützter Informationsvermittlungen und diese erfordern ein anderes Interaktionsverhalten.[16] Zum anderen bringt die Nutzung neuer Technologien Veränderungen der organisationalen Strukturen mit sich, u. a. die Einführung von Gruppenarbeit und Projektteams. Dies hat Einfluss auf die Tätigkeitsmerkmale und mündet in neue Anforderungsprofile von Hochschulabsolventinnen und -absolventen.

Auch die Bedeutung des Begriffs Schlüsselkompetenz hängt von den Kontexten ab.[17] Untersuchungen zur Personalrekrutierung in Unternehmen wie auch im Wettbewerbsfeld Hochschule deuten darauf hin, dass Schlüsselkompetenzen eine zentrale Rolle spielen. Es handelt sich jedoch nicht, wie für Toppositionen im Management festgestellt, ausschließlich um Persönlichkeitsmerkmale, die von allen Individuen gleichermaßen erfolgreich gelernt werden können, sondern vielmehr um sozial bedingte Persönlichkeitsmerkmale, die von Personalentscheidern als soziale Kompetenzen bzw. als Kernkompetenzen erkannt, identifiziert und der Person zugeschrieben werden.[18] Unterschiede beim Erwerb solcher Persönlichkeitsmerkmale sind nicht nur mit der sozialen Herkunft verquickt, sondern auch mit der Geschlechtszugehörigkeit und führen zu unterschiedlichen Positionierungen von Männern und Frauen in den sozialen Räumen.[19] Anzunehmen ist, dass die Zuschreibungen solcher, im Ergebnis als Schlüsselqualifikationen bezeichneten Kompetenzen eine wichtige Rolle in Auswahlprozessen spielen und diese eine ‚Passfähigkeit' generieren,

16 Vgl. Sigrid Metz-Göckel/Marion Kamphans/Anja Tigges: Genderaspekte der Medienkompetenz und die Bilder im Kopf von Lehrenden und Studierenden, in: Katja Bett/Joachim Wedekind/Peter Zentel (Hrsg.): Medienkompetenz für die Hochschullehre, Münster/New York 2004, S. 33-55; Anja Tigges: Geschlecht und digitale Medien. Entwicklung und Nutzung digitaler Medien im hochschulischen Lehr-/Lernkontext, Wiesbaden 2008.

17 So können Schlüsselkompetenzen z. B. auch als Beitrag der Wettbewerbsfähigkeit verstanden werden. Solange jedoch das dazu gehörende Wettbewerbsfeld nicht bekannt ist oder nicht spezifiziert wird, muss der Begriff auch hier unklar bleiben.

18 Vgl. Michael Hartmann: Deutsche Topmanager: Klassenspezifischer Habitus als Karrierebasis, in: Soziale Welt, Jg. 46, 1995, S. 440-468

19 Vgl. Petra Frerichs/Margareta Steinrücke: Klasse, Geschlecht, Kultur. Dokumentation eines Workshops anlässlich des 25-jährigen Bestehens des Instituts zur Erforschung sozialer Chancen ISO am 08. 11. 1996, Köln 1997.

die ein äußerst vielfältiges Gemisch aus fachlichen, organisationalen, persönlichen, gruppen- und kollegialitätsbezogenen Gesichtspunkten beinhaltet, wobei die Geschlechtszuschreibung sogar den Ton anzugeben scheint.[20]

Seit Jahren gibt es vielfache Bemühungen, ingenieur- und naturwissenschaftliche Studiengänge für Frauen attraktiver zu machen. Spezielle Maßnahmen und Programme, die dieses dokumentieren, sind die Schnupperunis, Girlsdays, Schülerlabors und zahlreiche Projekte zur Motivierung junger Frauen für ein ingenieur- und naturwissenschaftliches Studium, bisher jedoch mit mäßigem Erfolg.[21] Offensichtlich ist es aber schwieriger, sehr männlich etablierte Berufsbilder und Studienfächer für junge Frauen zu öffnen und ihnen diese nahe zu bringen, als neue Studiengänge geschlechterneutral zu gestalten, wie es bei den aktuellen Umstellungen auf die Bachelor-Master-Struktur und die Modularisierung des Studienangebots prinzipiell möglich wäre.[22]

Ergebnisse speziell der Fachkulturforschung lassen darauf schließen, dass auch die Sozialisation in ein bestimmtes Studienfach mit Geschlechtszuschreibungen verbunden ist, einschließlich der Ausbildung von unterschiedlichen ‚studentischen Lebensstilen.'[23] Daher ist es sinnvoll, die Genderperspektive in die Fach- und Lehrkultur ingenieur- und naturwissenschaftlicher Studiengänge zu integrieren, unabhängig davon, wie viele Frauen darin studieren, um auch einen Blick für die Männlichkeitskonstruktionen und die Hierarchisierungen zwischen ihnen zu gewinnen. Dafür wiederum ist es sinnvoll, wenn Lehrende in diesen Studien-

20 Vgl. Karin Zimmermann: Spiele mit der Macht in der Wissenschaft. Passfähigkeit und Geschlecht als Kriterien für Berufungen, Berlin 2000.

21 Auch wegen des schlechten Abschneidens im internationalen Vergleich sind die Verantwortlichen in den ingenieurwissenschaftlichen Studiengängen motiviert, neue Wege zu gehen, um mehr Frauen zu gewinnen.

22 Doch diese Umstellung verläuft nicht ohne Fallstricke und erste Berichte zeigen durchaus unbeabsichtigte Nebeneffekte wie eine Formalisierung des Studiums, ein Oberflächenlernen wo Tiefenlernen intendiert war und insgesamt eine Zunahme der Studien- und Lehrbelastung, die Begeisterung für Lehren und Lernen mindert anstatt diese zu verstärken.

23 Vgl. Steffani Engler: Fachkultur, Geschlecht und soziale Reproduktion: Eine Untersuchung über Studentinnen und Studenten der Erziehungswissenschaften, Elektronik und des Maschinenbaus, Weinheim 1993; vgl. auch Barbara Friebertshäuser: Übergangsphase Studienbeginn – eine Feldstudie über Riten der Initiation in eine studentische Fachkultur, Weinheim 1992.

gängen über Genderkompetenz verfügen und nicht nur Frauenförderung darunter verstehen und womöglich eine falsch verstandene. *Hochschuldidaktische Genderkompetenz*, wie wir sie im Folgenden verstehen, bezieht sich auf die institutionelle Gestaltung von Studiengängen und die alltagsweltlichen Lehr-Lerninteraktionen, in denen Wissen und Fähigkeiten reflektiert vermittelt werden. Auf beide Ebenen gehen wir differenzierter ein, wobei die personalen Interaktionen von den institutionellen Gegebenheiten nicht strikt getrennt werden können.

Zur Gestaltung von Studiengängen: Die Veränderungen auf der ökonomischen und gesellschaftlichen Makro-Ebene haben Auswirkungen auf die Ausbildungsprozesse und spiegeln sich in der wissenschaftlichen Auseinandersetzung zu den Schlüsselqualifikationen: Einerseits sind Schlüsselqualifikationen zu einem Schlagwort geworden, andererseits haben sie differenzierte und kritische Betrachtungen hervorgebracht. Die Kritik konzentriert sich in erster Linie auf die mangelnde theoretische Fundierung des Konzepts und die unterschiedlichen Versuche, Schlüsselqualifikationen zu kategorisieren.

Die Einführung der berufsqualifizierenden Bachelor-Studienabschlüsse ist für diese Debatte deswegen bedeutsam, weil die gestufte Studienstruktur auf das Ergebnis bei den Studierenden/Absolventinnen und Absolventen ausgerichtet sein soll, ebenso die Master-Studiengänge mit ihrer wissenschaftlichen Ausrichtung. *Kompetenzorientierung im Studium* bedeutet zweierlei: Einerseits die Studiengänge kompetenzorientiert aufzubauen und Wissen didaktisch so zu vermitteln, dass die Studierenden im Ergebnis befähigt sind, ihr Wissen zu aktualisieren, umzulernen, sich Neues anzueignen und ihre Problemlösefähigkeit in unterschiedlichen Kontexten anzuwenden. Andererseits sollen auch allgemein- und persönlichkeitsbildende Studieninhalte eingebaut werden und vor allem soll disziplinübergreifend gelehrt werden.[24]

Um Studienangebote und Studienstrukturen zu beurteilen, ist zwischen den Inhalten, der Organisation des Studiums (Studiengang) und der Fachkultur zu unterscheiden, ebenso in welche Kontexte diese eingebunden sind. Zum ‚Image eines Studienfaches' trägt auch das prognosti-

24 Vgl. Gerd Michelsen: General Studies an der Universität Lüneburg – Förderung der Beschäftigungsfähigkeit und Persönlichkeitsbildung, S. 91, in: Anne Dudeck/Bettina Jansen-Schulz (Hrsg.): Hochschuldidaktik und Fachkulturen. Gender als didaktisches Prinzip, Bielefeld 2006, S. 91-103.

zierte bzw. vorgestellte Berufsfeld bei. Die möglichen Berufsfelder werden von potenziellen Studierenden unter dem Aspekt geprüft, wie sie sich mit den persönlichen Vorstellungen vom späteren Leben vertragen. Eine solche antizipatorische ‚Verträglichkeitsprüfung' führt bei Studentinnen und Studenten aber zu unterschiedlichen Entscheidungen hinsichtlich der beruflichen Orientierungen.

Zur interpersonalen Ebene: Die Anforderung, ein Studienangebot unter dem Aspekt zu konzipieren, über welche Kompetenzen ein Absolvent bzw. eine Absolventin bei Studienabschluss verfügen sollte, hat zur Voraussetzung, dass über die hochschulischen Lern- und Vermittlungsprozesse zuverlässiges Wissen vorhanden ist, vor allem auch für die praktische Umsetzung von Wissen in erfolgreiche Lernprozesse von Studierenden, also eine *hochschuldidaktische Kompetenz*. Für eine genderreflektierte Hochschuldidaktik, die die aktuellen Studienreformen begleitet, gibt es jedoch wenig zuverlässige Erkenntnisse. Erste Untersuchungen und Berichte liegen vor von Münst, Kosuch, Dudeck/Jansen-Schulz, Jansen-Schulz, Kamphans/Auferkorte-Michaelis, Becker u. a. und Andresen, auf welche wir später noch differenzierter eingehen.[25] Bei der Entscheidung für ein ingenieur- und naturwissenschaftliches Studienfach sind die berufliche Verwendung und das erwartete Einkommen wichtige Motive der Studienanfängerinnen und Studienanfänger, ebenso tradierte Bilder und Mythen über die Härte des Studiums, die langen Arbeitszeiten u. a. m. Diese Bilder werden nicht auf ihre Realitätsangemessenheit geprüft, sondern für bare Münze genommen. Morik geht z. B. davon aus, dass das Image der Informatik in Gesellschaft und Schule sowie durch persönliche Erfahrungen mit dem PC geprägt wird und nur sehr wenig mit dem Selbstverständnis des Faches und der späteren Berufswirklichkeit zu tun hat.[26] Die Studienentscheidungen werden jedoch vom öffentlichen Bild der Informatik beeinflusst und dieses hält junge Frauen deutlich stärker als Männer davon ab, sich für diese Studienrichtung zu entscheiden. Ähnliches gilt für die klassischen Ingenieurfächer und für einige Naturwissenschaften (mit Ausnahme der Biologie).

Über die Vorstellungen von Studierenden in den Köpfen der Lehrenden wissen wir ebenfalls wenig, ebenso über ihre Geschlechterbilder, die, so ist anzunehmen, auch stark von den persönlichen und biografischen Erfahrungen, also rückwärtsgewandt, geprägt sind. Als Person repräsentieren die Lehrenden ‚ihr' Fachwissen in seiner fachlichen Logik, jedoch vor dem biografischen Hintergrund der eigenen Studienerfahrungen und in Antizipation der beruflichen Verwendung dieses Wissens für die Studierenden. Dieses situierte Wissen verfehlt die aktuellen Studierenden und ist auf seine Genderdimension und -relevanz zu prüfen. In der Regel sind die Lehrenden mehr an ihrer wissenschaftlichen Community und weniger an ihrer Hochschule und ihrer Ausbildungsfunktion orientiert.[27] Ebenso ist nur sehr begrenzt ein Problembewusstsein bezogen auf ihre Lehre und hier eine Experimentierbereitschaft verbreitet.[28]

25 Vgl. Agnes Senganata Münst: Wissensvermittlung und Geschlechterkonstruktionen in der Hochschule. Ein ethnographischer Blick auf natur- und ingenieurwissenschaftliche Studienfächer, Weinheim 2002; Renate Kosuch: Gender und Handlungskompetenz für Veränderungsprozesse. Zu den Herausforderungen bei der Vermittlung von Genderkompetenz in der Hochschullehre, in: Waltraud Ernst/Ulrike Bohle (Hrsg.): Transformationen von Geschlechterordnungen in Wissenschaft und anderen sozialen Institutionen (= Internationale Frauen- und Genderforschung in Niedersachsen, Teilbd. 2), Münster 2006; Anne Dudeck/Bettina Jansen-Schulz (Hrsg.): Hochschuldidaktik und Fachkulturen. Gender als didaktisches Prinzip, Bielefeld 2006, S. 92-103; Bettina Jansen-Schulz: Integratives Gendering als eine Gender Mainstreaming-Strategie für genderorientierte Fachkulturen in Naturwissenschaft und Technik, in: Anke Burkhardt/Karsten König (Hrsg.): Zweckbündnis statt Zwangsehe. Gender Mainstreaming und Hochschulreform, Bonn 2005, S. 195-206; Marion Kamphans/Nicole Auferkorte-Michaelis: Gender-Aspekte in den neuen Studiengängen BaMa – Das Vier-Felder-Schema, Dortmund 2005; Onlinedokument http://www.hdz.uni-dortmund.de/fileadmin/Veroeffentlichungen/Kamphans/VierFelderSchema_06072005.pdf [07. 07. 2009]; dies.: Das ‚Dortmunder-Modell' – Implementierung von Gender(Mainstreaming) in Studium und Lehre, in: Burkhardt/König, 2005, S. 98-110; Ruth Becker/Bettina Jansen-Schulz/Beate Kortendiek/Gudrun Schäfer: Gender-Aspekte bei der Einführung und Akkreditierung gestufter Studiengänge – eine Handreichung (= Reihe cews.publik, H. 9), 2. erweiterte und überarbeitete Aufl., Dortmund/Bonn 2007; Sünne Andresen: Bologna-Prozess und Gender Mainstreaming als Chance für die Umsetzung einer gender-reflektierten Lehre, in: Zeitschrift für Frauenforschung und Geschlechterstudien, H. 2, Jg. 25, S. 3-16.

Diese Diskrepanzen zwischen Vorstellungen über das Fach und veränderliche Realitäten dieses Faches bilden einen problematischen Untergrund für die Studienfachwahlen von Studienanfängerinnen und Studienanfängern und ihre ersten Studienerfahrungen. Diese Diskrepanzen sind vor allem deshalb bemerkenswert, weil es sich bei der Genderkompetenz um ein Ich-nahes Thema handelt, das mit Emotionen und Widerständen bei Lehrenden wie Studierenden gepaart ist. Für eine Kommunikation, die auf Veränderungen zielt, ist daher ein feinfühliges und kompetentes didaktisches Vorgehen erforderlich.[29]

2.2. Definitionen von Genderkompetenz

Der Begriff Schlüsselqualifikation wird aktuell zu Recht mit der Kompetenzorientierung der BA-MA Studienreform in Verbindung gebracht:

> Methodenkompetenzen und übergreifende Fachkompetenzen erleichtern den Zugang zu neuen Aufgabenfeldern [...], Lernfähigkeit und -bereitschaft werden deswegen immer wieder als zentrale Schlüsselqualifikationen oder ‚Meta-Kompetenzen' bezeichnet.[30]

Grundsätzlich stellt sich jedoch die Frage, was angesichts der hohen Ausdifferenzierung der akademischen Berufe und Studiengänge unter solchen Kompetenzen im Einzelnen zu verstehen ist und wie sie an Lernende vermittelt werden können. Es dominieren Fähigkeiten wie soziale und methodische Kompetenzen, wie sie in der Definition der Bildungskommission Nordrhein-Westfalen zum Ausdruck kommen:

---

26 Vgl. Katharina Morik: Gedanken zur Attraktivität der Informatik bei begabten Schulabgängerinnen, 2004; Onlinedokument http://www-ai.cs.uni-dortmund.de/PERSONAL/MORIK/INFORMFrau.pdf [07. 07. 2009].

27 Vgl. Sigrid Dany: Start in die Lehre. Qualifizierung von Lehrenden für den Hochschulalltag, Münster 2007.

28 Vgl. Jürgen Enders/Ulrich Teichler: Der Hochschullehrerberuf im internationalen Vergleich. Ergebnisse einer Befragung über die wissenschaftliche Profession, Bonn 1995.

29 Vgl. Kosuch, 2006.

30 Die Beschäftigten in allen (innovativen) Bereichen müssen sich immer schneller in neue Aufgabenbereiche einarbeiten und lernen, mit neuen Produkten und vor allem mit Kundinnen/Kunden umzugehen. Knauf, Helen: Schlüsselqualifikationen. Entstehung, Probleme und Relevanz eines Konzepts, S. 49, in: Das Hochschulwesen (HSW), H. 2, 2001, S. 45-50.

> Schlüsselqualifikationen sind erwerbbare allgemeine Fähigkeiten, Einstellungen, Strategien und Wissenselemente, die bei der Lösung von Problemen und beim Erwerb neuer Kompetenzen in möglichst vielen Inhaltsbereichen von Nutzen sind, so daß eine Handlungsfähigkeit entsteht, die es ermöglicht, sowohl individuellen Bedürfnissen als auch gesellschaftlichen Anforderungen gerecht zu werden.[31]

Das bis dato vorherrschende Verständnis von Schlüsselqualifikation ist weitgehend ‚geschlechterblind'. Die Integration einer Geschlechterperspektive ist aber nicht widerspruchsfrei möglich, wenn Genderkompetenz nicht bloß als formale oder rhetorische Addition von Schlüsselqualifikationen verstanden wird, sondern die (politische) Zielsetzung verfolgt, zu einem besseren Studienerfolg und egalitären Geschlechterbeziehungen beizutragen, also potenziell auch auf Verhaltensänderungen bei Lehrenden wie Studierenden zielt:

> Genderkompetenz ist das Wissen, in Verhalten und Einstellungen von Frauen und Männern soziale Festlegungen im (privaten, beruflichen, universitären) Alltag zu erkennen und die Fähigkeit, so damit umzugehen, dass beiden Geschlechtern neue und vielfältige Entwicklungsmöglichkeiten eröffnet werden.[32]

Genderkompetenz umfasst in diesem Verständnis Genderwissen und Handlungskompetenz für Veränderungsprozesse und bedeutet für Lehrende, eine geschlechterreflektierte Lehre erfolgreich (auch gegen Widerstände bei den Studierenden wie bei ihnen selbst) zu vermitteln, wie Kosuch in ihrem hochschuldidaktischen Beitrag ausführt.[33]

Metz-Göckel und Roloff nennen in ihrer frühen Definition zur Genderkompetenz folgende Bausteine:

- ein Grundwissen über gesellschaftliche Ungleichheitsstrukturen, die geschlechtliche Arbeitsteilung und die Geschlechter-Segregation der Arbeitsmärkte,

31 Bildungskommission NRW: Zukunft der Bildung – Schule der Zukunft. Denkschrift der Kommission ‚Zukunft der Bildung – Schule der Zukunft' beim Ministerpräsidenten des Landes Nordrhein-Westfalen, Neuwied 1995.

32 Metz-Göckel, Sigrid/Roloff, Christine: Genderkompetenz als Schlüsselqualifikation, S. 8, in: Journal Hochschuldidaktik, H. 1, Jg. 13, 2002, S. 7-10; Onlinedokument http://www.hdz.uni-dortmund.de/fileadmin/JournalHD/Journal_HD_2002_1.pdf [07. 07. 2009].

33 Kosuch, 2006, S. 204.

- die Kenntnis der Geschlechtertheorien und des Forschungsstandes zur Konstitution der Geschlechterverhältnisse und von Geschlechterdifferenzen,
- ein Prozess- und Verfahrenswissen im Umgang mit (unterschiedlichen) Menschen, Gruppenprozessen, mit Konflikten in Lern- und Arbeitszusammenhängen sowie
- kontextbezogenes Detailwissen, z. B. zur Hochschule und ihren Fachkulturen.[34]

Diese Bausteine sind kognitionslastig formuliert und bedürfen der Ergänzung um eine emotionale Dimension, denn wie sich zeigt, ist die Geschlechterthematik ein ‚vermintes Gelände', in dem mit widersprüchlichen Anforderungen und Widerständen umzugehen ist. Beispielsweise ist Hochschullehre fachlich und sachlich zu vermitteln und dies gilt auch für kritisches Genderwissen. Die Versuche seiner Vermittlung stoßen aber auf vorgefasste alltagsweltliche Meinungen und Stereotypisierungen, auf Ängste und Widerwillen (bei Studierenden wie Lehrenden), die gefühlsgeladen sind und engagierte Lehrende vor große Herausforderungen stellen, die Kosuch als Fallstricke wie folgt beschreibt:

- Die Konzentration auf die Vermittlung von Handlungskompetenz könne zu einer subjektlastigen Ausrichtung führen.
- Diese wiederum könne zur Selbstüberschätzung und Unterschätzung der Wirkmacht von Strukturen führen.
- Geschlecht als Humanressource würde funktionalisiert und entschärft.
- In Übungen würde auf unterkomplexe Konzeptionen von Geschlecht zurückgegriffen und Geschlechterdifferenzen verfestigt statt diese zu flexibilisieren.[35]

34 Metz-Göckel/Roloff, 2002, S. 9.
35 Kosuch, 2006, S. 206 f.

Die praktischen Hinweise von Kosuch zur Vermittlung von Genderkompetenz richten sich auf die mentale Selbstregulation (Auflösung von Imperativen und Blockaden), den Umgang mit Widerständen und die Förderung von Ambiguitätstoleranz durch Arbeit an Wahrnehmung und Beobachtung sowie Antistereotypisierung durch Kontextualisierung.[36]

Die Anstrengungen, die eine solche Lehre erfordert, sind darin begründet, dass mit Veränderungen im Geschlechterverhältnis mehr als nur individuelle Lernprozesse, sondern gleichzeitig auch Umverteilungen von Ressourcen, Einfluss und Privilegien verbunden sind. Wenn wir an die bildungstheoretische Vorstellung von Huber, die veränderungszentrierte Perspektive von Jansen-Schulz oder die reflektierte Position von Kosuch und Andresen anknüpfen,[37] dann, weil allen ein Verständnis von Gender gemeinsam ist, das aus der kritischen Geschlechterforschung stammt und historisch mit der Empowerment-Strategie verknüpft ist. Insbesondere Sozial-, Selbst- und Methodenkompetenz werden dem Begriff Schlüsselkompetenzen subsumiert[38] und sollen in den Studiengängen vermittelt werden, um die Studierenden auf die Wechselfälle im Berufsleben vorzubereiten. Diese Vorbereitung vollzieht sich im institutionalisierten Studienangebot und in den personalen Lehr-Lerninteraktionen sowie in den ‚selbständigen oder selbst organisierten Studien' außerhalb des offiziellen Lehrplans.

2.3. Formate der Vermittlung von Genderkompetenz

Unklar bleibt vor allem die Frage, wie sich die Aneignung und Vermittlung von Schlüsselkompetenzen lehrplanmäßig und didaktisch umsetzen ließe. So zeigt die nähere Betrachtung von Lehrveranstaltungen an einzelnen Universitäten, dass für Sozialkompetenz bzw. Schlüsselqualifikationen unterschiedliche Konzepte im Raum stehen. Sie reichen von (hochschuldidaktischen) Veranstaltungen für Studierende, die sich praktisch mit Rhetorik, Moderation und Präsentation etc. befassen, bis zur Einführung von projektorientierten Studiengängen, in denen die Studierenden durch das besondere Format soziale Kompetenzen (z. B. Teamarbeit) erwerben

36 Kosuch, 2006; vgl. auch Christiane Burbach/Heike Schlottau (Hrsg.): Abenteuer Fairness. Ein Arbeitsbuch zum Gender-Training, Göttingen 2001.

37 Huber, 2005; Jansen-Schulz, 2005; Kosuch, 2006; Andresen, 2007.

38 Vgl. Helen Knauf/Marcus Knauf (Hrsg.): Schlüsselqualifikationen praktisch. Veranstaltungen zur Förderung überfachlicher Qualifikationen an deutschen Hochschulen, Bielefeld 2003, S. 14.

sollen. Mittlerweile haben sich sowohl der Begriff als auch die Konzepte, die sich dahinter verbergen, in Lehrveranstaltungen wie Seminaren, Workshops und Vorlesungen in vielen Hochschulen etabliert. So wird z. B. an der Universität Konstanz von der Projektstelle Schlüsselqualifikationen in dem Schwerpunkt ‚Kommunikations- und Sozialkompetenz, Gender & Diversity' des Veranstaltungsprogramms[39] regulär ein Gendertraining für Studierende der Bachelor-Studiengänge angeboten. Die Teilnahme ist im Bereich „überfachlicher berufsfeldorientierter Qualifikationen" anrechenbar. In der Ausschreibung heißt es, das Genderkompetenz notwendig sei, „um im beruflichen und privaten Alltag Reflexionen und Veränderungen anzustoßen." In dem Gendertraining lernen die Teilnehmenden u. a. sich selbst als geschlechtliches Wesen wahrzunehmen und sich als solches zu definieren. Geschlechterbilder werden veranschaulicht und Alternativen erarbeitet, um diskriminierende Strukturen zu verändern.

An einigen Hochschulen gehören als Bestandteil hochschuldidaktischer Programme mittlerweile Angebote für Lehrende zum Thema Genderkompetenz zur Regel wie z. B. an der Universität Duisburg-Essen (etwa Auferkorte-Michaelis an der Universität Duisburg-Essen). Andere wählen das Format der Ringvorlesung, um mit ihren Hochschulangehörigen zum Thema Gender in Diskussion zu treten und Veränderungen anzuregen, so die Fachhochschulen Hildesheim, Holzminden und Göttingen.[40] Im Wintersemester 2007/2008 erläuterten renommierte externe und interne Expertinnen und Experten aus unterschiedlichsten Disziplinen an konkreten Beispielen wie Module gendergerecht gestaltet werden können, wie eine geschlechtergerechte Gestaltung in ihren Fachkulturen aussehen und Genderkompetenz als Qualitätskriterium in der Hochschulorganisation integriert werden kann.

An der Justus-Liebig-Universität Giessen finden jedes Semester zahlreiche Veranstaltungen statt,[41] in denen die genderspezifischen Lehr- und Forschungsangebote der Hochschule vorgestellt werden. Neben speziel-

39 Kommentiertes Veranstaltungsverzeichnis im Bereich Schlüsselqualifikation, WS 2006/2007: Workshop zum Thema ‚Gendertraining'; Onlinedokument http://www.fh-konstanz.de/inhalte/de/studium/schl_ue_sselqualifikationen/schluesselqualifikationen.pdf [07. 07. 2009].

40 Ringvorlesung zum Thema ‚Key-Competence: Gender', WS 2007/2008.

41 Veranstaltungsverzeichnis für Frauen, WS 2007/2008: Seminar zum Thema ‚Gender-Kompetenz als Schlüsselqualifikation'.

len Workshops zum Erwerb der Genderkompetenz werden Seminare angeboten, die sich sowohl mit den Theorien der Frauen- und Geschlechterforschung beschäftigen wie auch konkret mit den Lebensbedingungen von Frauen und Männern.

3. Forschungsstand zu geschlechterdifferenzierten Befunden in den ingenieur- und naturwissenschaftlichen Fächern

3.1. Zur aktuellen Situation und Datenlage in ingenieurwissenschaftlichen Studiengängen

Auch wenn zurzeit die Beschäftigungssituation am Arbeitsmarkt für Ingenieure und Ingenieurinnen, Informatikerinnen und Informatiker sehr gut ist, sinkt das Interesse von jungen Frauen und zunehmend auch von jungen Männern, ein ingenieurwissenschaftliches oder informatisches Studium aufzunehmen und abzuschließen. Phänomene einer geringen Attraktivität dieser Studiengänge und des Ingenieurberufs insgesamt lassen sich anhand rückläufiger Erstsemesterzahlen, einem niedrigen Studentinnenanteil und hohen Studienabbruchzahlen erkennen.

Rückläufige Erstsemester: Seit einigen Jahren weisen technisch-ingenieurwissenschaftliche Studiengänge eine rückläufige Entwicklung der Neueinschreibungen auf, diese sanken in den Ingenieurwissenschaften 2006 im Vergleich zum Vorjahr um 4,4 % (Kompetenzzentrum Bielefeld),[42] wobei der Rückgang bei den Anfängern (4,8 %) größer ist als bei den Anfängerinnen (3 %) und nach Fach differiert.[43]

Niedriger Studentinnenanteil in technisch-ingenieurwissenschaftlichen Studienfächern: Inzwischen stellen Frauen zwar die Hälfte der Erstsemester (48,8 %) und die Hälfte der Absolventinnen und Absolventen (49,6 %), aber insgesamt differiert die Beteiligung von Frauen je nach Fachgruppe, Studiengang und Qualifikationsstufe. Seit Jahren ist der

42 Onlinedokument http://www.kompetenzz.de [07. 07. 2009].

43 Betrachtet man die Fächer Elektrotechnik, Maschinenbau und Informatik so ergibt sich für die Elektrotechnik das größte Minus von 10,9 % insgesamt, wobei sich 9,3 % weniger Studentinnen und 11 % weniger Studenten einschrieben. Im Maschinenbau ging die Zahl der weiblichen Erstsemester um 1,1 % und die Zahl der Studienanfänger um 5,9 % zurück, in der Informatik lag das Minus bei 2,3 %, hier war der Rückgang der Neueinschreibungen von Studienanfängerinnen mit 5 % höher, als von männlichen Studienanfängern (1,8 %).

Frauenanteil – bei Studierenden wie Lehrenden – in den ingenieurwissenschaftlichen Studiengängen im Vergleich zu anderen Fächern am niedrigsten. Im Jahr 2004 machte der Frauenanteil unter den Studierenden in dieser Fächergruppe etwa 20,6 % aus.[44] Dieser niedrige Frauenanteil setzt sich in den nächsten Qualifikationsstufen fort,[45] mit der Folge, dass auch der Frauenanteil an den Professuren der Ingenieurwissenschaften im Jahr 2006 bei 7,1 % lag.[46] Der Unterschied zwischen den Fächern bleibt:[47] In der Elektrotechnik ist der Professorinnenanteil mit 3,8 % am niedrigsten, im Bauingenieurwesen liegt er bei 5,3 % und im Maschinenbau bei 6,5 %.

Hohe Drop-out-Quoten: In der HIS-Schwundbilanz[48] weisen ingenieurwissenschaftliche Studiengänge mit -37 % im Jahr 2000 neben der Fächergruppe Mathematik, Naturwissenschaften (-39 %), Wirtschaftswissenschaften (-38 %) und Sozialwissenschaften, Sozialwesen (-40 %) die höchsten Schwundquoten auf. Das heißt, nur 63 % der Studierenden eines ingenieurwissenschaftlichen Studienganges erreichte 2000 in Deutschland einen universitären Abschluss. In der HIS-Untersuchung zu

44 Bund-Länder-Kommission für Bildungsplanung und Forschungsförderung (BLK): Frauen in Führungspositionen an Hochschulen und außerhochschulischen Forschungseinrichtungen. Zehnte Fortschreibung des Datenmaterials, H. 136, Bonn 2006, Tabellen 1.2.1 bis 1.5.2.
Für das Wintersemester 2006/2007 zählte das Statistische Bundesamt insgesamt 51.464 Studierende in der Elektrotechnik, 74.036 Studierende im Maschinenbau und 70.561 Studierende in der Informatik. Der Frauenanteil in der Elektrotechnik lag bei 7,6 %, bei 8,4 % im Maschinenbau und bei 12,7 % in der Informatik; Onlinedokument https://www-genesis.destatis.de/genesis/online/dAbruftabelleDIR;jsessionid=247AD5003C6ACBF1411FB2802570F8B7.tc3?operation=statistikAbruftabellen&levelindex=0&levelid=1214563799845&index=2 [07. 07. 2009].

45 Während im Jahr 2006 41 % aller Promotionen an deutschen Hochschulen von Frauen abgelegt wurden, lag er in den Ingenieurwissenschaften nur bei 13,6 %. An den Habilitationen, die in den Ingenieurwissenschaften im Jahr 2006 durchgeführt wurden, waren Frauen nur mit 7,5 % beteiligt, während er in anderen Fächergruppen dreimal so hoch war.

46 Onlinedokument http://www.kompetenzz.de [07. 07. 2009].

47 Wobei der Professorinnenanteil in den Ingenieurwissenschaften ansteigt. Die Chancen für Frauen, in dieser Fächergruppe eine Professur zu erhalten, sind gleich gut wie für die Männer (s. BLK 2005, CEWS-Sonderauswertung).

48 Vgl. Ulrich Heublein/Robert Schmelzer/Dieter Sommer: Entwicklung der Schwundbilanzen bei deutschen Studierenden an den nordrhein-westfälischen Hochschulen. HIS GmbH, Hannover 2005, S. 7 (2005a).

Studienabbrüchen kommen Heublein, Schmelzer und Sommer[49] zu dem Ergebnis, dass die Studienabbruchraten in der Fächergruppe Ingenieurwissenschaften seit den 1990er Jahren gestiegen sind: Ohne Abschluss beendeten an Universitäten im Jahr 2002 30 % der Studienanfängerinnen und -anfänger ihr Studium. Gab es noch 1999 eine Geschlechterdifferenz in der Studienabbruchquote (M=27 %; F=19 %), ist bis 2002 die Drop-out-Quote bei den Frauen gestiegen: Im Jahr 2002 lag sie bei 28 % und hat sich damit den Studenten (30 % Studienabbruch) angeglichen. In der Informatik[50] stieg die Abbruchquote im Zeitraum seit 1999 von 37 % auf 38 %.[51] Als Ursachen nennen die Autoren die hohen Leistungsanforderungen und Probleme der Studierenden, das Studium zu finanzieren, für die Informatik zudem ‚falsche' Erwartungen der Studienanfängerinnen und -anfänger.

49 Vgl. Ulrich Heublein/Robert Schmelzer/Dieter Sommer: Studienabbruchstudie 2005. Die Studienabbrecherquoten in den Fächergruppen und Studienbereichen der Universitäten und Fachhochschulen. (A1/2005) HIS GmbH, Hannover 2005, S. 21 (2005b).

50 Informatik gehört zur Fächergruppe Mathematik/Naturwissenschaften.

51 Für die Informatik werden in der HIS-Studie keine geschlechterdifferenzierten Daten ausgewiesen.

Im Vergleich mit wirtschafts- und sozialwissenschaftlichen Fächern haben die ingenieur- und naturwissenschaftlichen Studiengänge unterschiedlich geringe Anteile an Studentinnen. Zudem beginnen insgesamt (zu) wenige Anfängerinnen und Anfänger ein Studium mit einer ingenieur- und naturwissenschaftlichen Ausrichtung. Die Gründe dafür sind multifaktoriell.[52] Zusammenfassend lässt sich sagen, dass die bisher männlich dominierte Fach- und Organisationskultur dieser Fächer und ihre Berufsprofile sowie die verengten Studiengangsprofile auf junge Frauen wie auf junge Männer wenig ansprechend wirken. Das Desinteresse junger Frauen und Männer ist jedoch zunehmend als Modernisierungsdefizit der Hochschulen zu sehen.[53]

52 Vgl. auch Wibke Derboven/Gabriele Winker/Andrea Wolffram: Studienabbruch in den Ingenieurwissenschaften, in: Carmen Gransee (Hrsg.): Hochschulinnovation. Gender-Initiativen in der Technik, Hamburg 2006, S. 215-245; Carmen Gransee (Hrsg.): Hochschulinnovation. Gender-Initiativen in der Technik, Hamburg 2006; Hildegard Schaeper: Lehrkulturen, Lehrhabitus und die Struktur der Universität. Eine empirische Untersuchung fach- und geschlechtsspezifischer Lehrkulturen, Weinheim 1997; Gudrun-Axeli Knapp/Carmen Gransee: Experiment bei Gegenwind. Der erste Frauenstudiengang in einer Männerdomäne, Opladen 2003; Ulrike Vogel/Christina Hinz: Zur Steigerung der Attraktivität des Ingenieurstudiums. Erfahrungen und Perspektiven zu einem Projekt, Bielefeld 2000; Christine Roloff: Geschlechterverhältnis und Studium in Naturwissenschaft und Technik – vom ‚Problem der Frauen' zum Modernisierungsdefizit der Hochschule, in: Aylâ Neusel/Angelika Wetterer (Hrsg.): Vielfältige Verschiedenheit. Geschlechterverhältnisse in Studium, Hochschule und Beruf, Frankfurt/New York 1999, S. 63-85.

53 Vgl. Roloff, 1999.

Frauen sind jedoch Vorreiterinnen reformierter bzw. neuer Ingenieurstudiengänge, denn es zeigt sich, dass interdisziplinär angelegte Ingenieurstudiengänge das Interesse der Studienanfängerinnen stärker auf sich ziehen als traditionelle, z. B. Raumplanung, technischer Umweltschutz, Medieninformatik.[54] Diese Studiengänge haben hohe, manche sogar paritätische Frauenanteile. Reformierte/neue Studiengänge sprechen Frauen an, selbst wenn sie in den Kernfächern angesiedelt sind, z. B. für Logistik im Maschinenbau, Bio-Ingenieurwesen oder Chemie-Ingenieurwesen in der Chemietechnik. Am Beispiel der Universität Dortmund zeigt sich, dass innerhalb einer Maschinenbaufakultät sehr unterschiedliche Studiengänge komponiert werden können, die von unterschiedlicher Attraktivität für Studentinnen sein können.[55]

Attraktive Studiengänge für Frauen (und Männer) sind abhängig vor allem von den Inhalten und den Berufsaussichten bzw. Arbeitsmarktprognosen, aber auch von der Beschäftigungsfähigkeit und der internationalen Ausrichtung.[56] Wichtig sind die bisherigen Geschlechterproportionen im Studium, die Studiendauer und die mögliche Erwerbstätigkeit neben dem Studium. Nicht zuletzt spielt eine Rolle, welche Studienstrategien sie verlangen bzw. ermöglichen und wie die Ausbildung hochschuldidaktisch gestaltet ist. Alles zusammen ist sehr wichtig dafür, ob die an einem Studium interessierten Abiturientinnen und Abiturienten sich eine Verträglichkeit dieses Studienfaches und des späteren Berufs mit ihrem Selbstbild vorstellen können.

Um für Frauen attraktiver zu werden, müssen sich das Berufsbild, die Kombination der Studieninhalte und die Studienumgebung der Ingenieurwissenschaften für Frauen erweitern. Dies zeigt das Beispiel der Carnegie Mellon University (CMU) in Pittsburgh/USA, die den Anteil von Frauen an den Informatik-Studierenden von 1995 bis 2002 von 7 % auf 45 % steigern und verstetigen konnte, indem sie ihre Rekrutierung, die

54 Vgl. Münst, 2002; Sigrid Metz-Göckel: Attraktive Curricula und mehrstufiges Technikstudium. Beitrag für die Tagung: 100 Jahre Frauen an Technischen Hochschulen Deutschlands am 15. 10. 2004 an der Universität Karlsruhe.

55 Vgl. Metz-Göckel, 2004.

56 Vgl. Regine Komoss: Frauenstudiengänge – zwischen Vorteil und Vorurteil. Dissertation, Dortmund 2006; Maria Kuhl: Studienkultur Informatik neu denken. Geschlechterkonstruktionen im Informatikstudium an der Universität Dortmund und der Carnegie Mellon University, Dissertation, Dortmund 2006.

Selbstdarstellung des Faches und die Studienbedingungen geändert hat,[57] indem sie mehr Wert auf Schlüsselqualifikationen anstelle von PC-Kenntnissen und auf ein realistisches Berufsbild der Informatikerinnen und Informatiker gelegt haben.[58]

Studiengänge mit interdisziplinären Studienanteilen sind attraktiver als monodisziplinäre, wobei die Bezeichnung interdisziplinär die etablierten Fachkombinationen erweitern bzw. sprengen sollte. Zum Beispiel sind Mathematik und Informatik Studienbausteine aus anderen Disziplinen im Elektrotechnik-Studium, aber von einer solchen Nähe zueinander, dass sie nicht unbedingt eine andere Perspektive oder Denkweise verlangen.

Ein Grund für die geringe Attraktivität und die schwachen Bindungskräfte der ingenieur- und naturwissenschaftlichen Fächer wird im „Mythos vom stimmigen Lehrkonzept" und im „falschen Studienhandeln"[59] gesehen. Andere Studien kommen zu dem Ergebnis, dass es überwiegend Leistungs- und Finanzierungsprobleme der Studierenden sind, die zu den hohen Abbruchquoten in diesen Studiengängen[60] führen.[61] Für die Hochschulen und ihre verantwortlichen Akteurinnen und Akteure ist es nicht leicht, aus den heterogenen Forschungsbefunden konkrete Handlungsempfehlungen abzuleiten.

57 Vgl. Jane Margolis/Allan Fisher: Geek Mythology. Working Papers of Women in Computer Sciences. Closing the Gender Gap in Higher Education; Onlinedokument http://www.cs.cmu.edu/~gendergap/working.html [07. 07. 2009] (2002a); Margolis, Jane/Fisher, Allan: Geek Mythology and Attracting Undergraduate Women to Computer Science; Onlinedokument http://www-2.cs.cmu.edu [07. 07. 2009].

58 Vgl. Kuhl, 2006.

59 Morsch, Rainer/Neef, Wolfgang/Wagemann, Carl-Hellmut: Das Elend des Grundstudiums. Ergebnisse einer Verlaufsuntersuchung im Grundstudium des Maschinenbaus und des Bauingenieurwesens an der TU Berlin, Alsbach/Bergstraße 1986, zitiert nach Derboven/Winker/Wolffram, 2006, S. 225.

60 Vgl. Ulrich Heublein/Heike Spangenberg/Dieter Sommer: Ursachen des Studienabbruchs – Analyse 2002, Hannover 2003; Meinefeld, Werner: Studienabbruch an der Technischen Fakultät der Universität Erlangen-Nürnberg, in: Manuela Schröder-Grostay/Hans-Dieter Daniel (Hrsg.): Studienerfolg und Studienabbruch: Beiträge aus Forschung und Praxis, Neuwied/Kriftel 1999, S. 83-104.

61 In anderen Studiengängen, z. B. in der Philosophie, sind die Abbruchquoten noch viel höher, möglicherweise aus anderen Gründen.

3.2. Geschlechterdifferenzierte Befunde zu Kompetenzzuschreibungen und Selbstkonzepten

Unterschiede zwischen den Geschlechtern bestehen nach vorliegenden Befunden vor allem in der Selbsteinschätzung von Fähigkeiten, dagegen nicht in den allgemeinen Zuschreibungen.

Als Ursachen für den geringen Frauenanteil in technischen Fachgebieten sind auch Geschlechterstereotypisierungen und Vorurteile der Erziehung sowie antizipierte Erwartungen einer geringeren Technikkompetenz von Frauen zu prüfen, die zu Vermeidungsstrategien und zu einem ausgeprägten Selbstwissen junger Frauen um solche Beurteilungen führen können. Diese sich gegenseitig verstärkenden Stereotypen und Vorurteile einer „vermeintlichen Unverträglichkeit von Frauen und Technik" führen zu einer sozialen Distanzierung bereits von Schülerinnen zu technischen Fachgebieten.[62] Mädchen und jungen Frauen wird eine höhere Sozialkompetenz und Zielorientierung beim Lernen, aber eine geringere Technikkompetenz im Vergleich zu Jungen und jungen Männern unterstellt, somit ein Signal der Abwertung ihrer (Technik-)Kompetenz vermittelt.[63] Einige Befunde deuten darauf hin, dass Mädchen eher dazu neigen, ihre (technischen) Fähigkeiten zu unterschätzen. Selbst an Mathematik, Informatik und Technik interessierte Frauen meiden Technikstudiengänge, weil sie glauben, junge Männer seien ihnen überlegen. Obwohl sich Studentinnen ihrer Selbsteinschätzung nach besser auf eine Vorlesung vorbereiten, größeres Interesse an Themen und an den Beiträgen der anderen signalisieren, beteiligen sie sich weniger, äußern ein geringeres Selbstvertrauen und schätzen ihre Kenntnisse schlechter ein als ihre männlichen Kommilitonen.[64]

62 Roloff, Christine/Evertz, Brigitte: Ingenieurin – (k)eine lebbare Zukunft. Vor-Urteile im Umfeld von Gymnasiastinnen an der Schwelle der Leistungskurswahl, Weinheim 1992, S. 5.

63 Vgl. Landesinstitut für Erziehung und Unterricht Stuttgart/Ministerium für Kultus, Jugend und Sport Baden-Württemberg (Hrsg.): Mädchen, Jungen und Computer. Evaluationsstudie (Auszüge) und Projektberichte, Baden-Baden 2002.

64 Vgl. Elke Middendorf: Computernutzung und Neue Medien im Studium. Ergebnisse der 16. Sozialerhebung des Deutschen Studentenwerkes (DSW) durchgeführt von HIS-Hochschul-Informations-System. Bonn 2002; Oliver Dickhäuser/Joachim Stiensmeier-Pelster: Erlernte Hilflosigkeit am Computer? Geschlechterunterschiede in computerspezifischen Attributionen, in: Psychologie in Erziehung & Unterricht, H. 1, Jg. 49, 2002, S. 44-55.

Unterschiede zwischen den Geschlechtern bestehen vor allem in der Selbsteinschätzung von bereichsspezifischen Fähigkeiten, z. B. in der Technik- bzw. Computerkompetenz bewerten junge Frauen und Männer ihre Leistungen und Gefühle unterschiedlich.[65] Beim Arbeiten mit dem Computer entwickeln junge Frauen ungünstigere Emotionen und Erfolgserwartungen und nehmen eine geringere Verhaltenswirksamkeit wahr.[66] Kessels hat Einflussfaktoren auf die Selbstwahrnehmungen bei Mädchen und Jungen in unterschiedlichen Lernkonstellationen im Physik-Unterricht untersucht mit dem Ergebnis: Mädchen und Jungen unterscheiden sich in der Pubertät in ihrer Auffassung, für Physik begabt zu sein, wobei diese Auffassung von der Gruppenkonstellation abhängt. Mädchen reagierten im Vergleich zu Jungen viel stärker auf die Lernumgebung, auf das Klima und die Geschlechterrelationen und hielten in monoedukativen Gruppen länger ihre Überzeugung aufrecht, für Physik begabt zu sein. Zudem war bei beiden Geschlechtern die Geschlechtstypisierung in koedukativen Gruppen ausgeprägter als in monoedukativen Gruppen. Wenn zeitweilig geschlechtergetrennte Lehr-Lernexperimente keine Resonanz finden bzw. nicht angenommen werden, so deuten die Befunde auch daraufhin, dass das Selbstbewusstsein von Mädchen und jungen Frauen, sich ein ingenieur- und naturwissenschaftliches Studium zuzutrauen, labiler ist als das der Jungen, wenn sie trotz besserer Noten meinen, mit den Jungen nicht konkurrieren zu können. Daher bedürfte es fortwährend bestärkender Rückmeldungen seitens der Lehrenden und Kommilitonen. Diese aber fehlen in der Regel oder werden durch eine subtilere Diskriminierung unterminiert.[67]

Wie diese Unterminierung verläuft und die inhaltlichen Interessen von Mädchen und Frauen an technischen und naturwissenschaftlichen Themen schwächt, hat Beaufaÿs untersucht, indem sie die sozialen Zuschreibungsprozesse und die Anerkennung von Interessen und Leistungen genauer rekonstruiert hat.[68] Ein Ergebnis ihrer Studie, die sich allerdings

65 Vgl. Oliver Dickhäuser/Joachim Stiensmeier-Pelster: Erlernte Hilflosigkeit am Computer? Geschlechterunterschiede in computerspezifischen Attributionen, in: Psychologie in Erziehung & Unterricht, H. 1, Jg. 49, 2002, S. 44-55.

66 Vgl. Tigges, 2008.

67 Vgl. Münst, 2002.

68 Vgl. Sandra Beaufaÿs: Alltag der Exzellenz. Konstruktionen von Leistung und Geschlecht in der Förderung wissenschaftlichen Nachwuchses, in: Regina-Maria Dackweiler (Hrsg.): Willkommen im Club? Frauen und Männer in Eliten, Münster 2007, S. 145-165.

auf junge Wissenschaftlerinnen und Wissenschaftler bezog, ist, dass das Geschlecht als Herabsetzungsmodus fungiert und Frauen benachteiligt, da das Zusammenspiel zwischen dem Selbstverständnis der Frauen mit dem Vorverständnis ihrer Mentoren für die Zuschreibung von Leistung und Anerkennung entscheidend ist.

Junge Frauen und Männer bewegen sich somit in der Hochschule in einer geschlechterdifferenten Vertrauenskultur.

3.3. Geschlechterdifferenzierte Befunde zur Interaktion in der Lehre

Nach Brunner lassen sich drei Dimensionen im Lehrverhalten bzw. in der Interaktion zwischen Hochschullehrenden und Studierenden unterscheiden:[69]

1. die Art des persönlichen Umgangs, dies umfasst die sozial-emotionale Kommunikation zwischen Lehrenden und Studierenden.[70]
2. die Art, wie die Lehre organisiert ist, z. B. eine systematische, strukturierte Wissensvermittlung und
3. in welchem Ausmaß Lehrverhalten zum Lernen motiviert und anregt.

Begeisterungsfähigkeit, Herzlichkeit, Mitfühlen, Unterstützung und emotionale Ausgeglichenheit sind Aspekte der sozial-emotionalen Kommunikation, die die Lehrqualität positiv beeinflussen. Distanziertes, reserviertes und egozentrisches Lehrverhalten ist das Gegenteil einer sozial-emotionalen Kommunikation zwischen Lehrenden und Studierenden.

69 Vgl. Ewald J. Brunner: Lehrer-Schüler-Interaktion, in: Detlef H. Rost (Hrsg.): Handwörterbuch Pädagogische Psychologie, Weinheim 1998, S. 278-287.

70 Viebahn differenziert die sozial-emotionale Kommunikation in verschiedene Anforderungsaspekte an Lehrverhalten. Demnach umfasst eine sozial-emotionale Kommunikation Freundlichkeit (angemessene Umgangsformen), Zugewandtheit, ein Verständnis für Denk- und Vorgehensweisen von Studierenden (aktives Zuhören) und ein gefühlsmäßiges Einlassen auf Probleme von Studierenden und eine Unterstützung bei der Suche nach Lösungen. Vgl. Peter Viebahn: Hochschullehrer/innen in der Interaktion mit Lernenden: Die Kategorie ‚Geschlecht', in: Marion Kamphans/Nicole Auferkorte-Michaelis (Hrsg.): Gender Mainstreaming – Konsequenzen für Forschung, Studium und Lehre (= Studien Netzwerk Frauenforschung NRW, H. 8). Dortmund 2007, S. 17-23.

Empirische Studien[71] zeigen, dass Lehrverhalten teils geschlechterdifferenziert wahrgenommen und eingeschätzt wird. Insgesamt schneiden weibliche Lehrende in vorliegenden Untersuchungen besser ab als männliche Lehrende. Den Hochschullehrerinnen wird in Beobachtungsstudien zum Lehrverhalten und in Befragungen von Studierenden ein respektvollerer Umgang mit Studierenden zugeschrieben. Sie würden weniger abwertende Kommentare äußern, seltener als ihre männlichen Kollegen verletzende Witze erzählen, häufiger eine geschlechtsneutrale bzw. geschlechterdifferenzierte Sprache verwenden, eine größere persönliche Zugewandtheit ausstrahlen und sich stärker bemühen, Studierende (z. B. einer gesellschaftlichen Minderheitengruppe) zur Beteiligung anzuregen. Sie würden Studierende besser persönlich kennen, sie mit ihrem Namen anreden und ihnen eindeutigere positive wie negative Rückmeldungen auf ihre Beiträge geben.[72]

Münst (2002) hat in ihrer teilnehmenden Beobachtungsstudie vielschichtige Hierarchie- und Geschlechterkonstruktionen in Lehr-Lernsituationen natur- und ingenieurwissenschaftlicher Studienfächer identifiziert.[73] Sie kommt zu dem Ergebnis, dass in Situationen der Wissensvermittlung häufig, wenngleich nicht immer, eine Geschlechterdifferenz und Geschlechterhierarchie interaktiv hergestellt wird und zwar unabhängig vom Fach. Dies erfolgt auf vielfältige subtile Weise, indem die Fachkompetenz weiblicher Personen abgewertet wird und in Folge bis zur Ausgrenzung weiblicher Personen reichen und eine Erklärung dafür sein kann, weshalb bislang so wenige Frauen ihre fachlichen Qualifikationen in entsprechende Positionen in der Universität und in technischen Arbeitsfeldern umsetzen konnten. Die Ebene der Interaktion zwischen Lehrenden, zwischen Studierenden und zwischen Lehrenden und Studierenden ist zu unterscheiden: „Es sind nahezu ausschließlich männliche Personen, die als Lehrende, Hilfskräfte oder Studenten in Lehr-Lernsituationen geschlechterdifferenzierend handeln, während dies für weibliche Personen in sehr geringem Umfang zutrifft."[74] Fachkompetenz wird in diesen Fächern eher männlichen Lehrenden und Studierenden zugeschrieben, dagegen findet eine Zuschreibung von Fachkompetenz mit dem weibli-

71 Vgl. Peter Viebahn: Hochschullehrerpsychologie. Theorie- und empiriebasierte Praxisanregungen für die Hochschule, Bielefeld 2004.
72 Vgl. Viehbahn, 2007, S. 20 ff.
73 Vgl. Münst, 2002.
74 Ebd., S. 200.

chen Geschlecht meist kaum oder gar nicht statt. Hier einige Beispiele aus Beobachtungen in Lehrsituationen:

- In einer Lehrveranstaltung der Informatik unterrichtete ein gemischtgeschlechtliches Team aus zwei Männern und einer Frau. Eine Analyse ihrer Arbeitsteilung ergab, dass in den Interaktionen eine asymmetrische Geschlechterstruktur kommunikativ hergestellt wurde. Einer der beiden Wissenschaftler setzte seinen Leitungsanspruch keineswegs über seine Fachkompetenz durch, sondern durch „grenzüberschreitende Kommunikationsformen", indem er „jede Äußerung der Wissenschaftlerin"[75] korrigierte, unterbrach, verbesserte und ihr widersprach. Diese Hierarchisierung des weiblichen Teammitglieds wurde durch die passive Haltung des zweiten männlichen Mitglieds begünstigt.
- Studierende drückten öffentliche Beifallsbekundungen für die Leistungen anderer Studierender aus, indem sie auf Tische klopften. Diese Form der Leistungsanerkennung kann als Mittel der ‚Konstruktion' von Geschlechterdifferenzen eingesetzt werden, denn die nonverbale Anerkennung von Leistungen erfolgte unsystematisch bzw. unterschiedlich für weibliche und männliche Studierende. Studenten, die z. B. an der Tafel eine Aufgabe lösten, erhielten häufiger Beifallsbekundungen als Studentinnen in der gleichen Situation. Wollten Studentinnen ihre Fachkompetenz darstellen, wurde ihnen demonstrativ die Aufmerksamkeit entzogen und akustisch gestört. Dieses Verhalten wurde gegenüber Studenten „nie beobachtet."[76]
- Wie Geschlechterdifferenz und Geschlechterhierarchie aktiv hergestellt wird, ließ sich nicht nur in Interaktionen zwischen Lehrenden und zwischen Studierenden beobachten, sondern auch für die Interaktion zwischen Lehrenden und Studierenden. Studenten stellten nicht nur andere Rahmenbedingungen für Studentinnen her, indem sie z. T. gezielte Störmanöver einsetzten, sondern verhielten sich auch störend gegenüber einer weiblichen Lehrenden, wenn diese ihre Fachkompetenz darstellte.

Diese ungleiche Aufmerksamkeit für Leistung und Fachkompetenz von Frauen drückte sich des Weiteren aus:

- durch Fernbleiben der Lehrveranstaltung von weiblichen Lehrenden,

75 Ebd., S. 184.
76 Ebd., S. 190.

- in einer „eindeutig[en]“[77] Bevorzugung männlicher Betreuer,
- in einer Geringschätzung weiblicher Hilfskräfte und deren Leistung und Leitungskompetenz.

Bei Studentinnen ließ sich ein geschlechterdifferenziertes und geschlechterhierarchisierendes Verhalten nicht beobachten.

4. Schlussfolgerungen: Kriterien für gendergerecht gestaltete Studiengänge – Handlungsempfehlungen für Hochschulen/Fachbereiche

Eine gendersensible bzw. -bewusste Lehrekompetenz meint, wie oben beschrieben, für die interaktiven und fortwährenden sozialen Konstruktionen von Geschlecht in den Lehr-Lernprozessen aufgeschlossen zu sein, sie als Prozesse der Geschlechterzuschreibung zu erkennen und ihnen ggf. gegenzusteuern. Allerdings ist dies keinesfalls einfach und lässt sich nicht auf eine einfache Formel bringen oder auf eine Handlungsanweisung, die für alle Lehr- und Lernsituationen eine gültige Lösung bringt. Vielmehr muss situativ und im Einzelfall entschieden werden, wie mit Geschlechterdifferenzen und geschlechterstereotypisierenden Zuschreibungen in Lehr-Lernsituationen umzugehen ist. Um Lehrenden in ingenieurwissenschaftlichen Fächern dennoch eine Hilfestellung für eine genderkompetente Lehre zu geben, haben wir im Folgenden Aspekte zusammengestellt, die für einen gendergerecht gestalteten Studiengang bzw. eine Lehrveranstaltung relevant sind.[78] Insgesamt unterteilen wir die Vorschläge für einen geschlechtergerecht gestalteten Studiengang in fünf Bereiche:

- Studiengangsorganisation und -kultur,
- soziale Rahmenbedingungen,

77 Ebd., S. 192.

78 Vgl. ausführlicher Becker/Jansen-Schulz/Kortendiek/Schäfer, 2007; Kamphans/Auferkorte-Michaelis, 2005; Onlinedokument http://www.hdz.uni-dortmund.de/index.php?id=60&tx_gsifeuserlist_pi1[showUid]=12 [07. 07. 2009]; Heike Wiesner/Marion Kamphans/Heidi Schelhowe/Sigrid Metz-Göckel/Isabel Zorn/Anna Drag/Ulrike Peter/Helmut Schottmüller: Leitfaden zur Umsetzung des Gender Mainstreaming in den ‚Neuen Medien in der Bildung – Förderbereich Hochschule‘ (Version 21. 07. 2004), Bremen/Dortmund 2004; Onlinedokument http://www.campus-innovation.de/files/GMLeitfaden_21072004pdf [07. 07. 2009].

- Lehr- und Lerninhalte,
- gendersensible Didaktik,
- Evaluation.

Studiengangsorganisation & -kultur: Ein geschlechtergerecht organisierter und gestalteter Studiengang zeichnet sich dadurch aus, das in allen Phasen des Studiums, also vor, während und nach dem Studium die Frage nach der Geschlechterrelevanz gestellt und eine Geschlechterperspektive integriert wird. Gender Mainstreaming bzw. Gender-Aspekte bei der Gestaltung und Durchführung eines Studienganges umzusetzen, ist Aufgabe der Fakultätsleitung (Dekanat) und aller Lehrenden einer Fakultät und nicht alleinige Aufgabe der dezentralen Frauenbeauftragten. Bei der Planung und Durchführung eines gendergerecht gestalteten Studienganges wird die Kategorie ‚Geschlecht' als Prüf- und Qualitätskriterium in alle universitären Handlungen integriert und ihre Folgen für beide Geschlechter bedacht. Im Einzelnen bedeutet dies, dass Organisationsformen, Inhalte der Wissensvermittlung sowie die Rahmenbedingungen des Studiums mit der Geschlechterfrage verknüpft und entsprechende Maßnahmen und Aktivitäten entwickelt und umgesetzt werden, um eine Chancengleichheit für beide Geschlechter zu gewährleisten *und* eine Qualitätssteigerung des Studiums[79] zu erreichen. Dies setzt eine begleitende Evaluierung des Prozesses voraus. Damit Studiengangsmanagerinnen und -manager, Professorinnen und Professoren und Lehrende genderkompetent in den verschiedenen Aufgabenfeldern agieren können, sollten Angebote zur begleitenden Weiterqualifizierung in professionellem Hochschulmanagement, Lehr- und Genderkompetenz angeboten werden. Eine geschlechterstereotype Arbeitsteilung (Frauen sind zuständig für die Lehre und Beratung, Männer für Forschung und Entwicklung) sollte dabei vermieden werden, stattdessen sollten beide Geschlechter an Aufgaben und Leitungsfunktionen paritätisch beteiligt werden. Dazu gehört auch, informelle Strukturen transparent zu machen und eine offene Gesprächskultur zu pflegen.

79 Messbare Qualitätskriterien eines Studienganges können sein: Verringerung der Drop-Out-Quote, Steigerung der Studienanfängerinnen und -anfänger, Steigerung der Absolventinnen und Absolventen, Promovendinnen und Promovenden etc.

Soziale Rahmenbedingungen: Zulassungsverfahren und Aufnahmekriterien eines Studienganges sind kritisch zu prüfen, ob sie einen Zugang für beide Geschlechter gleichermaßen ermöglichen oder geschlechterselektiv wirken. Dies betrifft auch die Frage des Übergangs, ob beiden Geschlechtern die Möglichkeit offen steht, nach dem Bachelor ein Masterstudium und nach dem Masterstudium eine Promotion anzuschließen. Ein gendergerecht gestalteter Studiengang bietet den Studierenden Informationen über geschlechtersegregierte Arbeitsmärkte an, zudem werden Ansätze umgesetzt, die den Studienalltag von Studierenden an der Hochschule betreffen und erleichtern, z. B. die Vereinbarkeit von Studium und Familie (work life balance), Möglichkeit eines Teilzeitstudiums sowie das Bereitstellen von Wohnraum für Studierende mit Kind.

Lehr- und Lerninhalte: Hier geht es darum, Lehrinhalte zu vermitteln, die an die lebensweltliche Erfahrung der Studierenden anknüpfen, z. B. interdisziplinäre Themen oder fachübergreifende Projekte. Dies beinhaltet eine Wissensvermittlung, die explizit weibliche wie männliche Vorbilder in ingenieurwissenschaftlichen Kontexten differenziert und ausgewogen präsentiert, geschlechtssensitive bzw. geschlechtsneutrale Bilder, Beispiele, Symbole und Metaphern verwendet und es vermeidet, geschlechterstereotype Beispiele, Illustrationen und Texte einzusetzen. Dies umfasst auch das Verwenden einer geschlechterbewussten Sprache, d. h. beide Geschlechter sichtbar zu machen[80] und männliche wie weibliche und/oder geschlechtsneutrale[81] Sprachformen einzusetzen. Wesentlich für ein geschlechterbewusstes Curriculum ist, dass Ansätze, Theorien und Befunde der Frauen- und Geschlechterforschung vermittelt werden. Nach Becker et al. sind dies die Vermittlung:[82]

80 Vgl. Elke Heise: Sind Frauen mitgemeint? Eine empirische Untersuchung zum Verständnis des generischen Maskulinums und seiner Alternativen, in: Sprache & Kognition, H. 1/2, Jg. 19, 2000, S. 3-13; Dagmar Stahlberg/Sabine Sczesny: Effekte des generischen Maskulinums und alternativer Sprachformen auf den gedanklichen Einbezug von Frauen, in: Psychologische Rundschau, H. 3, 2001, S. 131-140.

81 Die Verwendung des generischen Maskulinums ist nicht geschlechtsneutral. Mit geschlechtsneutralen Formulierungen sind gemeint: Studierende, Lehrende, Lernende.

82 Vgl. Becker/Jansen-Schulz/Kortendiek/Schäfer, 2007, S. 57.

1. von Professionsaspekten der Fachdisziplin, in denen es um das Erarbeiten und Analysieren der Geschichte des angestrebten Berufs, zentraler Entwicklungslinien und Fachtraditionen unter der Geschlechterperspektive geht,
2. von wissenschaftskritischen Aspekten der Fachdisziplin, die das Geschlecht in der Wissenschaft sichtbar machen,
3. einer geschlechtersensiblen Sicht auf Prozesse, wie Forschungsergebnisse und Forschungsprodukte hergestellt werden.

Gendersensible Didaktik: Ziel von Lehr-Lernprozessen sollte sein, den Schwerpunkt des Lehrens auf die Ergebnisse des Lernens zu legen, lernförderliche Strategien einzusetzen und Lernarrangements zu schaffen, die von beiden Geschlechtern gleichermaßen als attraktiv und interessant eingeschätzt werden und ihnen Beteiligungsmöglichkeiten bieten.[83] Eine gendersensible Didaktik ist unserer Vorstellung nach eine partizipative Didaktik. Dazu gehört, Lehr-Lerninhalte auf die Interessen und Lernstrategien der Studierenden zu zentrieren, das Lernen auf Lernziele auszurichten und diese Lernziele transparent zu machen, motivationale, soziale sowie (mögliche) gender- und diversity-Aspekte des individuellen Lernens zu berücksichtigen und geeignete Rahmenbedingungen zu schaffen, wie eine wertschätzende und vertrauensvolle Atmosphäre. Dies umfasst, aktivierende Lehrmethoden einzusetzen und unterschiedliche Lernformen und Lernszenarien anzubieten, Lernziele und Nutzen kenntlich zu machen, anonymisierte Benotungsverfahren einzusetzen, Leistungen von Frauen und Männern sichtbar zu machen und wertzuschätzen. Ein kulturelles Gegensteuern kann implizieren, geschlechterstereotypisierenden Zuschreibungen und diskriminierenden Äußerungen in Lehr- und Lernprozessen entgegen zu wirken.[84] Wesentliche Voraussetzung dafür ist, dass Lehrende in Hochschuldidaktik und Genderkompetenz geschult sind.

Evaluation: Um Rückmeldungen über Studienerfolge und Studienverläufe (z. B. Abbruchquoten von Frauen und Männern), zu Fragestellungen zur Geschlechterperspektive oder über mögliche geschlechterdiskriminieren-

83 Vgl. Marion Kamphans/Heike Wiesner/Heidi Schelhowe/Sigrid Metz-Göckel: Gender und Digitale Medien. Studienbrief für den Studiengang edumedia an der Universität Duisburg-Essen, Duisburg 2004.

84 Vgl. Michaela Gindl/Günter Hefler: Gendersensibler Leitfaden für Studium und Weiterbildung, in: Kamphans/Auferkorte-Michaelis, 2007, S. 24-30.

de Mechanismen zu erhalten, sollten Lehrveranstaltungen ein begleitendes Qualitätsmanagement und Monitoring enthalten. Wichtig für eine Evaluierung ist eine klare Zielsetzung (was soll hinsichtlich der Gender Mainstreaming-Umsetzung in dem Studiengang evaluiert werden), methodische Instrumente und eine hypothesengeleitete Auswertung. Die Ergebnisse sollten als Rückmeldung und zur Qualitätssteigerung eingesetzt werden. Für die Evaluation gilt, die Daten nach Frauen und Männern getrennt zu erheben und auszuwerten, um sowohl Unterschiede aber auch Gemeinsamkeiten zwischen den Geschlechtern wie auch innerhalb der Geschlechtergruppen sehen zu können.

5. Abschließende Bemerkungen

Die bisherigen Ausführungen zeigen, dass in der Diskussion um die zukünftige Vermittlung von Schlüsselkompetenzen in der hochschulischen Bildung im Allgemeinen und in ingenieur- und naturwissenschaftlichen Studiengängen im Besonderen die Genderdimension von begründeter Relevanz ist – und auch in der Praxis des Lehrens und Lernens integriert sein sollte. Ansatzpunkte für eine gendersensible und geschlechtergerechte Gestaltung organisationaler Veränderungsprozesse stellen die folgenden Fragen dar:

Wie kann die Vergeschlechtlichung der Studiengänge, die durch einen bestimmten Männlichkeits- und Lerntyp gekennzeichnet ist, bewusst gemacht werden und in eine konstruktive Restrukturierung einmünden? Mit anderen Worten: wie finden die genannten Befunde der Frauen- und Geschlechterforschung zur männlich dominierten Fach- und Lehrkultur sowie die Vorschläge für geschlechtergerecht gestaltete Studiengänge Gehör und Eingang sowohl in die operative Praxis als auch ihre stetige Weiterentwicklung? Oder ganz konkret: Wie müssen diese Studiengänge auch im Hinblick auf Geschlechteraspekte verändert werden, damit eine wachsende Zahl junger Männer und Frauen sich nicht nur für die Aufnahme eines ingenieur- oder naturwissenschaftlichen Studiums entscheidet, sondern dieses auch abschließt?

Aus Veränderungsprozessen an Hochschulen und Implementierungsprozessen in die Hochschule ist bekannt,[85] dass sich Gender-Aspekte nicht automatisch umsetzen. Vielmehr bedarf es konkreter und politischer Rahmenbedingungen damit Bewegung in die Verhältnisse kommt. Unabdingbar sind zudem klare Leitungsentscheidungen in den Fachbereichen, engagierte Fachbereichsangehörige und ein Umfeld konstruktiver und vertrauensvoller Zusammenarbeit zwischen Studiengangsentwicklerinnen und -entwicklern, Lehrenden und Geschlechterforscherinnen und -forschern.

Ein zentraler Erfolgsfaktor für die geschlechtersensible und -gerechte Gestaltung von Studiengängen ist aber im Umsetzungsinteresse der Fachbereiche selbst zu sehen. Die Überzeugung vom Nutzen der im vorliegenden Aufsatz dargestellten Veränderungen erwächst aber nur zum Teil aus einem adäquateren Geschlechterwissen, das aus der verständlichen Vermittlung von Analysen, Daten und Befunden resultiert. Entscheidender noch ist es, Gelegenheiten zu schaffen, die es den Fachbereichsangehörigen ermöglichen, die notwendigen Veränderungen mit ihren individuellen Arbeitszusammenhängen, Interessen und Zielen einerseits und denen des Fachbereichs andererseits zu verknüpfen.

Somit ist politischer Wille und die Überzeugung der Akteure und Entscheider erforderlich, um genderkompetente Konzepte bei der Studiengangsgestaltung umzusetzen und eine Geschlechterperspektive als integrierten Bestandteil eines Organisationsentwicklungsprozesses zu denken. Dann stehen die Chancen gut, mittelfristig wieder mehr junge Menschen für diese Studiengänge zu motivieren und zu interessieren.

85 Vgl. Marion Kamphans: Praktische Umsetzung von Gender Mainstreaming und theoretischer Diskurs: Parallelwelten oder doch eng verbunden?, in: Karin Zimmermann/dies./Sigrid Metz-Göckel (Hrsg.): Perspektiven der Hochschulforschung, Wiesbaden 2008, S. 331-351; Christine Roloff: Geschlechtergerechtigkeit als Reformstrategie oder: Gleichstellung als Teil der Hochschulreform, in: Zimmermann/Kamphans/Metz-Göckel, 2008, S. 310-329; Christine Roloff/Petra Selent: Hochschulreform und Gender Mainstreaming. Geschlechtergerechtigkeit als Querschnittaufgabe, Bielefeld 2003.

Literaturverzeichnis

Andresen, Sünne: Bologna-Prozess und Gender Mainstreaming als Chance für die Umsetzung einer gender-reflektierten Lehre, in: Zeitschrift für Frauenforschung und Geschlechterstudien, H. 2, Jg. 25, 2007, S. 3-16.

Beaufaÿs, Sandra: Alltag der Exzellenz. Konstruktionen von Leistung und Geschlecht in der Förderung wissenschaftlichen Nachwuchses, in: Regina-Maria Dackweiler (Hrsg.): Willkommen im Club? Frauen und Männer in Eliten, Münster 2007, S. 145-165.

Becker, Ruth/Jansen-Schulz, Bettina/Kortendiek, Beate/Schäfer, Gudrun: Gender-Aspekte bei der Einführung und Akkreditierung gestufter Studiengänge – eine Handreichung (= Reihe cews.publik, H. 9), 2. erweiterte und überarbeitete Aufl., Dortmund/Bonn 2007.

Bett, Katja/Wedekind, Joachim/Zentel, Peter (Hrsg.): Medienkompetenz für die Hochschullehre, Münster/New York 2004.

Bildungskommission NRW: Zukunft der Bildung – Schule der Zukunft. Denkschrift der Kommission ‚Zukunft der Bildung – Schule der Zukunft' beim Ministerpräsidenten des Landes Nordrhein-Westfalen, Neuwied 1995.

Brunner, Ewald J.: Lehrer-Schüler-Interaktion, in: Detlef H. Rost (Hrsg.): Handwörterbuch Pädagogische Psychologie, Weinheim 1998, S. 278-287.

Bund-Länder-Kommission für Bildungsplanung und Forschungsförderung (BLK): Frauen in Führungspositionen an Hochschulen und außerhochschulischen Forschungseinrichtungen. Zehnte Fortschreibung des Datenmaterials, H. 136, Bonn 2006.

Burbach, Christiane/Schlottau, Heike (Hrsg.): Abenteuer Fairness. Ein Arbeitsbuch zum Gender-Training, Göttingen 2001.

Dany, Sigrid: Start in die Lehre. Qualifizierung von Lehrenden für den Hochschulalltag, Münster 2007.

Derboven, Wibke/Winker, Gabriele/Wolffram, Andrea: Studienabbruch in den Ingenieurwissenschaften, in: Carmen Gransee (Hrsg.): Hochschulinnovation. Gender-Initiativen in der Technik, Hamburg 2006, S. 215-245.

Dickhäuser, Oliver/Stiensmeier-Pelster, Joachim: Erlernte Hilflosigkeit am Computer? Geschlechterunterschiede in computerspezifischen Attributionen, in: Psychologie in Erziehung & Unterricht, H. 1, Jg. 49, 2002, S. 44-55.

Dudeck, Anne/Jansen-Schulz, Bettina (Hrsg.): Hochschuldidaktik und Fachkulturen. Gender als didaktisches Prinzip, Bielefeld 2006.

Enders, Jürgen/Teichler, Ulrich: Der Hochschullehrerberuf im internationalen Vergleich. Ergebnisse einer Befragung über die wissenschaftliche Profession, hrsg. vom Bundesministerium für Bildung, Wissenschaft, Forschung und Technologie, Bonn 1995.

Engler, Steffani: Fachkultur, Geschlecht und soziale Reproduktion: Eine Untersuchung über Studentinnen und Studenten der Erziehungswissenschaften, Elektronik und des Maschinenbaus, Weinheim 1993.

Frerichs, Petra/Steinrücke, Margareta: Klasse, Geschlecht, Kultur. Dokumentation eines Workshops anlässlich des 25-jährigen Bestehens des Instituts zur Erforschung sozialer Chancen ISO am 08. 11. 1996, Köln 1996.

Friebertshäuser, Barbara: Übergangsphase Studienbeginn – eine Feldstudie über Riten der Initiation in eine studentische Fachkultur, Weinheim 1992.

Gindl, Michaela/Hefler, Günter: Gendersensibler Leitfaden für Studium und Weiterbildung, in: Marion Kamphans/Nicole Auferkorte-Michaelis (Hrsg.): Gender Mainstreaming – Konsequenzen für Forschung, Studium und Lehre (= Studien Netzwerk Frauenforschung NRW, H. 8), Dortmund 2007, S. 24-30.

Gransee, Carmen (Hrsg.): Hochschulinnovation. Gender-Initiativen in der Technik, Hamburg 2006.

Hartmann, Michael: Deutsche Topmanager: Klassenspezifischer Habitus als Karrierebasis, in: Soziale Welt, Jg. 46, 1995, S. 440-468.

Heise, Elke: Sind Frauen mitgemeint? Eine empirische Untersuchung zum Verständnis des generischen Maskulinums und seiner Alternativen, in: Sprache & Kognition, H. 1/2, Jg. 19, 2000, S. 3-13.

Heublein, Ulrich/Spangenberg, Heike/Sommer, Dieter: Ursachen des Studienabbruchs – Analyse 2002, Hannover 2003.

Heublein, Ulrich/Schmelzer, Robert/Sommer, Dieter: Entwicklung der Schwundbilanzen bei deutschen Studierenden an den nordrhein-westfälischen Hochschulen, Hannover 2005.

dies.: Studienabbruchstudie 2005. Die Studienabbrecherquoten in den Fächergruppen und Studienbereichen der Universitäten und Fachhochschulen, Hannover 2005.

Huber, Ludwig: Training oder Reflexion? Zur notwendigen Rückbeziehung der Hochschuldidaktik auf Bildungstheorie, in: Michael Craanen/ders. (Hrsg.): Notwendige Verbindungen. Zur Verankerung von Hochschuldidaktik in Hochschulforschung, Bielefeld 2005, S. 46-51.

Hyde, Janet Shibley: The Gender Similarities Hypothesis, in: American Psychologist, No. 6, Vol. 60, 2005, pp. 581-592.

Jansen-Schulz, Bettina: Integratives Gendering als eine Gender Mainstreaming-Strategie für genderorientierte Fachkulturen in Naturwissenschaft und Technik, in: Anke Burkhardt/Karsten König (Hrsg.): Zweckbündnis statt Zwangsehe. Gender Mainstreaming und Hochschulreform, Bonn 2005, S. 195-205.

Kahlert, Heike: Gender Mainstreaming an Hochschulen. Anleitung zum qualitätsbewussten Handeln, Opladen 2003.

Kamphans, Marion: Praktische Umsetzung von Gender Mainstreaming und theoretischer Diskurs: Parallelwelten oder doch eng verbunden?, in: Marion Kamphans/Sigrid Metz-Göckel/Karin Zimmermann (Hrsg.): Perspektiven der Hochschulforschung, Wiesbaden 2008, S. 331-351.

dies./Auferkorte-Michaelis, Nicole: Gender-Aspekte in den neuen Studiengängen BaMa – Das Vier-Felder-Schema, Dortmund 2005; Onlinedokument http://www.hdz.uni-dortmund.de/fileadmin/Veroeffentlichungen/VierFelderSchema_06072005.pdf [07. 07. 2009].

dies.: Das ‚Dortmunder-Modell' – Implementierung von Gender(Mainstreaming) in Studium und Lehre, in: Anke Burkhardt/Karsten König (Hrsg.): Zweckbündnis statt Zwangsehe. Gender Mainstreaming und Hochschulreform, Bonn 2005, S. 98-110.

dies./Wiesner, Heike/Schelhowe, Heidi/Metz-Göckel, Sigrid: Gender und Digitale Medien. Studienbrief für den Studiengang edumedia an der Universität Duisburg-Essen, Duisburg 2004.

Kessels, Ursula: Undoing Gender in der Schule. Eine empirische Studie über Koedukation und Geschlechtsidentität im Physikunterricht, Weinheim/München 2002.

Knapp, Gudrun-Axeli/Gransee, Carmen: Experiment bei Gegenwind. Der erste Frauenstudiengang in einer Männerdomäne, Opladen 2003.

Knauf, Helen: Schlüsselqualifikationen. Entstehung, Probleme und Relevanz eines Konzepts, in: Hochschulwesen (HSW), H. 2, 2001, S. 45-50.

dies./Knauf, Marcus (Hrsg.): Schlüsselqualifikationen praktisch. Veranstaltungen zur Förderung überfachlicher Qualifikationen an deutschen Hochschulen, Bielefeld 2003.

Komoss, Regine: Frauenstudiengänge – zwischen Vorteil und Vorurteil. Dissertation, Dortmund 2006.

Kosuch, Renate: Gender und Handlungskompetenz für Veränderungsprozesse. Zu den Herausforderungen bei der Vermittlung von Genderkompetenz in der Hochschullehre, in: Waltraud Ernst/Ulrike Bohle (Hrsg.): Transformationen von Geschlechterordnungen in Wissenschaft und anderen sozialen Institutionen (= Internationale Frauen- und Genderforschung Niedersachsen, Teilbd. 2), Münster 2006.

Krell, Gertraude/Mückenberger, Ulrich/Tondorf, Karin: Gender Mainstreaming. Informationen und Impulse, hrsg. vom Niedersächsischen Ministerium für Frauen, Arbeit und Soziales, Hannover 2001.

Kuhl, Maria: Studienkultur Informatik neu denken. Geschlechterkonstruktionen im Informatikstudium an der Universität Dortmund und der Carnegie Mellon University, Aachen 2008.

Landesinstitut für Erziehung und Unterricht Stuttgart/Ministerium für Kultus, Jugend und Sport Baden-Württemberg (Hrsg.): Mädchen, Jungen und Computer. Evaluationsstudie (Auszüge) und Projektberichte, Baden-Baden 2002.

Laur-Ernst, Ute: Schlüsselqualifikationen in Deutschland – ein ambivalentes Konzept zwischen Ungewissheitsbewältigung und Persönlichkeitsbildung, in: Philipp Gonon (Hrsg.): Schlüsselqualifikationen kontrovers: Eine Bilanz aus kontroverser Sicht (= Pädagogik bei Sauerländer, Bd. 23), Aarau 1996, S. 17-23.

Lorber, Judith: Gender Paradoxien, Opladen 1999.

Lüdke, Dorothea/Runge, Anita/Koreuber, Mechthild (Hrsg.): Kompetenz und/oder Zuständigkeit. Zum Verhältnis von Geschlechtertheorie und Gleichstellungspraxis, Wiesbaden 2005, S. 181 ff.

Margolis, Jane/Fisher, Allan/Miller, Faye: Geek Mythology. Working Papers of Women in Computer Sciences. Closing the Gender Gap in Higher Education, 2002; Onlinedokument http://www.cs.cmu.edu [07. 07. 2009].

Margolis, Jane/Fisher, Allan: Geek Mythology and Attracting Undergraduate Women to Computer Science, 2002; Onlinedokument http://www.cs.cmu.edu [07. 07. 2009].

Meinefeld, Werner: Studienabbruch an der Technischen Fakultät der Universität Erlangen-Nürnberg, in: Manuela Schröder-Grostay/Hans-Dieter Daniel (Hrsg.): Studienerfolg und Studienabbruch: Beiträge aus Forschung und Praxis, Neuwied/Kriftel 1999, S. 83-104.

Mertens, Dieter: Schlüsselqualifikationen. Thesen zur Schulung für eine moderne Gesellschaft, in: Mitteilungen aus der Arbeitsmarkt- und Berufsforschung, H. 7, 1974, S. 36-43. Sowie veröffentlicht in: Friedrich Buttler/Lutz Reyher (Hrsg.). Wirtschaft – Arbeit – Beruf – Bildung: Dieter Mertens – Schriften und Vorträge 1968 bis 1987, Nürnberg 1991, S. 559-572.

Metz-Göckel, Sigrid/Roloff, Christine: Genderkompetenz als Schlüsselqualifikation, in: Journal Hochschuldidaktik, H. 1, Jg. 13, 2002, S. 1-4; Onlinedokument http://www.hdz.uni-dortmund.de/fileadmin/JournalHD/Journal_HD_2002_1.pdf [07. 07. 2009].

Metz-Göckel, Sigrid/Kamphans, Marion/Tigges, Anja: Genderaspekte der Medienkompetenz und die Bilder im Kopf von Lehrenden und Studierenden, in: Katja Bett/Joachim Wedekind/Peter Zentel (Hrsg.): Medienkompetenz für die Hochschullehre, Münster/New York 2004, S. 33-55.

Metz-Göckel, Sigrid: Attraktive Curricula und mehrstufiges Technikstudium. Beitrag für die Tagung: 100 Jahre Frauen an Technischen Hochschulen Deutschlands am 15. 10. 2004 an der Universität Karlsruhe, 2004.

dies. (Hrsg.): Lehren und Lernen an der Internationalen Frauenuniversität. Ergebnisse der wissenschaftlichen Begleituntersuchung, Opladen 2002.

Michelsen, Gerd: General Studies an der Universität Lüneburg – Förderung der Beschäftigungsfähigkeit und Persönlichkeitsbildung, in: Anne Dudeck/Bettina Jansen-Schulz (Hrsg.): Hochschuldidaktik und Fachkulturen. Gender als didaktisches Prinzip, Bielefeld 2006, S. 91-103.

Middendorf, Elke: Computernutzung und Neue Medien im Studium. Ergebnisse der 16. Sozialerhebung des Deutschen Studentenwerkes (DSW) durchgeführt von HIS-Hochschul-Informations-System, Bonn 2002.

Morik, Katharina: Gedanken zur Attraktivität der Informatik bei begabten Schulabgängerinnen, 2004; Onlinedokument http://www-ai.cs.uni-dortmund.de/PERSONAL/MORIK/INFORMFrau.pdf [07. 07. 2009].

Morsch, Rainer/Neef, Wolfgang/Wagemann, Carl-Hellmut: Das Elend des Grundstudiums. Ergebnisse einer Verlaufsuntersuchung im Grundstudium des Maschinenbaus und des Bauingenieurwesens an der TU Berlin, Alsbach/Bergstraße 1986.

Münst, Agnes Senganata: Wissensvermittlung und Geschlechterkonstruktionen in der Hochschule. Ein ethnographischer Blick auf natur- und ingenieurwissenschaftliche Studienfächer, Weinheim 2002.

Pasternack, Peer: Dazwischen und mittendrin. Der Platz der deutschen Hochschulen in einer wissensgesellschaftlichen Systemarchitektur, in: Michael Craanen/Ludwig Huber (Hrsg.): Notwendige Verbindungen. Zur Verankerung von Hochschuldidaktik in Hochschulforschung, Bielefeld 2005, S. 9-16.

Roloff, Christine: Geschlechtergerechtigkeit als Reformstrategie oder: Gleichstellung als Teil der Hochschulreform, in: Karin Zimmermann/Marion Kamphans/ Sigrid Metz-Göckel (Hrsg.): Perspektiven der Hochschulforschung, Wiesbaden 2008, S. 310-329.

dies.: Geschlechterverhältnis und Studium in Naturwissenschaft und Technik – vom „Problem der Frauen" zum Modernisierungsdefizit der Hochschule, in: Aylâ Neusel/Angelika Wetterer (Hrsg.): Vielfältige Verschiedenheit. Geschlechterverhältnisse in Studium, Hochschule und Beruf, Frankfurt/New York 1999, S. 63-85.

dies./Evertz, Brigitte: Ingenieurin – (k)eine lebbare Zukunft. Vor-Urteile im Umfeld von Gymnasiastinnen an der Schwelle der Leistungskurswahl, Weinheim 1992.

dies./Selent, Petra: Hochschulreform und Gender Mainstreaming. Geschlechtergerechtigkeit als Querschnittaufgabe, Bielefeld 2003.

Schaeper, Hildegard: Lehrkulturen, Lehrhabitus und die Struktur der Universität. Eine empirische Untersuchung fach- und geschlechtsspezifischer Lehrkulturen, Weinheim 1997.

Stahlberg, Dagmar/Sczesny, Sabine: Effekte des generischen Maskulinums und alternativer Sprachformen auf den gedanklichen Einbezug von Frauen, in: Psychologische Rundschau, H. 3, 2001, S. 131-140.

Teubner, Ulrike/Wetterer, Angelika: Gender-Paradoxien: Soziale Konstruktion transparent gemacht. Eine Einleitung, in: Judith Lorber (Hrsg.): Gender-Paradoxien, Opladen 1999.

Tigges, Anja: Geschlecht und digitale Medien. Entwicklung und Nutzung digitaler Medien im hochschulischen Lehr-/Lernkontext, Wiesbaden 2008.

Viebahn, Peter: Hochschullehrer/innen in der Interaktion mit Lernenden: Die Kategorie ‚Geschlecht', in: Marion Kamphans/Nicole Auferkorte-Michaelis (Hrsg.): Gender Mainstreaming – Konsequenzen für Forschung, Studium und Lehre (= Studien Netzwerk Frauenforschung NRW, H. 8), Dortmund 2007, S. 17-23.

ders.: Hochschullehrerpsychologie. Theorie- und empiriebasierte Praxisanregungen für die Hochschule, Bielefeld 2004.

Vogel, Ulrike/Hinz, Christina: Zur Steigerung der Attraktivität des Ingenieurstudiums. Erfahrungen und Perspektiven zu einem Projekt, Bielefeld 2000.

Wiesner, Heike/Kamphans, Marion/Schelhowe, Heidi/Metz-Göckel, Sigrid/Zorn, Isabel/Drag, Anna/Peter, Ulrike/Schottmüller, Helmut: Leitfaden zur Umsetzung des Gender Mainstreaming in den ‚Neuen Medien in der Bildung – Förderbereich Hochschule' (Version vom 21. 07. 2004) Bremen/Dortmund 2004; Onlinedokument http://www.campus-innovation.de/files/GMLeitfaden_2107 2004.pdf. [07. 07. 2009].

Zimmermann, Karin: Spiele mit der Macht in der Wissenschaft. Passfähigkeit und Geschlecht als Kriterien für Berufungen, Berlin 2000.

Ethik als Schlüsselqualifikation an Technischen Universitäten

Matthias Maring

„Wer nur die Chemie versteht, versteht auch die nicht recht."
Georg Friedrich Lichtenberg (Physiker und Schriftsteller, ‚Sudelbücher', 1742–1799)

1. Wiedererstarken der praktischen Philosophie und der Ethik

Für eine Wiederbelebung der praktischen Philosophie und Ethik lassen sich viele Gründe anführen, von denen einige hier zusammengefasst werden:

1. Die Folgen von Wissenschaft und Technik, der wissenschaftlich-technischen Zivilisation, des Siegeszugs der neoliberalen Marktökonomie mit Deregulierung, Liberalisierung und Privatisierung sind für Menschen, Natur und Gesellschaft mit – ungleichen – Chancen und Risiken verbunden. Diese sind abzuwägen und immer auch zu bewerten. Die Herausforderungen der sogenannten Globalisierung sind kritisch zu hinterfragen; bedürfen sie doch einer Regulierung, die nachhaltige Menschen-, Natur- und Sachverträglichkeit beachtet. Auch die Folgen für zukünftige Generationen sind in die Beurteilungen und Bewertungen einzubeziehen. In den letzten gut 20 Jahren haben sich in Folge solcher Entwicklungen und Änderungen in den Wissenschaften selbst zahlreiche sogenannte Bereichsethiken etabliert. Hierzu gehören die Wissenschaftsethik, die Wirtschaftsethik, die Technikethik, die Bioethik, die Feministische Ethik, die Genethik, die Medizinethik, die Umweltethik, die Sportethik usw. Auch einige einschlägige Lehrstühle und Zentren wurden bereits eingerichtet. All dies ist ein deutliches Indiz der gewachsenen Bedeutung von praktischer Philosophie und Ethik.

Das in Gründung befindliche *Zentrum für Technik- und Wirtschaftsethik* (ZTWE) am Institut für Philosophie der Universität Karlsruhe (TH) soll diesen Veränderungen Rechnung tragen (siehe Kapitel 12). Insbesondere an Technischen Universitäten können Ethik und praktische Philosophie Schlüsselqualifikationen in Form von grundlegenden ethisch-philosophischen Kenntnissen und entsprechenden Kompetenzen vermitteln.

2. Philosophie und Ethik haben auf Bedürfnisse nach *Orientierung* und Identitätssicherung einzugehen – insbesondere auch bei Jugendlichen und Studierenden.

3. Ein weiterer Grund für die Wiederbelebung von Philosophie und Ethik liegt in der *Ausdehnung fachübergreifender Probleme*: Einzelne Fachexperten einer Disziplin können, auf sich gestellt, die Problemlage einfach nicht mehr überschauen. Interdisziplinäres Denken und Kooperation sind ebenso wichtig wie ‚Mut zur Lücke' – nicht nur bei Philosophierenden. Gerade heute sind generalistische und universalistische – beispielsweise das Gemeinwohl betreffende – Stellungnahmen zu fächerübergreifenden Fragen unerlässlich. Sie müssen in die interdisziplinäre Zusammenarbeit integriert werden, im Teamwork von FachwissenschaftlerInnen, PhilosophInnen und anderen WissenschaftlerInnen aus generalistischen Disziplinen. Ein gesprächsoffenes Philosophieren und zusammenfassendes inhaltliches Denken ist neben aller präzisierenden zerlegenden Analyse erforderlich.

4. Zusätzlich spielen *Fragen normativer Bewertungen* und die Erstellung und Rechtfertigung von *Beurteilungskriterien* für Diskussionen über gesellschaftliche Prozesse und Entwicklungen eine wichtige Rolle. Wertdiskussionen müssen unter Einbezug von Grundwerten geführt werden. Wenn auch keine absoluten Aussagen über Grundwerte möglich sind, so können diese doch rational diskutiert werden, z. B. hinsichtlich sauberer Schlussverfahren und mittels anderer, als höherrangig eingeschätzter (Grund-)Werte oder hinsichtlich beurteilbarer Konsequenzen. Lässt sich beispielsweise die Feststellung des Todeszeitpunkts – Hirntod – rein naturwissenschaftlich bestimmen? Oder fließen hier notwendigerweise auch moralische Aspekte und Kriterien ein?

Insgesamt verbindet sich das Plädoyer für die Wiedererstarkung und Bestärkung der Philosophie und Ethik angesichts neuer Anforderungen und Aufgaben mit einem Appell zu einer offenen Zusammenarbeit unterschiedlichster wissenschaftlicher und intellektueller Bemühungen. Dies verlangt außerdem: mehr und mutige Entwürfe, Neuansätze, Kreativität, das Überschreiten der bloßen Philosophie als ein Sammelbecken rein analytischer Techniken hin zu mehr spekulativer Konstruktion, zu mehr Mut bei inhaltlichen Entwürfen und wertend-urteilenden Stellungnahmen. So sollten Entwürfe für eine künftige menschengerechte Gesellschaft mit Fantasie und mit konkreten Vorschlägen verbunden und auch entsprechende Vorschläge der einschlägigen Fachleute aufgegriffen werden sowie mit Realitätsbezug, der für solche philosophischen Entwürfe unabdingbar ist.

2. Herausforderung und Aufgaben von Philosophie und Ethik

1. Ethik und Philosophie stehen also vor vielerlei Herausforderungen und haben zahlreiche Aufgaben sowie Funktionen. Beide haben nach wie vor eine sokratische Funktion: Es gilt, die Spezialisten ins fachübergreifende Gespräch über Grundlagen und Grundwerte zu ziehen. Philosophie soll Perspektiven und Interessen der Allgemeinheit oder des Allgemeinen einbringen. In einer gewissen Integrationsfunktion soll sie über die verschiedenen Disziplingrenzen hinweg als ein Forum und Brennpunkt der Diskussion – nicht nur an den Universitäten – wirken. Dies ist insbesondere deswegen wichtig, weil sich die wichtigsten Probleme unserer Welt nicht säuberlich nach Fächern einteilen lassen: System-, Zielsetzungs- und Wertprobleme gewinnen immer größere Aktualität und Bedeutsamkeit bei fast allen umfangreicheren langfristigen und mittelfristigen Planungsproblemen. So wäre es auch sinnvoll, Fragen der Gentechnik, des therapeutischen vs. reproduktiven Klonens, der Stammzellenforschung usw. gemeinsam mit anderen Wissenschaftlern zu erörtern. Dies gilt auch bei Fragen nach dem Beginn und Ende menschlichen Lebens, z. B. nach dem moralischen und rechtlichen Status von Embryonen.

2. Eine weitere sinnvolle Aufgabe ist es, an exemplarischen Problemen eine Erziehung zur *rationalen Diskussion* anzuregen. Dies kann durch die Vermittlung von Diskussionsmethoden, von Logik und von sachlichen Argumentationsweisen geschehen. Gerade im Normativen – beim Werten und Bewerten – ist dies nach wie vor für Studierende keineswegs überflüssig. Hier könnten und müssten die Philosophierenden heute und künftig eine wichtige Erziehungsfunktion ausüben. Hierzu ein Beispiel: Einer der häufigsten Fehlschlüsse in alltäglichen und wissenschaftlichen Diskussionen ist der Sein-Sollens-Fehlschluss: Aus der Tatsache, dass X der Fall ist, wird – ohne zusätzliche Voraussetzungen – geschlossen, dies solle auch sein. So wird etwa als Rechtfertigungsgrund für niedrige(re) Umweltstandards, Steuersätze usw. angegeben, dass dies auch ‚anderswo' so ist und deshalb ‚bei uns' auch so sein müsse.

3. Die Diskussionen um das Grundrecht jedes Einzelnen auf Leben und körperliche Unversehrtheit und um das Recht auf einen menschenwürdigen Lebensstandard für alle sind wichtige Themen von heute. Dies zeigt sich insbesondere angesichts der weltweiten Armut und des weltweiten Wassermangels: fast 3,1 Mrd. Menschen, d. h. die Hälfte der lebenden Menschen, leben von weniger als zwei Dollar am Tag, 800 Mio. Menschen leiden an Hunger, 1,1 Mrd. Menschen müssen ohne sauberes und bezahlbares Wasser, 1,6 Mrd. Menschen ohne Strom und 2,4 Mrd. Menschen ohne Sanitäranlagen auskommen. In einer Zeit der Bevölkerungsexplosion sind diese Debatten weitgehend unabhängig von einer ‚professionellen' ethisch-philosophischen Stellungnahme geführt worden. Dies gilt auch für solche Fragen, wie jene über Menschenwürde, moralische und außermoralische Werte, Freiheit und Marktfreiheit, individuelle und gesellschaftliche Werte, Individualisierung und soziale Werte, Freiheit und Manipulation, Chancen und Risiken moderner Technik, Probleme der vermeintlichen oder tatsächlichen Globalisierung. Dies sind Probleme, die normative Gesichtspunkte enthalten und letztlich auf ethisch-philosophischen Grundüberzeugungen beruhen oder zumindest mitberuhen. Philosophierende sind hier herausgefordert, und sie könnten und sollten hier auch *öffentlich Stellung beziehen.*

4. Ethik und Philosophie sollten des Weiteren *ideologiekritisch* und *aufklärend* wirken – z. B. im Hinblick auf das Allgemeinwohl und persönliche Interessen: So sollten Aussagen, die angeblich dem allgemeinen Interesse dienen (z. B. Standort Deutschland), auf ihr evtl. einseitiges Interesse (der Wirtschaft) hin überprüft werden. Auch um diese Aussagen dann als das zu bezeichnen, was sie tatsächlich sind: Teil einer Strategie interessierter Kreise, die ihre einseitigen Interessen verschleiern und dies als dem Allgemeininteresse dienlich ausgeben wollen – also (oft verdeckte) Ideologie sind. Auch sollten Ethik und Philosophie *Steuerungsvorschläge* und *Lösungsmöglichkeiten* in Zusammenarbeit mit Fachwissenschaftlern aufzeigen und vorschlagen. Ethische Diskurse bleiben nämlich blauäugig und naiv, solange das *Durchsetzungsproblem* völlig vernachlässigt wird.[1] Und Normen und Regeln werden umso eher eingehalten, je wirksamer die dafür vorgesehenen Anreize, Institutionen oder Sanktionen sind.

1 Vgl. Matthias Maring: Kollektive und korporative Verantwortung. Begriffs- und Fallstudien aus Wirtschaft, Technik und Alltag, Münster 2001, S. 372 ff.

Eine weitere Aufgabe der Ethik ist es also, soziale Mechanismen zu entwerfen und vorzuschlagen, welche die Befolgung der Regeln gewährleisten (helfen).

3. Thesen zu einer praxisnahen Philosophie und Ethik

1. Die Erfahrungswissenschaften könnten die Aufgaben der praktischen Philosophie und Ethik nur dann erfüllen, wenn sie in diesen Disziplinen beispielsweise moralische Bewertungen als wissenschaftliche Aussagen kennzeichnen würden. Dies geschah und geschieht in der Tat recht häufig, wenn z. B. normative (wertende) Aussagen in manchen Varianten der Wirtschaftswissenschaften als ‚wissenschaftliche' Sätze – ideologisch – gerechtfertigt werden.

2. Die Formulierung und Analyse der Verbindung von *theoretischen Erkenntnissen* einerseits und *Bewertungen* sowie *normativen Handlungsregeln* andererseits ist nach wie vor eine dringliche Aufgabe für Ethik und Philosophie: Es gilt methodische „Brückenprinzipien"[2] zu entwickeln, zu analysieren und argumentativ zu stützen. Bei der Untersuchung von Wertsystemen und der Entwicklung einer Minimalethik – bestmögliches Überleben möglichst aller – sollten Philosophen kritisch mitsprechen. Grundwerte und Grundnormen wie Achtung, möglichst weitgehende Sicherung und der Schutz menschlichen, aber auch kreatürlichen Lebens oder Verhinderung bzw. Minimierung unnötigen Leidens spielen dabei eine grundlegende Rolle. Sie sind im Übrigen in (fast) allen Kulturen institutionell verankert.

3. Philosophische Probleme können *nicht unabhängig von wissenschaftlichen Erkenntnissen* und auch nicht prinzipiell losgelöst von der Lebenspraxis behandelt werden. Umgekehrt hängen fachliche Problemstellungen auch von methodologischen und wissenschaftstheoretischen, also philosophischen Perspektiven ab. Es gibt keine strikt nach Disziplinen durchzuhaltende Schubfächereinteilung aller Erkenntnisse, insbesondere nicht in Grenzgebieten und vielen Bereichen der Grundlagenforschung, der System- und Sozialwissenschaften, der Technik- und Wirtschaftswissenschaften sowie der technologischen Großforschung. Die *überfachliche Zusammenarbeit* mit den Erfahrungswissenschaften setzt selbstverständlich ein fachwissenschaftliches Mitverständnis, eine Zweitkompetenz seitens der Philosophierenden voraus. Ein jeweiliges

2 Albert, Hans: Traktat über kritische Vernunft, Tübingen 1930, S. 76 ff.

Fachverständnis sollte möglichst schon in der Ausbildung angelegt sein: Studierende der Philosophie sollten ein zweites, erfahrungswissenschaftliches Hauptfach studieren und wissenschaftliche Arbeit in diesem Fach leisten.

4. *Interdisziplinäre Zusammenarbeit* ist für die wissenschaftstheoretische Grundlagendiskussion und für den Fachspezialisten angesichts der wachsenden fächerübergreifenden Probleme nicht nur vorteilhaft und nötig, sondern gerade jede und jeder Philosophierende selber kann von der überfachlichen Diskussion profitieren. Die Entwicklung der ökologischen Philosophie und der ökologischen Ethik hat das in den letzten Jahrzehnten gezeigt. Die philosophische Forschung ist auf kritische Anstöße aus anderen Disziplinen angewiesen. Jede und jeder Philosophierende braucht Anregungen aus den Einzelwissenschaften. Eine ständige, zwischen den Fächern stattfindende und sie *übergreifende Diskussion* ist notwendig. Auch wurden und werden in den Hochschulen zunehmend gemeinsame Seminare der verschiedenen Fächer abgehalten: eine sinnvolle Lösung, besonders in einem Fach wie Philosophie, das eine typische *Problem*disziplin ist. Auch hinsichtlich der überfachlichen Zusammenarbeit – nicht nur für das Ethisch-Philosophische Grundlagenstudium für Lehramtsstudierende (EPG) und für die zu entwickelnden Module ‚Ethik als Schlüsselqualifikation'[3] – gibt es einige vielversprechende Ansätze. PhilosophInnen können heute nicht mehr über die aktuelle und künftige Weltsituation reflektieren, ohne die Ergebnisse der Klima- und Umweltwissenschaften ernsthaft zur Kenntnis zu nehmen. So haben sie den durch Menschen verursachten „Klimawandel" hin zur „globalen Erwärmung" und die Zunahme „extreme[r] Wetterereignisse" wie längere „Trockenperioden" und häufigere „Starkniederschläge" – so der Kieler Klimaforscher Mojib Latif[4] – zur Kenntnis zu nehmen und beispielsweise bei ihren Vorschlägen zur Gestaltung von Umwelt- und Gesellschaftspolitik einzubeziehen.[5] Latif selbst schlägt – in einem weiteren Interview – vor, „das Übel an der Wurzel" anzupacken und ganz einfach „den Treibhausgas-Ausstoß [zu] mindern."[6]

3 ESQ, vgl. Kapitel 11.
4 Frankfurter Rundschau vom 21. 07. 2003, S. 2.
5 Vgl. dazu Kapitel 1.4.
6 Frankfurter Rundschau vom 04. 07. 2007, S. 22.

5. Auch wenn eine inhaltlich absolute Letztbegründung nie möglich ist, muss die Philosophie dennoch am Konzept der *konstruktiven kritischen Überprüfung* festhalten. Doch Kritik allein ist nicht genug: Konstruktivität und Mut zum inhaltlichen Entwurf – der erst die eigentliche Philosophie darstellt – sind unerlässlich für die Philosophie, die zugleich praxisnah und undogmatisch sein soll. Diese konstruktiven – inhaltlichen – Entwürfe und die kritische Kontrolle ergänzen sich gegenseitig. Rationale Kontrolle bildet den methodischen Kern einer notwendigen programmatischen Aufklärungsphilosophie. Eine solche philosophische Aufklärung ist als ständiger Appell und andauernde Aufgabe zu verstehen.

6. Philosophen müssen sich vermehrt den aktuellen Themen der Gegenwart zuwenden und sich den *Problemen von öffentlicher Bedeutsamkeit* stellen – z. B. den heute und langfristig besonders dringlichen Fragen der Ökologie und der Nachhaltigkeit,[7] denen der sozialen und intergenerationellen Gerechtigkeit und denen der Menschenrechte. Ein neues soziales und öffentliches Engagement der Philosophie ist nötig, eine neue pragmatische Philosophie, eine praxisnahe Philosophie der lebenspraktischen Fragen.[8] Zu Letzteren gehören auch die durch die Wissenschaften und die durch gesellschaftliche, durch soziotechnische sowie ökonomische und ökologische Umstände gegebenen Probleme. Eine pragmatische Philosophie und Ethik hat aber nicht zuletzt die allgemeine Wissenschaftsethik selbst als ein wichtiges Thema.

4. Allgemeine Wissenschaftsethik – Beispiele

Die Erfahrungswissenschaften – zumal die Grundlagenwissenschaften wie die Physik, die Chemie, die Biologie –, aber auch die Soziologie, die Psychologie, die Wirtschaftswissenschaften und viele andere empirische Wissenschaften – wurden lange als neutral, als moralisch neutral und wertfrei bzw. werturteilsfrei angesehen. Lässt sich ein solcher Standpunkt heute noch uneingeschränkt vertreten? Oder ist hier differenzierter zu urteilen? Und wie steht es um die Verantwortung *der* Wissenschaft und *der* Wissenschaftler? Änderten sich die Verhältnisse angesichts des Wachstums des wissenschaftlichen Wissens und der technischen Macht?

7 Vgl. Armin Grunwald/Jürgen Kopfmüller: Nachhaltigkeit, Frankfurt am Main/New York 2006.

8 Vgl. z. B. Hans Lenk: Praxisnahes Philosophieren. Eine Einführung, Stuttgart 1999.

Die ‚alltäglichen' Konfliktfälle im Berufsleben sind zweifellos nicht so spektakulär wie etwa das Mannhattan-Projekt der Entwicklung der Atombombe: Sie betreffen vielfach das Spannungsverhältnis von Wirtschaftlichkeit, Sicherheit und Umweltverträglichkeit. Nicht minder brisant werden sie aber, wenn Produktionsweisen und Produktionsverfahren oder die massenhafte Herstellung und Verwendung von schädlichen Produkten beispielsweise zu Umweltschädigungen führen. Ein weiteres Problem entsteht durch die mehrfachen Nutzungsmöglichkeiten von Produkten – die sogenannte Dual-Use-Problematik von sowohl zivil als auch militärisch verwendbaren Gütern oder auch beim Export von in Europa verbotenen Pestiziden usw.

Auch in anderen Bereichen friedlicher Forschung – heute zumal in der Genbiologie, der Gentechnik und auch bei der Entwicklung bestimmter Informationstechnologien – gehen die Grundlagenforschungen in der Tat so nahtlos in entsprechende Anwendungen über, dass die von Werner Heisenberg und Carl Friedrich von Weizsäcker nach dem Bombenabwurf von Hiroshima in ihrem Gespräch im englischen Internierungslager konzipierte sinnvolle Trennung zwischen dem Typ des *Erfinders* und dem des *Entdeckers* fließend oder obsolet geworden ist:

> Der Entdecker kann in der Regel vor der Entdeckung nichts über die Anwendungsmöglichkeiten wissen, und auch nachher kann der Weg bis zur praktischen Ausnützung noch so weit sein, dass Voraussagen unmöglich sind [...]. Hahns Experiment über die Spaltung des Atomkerns war eine Entdeckung, die Herstellung der Bombe eine Erfindung.[9]

Ist diese Unterscheidung nur eine idealtypische, die zwar analytisch die Extreme voneinander zu unterscheiden, aber nicht mehr die Realität zwischen den Extremen zu beschreiben gestattet? Mit dem Flüssigwerden der Trennung stellt sich die Frage, ob der ‚Entdecker' von jeglicher Mitverantwortung für Entwicklungsmöglichkeiten, Folgen, Anwendungschancen und -modalitäten freizusprechen ist. Kann man sich generell noch mit der Berufung auf das Forschersein jeglicher Verantwortungsdebatte oder gegebenenfalls einer Mitverantwortung entziehen? Wohl kaum!

9 Heisenberg, Werner: Der Teil und das Ganze. Gespräche im Umkreis der Atomphysik, München 1969, S. 266-268.

Die Atomphysiker selbst haben *Gegenbeispiele* gesetzt: Schon der Franck-Report von 1945 – nach einem emigrierten deutschen Physiker benannt, der allerdings half, die Atombombe zu entwickeln – hatte gefordert, die Atombombe nicht über Städten mit Zivilbevölkerung abzuwerfen, sondern eine Demonstrationsexplosion „in einer geeignet ausgewählten unbewohnten Gegend" vorzusehen. Leo Szilard initiierte in den kritischen Monaten Juni und Juli 1945 eine Petition gegen den geplanten direkten Bombeneinsatz. Gegen Ende 1945 schlossen sich dann Wissenschaftler zur Federation of Atomic Scientists zusammen, welche 1946 mit der Federation of American Scientists fusionierte. Aufgrund britischer Initiativen wurde 1946 die World Federation of Scientific Workers gegründet. 1949 bildete sich die Society for Social Responsibility in Science. Diese Vereinigung betont besonders die Gewissensorientierung, die persönliche Mitverantwortlichkeit für voraussehbare Konsequenzen der eigenen wissenschaftlichen Arbeit und die Abstinenz von voraussehbar schädlichen Entwicklungen. Eine entsprechende Gesellschaft für Verantwortung der Wissenschaft entstand in der Bundesrepublik Mitte der sechziger Jahre, führt aber heute eher ein Schattendasein. Für die Bundesrepublik muss freilich auf die Initiative der Göttinger Achtzehn schon im Jahre 1957 hingewiesen werden: Das vor allem moralisch motivierte Engagement dieser Atomwissenschaftler gegen die atomare Ausrüstung der Bundeswehr wurde im Wesentlichen politisch gewertet und führte später zur Gründung der Vereinigung Deutscher Wissenschaftler, in der manche konkrete Projektanalysen und -kritiken – z. T. auch von beachtlicher politischer Brisanz – ausgearbeitet und diskutiert wurden. Die Vereinigung existiert noch, hat aber an Einfluss verloren.

5. Verantwortung der WissenschaftlerInnen: Ethos – Universalmoral

Das Thema ‚Verantwortung der WissenschaftlerInnen' enthält zwei Teilaspekte: erstens die wissenschaftsinterne Verantwortung und zweitens die externe Verantwortung der WissenschaftlerInnen.[10] Die interne Verantwortung trägt jede und jeder WissenschaftlerIn gegenüber ihrer/seiner Zunft. Sie umfasst die Beachtung der Regeln sauberen wissenschaftlichen Arbeitens und fairer Konkurrenz unter dem Höchstwert der bestmöglichen objektiven Wahrheitssuche und Wahrheitssicherung. Schon in den vierziger Jahren untersuchte der Wissenschaftssoziologe Robert Merton den

10 Vgl. Hans Lenk: Zwischen Wissenschaft und Ethik. Frankfurt am Main 1992, S. 19 ff.

Normen-Kodex der Wissenschaftler und sah in den Grundsätzen der Verallgemeinerbarkeit (,Universalismus'), des systematischen Zweifels (,organisierter Skeptizismus'), der persönlichen Nichtinteressengebundenheit (,Desinteressiertheit') und der öffentlichen Gemeinschaftsorientierung (,communalism') die leitenden Regeln. Spezifischer wurden die Werte Ehrlichkeit, Objektivität, Toleranz, Zweifel an der Gewissheit und uneigennütziges Engagement als die Normen des wissenschaftlichen Handelns bestimmt. Es handelt sich hier um Idealnormen des wissenschaftlichen Ethos, die der Wissenschaftler nur bei Gefahr ernsthafter Folgen für seine Stellung oder sein Ansehen – Reputationsverlust – missachten könnte – z. B. fällt ein wissenschaftlicher Plagiator im Allgemeinen bei der Scientific Community in Ungnade und Isolierung, so dass seine wissenschaftliche Karriere beendet ist (s. aber unten). Der Biologe Hans Mohr versuchte konkretere Verhaltensregeln zu fassen:

> Sei fair! Manipuliere nie die Daten! Sei präzise! Sei fair hinsichtlich der Priorität von Daten und Ideen deines Rivalen! Mache keine Kompromisse, sondern versuche ein Problem zu *lösen*![11]

Bestimmtere ‚Gebote' hinsichtlich der Sicherung von Forschungsfreiheit, Freiheit von Zensur (,Es gibt keinen Code für verbotenes Wissen.'), Unparteilichkeit, Flexibilität (Berücksichtigung anderer Alternativen und Bereitschaft, eine Theorie, wenn nötig, zu ändern), Definitionsgenauigkeit, Vertrauen und Verlässlichkeit für und bei den Kollegen, Einfachheit werden gefordert. Alle diese Regeln betreffen das wissenschaftliche Ethos des einzelnen Wissenschaftlers, seine Verantwortung für die bestmögliche objektive Erkenntnis und beziehen sich durchaus auch auf seine eigenen Interessen und Anerkennungswünsche. Sie sind nicht universalmoralisch, betreffen nicht die Unversehrtheit anderer und werden auch gar nicht mit dem Anspruch auf Allgemeingültigkeit vertreten. Der bereichsspezifische Normenkodex des Wissenschaftlers in diesem Sinne ist *Ethos*, Standesethos, nicht externe *Universalmoral* des Wissenschaftlers.

Ethos und Universalmoral müssen jedoch sauber voneinander getrennt werden, obwohl sie sich oft auch im Handeln des Wissenschaftlers überlappen – bei Anwendungen, Freilandexperimenten und sonstigen Beeinträchtigungen der Mit- und Umwelt und besonders bei Versuchen mit Menschen – bei Humanexperimenten – und auch bei solchen mit Tieren.

11 Mohr, Hans: Lectures on Structure and Significance of Science, New York/Heidelberg/Berlin 1977.

Die bereichsinterne Verantwortung des Wissenschaftlers hat zweifellos ihre ethischen Probleme, weil die Verteilung wissenschaftlichen Erfolgsprestiges nach rigoroser Konkurrenz zugemessen wird: Der Erste zu sein, das allein zählt hier. Die Versuchung, durch Unfairness einen Vorteil zu gewinnen, ist also auch hier groß. Sie hängt u. a. von dem Risiko der Entdeckung sowie vom Funktionieren des Gutachter-Systems ab. Es ist allerdings fraglich, ob der *mögliche* Reputationsverlust nach der Entdeckung einer Fälschung als abschreckende Kontrollmaßnahme wirklich gut greift. Wissenschaftshistorische und wissenschaftsjournalistische Recherchen nähren einige Zweifel. So gibt es eine ganze Reihe von Fällen, in denen auch berühmte Wissenschaftler ‚abgeschrieben' haben, die Ergebnisse ‚geschönt' haben usw.

6. Spezifische Verantwortung der Sozial- und Wirtschaftswissenschaften

Die Sozialwissenschaften haben spätestens seit den berüchtigten Versuchen des Sozialpsychologen Stanley Milgram (1974) zum Autoritätsgehorsam ihre Debatte über moralische Zumutbarkeiten beim *Humanexperiment*. In diesen Experimenten wurde ermittelt, wieweit Versuchspersonen den Anweisungen und der Autorität wissenschaftlicher Versuchsleiter widerstehen und sich weigern würden, anderen Scheinversuchspersonen Elektroschocks (scheinbar bis an oder über die tödliche Dosis hinaus) zuzufügen. Ebenfalls in diesen Zusammenhang gehört das Stanford-Gefängnisexperiment des Psychologen Philip Zimbardo,[12] in dem untersucht wurde, ob und inwiefern aufgrund von Rollenzuweisungen – Gefangener bzw. Aufseher – Verhaltensänderungen bei den Versuchspersonen stattfanden. Bierbrauer spricht von einer „der eindrucksvollsten experimentellen Demonstrationen über die Pathologie ungebremster Macht und Austauschbarkeit von Rollen: In solchen Extremsituationen [wird] das Ausmaß der Persönlichkeitsdisposition der Akteure überschätzt und die Einflüsse des Kontexts zur Erklärung des beobachteten Verhaltens unterschätzt". Bierbrauer fragt dann, ob sich nicht gegen das Experiment „ethische Bedenken" ergeben, d. h., „ob der wissenschaftliche Wert einer derartigen Untersuchung so groß sein kann, um ein möglicherweise langfristiges Trauma [der Versuchspersonen] in

12 Vgl. Günther Bierbrauer: Das Stanford-Gefängnisexperiment und seine Folgen, in: Dieter Frey/Siegried Greif (Hrsg.): Sozialpsychologie. Ein Handbuch in Schlüsselbegriffen, München 1983. Verfilmt als ‚Das Experiment', Deutschland 2001.

Kauf zu nehmen."[13] Bei den sozialwissenschaftlichen Experimenten stellen sich ebenfalls zahlreiche ethische bzw. standesethische Fragen: Wer ist in welcher Hinsicht verantwortlich? Ist der Versuchsleiter allein verantwortlich gegenüber den Versuchspersonen, ist er ethisch *und* standesethisch verantwortlich? Trägt auch derjenige, der den Versuch entworfen hatte, eine Verantwortung – und welcher Art? Welche Verantwortung tragen die Versuchspersonen? Darf man Experimente durchführen, die evtl. reversible Schäden – die etwa bei nachträglicher Aufklärung schwinden – bei den Probanden hervorrufen können? Tragen die Psychologen – insgesamt – oder deren Berufsverband Verantwortung dafür, dass bei Experimenten getäuscht wird, um unverzerrte Ergebnisse zu bekommen? Bei Humanexperimenten stehen die Wissenschaftler in einer zweifachen Beziehung zu den Versuchspersonen.[14] Die Versuchsperson darf im Experiment nicht nur als zu manipulierender Gegenstand betrachtet, sondern muss *stets zugleich auch* als menschlicher Handlungspartner, als Person, als ‚Selbstzweck' im Sinne Immanuel Kants behandelt werden. Der Experimentator und der Proband befinden sich dabei immer auch in einer lebenspraktischen Handlungssituation.

Der Wissenschaftler übernimmt im Humanexperiment eine spezielle moralische Verantwortung für den Versuchspartner – umso mehr, als die Situation des Experiments von einer Unausgewogenheit, einer Asymmetrie des Wissens und der Vorausschau, der Abhängigkeit und der Handlungsunfreiheit gekennzeichnet ist. Es ist ein entscheidendes Charakteristikum der Humanwissenschaften, dass in ihnen *spezifischere und strengere Normen* gegenüber ihrem Untersuchungsgegenstand existieren. So sind methodenbedingte Täuschungen, sollten sie unerlässlich und nicht schädigend sein, moralisch nur dann vertretbar, wenn u. a. Maßnahmen der aufklärenden Vor- und Nachsorge stattfinden und keine Versuchsperson in ihren unveräußerlichen Personwerten und Menschenrechten verletzt wird. Auch sollten nur solche Versuche unternommen werden, denen sich der Forscher selbst bzw. denen er seine Angehörigen bedenkenlos unterziehen würde.

13 Ebd., S. 431.
14 Lenk, Hans: Humanexperiment als Tauschvertrag?, in: ders. (Hrsg.): Humane Experimente? Genbiologie und Psychologie, München/Paderborn/Wien/Zürich 1985, S. 69 ff.

Eine weitere Besonderheit der Sozial- und Wirtschaftswissenschaften im Unterschied zu den Naturwissenschaften und im Hinblick auf eine spezifische – interne und externe – Verantwortung des Wirtschafts- und Sozialwissenschaftlers, liegt in der *semantischen Mehrstufigkeit* und Vielschichtigkeit der Sozialwissenschaften: Die Rückwirkungsmöglichkeiten von *reflexiven Prognosen* wie z. B. der sich selbst erfüllenden Voraussagen, zumal in den Wirtschaftswissenschaften, und die versteckte bzw. offene Normativität sozialwissenschaftlicher Aussagen sind solche Besonderheiten. Gefordert ist hier insbesondere ein sorgfältiger und verantwortungsbewusster Umgang mit Informationen. Beispiele für reflexive Prognosen, für self-fulfilling bzw. self-defeating prophecies sind: das Illiquide-Werden einer Bank infolge der Aussage, sie sei illiquide; der Ausverkauf von bestimmten Waren aufgrund des Gerüchts, es gäbe kaum noch solche; das Absinken der Kurse einer Aktiengesellschaft infolge der Vermutung, sie seien zu hoch bewertet worden; das Entstehen bzw. die Verschärfung einer wirtschaftlichen Rezession aufgrund von Prognosen über die wirtschaftliche Entwicklung, die zu negative(re)n Einstellungen der Bevölkerung hinsichtlich eben dieser wirtschaftlichen Entwicklung führen.

Zum Objektbereich der Sozialwissenschaften gehören neben einer Ebene, der verhaltenswissenschaftlich beschreibbaren Trägerprozesse, auch weitere *interpretatorische Ansätze.*[15] So spielen etwa in den Sozialwissenschaften unterschiedliche Faktoren eine Rolle bei Erklärungen und Begründungen, die nicht völlig naturgesetzlich im engeren Sinne zu erfassen sind: Deutungen, Interpretationen, kulturelle Normen, Bewertungen usw. Soziale Wirkungen sind kulturell konventionalisierte, unter Umständen durch semantische Deutungen, durch Interpretationsprozesse, erst zustande kommende Folgeerscheinungen, aber zumeist nicht bloße Kausalfolgen im engeren Sinne der Naturwissenschaften: Regelgeleitetes und davon abweichendes Handeln überformt die rein naturgesetzlich beschreibbaren Verhaltensweisen. Solche Interpretationen und die dazu gehörigen Deutungsmuster – Interpretationskonstrukte – sind konstitutiver Bestandteil des Objektbereichs der Sozialwissenschaften.

Die Interpretationskonstrukte lassen sich oft, aber nicht immer auf bestimmte Personen beziehen, die über sie verfügen. So gilt es zu unterscheiden, ob z. B. eine unbeteiligt beobachtende Person, etwa innerhalb der Wissenschaft, die Phänomene eines Systems strukturierend interpre-

15 Lenk, Hans: Interpretationskonstrukte, Frankfurt am Main 1993, S. 351 ff.

tiert oder ob dies jemand innerhalb dieses Systems selbst tut. Das letztere wäre unmittelbar sozial wirksam, das erstere erst mittelbar wirksam etwa bei Kenntnisnahme durch die Teilnehmende, d. h.: soziale Wirkungen gingen in diesem Falle von dem Wissen um die Modelle des Wissenschaftlers aus. Und hierin liegt eine *spezifische Verantwortung der Wirtschafts- und Sozialwissenschaftler* begründet. Die bekannte ideologie- und weltbildprägende Potenz sozialwissenschaftlicher Gesellschaftsmodelle und Menschenbilder ist ebenfalls ein reflexives Phänomen, dem bisher zumal im Hinblick auf die Frage der (Mit-)Verantwortung der Wissenschaftler zu wenig Beachtung zuteil wurde. Man könnte dies einschlägig an dem Zusammenbruch marxistischer Modelle in den letzten Jahren studieren, der übrigens ironischerweise Marx' Thesen z. T. bestätigte: Die wirtschaftliche Basis und politische Veränderungen brachten den Überbau zum Einsturz; freilich hängt die Basis ihrerseits von Überzeugungen, also von sogenannten Überbauphänomenen und deren Wechselwirkungen mit sogenannten Basisfaktoren, ab.

Die Moralprobleme, zumal die interne wie die externe Verantwortung der Wirtschafts- und Sozialwissenschaftler, sind abhängig von den angedeuteten Besonderheiten des Objektbereichs dieser Wissenschaften; sie unterscheiden sich in dieser spezifischen Hinsicht von denen in anderen Wissenschaften. Die Probleme der Verantwortung sind in beiden Bereichen strukturell ähnlich bzw. gleich, wenn auch in den Human- und Sozialwissenschaften, insbesondere bei den Humanexperimenten, die soziale Handlungsdimension einschlägig ist. Fragen der Mitverantwortung der Natur-, Ingenieur- *und* Sozialwissenschaftler stellen sich auch bei jeder praktizierten Politikberatung und Technikfolgenabschätzung usw. Zu beachten und damit zu verantworten ist hierbei, dass eine eindeutige – beste – Lösung so gut wie nie gefunden oder realisiert wird und dass das zu verwirklichende Ziel nur eine unter mehreren möglichen Folgen des eingesetzten Mittels darstellt – dass es also Nebenfolgen gibt. Genauer zu untersuchen wäre, ob und inwiefern sich wegen der Wertorientierung – z. B. Wertoktogon (VDI-Richtlinie 3780: Technikbewertung: Begriffe und Grundlagen) – und des Handlungscharakters der Technikwissenschaften auch in diesen hinsichtlich der Verantwortung Besonderheiten ergeben.[16]

16 Vgl. Gerhard Banse u. a.: Erkennen und Gestalten. Eine Theorie der Technikwissenschaften, Berlin 2006.

Wesentlich und entscheidend bei einer Untersuchung ethischer Fragen in den Wissenschaften ist nun, dass diese einerseits praxisorientiert sein muss, andererseits nicht ohne zugeordnete beschreibende und erklärende Studien – etwa moralsoziologischer und -psychologischer Art sowie besonders wissenschaftshistorischer Art – vorgenommen werden sollte. Die Untersuchung solcher Fragen ist also *multidisziplinär* auszurichten. Dies ist um so wichtiger, als zweifellos ein charakteristischer Übergang vom klassischen Ideal des allein seinem Wissensstreben hingegebenen Privatgelehrten zur gesellschaftlichen Großveranstaltung ‚Wissenschaft', sogar zu einer Produktivkraft größten Stils und größter Konsequenzen festzustellen ist. Viele der traditionellen ethischen Fragestellungen der Wissenschaft waren noch am klassischen, individualistischen reinen Wissensideal der Wissenschaft ausgerichtet und nicht an Big-Science-Projekten und Großforschungseinrichtungen, in denen heute Hunderte, manchmal Tausende von Wissenschaftlern als angestellte Spezialisten, meist in engumgrenzter Projektforschung weisungsabhängig arbeiten. Hier stellen sich dann auch eher Fragen und Konflikte ein, wie sie für die Arbeitswelt der industriellen Angestellten kennzeichnend sind.

7. Wissenschaft – Mehrdeutigkeiten

Eine weitere Schwierigkeit der gesamten Diskussion über Verantwortung und Wert(urteils)freiheit im Wissenschaftsbereich liegt darin, dass allzu pauschal und global von ‚*der* Verantwortung' und ‚*der* Wert(urteils)freiheit' der Wissenschaft gesprochen wird. Voraussetzung zur Beantwortung eben dieser Punkte ist eine differenzierte Analyse des Begriffs ‚Wissenschaft' selbst. Es lassen sich unterscheiden: Wissenschaft als 1. Institutionengefüge und soziales Subsystem, 2. als reales Handlungs- und Wirkungsgefüge der Forschertätigkeit und Forschergemeinschaft, 3. als das Gesamt idealtypischer Leitnormen und Wertsysteme des Wissenschaftsethos, 4. als theoretische Konzeptionen sowie Aussagensysteme und 5. als Produktivkraft und Produktionsmittel selbst.

Als Verantwortungsträger kommt die Wissenschaft sicherlich nur in der ersten und zweiten Bedeutung in Frage. Fasst man sie im Sinne von 1. idealtypisch als Scientific Community, als autonomes gesellschaftliches Subsystem auf, so liegt eine Deutung als Verantwortungsträger (korporatives Handlungssubjekt) zwar am nächsten, dennoch sind die Voraussetzungen im strikten Sinne nicht erfüllt: Zwar lässt sich eine gemeinsame (standesethische) Regel- und Zielorientierung vielleicht noch ausmachen, aber diese führt weder zu inhaltlich gemeinsamen Zielen und Entscheidungsprozessen noch zu Handlungen der Wissenschaftlerinnen und Wissenschaftler. Ein Handlungssubjekt oder ein Verantwortungssubjekt ‚Wissenschaft' wird somit nicht konstituiert. Legt man die zweite Bedeutung zugrunde, so gilt: Die informellen und formellen Gruppenstrukturen dienen kaum zur Erreichung eines gemeinsamen Ziels. Insofern ist die Wissenschaft auch in diesen Fällen nicht Verantwortungssubjekt. Als institutionelle, korporative Verantwortungssubjekte kommen aber Universitäten, Fakultäten, Institute, Großforschungseinrichtungen usw. in Frage. Bei diesen ist jeweils zu untersuchen, ob die Voraussetzungen korporativen Handelns und ebensolcher Verantwortung gegeben sind. Dies gilt auch für wissenschaftliche Vereinigungen und Verbände. Die institutionelle Verantwortung von Verbänden, Vereinigungen wie den wissenschaftlichen und technischen Gesellschaften umfasst kollektive Handlungs-, Aufgaben- und Rollen- und moralische Verantwortung. Die entsprechenden Fachvereinigungen haben eine besondere institutionelle Verantwortung zur sachlichen Information der Öffentlichkeit – etwa über Risiken, (Neben-)Folgen, Vor- und Nachteile für deren Wohlfahrt, Gesundheit usw. Diese Verantwortung ist verbunden mit und beziehbar auf, aber nicht identisch mit der Repräsentations- und Führungsverantwortung der Führungspersonen, also deren spezieller, individueller Aufgaben- und Rollenverantwortung. Einschlägig bei der Werturteilsfreiheit sind die Punkte 3. Wissenschaftsethos und 4. wissenschaftliche Aussagensysteme: Das Ethos der Wissenschaftler ist ein genuines Feld wertender Aussagen (siehe Kapitel 5.), während die wissenschaftlichen Aussagensysteme werturteilsfrei sein sollen.[17]

8. Ethik- und Verhaltenskodizes

Oft wurde zur Stärkung der externen Verantwortung und des Gewissens der Wissenschaftler – zumal in den anwendungsorientierten Naturwissenschaften – vorgeschlagen, eine Eidesverpflichtung nach dem Vorbild des hippokratischen Eides der Mediziner einzuführen. Unter dem Eindruck der Atombombenabwürfe wurde 1946 ein Eid von Weltfish[18] vorgeschlagen, dem später weitere folgten.[19] Und 1988 sprach sich ein inter-

17 Siehe Kapitel 9.
18 Vgl. Hans Lenk: Wissenschaft und Ethik, Stuttgart 1991, S. 399 ff.
19 Vgl. ebd.

nationaler Wissenschaftskongress in Buenos Aires per Resolution für einen Eid für WissenschaftlerInnen aus:

> Im Bewusstsein, dass ohne ethische Steuerung die Wissenschaft und ihre Produkte die Gesellschaft und deren Zukunft schädigen oder gar zerstören können, gelobe ich, meine eigenen wissenschaftlichen Fähigkeiten niemals nur für Entlohnung oder Prestige oder ausschließlich auf Anweisung von Arbeitgebern oder politischen Führern anzuwenden, sondern nur aufgrund meiner persönlichen Meinung und sozialen Verantwortlichkeit, gestützt auf mein eigenes Wissen und auf Abwägung der Umstände und der möglichen Konsequenzen meiner Arbeit, so dass die wissenschaftliche oder technische Forschung, die ich unternehme, wahrhaft im besten Interesse der Gesellschaft und des Friedens ist (Conference on Scientists, Disarmament and People).[20]

Viele der Eidesformulierungen klingen jedoch ein wenig idyllisch-betulich, ohnmächtig mahnend, beschränken sich auf schöne Appelle. Appelle allein nützen nicht viel. Man bedenke auch, dass der hippokratische Eid in der Medizin längst abgeschafft wurde. Die Krux des Wissenschaftseides bleibt wohl die geringere Wirksamkeit, Kontrollierbarkeit, Durchsetzbarkeit. Es handelt sich um eine zu allgemein-abstrakte, zu sehr bloß auf die einzelne Wisschenschaftlerin oder den einzelnen Wissenschaftler ausgerichtete zu wohlfeil annehmbare, zu wenig konkret greifende Idee, um die ethischen Probleme der Forschung realistisch und operational lösen zu können. Das Problem der ethischen Kontrolle ist durch einen Eid allein nicht zu lösen – man denke an die Anreize zur Verletzung ethischer Normen. Ethische Appelle allein – ohne Stützung durch institutionelle Maßnahmen oder wenigstens ideelle Sanktionen – bleiben aber recht unwirksam.

Nicht nur in den Wissenschaften ganz allgemein, sondern auch in den Einzelwissenschaften, in den Wissenschaftler- und Ingenieurvereinigungen, in den Ingenieurkammern und sonstigen verkammerten Berufen, in Unternehmen und in Wirtschaftsbranchen, bei nationalen und internationalen Institutionen usw. finden wir im Übrigen zahlreiche und unterschiedlichste Ethik- und Verhaltenskodizes.

20 Ebd., S. 22 f.

9. Werturteilsfreiheit und Objektivität

Auch die Frage nach der *Werturteilsfreiheit* (Max Weber) und *Objektivität* der Wissenschaft bzw. einzelner Wissenschaften ist neuerdings wieder relevant: So vertritt z. B. eine bestimmte Richtung der *feministischen* Wissenschaftskritik und Philosophie die These, dass eine Trennung von wissenschaftsinternen und wissenschaftsexternen Werten nicht möglich sei und deshalb Wissenschaft nicht *wertfrei* sein könne.[21] Longino begründet dies mit der Unterbestimmtheit von Theorien durch die sie stützenden Daten,[22] d. h. Daten reichten zur Begründung einer *Theorie* nie aus und Hintergrundannahmen würden diese Lücke ausfüllen. Als Beispiele nennt Longino gesellschaftliche Entwicklungen und die Entwicklung des Werkzeuggebrauchs. Die jeweiligen Hintergrundannahmen – „der Mann als Jäger und die Frau als Sammlerin"[23] – seien entscheidend dafür, welche Geschichte mit je besonderer Gewichtung des Geschlechts zur Entstehung gesellschaftlicher Gruppen- und Organisationsformen, zur Herausbildung der männlich dominierten Technik usw. erzählt wird. Die feministische Wissenschaftskritik sieht ihre Aufgabe u. a. darin, geschlechtertypische *Stereotype* und Annahmen in den Wissenschaften aufzudecken. Sicherlich waren und sind oft noch die Themenauswahl und teilweise die grundlegenden Annahmen einseitig androzentrisch. Generell jedoch ist eine werturteilsfreie (Sozial-)Wissenschaft, die – unter Beachtung der Wertrelationalität ihrer Aussagen –, einseitige Wertvorgaben vermeidet, schon wegen der *Falsifizierbarkeit*, des Scheitern-Können-Müssens ihrer Aussagen, nach wie vor wichtig.

Ob und inwiefern sich für Technikwissenschaften[24] und Wirtschaftswissenschaften bzw. Teile sowie Richtungen der letzteren Abweichungen vom ‚Ideal' ergeben (müssen) oder ob das methodologische *Postulat* der Werturteilsfreiheit aufrecht erhalten werden kann, müsste eingehend untersucht werden. Insbesondere auch, ob die Wahrheitsfähigkeit und die intersubjektive Überprüfbarkeit der Aussagen dieser Wissenschaften noch bzw. inwieweit gefordert werden kann.

---

21 Z. B. Helen Longino: Can There Be a Feminist Science?, in: Ann Garry/Marilyn Persall (eds.): Women, Knowledge, and Reality, New York/London 1996, p. 253 f.

22 Ritsert, Jürgen: Einführung in die Logik der Sozialwissenschaften, Münster 1996, S. 29.

23 Longino, 1996, p. 353 ff.

24 Vgl. zu dieser Problematik Banse u. a., 2006, S. 347.

Ein weiteres Problem hinsichtlich der Werturteilsfreiheit *und* des fließenden Übergangs von Grundlagenforschung und der Anwendung von Forschung stellt die enge Verbindung von Grundlagenforschung und Patenten dar. So schreibt der Mediziner Linus S. Geisler im Hinblick auf die Entschlüsselung der menschlichen Gene durch die Firma Celera Genomics: „Die Inbesitznahme, Vermarktung und Instrumentalisierung des menschlichen Erbguts sei komplett in das Machtgefüge der Kapitalmärkte übergegangen. Nach den neuen Spielregeln" sei „weniger der Wahrheitsgehalt wissenschaftlicher Ergebnisse als ihr Marktwert von Interesse."[25]

Es findet also – nicht nur in diesem Bereich – eine *Ökonomisierung* der Wissenschaft statt und partiell wohl auch eine der Grundlagenforschung. Mit welchen Konsequenzen? Und wenn vielfach bereits bei der Grundlagenforschung – u. a. wegen der Finanzierung – ein praktischer Nutzwert in Aussicht gestellt wird, wird dann die idealtypische Unterscheidung zwischen Entdecker und Erfinder – mit all ihren Konsequenzen (Verantwortungsfähigkeit!?) – hinfällig?

Ein gänzlich anderes Beispiel im Hinblick auf die Ökonomisierung stellt der Physik-Nobelpreisträger Wilhelm Conrad Röntgen dar: Röntgen verzichtete auf die Patentierung der Entdeckung der Röngtenstrahlen bzw. der Röntgengeräte, und so konnten „Röntgengeräte rascher zum Nutzen der Menschheit eingesetzt werden."[26] Der Firma AEG schrieb er „dass Erfindungen und Entdeckungen der Allgemeinheit gehören und nicht durch Patente, Lizenzverträge und dergleichen einzelnen Unternehmungen vorbehalten sein dürfen". Wäre eine solche Einstellung heute noch vorstellbar?

10.‚Bewusstmachungsfach' Ethik

Angesichts der Entwicklungsdynamik, der Orientierungs- und Bewertungsschwierigkeiten in den Wissenschaften ist es wichtig, die moralische Bewusstheit in wissenschaftsethischen Fragen zu fördern und dies vorwiegend in konkreten, auf einzelne Fälle und Probleme bezogenen Zusammenhängen. Die Entwicklung einer Sensitivität für ethische Probleme und moralische Konflikte in der Wissenschaft ist vordringlich und ebenso die entsprechende Ausbildung: Ethik sollte daher schon als Schulfach gefor-

25 Frankfurter Rundschau vom 25. 04. 2000, S. 7.
26 Onlinedokument http://www.focus.de/ [07. 07. 2009].

dert und gefördert werden, wobei besonders die ethischen Aspekte und Dimensionen im jeweiligen Fachunterricht berücksichtigt werden müssten. Ein Anfang ist hier bereits mit dem EPG im Studium und im Referendariat in Baden-Württemberg gemacht; der flächendeckenden Verbreitung im Schulunterricht steht somit nichts mehr im Wege. Und Ethik könnte und müsste auch als wissenschaftsethisches *Bewusstmachungsfach* im Studium und im Bereich der Forschung gelten. Die Wissenschaftlerinnen und Wissenschaftler sollten ja auch nicht der Moralzensur von Ethikexperten unterworfen werden. Insbesondere in der Lehre an den Universitäten, in den verschiedenen Fakultäten, auch auf den entsprechenden Fachveranstaltungen und besonders in Vorlesungen und praxisnahen projektbezogenen Seminaren wäre es nötig, immer wieder die differenzierte Behandlung von Verantwortungsproblemen einzuplanen.

Die Sensibilisierung für solche Fragen und die Aufklärung über diese Problematik sollte aber bereits in den Schulen beginnen. Es wäre für Hochschulen und Schulen am Besten, wenn man eine relativ nah an Projekten orientierte ethische Begleitanalyse in die Lehr- und Stoffpläne aufnehmen würde. Die entsprechenden Lehrpläne sollten von Ethikern oder Philosophen gemeinsam mit den Fachleuten der verschiedenen Einzelwissenschaften entworfen werden. Fallbeispiele, ethische Problemanalysen und Beurteilungen oder gar Lösungen könnten so aufbereitet und ausgearbeitet werden. Zunächst aber zur Ethik als Schlüsselqualifikation.

11. Ethik als Schlüsselqualifikation (ESQ)[27]

Ethik als Schlüsselqualifikation bedeutet, dass grundlegende Kenntnisse und bestimmte Kompetenzen bzw. Fähigkeiten vermittelt werden sollen. Mit Ethik ist in diesem Zusammenhang nicht ausschließlich Theorie der

27 Das Projekt ‚Verantwortung wahrnehmen' an den Universitäten in Freiburg und Tübingen verfolgt im Übrigen ähnliche Ziele wie das ESQ – nämlich: „Das Lehrangebot soll das moralische Urteilsvermögen und das Verantwortungsbewusstsein der Studierenden im Hinblick auf die jeweiligen Berufs- und Tätigkeitsfelder fördern". Im Rahmen der ‚Berufsfeldorientierten Kompetenzen (BOK)' sollen BA-Studierende damit ‚überfachliche Schlüsselkompetenzen' erwerben. Das Projekt selbst soll – ‚nach erfolgreichem Abschluss' – landesweit etabliert werden. Vgl. Jochen Berendes/Georg Mildenberger/Magdalena Steiner/Maria Trübswetter: Ethik als Schlüsselqualifikation. Das Projekt ‚Verantwortung wahrnehmen' an den Universitäten Tübingen und Freiburg, in: Johannes Rohbeck (Hrsg.): Hochschuldidaktik Philosophie, Dresden 2007, S. 137-162.

Moral gemeint. Sieht man sich die Beschreibung der Schlüsselqualifikationen durch das ZAK u. a. an, so könnte ESQ einen Beitrag wie folgt leisten:[28]

- Zum *Orientierungswissen* z. B. durch interdisziplinäre Veranstaltungen zu ethischen Dimensionen und Problemen von Wissenschaft und Forschung und zu bedeutenden Theorien und Grundrichtungen der Ethik.
- Zum *Praxisbezug* insbesondere durch die Behandlung berufsethischer Fragen und von Fallbeispielen bzw. Fallstudien mit Bezug auf Wissenschaft, Technik, Ökonomie und Alltag.

Neben grundlegenden *Kenntnissen* sollen in beiden ESQ-Veranstaltungen *Kompetenzen* vermittelt werden und v.a. auch Anregungen zum Selbst- und Weiterdenken; fertige Lösungen können nicht das Ziel sein. Wobei mit Julia Dietrich unter Kompetenzen Folgendes zu verstehen ist:

> Den Begriff der *Kompetenz* schließlich gebrauche ich im Sinne einer habitualisierten Fähigkeit – wer eine Kompetenz in etwas erworben hat, weiß nicht nur, was zu tun ist und wie es zu tun ist, sondern kann es auch tun – und zwar nicht zufällig, sondern verlässlich. Fähigkeiten setzen immer auch Kenntnisse und Erfahrungen voraus, so dass zwischen entsprechenden Lehr- und Lernzielen nicht zu entscheiden, sondern lediglich zu gewichten ist. Und wer also Ethisch-Philosophische Grundlagenkompetenzen erworben hat, sollte in der Lage sein, Werte und Normen einer argumentativen und handlungsorientierenden Reflexion und Prüfung zu unterziehen, dabei Selbstverständlichkeiten immer wieder als solche aufzuheben, ethische Kenntnisse fallbezogen einzusetzen und sich mit Hilfe dieses Grundgerüsts auch an fachspezifische ethische Fragen heran zu arbeiten. [...] Zusammenfassend bedeutet dies, dass ein ethisches Urteilsbildungsmodell wie der Praktische Syllogismus im Grunde genommen ebenfalls nur drei Kernelemente hat, mit denen zugleich drei Ethisch-Philosophische Grundlagenkompetenzen benannt sind:
>
> 1. die Fähigkeit zur Wahrnehmung einer Situation als ethisch relevanter mit der dazu gehörigen empirischen und hermeneutischen Prüfung der Situationsbeschreibung (*wahrnehmen*),

28 ZAK | Zentrum für Angewandte Kulturwissenschaft und Studium Generale der Universität Karlsruhe (TH) u. a.: Position zur Förderung von Schlüsselqualifikationen an Technischen Universitäten. Universität Karlsruhe, 28. November 2006.

2. die Fähigkeit zur Generierung von einschlägigen Werten und Normen zusammen mit deren hermeneutischen Prüfung und deren Abwägung und Begründung (*beurteilen*) sowie

3. die Fähigkeit zur logischen Schlussfolgerung (*schlussfolgern*).[29]

12. Vorschläge zur praktischen Gestaltung von ESQ im Studium

1. ESQ-Veranstaltungen:[30]

Vorstellbar ist, dass zwei aufeinander bezogene Schwerpunkte ESQ 1 und ESQ 2 als ein Baustein bzw. Module für Schlüsselqualifikationen stehen. Die interdisziplinär ausgerichtete ESQ 1-Veranstaltung zu grundlegenden ethischen Fragen sollte möglichst im BA-Studium absolviert werden; auf jeden Fall aber vor der ESQ 2-Veranstaltung zu fach- bzw. berufsethischen Fragen, die für das MA-Studium vorgesehen ist. Technische Details wie z. B. Anzahl der ECTS-Punkte lasse ich hier bewusst aus. Für sinnvoll halte ich allerdings, dass ESQ 1 als Vorlesung mit Übung bzw. mit Tutorien und ESQ 2 als – fächerübergreifendes – Seminar mit Studierendenreferaten und Diskussion sowie möglichst überschaubarer Teilnehmerzahl stattfinden sollten. Der Vorteil fächerübergreifender Seminare liegt v.a. im Kennenlernen anderer (Fächer-)Kulturen; die verschiedenen Wissenschaftsarten und -typen – insbesondere ‚science' und ‚humanities' – sollten sich hierbei gegenseitig ergänzen und befruchten. Im Folgenden werden beispielhaft Studieninhalte und Kompetenzprofile für ESQ 1- und ESQ 2-Veranstaltungen vorgeschlagen:

Studieninhalte der *ESQ 1*-Veranstaltungen:

- das wissenschaftstheoretische Selbstverständnis der jeweiligen Fächer,
- die ethischen Dimensionen und Probleme von Wissenschaft und Forschung,

29 Dietrich, Julia: Ethisch-Philosophische Grundlagenkompetenzen: ein Modell für Studierende und Lehrende, in: Matthias Maring (Hrsg.): Ethisch-Philosophisches Grundlagenstudium. Ein Studienbuch, 2. Aufl., Münster 2005, S. 16 f., S. 22.

30 Angelehnt an die Kompetenzprofile und Studieninhalte des Ethisch-Philosophischen Grundlagenstudiums. Allen meinen EPG-KollegInnen in Baden-Württemberg danke ich herzlich für die Arbeiten an diesen und glaube, dass auch andere Studiengänge davon profitieren können.

- grundlegende begriffliche Unterscheidungen der Ethik und
- bedeutende (zeitgenössische) Theorien und Grundrichtungen der Ethik.

Ziele bzw. *Kompetenzprofil* der ESQ 1-Veranstaltungen:

- der Erwerb von Kenntnissen ethischer Grundfragen,
- die Fähigkeit zur exemplarischen Bearbeitung ethischer und interdisziplinärer Fragestellungen und
- das Verständnis der angewandten Ethik bzw. der Bereichsethiken.

Studieninhalte der *ESQ 2*-Veranstaltungen:

- die ethische Dimensionen und Fragen des jeweiligen Fachs im Kontext der Bereichsethiken,
- grundlegende Ansätze und Methoden einer interdisziplinären angewandten Ethik,
- berufsethische Fragen und
- die gesellschaftliche Bedeutung des jeweiligen Fachs.

Ziele bzw. *Kompetenzprofil* der *ESQ 2*-Veranstaltungen:

- Argumentations- und Urteilsfähigkeit in Bezug auf exemplarische ethische Aspekte in den Fächern und
- Kompetenz zur Bearbeitung berufsethischer Fragestellungen.

2. Organisation

Das *Zentrum*[31] *für Technik- und Wirtschaftsethik* am Institut für Philosophie an der Universität Karlsruhe (TH) könnte Forum, Plattform und – falls ausreichende Mittel vorhanden wären – Anbieter der interdisziplinär ausgerichteten ESQ-Veranstaltungen sein. Auch inhaltlich sollte das Zentrum für diese Veranstaltungen zuständig sein – ausreichender ethischer Sachverstand ist notwendige Bedingung, um ESQ-Veranstaltungen anbieten zu können –, dieser muss allerdings mit einschlägigen Kenntnissen in den sogenannten Bereichsethiken verbunden sein. Idealerweise sollte also ein fachwissenschaftliches Mitverständnis, eine Zweitkompetenz seitens des Zentrums gegeben sein. Die Gründung des Zentrums ist auch Ausdruck der jahrzehntelangen interdisziplinären wissenschaftsethischen Tradition und der überfachlichen Lehre des Instituts für Philosophie an der Universität Karlsruhe.

Gleichzeitig mit der Idee der Gründung des Zentrums erfuhren wir auch von dem großen Interesse von Studierenden an einen solchem. Die Studierenden selbst gründeten ‚sneep', das ‚student network for ethics in economics and practice', und werden am Zentrum mitarbeiten. Über ein Zertifikat ‚Ethikum' und dessen inhaltliche Ausrichtung sowie Anforderungen beraten wir zurzeit. Eine Zusammenarbeit findet bereits mit dem Interfakultativen Institut für Entrepreneurship (IEP) statt. Eine enge Kooperation ist mit dem Institut für Technikfolgenabschätzung und Systemanalyse (ITAS) des Forschungszentrum Karlsruhe (FZK) geplant. Für die Fakultät für Chemieingenieurwesen und Verfahrenstechnik ist eine Vorlesung ‚Technikethik' in Planung. Philosophie ist überdies Ergänzungsfach für Informatik und Mathematik.

Ziele des Zentrums für Technik- und Wirtschaftsethik, die noch detaillierter ausgearbeitet werden müssen, sind u. a.:

---

31 Der Begriff ‚Zentrum', wie er hier verwendet wird, darf nicht mit dem Begriff ‚KIT-Zentrum' der Universität Karlsruhe verwechselt werden. Vielleicht sollte man statt ‚Zentrum für Technik- und Wirtschaftsethik' auch besser von ‚KIT-School für Technik- und Wirtschaftsethik' sprechen (Vorschlag von Ludwig Paul Häußner vom Interfakultativen Institut für Entrepreneurship, den ich gerne aufnehme). Das Konzept von ESQ selbst könnte dem KIT-Kompetenzfeld ‚Impact on Society' zugeordnet werden. Die Veranstaltungen zu ESQ könnten gegebenenfalls auch bzw. zusätzlich über das House of Competence angeboten werden.

- Forschung zu ESQ,
- Entwicklung von Curricula und Modulen zum ESQ,
- Lehre im Bereich ESQ,
- Auswahl und Bündelung von Studienangeboten,
- Austausch innerhalb der Universität Karlsruhe und mit anderen Universitäten,
- Beratung in ESQ-relevanten Fragen,
- Betreuung von BA- und MA-Abschlussarbeiten,
- Organisation eines interdisziplinären Dialogs,
- Etablierung und Verankerung ethischer Überlegungen *in* den Wissenschaften,
- Information der Öffentlichkeit über ESQ und Ethik in den Wissenschaften und
- Erstellen und Bereitstellen von Lehr- und Übungsmaterialien, Fallstudien usw.

3. Lehr- und Übungsmaterialien

Die Literatur zur Wissenschafts-, Technik-, Wirtschaftsethik usw. füllt mittlerweile ganze Bücherregale. Um den Besonderheiten der *Ethik als Schlüsselqualifikation* an Technischen Universitäten gerecht zu werden, sind beim Zentrum für Technik- und Wirtschaftsethik Lehr- und Übungsbücher in der Planung. Fallstudien sollen zusammen mit Experten und Studierenden entwickelt werden. Einschlägige Literatur und erste Unterrichtsentwürfe sind bereits vorhanden.[32]

4. Schlussüberlegungen

Verantwortliche Entscheidungen in Teams zu treffen, über Orientierungswissen zu verfügen, in Diskussionen sachlich argumentieren zu können, Selbstverständlichkeiten zu hinterfragen, die eindimensionale Fachorientierung zu erweitern – all diese Kompetenzen sind neben ethisch-philophischem Grundlagenwissen Inhalt von ESQ. Sie ergänzen Fertig- und

32 Vgl. Maring, 2005.

Fähigkeiten, die im Fachstudium erworben werden. Von einem interdisziplinären Dialog kann aber nicht nur die Fachwissenschaft profitieren, sondern ebenfalls Ethik und Philosophie. Denn auch für die Philosophie gilt: Wer nur Philosophie versteht, versteht auch die nicht recht.[33] ESQ kann insgesamt als ein Baustein und als Chance verstanden werden, Bildung *und* Ausbildung an Technischen Universitäten zu kombinieren. Für unseren Zusammenhang lässt sich denn auch plakativ formulieren: Fachwissen ohne ethische Orientierung ist blind – Ethik ohne fachwissenschaftliche Orientierung ist leer.

33 Vgl. das Lichtenberg-Zitat am Anfang des Textes.

Literaturverzeichnis

Albert, Hans: Traktat über kritische Vernunft, Tübingen 1980.

Banse, Gerhard/Grunwald, Armin/König, Wolfgang/Ropohl, Günther: Erkennen und Gestalten. Eine Theorie der Technikwissenschaften, Berlin 2006.

Berendes, Jochen/Mildenberger, Georg/Steiner, Magdalena/Trübswetter, Maria: Ethik als Schlüsselqualifikation. Das Projekt ‚Verantwortung wahrnehmen' an den Universitäten Tübingen und Freiburg, in: Johannes Rohbeck (Hrsg.): Hochschuldidaktik Philosophie, Dresden 2007, S. 137-162.

Bierbrauer, Günther: Das Stanford-Gefängnisexperiment und seine Folgen, in: Dieter Frey/Siegfried Greif (Hrsg.): Sozialpsychologie. Ein Handbuch in Schlüsselbegriffen, München 1983, S. 429-433.

Dietrich, Julia: Ethisch-Philosophische Grundlagenkompetenzen ein Modell für Studierende und Lehrende, in Matthias Maring (Hrsg.): Ethisch-Philosophisches Grundlagenstudium. Ein Studienbuch, 2. Aufl., Münster 2005, S. 15-32.

Grunwald, Armin/Kopfmüller, Jürgen: Nachhaltigkeit. Frankfurt am Main/New York 2006.

Heisenberg, Werner: Der Teil und das Ganze. Gespräche im Umkreis der Atomphysik, München 1969.

Lenk, Hans: Humanexperiment als Tauschvertrag?, in: ders. (Hrsg.): Humane Experimente? Genbiologie und Psychologie, München/Paderborn/Wien/Zürich 1985, S. 69-85.

ders. (Hrsg.): Wissenschaft und Ethik, Stuttgart 1991.

ders.: Zwischen Wissenschaft und Ethik, Frankfurt am Main 1992.

ders.: Interpretationskonstrukte, Frankfurt am Main 1993.

ders.: Macht und Machbarkeit der Technik, Stuttgart 1994.

ders.: Konkrete Humanität. Vorlesungen über Verantwortung und Menschlichkeit, Frankfurt am Main 1998.

ders.: Praxisnahes Philosophieren. Eine Einführung, Stuttgart 1999.

ders./Maring, Matthias (Hrsg.): Technikethik und Wirtschaftsethik. Fragen der praktischen Philosophie, Opladen 1998.

ders./Maring, Matthias: Natur – Umwelt – Ethik, Münster u. a. 2003.

Longino, Helen: Can There Be a Feminist Science?, in: Ann Garry/Marilyn Pearsall (eds.): Women, Knowledge, and Reality, New York/London 1996, pp. 251-263.

Maring, Matthias: Kollektive und korporative Verantwortung. Begriffs- und Fallstudien aus Wirtschaft, Technik und Alltag, Münster 2001.

ders.: Electronic Business – Folgen für die Beschäftigten, in: Peter Fischer/Christoph Hubig/Peter Koslowski (Hrsg.): Wirtschaftsethische Fragen der E-Economy. Heidelberg 2003, S. 239-255.

ders. (Hrsg.): Ethisch-Philosophisches Grundlagenstudium. Ein Studienbuch, 2. Aufl., Münster 2005.

ders. (Hrsg.): Ethisch-Philosophisches Grundlagenstudium 2. Ein Projektbuch, Münster 2005.

ders.: Wirtschaftsethik – Können wir uns Moral überhaupt noch leisten? Beitrag 7 der Problemfelder der Moral, in: RAAbits Ethik/Philosophie, Stuttgart 2006.

Merton, Robert K.: Entwicklung und Wandel von Forschungsinteressen. Aufsätze zur Wissenssoziologie, Frankfurt am Main 1985.

Milgram, Stanley: Das Milgram-Experiment, Reinbek bei Hamburg 1974.

Mohr, Hans: The Ethics of Science, in: Interdisciplinary Science Reviews, No. 4, 1979, pp. 45-53.

Ritsert, Jürgen: Einführung in die Logik der Sozialwissenschaften, Münster 1996.

Interkulturelle Kommunikation und akademische Schlüsselqualifikationen: Anmerkungen zur Diskussion über eine gewagte Allianz

Matthias Otten

1. Einleitung: ‚hot spots' in der Diskussion um Studienreformen

Verschiedene aktuelle Publikationen widmen sich der grundsätzlichen Frage, wie und wo sich interkulturelle Kommunikation als akademisches Qualifikationsziel und als interdisziplinärer Forschungsgegenstand im derzeitigen Hochschulwandel verorten lässt.[1] Die gegenwärtigen hochschulpolitischen Umbruchzeiten einerseits und die bescheidenen personellen und institutionellen Ressourcen der interkulturell orientierten Lehr- und Forschungseinrichtungen an den deutschen Hochschulen andererseits verweisen dabei zugleich auf Chancen und Probleme, die den meisten Fachleuten aus eigener Erfahrung mehr oder minder gut bekannt sein dürften.

Unabhängig von den unterschiedlichen Grundpositionen und Argumentationswegen für eine Etablierung grundständiger interkultureller Studiengänge, auf die ich noch näher eingehen werde, sind einige ‚hot spots' erkennbar, die symptomatisch für die derzeitigen Bemühungen zur Selbstvergewisserung kulturwissenschaftlicher Spezialgebiete sind, insbesondere die der interkulturellen Kommunikation:

- Der sogenannte Bologna-Prozess und die damit verbundene Neuordnung (fast) aller Studiengänge und -inhalte erzeugen eine Gelegenheitsstruktur, um das Thema interkulturelle Kommunikation neu oder

1 Vgl. Jürgen Bolten: Interkulturelle Studienangebote vor dem Hintergrund der Einführung von Bachelor- und Master-Programmen, in: interculture journal, H. 3, 2007, S. 47-64; Jürgen Straub/Steffi Nothnagel: Über das Studium interkultureller Kommunikation und Kompetenz. Akademische Anforderungen und curriculare Ausbildung in einem interdisziplinären Master-Studiengang, in: Matthias Otten/Andrea Cnyrim/Alexander Scheitza (Hrsg.): Interkulturelle Kompetenz im Wandel, Bd. 2: Ausbildung, Training und Beratung, Frankfurt am Main 2007, S. 215-244 (2007b); Doris Weidemann/Arne Weidemann/Jürgen Straub: Interkulturell ausgerichtete Studiengänge, in: dies. (Hrsg.): Handbuch interkulturelle Kommunikation und Kompetenz. Stuttgart 2007, S. 815-828.

besser als zuvor in Fachcurricula unterschiedlichster Ausbildungsgänge zu positionieren. Neben den wenigen grundständigen interkulturellen Studienangeboten[2] werden interkulturelle Elemente häufig auch als Ergänzungs- bzw. Vertiefungsfach anderer Studienfächer oder als fakultative Schlüsselqualifikation konzipiert und umgesetzt.[3]

- Die großflächige Neuordnung der Studiengänge erzeugt für die akademischen Fachvertreterinnen und -vertreter der interkulturellen Kommunikation einen in dieser Form neuartigen Zugzwang zur Selbstpräsentation – auch fachfremden Fakultäten gegenüber, und damit einen erheblichen Entscheidungsdruck. Außer fachwissenschaftlichen Erwägungen zur inhaltlichen Konsistenz und praktischen Realisierbarkeit bestimmter Studienkonzepte spielen dabei auch hochschulstrategische Überlegungen (Kapazitätsberechnungen, prüfungsrechtliche Konsequenzen, etc.) eine mindestens ebenso große Rolle. Oft ist beherztes Handeln gefragt, wenn langfristige Weichenstellungen für die curriculare Verankerung interkultureller Studienangebote nicht verpasst werden sollen, selbst wenn die kapazitären und inhaltlichen Perspektiven noch völlig ungeklärt sind und Gewährleistungsbeschlüsse über die zu erbringenden Lehrleistungen zuweilen unter prekären Vorzeichen zu Stande kommen.
- Die Bemühungen zur Absicherung einer soliden disziplinären und/ oder interdisziplinären Sichtbarkeit interkultureller Themen in Forschung und Lehre fallen in eine Zeit, in der selbst einige der etablierten Referenzdisziplinen (Ethnologie, Sprachwissenschaft, Psychologie, Soziologie) vielerorts ihr Grundverhältnis zum Anwendungsbezug und den ‚Zumutungen' des gesellschaftlichen Verwertungszusammenhangs

2 Vgl. Straub/Nothnagel, 2007, S. 240-244.
3 Vgl. André Morawski: Ein Begriff im Diskurs: Interkulturelle Kompetenz als Anforderung an Hochschulabsolventen, in: PÄD Forum, H. 6, Jg. 35, 2007, S. 327-331; Matthias Otten/Caroline Y. Robertson-von Trotha: Interkulturelle Kommunikation als Schlüsselqualifikation in der Hochschulbildung. Erfahrungen an der Universität Karlsruhe (TH), in: Otten/Cnyrim/Scheitza, 2007b, S. 245-274; Ulrich Hößler/Alexander Thomas: Zusatzstudium interkulturelle Handlungskompetenz. Studienbegleitendes erfahrungsorientiertes interkulturelles Lernen an der Universität Regensburg, in: Otten/Cnyrim/ Scheitza, 2007b, S. 275-296.

neu kalibrieren müssen.[4] Die Hinzunahme interkultureller Kommunikation als Studieninhalt wird dabei gerne als Scharnier zur Ausweisung der geforderten Berufsfeldorientierung genutzt, ohne zu berücksichtigen, dass interkulturelle Kommunikation als wissenschaftlicher Problemgegenstand zwar auch auf praktische Handlungsfragen abzielt, aber an sich kein genuines Berufsfeld darstellt[5] und daher nur zusammen mit fachspezifischen Studien ein berufliches Profil entfaltet.

- Die dadurch induzierten Debatten und Diskurse werden zuweilen emotionalisiert geführt und bringen neoliberale Sprachspiele (Leitbild, Benchmarking, Employability) hervor, die selten einen Beitrag zu einer offenen und ehrlichen Verständigung über das wirklich Notwendige und faktisch Machbare leisten.[6]

Die ‚Fachvertreterinnen und -vertreter' der interkulturellen Kommunikation an Hochschulen stehen damit vor der schwierigen Herausforderung, mit Blick auf die beiden Grundfunktionen Lehre und Forschung gleich mehrere Entwicklungsaufgaben einigermaßen widerspruchsfrei zu synchronisieren:[7]

4 Die aktuelle Diskussion um die Rolle der Geisteswissenschaften und ihre Berücksichtigung im Exzellenzwettbewerb der Hochschulen ist dafür kennzeichnend.

5 Otten/Cnyrim/Scheitza, 2007b.

6 Siehe dazu auch Dominic Busch: Welche interkulturelle Kompetenz macht beschäftigungsfähig?, in: interculture journal, No. 3, 2007, S. 5-32; Onlinedokument http://www.interculture-journal.com [07. 07. 2009].

7 Die Auswüchse moderner akademischer Selbstverwaltung lasse ich hier beiseite, wenngleich sie zuweilen mehr Zeit verschlingen als Lehre und Forschung zusammen.

- die reflektierte und realistische Selbsteinschätzung interkultureller Forschung und Lehre sowie der eigenen wissenschaftlichen Anregungs- und Umsetzungspotenziale innerhalb ihrer Referenzdisziplinen, einschließlich des dort zu führenden ‚Kampfes um Anerkennung' (durchaus im Taylor'schen Sinne),[8]
- die wissenschaftliche Absicherung der strukturellen Anschlussfähigkeit eigener theoretischer Konzepte und empirischer Befunde gegenüber anderen Fächern und Disziplinen innerhalb und außerhalb der Kultur- und Sozialwissenschaften und
- die Implementierung von dauerhaft qualitätsvollen interkulturellen Qualifizierungsangeboten in der akademischen Lehre für meist unterschiedliche Zielgruppen und ggf. auch in außeruniversitären Lern- und Bildungskontexten.

Was heißt das nun konkret für die Entwicklung spezieller Studienangebote an Hochschulen? Inhalte, Ziele und Grenzen eines Studiums der interkulturellen Kommunikation können zum einen für die verschiedenen Stufen einer gegliederten, ggf. konsekutiven Studienorganisation ‚durchgespielt' werden. Zum anderen gibt es aber noch viele weitere denkbare Varianten, um Elemente einer interkulturellen Qualifizierung in andere Fachstudiengänge zu integrieren, sei es als Ergänzungsbereich, als Schlüsselqualifikation, als freiwilliges Zusatzmodul oder gar als Aufbaustudium und Weiterbildung.

In diesem Beitrag geht es primär um die Einbindungsmöglichkeiten im zweiten Weg. Ziel ergänzender interkultureller Studienmodule ist es, relativ unabhängig, jedoch nicht isoliert vom jeweiligen Fachstudium die

8 Ob die intradisziplinäre Identitätsarbeit der interkulturell orientierten Wissenschaftlerinnen und Wissenschaftler als ‚Politik der Anerkennung' (Vgl. Charles Taylor: Multikulturalismus und die Politik der Anerkennung, Frankfurt am Main 1993) oder schon als ‚Kampf um Anerkennung' (Vgl. Axel Honneth: Kampf um Anerkennung. Zur moralischen Grammatik sozialer Konflikte, Frankfurt am Main 1994) ausgehandelt wird, mag dahingestellt sein. Einen selbstverständlichen Platz im Kraftzentrum der jeweiligen Disziplin haben die mit Interkulturalitätsfragen befassten Spezialisten – zuweilen wird auch von ‚Interkulturalisten' (Vgl. Thommy Dahlen: Among the interculturalists. An ermergent profession and its packaging of knowledge, Stockholm 1997) gesprochen – jedenfalls so gut wie nie, was auch die Bedeutung der Schlüsselqualifikationen an Technischen Hochschulen im deutschsprachigen Raum widerspiegelt.

interkulturelle Kompetenz der Studierenden mit unterschiedlich stark ausgeprägtem akademischem Tiefgang zu fördern. Das hier interessierende Kompetenzkonstrukt verstehe ich in Anlehnung an die gängigen definitorischen Bestimmungsversuche[9] als eine Kombination sozialer, kognitiver und kommunikativer Kompetenzen im Hinblick auf das Handeln in kulturellen Überschneidungssituationen, gepaart mit einem kulturallgemeinen und kulturspezifischen Wissen und einer Reflexionskompetenz über die eigene und die jeweils beteiligte(n) Partnerkultur(en) und ihre kontextuelle Relevanz.[10] Dieses Kompetenzgefüge interkultureller Qualifizierung wird im Kontext der Schlüsselqualifikationen primär studien- und berufspraktisch und weniger fachwissenschaftlich begründet, ohne dass die theoriegeleiteten Inhalte dabei völlig außer Acht gelassen werden können.

2. Schlüsselqualifikationen und Interkulturalität als Bildungsziele in der Hochschulbildung

2.1. Über das Unbehagen (in) der Kultur

Was auf den ersten Blick ganz plausibel und in der öffentlichen Diskussion populär erscheint, nämlich interkulturelle Kommunikation und Kompetenz als *die* Schlüsselkompetenz der modernen, globalisierten Arbeits- und Lebenswelt zu präsentieren, wird innerhalb der interkulturellen Fachwissenschaften durchaus mit Skepsis beobachtet.[11]

Ein gewisses ‚Unbehagen in der Kultur' (Freud 1930) ereilt manchen selbstreflexiven ‚Interkulturalisten' angesichts der Popularität und der oftmals hemdsärmeligen Art der Vermarktung *ihres* wissenschaftlichen Metiers und des anspruchsvollen Konstrukts der interkulturellen Kompetenz. Das hat zum einen damit zu tun, dass die selbstkritischen Reflexio-

9 Vgl. u. a. Alexander Scheitza: Interkulturelle Kompetenz: Forschungsansätze, Trends und Implikationen für interkulturelle Trainings, in: Otten/Cnyrim/Scheitza, 2007b, S. 91-120; Jürgen Straub: Kompetenz, in: Straub/Weidemann/Weidemann, 2007, S. 35-46; Alexander Thomas: Interkulturelle Kompetenz, in: Erwägen Wissen Ethik, H. 1, Jg. 14 (Dritte Diskussionseinheit), S. 137-149.

10 Auf die mit dieser und allen anderen Definitionsbemühungen verbundenen Probleme gehe ich hier nicht näher ein; eine ausführlichere Auseinandersetzung damit findet sich an anderer Stelle (Vgl. Otten, 2007).

11 Dazu u. a. die Vorträge von Jürgen Straub und Jens Loenhoff im Rahmen der Tagung ‚Internationale und interkulturelle Kommunikation' im Auswärtigen Amt in Berlin am 18. 10. 2007.

nen über Potenziale und Beschränkungen der interkulturelle Kommunikationsforschung[12] außerhalb der fachkundigen Szenen kaum zur Kenntnis genommen werden, vielleicht auch nur schwer zu vermitteln sind. Das Hinterfragen der konstitutionstheoretischen Prämissen von Kulturdifferenz und die Versuche zur konzeptionellen Fundierung von Transkulturalität[13] fordern primordiale Kulturvorstellungen zwar auf der theoretischen Ebene heraus, aber eine Übersetzung dieser Ideen in anwendungspraktische Handlungsfelder und die darauf bezogenen Bildungsangebote fällt offenbar schwer.[14] Hier dominieren weiterhin Ansätze und Seminarkonzepte, die sich auf geläufige kulturkontrastive Ansätze[15] und das Konzept der Kulturstandards[16] stützen.

Zum anderen schwant vielen, dass man mit einer Platzanweisung in der Loge der Schlüsselqualifikationen möglicherweise auf die ‚hinteren Ränge' der Hochschulbildung verwiesen wird. Schlüsselqualifikationen, die von außeruniversitären Akteuren wie der Hochschulrektorenkonferenz, den Akkreditierungsagenturen oder dem Stifterverband der Deutschen Wirtschaft seit Jahren als Herzstück einer modernisierten Hoch-

---

12 Vgl. Alois Moosmüller: Interkulturelle Kommunikation quo vadis?, in: Otten/Cnyrim/Scheitza, 2007a, S. 41-56.

13 Vgl. z. B. Lars Allolio-Näcke/Britta Kalscheuer/Arne Manzeschke (Hrsg.): Differenzen anders denken. Bausteine zu einer Theorie der Transdifferenz, Frankfurt am Main 2005; Jochen Dreher/Peter Stegmeyer (Hrsg.): Zur Unüberwindbarkeit kultureller Differenz. Grundlagentheoretische Reflexionen, Bielefeld 2007; Antje Gunsenheimer (Hrsg.): Grenzen. Differenzen. Übergänge. Spannungsfelder inter- und transkultureller Kommunikation, Bielefeld 2007.

14 Vgl. Matthias Otten: Profession und Kontext. Rahmenbedingungen der interkulturellen Kompetenzentwicklung, S. 57-90, in: ders./Andrea Cnyrim/Alexander Scheitza (Hrsg.): Interkulturelle Kompetenz im Wandel, Bd. 1: Grundlegungen, Konzepte und Diskurse, Frankfurt am Main 2007, S. 62 f. (2007a).

15 Vgl. Edward T. Hall: The Silent Language, New York 1990; Geert Hofstede: Culture's consequences. International Differences in Work-Related Values, Beverly Hills 1980; Fons Trompenaars: Riding the Waves of Culture, London 1994.

16 Vgl. Alexander Thomas: Analyse der Handlungswirksamkeit von Kulturstandards, in: ders. (Hrsg.): Psychologie interkulturellen Handelns, Göttingen 1996, S. 107-136; Alexander Thomas: Das Eigene, das Fremde, das Interkulturelle, in: Alexander Thomas/Eva-Ulrike Kinast/Sylvia Schroll-Machl (Hrsg.): Handbuch interkulturelle Kommunikation und Kooperation, Bd. 1, Grundlagen und Praxisfelder, Göttingen 2003, S. 44-59.

schulausbildung eingefordert werden, genießen bei den Lehrenden an den Hochschulen selbst einen eher zweifelhaften Ruf. Im Gegensatz zum öffentlichen Diskurs wird mit den sogenannten Schlüsselqualifikationen im universitären Lehrkontext selten mehr verbunden, als ein willkommener Lückenbüßer beim Auffüllen der Leistungspunkte-Matrix oder eine eher lästige Nachbesserungsstufe zur Herstellung fehlender Studierfähigkeit. So nimmt es nicht wunder, wenn das Label der Schlüsselqualifikation geradezu anrüchig wird und kaum noch mit einem akademischen Anspruch verbunden ist. Wenn man bedenkt, dass vielerorts hinter dem SQ-Modul tatsächlich einfach nur die Belegung eines gerade verfügbaren Sprachkurses, eine leidliche Propädeutik oder einfach ‚irgendwas von außerhalb des Fachbereichs im Umfang von X SWS' steht, ist der kritische Ruf solcher Angebote nicht zu verdenken. Es gehört also ein gewisser Wagemut dazu, die interkulturelle Kommunikation in eine tragende Rolle für die Schlüsselqualifizierung zu bringen, weil man sich damit ungewissen Weihen in der gegenwärtigen Transformation der Hochschulbildung aussetzt. Erst mit einer differenzierten Betrachtung von Schlüsselqualifikationen an Hochschulen wird nachvollziehbar, welche Chancen und Probleme mit dem Ansinnen verbunden sind, interkulturelle Studieninhalte (auch) über diesen Weg in eine gewichtigere curriculare und bildungspolitische Position zu manövrieren.

2.2. Interkulturelle Kommunikation als Schlüsselqualifikation

Bezogen auf die sinnvolle Einbettung in den üblichen chronologischen Studienverlauf zieht Bolten – ähnlich wie auch Straub[17] – aus seiner Analyse der in Deutschland Ende 2006 bestehenden acht BA- und 15 MA-Studiengänge mit einem nennenswerten interkulturellen Schwerpunkt den Schluss, dass „mono- bzw. multidisziplinäre Grundlagenstudien den interdisziplinären Querschnitt- oder Schnittstellenstudien vorangehen sollten und damit eher im Bachelor- als im Masterbereich zu verorten sind."[18] Begründet wird das mit der verbreiteten Auffassung, dass Ba-

17 Vgl. Jürgen Straub: Interkulturelle Kommunikation – eine wissenschaftliche Disziplin?, in: Alois Moosmüller (Hrsg.): Interkulturelle Kommunikation. Konturen einer wissenschaftlichen Disziplin, Münster 2007, S. 209-241.

18 Für das Bachelorstudium plädiert Bolten für eine Ergänzungsfach-Option mit ca. 30 ECTS-Punkten für ein interkulturelles Studium innerhalb eines Kernfachstudiums. Ein ausschließlich interkulturell begründetes BA-Studium sieht der Autor indessen aus fachwissenschaftlichen und nicht zuletzt unrealistischen Kapazitätserfordernissen zu Recht sehr kritisch. Bolten, 2007, S. 51.

chelor-Studienprogramme die wissenschaftlichen Grundlagen, Methoden und Berufsqualifikationen eines Faches vermitteln sollen, um sich dann auf dem Master-Niveau mit diesem Repertoire und in einer tendenziell dann auch stärker interdisziplinär ausgerichteten Perspektive gegenstandsorientiert Problemfragen zu widmen, wozu auch Themen der interkulturellen Kommunikation zu zählen sind.

Zusammenfassend betrachtet, zeigt die erhellende Analyse von Bolten im Einklang mit anderen Autoren, warum eine ‚Disziplinierung' interkultureller Kommunikation[19] als ‚Fach' aus wissenschaftslogischen Gründen kaum überzeugend begründbar ist und allein schon aus realistischen Kapazitäts- und Gewährleistungsplanungen in den allermeisten Fällen kaum durchzuhalten ist. So überzeugend die Argumentation insgesamt ist, überrascht am Ende allerdings doch eine Schlussfolgerung, die Bolten bezüglich anderer, kleinkalibrigerer Angebotsformen eines interkulturellen Studiums zieht. Für weiterbildende MA-Studiengänge sieht er aufgrund der ‚positiven Bedarfslage' und des Anreizcharakters zur Mitwirkung anderer Institute gute Aussichten, während die Vermittlung interkultureller Inhalte über die (obligatorischen) Schlüsselqualifikationen hingegen die ‚aus wissenschaftlicher Perspektive schlechteste Lösung'[20] sei. Es erscheint mir jedoch voreilig und auch etwas beliebig, im Bereich der akademischen Grundversorgung überall dort, wo nicht ein Bachelor-, ein Masterabschluss oder eine exklusive Weiterbildung in Aussicht steht, nur noch pauschal leidliche Schmalspur-Interkulturalität am Werke zu sehen.

Abgesehen von den höchst unterschiedlichen finanziellen Anreizstrukturen wird nicht wirklich stichhaltig begründet, warum der Kapitalisierung der interkulturellen Kommunikations- und Handlungsforschung in Form von beruflicher Weiterbildung ein großes (kommerzielles?) Wachstumspotenzial attestiert wird, während sie im Fall der Schlüsselqualifikationen pauschal zur ‚BA-Dienstleistungswissenschaft' oder ‚Sparvariante eines Ergänzungsmoduls' zu verkommen droht. Die kritische Einschätzung der Schlüsselqualifikationen als Weg einer ersten interkulturellen Qualifizierung scheint sich – neben den begründeten Bedenken zur kapazitären Überbeanspruchung – auch aus einer implizit unterstellten Gegenüberstellung von Fachausbildung hier und – den offenbar wenig goutierten –

19 Vgl. Straub, 2007.
20 Bolten, 2007, S. 58.

‚sonstigen' Qualifikationen dort zu speisen. Derartige Kontrastierungen von Fachlichkeit vs. Außerfachlichkeit/Extrafunktionalität finden sich in der Diskussion um Schlüsselqualifikationen auch an anderer Stelle.[21] Abgesehen von der lern- und bildungstheoretisch eher fragwürdigen Unterscheidung dieser Lerndimensionen, ist die strukturelle Isolierung einzelner Qualifizierungs- und Lernbereiche keineswegs zwingend und auch nicht in dieser Absolutheit zu sehen.[22] Gerade wenn man den fächerübergreifenden, auf einem allgemeinen und umfassenderen Bildungsbegriff basierenden Kompetenzen[23] eine gewisse Relevanz im Studium einräumen will, gilt es in der konzeptionellen Argumentation die jeweiligen Anschlussstellen der Schlüsselqualifikationen im Allgemeinen und der interkulturellen Kompetenzentwicklung im Speziellen sowie deren konkrete Funktionalität herauszustellen. Denn Qualifikationen ohne Funktion sind bildungstheoretisch und gesellschaftspraktisch schwerlich zu begründen. Allerdings muss auch nicht gleich jedes Lernen sofort unter den Legitimationsdruck der unmittelbaren Berufs- und Beschäftigungswirksamkeit gestellt werden, denn diese ist nur *eine* unter vielen denkbaren Funktionen! Studierenden und Verantwortlichen in den Fakultäten wird der Sinn von interkulturellen Studieninhalten nur dann plausibel zu machen sein, wenn überzeugend aufgezeigt werden kann, welchen genuinen Bildungsbeitrag solche Angebote im konkreten Einzelfall und in Bezug auf die anderen Fachkulturen erwarten lassen, ohne dabei jedoch auf triviale, reduktionistische und zuweilen schlicht unzutreffende Begründungsfiguren zu rekurrieren.

21 Vgl. Heidemarie Krüger: Organisation und extra-funktionale Qualifikationen. Eine organisationssoziologische und organisationstheoretische Konzeption mit empirischen Befunden zur Bestimmung ihres inhaltlichen Zusammenhangs, Frankfurt am Main 1988; Alexis-Michel Mugabushaka: Schlüsselqualifikationen im Hochschulbereich. Eine diskursanalytische Untersuchung der Konzepte, Modelle und Dimensionen in Deutschland und Großbritannien. Fachbereich Gesellschaftswissenschaften der Universität Kassel. Kassel 2004, S. 55 ff.

22 Dass dies in vielen Studiengangskonzeptionen offenbar in Ermangelung von ambitionierteren Reformbemühungen dennoch oft so betrieben wird, ist ein anderes Problem, das weniger sachinhaltlich, sondern eher strukturpolitisch zu erklären ist.

23 Zur bildungshistorischen Begründung vgl. Hermann Veith: Kompetenzen und Lernkulturen. Zur historischen Rekonstruktion moderner Bildungsleitsemantiken, Münster 2003.

2.3. Studierfähigkeit und Berufsbefähigung

Zunächst ist es sinnvoll die Kompetenzentwicklung im Rahmen eines Hochschulstudiums genauer im Hinblick auf die Bereiche zu untersuchen, in denen die zu erwerbenden bzw. zu vermittelnden Qualifikationen benötigt werden. Dazu ist es sinnvoll, Schlüsselqualifikationen für die Studierfähigkeit und solche für die Berufsbefähigung (Employability) zu unterscheiden, auch wenn es einige Überschneidungen geben mag.

2.3.1. Studierfähigkeit und interkulturelle Qualifizierung

Unter Handlungskompetenz im Hochschulstudium versteht man im Allgemeinen „eine im konkreten Handeln und in der Studientätigkeit erkennbare [...] realistisch antizipierte Fähigkeit, Studienanforderungen und schwierige Studienbedingungen situationsbezogen richtig einzuschätzen und Verhaltensweisen zu entwickeln, welche auch beim Auftreten von Schwierigkeiten für das Ziel eines erfolgreichen Studiums förderlich sind [...]."[24] Studierfähigkeit und *Study Skills*[25] zeigen sich also zunächst einmal in der erfolgreichen Bewältigung der formalen, psycho-emotionalen und sozialen Anforderungen eines mehr oder minder stark selbstgesteuerten akademischen Lernprozesses. Dass diese nicht allein über Studiennoten und formale Leistungserbringung abgebildet wird, muss nicht betont werden. Wo kommt die Auseinandersetzung mit Kultur im Studium also ins Spiel? Interkulturell aufgeladen wird das Konstrukt der Studierfähigkeit, wenn die genannten Studienanforderungen auch ein gewisses Maß an Reflexion kultureller Differenzerfahrungen erfordern und wenn ohne eine solche Auseinandersetzung potenziell Probleme für den erfolgreichen Studienverlauf zu erwarten sind.[26] Daher wäre das Kompetenzverständnis der Studierfähigkeit mit seinen Merkmalen vor dem Hintergrund einer interkulturellen Spezifizierung für das Hochschulstudium genauer zu klären:

24 Schüpbach, Heinz/Pixner, Johann/Zapf, Salome: Handlungskompetenz im Hochschulstudium, S. 150, in: Bildung und Erziehung, H. 2, Jg. 59, 2006, S. 147-166.

25 Wingate, Ursula: Doing away with ‚study skills', in: Teaching in Higher Education, No. 4, Vol. 11, 2006, S. 457-469.

Allgemeine Merkmale von Handlungskompetenz	Klärungsbedarf für interkulturelle Kompetenz im Studium
Kompetenzen sind konkret und auf die Lösung bestimmter Probleme bezogen	*Anforderungsanalyse:* Mit welchen konkreten interkulturellen Problemen werden Studierende konfrontiert, für die es *genuiner* interkultureller Kompetenzen bedarf?
Kompetenzen zeigen sich in der Praxis in einer bestimmten Herangehensweise an Probleme und weniger im ‚richtigen' oder ‚falschen' Ergebnis	*Kompetenzdiagnostik:* Wie lassen sich *interkulturelle Herangehensweisen* im Studium beobachten, erfassen, reflektieren? Welche ‚Ergebnisse' werden damit erreicht und warum?
Kompetenzen sind eine Relation von ‚individuellem Handlungsstil' der Person und der konkreten Anforderung der Situation	*Kompetenzentwicklung:* Wie lassen sich Relationen (resp. Diskrepanzen/Entwicklungsbedarf) zwischen Handlungsstil und aktuellen und zukünftigen interkulturellen Situationsanforderungen kontextspezifisch bestimmen und durch Lernen/SQ beeinflussen?

Abb. 1: Merkmale von Handlungskompetenz in interkulturellen Studiensituationen, Quelle: in Anlehnung an Schüpbach u. a., 2006.

Geht man davon aus, dass ein Hochschulstudium unabhängig vom gewählten jeweiligen Studienfach eine gewisse Wahrscheinlichkeit für interkulturelle Handlungssituationen mit sich bringt, erst recht wenn Auslandssemester und -praktika geplant sind, kann man berechtigt weiter fragen,

26 Hier zeigt sich, dass die Begründung bestimmter interkultureller Studieninhalte mit konkreten handlungstheoretischen Problemlösungserfordernissen (und nicht nur mit oftmals recht vagen Bildungsidealen) nicht ohne weiteres zu postulieren ist, wenn zunächst völlig unklar ist, wie, wo und wann Studierende überhaupt interkulturell handeln müssen. Bedenkt man, dass noch vor wenigen Jahren rund 60 % der deutschen Studierenden nie oder nur selten Kontakte zu ausländischen Kommilitonen hatten (Vgl. Tino Bargel: Deutsche Studierende und Ausländer: Kontakte und Haltungen, in: Ahmed Hosseinizadeh (Hrsg.): Studium Internationale. Handbuch zum Ausländerstudium, Marburg 1998, S. 195-222) und kaum mehr als 20 % der Studierenden für längere Zeit ein Studium oder ein Praktikum im Ausland absolvieren, kann man durchaus fragen, wann und wo die Mehrheit der Studierenden heute tatsächlich und substanziell mit Interkulturalität konfrontiert wird. Der allgemeine Hinweis auf die Internationalisierung der Hochschulen greift jedenfalls zu kurz, denn man kann sich gut und lange aus dem Weg gehen.

welche zusätzlichen Anforderungen an interkultureller Kompetenz damit induziert werden und wie sie didaktisch vermittelt werden können. Sinnvoll erscheint es dabei, die interkulturellen Qualifizierungsinhalte nicht als isoliertes kulturwissenschaftliches Sonderwissen zu präsentieren, sondern so weit wie möglich an die fachlichen und lebensweltlichen Wissensbestände der Studierenden anschlussfähig zu machen, gerade wenn es keine Sozial- und Kulturwissenschaftler/innen sind.[27] Interkulturelle Qualifizierung sollte also nach Möglichkeit nicht als eine beliebige kommunikative Generalfertigkeit an ‚kulturwissenschaftliche Subunternehmer' ausgelagert werden, sondern gezielt die Anschlüsse zu Fachthemen und Fachkulturen anderer Disziplinen suchen und sich diese zu Nutze machen: „Lehrveranstaltungen, die sich auf [interkulturelle, M.O.] Schlüsselqualifikationen konzentrieren, können nur dann ihre Wirksamkeit entfalten, wenn die erworbenen Qualifikationen im Studienalltag weiter benötigt und gefordert werden."[28] Auf die interkulturellen Lernziele bezogen hieße das, dass einem wie auch immer gearteten Studium der interkulturellen Kommunikation konkrete Gelegenheiten folgen müssen, selbige zu *praktizieren*, sei es in einem längeren Auslandspraktikum, in einem interkulturellen Projekt bei einer Studierendenorganisation oder als wissenschaftliche Hilfskraft in einem internationalen Forschungsprojekt.

27 Das kann zuweilen auch schwierig sein: Gerade wenn die interkulturellen Denkwege und Erkenntniswerkzeuge aufgrund ihrer immanenten Zumutungen an Ambivalenz, Offenheit, Ambiguitätstoleranz etc. von fachfremden Zielgruppen nicht selten als ‚unwissenschaftlich' in Frage gestellt werden, gilt es dem Reflex zu widerstehen, hier sofort das ganze Arsenal kulturtheoretischer Konzepte aufzufahren, um die eigene Wissenschaftlichkeit zu beweisen. Andererseits: Dort wo genuin interkulturelle Phänomene und Konzepte in Rede stehen, ist auch deutlich darauf hinzuweisen, dass es dazu ausgereifte theoretische Erklärungsmodelle gibt, die über die populärwissenschaftliche interkulturelle Ratgeberliteratur hinausgehen.

28 Briedis, Kolja/Schaeper, Hilde: Kompetenzen von Hochschulabsolventinnen und Hochschulabsolventen. Berufliche Anforderungen und Folgerungen für die Hochschulreform, Hannover 2004, S. 58.

2.3.2. Berufsbefähigung und interkulturelle Qualifizierung

In einem Aufsatz über die diskursiven Wechselbeziehungen zwischen interkultureller Kompetenz und Employability macht Dominic Busch[29] die Europäische Kommission als zentrale Stichwortgeberin in der Debatte aus. Deren Leitbegriffe vermitteln allerdings wenig Klarheit über die Inhalte. Der Bologna-Prozess hat vor allem zu einer bildungsadministrativen Regelungsverdichtung und noch nicht unbedingt zu einer empirisch belegten Erhöhung von Beschäftigungsfähigkeit geführt. An dieser Stelle ist jedoch nicht der Raum, um auf die von Busch dargestellte Rekonstruktion der verschiedenen Diskurstopoi näher einzugehen. Interessant ist allerdings die Frage, wer eigentlich die Verantwortung für die Beschäftigungsfähigkeit von Menschen trägt: das Individuum, die Bildungsinstitutionen, die Arbeitgeber oder gar die Gesellschaft als Ganzes?

Hier wird bereits deutlich, dass die Lernorte natürlich vielfältig sind und die Universität nur einer von vielen denkbaren Orten ist, an denen interkulturell gelernt wird. Demnach wäre auch zu fragen, was das interkulturelle Lernen hier – aus gutem Grunde – von jenem in der Schule, in einem Jugendaustausch oder einer betrieblichen Fortbildung unterscheidet. Es sei also zunächst noch einmal daran erinnert, dass das Studium innerhalb einer biographischen Bildungskarriere und in der institutionellen Arbeitsteiligkeit der Wissensgesellschaft nur eine Etappe ist. Daher würde ich an dieser Stelle dafür plädieren, sich zunächst dem in *diesem* Etappenabschnitt anstehenden Lernprozess zu widmen und nicht in einem omnipotenten Rundumschlag Qualifizierungs- und Kompetenzversprechen einzugehen, die hier nur schwer zu leisten oder andernorts womöglich viel besser aufgehoben sind.

Die Notwendigkeit interkultureller Lerninhalte im Studium wird vor allem im Vorgriff auf antizipierte internationale Berufstätigkeiten thematisiert. Viele Studierende streben eine Tätigkeit in einem internationalen Umfeld respektive im Ausland an, wenngleich dies in den seltensten Fällen schon genauer spezifiziert werden kann. Gleichzeitig sind sich die meisten auch darüber bewusst, dass Unternehmen und Arbeitgeber eine hohe Erwartungshaltung im Hinblick auf internationale Erfahrungen oder zumindest eine dokumentierte Bereitschaft dazu haben. Sofern also nicht unmittelbar schon bestimmte berufliche Tätigkeiten oder Praktika im Ausland anstehen, sind interkulturelle Schlüsselqualifikationen im günstigsten

29 Vgl. Busch, 2007.

Fall eine Art ‚interkulturelle Qualifizierung auf Vorrat'. Wahrscheinlicher und auch realistischer wäre es jedoch, das Studium nicht als Vorstufe einer Berufstätigkeit zu sehen, sondern vielmehr als einen (derzeit noch) relativ flexiblen Erfahrungs- und Erprobungsraum, in dem sich persönliche berufliche Zukunftswünsche und -visionen erkunden und überprüfen lassen. Das kann auch für interkulturelle Aspekte gelten, indem in den Seminaren beispielsweise interkulturelle Anwendungs- und Berufsfelder realistisch und differenziert dargestellt werden. Die Aufgaben in einem internationalen Forscherteam stellen sich erheblich anders dar als in einem Projekt der internationalen Entwicklungszusammenarbeit oder der multikulturellen Stadtteilarbeit.[30] Zumindest diese grobe Differenzierung sollte für die in Aussicht gestellte Aufwertung von Berufsbefähigung berücksichtigt werden, wenn man interkulturelle Kompetenz nicht als Bildungsphrase preisgeben will.

3. Resümee

Faktisch besteht ein erheblicher Bedarf an interkultureller Qualifizierung auf allen Studienniveaus und in der Berufswelt. Hinzu kommt, dass seitens der Studierenden ein überdurchschnittliches, oft intrinsisch motiviertes Interesse an diesem Thema vorhanden ist. Allerdings sind die wenigsten Hochschulen bereit und in der Lage, dafür eigene grundständige Studiengänge anzubieten.[31] Daher kann es nicht genügen, sich bei der Entscheidung über gangbare Wege zur Schaffung interkultureller Qualifizierungsmöglichkeiten im Studium allein auf die Wahrung der eigenen Fachwissenschaftlichkeit zu kaprizieren oder nur noch ‚den Markt' zu bedienen.[32] Es gilt vielmehr nach kreativen Wegen und Formaten zu suchen, die es einer möglichst großen Zahl von Studierenden erlaubt, im Rahmen des Studiums erste interkulturelle Erfahrungen zu sammeln und diese auch professionell zu reflektieren. Letzteres wäre Gegenstand spezifischer interkultureller Schlüsselqualifikationen und würde den oftmals nicht sonderlich kulturreflexiven internationalen Mobilitätsappellen einen

30 In diesem Sinne betonen auch Lustig und Koester die Unterscheidung zwischen ‚international and domestic imperative for intercultural competence'. Vgl. Myron W. Lustig/Jolene Koester: Intercultural Competence. Interpersonal communication across cultures, 5th edit., Boston 2005.

31 Das wäre vermutlich auch gar nicht sinnvoll und verantwortbar, denn die Zahl genuin interkultureller Berufskarrieren ist dann doch begrenzt.

32 Vgl. Annette Sprung: Bildungsmarkt Interkulturalität – eine Erfolgsgeschichte?; Onlinedokument http://www.die-bonn.de [07. 07. 2009].

qualitativen Mehrwert verleihen. Die Tatsache, dass im Rahmen der Schlüsselqualifikationen oft nicht der Zwang zur curricularen Kanonisierung einer Studienordnung besteht, wie es der Bologna-Prozess ansonsten auferlegt, bietet Chancen, um gerade der spezifischen Natur der interkulturellen Kommunikation als erkenntnisoffene, an den je eigenen Erfahrungen und Relevanzsystemen anknüpfende Form der Welterschließung Rechnung zu tragen.

Mit Blick auf die späteren Verwendungszusammenhänge der im Studium zu erwerbenden fachlichen und fachübergreifenden Kompetenzen scheint es sinnvoll, sich zunächst primär auf ‚Handlungskompetenzen für das Hochschulstudium'[33] im Sinne einer Förderung der Lern- und Studierfähigkeit zu konzentrieren, um sich mit Voranschreiten des Studiums dann später den sich abzeichnenden Kompetenzerfordernissen für unterschiedliche Berufsfelder zuzuwenden. In der zuweilen undifferenzierten Vermengung dieser beiden nicht identischen Zielbestimmungen bestünde ansonsten die Gefahr, Ziele zu formulieren, die an den faktischen Möglichkeiten der studienbegleitenden Qualifizierung vorbei gehen.

Die Wahl(pflicht-)freiheit ist im Bereich der Schlüsselqualifikationen in aller Regel größer als im Fachcurriculum. Es wäre aus didaktischen und motivationalen Gründen ein großer Fehler, diesen noch verbleibenden Restspielraum an individueller Bildungsentscheidung aufzugeben oder durch das Schüren des Eindrucks einer lästigen Nebenpflicht in der hochschulinternen und studentischen Wahrnehmung zu diskreditieren. Insbesondere wenn es eigentlich darum geht, planbare Strukturierung mit hoher Flexibilität und Personalisierung von Bildungsprozessen in Einklang zu bringen (OECD 2006).

Die Bereitschaft und Neugier sich über die vorgegebenen Pfade einer Studienordnung hinaus mit neuen Themen, anderen Kulturen und eigenen ‚Bildungsprojekten' außerhalb des Fachstudiums zu beschäftigen, ist letztlich eine sehr persönliche Entscheidung der Studierenden, die gerade im Bereich der interkulturellen Erfahrungen nur begrenzt von außen initiierbar oder durch Studienordnungen steuerbar ist. Gleichwohl kann eine Hochschule dafür Sorge tragen, dass diejenigen, die diese Neugier mitbringen, auch entsprechende interkulturelle Lerngelegenheiten finden und wahrnehmen können. Ob das über fakultative Angebote oder auch im Rahmen obligatorischer Wahlpflichtmodule organisiert wird, ist letztlich eine organi-

33 Schüpbach/Pixner/Zapf, 2006.

satorische Entscheidung, die fach- und hochschulspezifisch zu treffen ist. Für beides gibt es Argumente und Umsetzungskonzepte.[34] Die persönliche biographische Relevanz interkultureller Lernerfahrungen gewinnt für die Studierenden vor allem dann an Kontur, wenn diese aus eigenem intellektuellen, erfahrungsinduzierten Antrieb erfolgen und nicht aufgrund von Studienordnungsvorgaben (*'Wie viele ECTS-Punkte kriege ich denn hier?'*) oder reiner Bewerbungstaktik. Es bedarf also gar nicht ständig der gebetsmühlenartigen Appelle zur internationalen Kompetenznachrüstung. Abgesehen von der fragwürdigen Antwort, die interkulturelle Kommunikationsfachleute zu diesem Ansinnen überhaupt zu bieten hätten, sind die handlungstheoretischen Implikationen dieser überstrapazierten Begründungsfigur um ein Vielfaches komplexer, als es auf den ersten Blick erscheint.[35] Dies zu reflektieren, wäre allein schon Grund genug für die Einrichtung interkultureller Studienangebote, die sich darum bemühen, individuellen Kompetenzerwerb mit einer kritischen Gesellschaftsreflexion zu verbinden. Als Einschränkung bleibt festzuhalten, dass integrative Ansätze zur Vermittlung von Schlüsselqualifikationen, die interkulturelle Themen in der unmittelbaren Auseinandersetzung mit den Gegenständen eines Studienfaches erfahrbar machen, im Vergleich zu hier skizzierten additiven Formen sicherlich die wünschenswertere Vermittlungsform darstellen. Gerade wenn Seminare und Vorlesungen ohnehin sehr international sind und Multikulturalität als soziales Moment schon 'natürlich' gegeben ist, bietet sich eine enge Kopplung an den Fachgegenstand an. Allerdings ist damit ein erheblicher Koordinations- und Didaktikaufwand sowie eine fachimmanente interkulturelle Expertise verbunden, die an den meisten Fakultäten fehlt. So bleiben, von Ausnahmen abgesehen, ergänzende Studienangebote wohl einstweilen das Mittel der Wahl, um auch fachfremde Zielgruppen zu erreichen.

34 Vgl. Otten/Robertson-von Trotha, 2007, S. 245-274; Hößler/Thomas, 2007.

35 Vgl. Paul Drechsel/Bettina Schmidt/Bernhard Gölz: Kultur im Zeitalter der Globalisierung. Von Identität zu Differenz, Frankfurt am Main 2000; Caroline Y. Robertson/Carsten Winter (Hrsg.): Kulturwandel und Globalisierung, Baden-Baden 2001; Bernd Wagner: Kulturelle Globalisierung, S. 10-19, in: Aus Politik und Zeitgeschichte, Bd. 12, 2002; Wolfgang Welsch: Transkulturalität. Zur veränderten Verfaßtheit heutiger Kulturen, S. 39-44, in: Zeitschrift für Kulturaustausch, H. 1, 1995.

Literaturverzeichnis

Allolio-Näcke, Lars/Kalscheuer, Britta/Manzeschke, Arne (Hrsg.): Differenzen anders denken. Bausteine zu einer Theorie der Transdifferenz, Frankfurt am Main 2005.

Bargel, Tino: Deutsche Studierende und Ausländer: Kontakte und Haltungen, in: Ahmed Hosseinizadeh (Hrsg.): Studium Internationale. Handbuch zum Ausländerstudium, Marburg 1998, S. 195-222.

Bolten, Jürgen: Interkulturelle Studienangebote vor dem Hintergrund der Einführung von Bachelor- und Master-Programmen, in: interculture journal, H. 3, 2007, S. 47-64; Onlinedokument http://www.interculture-journal.com [07. 07. 2009].

Busch, Dominic: Welche interkulturelle Kompetenz macht beschäftigungsfähig?, in: interculture journal, H. 3, 2007, S. 5-32; Onlinedokument http://www.interculture-journal.com [07. 07. 2009].

Dahlen, Thommy: Among the interculturalists. An ermergent profession and its packaging of knowledge, Stockholm 1997.

Drechsel, Paul/Schmidt, Bettina/Gölz, Bernhard: Kultur im Zeitalter der Globalisierung. Von Identität zu Differenz, Frankfurt am Main 2000.

Dreher, Jochen/Stegmeyer, Peter (Hrsg.): Zur Unüberwindbarkeit kultureller Differenz. Grundlagentheoretische Reflexionen, Bielefeld 2007.

Freud, Sigmund: Das Unbehagen in der Kultur, Wien 1930.

Gunsenheimer, Antje (Hrsg.): Grenzen. Differenzen. Übergänge. Spannungsfelder inter- und transkultureller Kommunikation, Bielefeld 2007.

Hall, Edward T.: The Silent Language, New York 1990.

Hofstede, Geert: Culture's consequences: International Differences in Work-Related Values, Beverly Hills 1980.

Honneth, Axel: Kampf um Anerkennung. Zur moralischen Grammatik sozialer Konflikte, Frankfurt am Main 1994.

Hößler, Ulrich/Thomas, Alexander: Zusatzstudium interkulturelle Handlungskompetenz: Studienbegleitendes erfahrungsorientiertes interkulturelles Lernen an der Universität Regensburg, in: Matthias Otten/Andrea Cnyrim/Alexander Scheitza (Hrsg.): Interkulturelle Kompetenz im Wandel, Bd. 2: Ausbildung, Training und Beratung, Frankfurt am Main 2007, S. 275-296 (2007b).

Krüger, Heidemarie: Organisation und extra-funktionale Qualifikationen. Eine organisationssoziologische und organisationstheoretische Konzeption mit empirischen Befunden zur Bestimmung ihres inhaltlichen Zusammenhangs, Frankfurt am Main 1988.

Lustig, Myron W./Koester, Jolene Intercultural Competence. Interpersonal communication across cultures, 5th edit., Boston 2005.

Moosmüller, Alois: Interkulturelle Kommunikation quo vadis?, in: Matthias Otten/Andrea Cnyrim/Alexander Scheitza (Hrsg.): Interkulturelle Kompetenz im Wandel, Bd. 1: Grundlegungen, Konzepte und Diskurse, Frankfurt am Main 2007, S. 41-56 (2007a).

Morawski, André: Ein Begriff im Diskurs: Interkulturelle Kompetenz als Anforderung an Hochschulabsolventen, in: PÄD Forum, H. 6, Jg. 35, 2007, S. 327-331.

Mugabushaka, Alexis-Michel: Schlüsselqualifikationen im Hochschulbereich. Eine diskursanalytische Untersuchung der Konzepte, Modelle und Dimensionen in Deutschland und Großbritannien. Fachbereich Gesellschaftswissenschaften der Universtät Kassel, Kassel 2004.

OECD: Personalisierung der Bildung (Deutsche Zusammenfassung von ‚Personalising Education'. Schooling for Tomorrow). Forschungsbericht, Paris 2006.

Otten, Matthias: Profession und Kontext: Rahmenbedingungen der interkulturellen Kompetenzentwicklung, in: ders./Andrea Cnyrim/Alexander Scheitza (Hrsg.): Interkulturelle Kompetenz im Wandel. Bd. 1: Grundlegungen, Konzepte und Diskurse, Frankfurt am Main 2007, S. 57-90 (2007a).

ders./Robertson-von Trotha, Caroline Y.: Interkulturelle Kommunikation als Schlüsselqualifikation in der Hochschulbildung: Erfahrungen an der Universität Karlsruhe (TH), in: ders./Andrea Cnyrim/Alexander Scheitza (Hrsg.): Interkulturelle Kompetenz im Wandel. Bd. 2: Ausbildung, Training und Beratung, Frankfurt am Main 2007, S. 245-274 (2007b).

Robertson, Caroline Y./Winter, Carsten (Hrsg.): Kulturwandel und Globalisierung, Baden-Baden 2001.

Schaeper, Hilde/Briedis, Kolja: Kompetenzen von Hochschulabsolventinnen und Hochschulabsolventen. Berufliche Anforderungen und Folgerungen für die Hochschulreform (Forschungsbericht), Hannover 2004.

Schüpbach, Heinz/Pixner, Johann/Zapf, Salome: Handlungskompetenz im Hochschulstudium, in: Bildung und Erziehung, 2006, H. 2, Jg. 59, S. 147-166.

Sprung, Annette: Bildungsmarkt Interkulturalität – eine Erfolgsgeschichte?; Onlinedokument http://www.die-bonn.de [07. 07. 2009].

Straub, Jürgen: Interkulturelle Kommunikation – eine wissenschaftliche Disziplin?, in: Alois Moosmüller (Hrsg.): Interkulturelle Kommunikation. Konturen einer wissenschaftlichen Disziplin, Münster 2007, S. 209-241.

ders.: Kompetenz, in: ders./Arne Weidemann/Doris Weidemann (Hrsg.): Handbuch interkulturelle Kommunikation und Kompetenz, Stuttgart 2007, S. 35-46.

ders./Nothnagel, Steffi: Über das Studium interkultureller Kommunikation und Kompetenz. Akademische Anforderungen und curriculare Ausbildung in einem interdisziplinären Master-Studiengang, in: Matthias Otten/Andrea Cnyrim/Alexander Scheitza (Hrsg.): Interkulturelle Kompetenz im Wandel, Bd. 2: Ausbildung, Training und Beratung, Frankfurt am Main 2007, S. 215-244 (2007b).

Taylor, Charles: Multikulturalismus und die Politik der Anerkennung, Frankfurt am Main 1993.

Thomas, Alexander: Analyse der Handlungswirksamkeit von Kulturstandards, in: ders. (Hrsg.): Psychologie interkulturellen Handelns, Göttingen 1996, S. 107-136.

ders.: Das Eigene, das Fremde, das Interkulturelle, in: ders./Eva-Ulrike Kinast/ Sylvia Schroll-Machl (Hrsg.): Handbuch interkulturelle Kommunikation und Kooperation, Bd. 1: Grundlagen und Praxisfelder, Göttingen 2003, S. 44-59.

ders.: Interkulturelle Kompetenz, in: Erwägen Wissen Ethik, H. , Jg. 14 (Dritte Diskussionseinheit), 2003, S. 137-149.

Trompenaars, Fons: Riding the Waves of Culture, London 1994

Veith, Hermann: Kompetenzen und Lernkulturen. Zur historischen Rekonstruktion moderner Bildungsleitsemantiken, Münster 2003.

Wagner, Bernd: Kulturelle Globalisierung. Von Goethes ‚Weltliteratur' zu den weltweiten Teletubbies, in: Aus Politik und Zeitgeschichte, B. 12, 2002, S. 10-19.

Weidemann, Doris/Weidemann, Arne/Straub, Jürgen: Interkulturell ausgerichtete Studiengänge, in: dies. (Hrsg.): Handbuch interkulturelle Kommunikation und Kompetenz, Stuttgart 2007, S. 815-828.

Welsch, Wolfgang: Transkulturalität. Zur veränderten Verfaßtheit heutiger Kulturen, Zeitschrift für Kulturaustausch, H. 1, 1995, S. 39-44.

Wingate, Ursula: Doing away with ‚study skills', in: Teaching in Higher Education, No. 4, Vol. 11, 2006, pp. 457-469.

Interdisziplinäre Kommunikationskompetenz und Schlüsselqualifikationen

Jochen Berendes

1. Blaise Pascal, das Ideal des *honnête homme* und der Bildungsbegriff

Ohne Zweifel gehört Blaise Pascal zu den herausragenden Gestalten des 17. Jahrhunderts, trat er doch als Mathematiker, Physiker, stilprägender Literat, Theologe und auch als Erfinder von Rechenmaschinen in Erscheinung. Er war beteiligt an der Entwicklung der Wahrscheinlichkeits- und Infinitesimalrechnung, an physikalischen Experimenten zum Luftdruck, an der Einrichtung des ersten öffentlichen Verkehrssystems und nicht zuletzt an wirkungsmächtigen Debatten über den theologischen Begriff der Gnade.[1] Sein berühmtes Werk *Pensées*, nur fragmentarisch ausgearbeitet und erst nach seinem frühen Tod publiziert, war als eine Apologie des Christentums angelegt. In diesem Werk huldigt er dem Ideal des *honnête homme*:

> Man soll von ihm nicht (sagen) dürfen, daß er ein Mathematiker, Prediger oder begabter Redner sei, vielmehr, daß er ein Ehrenmann ist. Nur diese allumfassende Eigenschaft gefällt mir. Wenn man einen Mann sieht und sich dabei an sein Buch erinnert, so ist das ein schlechtes Zeichen. Ich möchte, daß man auf irgendeine Eigenschaft nur aufmerksam wird, wenn die zufällige Gelegenheit und der Anlaß, von ihr Gebrauch zu machen, es erfordern [...].[2]

Einseitiges Spezialistentum, indezente Dominanz einer fachspezifischen Kompetenz gelten ihm als unausgewogene Störung; umfassende Kenntnisse und sichere Urteilskraft aber sollen bei Bedarf kenntlich werden, ohne den Fluss des geselligen Gesprächs zu unterbrechen.

Dieses Ideal des *honnête homme* sieht Pascal aber offenbar auf eine besondere Weise herausgefordert, die auch für uns heute noch aufschlussreich ist, denn Pascal entwirft zwei Charakterprofile: den *geomet-*

1 Zu Leben und Werk Pascals siehe Wilhelm Schmidt-Biggemann: Blaise Pascal, München 1999; Jacques Attali: Blaise Pascal. Biographie eines Genies, Stuttgart 2006.

2 Pascal, Blaise: Gedanken über die Religion und einige andere Themen, hrsg. v. Jean-Robert Armogathe, aus dem Französischen übersetzt von Ulrich Kunzmann, Stuttgart 2004, S. 372.

rischen Geist und den *feinsinnigen Geist*, die in ihrer spezifischen Gestalt, in ihrem Denkstil und Auftreten festgelegt scheinen und deshalb trotz ihrer jeweiligen Berechtigung Gefahr laufen, in Situationen inadäquat zu agieren. Der geometrische Geist vermag aus wenigen abstrakten (mathematischen) Prinzipien, die jedem Vernunftwesen einsichtig sind, Folgerungen abzuleiten und liegt doch mit seinem deduktiv arbeitenden Urteil zumeist außerhalb alltäglicher Verständigung und besitzt zu wenig Tuchfühlung für konkrete Situationen. Der feinsinnige Geist hingegen bewegt sich in einer Vielzahl alltäglicher Prinzipien, die er intuitiv mit einem Blick überschaut und so zu einem allseits nachvollziehbaren Urteil kommt; hingegen fehlt ihm die Geduld, sich von den Konkretionen zu lösen, um jene Prinzipien nachzuvollziehen, auf die der geometrische Geist sich bezieht. Wegen ihrer Partikularität drohen letztlich beide Charaktere ‚lächerlich' zu werden.

Ohne dass Pascal dies genauer ausführt, ist doch ersichtlich, wie sehr der feinsinnige Geist und das Ideal des *honnête homme* durch den mathematisch geschulten Geist dauerhaft eine kränkende Einschränkung erfahren. Mit der modernen Wissenschaft etabliert sich ein eigensinniger Denkstil der sich geselligem Geprächch und dem *sensus comunis*[3] zu entziehen scheint und dennoch zunehmend – wie wir wissen – die soziale Wirklichkeit technisch-naturwissenschaftlich prägen wird.[4] Pascal selbst war einerseits mit seinen empirischen Experimenten an der Beseitigung letzter aristotelisch-scholastischer Naturspekulation und somit an der Etablierung einer autonomen Erfahrungswissenschaft beteiligt, andererseits vermochte er bereits, die Folgen einer solchen Ausdifferenzierung der Wissenssysteme anzusprechen und erweist sich somit als „einer der sensibelsten Seismographen der frühen Neuzeit".[5] Mit der antiken Tradition der Skepsis gründlich vertraut, konfrontiert Pascal die habituellen Gegensätze des *geometrischen* und des *feinsinnigen Geistes* und lässt sie nahezu unvermittelt nebeneinander stehen. Und doch lässt sich noch weiter fragen: Wer vermag aufgrund welcher Fähigkeiten diese Gegen-

3 Vgl. Hans-Georg Gadamer: Wahrheit und Methode. Grundzüge einer philosophischen Hermeneutik, 4. Aufl., Tübingen 1975, S. 16-27.

4 Zur Etablierung einer mathematischen Sprache und deren Folgen siehe Gregor Nickel: Mathematik und Mathematisierung der Wissenschaften. Ethische Erwägungen, in: Jochen Berendes (Hrsg.): Autonomie durch Verantwortung. Impulse für die Ethik in den Wissenschaften, Paderborn 2007, S. 319-346.

5 Kondylis, Panajotis: Die Aufklärung im Rahmen des neuzeitlichen Rationalismus, München 1986, S. 146.

sätze so treffend zu beschreiben, dass sowohl der *geometrische* als auch der *feinsinnige Geist* in ihrem jeweiligen Recht und in ihren Grenzen gewürdigt werden können? Und was geschieht mit den Lesenden, die durch diese Passagen aufgefordert werden, diese Differenzierung nachzuvollziehen? Sensibilisiert der Text uns für diese Differenzen und hilft er uns, sie zu überwinden?

Im Kontext der *Pensées* wird deutlich, dass Pascal nicht von angeborenen Dispositionen ausgeht, die eine einseitige habituelle Fixierung erzeugen, sondern von einer von Zufällen abhängigen Entwicklung – insbesondere durch die Berufswahl: „Das Wichtigste für das ganze Leben ist die Wahl des Berufs; und der Zufall entscheidet darüber.“[6] Mit nachsichtiger Ironie sprechen wir auch heute noch von einer *déformation professionelle*, von einer durch die Berufswahl geprägten, auch in unpassenden Situationen hervortretenden Verhaltensdisposition, die aber fraglos auch schädliche Folgen für das berufliche und private Leben der Einzelnen haben kann, denn die unkontrollierte Übertragung von beruflichen Denk- und Handlungsschemata auf anderweitige Situationen stört die Verständigung und treibt Konflikte hervor.

Das solcher *déformation* deutlich entgegenstehende Bild vom *honnête homme* ist eingeflossen in unser Verständnis von Bildung. Weltgewandtheit, kommunikatives Geschick, vielseitige Kenntnisse gehören zu den erklärten Zielen der Bildung. Bildung ist nicht fachspezifisches Wissen allein, sondern von einem individuellen Integrationspunkt bestimmt. Die Klagen über die einseitige Fragmentierung der Menschen in einer arbeitsteiligen Gesellschaft sind eindrucksvoll in der deutschen Bildungstradition zum Ausdruck gebracht worden, um den Anspruch auf individuelle Entfaltung herauszustellen:

> Handwerker siehst du, aber keine Menschen, Denker, aber keine Menschen, Priester, aber keine Menschen, Herrn und Knechte, Jungen und gesetzte Leute, aber keine Menschen – ist das nicht, wie ein Schlachtfeld, wo Hände und Arme und alle Glieder zerstückelt untereinander liegen, indessen das vergoßne Lebensblut im Sande zerinnt?[7]

6 Pascal, 2004, S. 368.

7 Hölderlin, Friedrich: Hyperion oder Der Eremit in Griechenland, hrsg. und mit einem Nachwort versehen von Jochen Schmidt, Frankfurt am Main 1979, S. 194.

Der deutsche Bildungsroman schien programmatisch ein exemplarisches Gelingen individueller Bildung vorzuführen; doch wir haben lernen müssen, dass gegenteilig in diesen Romanen die Hemmnisse kenntlich werden, die die bürgerliche Gesellschaft jenen bereitet, die das von ihr eingeforderte Prinzip der allseitig gebildeten Individualität ungeachtet ökonomischer Zwänge einzulösen versuchen. Den Lösungsformeln der Goethezeit können wir heute nicht mehr ohne Vorbehalt folgen. Die ohnehin elitäre Rede Schillers, nur im Spiel sei der Mensch ganz Mensch, erlaubte in der Folge eine idealistische Abspaltung der wirkungslosen ‚kulturellen Sphäre', in der sich zudem ein reduziertes Verständnis von Wissensanhäufung etablieren konnte. Man wird lange suchen müssen, um explizite Hinweise zu finden, dass auch das Wissen um die eigenen Grenzen ein zentrales Moment von Bildung sei.[8] Dabei war die Selbstkritik des Sokrates, nur die eigene Unwissenheit zu wissen, die paradoxe Initiation europäischer Bildungstradition. „Zwar weiß ich viel, doch möcht' ich alles wissen", sagt bekanntlich der Schüler Wagner in Goethes *Faust*[9] und spricht damit eine redlich anmutende Haltung aus, die durch den dramatischen Kontext aber gründlich diskreditiert wird. Bildung wird verfehlt, wenn sie nur als ein krisenresistenter linearer Zuwachs positiven Wissens gedacht wird. Wir sind inzwischen geübt, das Partikulare an vermeintlich allseitiger Bildung zu entziffern, die soziale Funktion von Bildung als ‚kulturellem Kapital' wahrzunehmen und die problematische Setzung und distinktive Funktion eines Kanons zu entziffern.[10] Auch die klassische Formel, Bildung sei individuelle Ausprägung durch Aneignung des anderen, konnte als (eurozentrische) Okkupation gedeutet werden.

---

8 So etwa bei Hegel: „Das Gegenteil davon, daß man nicht zu urteilen weiß, ist, daß man *vorschnell* über alles urteilt, ohne es zu verstehen. Ein solch vorschnelles Urteil gründet sich darauf, daß man [...] die übrigen Gesichtspunkte übersieht. Ein gebildeter Mensch weiß zugleich die *Grenze seiner Urteilsfähigkeit.*" Hegel, Georg Wilhelm Friedrich: Rechts-, Pflichten- und Religionslehre für die Unterklasse, S. 260, in: ders.: Werke in zwanzig Bänden, hrsg. von Eva Moldenhauer und Karl Markus Michel, Bd. 4: Nürnberger und Heidelberger Schriften 1807-1817, Frankfurt am Main 1986, S. 204-274.

9 Goethe, Johann Wolfgang v.: Faust. Eine Tragödie, Vers 601.

10 Vgl. insbesondere Pierre Bourdieu: Die feinen Unterschiede. Kritik der gesellschaftlichen Urteilskraft, 7. Aufl., Frankfurt am Main 1994.

Ebenso wird mittlerweile der einseitige individuelle Akzent im Bildungsverständnis, der die notwendigen Kenntnisse moderner Institutionen übergeht, deutlich gesehen.[11] Die Fragen aber, was Bildung sei und was man angeblich wissen müsse, um ‚gebildet' genannt werden zu können, treten mit hartnäckiger Wiederkehr auf.[12] Einige entscheidende Elemente der Bildungsidee bleiben offenbar bei aller kritischen Abgrenzung virulent.

2. Bildung, Ausbildung und Schlüsselqualifikationen

Der Wahlpflichtbereich Schlüsselqualifikationen als fachübergreifender Anteil der neuen BA-/BSc-Studiengänge stellt nach Meinung nicht weniger einen Fremdkörper in der universitären Lehre dar, da Berufsbefähigung und nicht mehr wissenschaftliche Qualifikation das Ziel sei. Die fachspezifische Lehre dient – diesem Verständnis nach – der *Bildung*, der Wahlpflichtbereich Schlüsselqualifikationen dient hingegen wegen seines beruflich-pragmatischen Zuschnitts der *Ausbildung*. Entgegnen lässt sich hier aber vielerlei. Es wird bei einer solchen Einschätzung verkannt, 1. dass die fachliche Ausbildung zunehmend auf ein immer spezieller werdendes Wissen hinausläuft und daher nicht ohne Vorbehalt Bildung genannt werden kann, 2. dass angesichts der Spezialisierungen ergänzende Momente zum Fokus der jeweiligen Fachkultur notwendigerweise ausgleichend hinzutreten müssen, 3. dass die fachliche Ausbildung selbst bereits einer gesteigerten pragmatischen Forderung unterliegt und 4. dass die Funktion von Schlüsselqualifikationen nicht auf die Optimierung des Berufseinstiegs beschränkt werden kann.[13]

---

11 „Das Bildungsideal konzipiert [...] die Menschheit nur im Individuum und schmälert den Weltbezug des Bildungssubjekts, auch wenn es vom autonomen Individuum verlangt, die Welt sich selbst einzuverwandeln. Es geht davon aus, daß in jedem Menschen die Anlage zum idealen Menschen zu finden ist, doch überspringt es dabei sozusagen den Citoyen wie den Wirtschaftsbürger." Bollenbeck, Georg: Bildung und Kultur. Glanz und Elend eines deutschen Deutungsmusters, Fankfurt am Main 1996, S. 171.

12 Erinnert sei an den Bestseller von Dietrich Schwanitz: Bildung. Alles, was man wissen muß, Frankfurt am Main 1999, ein Buch, auf das korrektiv – die Naturwissenschaften allererst zur Geltung bringend – Ernst Peter Fischer antwortete: Die andere Bildung. Was man von den Naturwissenschaften wissen sollte, München 2003.

13 Caroline Robertson-von Trotha danke ich für die freundliche Einladung, an diesem Band mitzuwirken. Christine Mielke danke ich für hilfreiche kritische Hinweise. Meinen früheren Kolleginnen und Kollegen am ZEW der Universität Tübingen danke ich für die jahrelange Zusammenarbeit in verschiedenen interdisziplinären Projekten.

Schlüsselqualifikationen dürfen nicht auf das Klischee von Trainings verkürzt werden, die Mittel zur effektiven Selbstdarstellung bereit stellen. Das angemessene Ziel, langfristige und nachhaltige Lernprozesse anzuregen und Befähigungen zu stärken, erfordert eine Verankerung in den Überzeugungen, Erfahrungen und Dispositionen der einzelnen Studierenden und läuft auf eine Stärkung des Individuums hinaus. Ein rein funktionales Verständnis von zu vermittelnden Techniken und Fähigkeiten, die Studierende gleichsam von Kurs zu Kurs marktorientiert anhäufen, ist defizitär. Angeklebte Bärte halten bekanntlich der Alltagsbelastung nicht stand und unterminieren das wechselseitige Vertrauen, auf das man doch allseits angewiesen ist. Diese Einsicht hat mittlerweile auch Arbeitgeber erreicht, die Glaubwürdigkeit, Engagement, Individualität und *work-life-balance* zu ihrem Anforderungsprofil erhoben haben, da sie mit gutem Grund auf langfristige Erfolge setzen. Wenn das Individuum als zu stärkender Integrationspunkt in den Blick genommen werden muss, wird der Schritt zur Reflexion von Funktions- und Zweckzusammenhängen ein unverzichtbares Moment von Bildung durch Schlüsselqualifikationen. Statt des kurzfristigen Erwerbs von strategischen Techniken, die nicht weniger bedeuten als die rückhaltlose Instrumentalisierung der anderen und damit verdeckt auch eine Selbstinstrumentalisierung, ist es für alle Beteiligten sinnvoll und zweckmäßig, aus Zweckzusammenhängen auch herauszutreten und sich zu diesen in einen durch Reflexion und Wissen aufgeklärten Zusammenhang zu stellen. Erst eine Reflexion der divergierenden individuellen Interessen und äußeren Anforderungen vermag die souveräne und langfristige Aneignung und Umsetzung von berufsrelevanten Kompetenzen nachhaltig zu sichern.

Die Diskreditierung der Berufspragmatik verliert sich, wenn deutlich gemacht werden kann, dass zur Berufsbefähigung unverzichtbar der scheinbare Gegensatz, nämlich Bildung gehört – und das heißt in unserem Zusammenhang: dass zur Berufsbefähigung unverzichtbar die Fähigkeit gehört, mit fachfremden Personen erfolgreich kommunizieren zu können, weil erlernt wurde, die eigene Fachwissenschaft in wissenschaftlichen und kulturellen Kontexten zu sehen, und der interdisziplinäre Austausch in Lehrveranstaltungen erprobt und als sinnvoll erlebt werden konnte. Nicht nur in der Berufswelt, auch in ihrem Privatleben und in ihrer Rolle als Bürger werden die Absolventinnen und Absolventen mit Menschen anderer fachlicher Herkunft sinnvoll kooperieren wollen. So ist interdisziplinäre Kommunikationskompetenz ein umfassendes pragmatisch relevantes Lern- und Bildungsziel.

3. Interdisziplinarität und Fachkulturen

Über die Relevanz interdisziplinärer Forschung ist mittlerweile fast mühelos Einvernehmen herzustellen. Interdisziplinarität[14] erscheint als ein notwendiges Korrektiv und Kompensationsmittel gegen eine sich immer unübersichtlicher ausdifferenzierende Fachwissenschaftslandschaft. Interdisziplinarität ist gefordert, wenn drängende (etwa ökologische) Probleme der Gegenwart gelöst werden sollen und dies nicht zuletzt, weil Interdisziplinarität ein besonders hohes Maß an Innovationen verspricht.[15] Über die Hemmnisse, die erfolgreicher interdisziplinärer Forschung entgegenstehen, wird aber wenig offen gesprochen. Hinweise auf die hohe gesellschaftliche Relevanz und vorhandene Fördermöglichkeiten sind jedoch unzureichend, solange nicht auch widerständige Momente deutlich in den Blick genommen werden. Eine kleine Problemskizze sei versucht.

---

14 Eine angemessene Diskussion der strittigen Definitionen von *Interdisziplinarität* kann hier nicht vorgelegt werden. Es möge zunächst folgende Bestimmung genügen: Interdisziplinarität kennzeichnet den Forschungsprozess einer mehrere Disziplinen umfassenden Forschungsgruppe zu einem Forschungsgegenstand. Dass dieser Gegenstand unter der Zusammenführung mehrerer Disziplinen neue Bestimmungen erfährt und auch der methodische Zugriff die disziplinären Perspektiven übersteigt, gehört zu einem wesentlichen Moment interdisziplinärer Arbeit. Diese ‚Novität' durch gelingende Interdisziplinarität emphatisch mit dem Ausdruck *Transdisziplinarität* zu unterstreichen – wie es Jürgen Mittelstraß fordert – ist m. E. nicht erforderlich (vgl. Jürgen Mittelstraß: Interdisziplinarität oder Transdisziplinarität?, in: ders.: Die Häuser des Wissens. Wissenschaftstheoretische Studien, Frankfurt am Main 1998, S. 29-48). Der Ausdruck Transdisziplinarität kann vielmehr Forschungsprozesse bezeichnen, in die gezielt, das akademische Feld überschreitend, politische und gesellschaftliche Gruppen einbezogen werden (vgl. hierzu: Thomas Potthast: Bioethik als inter- und transdisziplinäre Unternehmung, in: Cordula Brand/Eve-Marie Engels/Arianna Ferrari/László Kovács (Hrsg.): Wie funktioniert Bioethik?, Paderborn 2008, S. 255-277, insbesondere S. 260-263.)

15 Vgl. hierzu beispielsweise Jürgen Mittelstraß: Die Stunde der Interdisziplinarität?, in: ders.: Leonardo-Welt. Über Wissenschaft, Forschung und Verantwortung, Frankfurt am Main 1992, S. 96-102.

Es ist bereits häufig bemerkt worden, die *Grenzen* der eigenen Fachkultur wahrzunehmen, sei eine Voraussetzung für interdisziplinäre Zusammenarbeit.[16] Dies ist deshalb zu betonen, da den Fachkulturen eine immanente Totalisierungstendenz zuzusprechen ist.[17] Die Grenzziehung eigener Erkenntnis und Zuständigkeit ist innerhalb des fachwissenschaftlichen Sprachspiels nicht oder kaum formulierbar; sie stellen einen blinden Fleck in der Selbstbeschreibung dar, der erst in Kontakt mit anderen Disziplinen an Kontur gewinnt.[18] Die Reflexion der Grenzen öffnet die Möglichkeit zu einem interdisziplinären Gespräch und wird durch dieses zusätzlich vertieft. Auch wenn der Bedarf in einem sich ausdifferenzierenden Wissenschaftssystem stetig wächst, finden wir in der Regel nur unzureichend wissenschaftstheoretische Reflexionen und die Verortung der eigenen Disziplinen im Lehrplan verankert. Auch die Fachgeschichte, zumeist notwendig ein interdisziplinäres Unterfangen, ist unzureichend ausgeprägt und stellt ein zentrales Desiderat dar, da hierbei das Verhältnis zu anderen Fachkulturen historisch erhellt werden kann. Die Wahrnehmung und Beachtung der eigenen Grenzen und Perspektiven kann zu einem Einstellungswechsel führen, da dann andere konkurrierende Disziplinen als eine notwendige Bereicherung sichtbar werden. Statt der Beharrung auf dem Eigenen wird eine Öffnung für fremde Fragen und Perspektiven ermöglicht. Interdisziplinäre Gruppen könnten eigentlich von der heiteren Haltung geprägt sein, dank der herausfordernden Pluralität der Einsicht mehr Chancen zu bieten.

16 Vgl. beispielsweise Günter Altner: Umgang mit Unsicherheit – Grenzen der Suche nach disziplinären Wahrheiten, S. 27, in: Andreas Fischer/Gabriela Hahn (Hrsg.): Interdisziplinarität fängt im Kopf an, Frankfurt am Main 2001, S. 24-32: „Welche Muster der methodischen Verständigung zwischen den Wissenschaften man sich prinzipiell ausdenken mag, es führt kein Weg daran vorbei, dass die an einem interdisziplinären Projekt beteiligten Wissenschaften, die primär Partner sind, gewiss im Bewusstsein ihrer paradigmatischen Situation und der daraus resultierenden Grenzen agieren."

17 Als Beispiele für eine ungesicherte Totalisierung des fachspezifischen Anspruchs seien evolutionsbiologische und neurowissenschaftliche Forschungen genannt, die weitreichende und sehr strittige anthropologische und gesellschaftstheoretische Folgerungen ziehen.

18 Aus systemtheoretischer Perspektive gesprochen heißt dies: Es bedarf Beobachtungen zweiter Ordnung. Vgl. hierzu Henning Pätzold/Ingeborg Schüßler: Interdisziplinarität aus systemtheoretischer Perspektive – Bedingungen, Hemmnisse und hochschuldidaktische Implikationen, in: Fischer/Hahn, 2001, S. 77-101, insbesondere S. 85-90.

Die Reflexion fachspezifischer Grenzen hat auch ein individuelles Gegenmoment: die Herausforderungen interdisziplinärer Kommunikation werden unterschätzt und entsprechend wird die *eigene Kompetenz überschätzt*. Ernstlich wird niemand sich selbst engstirnig und borniert nennen und finden. Ebenso wird man nirgends selbsternannte ‚Fachidioten' antreffen. Aus verschiedensten Gründen sieht jeder schon über das eigene Fach hinaus. Appelle, man möge endlich über den eigenen Tellerrand schauen, laufen daher – sofern sie nicht gleich als ungehörig empfunden werden – entsprechend ins Leere, weil niemand sich uneingeschränkt auf die eigene Fachwissenschaft bezogen sieht. Kenntnisse, Lektüre, Gespräche, Vorurteile scheinen hier und da das Selbstbild längst erworbener interdisziplinärer Kenntnisse und Kompetenzen zu legitimieren. Interdisziplinarität beruht aber nicht auf Selbstzuschreibung, sondern muss gelernt und erworben werden. Interdisziplinarität muss sich in einem interdisziplinären Gespräch bewähren und auf wechselseitiger Anerkennung beruhen. Wohl nicht selten müssen hierbei zuvor vorhandene Bilder über andere Disziplinen und Selbstbilder über die eigene Kompetenz korrigiert werden.

Auch ein anderer Grenzwert sei angesprochen: die *Überforderung*. In jedem Fachbereich wird so viel Wissen produziert und publiziert, dass alle Beteiligten schon deshalb auf starke Selektion von Informationen angewiesen sind. Achtung und Ächtung fremder Leistungen sind im universitären Alltag präsent und angesichts der zu verarbeitenden Informationsflut auch funktional notwendig, aber sicher nicht immer mit vernünftigen Gründen versehen. Diese Reduktion von Komplexität dient dem Ausweichen einer drohenden Handlungs- und Motivationslähmung. Wenn bereits innerhalb der Fachwissenschaften die Produktion an Wissen und Publikationen so umfangreich ist, dass Formen von Abwehr im Sinne starker Selektion funktional notwendig scheinen, stellen interdisziplinäre Debatten nur eine zusätzliche und kaum zu bewältigende Zumutung dar, denn sie fordern nicht nur das fachliche Selbstverständnis heraus, sondern erzwingen eine zusätzliche Last an anzueignendem fremden Fachwissen. Angesichts dieser Problematik könnte man mühelos, nahezu a priori den Nachweis erbringen, Interdisziplinarität sei ein unmögliches Unterfangen. Es gibt aber erfolgreiche interdisziplinäre Forschung, also ist sie auch möglich. Begründen lässt sich dies einerseits mit dem Hinweis, dass die interdisziplinäre Arbeit einen souveräneren Blick auf die eigene Fachkultur erlaubt und durch den gewonnenen Abstand auch

Entlastung bietet; fachübergreifende Perspektiven können eine Klärung der eigenen intrinsischen Motivation innerhalb und jenseits der eigenen fachlichen Herkunft erleichtern und somit die Arbeit sinnvoll perspektivieren. Andererseits setzt interdisziplinäre Forschung offenbar in einem besonderen Ausmaß Energien frei. Die *illusio*[19] interdisziplinärer Arbeit besteht in der berechtigten Zuversicht, an innovativen und relevanten Forschungsprozessen mitzuwirken. Wenn die Etablierung interdisziplinärer Projekte auch als pragmatisches Projektmanagement aufgefasst werden kann,[20] gilt es zugleich, dieses zentrale intrinsische Moment gleichsam unter Schutz zu stellen – und nicht durch straffe Verfahren der Qualitätssicherung ersetzen zu wollen.

Aus soziologischer Perspektive ist zusätzlich als ein entscheidender Faktor die spezifische *Fachkultur* und deren Funktion anzusetzen. Interdisziplinäre Verständigung findet nicht in einem neutralen Raum statt, in dem es einzig um die Synergie divergierender Beschreibungsansätze geht. Fachkulturen stehen vielmehr zunächst in einem Konkurrenzverhältnis zueinander, das auch die vorhandenen wechselseitigen Bilder bestimmt. Innerhalb des sozialen Feldes Wissenschaft gibt es einen Streit um Deutungshoheit, Vormacht, Ressourcen und Aufmerksamkeit. Um nicht naiven Vorstellungen zu erliegen, gilt es festzuhalten,

> daß das universitäre Feld – wie jedes andere auch – Stätte der Auseinandersetzung und des Kampfes ist, in dem es um die Bestimmung der Voraussetzungen und Kriterien der legitimen Zugehörigkeit und Hierarchie geht [...].[21]

Fachwissenschaften bilden eine eigene Haltung, eine habitualisierte Fachkultur aus und sie sind darauf angelegt, diese Haltung in Konkurrenz zu anderen Fachbereichen auszuprägen und (mehr oder minder un-

---

19 Dieser von Pierre Bourdieu geprägte Begriff hat eine deskriptive und nicht abwertende Bedeutung. Jedes soziale Feld weist besondere Formen der *illusio* auf. Mit diesem Begriff soll der besondere Einsatz begründet werden, zu dem man innerhalb eines Feldes bereit ist: etwa das jahrelange Arbeiten in Archiven, Laboren oder die mühsame Suche nach dem richtigen Ausdruck oder dem richtigen Versmaß. Vgl. Pierre Bourdieu: Homo Academicus, Frankfurt am Main 1992, S. 10-11; ders.: Die Regeln der Kunst. Genese und Struktur des literarischen Feldes. Frankfurt am Main 2001, S. 360-365.

20 Vgl. hinsichtlich einer pragmatisch-luziden Sicht: Christine von Blanckenburg/ Birgit Böhn/Hans-Liudger Dienel/Heiner Legewie: Leitfaden für interdisziplinäre Forschergruppen. Projekte initiieren – Projekte gestalten, Berlin 2005.

21 Bourdieu, 1992, S. 45.

bewusst) zu reproduzieren. Die signifikante Rekrutierung des wissenschaftlichen Nachwuchses erfolgt nicht allein nach fachlicher Qualifikation, sondern auch nach Kriterien wie Sprachduktus, Kleidung, Auftreten, Schichtzugehörigkeit, Geschlecht.[22] Das führt dazu, dass in interdisziplinären Kreisen unvermeidlich lebhafte Fremdheitsempfindungen auftreten. Die wünschenswerte Überwindung dieser Fremdheit kann wiederum zu einer habituellen Veränderung führen, die von der jeweiligen Heimat-Fachwissenschaft als Entfremdung empfunden wird. Trotz proklamierter Internationalisierung der Wissenschaft scheint der sogenannte ‚Stallgeruch' noch immer ein entscheidender Faktor für Wissenschaftskarrieren darzustellen.[23] Auch wenn allseits der wohlfeile Ruf nach Interdisziplinarität ertönt, ist die Befolgung dieses Rufes nicht ohne berufliche Risiken;[24] nicht zuletzt deshalb, da die Leistungen, die in interdisziplinären Kontexten erbracht werden, adäquat nur von Personen beurteilt werden können, die selbst interdisziplinär erfahren sind. Es fehlt an wertschätzender Wahrnehmung von Forschungsleistungen, die quer zu den Fachkulturen stehen;[25] dies dürfte auch den an Fachwissenschaften orientierten Publikations- und Rezensionsorganen geschuldet sein. Um so dringlicher ist es, die Bekenntnisse zur Interdisziplinarität konsequent in institutionelle Verankerungen zu überführen, indem Interdisziplinarität als ein zentrales Anliegen anerkannt wird und entsprechend anspruchsvoll auch in den Studienordnungen verankert wird. Interdisziplinäre Lehre schafft zugleich den erforderlichen Resonanzraum für die spezifischen Leistungen, die interdisziplinär erbracht werden.

22 Vgl. Bourdieu, 1992, inbesondere S. 109-111.

23 Mit Blick auf die Universitätskulturen anderer Länder – etwa der Schweiz, Niederlande und gewiss der USA, wird man unterstreichen müssen, dass diese Problemskizze vorrangig eine deutsche Problematik darstellt und auch nicht alle Universitäten gleichermaßen betrifft.

24 Vgl. Johannes Wildt: Der Blick über den Tellerrand ... Fachübergreifende Lehr- und Studienangebote, S. 15, in: Neues Handbuch Hochschullehre (NHHL), E 1.1, S. 1-16.

25 Zum Problem der Begutachtung interdisziplinärer Arbeiten vgl. Thomas Potthast: Bioethik als inter- und transdisziplinäre Unternehmung, S. 271-273, in: Brand/Engels/Ferrari/Kovács, 2008, S. 255-277.

4. Takt und Metatheorien

Interdisziplinäre Verständigung bedarf, so möchte man vermuten, eines besonderen Taktes. Hans-Georg Gadamer hat in Anknüpfung an Hegel den Zusammenhang von Bildung und Takt herausgestellt. In Bildung liege

> [...] ein allgemeiner Sinn für Maß und Abstand in bezug auf sich selbst, und insofern eine Erhebung über sich selbst zur Allgemeinheit. [...] Die allgemeinen Gesichtspunkte, für die sich der Gebildete offenhält, sind ihm nicht ein fester Maßstab, der gilt, sondern sind ihm nur als Gesichtspunkte möglicher Anderer gegenwärtig.[26]

Takt erscheint bei Gadamer als die Fähigkeit, situationsangemessen die Verfehlungen anderer durch dezente Reaktion zu übergehen:

> Man kann etwas taktvoll sagen. Aber das wird immer heißen, daß man etwas taktvoll übergeht und ungesagt läßt, und taktlos ist, das auszusprechen, was man nur übergehen kann. Übergehen heißt aber nicht: von etwas wegsehen, sondern es so im Auge haben, daß man nicht daran stößt, sonderen daran vorbei kommt.[27]

Das Schwierige interdisziplinärer Verständigung ließe sich in diesem Zusammenhang durchaus bestimmen als eine besondere Herausforderung von Takt. Was man taktvoll zu übergehen geneigt ist, kann aber stets von zentraler und systematischer Bedeutung sein. Was als ‚indiskutabler' *faux pas* für einige im Raum schwebt und nur stillschweigend übergangen werden kann, muss gelegentlich als symptomatischer Punkt zur Klärung aufgegriffen werden. Die Vorstellung eines fraglos vorausliegenden und gemeinsam geteilten Taktes birgt demnach die Gefahr der unausgesprochenen Reproduktion fachspezifischer Empfindlichkeiten in sich. Wer blinde Flecken, insbesondere die eigenen, wahrnehmen möchte, wird sich auf unbequeme Erfahrungen aber einstellen dürfen. Takt scheint daher eine zwar einleuchtende, aber noch problematische Bezugsgröße darzustellen.

Sinnvoller scheint es, dem interdisziplinären Bestreben eine theoretische Basis zu geben, auf die man sich einigen und künftig beziehen könnte. In der Regel werden alle Beteiligten einer interdisziplinären Gruppe jeweils eine (mehr oder minder elaborierte) Konzeptualisierung

26 Gadamer, 1975, S. 14.
27 Ebd., S. 13.

interdisziplinärer Verständigung im Sinn haben. Als besonders relevante und klärungsbedürftige Fragestellungen sind wohl folgende zu nennen: Grundprinzipien wissenschaftlicher Arbeit, das Verhältnis von Wissenschaft und Lebenswelt, die gesellschafliche Funktion von Wissenschaft, die ,Einheit der Wissenschaft' und eine Konzeption der Wissenschaftszweige und ihrer (deskriptiven, evaluativen und normativen) Methoden. Prominente Kandidaten für die Schaffung eines metatheoretischen Bezugspunkts sind Hermeneutik,[28] Diskurstheorie,[29] Systemtheorie und Konstruktivismus,[30] die Erlanger Schule[31] und die Schematheorie.[32] Vermutlich aber gibt es in realen Diskussionen angesichts dieser Theorieangebote folgende Problematik: entweder ist der systematische Gewinn leer oder strittig. Wer durch den Rückgriff auf eines dieser Theoreme die in interdisziplinären Gruppen herrschende Pluralität aufheben, alle Beteiligten also auf eine Metatheorie einschwören möchte, legt wider willen diese Pluralität auch auf der Metaebene frei. Es droht auch dort eine den Austausch behindernde individuelle Fixierung. Da die Einbeziehung einer metatheoretischen Ebene dennoch unvermeidlich und unverzichtbar ist, muss diese mit der Kompetenz verbunden sein, diese Theorieangebote perspektivisch und plural (,metakognitiv') zu handhaben.

5. Interdisziplinäre Kommunikation und Kommunikationsmaximen

Um die Besonderheit interdisziplinärer Kommunikation deutlich hervorzuheben, scheint es mir sinnvoll, auch eine linguistische Perspektive einzubeziehen, deren Vorzug es ist, terminologisch geringe Voraussetzungen zu treffen und an konkrete Verständigungsprozesse anzuschließen. Die von H. P. Grice formulierten Kommunikationsmaximen steuern, so der Anspruch, das alltägliche kommunikative Handeln und stellen Prämissen

28 Gadamer, 1975, S. 13.

29 Vgl. Jürgen Habermas: Theorie des kommunikativen Handelns, 2 Bde., Frankfurt am Main 1987.

30 Vgl. Niklas Luhmann: Die Wissenschaft der Gesellschaft, 2. Aufl., Frankfurt am Main 1991.

31 Vgl. Wilhelm Kamlah/Paul Lorenzen: Logische Propädeutik. Vorschule des vernünftigen Redens, 3. Aufl., Stuttgart u. a. 1996.

32 Vgl. Hans Lenk: Wissenschaftskulturentrennung und methodologische Wissenschaftseinheit im Blickwinkel des Interpretationismus, in: Herbert Mainusch/Richard Toellner (Hrsg.): Einheit der Wissenschaft. Wider die Trennung von Natur und Geist, Kunst und Wissenschaft, Opladen 1993, S. 195-225.

und Forderungen gegenüber allen Sprechenden dar.[33] Als Versuch, die Bedingung der Möglichkeit gelingender Kommunikation zu bestimmen, steht die Gricesche Theorie in einer kantischen und transzendentalpragmatischen Tradition. Die Maximen lauten in knapper Form:

1. Sei informativ!

2. Sei ehrlich, sprich Wahres!

3. Sei relevant!

4. Sei klar!

Vermutete Verstöße gegen diese Maximen führen zu einem Misslingen der kommunikativen Kooperation und zu einer Entwertung des Sprechenden. Wenden wir diese Maximen auf interdisziplinäre Kommunikation an, wird deutlich, dass sie dort in besonderer Weise herausgefordert sind, und zwar in dem Sinne, dass prinzipiell die Tendenz besteht, als Zuhörer den Sprechenden einen Regelverstoß zu unterstellen, auch wenn dieser nicht intendiert ist. Aufgrund verschiedener fachlich und disziplinär bestimmter Kommunikationskulturen kommen Teilnehmer unvermeidlich zu dem Eindruck nicht-kooperativen Verhaltens, selbst dann, wenn alle sich um Kooperation bemühen. Interdisziplinäre Kommunikation läuft demnach aufgrund ihrer heterogenen Voraussetzungen stets Gefahr zu scheitern.

Von besonderer Bedeutung ist bei den Kommunikationsmaximen die Berücksichtigung des Äußerungskontextes und des gemeinsam geteilten Hintergrundwissens. In der Alltagskommunikation besteht unter den Beteiligten in der Regel Einvernehmen darüber, was innerhalb einer Situation kommunikativ gefordert ist und wie innerhalb einer Situation sprachliche Äußerungen zu gestalten und zu verstehen sind. Wer etwa nach dem Inhalt einer Publikation gefragt wird, wird darauf achten, ob diese Frage beim Friseur, bei einer Familienfeier oder auf einer Fachtagung gestellt wird. Wann eine Äußerung als *informativ*, *wahr*, *relevant* und *klar* anerkannt wird, hängt demnach vom kommunikativen Kontext ab. Das Besondere an interdisziplinärer Verständigung kann daher auch

33 Vgl. hierzu Hans Jürgen Heringer/Günther Öhlschläger/Bruno Strecker/Rainer Wimmer: Einführung in die Praktische Semantik, Heidelberg 1977, S. 167-181; Grewendorf, Günther/Hamm, Fritz/Sternefeld, Wolfgang: Sprachliches Wissen. Eine Einführung in moderne Theorien der grammatischen Beschreibung, 5. Aufl., Frankfurt am Main 1991, S. 401-422.

so bestimmt werden, dass hierbei verschiedene disziplinäre Konventionen, Forderungen und Kriterien hineinspielen und abweichende Äußerungsformen und Kontextualisierungen gewählt werden, die es abzugleichen gilt, um den Kommunikationsmaximen zu entsprechen und um eine Verständigung allererst zu ermöglichen. Solange die spezifische Notwendigkeit einer Klärung gemeinsamer Ziele und eines gemeinsam geteilten Hintergrundwissens nicht eingesehen und umgesetzt wird, läuft die Verständigung stets Gefahr zu misslingen. Einige typische Schwierigkeiten seien anhand der Maximen kurz herausgestellt.

Grundsätzlich ist festzuhalten, dass die Fragen, was *Information* überhaupt sei und ob sie stets schon Interpretation enthalte und (auch darum) der Interpretation bedürfe, einen zentralen strittigen Punkt darstellen. Die Deutungsbedürftigkeit vermeintlicher ‚Fakten' und ‚Daten' kann sehr abweichend eingeschätzt werden. So kann zum Beispiel der Informationsgehalt von Äußerungen bestritten werden, wenn beispielsweise jemand ‚Geschichten erzählt', etwa unter der Annahme, hierdurch relevante kulturelle und historische Zusammenhänge und Perspektiven deutlich machen zu können. Wer aber beispielsweise nach dem ‚Beginn menschlichen Lebens' fragt und eine eindeutige Information als Antwort erwartet, wird keine finden und sich für die Perspektiven anderer Disziplinen öffnen müssen. In interdisziplinären Runden können fachspezifische Details ausgearbeitet werden, deren Relevanz aber für andere fraglich bleibt. Es kann die Forderung erhoben werden, erst wenn eine spezifische Ebene an Detailwissen und Terminologie von allen angeeignet werde, könne das fachfremde Gegenüber sinnvoll anschließen. So droht ein permanenter wechselseitiger Aufschub des Gesprächs durch Formulierung von Kenntnisforderungen. Wenn Fachfremde versuchen, das Dargelegte mit ihren Kenntnissen zu verbinden, kann dies von anderen als Verlust an Präzision und Information gedeutet werden. Der mit dem Ausdruck Information verbundene Neuigkeitswert kann von einigen bestritten werden, wenn das Gespräch auf der Stelle zu treten scheint, da es um begriffliche Differenzierung und Klärung kreist oder da es um die Aktualisierung von Konzepten geht, die ihnen als ‚ausdiskutiert' gelten.

Wahrheit und Ehrlichkeit sind gleichermaßen strittig. Wenn beispielsweise etwas auf einer formallogischen und systematischen Perspektive thematisiert und ‚endgültig' widerlegt wird, können dies andere als unredliche Ausblendung von Relevanzen und ‚Betroffenheiten' bewerten oder auch – mit Paradoxien, Zirkeln und Schleifen auf vertrautem Fuße stehend – einzig als interessante Nebenbemerkung verbuchen. Umgekehrt können Diskutierende an der Aufdeckung von Interessen und Motivationen der Forschung interessiert sein, was von anderen wiederum als irrelevant angesehen wird, da derlei ihnen willkürlich und nicht wahrheitsfähig erscheint. Durch die Abwertung oder Ausblendung relevanter Interessen besteht dann die Gefahr, dass der ‚Einsatz', die intrinsische Motivation im interdisziplinären Gespräch auf ein Mindestmaß reduziert wird. ‚Dienst nach Vorschrift' ist auch im interdisziplinären Geschäft eine akute Drohung.

Die *Relevanz* von Äußerungen hängt von der Zielorientierung und der Umgrenzung des einzubeziehenden Kontextes ab. Die Ziele interdisziplinärer Verständigung können aber je nach Fachkultur verschieden aufgefasst werden.[34] Sprachliche Äußerungen, die auf eine gemeinsam geteilte Kontextualisierung zielen, können als störend empfunden werden, wenn nicht die Notwendigkeit einer Abstimmung eingesehen wird. Die Erarbeitung von Paraphrasen dient dem Versuch, Einvernehmen herzustellen (‚Darf ich das so verstehen, dass p?'), was von Zuhörern als unnötige Zeitverschwendung, als lästig oder als zugemutete Entstellung empfunden werden kann. Selbsterklärungen (‚Warum sage ich das?') können der Verständnissicherung dienen, zugleich aber auch unnötig oder kapriziös wirken. Angesichts offenkundiger Differenzen scheint es zunächst auch wenig hilfreich, den vermeintlichen Konsens in Frage zu stellen, doch gemeinsam verwendete Schlüsselbegriffe wie Wert, Leben, Nachhaltigkeit, Fortschritt können sehr verschiedene Bedeutungen aufweisen und bedürfen dringend der Klärung. Die nicht untypische Äußerung der Form: „Es ist für mich nicht überraschend, dass Sie als Theologin/Biologe/Maschinenbauer das so sehen", dient der Anknüpfung an das zuvor Gesagte, entwertet aber die Äußerung, bestreitet ihre Relevanz und degradiert sogar die angesprochene Person zu einem Sprachrohr ihrer Zunft.

34 Etwa hinsichtlich der Publikation gibt es signifikante Unterschiede, ob Paper, Poster, Aufsatz, Monograpie, Tagungsband bevorzugt werden. Vgl. Harald Weinrich: Wissenschaftssprache, Sprachkultur und die Einheit der Wissenschaft, in: Herbert Mainusch/Richard Toellner (Hrsg.): Einheit der Wissenschaft. Wider die Trennung von Natur und Geist, Kunst und Wissenschaft, Opladen 1993, S. 111-127, insbes. S. 120-125; ebenso Marie Céline Loibl: Spannungen in Forschungsteams. Hintergründe und Methoden zum konstruktiven Abbau von Konflikten in inter- und transdisziplinären Projekten, Heidelberg 2005, insbes. S. 121-123 u. S. 127.

Zugleich kann eine solche Äußerung auch die Funktion besitzen, dem Gegenüber zu empfehlen, aus einer fachspezifischen Perspektive herauszutreten.

Schließlich trägt das Verständnis von *Klarheit*, von einer ‚wahrheitsfähigen' Aussage ein von der jeweiligen Disziplin dominiertes Profil.[35] Die Artikulationsform der einen Disziplin kann jeweils zur Vorstufe der eigenen Artikulationsform abgewertet werden. Tendieren die Naturwissenschaften zu einer mathematischen, die Sozialwissenschaften häufig zu einer statistischen Darstellung und Aufbereitung von Ergebnissen, so ist die bei den Geisteswissenschaftlern zumeist übliche sprachliche Darbietung ein zentrales trennendes Moment. Nicht nur die Entwicklung eines gemeinsam geteilten Verständnisses von situationsadäquater Klarheit ist erforderlich, sondern ebenso ein wechselseitiges Zugeständnis, die fachsprachlich-terminologischen Besonderheiten nach Möglichkeit zurückzustellen – ohne den Anspruch wissenschaftlicher Forschung aufzugeben – und die Darstellungsformen anderer produktiv einzubeziehen und womöglich selbst zu erproben. Nicht zuletzt kann die gepflegte ‚Klarheit' einer Fachkultur in ihrer habituellen Erscheinung einer anderen als herausfordernd schroff und frontal oder auch als unnötig verspielt erscheinen.

Insgesamt also bedarf es in einem interdisziplinären Gespräch hoher Aufmerksamkeit gegenüber dem sprachlichen Handeln. Es gilt, den sachlichen Bezug überhaupt zu sichern, die ‚Sache' im Austausch allererst zu konstituieren. Es bedarf der Vertrautheit mit Äußerungsformen, die den Eindruck von vermeintlich vorliegenden kommunikativen Verstößen so artikulieren, dass sie das Geschehen sinnvoll weiterführen. Es bedarf eines geschult-distanzierenden Blicks auf das eigene Unbehagen. Insbesondere die Bereitschaft entgegen der fachlich-professionellen Prägung irrelevant scheinende Beiträge als (möglicherweise) sinnvoll in Betracht zu ziehen, erfordert einen grundsätzlichen Einstellungswechsel. Was als Zusatzbelastung und mühsame Konzession an das Gespräch wahrgenommen werden mag, trägt dabei doch auch Züge von Selbsterkenntnis, die der eigenen Kommunikations- und Handlungsfähigkeit dient.

35 „Die disziplinären Bewertungsmaßstäbe bilden Koordinatensysteme aus paradigmatisch grundverschiedenen Qualitätsachsen wie Theoriekonsistenz, quantitative Messbarkeit und Steuerbarkeit oder gesellschaftliche Gerechtigkeit und Politikrelevanz." Loibl, Marie Céline: Spannungen in Forschungsteams. Hintergründe und Methoden zum konstruktiven Abbau von Konflikten in inter- und transdisziplinären Projekten, Heidelberg 2005, S. 20.

6. Interdisziplinäre Kommunikationskompetenz als Lernziel für den Bereich Schlüsselqualifikation

Der Wahlpflichtbereich Schlüsselqualifikationen bietet die besondere Chance, ein Aufeinandertreffen von Studierenden verschiedenster fachlicher Prägung zu ermöglichen.[36] Wenn ‚interdisziplinäre Kommunikationskompetenz' als ein relevantes Lernziel in den Blick genommen wird und hierbei das kommunikative Erleben von Interdisziplinarität unverzichtbar ist, so stellt dieser Wahlpflichtbereich (zumindest prinzipiell) einen ausgezeichneten Rahmen hierfür zur Verfügung. Die fachspezifischen und habituellen Differenzen können und sollten in einem solchen Lehrkontext allen Studierenden möglichst uneingeschränkt sichtbar werden.[37] Besonders geeignet scheinen hierbei Themen zu sein, bei denen die fachlichen Kompetenzen aller Beteiligten gleichermaßen gefordert sind. Fragen der Wissenschaftsethik, der Wissenschaftskultur, der (Verteilungs-)Gerechtigkeit, Fragen zur technisierten Lebenswelt und Fragen des ‚guten Lebens' in der Moderne sind in besonderer Weise geeignet, alle Studierenden gleichermaßen in einen Diskussionskontext einzubinden.[38] Als Veranstaltungsform ist nach meiner Einschätzung nur ein Seminar denkbar, das zusätzlich den Studierenden Gelegenheit geben sollte, in Kleingruppen problem- und lösungsorientiert ihre divergierenden fachlichen Perspektiven zusammenzuführen. Die Lernziele solcher Lehrveranstaltungen sind entsprechend vielfältig und komplex. Einerseits sind die Lernprozesse auf die jeweiligen Themen hin orientiert und werden von den Studierenden als solche auch deutlich wahrgenommen; andererseits gibt es Lernziele, die sich erst in der Performanz ereignen und besonderer Aufmerksamkeit und gelegent-

36 Dies gilt für den additiven Lehrbereich und soll die besondere Relevanz dieses additiven Bereichs (im Kontrast zu dem integrativen) unterstreichen.

37 Daher möchte ich für die ‚volle Präsenz' der Studierenden plädieren. Formen von E-Learning oder Blended Learning schränken m. E. die spezifischen Lernerfolge ein.

38 Vgl. hierzu das Projekt „Verantwortung wahrnehmen" der Universitäten Tübingen und Freiburg (Jochen Berendes/Georg Mildenberger/Magdalena Steiner/Maria Trübswetter: Ethik als Schlüsselqualifikation. Das Projekt „Verantwortung wahrnehmen" an den Universitäten Tübingen und Freiburg, in: Johannes Rohbeck (Hrsg.): Hochschuldidaktik Philosophie, Dresden 2007, S. 137-163), den Beitrag von Caroline Robertson-von Trotha: Schlüsselkompetenzen revisited. Ein altes Thema in Zukunftskontexten, in diesem Band und den Beitrag von Mathias Maring: Ethik als Schlüsselqualifikation an Technischen Universitäten, in diesem Band.

licher gezielter Kommentierung durch die Lehrenden bedürfen, um den Lernerfolg zu sichern. Hier sind vor allem die in Erscheinung tretenden Bilder und Abwertungsformen zu nennen, die die Studierenden gegeneinander ins Spiel bringen und die im Lauf eines Lernprozesses nur mit zunehmender Vorsicht noch vorgetragen werden. Der kontrollierte Umgang mit wechselseitigen Vorurteilen ist als Lernziel zentral. Studierende erleben, dass sie selbst auf ihr jeweiliges Studienfach festgelegt und mit diesem abgewertet werden (,Naturwissenschaftler reflektieren nicht', ,Geisteswissenschaftler werten willkürlich', ,Ökonomen denken nur an Nutzen und Geld'), worauf sie einerseits mit gutem Grund die eigene Fachkultur verteidigen und andererseits gelegentlich deutlich machen, dem eigenen Verständnis nach mehr als nur dieses Fach zu sein. Innerhalb der problemorientierten Diskussion erleben die Studierenden aber auch die Relevanz ihrer fachlicher Sicht und den produktiven Beitrag anderer Fächer. Dies motiviert mit Blick auf das eigene Studium und führt im Seminarkontext zu einer wechselseitigen Wertschätzung. Nach Möglichkeit sollten diese Lernprozesse durch die Diskussion geeigneter Texte abgestützt werden, die zumindest Ansätze einer metatheoretischen Ebene vermitteln.[39] Man könnte erwarten, dass Studierende der Geistes- und Sozialwissenschaften in einem solchen Seminargeschehen wegen ihrer Vertrautheit mit der wissenschaftlichen Beschreibung menschlichen Handelns und Sprechens privilegiert sind. Die erfolgreiche kommunikative Umsetzung jedoch ist damit noch nicht gesichert.

Lehrenden kommt in solchen interdisziplinären Lehrkontexten eine besondere Stellung zu. Sie dürften fachwissenschaftlich stärker sozialisiert sein als die Studierenden, sollten aber nach Möglichkeit bereits Erfahrungen mit interdisziplinärer Forschung haben. Auch wenn sie mit Blick auf das gesetzte Thema besondere Kenntnisse besitzen, so öffnet doch der interdisziplinäre Austausch Perspektiven, die auch den Fokus der Lehrenden übersteigen. Posen eines Universalgelehrten sind daher weder angebracht noch hilfreich. Sondern es ist in besonderem Maße geboten, den Studierenden exemplarisch deutlich zu machen, wie sinnvoll mit diesen Grenzen umzugehen ist – etwa durch Fragen und Paraphrasen. Lehrende sollten daher eher die Funktion von Moderatoren übernehmen, die

39 Zum Beispiel Jürgen Mittelstraß: Wissenschaft verstehen, in: ders.: Die Häuser des Wissens. Wissenschaftstheoretische Studien, Frankfurt am Main, 1998, S. 181-189; Weinrich, 1993, S. 111-127.

einerseits die inhaltliche Ausrichtung des Seminars bestimmen und sichern, andererseits den Verständigungsprozessen besondere Aufmerksamkeit schenken und die Studierenden motivieren, auch ihrerseits das sprachliche Handeln möglichst genau zu beachten.

7. Schluss

Blaise Pascals *Pensées* können uns hinsichtlich der habituellen Differenzen fachwissenschaftlicher Kulturen sensibilisieren und eine historische Perspektive klärend eröffnen. Lektüre allein aber genügt nicht. Um interdisziplinär arbeiten zu können, bedarf es der Übung, der Diskussion, der Erfahrung und nicht zuletzt des Wissens. Wer Interdisziplinarität will, muss auch die Voraussetzungen für Interdisziplinarität schaffen. Indem die besonderen Anforderungen interdisziplinärer Kommunikation hier zumindest skizzenhaft deutlich wurden, ist auch die Relevanz interdisziplinärer Lehre aufgewiesen. Diese Lehre im Feld der Schlüsselqualifikationen anzusiedeln, ist sinnvoll und macht m. E. nachdrücklich deutlich, dass Schlüsselqualifikationen nicht als Ausbildung diskreditiert werden sollten, da Lernziele verfolgt werden, die nicht nur der Wissenschafts- und Fachkultur, sondern der sinnvollen Wirkung und Akzeptanz von Wissenschaft überhaupt dienen. Die anspruchsvolle Umsetzung interdisziplinärer Lehre verstärkt die Chancen und Erfolge interdisziplinärer Forschung und die auf Verständigung basierende Umsetzung von wissenschaftlicher Kompetenz in der beruflichen und gesellschaftlichen Praxis.

Literaturverzeichnis

Altner, Günter: Umgang mit Unsicherheit – Grenzen der Suche nach disziplinären Wahrheiten, in: Andreas Fischer/Gabriela Hahn (Hrsg.): Interdisziplinarität fängt im Kopf an, Frankfurt am Main 2001, S. 24-32.

Attali, Jacques: Blaise Pascal. Biographie eines Genies, Stuttgart 2006.

Balsiger, Philipp W.: Transdisziplinarität. Systematisch-vergleichende Untersuchung disziplinübergreifender Wissenschaftspraxis, München 2005.

Berendes, Jochen/Mildenberger, Georg/Steiner, Magdalena/Trübswetter, Maria: Ethik als Schlüsselqualifikation. Das Projekt „Verantwortung wahrnehmen" an den Universitäten Tübingen und Freiburg, in: Johannes Rohbeck (Hrsg.): Hochschuldidaktik Philosophie, Dresden 2007, S. 137-163.

Blanckenburg, Christine von/Böhm, Birgit/Dienel, Hans-Liudger/Legewie, Heiner: Leitfaden für interdisziplinäre Forschergruppen. Projekte initiieren – Projekte gestalten, Berlin 2005.

Bollenbeck, Georg: Bildung und Kultur. Glanz und Elend eines deutschen Deutungsmusters, Frankfurt am Main 1996.

Bourdieu, Pierre: Die feinen Unterschiede. Kritik der gesellschaftlichen Urteilskraft, 7. Aufl., Frankfurt am Main 1994.

Ders.: Die Regeln der Kunst. Genese und Struktur des literarischen Feldes, Frankfurt am Main 2001.

Ders.: Homo Academicus, Frankfurt am Main 1992.

Eccard, Carmen: Baumeisterschule. Planung und Gestaltung eines alternativen Schulkonzepts, in: Wim Görts (Hrsg.): Projektveranstaltungen im Studium an der Technischen Universität Darmstadt (= TUD-Schriftenreihe, Bd. 82), Darmstadt 2001, S. 77-83.

Fischer, Andreas/Hahn, Gabriela (Hrsg.): Interdisziplinarität fängt im Kopf an, Frankfurt am Main 2001.

Fischer, Ernst Peter: Die andere Bildung. Was man von den Naturwissenschaften wissen sollte, München 2003.

Gadamer, Hans-Georg: Wahrheit und Methode. Grundzüge einer philosophischen Hermeneutik, 4. Aufl., Tübingen 1975.

Grewendorf, Günther/Hamm, Fritz/Sternefeld, Wolfgang: Sprachliches Wissen. Eine Einführung in moderne Theorien der grammatischen Beschreibung, 5. Aufl., Frankfurt am Main 1991.

Habermas, Jürgen: Theorie des kommunikativen Handelns, 2 Bde., Frankfurt am Main 1987.

Hegel, Georg Wilhelm Friedrich: Rechts-, Pflichten- und Religionslehre für die Unterklasse, in: ders.: Werke in zwanzig Bänden, hrsg. v. Eva Moldenhauer und Karl Markus Michel, Bd. 4: Nürnberger und Heidelberger Schriften 1807-1817, Frankfurt am Main 1986, S. 204-274.

Heringer, Hans Jürgen/Öhlschläger, Günther/Strecker, Bruno/Wimmer, Rainer: Einführung in die Praktische Semantik, Heidelberg 1977.

Hölderlin, Friedrich: Hyperion oder Der Eremit in Griechenland, hrsg. und mit einem Nachwort versehen von Jochen Schmidt, Frankfurt am Main 1979.

Kamlah, Wilhelm/Lorenzen, Paul: Logische Propädeutik. Vorschule des vernünftigen Redens, 3. Aufl., Stuttgart u.a. 1996.

Kondylis, Panajotis: Die Aufklärung im Rahmen des neuzeitlichen Rationalismus, München 1986.

Kuhn, Thomas Samuel: Die Struktur wissenschaftlicher Revolutionen, Frankfurt am Main 1973.

Lenk, Hans: Wissenschaftskulturentrennung und methodologische Wissenschaftseinheit im Blickwinkel des Interpretationismus, in: Herbert Mainusch/Richard Toellner (Hrsg.): Einheit der Wissenschaft. Wider die Trennung von Natur und Geist, Kunst und Wissenschaft, Opladen 1993, S. 195-225.

Loibl, Marie Céline: Spannungen in Forschungsteams. Hintergründe und Methoden zum konstruktiven Abbau von Konflikten in inter- und transdisziplinären Projekten, Heidelberg 2005.

Luhmann, Niklas: Ökologische Kommunikation. Kann die moderne Gesellschaft sich auf ökologische Gefährdungen einstellen?, 3. Aufl., Opladen 1990.

Ders.: Die Wissenschaft der Gesellschaft, 2. Aufl., Frankfurt am Main 1991.

Ders.: Das Erziehungssystem der Gesellschaft, hrsg. v. Dieter Lenzen, Frankfurt am Main 2002.

Mainusch, Herbert/Toellner, Richard (Hrsg.): Einheit der Wissenschaft. Wider die Trennung von Natur und Geist, Kunst und Wissenschaft, Opladen 1993.

Mittelstraß, Jürgen: Die Stunde der Interdisziplinarität?, in: ders.: Leonardo-Welt. Über Wissenschaft, Forschung und Verantwortung, Frankfurt am Main 1992, S. 96-102.

Ders.: Interdisziplinarität oder Transdisziplinarität?, in: ders.: Die Häuser des Wissens. Wissenschaftstheoretische Studien, Frankfurt am Main 1998, S. 29-48.

Ders.: Wissenschaft verstehen, in: ders.: Die Häuser des Wissens. Wissenschaftstheoretische Studien, Frankfurt am Main 1998, S. 181-189.

Ders.: Transdisziplinarität – Zukunft und institutionelle Wirklichkeit (Konstanzer Universitätsreden, 214), Konstanz 2003.

Nickel, Gregor: Mathematik und Mathematisierung der Wissenschaften. Ethische Erwägungen, in: Jochen Berendes (Hrsg.): Autonomie durch Verantwortung. Impulse für die Ethik in den Wissenschaften, Paderborn 2007, S. 319-346.

Pascal, Blaise: Gedanken über die Religion und einige andere Themen, hrsg. v. Jean-Robert Armogathe, aus dem Französischen übersetzt von Ulrich Kunzmann, Stuttgart 2004.

Pätzold, Henning/Schüßler, Ingeborg: Interdisziplinarität aus systemtheoretischer Perspektive – Bedingungen, Hemmnisse und hochschuldidaktische Implikationen, in: Andreas Fischer/Gabriela Hahn (Hrsg.): Interdisziplinarität fängt im Kopf an, Frankfurt am Main 2001, S. 77-101.

Potthast, Thomas: Bioethik als inter- und transdisziplinäre Unternehmung, in: Cordula Brand/Eve-Marie Engels/Arianna Ferrari/László Kovács (Hrsg.): Wie funktioniert Bioethik?, Paderborn 2008, S. 255-277.

Schmidt-Biggemann, Wilhelm: Blaise Pascal, München 1999.

Schwanitz, Dietrich: Bildung. Alles, was man wissen muß, Frankfurt am Main 1999.

Sennett, Richard: Die Kultur des neuen Kapitalismus, Berlin 2005.

Weinrich, Harald: Wissenschaftssprache, Sprachkultur und die Einheit der Wissenschaft, in: Herbert Mainusch/Richard Toellner (Hrsg.): Einheit der Wissenschaft. Wider die Trennung von Natur und Geist, Kunst und Wissenschaft, Opladen 1993, S. 111-127.

Wildt, Johannes: Der Blick über den Tellerrand ... Fachübergreifende Lehr- und Studienangebote, in: Neues Handbuch Hochschullehre (NHHL), E 1.1., S. 1-16.

Visuelle Kompetenz: Semiotik, Bildwissenschaft, Visuelle Kultur

Thomas Wägenbaur

Der vorliegende Beitrag befasst sich zuerst mit der Semiotik, verweist auf grundsätzliche Probleme visueller Wahrnehmung und geht auf den sogenannten ‚Iconic Turn' ein, um jenseits der Semiotik die Bildwissenschaft zu lokalisieren. Beide Ansätze finden Verwendung in dem neuen Arbeitsgebiet der Visuellen Kultur, das Zeichen- und Bildwissenschaft sowie eine Vielzahl anderer Ansätze in der Analyse sämtlicher visueller Phänomene integriert. Hier überschneidet sich dann visuelle mit medialer und kultureller Kompetenz.

Weder handelt es sich hier um regelrechte Einführungen in die angesprochenen Fachgebiete noch kann eine ausführliche Didaktik visueller Kompetenzvermittlung entwickelt werden, sondern es können nur Hinweise und Beispiele dafür gegeben werden, welche Wissensbestände man bei der Behandlung visueller Kompetenz berücksichtigen sollte. Unsere Lebenswelten, Kulturen und sozialen Systeme beruhen in erheblichem Maße auf visueller Kommunikation, so dass es eigentlich keinen Bereich menschlicher Interaktion gibt, in dem visuelle Kompetenz nicht gefordert wäre.

Vorrangig kann die Semiotik, aber auch die Bildwissenschaft, zur visuellen Kompetenz beitragen. Visuelle Kompetenz wird auch als ‚Visual Literacy'[1] bezeichnet: sie ist 1. (kognitiv) die Voraussetzung dafür, Visualisierungen zu verstehen, sie führt 2. (affektiv) zu einer verbesserten Wahrnehmung, sie schafft 3. (konativ) ein Bewusstsein für visuelle Manipulationen, das weiteres Verhalten anleiten kann, erlaubt 4. (ästhetisch) eine gesteigerte Wertschätzung von Zeichen und Bildern und ermöglicht auch 5. (kreativ) Visualisierungen zu verbessern bzw. zu schaffen. Zwei Schaubilder sollen abschließend den Erwerb visueller Kompetenz schematisieren.

1 Vgl. Paul Messaris: Visual 'Literacy'. Image, Mind, and Reality, Boulder 1994; David M. Moore/Francis M. Dwyer (Hrsg.): Visual Literacy. A Spectrum of Visual Learning, Englewood Cliffs 1994.

1. Semiotik

Wenn Menschen kommunizieren, tun sie das mit Hilfe von Zeichen, insofern ist die Semiotik als Wissenschaft von den Zeichen universal und kommt auch in fast allen Wissenschaften zur Anwendung. Ein Zeichen ist etwas, das für etwas anderes steht, um Bedeutung zu konstituieren, speichern und vermitteln zu können (Semiotik). Damit es dies tut, muss es interpretiert werden (Semantik). Dass dies möglich ist, bedarf es der Verknüpfung mit anderen Zeichen (Pragmatik). Ein Zeichen tritt also nie vereinzelt auf, sondern stets eingebunden in – im Prinzip endlose – Zeichenketten. Somit ist das Konzept des Zeichens eigentlich eine Abstraktion, um der involvierten Elemente theoretisch habhaft zu werden. Diesen Zeichenprozess, die Semiose, kann man immer nur annähernd beschreiben und das auch nur in Reduktion der tatsächlichen Verknüpfung bzw. Verknüpfbarkeit von Zeichen. Dabei ist die Semiotik kein kruder Formalismus des Bedeutens: Ein Zeichen ist zwar etwas, das für etwas anderes steht, es kann aber auch für etwas ganz anderes stehen, als man annimmt.

Zeichen sind binär kodiert, d. h. das Bezeichnende verweist auf das Bezeichnete, z. B. das ausgesprochene, physische Lautmuster [pa'nɔptɪkʊm] verweist auf das vorgestellte, metaphysische Konzept des Panoptikums. Die Einheit dieser Differenz macht das Zeichen bzw. das Wort ‚Panoptikum' aus, das selbst wiederum den Gegenstand bzw. ein tatsächliches Panoptikum bezeichnet (Jeremy Benthams Vorschlag für eine Gefängnisarchitektur, eine Sammlung von Sehenswürdigkeiten z. B. das Wachsfigurenkabinett in Hamburg St. Pauli oder Michel Foucaults Symbol für die moderne Gesellschaft). Es handelt sich also um zwei Differenzen – zwischen Lautmuster und Vorstellung bzw. zwischen Zeichen und Gegenstand – deren jeweilige Einheit zwar kontingent ist (es könnte auch ‚Zusammen-Schau' heißen, es heißt ‚wax museum' auf Englisch, wohingegen panopticon im Englischen ausschließlich den Gefängnistyp bezeichnet), aber in seiner Kontingenz konventionalisiert worden ist (man kann das Wort in der jeweiligen Sprache nachschlagen, für die Übersetzung gibt es Wörterbücher etc.). Der Dekonstruktivist kann nun aber die Hierarchie von Bezeichnetem über Bezeichnendem im semiotischen Dreieck dialektisch umkehren und das Lautmuster in Differenz zu einem ganz anderen Bezeichneten ‚lesen'.[2]

2 Exemplarisch für den Post-Strukturalismus sei hier nur Jacques Derrida genannt, auf den man hauptsächlich das Verfahren der Dekonstruktion bezog.

Um das plausibel zu machen, bietet es sich an, den semantischen Kontext zu wechseln: Auf der Rückseite der Postkarte heißt es ‚Bitte freimachen' – und das heißt es auch beim Arzt. Manchmal allerdings ist der Wechsel des Kontexts nicht explizit und dann kommt es zu Missverständnissen, das heißt, das Zeichen steht für etwas anderes als man meinte. Das Zeichen enthält also sozusagen eine ‚Sollbruchstelle', wie ein Bild seinen eigenen Bildbruch, seine Katachrese enthält und zwar einfach durch die Tatsache, dass es binär kodiert ist und deshalb dialektisch gelesen werden kann. Das ist besonders drastisch deutlich zu machen anhand von ungewollten Konnotationen von Bildern in der Werbung, die unfreiwillig komisch und auch diskriminierend wirken können. Das kann dann die gewünschte Metonymie (Assoziation) von Produkt (schnelles Auto oder Unterwäsche für Männer) und Werbeträger (nackte Frau oder starker Mann schwarzer Hautfarbe) verhindern, weil der Effekt der Diskriminierung des Bezeichnenden stärker als der der Werbung für das Bezeichnete ist.

Das ist vor allem dann der Fall, wenn man mit der entsprechenden Anzeige sein Publikum verfehlt hat, das Zeichen also im falschen Kontext verwandt wird. Wenn es in der Werbung heißt, ein Bild sage mehr als tausend Worte, ist es umso fataler, wenn es ungewollt zur Anti-Werbung kommt, deren Produktion wie Rezeption von der visuellen Kompetenz des Betrachters abhängt. Hier ein Beispiel: Die ganzseitige Vierfarb-Anzeige eines Automobilherstellers zeigte das Foto einer Männerunterhose mit seitlichem Eingriff. Überschrift: „Wer seine Geschäfte schneller erledigen will, muss auch seitlich rankommen können." Das zu bewerbende Produkt, ein Transporter, war nur in Briefmarkengröße abgebildet. Detaillierte Informationen zum Auto fehlten. Nach Auffassung Kay Tangermanns vernichten ‚Denkfehler' dieser Art Jahr für Jahr Milliarden Euro.[3] Statt Motor der Wirtschaft zu sein, verliere sich ein Großteil der Werbung in Clownerie und Nabelschau. Dabei wird natürlich auch die visuelle Kompetenz der potenziellen Kunden unterschätzt. Umgekehrt kann man mit der Vermittlung visueller Kompetenz gute Werbung machen: die Marke Dove z. B. zeigt in einem Videoclip[4] wie in der Werbung aus einem unscheinbaren Gesicht physisch und auch digital ein spektakuläres hergestellt werden kann. Sie macht damit für ihren ‚real beauty work-

3 Vgl. Kay Tangermann: Werbung. Der Milliardenpoker, München 2003.
4 Vgl. Onlinedokument http://www.frutilla.de/marketingforum/read.php?10,207 [07. 07. 2009].

shop' Werbung – eingeblendet wird der Satz: „No wonder our perception is distorted" – und will damit Frauen mit eher unscheinbaren Gesichtern ansprechen, die sich so zu schätzen lernen wie sie sind.

Den aufklärerischen Umgang mit dem semiotischen Dreieck hat vor allem Roland Barthes in ‚Mythen des Alltags' bekannt gemacht, obwohl der ‚semiotische Blick' natürlich immer schon und auch auf ähnlich prägnante Weise praktiziert wurde. Der Mythos ist immer die Dominanz des Bezeichneten über das Bezeichnende, ob es die Produkte aus Plastik sind, die ein ‚Spectaculum', ein ‚Bilderrätsel' darstellen, weil Plastik als „Substanz fast nicht existiert" bzw. „gänzlich in seinem Gebrauch auf[geht]",[5] oder die Schockfotos, die nicht mehr schockieren: „Die gelungenen Bilder bleiben ohne Wirkung auf uns", aber die weniger gelungenen dafür umso mehr,[6] oder der Akt des erotischen Entkleidens im Striptease, der damit endet, dass der Körper der Frau paradoxerweise mit ihrer Nacktheit bekleidet ist.[7] Dabei besteht Barthes' visuelle Kompetenz darin, dass er nicht nur den Blick auf das Bezeichnende wirft – also gleichsam den Signifikanten der Herrschaft der Signifikate entreißt – sondern auf die Zeichenprozesse abhebt, die immer auf die eine oder andere Weise Prozesse der Instrumentalisierung, der Dienstbarmachung, der Ausbeutung, der Ausblendung etc. sind. Es sind die Sollbruchstellen in den Zeichen und Katachresen der Bilder, die die Kommunikation irritieren und in Gang halten und es ist die Medienkompetenz im Umgang

5 Barthes, Roland: Mythen des Alltags, übers. von Helmut Scheffel, Frankfurt 1981 (1957), S. 79-81. Mit Plastik meint Barthes auch, dass – so wie alles zum Zeichen von etwas anderem werden kann – im Grunde alles zum Mythos werden kann: „Das Plastik ist weniger eine Substanz als vielmehr die Idee ihrer endlosen Umwandlung, es ist, wie sein gewöhnlicher Name anzeigt, die sichtbar gemachte Allgegenwart. Und gerade darin ist es ein wunderbarer Stoff: das Wunder ist allemal eine plötzliche Konvertierung der Natur. Das Plastik bleibt ganz von diesem Erstaunen durchdrungen: es ist weniger Gegenstand als Spur einer Bewegung." Die meisten Gegenstände unseres Alltags konstituieren solche Mythen, deren Ursprung uns nicht bewusst ist, deren Bedingung ihrer Möglichkeit wir nicht mehr reflektieren, deren ursprünglicher Prozess des Bezeichnens, der der ‚plastische' ihrer Verfertigung ist, meist einen blinden Fleck darstellen. Im Grunde handelt es sich also bei visueller Kompetenz auch um eine ökologische Kompetenz, da in diesen Zeichenprozessen letztlich immer die Kultur die Natur dominiert – was Barthes als Mythos entlarvt.

6 Ebd., S. 55-58.

7 Vgl. ebd., S. 68-72.

mit Texten als den Kontexten von Zeichen, die die Welterfahrung, Weltaneignung und Weltgestaltung möglich macht. Es gibt wohl auch eine materiale Aneignung von Welt – und das muss nicht nur der Stoffwechsel sein – aber wenn es sich um Prägung oder gar Konditionierung handelt, wird auch diese über Zeichenprozesse erfolgen, die es wert sind, dass man sie sich bewusst macht.

Wenn Texte Superzeichen sind, dann ist Kultur ein Super-Superzeichen. Wie auch immer man den Kulturbegriff fasst, dies ist zumindest eine Hierarchie, die sich von den Zeichen und ihrer jeweiligen Integration in größere Zusammenhänge her nahelegt und in ihrer Reduktion auch eine, fürs Erste hilfreiche Orientierung darstellt. Es geht in der Semiotik auch nicht darum, Kultur fassbar, sondern bewusst zu machen, dass man, wenn man Zeichen deutet, immer schon von Kultur spricht, denn nur ihre Konventionalisierungen sind es, die Zeichen zu solchen machen und dementsprechend erfährt man Kultur (neu), wenn man auf Zeichen und die in ihnen verborgene Dialektik reflektiert. Einen ähnlich aufklärerischen Anspruch erhob schon die Rhetorik und vor allem die Kritische Theorie der Frankfurter Schule. Heute ist dieses Zeichenverständnis vor allem in der Diskursanalyse prominent, aber auch in Fachgebieten wie Cultural Studies, Gender Studies, Black Studies, Postcolonial Studies, Popular Culture Studies etc.[8] Und umgekehrt sind all diese Fachgebiete auch dazu geeignet, visuelle Kompetenz zu vermitteln.

Nach ihrer über zweitausendjährigen Geschichte ist die Semiotik seit der Jahrtausendwende in ihre enzyklopädische Phase eingetreten[9] und es gibt nun eine Vielzahl von Varianten, wobei die Auseinandersetzung zwischen dem bio-evolutionären und dem sozio-evolutionären Ansatz die interessanteste sein dürfte. Geht es um visuelle Kompetenz, hält man sich allerdings besser an den sozio-evolutionären Ansatz, der es erlaubt, eine

8 Bezeichnenderweise führen diese Gebiete alle die Bezeichnung ‚Studies' gerade weil die Semiotik als Methode hier (im anglophonen Raum) so prominent ist. Das heißt nicht, dass die Kulturwissenschaft, die Ethnologie, die Soziologie etc. nicht auch da und dort von der Semiotik methodisch angeleitet werden würden.

9 Vgl. Paul Bouissac: Encyclopedia of Semiotics, Oxford 1998; Winfried Nöth: Handbuch der Semiotik, rev. u. erw. 2. Aufl., Stuttgart/Weimar 2000; Roland Posner/Klaus Robering/Thomas A. Sebeok (Hrsg.): Semiotik/Semiotics: Ein Handbuch zu den zeichentheoretischen Grundlagen von Natur und Kultur, 4 Bde., Berlin u. a. 1997-2004.

Sozio-Kultursemiotik zu konstituieren. Inwieweit eine Bio-Kultursemiotik nicht auf einen deterministischen Biologismus zurückfällt, bleibt abzuwarten. Die sozio-semiotische Richtung geht zurück auf den Anti-Strukturalisten Michel Bachtin und wurde vor allem durch Ferrucio Rossi-Landi ausgeprägt, dessen Zeichenbegriff besagt, dass ein Zeichenträger der Identifikator eines Stücks Gesellschaft ist und die Zeichen-Arbeit beide auf Zeit vereint. So kann Landi auch von einer Homologie sprachlicher und materieller Produktion sprechen, die die Gesellschaft reproduziert.[10]

Das folgende Bild ist der Beweis für einen Lernprozess visueller Kompetenz nach Landi. Logos sind besondere Zeichen, die im Rahmen eines bestimmten Kontexts für ein Produkt werben. Man wird sie also nicht nur mit dem Produkt identifizieren, sondern man identifiziert, besser wäre ‚infiziert', sich durch die Arbeit des Zeichenlesens auch mit einem bestimmten Kontext. Wird man sich dessen bewusst, kann man die Einheit der Differenz von Logo und Kontext deshalb abbilden, weil man sie durchschaut hat. In diesem Fall hat das Bild, das aus diesem Lernprozess resultierte, die paradoxe Wirkung, dass es immer noch an Coca Cola erinnert, aber gleichzeitig als Ikone des Kapitalismus entlarvt wird.

Abb. 1, Quelle: Tolga Kocak, in: Die Zeit, Nr. 26, 2005, S. 44.

Dieses Beispiel zeigt auch, wie relevant visuelle Kompetenz sein kann, wenn man Zeichenprozesse als Zeichenproduktion, Zeichenaustausch und Zeichenkonsum untersucht, denn Zeichen haben zwar symbolische Funktion, aber nichtsdestoweniger immer auch Warencharakter.[11]

10 Vgl. Feruccio Rossi-Landi: Sprache als Arbeit und als Markt, übers. von Burkhart Kroeber, 2. Aufl., München 1974.

11 Damit befassen sich vor allem die Consumption Studies oder auch Consumer Culture als Fachgebiet.

Ein Logo zumindest steht für den Wert seiner Marke, die Rechte an einem Logo können sehr teuer sein und werden auch unabhängig vom Besitzer einer Marke gehandelt.

2. Probleme der Wahrnehmung

Natürlich formalisiert Semiotik das Sehen auf einer diskursiven Ebene, das auf der neurologischen Ebene der Wahrnehmung noch sehr viel formaler beschrieben werden müsste als in Seminaren zur visuellen Kompetenz möglich.[12] Womit man sich aber vertraut machen muss, sind Probleme der Wahrnehmung und zwar nicht nur optische Illusionen, sondern evolutionär erworbene und kulturell eingeübte Muster der Wahrnehmung (universale ‚Gestalten' der Gestalttheorie sowie kulturspezifische Stereotype), selektive Wahrnehmung, Verzerrungen, Erwartungen etc. Der Satz ‚Man glaubt nur, was man sieht' ist ein sehr trügerischer, da er eine Korrespondenztheorie der Wahrheit postuliert, die im Gehirn kein neuronales Korrelat hat.

Die folgende Anzeige, die in einer Reihe von vielen der gleichen Marke steht, zeigt, wie der Betrachter das ‚Objekt der Begierde', eine Flasche Wodka der Marke ‚Absolut', selbst aus den versammelten Tauben auf dem Platz vor dem Dogenpalast ‚herstellen' muss – und das wohl auch interessant findet, weil es insofern visuelle Kompetenz erfordert, als das Bild paradox bleibt: es sind Tauben (Bezeichnendes), dennoch ist es eine Flasche (Bezeichnetes), dennoch verweist die imaginierte Flasche zurück auf die realen Tauben usw.:[13]

12 Siehe etwa Robert Snowden/Peter Thompson/Tom Troscianko: Basic Vision. An Introduction to Visual Perception, Oxford 2006.

13 Gleichzeitig erinnert dieses Bild auch an den architektonischen Zeit-Raum der Renaissance, in dem die Zentralperspektive (wieder) Einzug in die Kunst fand und mit ihm die visuelle Beherrschung des Raumes, da die Zentralperspektive am ehesten der des menschlichen Sehens entspricht.

Abb. 2: Absolut Vodka, Quelle: Onlinedokument http://absolutad.com [07. 07. 2009].

Das Gehirn muss die Welt, die es über Sinneseindrücke (digital) vermittelt bekommt, intern konstruieren und diese Konstruktion mit der (analogen) Wirklichkeit abgleichen. Die erste anatomische Hürde, die wir zwar nicht wahrnehmen, die aber viele optische Illusionen möglich macht, ist die einfache Tatsache, dass die dreidimensionale Welt auf der Retina zweidimensional erscheint und dann erst über separierte Signale von Kanten, Kontrasten, Texturen, Farben, Bewegung und Richtung als eine dreidimensionale simuliert werden muss. Dass dabei Informationen verloren gehen können, ersetzt werden, wenn sie fehlen und hinzugefügt, wenn sie erwartet oder gewünscht werden, ist leicht denkbar – aber fatal. Im Gehirn wiederum kann sich die Aufmerksamkeit auf Details (linke Hemisphäre) oder auf das Ganze richten (rechte Hemisphäre) je nach persönlicher, aber auch kultureller Präferenz bzw. Prägung. Im Übrigen ist nicht nur unsere Wahrnehmung fehlerhaft, sondern auch die Informationsverarbeitung im Gehirn in Zusammenhang mit einem gleichfalls fehlerhaften Gedächtnis, ganz zu schweigen von unserem emotionalen Zustand in der jeweiligen Situation, der wiederum unsere Wahrnehmung, die Informationsverarbeitung und das Gedächtnis beeinflusst und schließlich auch unsere Motivation genauer hinzusehen – oder gar wegzuschauen. Eine Reihe von neurologischen Erkenntnissen hat über die Populärwissenschaft Eingang in die didaktische Vermittlung visueller Kompetenz geführt. Dazu gehört zum Beispiel die Rede vom Limbischen System und die von den Spiegelneuronen.

Während der evolutionsgeschichtlich jüngere Neokortex für rationales Verhalten verantwortlich ist, ist es das ältere Limbische System für emotionales Verhalten und das hat auch für die visuelle Kompetenz erhebliche Bedeutung. In dem von Jacques LeDoux und Antonio Damasio untersuchten sogenannten ‚circuitry of fear' zeigt sich, dass das visuelle Signal vom Auge in den visuellen Thalamus geht und von dort einmal direkt in den Mandelkern bzw. die Amygdala, dann aber auch über den Umweg des visuellen Kortex in den Mandelkern, der dann ein Signal zur motorischen Reaktion auf das visuelle Signal abgibt. Die Entdeckung war nun, dass der direkte Weg über den Mandelkern der unbewusst-emotional gesteuerte ist, der schnellere und evolutionsgeschichtlich ältere, während der Umweg über den visuellen Thalamus zwar der bewusst-rationale, aber auch der langsamere und evolutionsgeschichtlich jüngere ist. Im Fall der Abbildung 3 bezieht sich das visuelle Signal auf eine Schlange, der wir besser ausweichen, bevor wir überhaupt erkannt haben, ob sie giftig ist oder nicht. Wir sind bereits auf dem Sprung, bevor wir merken weshalb. Dies ist eine Erfahrung, die in der Evolutionsgeschichte im menschlichen Gehirn fest verankert worden ist. Diese Entdeckung – und viele andere ähnlicher Art – war gleichsam die Begründung der weiteren Erforschung der emotionalen Intelligenz,[14] da ja offensichtlich bei einem kleinen Zeitfenster der Handlungsoption auf ältere und emotionale Muster zurückgegriffen werden muss, emotionale Intelligenz also geradezu Präferenz vor rationaler Intelligenz haben muss. Man könnte also durchaus auch von einer Form der visuellen Intelligenz sprechen, die in der Gestalttheorie ihre Vorläufer hat.

14 Popularisiert durch Daniel Goleman: Emotionale Intelligenz, übers. von Friedrich Griese, München 1997 (1995).

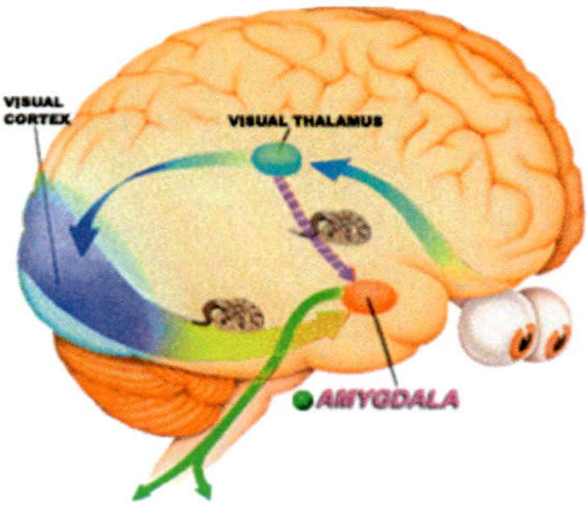

Abb. 3: Visuelle Intelligenz, Quelle: Onlinedokument http://www.columbia.edu/~lep1/rry/w3410/LeDoux/movie.gif [07. 07. 2009].[15]

Fast noch größere Wirkung erzielt zurzeit die Rede von den Spiegelneuronen. Sie sind das neurologische Korrelat der Spiegelkompetenz, der Fähigkeit also von Menschen, Primaten, Delphinen und Rabenvögeln, sich selbst im Spiegel zu erkennen. Giacomo Rizzolatti entdeckte sie 1995 bei Tierversuchen mit Affen, als auffiel, dass eine bestimmte Sorte von Neuronen dann reagierte, wenn bestimmte Handlungen durchgeführt wurden, aber auch, wenn sie bei anderen der gleichen Art beobachtet wurden.[16]

In letzter Zeit wurde diskutiert, ob mit den Spiegelneuronen der Schlüssel für das Verständnis von Empathie, Sprache und darüber hinaus für die Kultur gefunden worden sei. Entscheidend ist hier ihre Bedeutung für visuelle Kompetenz, die wie die Muster der Gestalttheorie zum Teil angeboren ist. Gerade auf dieser Ebene der Anatomie und Neurologie des Sehens stellen Moral und Ethik hohe Anforderungen an die visuelle Kompetenz: Welche Selektionen und Verzerrungen sind vor welchem Publikum, das diese nicht bewusst wahrnehmen wird, noch vertretbar? Was ist mit Manipulation, Stereotypisierung, Missbrauch, Gewalt, Ausbeutung im Bild von anderen? Wo sind welche ethischen Grundprinzipien in Visualisierungen bereits wirksam, wo nicht? Es sind eine Menge subtiler, wenn

15 Diese Illustration erschien zum ersten Mal in Joseph LeDoux: Emotion, Memory and the Brain, in: Scientific American, June Issue 1994, pp. 32-39.

16 Vgl. Giacomo Rizzolatti/Corrado Sinigaglia: Empathie und Spiegelneurone. Die biologische Basis des Mitgefühls, Frankfurt am Main 2008; Lisa Gross: Evolution of Neonatal Imitation, in: Public Library of Science, Biology (PLoS Biology), No. 9, Vol. 4, 2006; Onlinedokument http://dx.doi.org/10.1371/journal.pbio.0040311 [07. 07. 2009].

nicht sublimer Effekte von Bildern demonstrierbar, auf die man hinweisen muss, in der Hoffnung, dass sich daraufhin der Effekt auf die ‚unvoreingenommene' Wahrnehmung abschwächt. In der Didaktik wird man in diesem Zusammenhang z. B. Statussymbole diskutieren, darauf eingehen, wie wir täglich non-verbal unsere Umwelt täuschen (von der Kleidung über das Body Building bis zur plastischen Chirurgie) und uns unseren eigenen Stil schaffen, wie Bildkommunikation in der Werbung auf psychologische Effekte angelegt wird[17] und auch die verschiedenen Funktionen der Kunst lassen sich hier untersuchen, nicht zuletzt die Instrumentalisierung der Kunst in der Werbung.[18] Dabei überschneidet sich die Aufklärung über Sinneswahrnehmung und unbewusste Verarbeitung mit medialer Kompetenz, da uns besonders in den Massenmedien Zeichen und Bilder massiv beeindrucken. Hier ist auch der Übergang zur Bildwissenschaft und zur ‚Visual Culture' zu suchen.

3. Iconic Turn und Bildwissenschaft

Für die Epochenschwelle des ‚Iconic Turn' gibt es unterschiedliche Argumentationen. Gemeint ist eigentlich die Rückkehr der Bilder in den Medien nach dem Ende der ‚Gutenberg Galaxie',[19] ob man dies nun mit der Photographie, dem Film oder dem Fernsehen ansetzt. Im deutschen Sprachgebrauch wird der ‚Iconic Turn' im Gegenzug zum ‚Linguistic Turn' – gleichbedeutend mit ‚Semiotic Turn' – konzipiert, d. h. Bilder werden als etwas anderes verstanden als Zeichen.[20]

Während sich die Semiotik mit dem Wissen und Verständnis von Zeichenprozessen befasst (Kognition), ist es der Bildwissenschaft eher um die Wirkung von Bildern und ihrer Erzeugung zu tun (Affektion).[21] Im Gegensatz zu den Zeichen, über die universal jede Form der Verständigung abläuft, ist die Funktion der Bilder durchaus eingeschränkt und deshalb ist auch eine visuelle Kompetenz, die sich allein von der Bildwis-

17 Siehe z. B. die ‚Bibel' der Werbung von Werner Kroeber-Riel: Bildkommunikation. Imagerystrategien für die Werbung, München 1993.

18 Siehe z. B. John Berger: Sehen. Das Bild der Welt in der Bilderwelt, übers. von Axel Schenk, Hamburg 1974.

19 Vgl. Marshall McLuhan: The Gutenberg Galaxy, London 1962; Norbert Bolz: Am Ende der Gutenberg-Galaxis, München 1995.

20 Siehe Onlinedokument http://www.iconicturn.de [07. 07. 2009].

21 Siehe auch Martin Schulz: Ordnungen der Bilder. Eine Einführung in die Bildwissenschaft, Paderborn 2005.

senschaft ableitet, eingeschränkt – im Übrigen kommt auch die Bildwissenschaft nicht ohne Sprache aus. Bilder können Gegenstände und Ereignisse wiedergeben, aber nicht wie die Sprache nicht-visuelle Erfahrungen (Töne, Aromen etc.) und auch keine abstrakten Begriffe (Argumente, Konzepte, Kategorien etc.). Bilder können im Gegensatz zur Sprache nur begrenzt analytische Funktionen wie Affirmation/Negation, Kausalität, Konditionalität, Syllogismen etc. erfüllen. Sprachliche Kompetenz hat man vergleichsweise mühsam erworben, während die basale visuelle Kompetenz, also Wahrnehmung, angeboren ist – weshalb es auch so schwer ist, sich über das Bewusstmachen ihrer Einschränkungen (Muster, Selektivität, Akzentuierung, Verzerrung, Illusionierung) ‚weiterzubilden'. Kulturell wird die menschliche Wahrnehmung noch weiter eingeschränkt bzw. konditioniert (Stereotype). Über ein diskursives ‚Weltbild' kann man sich Rechenschaft ablegen, nicht aber über sein Bild von der Welt. Das ideologische Weltbild meines (Zeichen-)Diskurses basiert auf bestimmten digitalen ‚Codes' (der Kultur, der Politik, der Ökonomie etc.), meine Bilder von der Welt auf analogen Kontexten (Erlebnisse, Erfahrungen etc.). Man kann sagen: „Images are sources of aesthetic delight, instruments of potential manipulation, conveyors of some kind of information – but not a language."[22] Dieses Argument gegen die Bildersprache kann man natürlich auch umkehren, da Bilder gerade das leisten, wozu Zeichen in ihrer Digitalisierung von Wirklichkeit nicht in der Lage sind: Nicht eine analytische, sondern eine synthetische Auffassung von Welt und Wirklichkeit, die auch kognitiv in ganz anderen, viel emotionaleren Zusammenhängen steht. Eine Unterscheidung nach linker und rechter Hemisphäre des Gehirns wird dem nicht gerecht, da bei der Wahrnehmung von Bildern beide Hemisphären aktiv sein müssen. Dennoch läuft die Unterscheidung von Zeichen und Bildern letztlich auf einen solch scheinbaren Gegensatz in der Hirnstruktur hinaus, der aber zugleich auch die Interdependenz beider Fähigkeiten (rationale Konzentration auf Details in der linken und emotionale Erfassung des Gesamtzusammenhangs in der rechten Hirnhälfte) bedeutet.

Es wurde bereits erwähnt, dass Wahrnehmung bzw. Sehen ein aktiver Vorgang (Synthese) ist und nicht nur ein passiver (Analyse). Dies ist zumindest seit Konrad Fiedlers Schrift ‚Über den Ursprung der künstlerischen Tätigkeit' (1887) die Auffassung der Bildwissenschaft. Fiedlers eigene Theorie der aktiven Wahrnehmung hatte Rückwirkung auf die

22 Messaris, 1994, S. 113.

Kunst (Klee, Kandinsky) und prägt heute den Stand der Bildwissenschaft in Deutschland, die sich aus der Kunstwissenschaft entwickelt hat und versucht, deren Methoden aus der historischen Formenanalyse auf jedweden Bildgebrauch zu übertragen.[23] Gottfried Boehm verwendet den Begriff ‚ikonische Differenz' und meint damit die materielle Manifestation eines Immateriellen, also die Sichtbarmachung von etwas Abwesendem. Diese ‚ikonische Differenz' ist durchaus die des materiell Bezeichnenden (etwa die Farbe Rot), das im semiotischen Dreieck der Dominanz des immateriell Bezeichneten (etwa die Liebe, der Hass etc.) unterworfen ist.[24] Was in der Bildwissenschaft das Spezifische des Bildes – gegenüber dem Zeichen – ausmacht, ist nicht ohne weiteres zu klären und wenn, dann auch wiederum nur sprachlich. Insofern kann ‚ikonische Differenz' auch nicht als ‚Iconic Turn' bezeichnet werden, als ob sich damit eine Frontlinie zur Semiotik aufgebaut hätte.[25]

Wesentlich hat den deutschen ‚Iconic Turn' in der Kunstwissenschaft der Literaturwissenschaftler W. J. T. Mitchell mit seinem ‚Pictorial Turn' angeregt, der ihn aber nicht so sehr auf eine Frontstellung zur Semiotik bringt, sondern eher die Semiotik auf die hier zugrunde gelegte Erweiterung auf Texte und Kultur hin überschreitet:

> Whatever the pictorial turn is, then, it should be clear that it is not a return to naive mimesis, copy or correspondence theory of representation, or a renewed metaphysics of pictorial „presence": It is rather postlinguistic, postsemiotic rediscovery of the picture as a complex interplay between visuality, apparatus, institutions, discourse, bodies, and figurality. It is the

23 Vgl. Gottfried Boehm (Hrsg.): Was ist ein Bild?, 3. Aufl., München 2001; Hans Belting: Bild-Anthropologie. Entwürfe für eine Bildwissenschaft, München 2001. Etwa zeitgleich wurde auch in den Naturwissenschaften die hierarchisch gefestigte Relation von (beobachtendem) Subjekt und (beobachtetem) Objekt relativiert, was schließlich durch Heisenbergs Unschärferelation seine klassische Versuchsanordnung fand. Siehe Heinz von Foerster: Observing Systems, Seaside 1981 und andere Publikationen des Autors. Die Verkehrung der Subjekt/Objekt-Relation – oder die Thematisierung des Beobachterparadoxes – muss implizit und explizit immer auch Gegenstand der Vermittlung von visueller Kompetenz sein, kann aber in diesem Rahmen nicht weiter ausgeführt werden.

24 Gerade aus dieser ‚Unterwerfung' soll die ‚dekonstruktive' Arbeit der Semiotik das Bezeichnende befreien. Siehe Derrida.

25 Gemeint ist damit auch eher die Bildsemiotik. Siehe Klaus Sachs-Hombach: Das Bild als kommunikatives Medium. Elemente einer allgemeinen Bildwissenschaft, Köln 2003.

> realization that spectatorship (the look, the gaze, the glance, the practices of observation, surveillance, and visual pleasure) may be as deep a problem as various forms of reading (decipherment, decoding, interpretation etc.) and that visual experience or "visual literacy" might not be fully explicable on the model of textuality.[26]

Innerhalb der Bildwissenschaft hat der Streit zwischen disziplinärer Bewahrung[27] und interdiszplinärer Erweiterung der Kunstwissenschaft und Übertragung ihrer Bildkompetenzen[28] einiges Aufsehen erregt. In beiden Fällen handelt es sich darum, visuelle Kompetenz zu reklamieren, die wohl niemand der Kunstwissenschaft in Abrede stellen möchte, nur muss darauf hingewiesen werden, dass es ‚homologe' Kompetenzen in ganz unterschiedlichen Wissenschaften gibt. So gibt es soziologische, ethnologische, psychologische etc. Bildforschung. Gefordert wird auch eine ‚Bildkulturwissenschaft als Kulturbildwissenschaft'.[29] Solch homologe Kompetenzen, nicht nur in Bild- und Kulturwissenschaften, betreffen vorrangig Vorstellungen und Vorurteile, deren Herstellung, Verbreitung und Vermarktung, Wahrnehmung, Weitergabe und Tradierung sowie natürlich auch die materielle Verbildlichung solch mentaler Bilder durch Handwerk, Industrie, Kunst, Medien, Werbung, Politik und nicht zuletzt der jeweiligen Wissenschaft selbst.

Festzuhalten bleibt, dass es auch einer Bildwissenschaft nicht um eine einfach gegebene Repräsentativität eines Bildes – sei es eines der Kunst oder des Konsums – gehen kann, sondern um dessen Performanz: die Beantwortung der Frage, wie etwas zum Bild wird, der Frage nach den Funktionszusammenhängen, die einem Bild repräsentative Funktion zuweisen, denn ohne als ein solches gebraucht zu werden, ist kein Bild ein Bild. Diese fast schon politisch zu nennende Fragestellung, da sie sich auf das Interesse des Bildgebrauchs richtet, ist der analytische Kern der Visual Cultural Studies.

26 Mitchell, W. J. Thomas: Picture Theory. Essays on Verbal and Visual Representation, Chicago 1994, S. 16.

27 Vgl. Horst Bredekamp: Bildwissenschaft, in: Metzler Lexikon Kunstwissenschaft, Stuttgart 2003.

28 Vgl. Belting, 2001.

29 Vgl. Birgit Mersmann: Bildkulturwissenschaft als Kulturbildwissenschaft? Von der Notwendigkeit eines inter- und transkulturellen Iconic Turn, in: Zeitschrift für Ästhetik und Allgemeine Kunstwissenschaft, H. 49, 2004, S. 91-109.

4. Visuelle Kultur

Visuelle Kultur ist das Arbeitsgebiet, in dem Kultur auf Texte und diese wiederum auf Zeichen zurückgeführt werden können und verdankt sich dem Import der Visual Cultural Studies aus dem anglophonen Sprachraum. Während die Cultural Studies in Großbritannien eigentlich als Cultural Materialism im Gegenzug zur Beschäftigung mit der Hochkultur konzipiert wurden, wandelten sie sich in den USA zur textwissenschaftlich begründeten Kultur-Semiotik. Nachdem dort das politische Interesse in den 80ern zuerst in den Hintergrund getreten war, rückte es, aktualisiert durch Gender und Postcolonial Studies in den 90ern – ohne wesentliche methodische Neuerungen – in den Vordergrund.

Schaut man in eine der aktuellen Einführungen,[30] so reihen sich hier relevante Themen wie die folgenden: ‚Practices of Looking: Images, Power, and Politics', ‚Viewers Make Meaning', ‚Spectatorship, Power, and Knowledge', ‚Reproduction and Visual Technologies', ‚Consumer Culture and the Manufacturing of Desire', ‚Scientific Looking, Looking at Science' etc. Wobei sich hinter den großen Themen die Details verbergen vom männlichen und weiblichen Blick im Film, zur Überwachung der Öffentlichkeit, zur plastischen Chirurgie, zum digitalen genetischen Code als ‚Abbild' des Versicherungskunden usw. Ergänzt werden solche Einführungen in die Themen der visuellen Kultur durch umfangreiche Reader, die Theorietexte aus unterschiedlichen Fachbereichen exzerpieren, die für den Cultural Studies Experten aber einschlägig sind und nun auch auf visuelle Kultur angewandt werden.[31]

Die ideologische Verbindung von Sehen, Macht und Wissen, die vor allem auch auf Michel Foucaults Diskursanalyse zurückgeht,[32] wird nun auch im deutschsprachigen Raum mit Verweis auf die Visual Cultural Studies eingeführt. Tom Holert hat hierzu zum Beispiel einen Sammelband unter dem Titel ‚Imagineering' zusammengestellt, der auf die digitale Verfasstheit und die daraus folgenden Probleme heutiger Visibilisierungen aufmerksam macht. Holert versteht sich explizit in Opposition zu bil-

30 Hier: Marita Sturken/Lisa Cartwright: Practices of Looking. An Introduction to Visual Culture, Oxford 2001.

31 Siehe z. B. Nicholas Mirzoeff: The Visual Culture Reader, second edition, London 2002.

32 Es sei nur noch einmal an Foucaults metaphorischen Gebrauch von Benthams Panopticum als Metapher für die moderne Gesellschaft erinnert.

danthropologischen Ansätzen, die die ontologische Frage stellen ‚Was ist ein Bild?'. Auch er fragt nach den Funktionszusammenhängen, die einem Bild repräsentative Funktion überhaupt erst zuweisen. Holert spricht von ‚Politik der Sichtbarkeit' um damit diskursanalytisch darauf zu verweisen, was unsichtbar bleibt, Sichtbarkeit aber ermöglicht. Dies ist wieder der Signifikant, unterworfen dem Signifikat, den es durch visuelle Kompetenz zu befreien gilt.[33]

5. Visuelle Kompetenz

Das folgende Schaubild soll den Erwerb visueller Kompetenz schematisieren:

<table>
<tr><td>Dimensionen</td><td>Interne Faktoren</td><td rowspan="7">Visuelle Kompetenz</td><td>Externe Faktoren</td></tr>
<tr><td rowspan="2">Zeichen</td><td>„Semiotischer Blick"
Visual Literacy</td><td rowspan="3">Effektivität
(aktives Produzieren von Visualisierungen)</td></tr>
<tr><td>kognitiv, affektiv, konativ</td></tr>
<tr><td rowspan="2">Text(e)</td><td>Kontextualisierung von Zeichen
(Medien-Kompetenz)</td></tr>
<tr><td>kognitiv, affektiv, konativ</td><td rowspan="3">Angemessenheit
(passives Verstehen von Visualisierungen)</td></tr>
<tr><td rowspan="2">Kultur(en)</td><td>Kontextualisierung von Texten
Visual Culture
(Kulturelle Kompetenz)</td></tr>
<tr><td>kognitiv, affektiv, konativ</td></tr>
</table>

Abb. 4: Erwerb visueller Kompetenz, Quelle: eigene Darstellung.

Der Erwerb visueller Kompetenz baut auf dem semiotischen Blick auf, also der spezifischen Zeichenkompetenz. Versteht man Text als Superzeichen und Kultur als Super-Superzeichen, erscheint die Zeichenkompetenz als basale Kulturtechnik wie Lesen und Schreiben, die in jedem Bereich und auf jeder Ebene menschlicher Interaktion vorausgesetzt wird. Dort

33 Vgl. Tom Holert (Hrsg.): Imagineering. Visuelle Kultur und Politik der Sichtbarkeit, Köln 2000.

wiederholen sich auch die internen Faktoren, die die Zeichenkompetenz ausmachen. Das Wissen und Verständnis von Zeichenprozessen (kognitiv), ihrer Wirkung (affektiv) und das Bemühen, das eigene Verhalten dementsprechend zu steuern (konativ). Aus der Perspektive der visuellen Kompetenz sollten Medien- und Kulturkompetenz auf der basalen Zeichenkompetenz aufbauen und umgekehrt wird man sich bei der Vermittlung visueller Kompetenz der Anschaulichkeit und Relevanz halber auch auf die Ebene von Text(en) und Kultur(en) begeben. Dabei kann man aus der Zeichenkompetenz auch die komplexeren Kompetenzen wie Bild-, Medien- und Kulturkompetenz entwickeln. Der Semiotik – wie übrigens auch der Systemtheorie, die dazu geeignet ist, der Semiotik eine Funktion im jeweiligen Sozialsystem zuzuweisen – sind hier keine disziplinären Grenzen gesetzt.

Schließlich lässt sich der Erwerb visueller Kompetenz auch bestätigen. In der Didaktik wird diese Bestätigung immer schon den Erwerb begleiten, da der Lerneffekt natürlich nicht durch die Repräsentation (Wiedergabe), sondern durch die Performativität (Anwendung) erfolgt.[34] Eine bekannte Anekdote aus der Bildenden Kunst ist da hilfreich: Um seine Schüler das genaue Beobachten zu lehren, platzierte der Künstler das Modell auf der Straße, ließ die Schüler aber das Bild im dritten Stock des Hauses malen. Der Lernfortschritt wurde also in ein umgekehrtes Verhältnis zu den Kosten gesetzt: je besser der Schüler hinsah desto weniger musste er Treppen steigen. Das Problem dieser didaktischen Anekdote ist nur, dass bei der visuellen Wiedergabe die Kreativität eigentlich nicht vorgesehen war. Kreativität folgt aber ebenfalls aus dieser Kosten-Nutzen-Rechnung: mit weniger akribischer Repräsentation, aber umso ausgefeilterer Performierung des Originals ließen sich die Bilder verbessern, indem man sich nämlich nicht auf den Gegenstand, sondern auf seinen (impressionistischen oder expressionistischen) Effekt auf den Betrachter bzw. sein Affiziertwerden durch das Bild konzentrierte, was letztendlich dazu führte, dass die Kunst auch abstrakt werden konnte. In ähnlicher Weise wird jeder durch den Erwerb visueller Kompetenz zugleich analytischer mit visuellen Repräsentationen umgehen und andererseits auch kreativer in der Produktion eigener Visualisierungen werden.

34 Beide Bedeutungen dieses zentralen Begriffs der aristotelischen Poetik sind durch den Begriff Mimesis abgedeckt.

Abschließend soll in dem folgenden Schaubild noch einmal zusammengefasst werden, welche ‚Schlüsselkompetenzen' für den Erwerb visueller Kompetenz erforderlich sind:

kognitiv (Wissen)	affektiv (Wirkung)	konativ (Handeln)
Anatomie und Neurologie des Sehens und der Bildverarbeitung Semiotik Visuelle Kommunikation	Wahrnehmungspsychologie Gestalttheorie Bildwissenschaft	Semio-Ethik Ökologie der Zeichen und der Bilder
Repräsentativität: Zeichen- bzw. Bildordnungen		Performanz: Zeichen- bzw. Bildprozesse

Abb. 5: Interne Faktoren visueller Kompetenz: Fachkompetenzen, Quelle: eigene Darstellung.

Bei diesem Schaubild ist grundsätzlich auf den prozessualen Zusammenhang der drei Dimensionen hinzuweisen: Unser Handeln (konativ) ist geprägt durch die Erfahrungen (affektiv), die wir gemacht haben, die als Wissensbestände (kognitiv) das weitere Handeln prägen. Wir identifizieren uns mit diesem Rückkopplungskreislauf, mit dem unsere Sozialisation und Individuation eingesetzt hat. Visuelle Kompetenz soll dies eigentlich zum Bewusstsein bringen und eine größere Aufmerksamkeit für unsere Umwelt ermöglichen. Genau dies sei hier mit Semio-Ethik bedeutet: Dekonstruktion etablierter Hierarchisierungen zwischen Bezeichnetem und Bezeichnendem (schön/hässlich, Mann/Frau, heimisch/exotisch, hetero/homo etc.) und dementsprechend Aufdecken struktureller Gewalt in Zeichenprozessen. Ökologisch ist diese Semio-Ethik insofern, als Dekonstruktion auch darauf verweist, dass kulturelle Zeichenprozesse immer auf ihren Ursprung in der Materialität bzw. auf das, was wir als ‚Natur' bezeichnen, zurückgeht.[35]

35 Siehe Fußnote 5.

Literaturverzeichnis

Bachtin, Michail: Rabelais und seine Welt. Volkskultur als Gegenkultur, hrsg. und mit einem Vorwort von Renate Lachmann, Frankfurt am Main 1987 (1940).

Belting, Hans: Bild-Anthropologie. Entwürfe für eine Bildwissenschaft, München 2001.

Barthes, Roland: Mythen des Alltags, übers. von Helmut Scheffel, Frankfurt am Main 1981 (1957).

Berger, John: Sehen. Das Bild der Welt in der Bilderwelt, übers. von Axel Schenk, Hamburg 1974.

Boehm, Gottfried (Hrsg.): Was ist ein Bild?, 3. Aufl, München 2001.

Bolz, Norbert: Am Ende der Gutenberg-Galaxis, München 1995.

Bouissac, Paul: Encyclopedia of Semiotics, Oxford 1998.

Bredekamp, Horst: Bildwissenschaft, in: Metzler Lexikon Kunstwissenschaft, Stuttgart 2003.

Derrida, Jacques: Grammatologie, übers. von Hans-Jörg Rheinberger und Hanns Zischler, Frankfurt am Main 1983 (1967).

Fiedler, Konrad: Schriften zur Kunst, hrsg. von Gottfried Boehm, 2 Bde. (2. verbesserte und erweiterte Auflage 1991), München 1971.

Foerster, Heinz von: Observing Systems, Seaside 1981.

Foucault, Michel: Überwachen und Strafen, übers. von Walter Seitter, Frankfurt am Main 1977 (1975).

Goleman, Daniel: Emotionale Intelligenz, übers. von Friedrich Griese, München 1997 (1995).

Gross, Lisa: Evolution of Neonatal Imitation, in: Public Library of Science, Biology (PLoS Biology), No. 9, Vol. 4, 2006; Onlinedokument http://dx.doi.org/10.1371/journal.pbio.0040311 [07. 07. 2009].

Holert, Tom (Hrsg.): Imagineering. Visuelle Kultur und Politik der Sichtbarkeit, Köln 2000.

Kroeber-Riel, Werner: Bildkommunikation. Imagerystrategien für die Werbung, München 1993.

LeDoux, Joseph: Emotion, Memory and the Brain, in: Scientific American, June Issue 1994, S. 32-39.

Nöth, Winfried: Handbuch der Semiotik, rev. u. erw. 2. Aufl., Stuttgart/Weimar 2000.

McLuhan, Marshall: The Gutenberg Galaxy, London 1962.

Mersmann, Birgit: Bildkulturwissenschaft als Kulturbildwissenschaft? Von der Notwendigkeit eines inter- und transkulturellen Iconic Turn in: Zeitschrift für Ästhetik und Allgemeine Kunstwissenschaft, H. 49, 2004, S. 91-109.

Messaris, Paul: Visual ´Literacy'. Image, Mind and Reality, Boulder 1994.

Mirzoeff, Nicholas: The Visual Culture Reader, second edition, London 2002.

Mitchell, W. J. Thomas: Picture Theory. Essays on Verbal and Visual Representation, Chicago 1994.

Moore, David M./Dwyer, Francis M. (Hrsg.): Visual Literacy. A Spectrum of Visual Learning, Englewood Cliffs 1994.

Posner, Roland/Robering, Klaus/Sebeok, Thomas A. (Hrsg.): Semiotik/Semiotics. Ein Handbuch zu den zeichentheoretischen Grundlagen von Natur und Kultur, 4 Bde., Berlin u. a. 1997-2004.

Rizzolatti, Giacomo/Sinigaglia, Corrado: Empathie und Spiegelneurone. Die biologische Basis des Mitgefühls, Frankfurt am Main 2008.

Rossi-Landi, Feruccio: Sprache als Arbeit und als Markt, übers. von Burkhart Kroeber, 2. Aufl., München 1974.

Sachs-Hombach, Klaus: Das Bild als kommunikatives Medium. Elemente einer allgemeinen Bildwissenschaft, Köln 2003.

Schulz, Martin: Ordnungen der Bilder. Eine Einführung in die Bildwissenschaft, Paderborn 2005.

Snowden, Robert/Thompson, Peter/Troscianko, Tom: Basic Vision. An Introduction to Visual Perception, Oxford 2006.

Sturken, Marita/Cartwright, Lisa: Practices of Looking. An Introduction to Visual Culture, Oxford 2001.

Tangermann, Kay: Werbung. Der Milliardenpoker, München 2003.

Medienkompetenz als gesellschaftliche Schlüsselkompetenz[1]

Harald Gapski

1. Medienkompetentes Leben in der Medienwelt

Wenn über Medienkompetenz gesprochen wird, ist es üblich, zunächst auf die Allgegenwärtigkeit und die Bedeutung der Medien in unserer Gesellschaft zu verweisen. Die steigende Vielfalt der verfügbaren Medientechnik und ansteigender Medienkonsum lassen sich empirisch belegen. So wird die durchschnittliche Nutzungsdauer von Fernsehen, Hörfunk und Internet für Personen über 14 Jahre in Deutschland laut ARD/ZDF-Mediendaten für das Jahr 2007 wie folgt angegeben: 225 Minuten Fernsehen pro Tag, 185 Minuten Hörfunk pro Tag und 54 Minuten Internet pro Tag.[2] Mit inzwischen durchschnittlich 58 Minuten pro Tag im Jahr 2008 hat sich das Internet nun auf Platz drei der meistgenutzten Medien etabliert.[3] Seit 1997 hat sich die Zahl der gelegentlichen Internet-Nutzer in Deutschland fast verzehnfacht.[4] Inzwischen sind über 65 % der Bevölkerung über 14 Jahre online.[5]

Das Verhältnis zwischen Mediennutzung und gesellschaftlichem Wissen beschreibt der Soziologe Niklas Luhmann mit dem vielfach zitierten ersten Satz seiner Publikation zu den Massenmedien: „Was wir über

---

1 Dieser Aufsatz enthält Textpassagen bereits publizierter Aufsätze, vgl. Harald Gapski: Medienkompetenzen messen? Eine Annäherung über verwandte Kompetenzfelder, in: ders. (Hrsg.): Medienkompetenzen messen? Verfahren und Reflexionen zur Erfassung von Schlüsselkompetenzen (= Schriftenreihe Medienkompetenz des Landes Nordrhein-Westfalen, Bd. 3) München/Düsseldorf 2006, S. 13-28; sowie: ders.: Medienkompetenz. Eine Bestandsaufnahme und Vorüberlegungen zu einem systemtheoretischen Rahmenkonzept, Wiesbaden 2001.

2 Vgl. ARD/ZDF Online Daten; Onlinedokument http://www ard-zdf-onlinestudie.de/ [07. 07. 2009].

3 Vgl. ebd.

4 Eimeren, Birgit van/Frees, Beate: Größter Zuwachs bei Silver-Surfern. Ergebnisse der ARD/ZDF-Online-Studie 2008, S. 331, in: Media Perspektiven, H. 7, 2007, S. 330-344.

5 Vgl. Fußnote 2 und den (N)Onliner Atlas der Initiative D21: Die zentralen Ergebnisse des (N)ONLINER Atlas 2008; Onlinedokument http://www.initiatived21.de [07. 07. 2009].

unsere Gesellschaft, ja über die Welt, in der wir leben, wissen, wissen wir durch die Massenmedien."[6] Anders formuliert:

> Im Kontext der Mediengesellschaft muss man wohl davon ausgehen, dass die Welt (erst) versteht, wer die Medien versteht, weil ja auch nichts (mehr) medienfrei ist, was unsere politische, soziale, kulturelle und symbolische Umwelt ausmacht.[7]

Medienwelten sind Lebenswelten geworden; wir leben, lernen und arbeiten zunehmend in und mit technischen und inzwischen digitalen Medien. Insbesondere die Bedeutung der Medien für Kinder und Jugendliche wird stark unter normativen Aspekten in der Öffentlichkeit diskutiert. Die ‚Digital Natives' (Marc Prensky), also diejenigen, die in die Welt der digitalen Medien hineingeboren worden sind, entwickeln unter den Bedingungen einer medialen Vollversorgung mit Handy, Internetzugang und MP3-Spielern andere Kommunikationsformen als vorangegangene Generationen der ‚Gutenberg-Galaxis' (Marshall McLuhan). In der Medienberichterstattung über dramatische Beobachtungen der (jugendlichen) Mediennutzung – häufig mit Bezug zu Themen wie Gewalt und Sexualität – folgt nicht selten der Ruf nach mehr Medienkompetenz. Dieser Ruf richtet sich zunächst an die Sozialisationsinstanzen Schule und Elternhaus. In der gesellschaftlichen Bearbeitung des massenmedial aufgeworfenen Problems kommen schnell andere Instanzen und Funktionssysteme ins Spiel: rechtliche Rahmenbedingungen des Jugendschutzes, wirtschaftliche Interessen der Medienproduzenten und kulturelle Werte. Diese Entgrenzung betrifft nicht nur die Beziehung zur Zielgruppe Kinder und Jugendliche, sie zeichnet den Begriff und das Diskursfeld ‚Medienkompetenz' insgesamt aus: Medienkompetenz gilt als Schlüsselqualifikation in der Informationsgesellschaft, als vierte Kulturtechnik und als „unverzichtbare Voraussetzung des sozialen Überlebens und der sozialen Selbstdurchsetzung"[8] sowie als wichtiger Wirtschafts- und Standortfaktor. Der Diskurs über die Bedeutung des Begriffs Medienkompetenz steht ganz im Zeichen der me-

---

6 Luhmann, Niklas: Die Realität der Massenmedien, 2. erw. Aufl., Opladen 1996, S. 9.

7 Bauer, Thomas A.: Medienkompetenzpädagogik. Eine paradigmentheoretische Klärung, S. 22, in: Medienimpulse, H. 59, 2007, S. 20-23.

8 Saxer, Ulrich: Medien als Gesellschaftsgestalter, S. 21, in: Medienkompetenz als Herausforderung an Schule und Bildung. Ein deutsch-amerikanischer Dialog. Kompendium zu einer Konferenz der Bertelsmann Stiftung vom 18. bis 20. März 1992, Gütersloh 1992, S. 21-31.

dientechnisch induzierten Veränderungsprozesse in unserer Gesellschaft. Die Diffusion digitaler Medien hat die Konjunktur von Medienkompetenz in den verschiedenen gesellschaftlichen Bereichen vorangetrieben. Im Umfeld medientechnischer Entwicklungen lassen sich gegenwärtig Phänomene der Konvergenz, der Kommerzialisierung und Liberalisierung, der Globalisierung und der gesellschaftlichen Restrukturierung beobachten, die ihrerseits von Diskursen der Herausforderung des Einzelnen, der Bildung, der Politik, der Wirtschaft usw. begleitet werden. Auf individueller Ebene ist der Arbeitnehmer, dessen Arbeitsplatz durch Neue Medien neu strukturiert wird, ebenso herausgefordert wie der Bürger, der sich mit Hilfe von Medien über politische Zusammenhänge informiert, oder der Schüler, dessen Lernverhalten sich durch die Integration Neuer Medien verändern wird. Als Antwort auf diese unterschiedlichen Herausforderungen wird immer wieder der Begriff Medienkompetenz herangezogen. Die Reichweite des Begriffs Medienkompetenz ist längst nicht mehr auf medienpädagogische Fachkreise beschränkt, sondern betrifft alle gesellschaftlichen Bereiche und Zielgruppen.

2. Themenspektrum Medienkompetenz

2.1. Medienkompetenz als Konstrukt der Medien

Das oben erwähnte Zitat über die Bedeutung der Massenmedien von Luhmann trifft auch auf die Verbreitung des Begriffs Medienkompetenz zu. Zu Beginn der 90er Jahre war Medienkompetenz ein Begriff in medienpädagogischen Fachdiskussionen. Ab Mitte der 90er Jahre fand er Eingang in die Massenmedien. Belegbar ist dies an einer Auszählung von Artikeln in deutschsprachigen Zeitungen, in denen das Wort Medienkompetenz enthalten ist.[9] In der 24-bändigen Brockhaus-Ausgabe von 1996 sucht man den Stichworteintrag zu Medienkompetenz noch vergeblich. Erst seit 1995 findet sich mit steigender Häufigkeit in den deutschsprachigen Debatten zu den Herausforderungen in der Informationsgesellschaft dieser Schlüsselbegriff. Man findet den Begriff in Zielbestimmungen von Medien- und Qualifizierungsinitiativen, in medien- und bildungspolitischen Grundsatzpapieren, in Stellungnahmen aus dem Kulturbereich, in pädagogischen Reflexionen für alle Bildungsbereiche, in Veranstaltungstiteln von Messen, Kongressen und Fachtagungen, in Kir-

9 Vgl. dazu Gapski, 2001, S. 175f.

chenerklärungen, in Kampagnen und Wettbewerbstiteln, in universitären Seminaren und Forschungsprojekten und auch in Reden von Politikern, Medienwissenschaftlern und Wirtschaftsexperten. Einige neu entstandene Institutionen und Initiativen zur Vermittlung von Medienkompetenz tragen den Begriff in ihren Namen. Die Gesellschaft beobachtet sich in den Massenmedien und mobilisiert sich mit dem Ruf nach mehr Medienkompetenz selbst. Neu formulierte bildungspolitische Ziele, gestartete medienwirtschaftliche Initiativen und aktuelle gesellschaftspolitische Positionen zum Thema Medienkompetenz sind Gegenstand einer öffentlichen Diskussion in der Mediengesellschaft. Das rekursive Wechselwirkungsverhältnis zwischen medialer Berichterstattung über Themen, wie beispielsweise Gewalt in den Medien, Arbeitslosigkeit oder Schulbildung einerseits und die Bedeutung von Medienkompetenz andererseits, fügt sich in die Funktionslogik der Massenmedien. Diese spiegeln nicht die Realität, sondern sie *„erzeugen* eine Beschreibung der Realität, eine Weltkonstruktion, und das *ist* die Realität, an der die Gesellschaft sich orientiert.“[10] Der Begriff Medienkompetenz ist selbst ein massenmediales Konstrukt, dessen Konjunktur in den Strukturen einer modernen funktional differenzierten Mediengesellschaft begründet liegt.

2.2. Definitionen von Medienkompetenz

Wie aber wird Medienkompetenz definiert? Schiersmann u. a. haben versucht, „den Begriff der Medienkompetenz zu spezifizieren, seine Dimensionen zu klären und zentrale inhaltliche Diskursstränge zueinander in ein Verhältnis zu setzen.“ Für sie setzt sich Medienkompetenz „aus drei sich ergänzenden Bausteinen zusammen:

- Kompetenz zur Handhabung und Nutzung von (Medien-, IuK-) Technik
- Kompetenz zur Gestaltung von sozio-technischen Systemen mit Hilfe von (Medien-, IuK-) Technik
- Kompetenz zur kundige[n] Kritik von (Medien-, IuK-) Technik.“[11]

10 Luhmann, Niklas: Die Gesellschaft der Gesellschaft, zweiter Teilbd., Frankfurt am Main 1997, S. 1102.

11 Schiersmann, Christiane/Busse, Johannes/Krause, Detlev: Medienkompetenz – Kompetenz für Neue Medien. Studie im Auftrag des Forum Bildung, Berlin 2002, S. 64; Onlinedokument http://www.blk-bonn.de/papers/forum-bildung/band12.pdf [07. 07. 2009].

Anhand von Leitfragen (,Was, d. h. welcher Gegenstandsbereich wird genauer thematisiert?', ,Wozu Medienkompetenz?' und ,Wie beweist man Kompetenz?') positionieren sie dann die unterschiedlichen Begriffsaufweisungen in einem Begriffsraum.

In einer Analyse von über einhundert Definitionen[12] von Medienkompetenz zeigt sich, dass in den untersuchten Wortklärungen üblicherweise unterschiedliche Dimensionen oder Ebenen ausdifferenziert werden, um den Komplexbegriff[13] beschreibbar zu machen. Beispielsweise definiert Baacke[14] vier Hauptfelder mit insgesamt neun Unterdifferenzierungen und Aufenanger[15] sechs Dimensionen der Medienkompetenz. Groeben benennt sieben Dimensionen von Medienkompetenz, „die eine Optimierung von Differenzierungsgrad und Integrationswert bieten"[16] und bisherige medienpädagogische Modellierungen „integrativ" abdecken sollen. Zur Klassifikation der gesammelten Definitionen und Dimensionen von Medienkompetenz kann ein Raster mit sechs Kategorien dienen. Dieses Raster von Begriffsmerkmalen versucht ein breites Spektrum von Differenzierungen abzubilden:

12 Vgl. dazu Gapski, 2001, S. 157f.

13 „Komplexbegriffe sind mehrdeutig, was der Eröffnung und dem Fortgang der Diskussion aber gerade dienlich ist: Komplexbegriffe sind [...] bewusst offen angelegte Containerwörter, die die einzelnen Diskussionspartner jeweils aus ihrem Vorverständnis und gemäß ihrer Diskussionsziele hinreichend mit Inhalt auffüllen können." Niels Gottschalk-Mazouz: Was ist Wissen? Überlegungen zu einem Komplexbegriff an der Schnittstelle von Philosophie und Sozialwissenschaften, in: Sabine Ammon u. a. (Hrsg.): Wissen in Bewegung. Vielfalt und Hegemonie in der Wissensgesellschaft, Weilerswist 2007, S. 21-40; Onlinedokument http://www.uni-stuttgart.de/philo/fileadmin/doc/pdf/gottschalk/wissen-phil-soz.pdf [07. 07. 2009].

14 Vgl. Dieter Baacke: Medienkompetenz – Herkunft, Reichweite und strategische Bedeutung eines Begriffs, in: Herbert Kubicek u. a. (Hrsg.): Lernort Multimedia (= Jahrbuch Telekommunikation und Gesellschaft, Bd. 6), Heidelberg 1998, S. 22-27.

15 Vgl. Stefan Aufenanger: Medienpädagogik und Medienkompetenz. Eine Bestandsaufnahme, in: Deutscher Bundestag (Hrsg.): Medienkompetenz im Informationszeitalter, Bonn 1997, S. 15-22.

16 Groeben, Norbert: Dimensionen der Medienkompetenz. Deskriptive und normative Aspekte, S. 165, in: ders./Bettina Hurrelmann (Hrsg.): Medienkompetenz. Voraussetzungen, Dimensionen, Funktionen, Weinheim/München 2002, S. 160-200.

- Medienkundliche Begriffsmerkmale der Medienkompetenz beziehen sich auf das Wissen und die Kenntnisse über technische und wirtschaftliche Medienzusammenhänge, über (De-)Codierungen und Zeichensysteme.
- Selbst-reflexive Begriffsmerkmale thematisieren das Subjekt in seiner Beziehung zur medialen Umwelt. Begriffe wie beispielsweise ‚Kritik im Medienumgang', ‚Selbstreflexion', ‚Selbstbestimmung' oder ‚Orientierung' kennzeichnen diese Kategorie.
- Praktisch-instrumentelle Begriffsmerkmale beschreiben die konkrete ‚Anwendung', ‚Handhabung' und ‚Nutzung' von Medien.
- Kreativ-gestalterische Begriffsmerkmale gehen über die instrumentell-anwendenden Begriffsmerkmale hinaus, da sie die ‚kreative Produktion', die ‚gestalterische Nutzung' oder das ‚Sich-Ausdrücken' mit Hilfe von Medien beschreiben.
- Normative, sozial-reflexive Begriffsmerkmale beziehen sich auf ein werteorientiertes Handeln vor dem Hintergrund sozialer Verantwortlichkeit (ethisch-moralische Dimension) und politischer Handlungsfähigkeit (Partizipation, demokratische Komponenten).
- Affektive Begriffsmerkmale der Medienkompetenz beschreiben emotionale Dimensionen der Auseinandersetzung mit Medien und der individuellen Bewältigung von Medienwirkungen. In ihrer Ausprägung reichen sie von ‚Genuss' bis ‚Angst'. Ein häufig genanntes Motiv in diesem Zusammenhang ist die nicht nur auf kognitiver, sondern auch auf emotionaler Ebene zu bewältigende ‚Flut' von Informationen und Bildern im Bereich medialer Kommunikation.

3. Diskurse der Medienkompetenz

Medienkompetenz ist längst kein exklusiver Begriff der medienpädagogischen Fachdiskussion mehr, sondern ein gesellschaftliches Konstrukt mit bestimmten Funktionen in der Mediengesellschaft, die durch die Massenmedien vermittelt werden. Im Spiel der politischen, rechtlichen, pädagogischen oder wirtschaftlichen Diskurse herrscht je nach Akteur und Kontext ein anderes Verständnis von Medienkompetenz vor. Einher mit diesen verschiedenen Diskursen gehen Förder- und Qualifizierungsprogramme sowie operierende Organisationen (z. B. Medienkompetenzzentren auf unterschiedlichen Ebenen). Fünf dieser Diskurse sollen im Folgenden skizziert werden.

3.1. Der Bildungsdiskurs

Im pädagogischen Diskurs wird Medienkompetenz von vielen Autoren als Bestandteil einer umfassenden Handlungskompetenz und kommunikativen Kompetenz verstanden. Medienpädagogik und ihr Zielwert Medienkompetenz liegen im Spannungsfeld von normativ-ethischen Zielvorstellungen und technisch-instrumenteller Anpassung, die als Verkürzung kritisiert wird: Es geht um mehr als das Bedienen von Computern! Der medienpädagogische Diskurs betont Werte wie Mündigkeit, Selbstbestimmung und Emanzipation im Hinblick auf das Medienhandeln. Angereichert um entwicklungs- und sozialisationstheoretische Einsichten muss Medienkompetenz aus pädagogischer Perspektive alters- und entwicklungsspezifisch differenziert werden sowie affektive Dimensionen der Mediennutzung entsprechend einbeziehen.

Inhaltlich geht es mit Verweis auf die Tradition der Medienpädagogik um ein breites Spektrum von Medien und Zeichensystemen. Im Beschluss der Kultusministerkonferenz (KMK) über ‚Bildungsstandards im Fach Deutsch für den Mittleren Schulabschluss' beispielsweise finden sich unter der Überschrift ‚Medien verstehen und nutzen' mehrere Beispiele, die sich den oben genannten Begriffsmerkmalen von Medienkompetenz zuweisen lassen:

- „Informations- und Unterhaltungsfunktion unterscheiden,
- medienspezifische Formen kennen: z. B. Print- und Online-Zeitungen, Infotainment, Hypertexte, Werbekommunikation, Film,
- Intentionen und Wirkungen erkennen und bewerten,
- wesentliche Darstellungsmittel kennen und deren Wirkungen einschätzen,
- zwischen eigentlicher Wirklichkeit und virtuellen Welten in Medien unterscheiden: z. B. Fernsehserien, Computerspiele,
- Informationsmöglichkeiten nutzen: z. B. Informationen zu einem Thema/ Problem in unterschiedlichen Medien suchen, vergleichen, auswählen und bewerten (Suchstrategien),
- Medien zur Präsentation und ästhetischen Produktion nutzen."[17]

17 Sekretariat der Ständigen Konferenz der Kultusminister der Länder in der Bundesrepublik Deutschland (Hrsg.): Bildungsstandards im Fach Deutsch für den Mittleren Schulabschluss. Beschluss vom 04. 12. 2003, München 2004, S. 15.

Diese Fähig- und Fertigkeiten lassen sich auf unterschiedliche Niveaus abbilden und mit Bildungsstandards für die Medienbildung verbinden.[18] Im schulischen Bildungsbereich wurde die Kompetenzdebatte in den letzten Jahren durch international vergleichende Leistungsmessungen, insbesondere durch das ‚Programme for International Student Assessment' (PISA) der OECD weiter angeregt. Die bisher in den Jahren 2000, 2003 und 2006 durchgeführten Erhebungen mit der Zielgruppe der 15-jährigen Schülerinnen und Schüler konzentrieren sich „auf zentrale und grundlegende Kompetenzen, die für die individuellen Lern- und Lebenschancen ebenso bedeutsam sind wie für die gesellschaftliche, politische und wirtschaftliche Weiterentwicklung."[19] Das im Rahmen von PISA angewandte fünfstufige Kompetenzmodell erscheint durchaus übertragbar auf die Kompetenzerfassung bei der Mediennutzung, allerdings erfolgte eine konzeptionelle Übertragung der Kompetenzstufen auf audiovisuelle Medien im Rahmen von PISA bislang nicht. Geplant ist ab 2009 die Erhebung von ‚ICT-Literacy'.[20] Eine entsprechende Machbarkeitsstudie definiert diesen Begriff wie folgt:

> ICT literacy is the interest, attitude, and ability of individuals to appropriately use digital technology and communication tools to access, manage, integrate, and evaluate information, construct new knowledge, and communicate with others in order to participate effectively in society.[21]

Diskussionen im Hochschulbereich richten sich auf die nachhaltige Integration von E-Learning in die Arbeits-, Lehr- und Lernprozesse einer Hochschule. Teil der mit diesem Ziel erarbeiteten und abgestimmten

18 Vgl. Gerhard Tulodziecki: Was Schülerinnen und Schüler im Medienbereich wissen und können sollen – Kompetenzmodell und Bildungsstandards für die Medienbildung, in: Medienimpulse, H. 59, 2007, S. 24-35.

19 PISA-Konsortium Deutschland (Hrsg.): PISA 2003. Der Bildungsstand der Jugendlichen in Deutschland. Ergebnisse des zweiten internationalen Vergleichs, Münster/New York 2004, S. 13f.

20 Im Rahmen der PISA 2003 Erhebung wurden Schülerinnen und Schüler zu ihrer Vertrautheit im Umgang mit Computer und Internet befragt, vgl. Martin Senkbeil/Barbara Drechsel: Vertrautheit mit dem Computer, in: PISA-Konsortium Deutschland, 2004, S. 177-190; OECD (Hrsg.): Haben Schüler das Rüstzeug für eine technologieintensive Welt? Erkenntnisse aus den PISA-Studien, Paris 2006.

21 Lennon, Marylou/Kirsch, Irwin/Davier, Matthias v./Wagner, Michael/Yamamoto, Kentaro: Feasilibility Study for the PISA ICT-Literacy Assessment. October 2003, p. 8; Onlinedokument http://www.oecd.org/dataoecd/35/13/33699866.pdf [07. 07. 2009].

Strategien der Organisationsentwicklung sind auch Konzepte der ‚eCompetence'[22] bzw. ‚eLehrkompetenz'[23] für Lehrende an Hochschulen. Vielfach unterstützen lokale, regionale oder landesweite Medienkompetenzzentren diesen Prozess der organisatorischen und individuellen (Medien-)Kompetenzentwicklung.

3.2. Der politische Diskurs

Im politischen Diskurs streben die Länder Europas nach dem EU Ratsbeschluss von Lissabon danach, „die Union zum wettbewerbsfähigsten und dynamischsten wissensbasierten Wirtschaftsraum in der Welt zu machen – einem Wirtschaftsraum, der fähig ist, ein dauerhaftes Wirtschaftswachstum mit mehr und besseren Arbeitsplätzen und einem größeren sozialen Zusammenhalt zu erzielen."[24] Digitalkompetenz gehört zu einer ‚Key competence', die bei wirtschafts- und bildungspolitischen Entscheidungen berücksichtigt werden muss. Die Expertengruppe ‚Key Competences' der Europäischen Kommission zählt in ihrem ‚Framework for Key Competences in a Knowledge-Based Society' Digitalkompetenz bzw. Computerkompetenz zu den acht Schlüsselkompetenzen. In dem „Vorschlag für eine Empfehlung des Europäischen Parlaments und des Rates zu Schlüsselkompetenzen für lebenslanges Lernen" vom November 2005 wird dieses Rahmenkonzept aufgegriffen:

22 Vgl. Dirk Schneckenberg: Can we measure eCompetence of Academic Teachers in Higher Education?, in: Harald Gapski (Hrsg.): Medienkompetenzen messen? Verfahren und Reflexionen zur Erfassung von Schlüsselkompetenzen (= Schriftenreihe Medienkompetenz des Landes Nordrhein-Westfalen, Bd. 3), Düsseldorf/München 2006, S. 89-104.

23 Vgl. bspw. das Kompetenzmodell für Lehrende der Universität Paderborn; Onlinedokument http://elearning.uni-paderborn.de/informationen-fuer-lehrende/selbstbeurteilung-der-elehrkompetenz/kompetenzmodell-lehrende/ [07. 07. 2009].

24 Vgl. Onlinedokument http://ec.europa.eu/employment_social/ [07. 07. 2009].

> Computerkompetenz umfasst die sichere und kritische Anwendung der Technologien für die Informationsgesellschaft (TIG) für Arbeit, Freizeit und Kommunikation. Sie wird unterstützt durch Grundkenntnisse der Informations- und Kommunikationstechnologien (IKT): Benutzung von Computern, um Informationen abzufragen, zu bewerten, zu speichern, zu produzieren, zu präsentieren und auszutauschen, über Internet zu kommunizieren und an Kooperationsnetzen teilzunehmen.[25]

Weniger stark auf IuK-Technologie ausgerichtet, sondern alle Medienformen einschließend, definiert die Europäische Kommission den Begriff ‚Media Literacy':

> Media literacy may be defined as the ability to access the media, to understand and critically evaluate media contents and different aspects of the media and to create communications in a variety of contexts. This definition is the result of the work of many different people, institutions, media professionals, teachers, educators and it is built on three main elements: 1) access to media and media content; 2) critical approach, ability to decipher media messages, awareness of how the media works; 3) creativity, communication and production skills.[26]

Im gesellschaftspolitischen Diskurs gilt Medienkompetenz als Teil einer Demokratiekompetenz, die jeder mündige Bürger benötigt, um in einer Informationsgesellschaft zu leben. Medienkompetenz wird als ein Parameter zur Minderung ‚digitaler Spaltungen' diskutiert, wobei sich die Diskussion in hochtechnologisierten Ländern von Zugangsfragen (Spaltungen 1. Ordnung) zu Fragen der sinnvollen Nutzung von digitalen Medien verschoben hat (Spaltungen 2. Ordnung). Chancengleichheit und digitale Integration zählen zu den wichtigen gesellschaftspolitischen Zielvorstellungen in der Informationsgesellschaft.

Der politische Diskurs vernetzt sich mit den Diskursen der anderen gesellschaftlichen Bereiche und formt entsprechend bildungs-, gesellschafts-, rechts- und wirtschaftspolitische Programme zur Förderung von Medienkompetenz.

---

25 Europäische Kommission: Vorschlag für eine Empfehlung des europäischen Parlaments und des Rates zu Schlüsselkompetenzen für lebenslanges Lernen (= KOM(2005)548endg. Brüssel 10. 11. 2005, S. 18); Onlinedokument http://ec.europa.eu/education/policies/2010/doc/keyrec_de.pdf [07. 07. 2009].

26 Zacchetti, Matteo: Media Literacy. A European approach, S. 10, in: Medienimpulse, H. 61, 2007, S. 10-13.

3.3. Der wirtschaftliche Diskurs

Der wirtschaftliche Diskurs begreift Medienkompetenz als Produktions- und Standortfaktor. Medienkompetenz ist unter angebots-, nachfrage- und beschäftigungsspezifischen Aspekten von Bedeutung. Insbesondere die beiden letztgenannten Aspekte sind Gegenstand wirtschaftspolitischer Fördermaßnahmen auf unterschiedlichen Ebenen.

Gegenüber klassischen Qualifikationen bieten Kompetenzen die Möglichkeiten der flexiblen Selbstanpassung, der Selbstorganisation in Bezug auf den wirtschaftlichen Wandel. Begriffe wie Schlüsselqualifikation und Kompetenz werden so entfaltet, dass sie für global konkurrierende Wirtschaftsunternehmen funktions- und entwicklungsfähig sind.[27] Diese Fach-, Sozial- oder Methoden-Kompetenzen (zukünftiger) Mitarbeiter sollten idealerweise messbar sein,[28] damit sie als betriebswirtschaftliche Größe der Human Ressources behandelt werden können.

Medienkompetenz in Bezug auf die neuen Informations- und Kommunikationstechniken (IuK) gilt als Antwort auf einen drohenden ‚Skills-Gap' bis hin zu einem Fachkräftemangel in der IT-Wirtschaft. Der auf der Anbieterseite favorisierte Begriff von Medienkompetenz und insbesondere von ‚IT-Kompetenz' ist stark betrieblichen Anforderungen unterworfen. Dabei sind die Halbwertszeiten dieser instrumentellen Kompetenzen angesichts der dynamischen technischen Entwicklung nur kurz. Im beruflichen Alltag zählen grundlegende IT-Kompetenzen zur Selbstverständlichkeit. Zur Operationalisierung dieser IT-Kompetenz oder ICT-Literacy gibt es zahlreiche Ansätze, die sich hinsichtlich des Kompetenzkonzepts bzw. der Kompetenzdefinition, des relevanten Medienformats (Computertechnik, Software, Netzwerke), des Grades der Internationalisierung, der Verfahren (Wissensabfragen, interaktive Problemlösungen, Szenarien) und Nachweise (herstellergebundene oder -neutrale Zertifikate, Computerführerscheine wie ICDL und ECDL[29]) unterscheiden. Auf der

27 Vgl. Bernhard Dieckmann: Schlüsselqualifikationen und Kompetenz im Spannungsfeld von allgemeiner, politischer und beruflicher Bildung, in: Rolf Arnold/Hans-Joachim Müller (Hrsg): Kompetenzentwicklung durch Schlüsselqualifizierung (= Grundlagen der Berufs- und Erwachsenenbildung, hrsg. von Rolf Arnold, Bd. 19), Hohengehren 1999, S. 71-86.

28 Vgl. John Erpenbeck/Lutz v. Rosenstiehl (Hrsg.): Handbuch Kompetenzmessung, Stuttgart 2003.

29 Ein Überblick über Zertifizierungen im IuK-Bereich; Onlinedokument http://de.wikipedia.org/wiki/Liste_der_IT-Zertifikate [07. 07. 2009].

Nachfrageseite der Medienwirtschaft und damit auch auf der Seite der Medienwirtschaftspolitik sind ablehnende Einstellungen und Vorurteile für die zukünftige Marktentwicklung in der Informationsgesellschaft nicht förderlich. Medienkompetenz gilt als Akzeptanzfaktor auf dem Weg zur Marktentwicklung für neue Medienprodukte.

In zahlreichen nationalen und internationalen Qualifizierungsinitiativen wird dieser IT-fokussierte Medienkompetenzbegriff durch ‚Global Players' der IT-Branche gefördert und an Bildungsinitiativen gekoppelt. Nationale technische Vernetzungs- und Ausstattungsinitiativen von Schulen und anderen Bildungseinrichtungen gelten im pädagogischen Diskurs als Bereicherung von Lernerfahrungen und als Modernisierungsmaßnahmen von Bildungspraktiken für die Informationsgesellschaft. Im medienwirtschaftlichen Diskurs hingegen dienen sie der Akzeptanzerhöhung und mittelfristigen Marktentwicklung.

3.4. Der rechtliche Diskurs

Im rechtlichen Diskurs bedeutet ‚Medienkompetenz' zunächst – wenn auch kaum noch in dieser Begriffsbedeutung verwendet – die Zuständigkeit in Fragen der Medienregulierung. Auch individuell verstanden hat der Medienkompetenzbegriff Eingang in eine Reihe von Mediengesetzen gefunden. Der Rundfunkstaatsvertrag regelt die ‚Förderung von Medienkompetenz' durch die Länder im Rahmen der ‚Finanzierung besonderer Aufgaben' (RStV §40). Entsprechend findet man in vielen Landesmediengesetzen den Medienkompetenzbegriff und Landesmedienanstalten fördern Projekte in diesem Bereich.

Angesichts der dynamischen und globalen Medienentwicklungen wird kontrovers diskutiert, inwieweit dieser Begriff eine Option zur Verlagerung von Regulierungsproblemen vom Rechtssystem auf das Bildungssystem liefert. In Zeiten weltweit vernetzter Medienkonzerne können „Appelle zur Wahrnehmung von Selbstverantwortung" sowie der Ruf nach Stärkung der Medienkompetenz auf Seiten der Rezipienten auch als Effekte medienrechtlicher Steuerungsprobleme gesehen werden.[30] Da Medien-

30 Jarren, Otfried: Macht und Ohnmacht der Medienkritik oder: Können Schwache Stärke erlangen? Medienkritik und medienpolitische Kommunikation als Netzwerk, S. 310, in: Hartmut Weßler u. a. (Hrsg.): Perspektiven der Medienkritik: Die gesellschaftliche Auseinandersetzung mit öffentlicher Kommunikation in der Mediengesellschaft, Opladen 1997, S. 307-328.

ordnungen und nationale Steuerungsmechanismen keine ausreichenden Lösungskonzepte mehr vorschlagen können, wird nun der Rezipient und Verbraucher als medienkompetentes Individuum in die Verantwortung genommen: „Medienkompetenz kann deshalb ohne Verbraucherkompetenz nicht gedacht werden, und der Erwerb von Medienkompetenz erfordert dementsprechend Verbraucherberatung und auch Verbraucherschutz."[31] Bei jungen Verbrauchern greifen zusätzlich die rechtlichen Diskurse des Jugendmedienschutzes. Die Bundesregierung beispielsweise hat die Bedeutung von Medienkompetenz als „eine wichtige Voraussetzung zur Gewährleistung eines effektiven Jugendmedienschutzes" bekräftigt:

> Ziel muss es sein, junge Menschen zu befähigen, verständig und eigenverantwortlich mit den Medien sowie dem Medienangebot umzugehen (soziale Medienkompetenz) und zu problematischen Inhalten kritische Distanz zu wahren (medienkritische Kompetenz).[32]

Vor dem Hintergrund der zunehmenden Informatisierung des Alltags und der Bearbeitung persönlicher oder personenbezogener Daten in Web 2.0-Anwendungen gewinnt das Grundrecht auf informationelle Selbstbestimmung, also das Recht, grundsätzlich selbst über die Preisgabe und Verwendung persönlicher Daten zu bestimmen, an Bedeutung. Zum Teil bleibt es dem Nutzer selbst überlassen, welche Daten öffentlich einsehbar sind und welche privat bleiben sollen. Andererseits sind es Datenspuren, die zwangsläufig beim Zugriff auf das Web entstehen und nur kaum oder gar nicht vermieden werden können (‚anonym surfen'). Tendenziell stellt das Web 2.0 eine Herausforderung an die Verwirklichung des Rechts auf informationelle Selbstbestimmung dar. Welche Möglichkeiten hat ein Web 2.0-Anwender, über die Verwendung personenbezogener Daten selbst zu bestimmen, wenn diese den Kern der Web 2.0-Dienstleistung ausmacht? Dazu bedarf es des Vertrauens in die Datensicherheit des Anbieters.

---

31 Krotz, Friedrich: Verbraucherkompetenz und Medienkompetenz, S. 254, in: Hartmut Weßler, 1997, S. 251-263.

32 Vgl. Antwort der Bundesregierung auf die Kleine Anfrage der Abgeordneten Grietje Bettin, Kai Gehring, Ekin Deligöz, weiterer Abgeordneter und der Fraktion BÜNDNIS 90/DIE GRÜNEN – Drucksache 16/4471 – Initiativen zur Verschärfung sowie Stand der Evaluation des Jugendmedienschutzes, S. 3; Onlinedokument http://dip.bundestag.de/btd/16/047/1604707.pdf [07. 07. 2009]

Die Realisierung dieser Datensicherheit leitet über zum technischen Diskurs, während das notwendige Vertrauensmanagement eines Unternehmens zurückverweist auf den wirtschaftlichen Diskurs.

3.5. Der technische Diskurs

Im medientechnischen Diskurs wird Medienkompetenz eng an die technische Entwicklung gebunden, deren Innovationszyklen immer kürzer werden. Damit folgen auch gesellschaftliche Resonanzeffekte in immer kürzeren Abständen. Im Vergleich zu den traditionellen Medien koppeln IT-Systeme der Zukunft menschliche und technische Informationsverarbeitung noch enger zusammen. In Zukunft werden ‚künstliche Agenten' und ‚intelligente Medienassistenten' die Medienkompetenz der Nutzenden bzw. die des ‚soziotechnischen Systems', weiter steigern. Die Förderung von Medienkompetenz wird damit zu einer Herausforderung an das Systemdesign. Mit dem Fortschreiten technologischer Autonomie werden Fragen der informationellen Autonomie und der Vertrauensbildung in soziotechnischen Systemen immer wichtiger.

Der medientechnische Diskurs steht damit in gewisser Weise in Opposition zum medienpädagogischen Diskurs. Medienkompetenz allein als ‚individuelle Beherrschungskompetenz' zu verstehen, die durch medienpädagogische Maßnahmen zu vermitteln sei, bedeutet, die Eigendynamik der technologischen Entwicklungen zu vernachlässigen. Vor diesem Hintergrund ist es wichtig, den technischen Diskurs in die Entwicklung von Medienkompetenz einzubeziehen und mit den anderen Diskursen zu verbinden.

4. Fazit

Die Förderung von Medienkompetenz operiert im Schnittfeld unterschiedlicher pädagogischer, politischer, wirtschaftlicher, rechtlicher und technischer Diskurse. Medienkompetenz ist ein gesellschaftliches Querschnittsthema, das interdisziplinäre, multidiskursive und keine eindimensionalen Zugänge erfordert. Nach wie vor gilt die Aussage von Ulrich Saxer von 1992:

> Fragen wünschenswerter, ausreichender oder auch defizitärer Medienkompetenz werden fast nur in Mikrokontexten oder in Bezug auf Sozialisationsinstanzen wie Elternhaus oder Schule thematisiert, kaum auf gesamtgesellschaftlicher Ebene. Dadurch verliert die diesbezügliche Diskussion wesentliche Aspekte ihres Gegenstandes aus ihrem Gesichtsfeld und wird auch in ihren strategischen Erwägungen kurzsichtig.[33]

Jede Mediennutzung findet nicht im freien Raum statt, sondern ist eingebunden in organisatorische, soziale Zusammenhänge und unterliegt gesellschaftlichen Rahmenbedingungen. Medienkompetenz betrifft somit nicht nur Individuen, sondern auch soziale Systeme (Schulen, Unternehmen, Behörden) als Akteure in den jeweiligen gesellschaftlichen Bereichen. Welchen Herausforderungen stellt sich eine Bildungsinstitution, ein Unternehmen oder eine zivilgesellschaftliche Einrichtung? Welche Kompetenzen muss eine Organisation aufbauen, um diesen Herausforderungen durch medienkompetente Entscheidungen und Programme zu begegnen?

Während die technisch-instrumentellen Kompetenzen auf der individuellen Konsumentenseite weiter an Bedeutung verlieren, da die Technik sehr einfach zu bedienen ist, gewinnen insbesondere selbstreflexive und soziotechnische Kompetenzen an Bedeutung. Medienkompetentes Verhalten schließt die Bewertung und Kontextualisierung gefundener und gesendeter Informationen in unterschiedlichen medialen Formen ein. Informationskompetenz beschreibt in diesem Zusammenhang nicht nur das Auffinden, Bewerten und effektive Nutzen von Informationen, sondern bezieht sich auf die gelebte informationelle Selbstbestimmung im Sinne einer Sorge um die Herausgabe und Verwendung von Informationen über die eigene oder fremde Person(en).

33 Saxer, Ulrich: Medien als Gesellschaftsgestalter, S. 21, in: Bertelsmann Stiftung (Hrsg.): Medienkompetenz als Herausforderung an Schule und Bildung. Ein deutsch-amerikanischer Dialog, Gütersloh 1992, S. 21-31.

Medienkompetenz ist im Kontext von Lese-, Schreib-, Informations- und Bildkompetenz zu sehen – sie schließt intermediale Kompetenzen ein. Medienkompetenz als Schlüsselbegriff in der Wissensgesellschaft zu positionieren, bedeutet, vielfältige Entgrenzungen hinsichtlich der Bezugsrahmen und Träger, der gesellschaftlichen Zielgruppenbereiche, der vielfältigen Medien- und Nutzungsformen, der Diskurse und der Beobachtungsperspektiven in die entsprechenden Entwicklungsprogramme einzubeziehen.

Literaturverzeichnis

Aufenanger, Stefan: Medienpädagogik und Medienkompetenz. Eine Bestandsaufnahme, in: Deutscher Bundestag (Hrsg.): Medienkompetenz im Informationszeitalter, Bonn 1997, S. 15-22.

Baacke, Dieter: Medienkompetenz – Herkunft, Reichweite und strategische Bedeutung eines Begriffs, in: Herbert Kubicek (Hrsg.): Lernort Multimedia (= Jahrbuch Telekommunikation und Gesellschaft, Bd. 6), Heidelberg 1998, S. 22-27.

Bauer, Thomas A.: Medienkompetenzpädagogik. Eine paradigmentheoretische Klärung, in: Medienimpulse, H. 59, 2007, S. 20-23.

Dieckmann, Bernhard: Schlüsselqualifikationen und Kompetenz im Spannungsfeld von allgemeiner, politischer und beruflicher Bildung, in: Rolf Arnold/ Hans-Joachim Müller (Hrsg): Kompetenzentwicklung durch Schlüsselqualifizierung (= Grundlagen der Berufs- und Erwachsenenbildung, hrsg. von Rolf Arnold, Bd. 19), Hohengehren 1999, S. 71-86.

Eimeren, Birgit van/Frees, Beate: Größter Zuwachs bei Silver-Surfern. Ergebnisse der ARD/ZDF-Online-Studie 2008, in: Media Perspektiven, H. 7, 2008, S. 330-344.

Erpenbeck, John/Rosenstiehl, Lutz von (Hrsg.): Handbuch Kompetenzmessung, Stuttgart 2003.

Europäische Kommission: Vorschlag für eine Empfehlung des europäischen Parlaments und des Rates zu Schlüsselkompetenzen für lebenslanges Lernen (= KOM(2005)548endg. Brüssel 10. 11. 2005, S. 18); Onlinedokument http://ec.europa.eu/education/policies/2010/doc/keyrec_de.pdf [07. 07. 2009].

Gapski, Harald: Medienkompetenz. Eine Bestandsaufnahme und Vorüberlegungen zu einem systemtheoretischen Rahmenkonzept, Wiesbaden 2001.

ders.: Medienkompetenzen messen? Eine Annäherung über verwandte Kompetenzfelder, in: ders. (Hrsg): Medienkompetenzen messen? Verfahren und Reflexionen zur Erfassung von Schlüsselkompetenzen (= Schriftenreihe Medienkompetenz des Landes Nordrhein-Westfalen, Bd. 3), Düsseldorf/München 2006, S. 13-28.

Gottschalk-Mazouz, Niels: Was ist Wissen?, in: Sabine Ammon u. a. (Hrsg.): Wissen in Bewegung. Vielfalt und Hegemonie in der Wissensgesellschaft, Weilerswist 2007, S. 21-40; Onlinedokument http://www.uni-stuttgart.de/philo/fileadmin/doc/pdf/gottschalk/wissen-phil-soz.pdf [07. 07. 2009].

Groeben, Norbert: Dimensionen der Medienkompetenz. Deskriptive und normative Aspekte, in: ders./Bettina Hurrelmann (Hrsg.): Medienkompetenz. Voraussetzungen, Dimensionen, Funktionen, Weinheim/München 2002, S. 160-200.

Jarren, Otfried: Macht und Ohnmacht der Medienkritik oder: Können Schwache Stärke erlangen? Medienkritik und medienpolitische Kommunikation als Netzwerk, in: Hartmut Weßler u. a. (Hrsg.): Perspektiven der Medienkritik: Die gesellschaftliche Auseinandersetzung mit öffentlicher Kommunikation in der Mediengesellschaft, Opladen 1997, S. 307-328.

Krotz, Friedrich: Verbraucherkompetenz und Medienkompetenz, in: Hartmut Weßler u. a. (Hrsg.): Perspektiven der Medienkritik: Die gesellschaftliche Auseinandersetzung mit öffentlicher Kommunikation in der Mediengesellschaft, Opladen 1997, S. 251-263.

Lennon, Marylou/Kirsch, Irwin/Davier, Matthias von/Wagner, Michael/Yamamoto, Kentaro: Feasilibility Study for the PISA ICT-Literacy Assessment. October 2003; Onlinedokument http://www.oecd.org/dataoecd/35/13/33699866.pdf [07. 07. 2009].

Luhmann, Niklas: Die Realität der Massenmedien, 2. erw. Aufl., Opladen 1996.

ders.: Die Gesellschaft der Gesellschaft, zweiter Teilbd., Frankfurt am Main 1997.

OECD (Hrsg.): Haben Schüler das Rüstzeug für eine technologieintensive Welt? Erkenntnisse aus den PISA-Studien, Paris 2006; Onlinedokument http://www.oecd.org/dataoecd/58/55/38390257.pdf [07. 07. 2009].

Onlinedokument http://www.ard-zdf-onlinestudie.de [07. 07. 2009].

PISA-Konsortium Deutschland (Hrsg.): PISA 2003. Der Bildungsstand der Jugendlichen in Deutschland. Ergebnisse des zweiten internationalen Vergleichs, Münster/New York 2004.

Saxer, Ulrich: Medien als Gesellschaftsgestalter, in: Bertelsmann Stiftung (Hrsg.): Medienkompetenz als Herausforderung an Schule und Bildung. Ein deutsch-amerikanischer Dialog. Kompendium zu einer Konferenz der Bertelsmann Stiftung vom 18. bis 20. März 1992, Gütersloh 1992, S. 21-31.

Schiersmann, Christiane/Busse, Johannes/Krause, Detlev: Medienkompetenz – Kompetenz für Neue Medien. Studie im Auftrag des Forum Bildung, Berlin 2002; Onlinedokument http://www.blk-bonn.de/papers/forum-bildung/band12.pdf [07. 07. 2009].

Schneckenberg, Dirk: Can we measure eCompetence of Academic Teachers in Higher Education?, in: Harald Gapski (Hrsg.): Medienkompetenzen messen? Verfahren und Reflexionen zur Erfassung von Schlüsselkompetenzen (= Schriftenreihe Medienkompetenz des Landes Nordrhein-Westfalen, Bd. 3), Düsseldorf/München 2006, S. 89-104.

Sekretariat der Ständigen Konferenz der Kultusminister der Länder in der Bundesrepublik Deutschland: Bildungsstandards im Fach Deutsch für den Mittleren Schulabschluss. Beschluss vom 04. 12. 2003, München 2004.

Tulodziecki, Gerhard: Was Schülerinnen und Schüler im Medienbereich wissen und können sollen – Kompetenzmodell und Bildungsstandards für die Medienbildung, in: Medienimpulse, H. 59, 2007, S. 89-104.

Zacchetti, Matteo: Media Literacy. A European approach, in: Medienimpulse, H. 61, 2007, S. 10-13.

Die Sprache als Werkzeug der Persönlichkeit. Kreatives Schreiben und Kommunizieren als Schlüsselqualifikationen

Uli Rothfuss

Nach vielen Diskussionen in den vergangenen Jahren, wie sich neue Zugänge in scheinbar kreativitätsferne Gebiete – wie die Wirtschafts-, Rechts- oder Naturwissenschaften – erschließen lassen, ist es inzwischen zur wichtigen Erkenntnis geworden, dass insbesondere kreative Methoden hilfreich sein können, über vorhandene, eventuell festgefahrene Strukturen nachzudenken, diese aufzubrechen und – auf kreativem Weg vielleicht gar zu überwinden. Einen wichtigen, möglicherweise den wichtigsten Weg in die Kreativität kann das Kreative Schreiben darstellen. Kreatives Schreiben – nicht nur als Training für den Erwerb einer höheren Schreibqualifikation, als Ausbildung einer gehobenen schriftlicher Kommunikation, sondern als Zugang, Grenzen zu überschreiten; sich Grenzüberschreitungen überhaupt erst zu ermöglichen.

1. Was ist das, Kreativität?

Kreativität gilt als Fähigkeit schöpferischen Denkens und Handelns. Kreativität als die Fähigkeit des Menschen, Ideen und Produkte hervorzubringen, die neu sind oder in neuen Zusammenhängen erscheinen. Im Prinzip ist jeder Mensch zu solchen schöpferischen Leistungen in der Lage. Kreativität zulassen, heißt Initiative zu übernehmen, heißt das Leben zu gestalten, eine wandlungsfähige Haltung gegenüber den Ereignissen des Lebens zu übernehmen – und bereit zu sein, dies alles in neue Zusammenhänge zu stellen:

> Beim divergenten Denken kommt es nicht, wie bei den herkömmlichen Tests der allgemeinen Begabung, auf das Finden nur einer richtigen Lösung an, sondern auf die Mannigfaltigkeit und Originalität der Antworten sowie auf Einfallsfülle und Umstrukturierung. Es wird durch die Faktoren der Wort- und Ausdrucksfähigkeit und die Faktoren der Flexibilität des Denkens erfasst.[1]

---

1 Kaulfush, Gisela: Divergentes Denken, in: Arnold Wilhelm (Hrsg.): Lexikon der Psychologie, A-Gyrus, Bd. 1, Freiburg/Basel/Wien 1980, S. 386.

2. Mit Schreiben das Denken vernetzen

Durch das Kreative Schreiben wird das Einfallspotenzial des Menschen ganzheitlich aktiviert. Während im rein sprachlichen Dialog oder beim Nachdenken Prozesse weitgehend deduktiv und linear ablaufen, wird beim Kreativen Schreiben durch die Gleichzeitigkeit von Nachdenken, handwerklichem Tun – dem reinen Schreibakt –, und kreativem Tun – dem präzisen, nuancierten Formulieren, der Wahl des Stilmittels, dem Wechsel zwischen Erzählebenen usw. – eine komplexe Vernetzung von verschiedenen äußeren und inneren Aktivitäten in Gang gesetzt: in jedem Fall ein Akt der Kreativität – beim Schreiben dem bildlichen Denken auf der Spur sein. Schon der amerikanische Pädagoge Tony Buzan hat in seinem Buch ‚Use Both Sides of the Brain‘[2] festgestellt, dass beim Kreativen Schreiben ganz natürlich und mühelos ein Zusammenspiel der beiden Gehirnhälften unter Einbeziehung des begrifflichen und des bildlichen Denkens stattfindet. Die natürliche Ausdrucksfähigkeit kann so durch das Kreative Schreiben entdeckt und entfaltet werden,[3] das Schreiben findet als ganzheitlicher Vorgang statt,

> als Ausdruck des elementaren Wunsches, das Erlebte zu formen, sich selbst auszudrücken, die verwirrende Vielfalt der Erfahrungen in unserer Innenwelt ebenso wie in der Außenwelt zu gestalten und zu strukturieren.[4]

3. Mit Schreiben sprachliche Spontaneität erwerben

Wer mit Sprache kreativ umgeht, wer sich übt im Formulieren, in der genauen Bezeichnung von Gesehenem, Erlebtem, wer sich die Sprache so zu Eigen macht, dass sie ihm eine ‚Spielwiese‘ des Experimentierens, des Ausprobierens, des Herangehens an Grenzen und des Überschreitens von Grenzen wird, der wird automatisch eine Fähigkeit erwerben, die Sprache für sich als eine weitere, höhere Ebene von Welt zu entdecken: als Möglichkeit, mithilfe von Sprache die eigene Welt und Weltsicht zu erweitern, sie bunter, farbiger zu machen, die Welt intensiver zu erfahren, sie zu gestalten, ja gar neue Möglichkeiten von Welt zu schaffen. Und wer so in die Sprache als Möglichkeit einer neuen, weiteren Welt-‚Ebene‘ eintaucht, dem wird die Sprache nicht mehr nur Kommunikationsmittel sein, sondern Mittel der Erfahrung, Mittel der Reaktion auf das, was ihn

---

2 Tony Buzan: Use both sides of the brain, New York 1976.
3 Vgl. Gabriele Rico: Garantiert schreiben lernen, Reinbek bei Hamburg 1996, S. 11.
4 Ebd., S. 14.

umgibt; die Sprache als ein appropriates Werkzeug der eigenen Persönlichkeit. Die Folge wird eine sprachliche Spontaneität sein, die dem Gebrauchenden Spaß und ihn für seine Umwelt interessant macht, ohne dass er affektiert wirkt – weil eben diese Kreativität in der Sprache, diese Spontaneität in einer fortdauernden Arbeit an der Sprache erworben und nicht aufgesetzt ist. Fortwährende Arbeit an der (eigenen) Sprache lohnt sich also!

4. Kompetenz(-erwerb): ‚Schreiben' als Voraussetzung für weitere Kompetenzen

„Schreiben als vierter Produktionsfaktor neben Kapital, Arbeit und Boden"[5] – dieses Postulat scheint zunächst einmal maßlos übertrieben; bei näherem Nachdenken gewinnt es aber durchaus Berechtigung. Wer schlecht schreibt, und – erweitert – wer Sprache nicht einmal bloß schlecht, sondern auch nur unangemessen gebraucht, verliert Seriosität, verliert an Interessantheit, wird, soweit vorhanden, einen Kompetenzbonus verlieren. Und zwar selbst dann, wenn ernstzunehmende Fachkenntnisse vorhanden sind. Diese kommunizieren zu können in einer adäquaten, verständlichen Sprache, schriftlich wie mündlich, stellt genau die wesentliche Unterstützung dieser Fachkenntnisse dar: Kompetenz plus angemessene Kommunikation, könnte man sagen, als der wichtige Faktor erfolgreichen Auftretens, als ‚Produktionsfaktor'. Und kreative Kommunikation kann nicht besser geübt werden als durch das Kreative Schreiben – wenn die Hirnhälften ‚gezwungen' sind zusammenzuarbeiten, zu interagieren; wenn die Überlegung stattfindet, wie ich das richtige Wort für meine Inhalte finde. Wer sich im und mit dem Schreiben übt, wird sich im mündlichen Kommunizieren leicht tun.

5. Schreiben: Beobachtung üben

Kreatives Schreiben entfaltet Wirkungen über den reinen Schreibprozess hinaus. Einerseits wird der Schreibende durch das fortwährende Üben des (Kreativen) Schreibens sensibilisiert für sprachliche Formulierungen, andererseits korrespondiert diese Sensibilisierung sehr stark mit einer Verfeinerung der eigenen Beobachtungsfähigkeit: die Umwelt wird nuancierter, detailgenauer wahrgenommen und es wird versucht, das Wahrgenommene möglichst präzise in Sprache zu bringen. Dies bewirkt eine

5 Vgl. Onlinedokument http://www.lutz-von-werder.de [07. 07. 2009].

‚neue Offenheit' gegenüber der eigenen Außen- und Innenwelt, der sensible kreativ Schreibende achtet auf die Korrelationen zwischen der eigenen Innen- und Außenwelt; er ist sensibel für ‚aufgeschnappte' Sprachbesonderheiten, er wird – weil er seine Umwelt möglichst nuanciert und präzise beschreiben möchte – versuchen, diese auch möglichst präzise wahrzunehmen – und zwar aus der Sicht des Beobachters heraus. Der kreativ Schreibende nimmt automatisch in einer Gleichzeitigkeit die Position des Beteiligten, des in Umweltprozesse Eingebundenen ein, aber auch die Stellung eines distanzierten Beobachters, der Geschehnisse möglichst neutral betrachtet. Aus dieser Doppelstellung heraus versucht er zu beschreiben; dies erfordert ein ständiges Üben und der fortgeschrittene kreativ Schreibende wird diese Doppelexistenz als Beteiligter und Beobachter nicht mehr nur im reinen Kreativen Schreiben üben, sondern im täglichen Leben. Frei nach dem Motto: ‚Wie würde ich diese Situation jetzt beschreiben? Wie würde ich dieses kleine Geschehnis jetzt formulieren?'

So kann sich jeder, der sich dem Kreativen Schreiben nähert, fortwährend in seiner Formulierungsfähigkeit und in dem Wechselspiel zwischen Nähe und Distanz üben. Eine Übung für das Leben.

6. Mit Kreativem Schreiben Sichtweisen verändern

Der kreativ Schreibende wird so während des Schreibens zu einem ‚anderen Menschen'. Die Veränderung seiner Weise des Sehens auf sich selbst und auf seine Umwelt überträgt sich auf sein Leben, das durch das Üben dieser Fähigkeit wesentlich komplexer wird; und dies nimmt er auch als wesentlich komplexer wahr.

Freilich erfordert das Einlassen auf diesen Prozess auch Eigenleistungen: Er muss sich darauf einlassen, eigene innere und – falls erforderlich – auch äußere Grenzen zu überschreiten. Er wird sich auf das Fremde, das Unbekannte – im eigenen Leben und auch in der eigenen Umwelt – einlassen müssen, und zwar nicht nur als Ausnahme, sondern täglich, wo es ihm begegnet.

Der geübte kreativ Schreibende wird sogar das Fremde suchen, weil sich genau hier die besten Möglichkeiten bieten, durch Reflexion des Fremden sich selbst und seine eigenen Reaktionen kennenzulernen, die eigene Sprache zu üben an diesem Wechselspiel zwischen bekanntem eigenem Inneren und fremdem Äußeren, aber auch zwischen dem Unbekannten in mir selbst und dem bekannten Äußeren, und, am spannendsten vielleicht, zwischen dem Fremden in mir und dem Fremden außerhalb von mir.

Es ist fast schon selbstverständlich, dass dieser Prozess bei demjenigen, der sich darauf einlässt, eine immense Neugier mobilisiert: sich selbst besser kennenzulernen, aber auch von der Welt um mich, nah oder fern, möglichst viel in mein eigenes Weltbild einzubauen, um dann aus diesem grandiosen Fundus für mein eigenes Schreiben schöpfen zu können. Die Konsequenz solch einer Haltung zum Leben, aus dem Kreativen Schreiben heraus geboren, ist klar: die Phantasie erhält ganz neue Möglichkeiten des Eingreifens, des Gebärens von Gedankenkombinationen, die eigene Formulierungsfähigkeit wird aufgrund der Möglichkeit des Rückgriffs auf eine stark erweiterte Bibliothek an Bildern, Formulierungen, formulierungsfähigen Ereignissen, Eindrücken, aufgrund einer Vielzahl bewusst aufgenommener, neuer Sprachkombinationen, erfahren, sodass ab einem bestimmten Zeitpunkt, zu dem mir als kreativ Schreibendem dieses neue Potenzial bewusst wird, es auch immensen Spaß macht, auf diese eigene Bibliothek im Kopf zurückzugreifen und alle sprachlichen und kombinatorischen Register zu ziehen. Das macht mein Schreiben, aber auch meine Sprache in der mündlichen Kommunikation – und damit mich selbst, interessant und spannend.

Ganz nebenbei habe ich einen Bildungseffekt: durch das bewusstere Wahrnehmen, durch den Drang, meine Bibliothek im Kopf ständig zu komplettieren, ungeachtet von fachlichen oder disziplinären Grenzen, erwerbe ich Wissen – und zwar in interdisziplinären Zusammenhängen. Das heißt, ich werde ständig gefordert, mein Wissen in Fachregister in meiner Bibliothek einzuordnen, zugleich aber sofort wieder Zusammenhänge zu anderen Registern herzustellen, sodass gerade der interdisziplinäre Aspekt abrufbar bleibt. Denn auf genau diesen kommt es beim Schreiben an: auf die Abrufbarkeit meines Wissens in ständig sich verändernden Zusammenhängen. Die Ausbildung einer komplexen Abstraktions- und Ausdrucksfähigkeit ist deshalb fast zwangsläufig.

7. Kreatives Schreiben bedeutet: Formulierung – Differenzierung – Nuancierung

Jede Sprache bietet vielfältige Möglichkeiten. Das Schreiben bietet Gelegenheit, Sprache auszuloten. Kreativ auf ihre Möglichkeiten einzugehen, Nuancen zu finden für das, was ich ausdrücken möchte; Differenzen herauszuarbeiten, die genaueste Formulierung zu finden. Sieht man Sprache, sieht man das Schreiben so, dann ist es ein wahres Abenteuer, sich auf ihre Möglichkeiten einzulassen.

8. Kreatives Schreiben als Korrespondenz zwischen ‚Farbigkeit' und genauem Ausdruck

Wer hat es nicht schon erlebt: ein Gegenüber spricht in Bildern, verwendet bunte Vergleiche, wirkt interessant; der andere redet farblos vor sich hin, dröge, beim Zuhören schaltet man nach dem dritten Satz ab, obwohl beide vielleicht über ein und dasselbe Thema sprechen. Hören Sie einmal genau hin: Wer gekonnt farbig spricht, verwendet auch die passenderen, genaueren, treffenderen Ausdrücke. Er regt in mir Saiten an, lässt in mir Erinnerungen, Bilder wach werden, die mir das Gesagte lebendig vermitteln. Genauso ist es beim Lesen: Während ich gefesselt werde von einem spannenden, bilderreichen Stil, lässt mich der abstrakte Stil kalt, ich bin gelangweilt.

9. Schließlich: Berufliche Nutzung des Kreativen Schreibens

Es liegt auf der Hand: Interessantheit im Ausdruck beschränkt sich nicht nur auf den privaten Bereich. Gerade auch im Beruflichen ist heute eine angemessene, spannende Kommunikation wichtig. Also nicht übertrieben oder affektiert, nicht vordergründig oder so antrainiert, dass es jeder merkt. Sondern so, dass diese Interessantheit zur Persönlichkeit des Verwendenden gehört wie eine der Situation angemessene Kleidung; in einem stetigen Übungsprozess zum Teil der Persönlichkeit geworden ist. Damit wird das Kreative Schreiben, das Kreative Kommunizieren zu einer der wichtigsten Schlüsselqualifikation jedes beruflichen Agierens: vorhandene Inhalte mit Engagement und mit einer adäquaten Sprache ‚rüberzubringen'. Inhalte freilich, das ist die Voraussetzung, müssen vorhanden sein. Auch das noch so geschliffene Schreiben, auch die noch so geübte Kommunikation kann eine Luftblase nicht zum Goldschatz machen; früher oder später würde sie nicht nur lautlos davonfliegen, sondern mit einem heftigen Knall einfach verpuffen.

Literaturverzeichnis

Buzan, Tony: Use Both Sides of the Brain, New York 1976.

Kaulfush, Gisela: Divergentes Denken, in: Arnold Wilhelm (Hrsg.): Lexikon der Psychologie, A-Gyrus, Bd. 1, Freiburg/Basel/Wien 1980, S. 386.

Rico, Gabriele: Garantiert schreiben lernen, Reinbek bei Hamburg 1996.

Werder, Lutz von: Schreiben als Schlüsselqualifikation; Onlinedokument http://www.lutz-von-werder.de/subnav/creativ.html [07. 07 2009]

Weiterführende Literatur

Csikszentmihalyi, Mihaly: Kreativität. Wie Sie das Unmögliche schaffen und Grenzen überwinden, Stuttgart 2003.

Gardner, Howard: So genial wie Einstein. Schlüssel zum kreativen Denken, Stuttgart 1996.

Gesing, Fritz: Kreativ Schreiben. Handwerk und Techniken des Erzählens, Köln 2004.

Knauss, Sibylle: Schule des Erzählens. Ein Leitfaden für Roman- und Drehbuchautoren, Berlin 2006.

Werder, Lutz von: Erfolg im Beruf durch kreatives Schreiben, Berlin/Milow 1995.

Integration von Schlüsselqualifikationen in das Studium.
Konzepte und Praxis der Universitäten

Global Engineering

Reiner Anderl und Diana Völz

1. Einleitung

In kaum einer Wissenschaftsdisziplin spiegeln sich die Wechselwirkungen zwischen Hochschulen und Industrie so stark wider wie in den Ingenieurwissenschaften. Die Industrie ist nicht nur Arbeitgeber für einen Großteil der Absolventen und Absolventinnen ingenieurwissenschaftlicher Studiengänge, sondern auch Partner zur Umsetzung neuer wissenschaftlicher Erkenntnisse und Forschungsergebnisse. Hochschulen geben Impulse aus wissenschaftlicher Perspektive und zeigen zukünftige Innovationen auf. Eine enge Zusammenarbeit von Wissenschaft und Industrie ist deswegen ein überaus strategisches Moment.

Der Prozess der Globalisierung bietet für Unternehmen viele Vorteile: Von der Erschließung ausländischer Märkte durch Exporte bis hin zur polyzentrischen Organisation von Unternehmen, um sich den nationalen Anforderungen des jeweiligen Marktes anzupassen. Die damit einhergehende Verteilung von Standorten hat Auswirkungen auf das Arbeitsumfeld und den Arbeitnehmer: Standardisierungen in den Geschäftsabläufen sowie eine zunehmende Internationalisierung und Informatisierung der Arbeit. In der IT-Branche sowie im Dienstleistungssektor hat sich dieser Wandel bereits seit geraumer Zeit vollzogen. Im Maschinenbau wurden durch das Auslagern der Produktionsstätten in Billiglohnländer neue Marktsegmente erschlossen. Zunehmend werden nun auch Entwicklungszentren hochtechnologischer Branchen ausgelagert. Im Zuge der Globalisierung haben sich weltweit verteilte Kompetenzzentren entwickelt. Die Vernetzung weltweit verteilter Standorte führt zur sogenannten Netzwerkgesellschaft: Modulare Organisationen, Kooperationsgeflechte, elektronische Märkte, Telekooperationen und virtuelle Organisationsstrukturen sind nicht mehr nur Schlagworte, sondern schon heute Realität. Im Rahmen der Globalisierung wird von der Internationalisierung der Märkte und modularen Organisationen gesprochen. Dies führt zu der Auflösung von Hierarchien, Symbiosen und Kooperationen bis hin zu virtuellen Unternehmen.[1]

---

1 Vgl. Arnold Picot/Ralf Reichwald/Rolf Wigand: Die grenzenlose Unternehmung – Information, Organisation und Management. Lehrbuch zur Unternehmensführung im Informationszeitalter, Wiesbaden 1998.

2. Wandel der Arbeitswelt im Maschinenbau

Der industrielle Wandel im Maschinenbau schreitet bereits seit mehreren Jahrzehnten voran und entwickelt sich zu einer kontinuierlich zu meisternden Herausforderung. Ging es zunächst um Massenproduktion, so zeigt sich heute, dass individualisierte Produkte, jedoch zum Preis eines Massenproduktes, zukunftsweisend sind. Unternehmen reagierten darauf seit den 90er Jahren mit einer zunehmenden Informatisierung der industriellen Arbeitswelt mit dem Ziel schneller, flexibler, qualitativ hochwertiger, sicherer und vor allem kostengünstiger zu werden. Sichtbare Kennzeichen dieser Entwicklung sind einerseits die deutlich verkürzten Produktentstehungs- (time to production) und Markteinführungszeiten (time to market) sowie die angebotene Variantenvielfalt im Produktespektrum. Andererseits wurden beachtliche Innovationspotenziale erschlossen, wie beispielsweise das neue ingenieurwissenschaftliche und interdisziplinäre Gebiet der Mechatronik.

Das Erschließen internationaler Märkte ist für Unternehmen eine überaus attraktive Perspektive, weil sich dadurch ihr potenzieller Markt vergrößert und sich die Chance zu einer signifikanten Absatzsteigerung ergibt. Dazu werden unterschiedliche Strategien verfolgt. Eine Verteilung von Produktionseinrichtung und Produktentwicklung hat sich bereits seit einer geraumen Zeit vollzogen. Hohe Produktionszuwächse in Osteuropa, Asien und Südamerika zeigen einen weiteren steigenden Trend der Verlagerung der Produktion ins Ausland.[2] Im Jahr 2007 wurden weltweit 72 Mio. Fahrzeuge produziert. Die Produktion in Osteuropa legte um 13 % auf 3,1 Mio. Fahrzeuge zu. In Asien wurden über 29 Mio. Fahrzeuge hergestellt; dies entsprach einem Zuwachs von 9 % und einem Anteil an der weltweiten Automobilproduktion von 40,6 %.

2 Vgl. VDA Auto Jahresbericht 2008; Onlinedokument http://www.vda.de/de/downloads/489/ [07. 07. 2009].

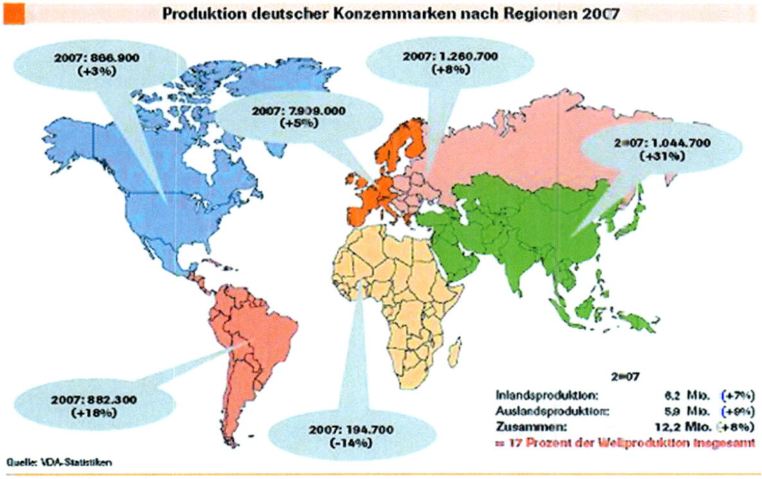

Abb. 1: Verlagerung der Produktion deutscher Konzerne, Quelle: VDA Auto Jahresbericht 2008.

Eine Verteilung von Produktionsstätte und Produktentwicklung ist realisierbar durch die Einführung globaler Standardisierungsprozesse. Global einheitliche Maschinenparks begünstigen aus Managementsicht, Entwicklung, Prototypenbau und Serienanlauf in Deutschland zu vollziehen und die Serienfertigung in identische Fabriken in das Ausland auszulagern.[3] Die Methode der länderübergreifenden Standardisierungen wird seit einiger Zeit auch in der Produktentwicklung eingesetzt, um die Entwicklung neu zu organisieren.[4] Standardisierung von Testing- sowie Simulationsprozessen erlauben eine standortunabhängige modularisierte Produktentwicklung.

3 Vgl. Volker Baethge-Kinsky/Ruth Holm/Knut Tullius/Martin Baethge: Dynamische Zeiten – langsamer Wandel: Betriebliche Kompetenzentwicklung von Fachkräften in zentralen Tätigkeitsfeldern der deutschen Wirtschaft (= Soziologisches Forschungsinstitut Göttingen SOFI, Schlussbericht des Forschungsvorhabens: ‚Kompetenzentwicklung in deutschen Unternehmen. Formen, Voraussetzungen und Veränderungsdynamik', März 2006); Onlinedokument http://www.econbiz.de/archiv1/2008/41319_schlussbericht_des_forschungsvorhabens.pdf [07. 07. 2009].

4 Vgl. ebd.

Diese Vereinheitlichungen gehen mit der zunehmenden Internationalisierung von Forschung und Entwicklung an diesen Standorten einher. Bei Hausberg, Stahl-Rolf und Steffens[5] wird die Entwicklung der Verteilung der F&E-Standorte international agierender Unternehmen seit 1975 aufgezeigt. Aus der Darstellung wird deutlich, dass insbesondere seit den 90er Jahren der Anteil neuer Forschungs- und Entwicklungsstandorte wie China oder Indien kontinuierlich ansteigt.

Ein weiterer Aspekt der Globalisierung der Produktentwicklung ist das sich stetig wandelnde Hersteller-Zulieferer-Verhältnis. Zulieferer übernehmen zunehmend komplexere Entwicklungs-, Produktions-, Dienstleistungs- und Logistikaufgaben. Die Eigenleistung der Endhersteller sinkt und verändert damit die Art der Zusammenarbeit zwischen Zulieferer und Endhersteller in Richtung enger verzahnter und zunehmend globaler Produktions- und Entwicklungsnetzwerke. Im gleichen Zug gehen die Zulieferer untereinander in stärkerem Maße internationale Kooperationen ein, um den Herausforderungen und Veränderungen in der automobilen Wertschöpfungskette zu begegnen.[6]

Eine Verschärfung der globalen Bedingungen in der Produktentwicklung stellen ‚24 Hours-Follow the sun'-Entwicklungen dar, eine Entwicklungsmanagementmethode zum Einsparen von Entwicklungszeiten.[7] Im Rahmen einer Umfrage auf einer internationalen Konferenz mit Produktentwicklungsexperten aus Forschung und Industrie zeigte sich eine rasant ansteigende Zahl der ‚Follow the sun'-Entwicklungen.[8] In dieser Vision arbeiten Entwickler 24 Stunden 7 Tage lang an der Konstruktion eines Bauteils über Zeitzonen hinweg (siehe Abb. 4). Zur Realisierung dieser Vision müsste jedoch Konstruktions- und Produktentwicklungswissen for-

5 Vgl. Bernhard Hausberg/Silke Stahl-Rolf/Josef Steffens: VDI-Technologiezentren – Entwicklung von Kompetenzclustern und -netzen zu internationalen Kompetenzknoten, Mai 2008; Onlinedokument http://www.kompetenzcluster.org/fileadmin/vdidaten/Allgemein/Downloads_Berichte/Nordrhein_Westfalen/5027_Abschlussbericht_Internationale_Netze_Langfassung.pdf [07. 07. 2009].

6 Vgl. Baethge-Kinsky/Holm/Tullius/Baethge, 2006.

7 Vgl. Udo Lindemann/Reiner Anderl u. a.: 24h-Entwicklung. Ein Grundlagenprojekt in der Antriebsentwicklung, in: Entwicklung im Karosseriebau, Düsseldorf 2000, S. 283-299 (= VDI-Berichte 1543); Heiko Gierhardt: Global verteilte Produktentwicklungsprojekte, München 2002; Onlinedokument http://deposit.ddb.de/cgi-bin/dokserv?idn=965200396 [07. 07. 2009].

8 Vgl. Reiner Anderl/Diana Völz/Thomas Rollmann: Knowledge Integration in Global Engineering in Enterprise and Interoperability, Berlin 2008.

malisierbar sein. Gleichwohl stehen einer Internationalisierung auch Hindernisse entgegen. So erfordert das Erschließen internationaler Märkte beachtliche Investitionen und ist nicht ohne Risiko. Darüber hinaus haben verschiedene geographisch verortete Märkte durchaus auch unterschiedliche Anforderungen, so dass eine ganzheitliche Betrachtung internationaler Märkte erforderlich wird, bei der durchaus marktspezifische Anforderungen erkannt und beim Management der Produktentstehung und Produktion berücksichtigt werden müssen. Dieser globale Ansatz setzt voraus, dass auch die Unternehmensorganisation sowie die Kompetenzen und Fähigkeiten der Mitarbeiter auf diesen globalen Ansatz ausgerichtet werden. Im Bereich der Ingenieure führt dies zum Konzept ‚Global Engineering'.

3. Re-engineering im Arbeitsumfeld der Produktentwickler

Re-engineering der Produktentwicklung durch zunehmend international organisierte Innovations- und Entwicklungsprozesse führt zu einem neuen Arbeitsumfeld für Entwickler.

Während die Beschäftigungsentwicklung im Bereich der Ingenieurarbeit in den vergangenen zehn Jahren vergleichsweise stabil verlief, hat sich das Tätigkeitsfeld von Entwicklern und Konstrukteuren in erheblichem Maße verändert. Ursächlich dafür sind Veränderungen der Wettbewerbsbedingungen, der Produkte, der Fertigungs- und der in der Entwicklungsarbeit eingesetzten Technologie sowie die Organisation von Entwicklungsprozessen.[9]

9 Vgl. Baethge-Kinsky/Holm/Tullius/Baethge, 2006.

Das Tätigkeitsfeld der ‚Global Engineers' sieht folgendermaßen aus:

- Der Global Engineer arbeitet in internationalen und interkulturellen Teams,
- hauptsächlich in kooperierender, zeitlich begrenzter Projektarbeit,
- unter der Verwendung von Informations- und Kommunikationstechnologien (IuK-Technologien),
- im interdisziplinären Umfeld.

Zunehmend arbeiten Produktentwickler virtuell in Teams. Dabei handelt es sich um geographisch verteilte Teams, die zeitversetzt über IuK-Technologien miteinander vernetzt eine Aufgabe bearbeiten.[10]

Das Tätigkeitsfeld des Global Engineers stellt höhere Anforderungen an die Fremdsprachenkenntnisse der Ingenieure, an ihre interkulturellen Fähigkeiten und ihre Mobilitätsbereitschaft.[11] Technische Fähigkeiten reichen in dieser Welt der fortschreitenden Ingenieurausbildung und Globalisierung nicht mehr aus.[12] Deshalb ist eine Anpassung der Ausbildung für Ingenieure an dieses neue Tätigkeitsfeld durchaus empfehlenswert.

4. Global Engineering Excellence

Mit innovativen Konzepten möchte die Industrie diesen neuen Anforderungen der Globalisierung begegnen. Einen Ansatz verfolgt die Firma Continental AG seit 2005 mit dem Programm ‚Global Engineering Excellence'. Ziel ist es, Ingenieure rekrutieren zu können, die in der Lage sind, die Herausforderungen des Global Engineerings zu meistern und somit in das Anforderungsprofil eines Global Engineers passen. So wurde im Auftrag der Firma Continental AG eine Studie durchgeführt, an acht Universitäten aus sechs Nationen, um die Voraussetzungen zur Ausbildung für Global Engineering zu analysieren und Empfehlungen auszu-

10 Vgl. Anne Powell/Gabriele Piccoli/Blake Ives: Virtual Teams – A Review of Current Literature and Directions for Future Research, in: The DATA BASE for Advances in Information Systems, No. 1, Vol. 35, 2004, pp. 6-36.

11 Vgl. Baethge-Kinsky/Holm/Tullius/Baethge, 2006.

12 Vgl. Detlev Jansen/Marc Riemer: Interkulturelle Kommunikation für den Globalen Ingenieur, in: Global Journal of Engineering Education, No. 3, Vol. 7, 2003, pp. 303-311; Onlinedokument http://www.eng.monash.edu.au [07. 07. 2009].

sprechen, wie ein Qualifikationsprofil für zukünftige Ingenieure vor dem Hintergrund der Anforderung an das Global Engineering erreicht werden kann.[13]

Zu den acht Universitäten gehören:

- ETH Zürich (Switzerland),
- Georgia Institute of Technology (USA),
- Massachusetts Institute of Technology (USA),
- Shanghai Jiao Tong University (China),
- Technische Universität Darmstadt (Germany),
- Tsinghua University (China),
- Universidade de São Paulo (Brazil),
- University of Tokyo (Japan).

Gemeinsames Ziel der Universitäten war es, die erforderlichen Kompetenzen für eine Zusammenarbeit von Ingenieuren in internationalen Teams zu formulieren. In einer schriftlichen Befragung durch die genannten Universitäten und anhand von Statistiken wurde die Berufsbezeichnung des Hochschulabschlusses hinterfragt, Zahlen darüber ermittelt, wie viele Ingenieure in den beteiligten Nationen ihren Abschluss erreichen, welche Stärken und Schwächen das Berufsbild der Ingenieure in den beteiligten Nationen kennzeichnen und welche Kompetenzprofile ausgehend von diesen Erkenntnissen abzuleiten sind. Darüber hinaus wurde aufgezeigt, welche Hindernisse bei einer Ausbildung zum Global Engineer überwunden werden müssen.

Interessant war bereits das Verständnis über die Berufsbezeichnung ‚Ingenieur'. Während im deutschsprachigen Raum unter dem Begriff des Ingenieurs ein Berufsbild mit akademischer Ausbildung zur Anwendung von wissenschaftlichen Erkenntnissen und Methoden in der Technik verstanden wird, so verbirgt sich hinter dem Begriff ‚Engineer' ein wesentlich breiteres Verständnis, das eher allgemein auf technische Berufsbilder bezogen ist und eine akademische Ausbildung nicht unbedingt voraus-

13 Vgl. Continental AG: Global Engineering Excellence; Onlinedokument http://www.conti-online.com [07. 07. 2009].

setzt. Eine Analyse der Absolventenzahlen in ausgewählten Nationen ergab, dass im Jahr 2005 die meisten ingenieurwissenschaftlichen Absolventinnen und Absolventen aus Europa kamen, während USA, Japan und China etwa vergleichbare Absolventenzahlen in der Summe erreichten. Diese waren jeweils etwa ein Drittel so hoch wie das europäische Absolventenvolumen. Aus der Analyse wird jedoch ersichtlich, dass es gerade in China 2007 einen deutlichen Zuwachs an ingenieurwissenschaftlichen Absolventinnen und Absolventen gab. Dies hat sich durch eine erneute Analyse der Absolventenzahlen (vgl. Abb. 2) bestätigt.

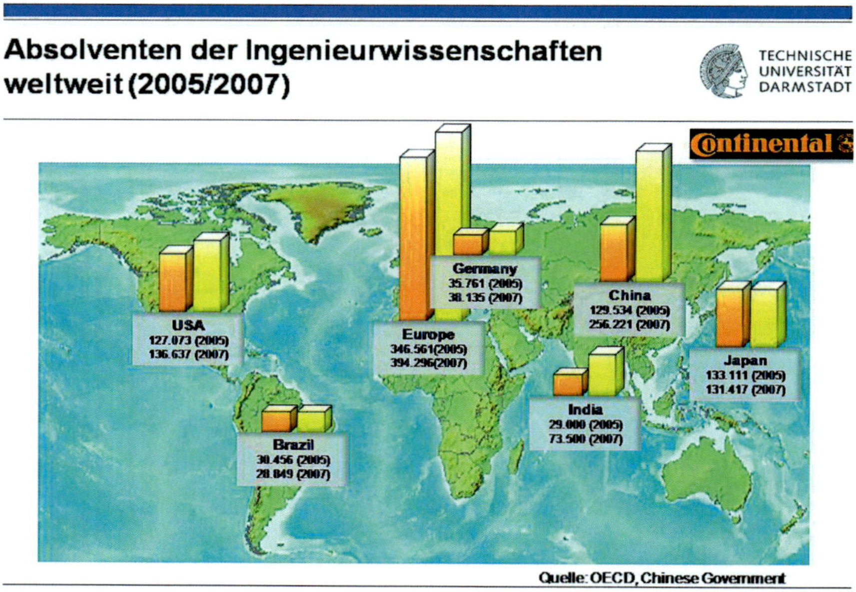

Abb. 2: Absolventenzahlen mit ingenieurwissenschaftlichen akademischen Abschlüssen in ausgewählten Nationen (2005/2007), Quelle: OECD, Chinese Government.

Interessant sind die nationalen Unterschiede in den Karrierewegen akademisch ausgebildeter Ingenieure. Hierzu hat sich gezeigt, dass im deutschsprachigen Raum Absolventen aller akademischen Abschlüsse, also Bachelor- und Masterabsolventinnen und -absolventen (Diplomingenieurinnen und -ingenieure) wie auch Promovierte vorwiegend in der Industrie beschäftigt werden. Darüber hinaus haben die meisten Professoren in den Ingenieurwissenschaften im Vorfeld eine Karriere in der Industrie aufzuweisen. Dies ist geradezu ein Alleinstellungsmerkmal im Vergleich zu den anderen Nationen. Dort entscheidet sich der weitere Karriereweg meist direkt nach dem Bachelorabschluss. Wird ein Beschäftigungsverhältnis in der Industrie gewählt, bedeutet dies einen industriellen Karriereweg. Wird das Studium weitergeführt, um den Masterabschluss zu erreichen und eventuell zu promovieren, so ist dies oftmals eine Entscheidung für eine akademische Laufbahn. Wechsel aus Industrie in die Wissenschaft sind eher selten.

Eine Betrachtung der Merkmale von Ingenieurinnen und Ingenieuren in den untersuchten Ländern hat zu folgenden Charakterisierungen geführt:

- Brasilien
  Geschickt im Technologietransfer; aber zu wenig gesellschaftliches Ansehen.
- China
  Langfristig enorme ingenieurwissenschaftliche Ressourcen, aber es besteht Nachholbedarf an Kreativität und Innovation.
- Deutschland
  Hohes gesellschaftliches Ansehen und Innovationskraft, hohe Arbeitsqualität, aber zu wenig Flexibilität und Mobilität.
- Japan
  Effizient und umweltbewusst, aber isolierte Arbeitswelten mit einem Mangel an Zusammenarbeit zwischen Industrie und akademischer Welt.
- Schweiz
  Lange Tradition an multikultureller Anpassung und internationaler Kooperation, jedoch erheblicher Bedarf an mehr unternehmerischen Elementen in der Ingenieurausbildung.
- USA
  Technologisch fortgeschrittene Wirtschaft, aber zunehmend abhängig von Talenten aus dem Ausland, kaum Interesse an der Ingenieurwissenschaft in der jungen Generation.

Eine überaus wichtige Erkenntnis ist in diesem Zusammenhang, dass trotz der analytisch-methodischen Denkweisen von Ingenieurinnen und Ingenieuren, die kulturellen Einflüsse, insbesondere auch die Sprachen, nicht vernachlässigt werden dürfen. Sie prägen in besonderer Weise den Erfolg einer Zusammenarbeit in international besetzten Teams. Dies bedeutet, dass bei einer Ausbildung zum Global Engineer Kompetenz- und Qualifikationsprofile erforderlich sind, die neue Bildungs- und Ausbildungselemente enthalten, um als Ingenieurin oder Ingenieur im internationalen Umfeld erfolgreich tätig sein zu können.

5. Kompetenz- und Qualifikationsprofil

Für eine Global Engineering Qualifikation besitzen Professional Skills eine besondere Bedeutung. Der Begriff ‚Professional Skills' ist noch nicht eindeutig definiert. Gleichwohl zeichnen sich einige Merkmale ab, die im Rahmen von Professional Skills eine hohe Bedeutung besitzen. Dies sind insbesondere Kenntnisse über Projektmanagement und Präsentationstechniken, Organisations- und Führungsmethoden sowie kulturelles Verständnis. Professional Skills werden häufig unterschätzt, denn sie tragen nicht direkt zur Entwicklung der fachspezifischen Kompetenz bei und es ist auch vielfach unklar, wie Leistungen als Professional Skills im Rahmen ingenieurwissenschaftlicher Studiengänge zu bewerten und gewichten sind.

Das veränderte Tätigkeitsumfeld des Global Engineers stellt jedoch neue Anforderungen an das Kompetenzprofil. Diese sind zusätzlich zu den technischen, naturwissenschaftlichen und informationstechnischen Kenntnissen zu erwerben, insbesondere:

- Kommunikationsskills,
- schriftliche Sprache – das Verfassen von Dokumentationen,
- Fremdsprachenkenntnisse,
- Selbstorganisationskompetenz,
- kulturelle Sensibilität sowie
- interdisziplinäres Fachwissen.

In Abbildung 3 werden die Kompetenzanforderungen an Entwickler und Konstrukteure gewichtet. Anzunehmen ist, dass sozialkommunikative Kompetenz und Selbstorganisationskompetenz in der global verteilten Teamarbeit zunehmen.

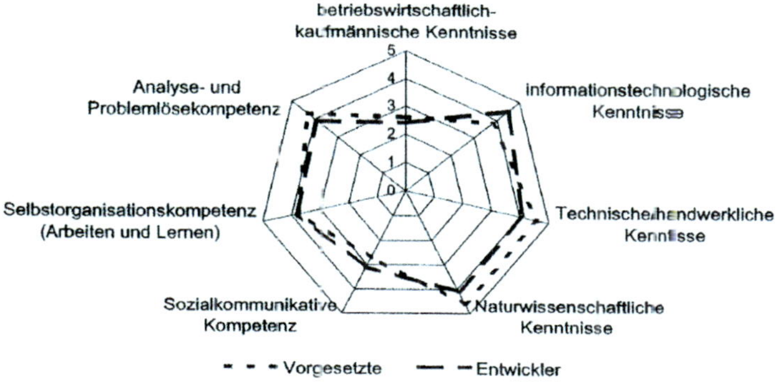

Abb. 3: Kompetenzanforderungen an Entwickler/Konstrukteure. Angabe der Mittelwerte: 1=geringe/keine Kenntnisse/Anforderungen; 3=Grundkenntnisse/mittlere Anforderungen; 5=intensive Kenntnisse/Anforderungen, Quelle: Baethge-Kinsky/Holm/Tullius/Baethge, 2006.

Kommunikationsskills

Kommunikation bildet den Hauptarbeitsanteil aktueller Ingenieurtätigkeiten. In einer Studie, die die soziale Kommunikation der Ingenieurin und des Ingenieurs untersucht, rechnen fast alle Ingenieure und Ingenieurinnen (95 %) mindestens die Hälfte (4 und mehr Stunden) ihrer täglichen Arbeitshandlungen zur sozialen Kommunikation.[14] Kommunikationsfähigkeit verstärkt außerdem Teamwork- und Führungsfähigkeiten, also Fähigkeiten, die ebenfalls als wichtig für Ingenieurinnen und Ingenieure angesehen werden.[15] Auch in den verteilten Arbeitsprozessen spielt Kommunikation eine bedeutende Rolle. Informationen werden in globalen Teams über IuK-Technologien ausgetauscht. Informationsverarbeitung erfordert Kommunikation und Kommunikation erfordert Sprache.[16]

14 Vgl. Susan Göldi: Kommunikative Ingenieure. Bedeutung der sozialen Kommunikation im beruflichen Alltag von Ingenieuren und Ingenieurinnen und Folgen daraus für die Ingenieurausbildung, Frankfurt am Main 2007.

15 Vgl. Jansen/Riemer, 2003.

16 Vgl. Arnold Picot/Ralf Reichwald/Rolf Wigand: Die grenzenlose Unternehmung – Information, Organisation und Management. Lehrbuch zur Unternehmensführung im Informationszeitalter, Wiesbaden 1998.

Schriftliche Sprache – Verfassen von Dokumentationen

In der verteilten Produktentwicklung gewinnen zunehmend schriftliche Dokumentationen, beispielsweise in der Technischen Produktdokumentation an Bedeutung. Bei Susan Göldi wird die Qualität von Texten von allen an der Umfrage teilnehmenden Ingenieurinnen und Ingenieuren als wichtig befunden.[17] Bei der Differenzierung in wichtig und sehr wichtig sind Korrektheit und Stilsicherheit tendenziell weniger wichtig als Prägnanz, Zusammenhang und Struktur.[18]

Fremdsprachenkenntnisse

Das Arbeiten in internationalen Teams erfordert gute Fremdsprachenkenntnisse, besonders in der Businesssprache Englisch. Bei Göldi[19] antworteten fast drei Viertel (73 %) der Befragten Ingenieurinnen und Ingenieure, dass sie oft oder gelegentlich Englisch sprechen, etwa gleich viele (75 %) schreiben oft oder gelegentlich Englisch. Noch mehr (85 %) lesen oft oder gelegentlich englische Texte. Nur in seltenen Fällen spielt die englische Sprache keine Rolle.

Oftmals werden trotz guter Sprachkenntnisse Feinheiten in der Fremdsprache nicht verstanden, was zu Missverständnissen in der Teamarbeit führen kann. So können unterschiedliche Muttersprachen einen negativen Einfluss auf die Interaktionsintensität im Team haben.[20] Von besonderer Bedeutung ist das Erlernen der Landessprache des jeweiligen Tätigkeitsumfeldes, um das nötige Vertrauen der Kollegen zu gewinnen. Dies ist Voraussetzung für eine effizientes Führen von Mitarbeitern im Ausland.

17 Vgl. Göldi, 2001.
18 Vgl. ebd.
19 Vgl. ebd.
20 Vgl. Nicola Berg: Globale Teams. Eine kritische Analyse des gegenwärtigen Forschungsstands, in: Zeitschrift für Personalplanung (ZfP), German Journal of Human Resource Research, H. 3, Jg. 20, 2006, S. 215-232.

Selbstorganisationskompetenz

Laut einer Studie des Soziologischen Forschungsinstituts Göttingen werden Entwickler verstärkt in Kooperations- und Entscheidungsprozesse eingebunden.[21] An den zukünftigen Ingenieur werden höhere Anforderungen hinsichtlich der Analyse- und Problemlösefähigkeit, der sozialkommunikativen Kompetenz und der Fähigkeit, Arbeiten und Lernen zunehmend selbstverantwortlich zu verknüpfen gestellt.[22]

Kulturelle Sensibilität

Kultur hat einen maßgeblichen Einfluss auf das Zusammenwirken in der Teamarbeit. In der Kommunikation agiert die persönliche Kultur als Filter, durch den eine Nachricht interpretiert wird.[23] Unternehmen begegnen diesen Herausforderungen mit der Vorbereitung ihrer Mitarbeiter auf den Einsatz in interkulturellen Arbeitsverhältnissen durch ‚Coming together' oder einen speziell eingesetzten ‚Cultural Manager'.[24] Solche sogenannten ‚interkulturellen Trainings' tragen zur Kultursensibilisierung bei. Bei Pander und Wagner[25] wurde in einer Umfrage ermittelt, welche kulturellen Rahmenbedingungen auf das Gelingen von Kooperationsbeziehungen Einfluss haben. Weiterführend wird darauf hingewiesen, dass nicht nur die eigene Kultur, sondern auch die Unternehmens- wie die Projektkultur einen maßgeblichen Einfluss auf einen erfolgreichen Projektabschluss haben.

Interdisziplinäres Fachwissen

Zunehmend wird fachübergreifendes Wissen im Tätigkeitsprofil der Ingenieurin und des Ingenieurs gefordert. Bei Anderl u. a.[26] werden Disziplinen aufgezeigt, die eng vernetzt mit Entwicklern und Konstrukteuren ar-

21 Vgl. Baethge-Kinsky/Holm/Tullius/Baethge, 2006.
22 Vgl. ebd.
23 Vgl. Jansen/Riemer, 2003.
24 Vgl. Sigrid Pander/Reinhard Wagner: Unternehmensübergreifende Zusammenarbeit in der Automobilentwicklung – durch erfahrungsgeleitete Kooperation die Grenzen der Planbarkeit überwinden, München/Mering 2005.
25 Vgl. ebd.
26 Vgl. Reiner Anderl/Diana Völz/Thomas Rollmann/Koy Lee: A contribution to engineering data sharing in discipline-spanning global environments, in: Imre Horváth/Zoltán Rusák (eds.): Proceedings of the 7th International Symposium on Tools and Methods of Competitive Engineering, TMCE 2008, Izmir, Turkey, April 21-25, Delft University of Technology 2008, Vol. 2, pp. 955-966.

beiten. Wissenschaftliche Veröffentlichungen untermauern, dass zwar berufsspezifisches Fachwissen weiterhin grundlegend ist, jedoch immer häufiger Basiskenntnisse aus anderen Disziplinen benötigt werden.[27]

Einführung eines Qualifikationsprofil für den Global Engineer

Um dem Kompetenzprofil des Global Engineer gerecht zu werden, hilft es ein Qualifikationsprofil zu erstellen, wie es in der Studie ‚Global Engineering Excellence'[28] und in weiteren Veröffentlichungen, wie beispielsweise im VDA Auto Jahresbericht 2008,[29] dargestellt wurde. Danach wird das Profil des Global Engineers durch folgende Anforderungen beschrieben:

- kontinuierliche Weiterbildung und Bestreben den Stand der Technik fortzuschreiben,
- Beherrschung von Fremdsprachen und Professional Skills,
- Fähigkeit, technische Innovationen in kommerziell vermarktbare Produkte und Dienstleistungen umzusetzen,
- Interesse an interdisziplinärem Fachwissen (z. B. Betriebswirtschaftslehre),
- Kenntnisse im Umgang mit IuK-Technologien,
- systemorientiertes Denken,
- Bekenntnis zu ingenieurwissenschaftlichem Fortschritt und neuen Geschäftsideen sowie
- Kenntnis der Weltmärkte und des dynamischen Wandels globaler Wirtschaftsgefüge.

Ingenieure, die auf dieses Qualifikationsprofil passen, sind:

- technisch versiert,
- kulturbewusst und gebildet,
- innovativ,

27 Vgl. Baethge-Kinsky/Holm/Tullius/Baethge, 2006.
28 Vgl. Continental AG, o. J.
29 Vgl. VDA, 2008.

- teamfähig,
- kommunikativ,
- unternehmerisch sowie
- flexibel und mobil.

Wenngleich Global Engineering noch kein flächendeckend eingeführtes ingenieurwissenschaftliches Curriculum ist, so existieren gleichwohl Ansätze, um eine Ausrichtung auf Global Engineering zu erreichen. Es werden zunehmed mehr Lehrveranstaltungen mit der Ausrichtung Global Engineering angeboten, bis hin zu Studienprogrammen.

6. Internationalisierung der Ingenieurausbildung

Das Kompetenz- und Qualifikationsprofil für Global Engineering erfordert Bildungs- und Ausbildungselemente, die einerseits von Hochschulen bereitgestellt werden können, die aber andererseits auch Erfahrungselemente aus Auslandsaufenthalten erfordern. Das Sprechen anderer Sprachen, das Erfahren anderer Gesellschaftsstrukturen und das Erleben anderer Kulturen sind wichtige Erfahrungsschätze, die gerade für das Zusammenarbeiten in internationalen Ingenieurteams einen hohen Stellenwert besitzen.

Leider stehen einer Ausbildung zum Global Engineering noch Widerstände entgegen. Zu den wichtigsten zählen:

- die Vorbereitung auf das Arbeiten in einer globalen Arbeitswelt gehört heute nicht zu den Kernaufgaben der ingenieurwissenschaftlichen Ausbildung,
- internationale Mobilität stellt nach wie vor eine große Herausforderung dar, aufgrund von Visapolitik, Arbeitserlaubnis etc.,
- der Mangel an substanziellen, langfristig angelegten Partnerschaften zwischen Hochschulen und Industrie,
- internationale Projekte bedürfen besonderer Evaluation hinsichtlich ihres Ausbildungserfolgs; dies erfordert eine Global Engineering-Forschung.

Die ingenieurwissenschaftlich-akademische Ausbildung hat Tradition und ist durch einen strukturierten Aufbau der Studienprogramme gekennzeichnet. Dabei spielen die mathematisch-naturwissenschaftlichen Grundlagen (z. B. Mathematik, Physik, Chemie), ergänzt um ingenieurwissenschaftliche Grundlagen (z. B. Konstruktion, Mechanik, Elektrotechnik/Elektronik, Werkstoffe) eine Schlüsselrolle. Diese Grundlagen werden erweitert um ingenieurwissenschaftliche Vertiefungen, die in den meisten Hochschulen oft den größten Anteil am Studienprogramm darstellen. Etabliert sind heute auch flankierende Fächer wie Betriebswirtschaftslehre und Informationstechnologie. Weniger ausgeprägt und mit sehr unterschiedlichem, jedoch stets niedrigem Anteil am Studienprogramm sind Fächer, die auf weiterführende Kenntnisse und Fähigkeiten abzielen, die erwähnten Professional Skills.

In der Ingenieurausbildung werden anhand der Anforderungen an den Global Engineer entsprechende fachliche Neugestaltungen vorgenommen. Bei Hausberg, Stahl-Rolfs und Steffens[30] wird in diesem Zusammenhang von einer Internationalisierung der akademischen Ausbildung gesprochen. Notwendig sind demnach international ausgerichtete Studiengänge, die den beschriebenen Qualitätsanforderungen genügen, damit die deutsche Ingenieurausbildung weltweit für die besten Studierenden attraktiv wird.[31]

Vorbereitung der Studierenden auf die Teamarbeit

Ingenieure arbeiten zunehmend in Projektteams, deshalb ist es sinnvoll diese auf Projekt-/Teamarbeit vorzubereiten. Pander und Wagner beschreiben die Faktoren, die die Effizienz in der Teamarbeit fördern: Teamzusammenstellung, eine klare Ziel- und Aufgabenentwicklung, Organisation des Teamentwicklungsprozesses und eindeutiges Festlegen von Verantwortlichkeiten.[32] Diese Lernziele können insbesondere auch innerhalb der typischen Kernfächer aufgegriffen werden, indem Aufgaben in Teamarbeit gelöst und Projektarbeit verstärkt in das Studium integriert werden.[33]

30 Vgl. Hausberg/Stahl-Rolf/Steffens, 2008.
31 Vgl. VDA, 2008.
32 Vgl. Pander/Wagner, 2005.
33 Vgl. VDA, 2008.

Vermittlung fachübergreifender Kompetenzen

In der Ingenieurausbildung ist – neben der Vermittlung einer fundierten Grundqualifikation – besonderer Wert auf die Entwicklung fachübergreifender Kompetenzen zu legen. Dazu zählen betriebswirtschaftliche Kenntnisse, aber auch methodische Kompetenzen.[34]

Verbesserung der Fremdsprachenkenntnisse in der universitären Ausbildung

Das Lehren der englischen Sprache sollte entsprechend dem Qualitätsprofil der Ingenieure Bestandteil des Ausbildungsprogramms werden. Dazu ist eine Umgestaltung der Vorlesungen, der Übungsseminare und der Unterlagen in der Fremdsprache nötig sowie eine ausreichende Betreuung ausländischer Studierender.[35] Praktische Übungen in der Fremdsprache, beispielsweise Präsentationen in englischer Sprache, werden im VDA Auto Jahresbericht 2008 empfohlen.

Sensibilisierung für andere Kulturen

Praktika im Ausland verbessern nicht nur die Fremdsprachenkenntnisse, sondern sensibilisieren Praktikantinnen und Praktikanten für andere Kulturen.

Verbesserung der Nachhaltigkeitsbetrachtung in der Entwicklung neuer Produkte

Vom Global Engineer wird eine ganzheitliche Betrachtung eines technischen Projektes in seinem Umfeld erwartet. Deshalb sollte in der Ausbildung zum Ingenieur das Verständnis z. B. für historische, politische, ökonomische, psycho-soziale und ökologische Zusammenhänge entwickelt werden. Durch fachübergreifende Kenntnisse sind angehende Ingenieurinnen und Ingenieure in der Lage, komplexe technische Systeme in ihren nichttechnischen Aspekten beurteilen zu können.[36]

34 Vgl. ebd.

35 Vgl. ebd.

36 Empfehlung des VDI zur Integration fachübergreifender Studieninhalte in das Ingenieurstudium; Onlinedokument http://www.vdi.de/fileadmin/media/content/hg/21.pdf [07. 07. 2009].

Training von Professional Skills

Das Trainieren von Professional Skills führt zu kooperativem Sozialverhalten mit Führungs- und Kommunikationskompetenz. Durch veränderte Unterrichtsformen können Professional Skills in der Ingenieurausbildung trainiert werden. In der Empfehlung des VDI zur Integration fachübergreifender Studieninhalte in das Ingenieurstudium[37] wird geraten als bevorzugte Veranstaltungsform das Seminar zu wählen, um mit studentischen Eigenbeiträgen zugleich die Kommunikations- und Diskussionsfähigkeit zu schulen. Soweit Vorlesungen unumgänglich sind, sollten diese Diskussionsphasen enthalten.[38]

Training im Umgang mit IuK-Technologie

Die IuK-Technologie spielt in der verteilten Arbeit als vernetzendes Medium eine wichtige Rolle. Während zwischenmenschliche Kommunikation informelle sprachliche Mittel nutzen kann, erfordert der Umgang mit Computersystemen und die technische Kommunikation zwischen Computersystemen stets formalisierte Kommunikation. Die Möglichkeiten formalisierter Kommunikation sind aber beschränkt durch die Ausdrucksmächtigkeit formaler Sprachen und deren Charakterisierungsmodelle.[39] Eine Schulung in der Verwendung von IuK-Technologie ist deshalb durchaus sinnvoll zur Vorbereitung zukünftiger Ingenieure auf das Berufsleben.

7. Global Engineering an der TU Darmstadt

Aus der Erkenntnis, dass zu einem modernen akademischen Qualifikationsprofil für eine universitäre Bildung und Ausbildung international geprägte Kompetenzen erforderlich sind, hat die Technische Universität Darmstadt eine Internationalisierungsstrategie entwickelt. Ziel der Internationalisierungsstrategie ist es, sowohl für Studierende aus dem Ausland attraktiver zu werden wie auch deutschen Studierenden internationale Erfahrungen zu ermöglichen. Wenngleich nicht angestrebt wird, eine internationale Universität zu werden, so soll gleichwohl die internationale Ausrichtung verstärkt werden. Die drei Elemente dazu sind insbesondere:

37 Vgl. ebd.
38 Vgl. ebd.
39 Vgl. Picot/Reichwald/Wigand, 1998.

- allen Studierenden der TU Darmstadt soll ermöglicht werden, mindestens ein Semester im Ausland zu absolvieren, mit dem Ziel der Anerkennung der Prüfungsleistungen,
- der Ausbau der Joint Degree und Double Degree Programme,
- die Sprachenpolitik.

Zur Organisation von Studienaufenthalten im Ausland sind gezielte Partnerschaftsvereinbarungen mit Partneruniversitäten weltweit geschlossen worden. Darüber hinaus werden Stipendienprogramme wie z. B. ERASMUS als Angebote für die Studierenden gezielt platziert. Zum Ausbau von Joint Degree und Double Degree Programmen engagiert sich die TU Darmstadt bewusst in europäischen Universitätsverbünden wie CESAER, CLUSTER und TIME. Darüber hinaus sind mit ausgewählten Universitäten wie insbesondere der Virginia Tech (Blacksburg, USA) Partnerschaftsverträge für Joint Degree und Double Degree Programme geschlossen worden.

Eine besondere Bedeutung wird der Sprache beigemessen, für die die TU Darmstadt eine Sprachenpolitik entwickelt hat. Sie basiert darauf, dass ausländische Studierende ein Kompetenzprofil für die Beherrschung der deutschen Sprache speziell für das Studium an der Technischen Universität Darmstadt erfüllen sollen sowie auf einem Ausbildungsprogramm, das zu diesem Kompetenzprofil führt. Für Studierende, die mindestens ein Semester im Ausland verbringen wollen, und für Wissenschaftlerinnen wie Wissenschaftler der Technischen Universität Darmstadt, werden gezielt Fremdsprachenprogramme angeboten. Denn die grundlegende Überzeugung ist, dass für Auslandsaufenthalte das Beherrschen der englischen Sprache zwar eine notwendige Voraussetzung ist, jedoch ist das Verständigen in der Landessprache der Faktor, der den Erfolg des Auslandsaufenthalts sichert.

Darüber hinaus bietet die Hochschuldidaktische Arbeitsstelle als zentrale Einrichtung der Technischen Universität Darmstadt flankierend Kurse an, um Professional Skills zu entwickeln. Dazu zählen insbesondere Kurse zu multimedialen Präsentationstechniken, zum Präsentations- und Vortragstraining sowie zum Moderationstraining.

Aufbauend auf diesen institutionellen Rahmenbedingungen entwickeln ingenieurwissenschaftliche Studiengänge Module, die auf das Profil Global Engineering zielen. Dies sind einerseits Module, die speziell Professional Skills heranbilden, und andererseits Module, die Kenntnisse und Fähigkeiten für ein Global Engineering in der Produktentwicklung vermitteln. Ein wesentlicher Ansatz zur Ausbildung von Professional Skills ist die Erkenntnis, dass Absolventinnen und Absolventen der Ingenieurwissenschaften in ihrem Berufsleben mit Kollegen, Vorgesetzten, Mitarbeitern, Kunden und Auftragnehmern unterschiedlicher Qualifikationen und Fachdisziplinen zusammenarbeiten müssen. Um im Berufsleben erfolgreich zu sein, ist das Verständnis des Ingenieurberufs und die Einordnung in sein Umfeld überaus wichtig. Den Anderen verstehen zu lernen, um darauf aufbauend seine eigene Argumentationslinie entwickeln zu können, wird als ein Erfolgskriterium für das Berufsleben erachtet. Aus diesem Grund wurde im Bachelor-Studiengang Maschinenbau das Fach ‚Philosophie für Maschinenbauer' eingeführt. Darüber hinaus gelingt eine überaus interessante Verortung der Maschinenbauingenieure bezüglich der Fachdisziplin, aber auch insbesondere bezüglich ihrer Rolle in der Gesellschaft. Gerade dies ist eine wichtige Grundlage für das Verständnis von Ingenieurinnen und Ingenieuren im Global Engineering Umfeld.

Darauf aufbauend werden dann während des weiteren Studiums im Masterbereich Kompetenzen für Professional Skills ausgebildet. Eine wesentliche Säule ist dabei das Projektmanagement. Dadurch lernen Studierende, Projekte zu planen und die Ablauforganisation eines Projektes zu verstehen. Ein wesentliches Element ist dabei, Steuerungsmethoden für den Projektablauf gezielt einsetzen zu können.

Die Ausbildung zum Global Engineer wird schließlich im Rahmen eines sogenannten ‚Advanced Design Projects – Global Collaborative Design Project' als Wahlpflichtfach vertieft. Dieses Projekt kooperiert mit den Universitäten Virginia Tech (USA), Howard University (USA), Monterrey (Mexiko), Shanghai Jiao Tong University (China) und der Technischen Universität Darmstadt (vgl. Abb. 4). Dabei erlernen Studierende der Ingenieurwissenschaften, insbesondere des Maschinenbaus, in einem internationalen Team Produkte mit den Methoden der modernen Informations- und Kommunikationstechnologie zu entwickeln.

Abb. 4: Advanced Design Project – Global Engineering, Quelle: eigene Darstellung.

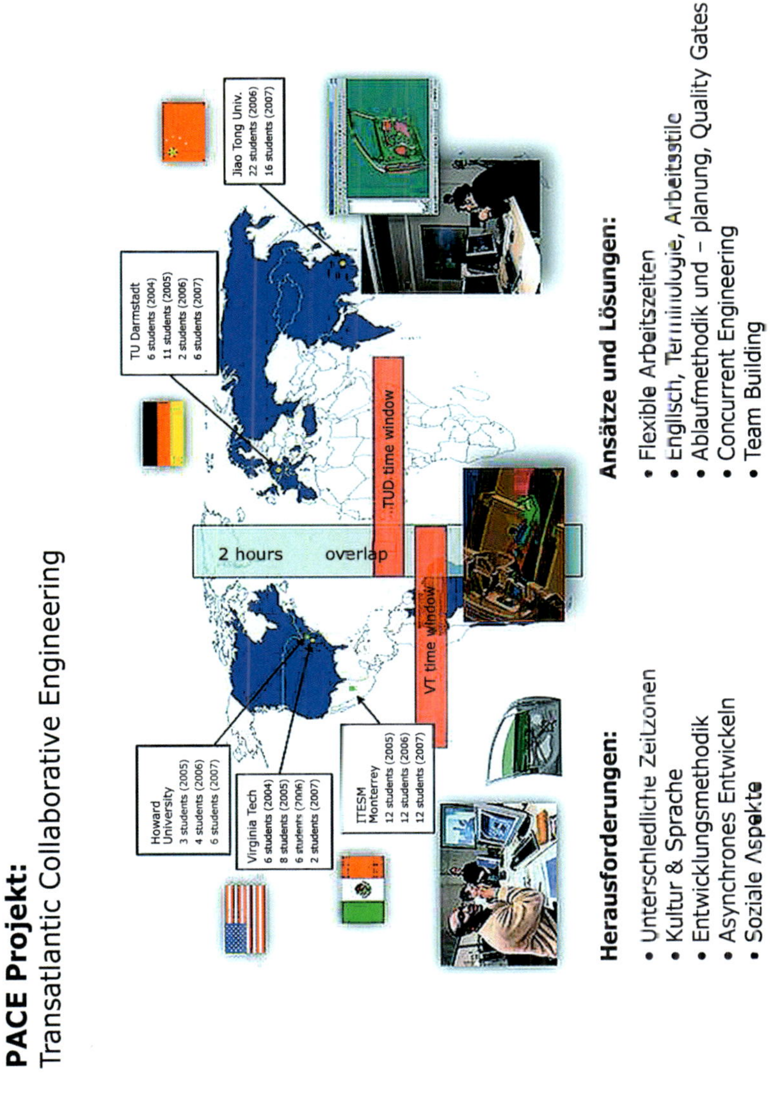

Die Informations- und Kommunikationstechnologie führte in der Produktentwicklung zu neuen Arbeitsmethoden. Das technische Kompetenzprofil ist dabei durch folgende technische Merkmale gekennzeichnet:

8. 3D-CAD

3D-CAD Systeme führen dabei zu neuen Vorgehensweisen zur Produktentwicklung. Sie basieren darauf, dass über die Methoden der Punkt- und Linienkonstruktion hinaus, wie sie traditionell beim Erstellen technischer Zeichnungen praktiziert werden, Methoden zur Flächen- und Volumenkonstruktion angewendet werden können. Darüber hinaus erfordert die Weiterverarbeitung der 3D-CAD Daten ein Denken in Prozessketten, damit die 3D-CAD Daten möglichst effektiv weiterverwendet werden können (z. B. für Berechnungen, Simulationen, Optimierungen, Fertigungssteuerung). Ebenso spielt das Zusammenwirken mehrerer Bauteile zum System (design in context) sowie die zunehmende Interdisziplinarität (mechatronische Systeme) eine große Rolle.

9. PDM

Zum Kompetenzprofil gehört auch das Verständnis der technischen Ablauforganisation, weil sie in sogenannte PDM-Systeme (Produktdatenmanagement-Systeme) abgebildet wird. So muss verstanden werden, welche Informationen (Artikel und Dokumente) im PDM-System gespeichert werden, wie auf sie zugegriffen werden kann und wie ihre Metadaten (z. B. Sachnummern, Freigabezustand, Reifegrad, Änderungsstand) im Produktentwicklungsprozess zu interpretieren sind.

10. CSCW

Zur Unterstützung der Kooperationsarten werden CSCW-Systeme (Computer Supported Cooperative Work-Systeme) eingesetzt. Sie unterstützen z. B. internetbasierte Videokonferenzen und das Arbeiten im Team. Darüber hinaus umfassen sie zunehmend Werkzeuge zur Organisation und Durchführung von kooperativen Projekten.

Neben diesen technischen Merkmalen muss betont werden, dass die grundständigen ingenieurwissenschaftlichen Kenntnisse und Fähigkeiten keineswegs an Stellenwert verloren haben. Sie sind gerade aufgrund des Einsatzes leistungsfähiger Hard- und Softwaresysteme wichtiger denn je, gilt es doch, rechnerunterstützt erstellte Produktlösungen kritisch zu hinterfragen und deren Gültigkeit schnell abschätzen zu können. Eine weitere Herausforderung in diesem Projekt liegt im Erwerb zusätzlicher Professional Skills. Zu ihnen zählen insbesondere das Beherrschen von Sprachen, insbesondere Englisch, Teamfähigkeit (z. B. Kooperationsfähigkeit, Gesprächsorganisation und -führung, Konfliktlösungsstrategien) und das Verständnis anderer Kulturen. Die englische Sprache ist in diesem Advanced Design Project eine Grundvoraussetzung. Sie wird gezielt ergänzt um Fachterminologie, damit alle Studierenden einen gleichen Wissensstand haben und auch die Bedeutung der Fachbegriffe einheitlich interpretieren.

Einen hohen Stellenwert hat auch die Teamfähigkeit, zu der insbesondere die Kooperationsfähigkeit, die Gesprächsorganisation und -führung, sowie Konfliktlösungsstrategien zählen. Zur Kooperationsfähigkeit zählt zunächst das Schaffen einer gegenseitigen Vertrauensbasis zwischen den Teammitgliedern. Dazu gehört sich gegenseitig vorzustellen, die Ziele und die Erwartungshaltung der Teammitglieder zu diskutieren, Kommunikationsmedien (Internetkonferenzen, E-Mail, Telefon etc.) und -pfade (Verteiler, Rundrufe etc.) festzulegen und Erreichbarkeiten sowie Termine zu definieren. Gerade Letzteres ist im Rahmen eines global organisierten Projektes aufgrund der verschiedenen Zeitzonen und Biorhythmen von besonderer Bedeutung.

Ebenso ist die Gesprächsorganisation und -führung überaus wichtig. Dabei ist die Vorbereitung von entscheidender Bedeutung. Dies bedeutet, dass zu jedem Gespräch neben der Terminfestlegung auch ein Gesprächsleiter festgelegt wird, eine Agenda bekannt ist und sämtliche für das Gespräch erforderlichen Unterlagen und Informationen für jedes Teammitglied verfügbar sein sollten. Es hat sich auch gezeigt, dass es besser ist, Gesprächstermine öfter zu vereinbaren, die dann zeitlich auch limitiert werden können, als wenige Gesprächstermine zu verabreden, die dann Gefahr laufen, sehr langwierig zu sein.

Konfliktlösungsstrategien besitzen ebenfalls eine hohe Bedeutung. Dabei ist es sehr wichtig, dass die Teammitglieder sich zuerst mit ihrer Aufgabenstellung und mit ihrem Team identifizieren, Probleme nicht verschweigen sondern möglichst frühzeitig ansprechen und ein Konsensfindungsgeist im Team herangebildet wird. Darüber hinaus sind auch Eskalationsstufen zu vereinbaren, denn gerade bei einer internationalen Zusammenarbeit sind Konflikte, die das Team selbst nicht lösen kann, durchaus mit zu berücksichtigen. In diesen Fällen müssen dann die Projektleiter Entscheidungen treffen. Schließlich spielt das interkulturelle Verständnis eine große Rolle. Gerade bei einer Zusammenarbeit von Teammitgliedern unterschiedlicher Kulturkreise ist es wichtig, kulturelle Hintergründe zu kennen und Verhaltensmuster richtig einzuschätzen.

11. Ausblick und Zusammenfassung

Global Engineering wird in Zukunft noch stärker an Bedeutung gewinnen. Durch die zunehmend leistungsfähiger werdenden Methoden und die Unterstützung durch Informations- und Kommunikationstechnologie ergeben sich auch weitere neue Chancen, die Methoden des Global Engineerings zu verbessern und weiterzuentwickeln.

Trotz aller technischen Fortschritte besitzen die fachbegleitenden Schlüsselqualifikationen, die sogenannten Professional Skills einen immer wichtiger werdenden Stellenwert. Das Profil der Professional Skills für Global Engineering setzt sich zusammen aus technischer Versiertheit, Fremdsprachenkompetenz, Kommunikations- und Kooperationsfähigkeit sowie interkulturellem Verständnis. Gleichwohl darf nicht vergessen werden, dass die Kernkompetenz aus der fachlichen Qualifikation resultiert und die grundlegende Voraussetzung für Global Engineering ist.

Literaturverzeichnis

Anderl, Reiner/Völz, Diana/Rollmann, Thomas: Knowledge Integration in Global Engineering in Enterprise and Interoperability, Berlin 2008.

dies./Lee, Koy: A contribution to engineering data sharing in discipline-spanning global environments, in: Imre Horváth/Zoltán Rusák (eds.): Proceedings of the 7th International Symposium on Tools and Methods of Competitive Engineering, TMCE 2008, Izmir, Turkey, April 21-25, Delft University of Technology 2008, Vol. 2, pp. 955-966.

Baethge-Kinsky, Volker/Holm, Ruth/Tullius, Knut/Baethge, Martin: Dynamische Zeiten – langsamer Wandel. Betriebliche Kompetenzentwicklung von Fachkräften in zentralen Tätigkeitsfeldern der deutschen Wirtschaft (= Soziologisches Forschungsinstitut Göttingen SOFI, Schlussbericht des Forschungsvorhabens: ‚Kompetenzentwicklung in deutschen Unternehmen. Formen, Voraussetzungen und Veränderungsdynamik', März 2006); Onlinedokument http://www.econbiz.de/archiv1/2008/41319_schlussbericht_des_forschungsvorhabens.pdf[07. 07. 2009].

Berg, Nicola: Globale Teams. Eine kritische Analyse des gegenwärtigen Forschungsstands, in: Zeitschrift für Personalplanung (ZfP), German Journal of Human Resource Research, H. 3, Jg. 20, 2006, S. 215-232.

Continental AG: Global Engineering Excellence; Onlinedokument http://www.conti-online.com [07. 07. 2009].

Empfehlung des VDI zur Integration fachübergreifender Studieninhalte in das Ingenieurstudium; Onlinedokument http://www.vdi.de/fileadmin/media/content/hg/21.pdf [07. 07. 2009].

Gierhardt, Heiko: Global verteilte Produktentwicklungsprojekte, München 2002; Onlinedokument http://deposit.ddb.de/cgi-bin/dokserv?idn=965200396 [07. 07. 2009].

Göldi, Susan: Kommunikative Ingenieure. Bedeutung der sozialen Kommunikation im beruflichen Alltag von Ingenieuren und Ingenieurinnen und Folgen daraus für die Ingenieurausbildung, Frankfurt am Main 2001.

Hausberg, Bernhard/Stahl-Rolf, Silke/Steffens, Josef: VDI-Technologiezentren – Entwicklung von Kompetenzclustern und -netzen zu internationalen Kompetenzknoten, Mai 2008; Onlinedokument http://www.kompetenzcluster.org/fileadmin/vdidaten/Allgemein/Downloads_Berichte/Nordrhein_Westfalen/5027_Abschlussbericht_Internationale_Netze_Langfassung.pdf [07. 07. 2009]

Jansen, Detlev/Riemer, Marc: Interkulturelle Kommunikation für den Globalen Ingenieur, in: Global Journal of Engineering Education, No. 3, Vol. 7, 2003, pp. 303-311; Onlinedokument http://www.eng.monash.edu.au [07. 07. 2009].

Lindemann, Udo/Anderl, Reiner u. a.: 24h-Entwicklung. Ein Grundlagenprojekt in der Antriebsentwicklung, in: Entwicklung im Karosseriebau, Düsseldorf 2000, S. 283-299 (= VDI-Berichte 1543).

Pander, Sigrid/Wagner, Reinhard: Unternehmensübergreifende Zusammenarbeit in der Automobilentwicklung – durch erfahrungsgeleitete Kooperation die Grenzen der Planbarkeit überwinden, München/Mering 2005.

Picot, Arnold/Reichwald, Ralf/Wigand, Rolf: Die grenzenlose Unternehmung – Information, Organisation und Management. Lehrbuch zur Unternehmensführung im Informationszeitalter, Wiesbaden 1998.

Powell, Anne/Piccoli, Gabriele/Ives, Blake: Virtual Teams – A Review of Current Literature and Directions for Future Research, in: The DATA BASE for Advances in Information Systems, No. 1, Vol. 35, 2004, pp. 6-36.

VDA Auto Jahresbericht 2008; Onlinedokument http://www.vda.de/de/downloads/489/ [07. 07. 2009].

Innovationsdynamik, Bildung und Schlüsselqualifikationen an Technischen Universitäten

Klaus Mainzer

1. Innovationsdynamik und Globalisierung

Die Anfänge des abendländischen Bildungskonzepts reichen auf die Gründung der platonischen Akademie in Athen im Jahr 385 v. Chr. zurück. Damals stand die Philosophie im Zentrum, wurde in sokratischer Tradition auf dem Markt und im Parlament diskutiert und umfasste das gesamte Wissen über den Menschen und seine Stellung in der Welt. Die Grundfragen nach den Ursprüngen und Prinzipien der Natur hatten vorher bereits die Vorsokratiker gestellt. In Platons Dialog *Politeia* wird dieses Wissen in einen Bildungskanon eingefügt, um den mündigen Bürger auf seine Aufgaben und Stellung in der Polis Athens vorzubereiten. In dem Zusammenhang ist an das bemerkenswerte Motto zu erinnern, das über dem Eingangstor der platonischen Akademie gestanden haben soll: ‚Keiner in Geometrie Unkundiger habe Zutritt!' In pythagoreischer Tradition sollten die damaligen Studierenden in den mathematischen Disziplinen der Geometrie, Arithmetik, Astronomie und Harmonienlehre (Quadrivium) ebenso ausgebildet werden wie in Logik, Physik, Metaphysik und Ethik. Um sich aber mit den Idealen der Persönlichkeitsbildung auseinandersetzen zu können, wurde eine logische und begriffliche Schulung vorausgesetzt, wie sie sich nach platonischer Auffassung idealerweise im mathematischen Denken zeigt. Im Jahr der Mathematik 2008 ist es angezeigt, daran zu erinnern: Mathematik ist nicht nur Rechnen, sondern hat als allgemeines Bildungsgut eine lange Tradition. In Raffaels berühmtem Gemälde ‚Schule von Athen' wird die Einheit von Philosophie und Wissenschaft, wie sie noch der Renaissance vorschwebte, glorifiziert. Im Zentrum stehen in dramatischer Spannung Platon und sein Schüler Aristoteles. Der Idealist Platon weist mit dem Finger zum Himmel als Sinnbild einer idealen Ordnung und Kosmologie. Der Realist Aristoteles zeigt auf die Erde als Anwendung seiner Physik und Ethik der Menschen. Rechts im Bild sieht man die Vertreter der mathematischen Disziplinen mit allerlei Messgeräten beschäftigt, links dominieren Bücher und Schriftrollen. Aus der nachträglichen Perspektive der Neuzeit lassen sich hier die Anfänge der Geisteswissenschaften, dort die Anfänge der mathematischen Naturwissenschaften erkennen.

Wie steht es aber um die Ingenieurwissenschaften in dieser Zeit? Wir wissen, dass z. B. Archimedes (287-212 v. Chr.) ein genialer angewandter Mathematiker und Ingenieur war, der sich mit der Statik einfacher Maschinen und Hydrostatik beschäftigte. Heron von Alexandria (1. Jahrhundert n. Chr.) konstruierte mit Hebel, Flaschenzug und Wasserdruck automatische Wasserspender und Türöffner – antike Vorläufer von Hightech und künstlicher Intelligenz. Unvergessen ist sein Buch über Automaten. Dennoch bleiben in Antike und Mittelalter Mechanik und die Konstruktion von Maschinen vom platonischen Ausbildungs- und Bildungsideal ausgeschlossen.

In der Renaissance sind die Menschen zunehmend von neuen Entdeckungen und Erfindungen fasziniert. Galilei geht in die Werkstätten der Handwerker, um seine Mess- und Beobachtungsgeräte fertigen zu lassen. Künstler wie Leonardo da Vinci oder Albrecht Dürer vereinigen das künstlerische und technische Wissen ihrer Zeit mit Kunst- und Bildungsidealen. Bei Leonardo leuchtet in kühnen Visionen die Zukunft einer damals noch fernen technischen Zivilisation auf, in der sich technische Geräte nach dem Vorbild lebender Organismen selber organisieren. Bekannt sind seine Entwürfe für Flugmaschinen und Automobile. Die Leonardo-Welt ist bionisch inspiriert. Wissenschaft und Technik in der Frühen Neuzeit sind zugleich philosophisch motiviert und grundlegend für moderne Entwicklungen. Als Beispiel sei an die Anfänge der Informatik bei Leibniz (1646-1716) erinnert. Er baut und entwirft nicht nur erste Dezimal- und Binärrechenmaschinen. Mit seiner Erfindung der Binärzahlen aus 0 und 1 legt er nicht nur die Grundlagen für unsere heutige digitalisierte Welt aus Bits und Bytes. Automatisierung und Algorithmisierung sind für ihn zugleich Entlastung von mühseliger Arbeit, um den Kopf frei zu bekommen, wie er betont, für das philosophische Nachdenken über das, was den Menschen ausmacht.

Nach der Informatik nun die Physik in der Frühen Neuzeit: Auch Newton begreift sich als Philosoph, der mit mathematischen Prinzipien die Grundlagen einer neuen Naturphilosophie schafft, mit der die Ordnung der Welt aus Beobachtungen, Messungen und Erfahrungen der Wirklichkeit abgeleitet werden soll. Schließlich die Chemie: Auch Robert Boyle (1627-1691), einer der Gründer der Royal Society, versteht sich als ‚experimenteller Philosoph' im Rahmen einer an mathematischen Methoden, Mess- und Beobachtungsverfahren orientierten Naturphilosophie. Im Zeitalter der Aufklärung öffnet sich der Bildungshorizont für breite

Bevölkerungsschichten. Erstmals werden Wissenschaft, Technik und Kunst als grundlegende Ziele öffentlicher Erziehung aller Menschen proklamiert. Ihren konkreten Ausdruck finden diese Bildungsideale in der ‚Encyclopédie ou Dictionnaire raisonné des sciences, des arts et des métiers', die der Philosoph Diderot und der Physiker D'Alembert 1751-1780 herausgeben. Dieses grandiose Werk umfasst das gesamte philosophische, naturwissenschaftliche, medizinische, technische, künstlerische und berufliche Wissen der damaligen Zeit, das in Artikeln von wenigen herausragenden Wissenschaftlern und Literaten zusammengetragen wird.

Im Zeitalter der Industrialisierung steigt der Bedarf nach technisch hochqualifizierter Ausbildung. Bereits während der Französischen Revolution wurde eine Eliteausbildung in Technik, Verwaltung und Kultur gefordert, die zur Gründung der École Polytechnique zu Paris führte. Nach diesem Vorbild erfolgten in den deutschsprachigen Ländern Europas die ersten Gründungen Technischer Hochschulen in Prag (1806), Wien (1815), Karlsruhe (1825) und München (1868). Die Technische Hochschule München umfasste im Gründungsjahr neben Grundlagenfächern wie Mathematik, Physik, Ökonomie und einigen Geisteswissenschaften, Abteilungen für Ingenieurwissenschaften, Architektur, Maschinenbau und technische Chemie. In dieser Zeit entwickelt sich ein neuer Typ des Forschers und Erfinders, der sowohl als Universitätsprofessor als auch als Unternehmer auftritt. So erfindet Carl von Linde (1842-1934) als Professor für theoretische Maschinenlehre eine neuartige Tiefkühltechnik und vermarktet sie zugleich als erfolgreiche Innovation. Seine Kompetenz umfasste also theoretische Grundlagen der Naturwissenschaften ebenso wie die Entwicklung von Marktprodukten. Voraussetzung dafür ist unternehmerisches Know-how, das von betriebs- und marktwirtschaftlichem Wissen über organisatorisches Geschick bis zur klugen Menschenführung reicht. Auf dem Hintergrund seiner christlichen Erziehung als fränkischer Pfarrerssohn hat Lindes erfolgreiches Wirken als Unternehmer von Anfang an auch eine ethische Dimension. Maßvoll, erfolgsorientiert und mit kluger Menschenführung leitet er die Geschicke seines weit verzweigten Unternehmens bis ins hohe Alter kurz vor seinem Tod.

Sein Schüler Rudolf Diesel (1858-1913) war der Erfinder des nach ihm benannten Motors und Unternehmensmitgründer der MAN in Augsburg. Diesel startete mit der grundlagenorientierten Suche nach dem idealen Motor und begründete eine beispiellose Motortechnologie, deren erfolgreiche Weiterentwicklung er selber kaum vorausahnen konnte. Zugleich war Diesel ein sensibler Intellektueller und Schriftsteller, der auf der Suche nach der gerechten Gesellschaft ein Buch über ‚Solidarismus' (1903) verfasste. Linde und Diesel waren also beide revolutionäre Wissenschaftler und Ingenieure, die Grundlagenforschung mit produkt- und marktorientierter Technologie verbanden. Beide begannen mit Grundlagenfragen und endeten mit äußerst erfolgreichen Innovationen. Beide sind Glanzlichter technischer und unternehmerischer Kreativität in Europa.

Die Erfindungs- und Innovationsdynamik der Neuzeit lässt sich durch Zeitreihenanalysen messen. Unter Erfindungen oder Inventionen versteht man technische Neuschöpfungen, die über den allgemeinen Stand der Technik hinausgehen und grundsätzlich den Anforderungen der Patentierbarkeit entsprechen. Innovationen sind Inventionen, die das Stadium ökonomischer Realisierung, also der Produktionsreife erlangt haben. Die jährlichen Zahlen von Erfindungen, Entdeckungen und anderen Leistungen in Naturwissenschaft und Technik lassen sich in Kurvenverläufen von Zeitreihen illustrieren. Bemerkenswert ist die Ähnlichkeit dieser Kurve mit dem Kurvenlauf der jährlichen Basisinventionen, bei der man sich auf die grundlegenden Erfindungen beschränkt. Die Zeitreihe der Basisinventionen ist offensichtlich mit der Entwicklungsdynamik der Basisinnnovationen korreliert. Basisinnovationen antworten mit einer Art Echoeffekt auf die vorausgehenden Erfindungen und treten dann gehäuft in Clustern auf. Man beobachtet regelrechte Wellenentwicklungen, auf die bereits der österreichische Ökonom Joseph A. Schumpeter aufmerksam machte.

Damit kommen wir zur Analyse langfristiger Wachstumszyklen der Wirtschaft, die nach Schumpeter durch das zyklische Auftreten von Innovationsclustern bestimmt ist. Kurz: Innovationen sind der entscheidende Motor der Wirtschaftsdynamik. Umwälzende Neuerungen werden von risikofreudigen und imaginativen Unternehmern durchgesetzt, die einen Schwarm von Nachahmern und Nachfolgern nach sich ziehen. So kommt es zur Clusterbildung. Da Innovationen wiederum Erfindungen voraussetzen, nehmen Erfinder-Forscher-Unternehmer wie z. B. Linde und Diesel eine Schlüsselfunktion ein. Ende des 19. Jahrhunderts entstand so der Typ des ‚science-based' Unternehmens, das besonders den deutschen Maschinenbau geprägt hat. Das Konzept des ‚leading engineers', das heute z. B. der Vorstandsvorsitzende der Linde Group Wolfgang Reitzle vertritt, leitet sich aus diesem Verständnis von Innovation als

Schlüsselfunktion der Wirtschaftsdynamik ab. Schumpeter ging historisch von Kondratieff-Wellen (nach dem russischen Mathematiker Kondratieff) mit einer Länge von über 50 Jahren aus, die durch Cluster von Basisinnovationen ausgelöst werden. Beispiele sind die Motortechnik (Otto- und Diesel-Motor) oder Elektrotechnik, die langfristige Umwälzungen der Gesellschaft nach sich zogen. Tatsächlich lösten Basisinnovationen wie der Computer, die Elektronenröhre, der Laser oder der Mikrochip eine Fülle weiterer Innovationen aus. Heute könnte die Erfindung des Internets angeführt werden, die aber wesentlich beschleunigter und kurzfristiger zu einer globalen Veränderung von Kommunikationsnetzen führte. Schumpeters Unterscheidungen von kleineren Wachstumszyklen nach Juglar und Kitchen, die sich in Kondratieff-Wellen überlagern, mögen heute im Einzelnen umstritten sein. Die moderne Zeitreihenanalyse auf der Grundlage nichtlinearer Dynamik komplexer Systeme bietet dazu mathematisch genauere Instrumente an. Richtig bleibt aber Schumpeters Ansatz, wonach durch innovative Technologien entscheidende Wachstumsimpulse ausgelöst werden.

Es liegt auf der Hand, dass eine Häufung von Basisentdeckungen und Basiserfindungen mit wissenschaftlichen und technologischen Bestrebungen vieler Menschen verbunden sein muss. Wissenschaftlich und technologisch aktive Menschen setzen ein entsprechendes Bildungssystem voraus. Die Wellenbildungen von Innovationszyklen und damit verbundenen Wirtschaftszyklen müssen also mit entsprechenden Bildungszyklen korreliert sein. Wer also Innovationsschübe der Wirtschaft nachhaltig will, muss in Bildung investieren. Analog zur Mahnung des Klimawandels hat das mittlerweile jeder schon einmal gehört. Die Umsetzung ist aber in beiden Fällen träge und durch vordergründige Interessen verstellt. Der kausale Zusammenhang kann auch in die umgekehrte Richtung gehen: Das Bildungssystem expandiert, weil das Interesse an technischen und wissenschaftlichen Erfolgen wächst. Wie immer die Bildungsquoten und Bildungszyklen in einzelnen Ländern aussehen mögen: Fest steht, dass Bildungsprozesse nicht nur mit schulischen und universitären Institutionen verknüpft sind, sondern fundamentale kognitive Voraussetzungen menschlicher Kreativität besitzen. Bevor wir darauf im nächsten Kapitel näher eingehen, werfen wir zunächst einen Blick auf die Brennpunkte, an denen sich heute verstärkt Innovationscluster bilden. Daraus werden sich nämlich entscheidende Konsequenzen für Schlüsselqualifikationen der Bildung ziehen lassen.

Innovationen entstehen heute vorwiegend fachübergreifend an den Schnittstellen traditioneller Fächergrenzen. Die Probleme dieser Welt kümmern sich nämlich nicht um traditionelle Organisationsstrukturen von Disziplinen und Fakultäten. Umwelt, Klimawandel, Energie, Materialforschung, Life Science und Gesundheit, um nur einige zu nennen, sind problemorientierte Forschungsgebiete, die viele Fächer interdisziplinär verbinden, über traditionelle Fächergrenzen hinausgehen und in neuen Forschungsclustern zusammenwachsen. Man spricht daher auch von transdisziplinärer Forschung. Damit erlebt der traditionelle Begriff der Interdisziplinarität einen Bedeutungswandel. In der Vergangenheit wurden Plattformen für interdisziplinäre Dialoge geschaffen, um den Erkenntnisgewinn durch den Austausch von Wissen zwischen den Disziplinen zu fördern. Heute zielt problemorientierte (‚transdisziplinäre') Forschung darauf ab, aus der Grundlagen- und angewandten Forschung zur Gestaltung neuer Produkte zu kommen. Sie wird damit zu einem entscheidenden Faktor für die Sicherung zukünftiger Märkte und der Lebensqualität einer Gesellschaft. Diese Entwicklung hat wiederum Konsequenzen für unser Bildungssystem, für die Organisation der wissenschaftlichen Arbeit in Unternehmen wie auch für die öffentlich getragene Forschung. Kurzum: Inter- und transdisziplinäre Forschung führt heute zu Innovation und neuen Märkten. Jede Art von Ausbildung hat diesem Anforderungsprofil Rechnung zu tragen. Inter- und Transdisziplinarität werden zur Schlüsselqualifikation. Ich komme darauf im dritten Abschnitt am Beispiel der Carl von Linde-Akademie zurück.

Inter- und transdisziplinäre Forschung beschränkt sich aber keineswegs auf die genannten neuen Herausforderungen von zivilisatorischen und ökonomischen Problemen, die mit der Globalisierung der Weltgemeinschaft zusammenhängen. Auffällig ist, dass auch die traditionellen naturwissenschaftlichen Grunddisziplinen der Physik, Chemie und Biologie immer stärker auf wechselseitige Einsichten angewiesen sind. Sie wachsen methodisch und inhaltlich in vielen Gebieten zusammen. Diese Entwicklung zeichnet sich deutlich in der Angleichung der Strukturgrößen ab, mit denen sich die Disziplinen Physik, Chemie und Biologie seit ca. 1940 befasst haben. So sanken die Strukturgrößen in der angewandten Physik durch die Miniaturisierung vom Zentimeter-Bereich in der Elektrotechnik über die Elektronik und die Mikroelektronik bis hin zur Nanoelektronik auf unter 100 Nanometer. Von der klassischen Biologie über die Zell- und Molekularbiologie ist die Biotechnologie heute beim funktionellen Moleküldesign bei denselben kleinen Strukturen angekommen wie die Physik. Umgekehrt entwickelte sich die klassische Chemie von sehr kleinen Molekülen in der anorganischen und organischen Chemie zu immer komplexeren nanometergroßen Strukturen in der supramolekularen Chemie.

In diesem gemeinsamen Größenbereich werden neue Technologieportfolios arrangiert, die durch integrierte Nutzung physikalischer Gesetze, chemischer Eigenschaften und biologischer Prinzipien möglich werden: Nano- und Materialforschung, Mechatronik, Bio- und Neurotechnologie sind nur einige Beispiele. In der Systembiologie werden die molekularen, zellulären, organischen, humanen und ökologischen Aspekte des Lebens integriert und in mathematischen Modellen abgebildet. In der Biophysik, Bioinformatik und Biomathematik wachsen Physik, Informatik und Mathematik mit der Biologie zusammen. Man spricht daher auch vom ‚cross over' der Disziplinen, das zu ‚converging technologies', also zum Verschmelzen verschiedener Disziplinen und Technologien führt.

Beispielhaft seien die vier großen Forschungsfelder ‚Nano' (mit Nano- und Materialforschung), ‚Bio' (mit Medizin, Bio- und Lebenswissenschaften), ‚Info' (mit Informationstechnik und Informatik) und ‚Kogno' (mit Kognitionswissenschaft und Gehirnforschung) genannt. Schaut man sich die ausgezeichneten Exzellenz-Cluster der Exzellenz-Initiative an der Technischen Universität München an, so gruppieren sie sich mit unterschiedlichen Gewichtungen in diesem interdisziplinären Quadrivium aus Nano, Bio, Info und Kogno. Obwohl in ihren disziplinären Fächern hochqualifiziert ausgebildet, müssen daher Studierende heute lernen, über den disziplinären Tellerrand zu blicken, um auf inter- und transdisziplinäre Arbeit vorbereitet zu sein.

2. Menschliche Kreativität und Bildung

Innovation erfordert Kreativität. Kreativität ist eine kognitive Leistung des Gehirns. Um Kreativität durch Bildung fördern zu können, müssen wir also mehr über die Dynamik dieses zentralen menschlichen Organs wissen. Erinnert sei daher zunächst an die Grundbausteine der Neurobiologie, um dann zu den Themen Kreativität, Innovation und Bildung zurückzukehren:

Auf zellulärer Ebene ist das Gehirn ein hoch komplexes System aus Milliarden von Neuronen, die durch Entladung von Spannungszuständen (‚Feuern') Signale untereinander austauschen. Viele dieser Nervenzellen (Neuronen) im Gehirn sind nicht fest ‚verdrahtet' wie die Schaltelemente auf einem Computerchip. Ihre synaptischen Verbindungen lassen sich vielmehr durch Lernregeln neurochemisch verändern. So verstärken nach den Hebbschen Lernregeln Neuronen, die bei bestimmten Anlässen immer gemeinsam feuern, ihre synaptischen Verbindungen. Dadurch entstehen synaptische Korrelationen (Aktivitätsmuster) im Gehirn, die wiederum Mustern von Außenweltsignalen entsprechen. In z. B. PET (Positron-Emissions-Tomographie)-Aufnahmen des Gehirns lassen sich Schaltmuster bei unterschiedlichen Wahrnehmungen, Bewegungen, Emotionen und kognitiven Leistungen (z. B. Sprechen, Lesen, Rechnen) in Echtzeit beobachten. Nur die Voraussetzungen und Fähigkeiten des Lernens sind in hochentwickelten Organismen (wie z. B. dem Menschen) mit dem Aufbau eines Nervensystems genetisch vorgegeben. Was wir lernen, wie wir Probleme lösen, wie sich unsere Gefühle, Gedanken und Einstellungen entwickeln, ist genetisch nicht im Einzelnen vorgegeben. Beim Lernen haben wir es daher mit einer Selbstorganisation komplexer neuronaler Systeme zu tun.

Das Auftreten von Bewegungen, Wahrnehmungen, Gedanken, Gefühlen oder Bewusstsein kann als Emergenz von Gehirnzuständen aufgefasst werden, die nicht durch einzelne Neuronen, sondern nur durch ihre komplexe Wechselwirkung erklärbar werden. Wenn wir eine Bewegung wie z. B. einen Tennis- oder Golfschlag erlernen, dann verschalten sich Neuronen im Kleinhirn, die an der Koordination entsprechender Arm- und Körpermuskeln beteiligt sind. Wenn dieses Verschaltungsmuster durch viel Übung ausgebildet ist, wird es abgespeichert und kann jederzeit abgerufen werden: Wir ‚können' dann einfach Golf- oder Tennis spielen, ohne weiter darüber nachzudenken. Ein ganzheitlicher Bewegungsvorgang läuft unbewusst ab. Wenn wir anfangen, darüber nachzudenken und die Bewegung in einzelne Teile zerlegen, werden wir häufig verunsichert und die Bewegung funktioniert in der Regel nicht mehr. Ebenso erkennen wir bei Wahrnehmungen ganzheitliche Gestalten, ohne sie in ihre Pixel zu zerlegen. Die Gestaltpsychologie meinte daher lange Zeit, dass die Wahrnehmung von Bildern und Gestalten nie ‚physikalisch-mechanisch' erklärt werden könnte. Die spontane Emergenz einer Gestalt und die Integration ihrer Einzelteile mussten wie ein

Wunder erscheinen. Tatsächlich handelt es sich um eine neuronal Selbstorganisation im visuellen System, die im Prinzip nach dem Schema der Selbstorganisation in komplexen Systemen funktioniert: Neuronen, die aufgrund von ähnlichen Farb- und Gestaltsignalen gemeinsam erregt werden und feuern, erzeugen Verschaltungsmuster, die Wahrnehmungen der Außenwelt in visuellen Karten abbilden.

Diese Verschaltungsmuster sind die neuronale Grundlage aller motorischen, perzeptiven und kognitiven Leistungen des Gehirns: Ein einzelnes Neuron denkt und fühlt also nicht. Das ist vielmehr die kollektive Leistung eines neuronalen Clusters von verschalteten und korrelierten Zellen. Allerdings bildet der Kode aus feuernden und nicht-feuernden Neuronen im Gehirn nur die Maschinen- bzw. Gehirnsprache menschlicher Kognition. Damit daraus ein Gefühl, Gedanke oder eine Vorstellung wird, bedarf es einer neuronalen Selbstorganisation. Nach dem Stand der Kognitions- und Gehirnforschung gehen wir von komplex sich verschaltenden und interagierenden Arealen und Zellclustern des Gehirns aus, die motorische, kognitive und emotionale Zustände erzeugen. Bewusstsein bezeichnet keine isolierte Substanz, sondern eine Vielzahl von graduell unterschiedlichen kognitiven Zuständen des Gehirns, die von einfachen Wachzuständen und Aufmerksamkeitsgraden über Gedächtnis, Planung und Entscheidung bis zum Selbstbewusstsein reichen. Unterschiedliche Bewusstseinsgrade treten zusammen mit motorischen, sensorischen und kognitiven Zuständen auf, so dass wir z. B. von visuellem Bewusstsein oder bewusstem Nachdenken sprechen.

Die neuronale Integration des Ichs fällt nicht vom Himmel, sondern entsteht in der Entwicklungsphase eines Menschen durch Körpererfahrung und Selbstwahrnehmung. Nicht nur motorische Erfahrung, sondern auch höhere Formen der Kognition wie z. B. Denken und Begreifen bilden sich nämlich durch körperliche Interaktion mit der Umgebung aufgrund von sensorisch-motorischer Koordination. Ein Kleinkind, das noch keine Sprache beherrscht, lernt Objekte zu kategorisieren und Begriffe zu bilden nicht durch symbolische Beschreibungen, sondern indem es Dinge berührt, ergreift, manipuliert, fühlt, schmeckt und belauscht. Kategorien (z. B. Puppe, Baustein, Ball) hängen von den gelernten Prototypen ab, sind daher ‚fuzzy' und ändern sich durch andere Erfahrungen im Laufe des Lebens.

Entwicklungspsychologisch entstehen nicht nur kognitive Repräsentationen und Kategorisierungen der Außenwelt durch körperliche Interaktion. Auch emotionale Entwicklungen sind ohne Körpererfahrung nicht möglich. Das emotionale Gedächtnis speichert alle Erfahrungen und bewertet sie durch Körperempfindungen. Angst wird z. B. als Zittern der Glieder empfunden. Wohlbefinden äußert sich in einer sonnigen Wärme, die den Bauchraum erfüllt. Bei Glück weitet sich die Brust. Bei Trauer und Schmerz verkrampft sich der Körper und scheint sich zusammenzuziehen. Solche Körperempfindungen von Gefühlen nennt man auch somatische Marker. Erfahrungen und Erinnerungen sind mit somatischen Markern im emotionalen Gedächtnis belegt. So kommt es, dass wir uns in bestimmten Umgebungen sofort wieder wohl fühlen oder sich die Körperhaltung verkrampft, weil sich die emotionalen Erinnerungen spontan wieder körperlich äußern. Somatische Marker von Emotionen unterstreichen die leib-seelische Einheit und damit die Integration von Körper, Geist und Gefühl.

Bemerkenswert und erst aus neueren Forschungen bekannt ist, dass auch soziale Entwicklungen nur durch Körpererfahrungen möglich werden. So gibt die empathische Reaktion einer Mutter dem Kleinkind ein Feedback über den eigenen emotionalen Zustand. Das Kind wird sich damit nicht nur seiner eigenen Emotionen bewusst, sondern korreliert sie auch zu anderen Personen. Ein neurobiologisches Repräsentationsmodell für Emotionen entsteht, das auf andere Personen übertragbar ist: Ein Kind lernt, mit anderen Menschen zu empfinden. Schließlich kann es über diesen Mechanismus auch lernen, mit anderen Menschen zu leiden, obwohl es selber keinen physischen Schmerz erfährt: Das Kind hat dann Mitleid – die Wurzel aller Caritas und Sozialität des Menschen. Damit werden Mentalisierungsvorgänge erklärbar, wie sie die *Theory of Mind* (ToM) in der Neuromedizin und Neuropsychiatrie beschreibt. Sie trifft den Kern menschlicher Sozialität und sittlichen Verhaltens. Die *Theory of Mind* sucht nach den gemeinsamen Gesetzen der sozialen Mentalisierung, d. h. des selbstreflexiven Umgangs mit der emotionalen Selbstwahrnehmung und der Wahrnehmung von Partnern. Auf dieser neurobiologischen und neuropsychologischen Grundlage werden Sozialität und sittliches Verhalten erklärbar.

Geist (*mind*) ist daher keine, wie Descartes (1596-1650) glaubte, losgelöste Substanz, die dem Körper (*body*) gegenübersteht. An diesem Dualismus kranken häufig noch die Debatten des *mind-body problem*.

Die kognitiven Fähigkeiten des Menschen sind wesentlich durch seinen Organismus geprägt, der in der Evolution entstand. Man spricht daher in der Philosophie und Kognitionsforschung von *embodied mind* (‚verkörperlichtem Geist'). Die Integration von Körper und Geist wurde durch die Evolution realisiert. Das menschliche Gehirn zeichnet sich also durch eine Vielheit unterschiedlicher Leistungen und Fähigkeiten aus, die der menschliche Organismus unter den sich ändernden Bedingungen seiner Evolution entwickelt hat. Wir sind die ‚Zehnkämpfer' der Evolution, nicht die schnellsten Sprinter und Springer. In der Schnelligkeit des Rechnens und Kombinierens haben uns Maschinen ebenso bereits überholt wie in der Entwicklung von Kraft und Energie. Der verkörperlichte Geist (embodied mind) ermöglicht eine Vielzahl von Kompetenzen, die von sprachlichen Fähigkeiten (wie z. B. bei Schriftstellern und Journalisten), logisch-mathematischem Denken (wie bei Mathematikern), musikalischer Intuition (wie bei Musikern und Komponisten), räumlicher Anschauung (wie bei Architekten und Künstlern) über körperlich-kinästhetischen Ausdruck (wie z. B. bei Tänzern), soziale Kompetenz (wie z. B. bei Erziehern) bis zur Beobachtungsfähigkeit (wie bei Naturforschern) und technischen Fertigkeit (wie bei Ingenieuren) reicht.

Jeder Mensch ist mehr oder weniger mit allen diesen möglichen Fähigkeiten ausgestattet. Besondere Kreativität zeigt er in einigen dieser Fähigkeiten, die aber ohne Wechselwirkung mit anderen Fähigkeiten kaum zu entwickeln wären. Auch logisch-mathematisches Denken setzt beim Menschen Emotionen frei. Wer diese Emotionen im Mathematikunterricht nicht erreicht, vermag nicht nachhaltig zu motivieren: Lehrer, die fachlich kompetent, aber nicht begeistern können, haben ein Defizit. Andererseits erfordert Führungskompetenz nicht nur kommunikative Fähigkeiten, sondern z. B. Empathie, um sich in den anderen hineinzuversetzen und überzeugen zu können.

Inter- und Transdisziplinarität, die ich im vorherigen Kapitel herausgestellt hatte, sind nur im Wechselspiel dieser vielfältigen menschlichen Veranlagungen möglich. Es ist diese synergetische Mischung, die menschliche Kreativität auszeichnet und vom Computer unterscheidet. Nur so vermögen wir uns in andere Wissensfelder, andere Menschen und andere Kulturen hineinzuversetzen. Die Innovationsfähigkeit, die an den Rändern der Disziplinen entsteht, setzt eine Förderung aller dieser Fähigkeiten voraus.

3. Die Carl von Linde-Akademie und Schlüsselqualifikationen

Um Kreativität in Innovationsdynamik umzusetzen, muss also eine Vielfalt von Fähigkeiten (Skills) aktiviert werden. Wie lassen sich die Konsequenzen aus diesen kognitionswissenschaftlichen Einsichten in einem Bildungskonzept realisieren? Die Botschaft der Carl von Linde-Akademie an der Technischen Universität München ist so klar wie einfach: In einer komplexen und globalen Welt reicht eine hochspezialisierte Fachausbildung mit regionaler Orientierung nicht aus. Strategische Voraussetzung sind vielmehr Interdisziplinarität und Interkulturalität. Dazu werden Veranstaltungen zusammen mit herausragenden Dozentinnen und Dozenten aus jeweils einschlägigen Institutionen angeboten. Sie können in der Regel in den jeweiligen Fachstudiengängen als fachübergreifende Veranstaltungen anerkannt werden (im Rahmen der Bologna-Vorgaben sind in jedem Studiengang bekanntlich bestimmte Credit points für solche Veranstaltungen vorgesehen).

Unter dem Gesichtspunkt der Interdisziplinarität und Interkulturalität widmet sich die Carl von Linde-Akademie verstärkt der Förderung wissenschaftlicher Exzellenz. Daher können entsprechend ausgewiesene Veranstaltungen in einem Trainingsprogramm für Doktoranden und Postdocs angerechnet werden. Aber auch für andere Nachwuchswissenschaftler der Exzellenzcluster oder interdisziplinärer Forschungsgruppen (z. B. des Leonardo da Vinci Zentrums für Bionik) an der Technischen Universität werden besondere Veranstaltungen angeboten.

In der Abbildung 1 sind die drei Säulen gezeigt, auf denen die Akademie beruht: Da ist zunächst der Lehrstuhl für Philosophie und Wissenschaftstheorie, der eigene Master-Studiengänge anbietet (z. B. Master for Philosophy of Science and Technology, Master of Applied Ethics). Voraussetzung für die Master-Studiengänge sind ein abgeschlossener Bachelor oder ein Diplom an der TUM oder ein Philosophiestudium. Im guten Humboldtschen Sinn wird diese Lehre aus eigener Forschung betrieben. Dazu gehört ein enger Forschungsverbund des Lehrstuhlinhabers und seiner Mitarbeiter mit einzelnen Fakultäten (z. B. Mathematik, Informatik, Informationstechnik, Physik, Maschinenwesen). Als Beispiel sei das Exzellenzcluster ‚Kognition in technischen Systemen' erwähnt, in welchem der Lehrstuhl involviert ist. Hier arbeiten Kognitionswissenschaftler und Gehirnforscher, Robotikingenieure und Informatiker, Neurobiologen und Biophysiker, Mechatroniker, Wahrnehmungspsychologen u. a. zusammen. Die zweite Säule betrifft die fachübergreifenden Kompetenzmodule, die jede und jeder Studierende als Ergänzung zum Fachstudium wählen kann. Die dritte Säule umfasst bewährte Veranstaltungen zur Tutorenqualifikation und Hochschuldidaktik.

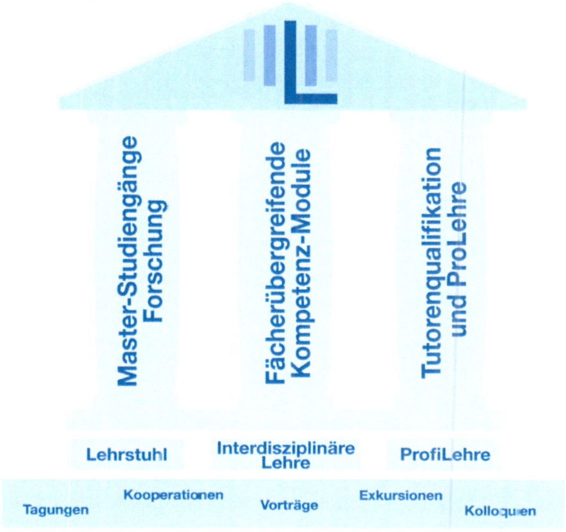

Abb. 1: Die Carl von Linde-Akademie, Quelle: eigene Darstellung.

Zum Profil der Akademie gehört der philosophische Lehrstuhl, der mit der Leitungsfunktion verbunden ist. Die Akademie versteht sich daher bewusst in der philosophischen und wissenschaftlichen Bildungstradition, die im ersten Abschnitt beschrieben wurde. Philosophie ist seit der Antike der Ursprung der Wissenschaften, die sich im Laufe der Jahrhunderte immer weiter spezialisiert haben. Noch Newton als Begründer der neuzeitlichen Physik hatte einen Lehrstuhl für Naturphilosophie (natural philosophy), während sein Landsmann Adam Smith als Begründer der Wirtschaftswissenschaften einen Lehrstuhl für Moralphilosophie (moral philosophy) besaß. Philosophie fragt auch heute noch nach den Prinzipien (Ursprüngen) unseres Wissens, seinen fachübergreifenden (interdisziplinären) Zusammenhängen in den verschiedenen Disziplinen, um so verantwortungsvoll entscheiden und handeln zu können. Daher gehören Logik, Grundlagen der Wissenschaften und Ethik seit der Antike in der Philosophie zusammen.

Die Logik beschäftigt sich mit den Regeln des richtigen Schließens und wird heute in formalen Sprachen (daher auch formale Logik) nach dem Vorbild der Mathematik dargestellt. Die Erkenntnistheorie untersucht die Grundlagen des menschlichen Erkennens und diskutiert heute die Ergebnisse der modernen Gehirnforschung und Kognitionspsychologie (daher auch Neurophilosophie oder Philosophie des Geistes/philosophy of mind). Die Wissenschaftstheorie beschäftigt sich mit den Methoden und Grundlagen der Wissenschaften: Wie werden wissenschaftliche Theorien gebildet? Was sind Hypothesen? Wie werden sie empirisch (durch Experiment und Beobachtung) geprüft? Was sind wissenschaftliche Erklärungen? Von überragender Bedeutung für hochentwickelte Gesellschaften sind Technik und Ingenieurwissenschaften. Die Technikphilosophie fragt nach den Voraussetzungen von Erfindungen und Innovationen und ihren Folgen für die Gesellschaft. Kulturphilosophie untersucht die Grundlagen und Zusammenhänge verschiedener Kulturen – ein zentrales Thema im Zeitalter der Globalisierung. Ethik fragt nach den Richtlinien und Werten unseres Handelns: Was ist gut oder böse? Was ist und wie stellen wir uns Verantwortung? Daran schließt die Rechtsphilosophie an und untersucht das Verhältnis von moralischen und gesetzlichen Richtlinien. Moderne Forschung und Technik sind eine große Herausforderung für die angewandte Ethik in Technik, Medizin, Biowissenschaften, Umwelt, Medien und Information. Die beiden Master-Studiengänge ‚Philosophy of Science and Engineering' und ‚Applied Ethics' berücksichtigen diese philosophischen Disziplinen. Wichtig dabei ist, dass die Absolventen durch Praktika in Forschung und Lehre in Fächer der Ingenieur- und Naturwissenschaften eingebunden bleiben. Diese problem- und praxisorientierte interdisziplinäre Vernetzung mit den Wissenschaften macht das besondere Profil dieser philosophischen Studiengänge aus.

Gemäß der zweiten Säule werden Kurse und Seminare zu fachübergreifenden Kompetenzmodulen für Studierende aller Fächer der Technischen Universität angeboten. Diese Module ergeben sich einerseits aus den am Lehrstuhl vertretenen Lehr- und Forschungsschwerpunkten, andererseits entsprechen sie dem tatsächlichen Bedarf in der späteren Arbeits- und Berufspraxis. Sie lassen sich zudem unschwer aus den kognitionswissenschaftlichen Analysen im zweiten Abschnitt ableiten. Diese ausgewählten Kompetenzmodule können in den einzelnen Fachstudiengängen als fachübergreifende Veranstaltungen angerechnet werden. Die Module entsprechen Schlüsselqualifikationen, die Studierende über ihr spezialisiertes Wissen und Können hinaus besitzen müssen, um kompetent und verantwortungsvoll entscheiden und handeln zu können. Im Einzelnen werden folgende Module mit entsprechenden Schlüsselqualifikationen berücksichtigt:

a. Systemisches Denken

In einer zunehmend komplexer werdenden Welt stellen sich häufig Probleme in Beruf und Alltag nicht disziplinär innerhalb der Grenzen einer Fachdisziplin, in der man ausgebildet wurde, sondern interdisziplinär: Im Beruf wird der Ingenieur z. B. mit der Denkweise des Betriebswirts und Managers, der Mediziner seinerseits mit juristischen und ethischen Argumenten konfrontiert. Aber auch in Forschung und Entwicklung entspringen Innovationen zunehmend einem problemorientierten Ansatz über die Grenzen eines Fachs hinaus: die Disziplinen wachsen zusammen (z. B. Bionik, Synergetik, Systemtheorie). Mit hoher fachspezifischer Kompetenz müssen wir auf die Denkweisen der anderen Disziplinen vorbereitet sein und in komplexen wie fachübergreifenden Zusammenhängen denken lernen.

b. Innovation und Risiko

Im Zeitalter der Globalisierung werden die Lebensbedingungen der Menschen immer komplexer und unübersichtlicher. Andererseits eröffnen sich Chancen unter Risiko. Dazu gehören auch Erfindungen, die sich in marktreife Innovationen umwandeln lassen. Carl von Linde ist das historische Beispiel eines Erfinders und Professors, der das Risiko von Markt und Innovation nicht scheute. Nach Joseph Schumpeter sind Innovationen die entscheidenden Anschübe von Wirtschaft und Gesellschaft. Innovationskompetenz setzt nicht nur die Fähigkeit zur Erfindung voraus, sondern auch mit Chancen und Risiko umgehen zu können.

c. Ethik und Verantwortung

In einer zunehmend komplexer werdenden Welt sind die Zusammenhänge von Handeln und Verantwortung immer unübersichtlicher. Welche Verantwortung kommt dem Einzelnen noch in einer Welt zu, wo technische Infrastrukturen anonym zu entscheiden scheinen? Daten- und Persönlichkeitsschutz sind im Internet ein dringendes Problem. An welchen Menschenbildern sollen sich z. B. Gentechnologie und Stammzellenforschung orientieren? Gibt es moralische Grenzen der Forschung? Wer soll und kann sie festlegen? Moderne Forschung und Technik sind eine große Herausforderung für die angewandte Ethik in Technik, Medizin, Biowissenschaften, Umwelt, Medien und Information. Ethik und Verantwortung sind aber auch Brennpunkte in der Wirtschaft, im Management und im Unternehmen.

d. Kulturelle Kompetenz

Im Zeitalter der Globalisierung entsteht eine weltweite Wissensgesellschaft, in der Studierende aller Länder und Kulturen aufeinandertreffen. Im Unternehmen setzen sich später diese Begegnungen in Kooperationen, aber auch in Konkurrenz und Wettbewerb fort. Menschen entscheiden mehr oder weniger bewusst auf der Grundlage von Wertvorstellungen, die in langen Traditionen unterschiedlicher Kulturen und Religionen gewachsen sind. Wer in dieser Welt bestehen will, muss für diese kulturellen Unterschiede sensibel werden und die Hintergründe kennen.

e. Information und Kommunikation

Globalisierung wird erst durch weltweite Informations- und Kommunikationssysteme möglich. Zunehmend bedienen wir uns bei der Kommunikation digitalisierter Medien. Daten und Information reichen aber nicht aus, um Menschen zu überzeugen und zu motivieren. Dazu bedarf es Kenntnisse der modernen Kognitions- und Gehirnforschung, aber auch der Sensibilisierung für die Denkart und Gefühle anderer Menschen. Von der Führung im Unternehmen bis zur Vermittlung von Wissen in Lehre und Öffentlichkeit hängt der Erfolg von der richtig gewählten Kommunikationsform ab.

f. Persönlichkeit und Selbstmanagement

Beim Selbstmanagement geht es um die klassischen Fähigkeiten (Skills), die von der Selbstbewerbung, Selbstpräsentation in Studium und Beruf, über Stressmanagement bis zur teamorientierten Projektarbeit reichen. Letztendlich handelt es sich um Techniken der Selbsterfahrung und Selbsteinschätzung. ‚Erkenne dich selbst', soll bereits Sokrates am Anfang der Philosophiegeschichte gefordert haben. Hier wird diese Forderung praktisch umgesetzt und zur persönlichen Hilfe im Studium, Beruf und Leben allgemein.

Die dritte Säule der Carl von Linde-Akademie bezieht sich auf einen Bereich der Hochschulbildung, der mit zunehmenden Ansprüchen an Ausbildung und Lehre immer stärker in das öffentliche Interesse rückt. Wenn Ausbildung und Bildung an Universitäten kostenpflichtig sind, können Studierende als Kunden mit Recht eine hohe Qualität der Vermittlung verlangen. Zudem treten die Universitäten nicht nur mit Themen, Gebieten und Inhalten, sondern mit ihrer Lehrqualität in Wettbewerb. Selbst für dieses scheinbar neue und aktuelle Thema gibt es Vorbilder bis in die akademische Tradition von Antike und Mittelalter, wenn man z. B. an die Rhetorikausbildung im Rahmen des Triviums denkt. Tutorenqualifikation und Trainingsprogramme für Hochschullehrende sind daher ein dritter Schwerpunkt der Carl von Linde-Akademie, der unter dem Stichwort ‚ProLehre' zusammengefasst ist. Hochschullehrende werden durch individuelles Coaching gefördert. Der Studienabbruch und Fachwechsel vor allem in technischen, natur- und wirtschaftswissenschaftlichen Fächern ist bundesweit nach wie vor ein großes Problem. Die Leistungsanforderungen in diesen Fächern müssen durch didaktisch geschultes Lehrpersonal abgefedert werden.

In jedem Semester werden neben Kursen, Workshops, Vorlesungen und Seminaren auch öffentliche Veranstaltungen angeboten. Als Beispiel für den Charakter dieser Veranstaltungen sei das Wintersemester 2008/2009 erläutert: Die erste Vorlesungsreihe hat das Thema ‚Bildung – Herausforderungen für Schule und Technische Universität'. Auch eine Technische Exzellenz-Universität wird sich in Zukunft verstärkt um Bildung und Ausbildung kümmern müssen, um einen exzellenten Nachwuchs für die Zukunft zu sichern. In dieser Vorlesungsreihe geht es daher um den Bildungsauftrag von Lehrerinnen und Lehrern in den technisch-naturwissenschaftlichen Fächern an weiterführenden Schulen und ihre Ausbildung an einer Technischen Universität. Wir brauchen pädagogisch ausgewiesene Lehrpersönlichkeiten, die für ihr Fach motivieren und begeistern können, aber auch schon in der Schule gelernt haben, über den Tellerrand zu schauen, also interdisziplinär zu denken.

Die Technische Universität München versteht sich als Unternehmen mit hohem Innovationspotenzial. Daher kann es sie nicht unberührt lassen, wie in der Öffentlichkeit über Unternehmen diskutiert wird. Unternehmensethik ist in aller Munde. Was versteht man aber darunter? So hat z. B. eine öffentliche Vorlesungsreihe den provokanten Titel ‚Wirtschaft ohne Moral?' Gibt es eigene ethische Regeln von Unternehmen oder reicht die Bürgerethik aus? Ähnlich wie beim Thema ‚Lehrerinnen und Lehrer' wird es letztendlich auch hier um Persönlichkeitsbildung gehen. Zu diesem Thema werden herausragende Vertreterinnen und Vertreter der Öffentlichkeit, Wirtschaft und Universität eingeladen und bieten eine spannende Diskussion. Diese Veranstaltung findet in Kooperation mit den Hochschulgemeinden statt.

Das Bildungskonzept der Carl von Linde-Akademie ist zwar auf das Anforderungsprofil der Technischen Universität München zugeschnitten. Es lässt sich aber in seinen Grundzügen und Zielsetzungen auf andere Technische Hochschulen übertragen. Tatsächlich macht dieses Konzept bereits international Schule, da es z. B. in Japan, Korea und Saudi-Arabien auf starkes Interesse trifft und erworben wird. Damit werden Bildungseinrichtungen wie Firmen zu Global Playern. In einer Zeit, in der die Rohstoffreserven in Europa knapper werden, bieten sich Ausbildung und Bildung als alteuropäische Exportartikel geradezu an. Bemerkenswert ist, dass man sich dabei keineswegs auf technisches Know-how beschränkt. Die Integration von technischem Spezialwissen in ein umfassendes Bildungskonzept wird als zentrale Notwendigkeit erkannt, um, wie es bei Leibniz heißt, die ‚Einheit in der Vielheit' und die ‚Theorie mit Praxis' zu garantieren.

Literaturverzeichnis

Förstl, Hans (Hrsg.): Theory of Mind. Neurobiologie und Psychologie sozialen Verhaltens, Berlin 2007.

Mainzer, Klaus: Geistes- und Naturwissenschaften, Berlin 1990.

ders.: Der kreative Zufall. Wie das Neue in die Welt kommt, München 2007.

id.: Thinking in Complexity. The Computational Dynamics of Matter, Mind, and Mankind, 5th ed., Berlin/Heidelberg/New York 2007.

ders.: Komplexität, Paderborn 2008.

Schlüsselqualifikation Orientierungskompetenz

Arno Rolf, Joao Porto de Albuquerque und Edouard Simon

1. Worum geht es?

Es ist nicht einfach, den augenblicklichen Zustand der deutschen Hochschulen angemessen zu beschreiben. Sind sie im Umbruch, im Aufbruch – ganz sicher nicht in Aufruhr – oder einfach in einer Phase der Orientierungssuche und Neujustierung? Traditionelle Strukturen wie das Diplom sind durch den Bologna-Prozess obsolet geworden. Der angelsächsische Bachelor- und Masterabschluss mit ungewohnten, allenfalls aus der Industrie bekannten Termini wie Modularisierung, Akkreditierung, Evaluierung und Qualitätsmanagement hat den Diplomabschluss ersetzt. Zugleich verunsichern die Globalisierung und Informatisierung vieler Arbeits- und Lebensbereiche die Hochschulen in ihren tradierten inhaltlichen und didaktischen Gewissheiten. Wie sollen sie sich angesichts dieser neuen Herausforderungen und einer kulturellen Tradition, die das Humboldtsche Ideal der Universität als Stätte der kritischen Forschung und Lehre noch im Gedächtnis hat, künftig ‚aufstellen', um eine üblich gewordene kämpferische Metapher zu gebrauchen? Hochschulen scheinen ihrer kulturellen Tradition zu einem Zeitpunkt wieder mehr Gewicht zu geben, wo Befürchtungen stärker werden, dass sie nur noch als Stätte zur Ausbildung ökonomisch verwertbarer und hoch spezialisierter Fachkompetenzen wahrgenommen werden. Die Befürchtung ist auch, dass das Bachelorstudium für die Anforderungen der Globalisierungen nicht ausreicht.

Soft Skills oder Allgemeinbildung als add-on?

In dieser Situation der Verunsicherung und Orientierungssuche werden Studienangebote gefordert, die nicht nur eine fachliche und berufsfeldorientierte akademische Ausbildung vermitteln. So etwa der Stifterverband für die Deutsche Wissenschaft: „Hochschulen haben auch sozialisierende, handlungsorientierende und persönlichkeitsbildende Funktionen, die sich in ihren Bildungszielen und curricularen Inhalten widerspiegeln sollten."[1]

1 Stifterverband für die Deutsche Wissenschaft: Aktionsprogramm ‚Schlüsselqualifikationen plus' (2006); Onlinedokument http://www.stifterverband.de [07. 07. 2009].

Gern wird dann das über drei Jahrzehnte alte Konzept der Schlüsselqualifikationen des Arbeitsmarkt- und Berufsforschers Peter Mertens in die Diskussion gebracht. Dem Autor ging es damals allerdings nur am Rande um die Zielgruppe der Hochschulabsolventinnen und -absolventen.

Die Vielfalt der in der aktuellen Debatte benutzten Metaphern ist ein Hinweis auf ein wenig arrondiertes Feld. Da ist nicht nur von Schlüsselqualifikationen die Rede, sondern von Soft Skills, Inter- und Transdisziplinarität, Studium fundamentale, Methodenkompetenz und interkulturellen Kompetenzen. Was unter Schlüsselqualifikationen verstanden werden soll, formuliert die Präsidentin des Wissenschaftszentrums Berlin (WZB) Jutta Allmendinger kurz und bündig und bar jeder pädagogischen Absicherung, was durchaus Charme hat: „Damit meine ich die Fähigkeit, dass man flexibel ist, auf neuen Wegen denken kann und nicht darauf wartet, alles vorgekaut zu bekommen. All das wird immer wichtiger."[2]

Gemeinsam ist allen Ansätzen, dass sie eine noch so fundierte Fachausbildung allein für unzureichend halten. Der Diskurs an den deutschen Hochschulen läuft heute erkennbar zwischen den beiden Polen Soft Skills einerseits, zuweilen etwas ironisch ‚Fitnesstraining für Studierende für den globalen Arbeitsmarkt' genannt, und dezidiertem Eintreten für die aufklärerische Bildungsfunktion der Universität andererseits ab. Beides kann sich durchaus vermischen bzw. ergänzen.

Die Anhänger der Perspektive Soft Skills favorisieren die Ausbildung von Kommunikations-, Team- und Präsentationsfähigkeit, Bewerbungstrainings, Erwerb von IT-Kompetenz sowie die Beherrschung mindestens einer Fremdsprache. Konkret kann es um die Gestaltung von Powerpoint-Präsentationen gehen, aber auch um spezifische Managementtrainings für Studentinnen. Unverkennbar ist in allem der Versuch Kooperations- und Kommunikationsfähigkeit sowie ‚Leadership' zu fördern.

Ansätze, die die Perspektive der Allgemeinbildung ins Zentrum rücken – zumeist humanities bzw. Studium fundamentale genannt – möchten insbesondere den Studierenden ‚nützlicher' Disziplinen, wie den Wirtschafts-, Technik- oder Naturwissenschaften, ein Eintauchen in geistes- und kulturwissenschaftliche Fächer ermöglichen. Das kann bedeuten, dass ein Ingenieur Vorlesungen in der Philosophie belegt. Einige Hoch-

2 Vorteil Studium (Interview mit Jutta Allmendinger), in: Die Zeit, Nr. 16, 2006; Onlinedokument http://www.zeit.de/2006/16/C-Allmendinger_16 [07. 07. 2009].

schulen ergänzen solche Angebote z. B. durch ein Theaterspiel oder durch gemeinsame Theater-, Kunstausstellungs- und Museumsbesuche, in der Hoffnung, so die ästhetischen Kompetenzen ihrer Studierenden zu stärken.

Besonders private Hochschulen haben erkannt, dass sie mit humanities- bzw. Studium fundamentale-Angeboten wuchern können und werben damit in ihren Hochglanzbroschüren. Verschiedene Fakultäten ‚nützlicher Disziplinen' an staatlichen Universitäten haben sich für ein Studium fundamentale, im Sinne eines verpflichtenden Ergänzungs- oder Wahlfaches für Studierende entschieden, angesiedelt in den Geistes- oder Sozialwissenschaften. Der Wert liegt im Kennenlernen einer anderen Fachsprache sowie kontrastiver Paradigmen und Wertsetzungen.

Bei der Auseinandersetzung mit einer anderen Wissenschaftskultur und -sprache tun sich viele Studierende zunächst schwer. Viele halten dies auch für überflüssig und einen Ballast beim sowieso schon voll gepackten Fachstudium. Erst später erkennen sie nicht nur die intellektuelle Bereicherung, sondern auch eine typische Herausforderung, die sich in dynamischen und interkulturellen Berufswelten, wo es um schnelle Neuorientierung geht, stellen wird, einmal ganz abgesehen von der allgemeinen Horizonterweiterung.

Im Folgenden wollen wir einen Blick auf die Anforderungen richten, die sich aus dem dargestellten Anspruch der Hochschullehre ergeben, den Studierenden Handlungsorientierung zu vermitteln. Sowohl Soft Skills als auch humanities adressieren dabei wichtige Fragen, greifen jedoch unserer Ansicht nach zu kurz, wenn sie nur als add-on begriffen und nicht in ein Gesamtkonzept integriert werden. Wie ein solches Konzept für Gestaltungs- und Ingenieursdisziplinen und insbesondere für die Informatik- und Wirtschaftsinformatiklehre aussehen könnte, soll im Folgenden erörtert werden. Dabei stellen wir zunächst dar, warum die bisherige Diskussion über Schlüsselqualifikationen aus unserer Sicht Defizite aufweist. Daran anschließend schlagen wir einen Ansatz für die Vermittlung von Orientierungskompetenz vor, der sich auf Erfahrungen in der Hamburger Informatik- und Wirtschaftsinformatiklehre stützt.

2. Unsere Perspektive: Wissen, wie alles zusammenhängt

Wir halten sowohl die Vermittlung von Soft Skills als auch Angebote zur Allgemeinbildung für unerlässlich, jedoch nicht für hinreichend.

Schlüsselqualifikationen können nicht vermittelt werden, ohne dass eine Vorstellung von der viel zitierten Wissensgesellschaft und ihrer prägenden Komponenten der Globalisierung und Informatisierung vorhanden ist sowie der dort zu erwartenden bzw. wünschenswerten Berufs- und Arbeitswelt. Soft Skills ohne Kenntnis der Strukturen der Wissensgesellschaft erscheinen uns wie ein Haus ohne Fundament. Worauf müssen sich die heutigen Studierenden einstellen? Werden sie möglicherweise vorwiegend als mobile Freelancer und ‚Arbeitskraftunternehmer', wie Arbeitswissenschaftlerinnen und Arbeitswissenschaftler es nennen, in zeitlich begrenzten Projekten arbeiten?[3] Eine genauere Kenntnis der Architektur der ‚Wissensgesellschaft', ihrer Folge- und Wechselwirkungen ist unerlässlich, um ein tragfähiges Modell der Schlüsselqualifikationen entwickeln zu können.

Tradierte Schlüsselqualifikationsdebatten artikulieren die tatsächlichen oder vermeintlichen Anforderungen aus Sicht des Managements, die dann zu Empfehlungen für Studierende und Hochschulen werden. Das unausgesprochene Lockmittel ist, dass so das Nadelöhr Karriere passiert werden kann. Unsere Kritik an diesem Vorgehen: Bei Schlüsselqualifikationsdiskursen kommen die Resultate der Arbeitswissenschaft und der Qualifikationsforschung zu kurz. Ebenso lässt sich eine Leerstelle ausmachen bei der Frage, wie Einfluss zu nehmen ist auf die Gestaltung gesellschaftlicher Zukünfte. In den Schlüsselqualifikationskonzepten bleibt die Verantwortungsfrage wie die Frage der dazu notwendigen Gestaltungskompetenzen unklar. Eine Stärke, aber eben auch eine Schwäche der humanities- bzw. Studium fundamentale-Modelle liegt darin, dass sie keine Einbindung in die jeweiligen Fachdisziplinen haben. Stärke, weil die Studierenden sich einer kulturellen Herausforderung stellen müssen.

3 Vgl. Hans J. Pongratz/Günter Voß: Vom Arbeitnehmer zum Arbeitskraftunternehmer. Zur Entgrenzung der Ware Arbeitskraft, in: Heiner Minssen (Hrsg.): Begrenzte Entgrenzungen. Wandlungen von Organisation und Arbeit, Berlin 1999, S. 225-247; Günter Voß: Die Entgrenzung von Arbeit und Arbeitskraft. Eine subjektorientierte Interpretation des Wandels der Arbeit, in: Mitteilungen aus der Arbeits- und Berufsforschung, H. 3, Jg. 31, 1998, S. 473-487; Walter Volpert: Wie wir handeln – was wir können. Ein Disput als Einführung in die Handlungspsychologie, 3. Aufl., Sottrum 2003.

Schwäche, weil keine Brücke zwischen der jeweiligen Fachdiszip in und den geistes- bzw. sozialwissenschaftlichen Inhalten geschlagen wird. Vielmehr müssen die Studierenden sie selber bauen, was ihnen selten gelingen dürfte. ‚Besuche' in die Geistes- oder Sozialwissenschaften in Form von vielleicht zwei Modulen sind wünschenswert, aber sie bleiben in der Tat so ‚nur' ein add-on. Sie bekommen für Studierende der Technik-, Natur- und Wirtschaftswissenschaften schnell den Charakter des Gemeinschaftskunde- oder Ethikunterrichts. Erst durch Einbettung und konkrete Anbindung an die jeweilige Fachdisziplin werden sie zu einem Teil der Fachexpertise, was die Akzeptanz bei Studierenden und Fachdozierenden erhöhen wird.

Eine Option zu dieser traditionellen dualistischen Perspektive, hier technische bzw. ökonomische Optimierung, dort Reflexion und soziale Humanisierung, ist die Einbettung des Fachwissens in Orientierungswissen.[4] Unumstritten ist dabei, dass in einer stark ausdifferenzierten Wissenschaftslandschaft Verfügungswissen, verstanden als hochspezialisiertes Detail- und Anwendungswissen, unabdingbar ist. Mit dem Wachstum von Verfügungswissen haben sich traditionelle Disziplinen in eine Vielzahl von Fachgebieten und Einzelwissenschaften aufgeteilt. Orientierungswissen hingegen meint die Kompetenz, Detailkenntnisse in einen erweiterten Rahmen setzen zu können, Wissensarten und -leerstellen zu beurteilen sowie die normativen und gesellschaftlichen Aspekte einzubeziehen. Orientierungswissen soll dem Risiko entgegenwirken, die Einbindung spezialisierter Forschung und Entwicklung in ihre Kontexte zu vernachlässigen. Es geht um den Erwerb von Orientierungskompetenz, um ‚Wissen, wie alles zusammenhängt'.

Konkret heißt das, dass neben den technischen bzw. ökonomischen Kontexten auch die Einbettung in den gesellschaftlichen Kontext mit seinen sozialen, ökologischen und kulturellen Wechselwirkungen zu einem Teil der Disziplin wird. Eine Informatikerin oder ein Informatiker etwa würde etwas darüber lernen, welche Wirkungen seine Software auf die Nutzenden hat und welche Rückschlüsse daraus für seine Programmentwicklung zu ziehen sind. Ingenieurinnen und Ingenieure können auf diese

4 Vgl. Jürgen Mittelstraß: Der unheimliche Ort der Geisteswissenschaften, in: Ulrich Engler (Hrsg.): Zweites Stuttgarter Bildungsforum Orientierungswissen versus Verfügungswissen: Die Rolle der Geisteswissenschaften in einer technologisch orientierten Gesellschaft. Reden der Veranstaltung der Universität Stuttgart am 27. Juni 1994, Stuttgart 1994.

Weise explizit erfahren, was sie implizit in ihrer Praxis schon immer ahnten, dass sie nämlich als technische Konstrukteurinnen und Konstrukteure gleichzeitig auch immer soziale Gestaltende von Interessen verschiedener Akteure und von vorherrschenden Leitbildern der Technikgestaltung nicht unabhängig sind. Ingenieurinnen und Ingenieure wie Informatikerinnen und Informatiker stiften soziale Beziehungen und ‚stören' mit jeder technischen Innovation eingespielte soziale Beziehungen.

3. Wie sich Orientierungswissen in ‚nützlichen' Disziplinen verankern lässt

Einbettung und Reflexion von sozialen Kontexten hängt in den Gestaltungsdisziplinen oft von Zufällen oder vom Interesse Einzelner ab. Dies ist nicht hinreichend. Orientierungswissen muss neben Verfügungswissen systematisch in das Fachcurriculum eingebunden sein, die Verknüpfung sollte zu einem die jeweilige Disziplin strukturierenden Prinzip werden.

Die Gestaltungsdisziplinen sind aufgrund von Globalisierung und informationstechnischen Entwicklungen zugleich Treiber und Getriebene. Sie bringen den technischen Fortschritt voran und stellen Konzepte wie Methoden für die Nutzung zur Verfügung. Orientierungswissen für diese Disziplinen wird sich demnach schwerpunktmäßig mit den ökonomischen und informationstechnischen Triebkräften sowie den daraus entstehenden soziotechnischen Folgen und Wechselwirkungen befassen müssen. Es werden drei Strategien zur systematischen Verankerung von Orientierungswissen in Fachdisziplinen vorgeschlagen.

3.1. Orientierungswissen durch Rekultivierung der Folge- und Wechselwirkungen

Methodisch wird vorgeschlagen, Fachdisziplinen über ihre betriebswirtschaftlichen oder technischen Folgewirkungen hinaus um die Wechselwirkungen für soziale Akteure und Kontexte zu erweitern. *Folgewirkungen* isolieren eine Ursache-Wirkung-Beziehung. Sie rücken das Veränderungspotenzial, z. B. die Folgen einer neuen Software für die Qualifikationsanforderungen der Nutzenden in den Blick. Oder sie analysieren die Wirkungen einer bestimmten staatlichen Regulierung auf das Handeln von IT-Herstellenden. *Wechselwirkungen* dagegen versuchen die Veränderungsdynamik zu berücksichtigen, in der Gewissheit, dass Wirkungen immer auch Rückkopplungen haben. Über Wechselwirkungen lassen sich dynamische Prozesse beschreiben, die Träger von Veränderungen sind. Die Berücksichtigung von Wechselwirkungen erweitert die auf Ökonomisierung bzw. Technisierung angelegten Gestaltungsdisziplinen in Richtung einer Resozialisierung. Wechselwirkungen sind eine Möglichkeit, die Erweiterung der fachdisziplinären Sicht zu operationalisieren. Die Fachdisziplin kann auf diese Weise ihren disziplinären Kern erhalten, zugleich erweitert sie ihre Perspektive um soziale und gesellschaftliche Kontexte. Metaphorisch gesprochen wird um die Fachdisziplin eine Membran gelegt, die bekanntlich in beide Richtungen offen ist. Sie wird auf diese Weise in für sie relevante Kontexte eingebettet, Wechselwirkungen von Handlungen können in den Blick genommen werden.

Durch die Prozesse der Ausdifferenzierung der Fachdisziplinen ist die Berücksichtigung der Wechselwirkungen nach und nach verloren gegangen – also sowohl soziale, makroökonomische und kulturelle Einflussfaktoren wie auch soziale Auswirkungen. Die Rekultivierung der Wechselwirkungen, die im Alltag ja allgegenwärtig und die Beteiligten ständig in ihrem Handeln bedenken müssen, ist von daher nicht nur ein Plädoyer für eine umfassendere Sichtweise, sondern auch für eine im Menschen angelegte Selbstverständlichkeit. Es ist kein Plädoyer für die Rücknahme der Ausdifferenzierungen und Spezialisierungen der Fachdisziplinen! Die Ergänzung durch die Rekultivierung der abgeschnittenen Wechselwirkungen ist eine wesentliche Voraussetzung für den Erwerb von Orientierungskompetenz.

3.2. Erweiterung der Fachdisziplin um eine temporale Perspektive

Handlungen und Entscheidungen werden immer innerhalb historisch gewachsener Strukturen und Kulturen getroffen. Vorhergehende Entscheidungen prägen nachfolgende. Getroffene Entscheidungen haben verstärkende Effekte – eine spiralförmige Dynamik entsteht. So kommt die zeitliche Dimension – das ‚history matters' – in den Blick, die ja schon implizit in Wechselwirkungen enthalten ist und jetzt nur noch explizit gemacht wird. Sie fordert die ahistorische Sicht der Gestaltungsdisziplinen heraus, weil sie davon ausgeht, durch Berücksichtigung historischer Entwicklungsverläufe Gegenwart und zukünftige Innovationspfade besser einschätzen zu können. Eine temporale Perspektive meint nicht die Darstellung der technischen Entwicklungsgeschichte. Vielmehr geht es um die Wechselwirkungen von Entwicklung und Nutzung in Abhängigkeit von Einflüssen des jeweiligen Kontextes. Die Personalisierung großer Köpfe interessiert ebenso wenig wie Erfindergeschichten, die viel von hellen Köpfen und dem schöpferischen Geist zu berichten wissen. Das Selbstverständnis z. B. technischer Disziplinen bei der Entdeckung neuen Wissens erinnert dagegen zuweilen an das ‚Schürfen nach Gold'. Demnach liegen der Technikentwicklung zu enthüllende Gesetze zugrunde, die immer wieder aufs Neue entdeckt werden wollen. Eine naive Vorstellung von Innovationsentwicklung!

Uns geht es um Analyse und Verstehen vergangener Entwicklungen und der sich dahinter verbergenden, möglicherweise konfliktreichen Prozesse und erfolgreichen wie erfolglosen Pfadverläufe der Vergangenheit und Gegenwart. Warum ist etwas so verlaufen und nicht anders? Welche Wechselwirkungen haben bestimmte Pfadverläufe auf den Weg gebracht? Welche Akteure haben die entscheidenden Weichen gestellt? Gab es andere Optionen? Warum sind sie nicht zum Zuge gekommen? Die Potenziale, die in dieser Sicht liegen, zeigen Weichenstellungen und kritische Punkte auf, an denen Entscheidungen getroffen wurden, die maßgeblichen Einfluss auf die zukünftige Entwicklung genommen oder das Beschreiten alternativer Entwicklungspfade unwahrscheinlich gemacht haben.

3.3. Verallgemeinerung durch das Mikropolis-Modell

Mit dem Mikropolis-Modell[5] schlagen wir vor, die Integration von einerseits (wirtschafts-)informatischem Verfügungs- und andererseits Orientierungswissen in einem Modell zu verallgemeinern. Wechselwirkungen sowie die Berücksichtigung temporaler Prozesse sind zentrale Bestandteile. Das Anliegen ist, einen Orientierungsrahmen zu konstruieren, der die Phänomene Informatisierung und Globalisierung in den Mittelpunkt des sozialen Wandels rückt.

Das Wort ‚Mikropolis' knüpft an frühe Diskussionen um die Wirkung vernetzter Informationstechnik an. Mikropolis setzt sich aus Mikroelektronik und Polis zusammen. Polis bezeichnet ursprünglich den antiken griechischen Stadtstaat als Gemeinschaft von Bürgern. Der Begriff ‚Polis' fin-

5 Vgl. Arno Rolf: Wie kommt informationstechnischer Fortschritt zustande?, in: Wirtschaftsinformatik (WISU), H. 8-9, 2005; Detlev Krause/Arno Rolf/Marcel Christ/Edouard Simon: Wissen, wie alles zusammenhängt – Das Mikropolis-Modell als Orientierungswerkzeug für die Gestaltung von Informationstechnik in Organisationen und Gesellschaft. Informatik-Spektrum, H. 4, Jg. 29, 2006, S. 263-273.

det sich heute u. a. in den Worten Metropole oder Politik wieder. Mikropolis verknüpft also die informationstechnische Gestaltungsaufgabe mit der sozialen Struktur der Gesellschaft. Mit der Metapher sollen die vielfältigen Wechselwirkungen von technologischer und gesellschaftlicher Entwicklung zum Ausdruck gebracht werden.[6]

Mit dem Modell soll zweierlei erreicht werden: Zum einen Orientierungskompetenz für Studierende, damit sie den aktuellen Wandel verstehen und ihn mit ihrer Fachdisziplin verbinden können. Hier steht die Frage im Vordergrund: Was müssen Studierende wissen, um sich in der globalisierten und informatisierten Welt zurecht zu finden und sie in Richtung einer nachhaltigen Entwicklung mitgestalten zu können? Zum zweiten die Berücksichtigung unterschiedlicher fachlicher Sichtweisen, um so unterschiedliche Perspektiven in den Orientierungsrahmen einzubinden und zugleich einen fächerübergreifenden Diskurs auf den Weg zu bringen. Auf diese Weise soll eine gemeinsame, transdisziplinäre Problemsicht gefördert werden. Die Mikropolis-Plattform bietet dazu eine allgemeine Sprache an und vermag so disziplinäre Grenzen zu überschreiten. Jede Fachdisziplin kann ihre eigenen Methoden und spezifischen Interessen beibehalten. So können reichhaltigere Resultate erzielt werden. Mikropolis beobachtet die soziotechnischen Wechselwirkungen aus den Perspektiven des Mikro- und Makrokontextes. Im Mikrokontext werden die Interaktionen der Akteure bei der Einführung und Nutzung von IT-Systemen beobachtet. Analytisch wird zwischen dem Informatiksystem und den IT-anwendenden Organisationen unterschieden. Innovationen lassen sich aus den Wechselwirkungen dieser beiden Pole beobachten. Die Auseinandersetzungen um die Einführung von IT-Systemen werden in verschiedenen Arenen ausgetragen, die im Makrokontext, dem gesamtgesellschaftlichen Kontext, eingebettet sind. Dieser wirkt mit seinen Wertvorstellungen, Normen und Institutionen auf die Leitbilder technischer Entwicklung und ihre Anwendung in Organisationen ein.

Umgekehrt beeinflusst das Wirkungspaar Informatiksystem und Organisationen das gesellschaftliche Umfeld. Automatisierungspotenziale, Konkurrenzdruck, Globalisierung sind die entscheidenden Triebkräfte, die zur Bildung von Netzwerkstrukturen führen (vgl. Abb. 1).

6 Vgl. Herbert Kubicek/Arno Rolf: Mikropolis. Mit Computernetzen in die Informationsgesellschaft, Hamburg 1984.

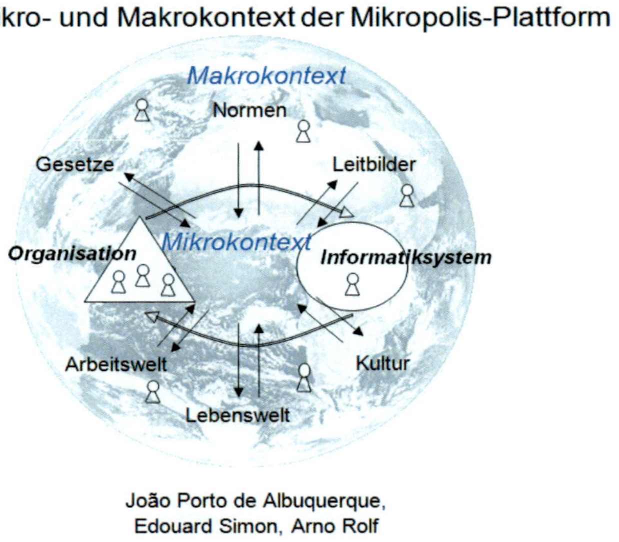

Abb. 1: Der Mikro- und Makrokontext des Mikropolis-Modells, Quelle: eigene Darstellung.

Während die Betrachtung des Mikro- und Makrokontextes für viele Gestaltungsdisziplinen nützlich sein dürfte, zielt der soziotechnische Kern auf die Grundfrage der Informatisierung ab und dürfte deshalb in erster Linie einen Beitrag zur Orientierungskompetenz der (Wirtschafts-)Informatikerinnen und Informatiker leisten. Was geschieht, wenn eine Handlung aus einem beliebigen Kontext herausgenommen und in ein Programm transferiert wird? Allgemein bezeichnet man diesen Vorgang als programmieren. Eine Handlung wird formalisiert und in eine operationale Form überführt, die dann als auto-operationale Form von einem Rechner bearbeitet werden kann. Dieser Vorgang der Dekontextualisierung ist sozusagen die eine Seite der Münze, die andere, die Rekontextualisierung, beschreibt, was zu tun ist, um die jetzt automatisierte Handlung wieder in den Kontext zurückzuführen. Dieser aus informationstechnischer Perspektive triviale Vorgang ist für die davon Betroffenen in Organisationen mit zahlreichen Neuorientierungen und Verwerfungen verbunden und somit eine Quelle missglückter Anpassungsversuche. Zahlreiche Praktiker, z. B. Organisations- und Systementwickler, müssen sich mit den davon betroffenen Akteuren auseinandersetzen, um den Prozess der De- und Rekontextualisierung in den Griff zu bekommen. Man schätzt, dass die Kosten von Standardsoftware etwa ein Drittel ausmachen, Anpassungsnotwendigkeiten dagegen zwei Drittel. Wissenschaftlerinnen und Wissenschaftler, auch außerhalb der Informatik, thematisieren diesen Transferprozess, etwa die Arbeitswissenschaften, die Psychologie oder die Sozialwissenschaften. Die Wirtschaftswissenschaften sehen in den missglückten Anpassungen die Quelle von Produktivitätsverlusten. Auch der soziotechnische Kern wird im Mikropolis-Modell thematisiert (Abbildung 2).

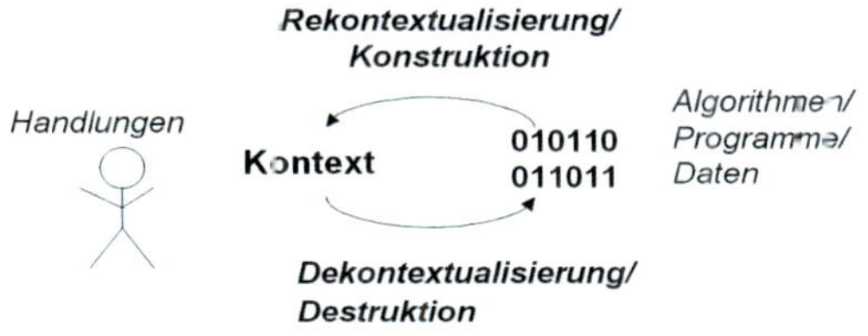

Abb. 2: Der soziotechnische Kern des Mikropolis-Modells, Quelle: eigene Darstellung.

4. Schlussbemerkung und Ausblick

Wir möchten eine neue Sichtweise in die Debatte über Schlüsselqualifikationen vor allem im Bereich der Informatik und Wirtschaftsinformatik einbringen.

Neben einem Angebot an Soft Skills und der Möglichkeit in die Geistes- oder Sozialwissenschaften ‚hineinzuschnuppern', plädieren wir für ein Fach-Curriculum, das Fach- und Orientierungswissen verknüpft. Die sozialen, ökologischen und kulturellen Wechselwirkungen eines Faches werden dann zu einem Teil der Disziplin.

Damit die Studierenden die Chance haben, sich an der Gestaltung ihrer Zukunft zu beteiligen, müssen sie die Möglichkeit haben, Fachexpertise wie Orientierungskompetenz erwerben zu können. Orientierungswissen ist zugleich, wie dargestellt, das Fundament der Soft Skills. Schließlich kann eine realistische Vorbereitung der Studierenden ‚auf das Leben draußen', durch ein ‚Wissen, wie alles zusammenhängt' sowohl für den beruflichen wie privaten Bereich durchaus hilfreich sein. Um Orientierungskompetenz zu vermitteln, haben wir ein didaktisches Modell vorgestellt. Das Mikropolis-Modell hat seinen Ursprung in der Hochschullehre und ist in den letzten Jahren als Orientierungsmodell für Studierende der Informatik und Wirtschaftsinformatik an der Universität Hamburg eingesetzt worden.[7] Dieser Ansatz stellt die jeweilige Disziplin in ihren Kontext und weist sozialen Wechselwirkungen eine prominente Rolle zu. Er wird, so zeigen Erfahrungen in der Hamburger Informatik, von der überwiegenden Zahl der Studierenden als Bereicherung der Fachdisziplin empfunden. Absolventen sprechen davon, dass sie in der Berufspraxis gegenüber traditionell ausgebildeten Informatikerinnen und Informatikern Vorteile haben, weil sie in der Lage sind, ökonomische, kulturelle und soziale Zusammenhänge besser und schneller zu erkennen und diese mit ihrer Fachexpertise zu verknüpfen. Sie sind darauf vorbereitet, Wechselwirkungen zu beobachten.

Auf der Grundlage des didaktischen Modells wird derzeit die transdisziplinäre Mikropolis-Plattform im Rahmen eines multidisziplinären Netzwerks weiterentwickelt,[8] an dem Wissenschaftler und Praktiker aus den Bereichen Information Systems, Informatik, Umwelt- und Wirtschaftsinformatik, Wirtschaftswissenschaften, Politologie, Psychologie und Soziologie beteiligt sind. Die Plattform hat weder die Erklärungskraft einer Theorie, noch ist sie dazu gedacht, bestehende theoretische Ansätze über soziotechnische Phänomene zu ersetzen oder zu ergänzen. Sie kann eher als heuristischer Rahmen verstanden werden, der die Integration verschiedener disziplinärer Perspektiven und theoretischer Ansätze ermöglicht, indem er eine gemeinsame Sprache bereitstellt, in der soziotechnische Phänomene beschrieben werden können.

7 Vgl. Arno Rolf: MIKROPOLIS 2010. Menschen und Computer in der globalen Gesellschaft, Marburg 2007.

8 Vgl. Joao Porto de Albuquerque/Edouard J. Simon/Arno Rolf: Ein transdisziplinärer Rahmen für die GeNeMe, in: Klaus Meissner/Martin Engelien: Virtuelle Organisation und Neue Medien 2007/Workshop GeNeMe 2007 – Gemeinschaften in neuen Medien, Dresden 2007.

5. Literaturverzeichnis

Bammé, Arno: Die Neuordnung des Sozialen durch Technologie, Marburg 2007.

Bologna, Sergio: Die Zerstörung der Mittelschichten: Thesen zur neuen Selbstständigkeit, Graz/Wien 2006.

Krause, Detlev/Rolf, Arno/Christ, Marcel/Simon, Edouard: Wissen, wie alles zusammenhängt – Das Mikropolis-Modell als Orientierungswerkzeug für die Gestaltung von Informationstechnik in Organisationen und Gesellschaft, in: Informatik-Spektrum, H. 4, Jg. 29, 2006, S. 263-273.

Kubicek, Herbert/Rolf, Arno: Mikropolis. Mit Computernetzen in die Informationsgesellschaft, Hamburg 1984.

Mittelstraß, Jürgen: Der unheimliche Ort der Geisteswissenschaften, in: Ulrich Engler (Hrsg.): Zweites Stuttgarter Bildungsforum. Orientierungswissen versus Verfügungswissen: Die Rolle der Geisteswissenschaften in einer technologisch orientierten Gesellschaft. Reden der Veranstaltung der Universität Stuttgart am 27. Juni 1994, Stuttgart 1995, S. 30-39.

Onlinedokument http://www.stifterverband.de/ [07. 07. 2009].

Pongratz, Hans J./Voß, Günter: Vom Arbeitnehmer zum Arbeitskraftunternehmer. Zur Entgrenzung der Ware Arbeitskraft, in: Heiner Minssen (Hrsg.): Begrenzte Entgrenzungen. Wandlungen von Organisation und Arbeit, Berlin 1999, S. 225-247.

Porto de Albuquerque, Joao/Simon, Edouard J./Rolf, Arno: Ein transdisziplinärer Rahmen für die GeNeMe, in: Klaus Meissner/Martin Engelien: Virtuelle Organisation und Neue Medien 2007/Workshop GeNeMe 2007 – Gemeinschaften in neuen Medien, Dresden 2007.

Rolf, Arno: Von der Theoriearbeit zur Gestaltung, in: Hans-Dieter Kübler (Hrsg.): Wissensgesellschaft. Neue Medien und ihre Konsequenzen, Bonn 2004.

ders.: Wie kommt informationstechnischer Fortschritt zustande?, in: Wirtschaftsinformatik (WISU), H. 8-9, 2005.

ders.: Orientierungskompetenz – Wege, Hindernisse, Potenziale, in: Georg Schreyögg/Peter Conrad (Hrsg.): Managementforschung 16, Wiesbaden 2006, S. 259-284.

ders.: MIKROPOLIS 2010. Menschen und Computer in der globalen Gesellschaft, Marburg 2007.

Volpert, Walter: Wie wir handeln – was wir können. Ein Disput als Einführung in die Handlungspsychologie, 3. Aufl., Sottrum 2003.

Voß, Günter: Die Entgrenzung von Arbeit und Arbeitskraft. Eine subjektorientierte Interpretation des Wandels der Arbeit, in: Mitteilungen aus der Arbeits- und Berufsforschung, H. 3, Jg. 31, 1998, S. 473-487.

Vorteil Studium (Interview mit Jutta Allmendinger), in: Die Zeit, Nr. 16, 2006; Onlinedokument http://www.zeit.de/2006/16/C-Allmendinger_16 [07. 07. 2009].

Integration von Arbeiten und Lernen im Studium. Handlungskompetenz als Schüssel zum Erfolg

Ingrid Isenhardt und Stefan Brall

1. Handlungskompetenz als Schlüssel zur beruflichen Handlungsfähigkeit

Die Vermittlung von überfachlichen Kompetenzen ist an der RWTH Aachen integraler Bestandteil der Ausbildung der Studierenden aller Fakultäten. Dabei steht die Strategie eines arbeitsintegrierten Lernens zum Erwerb von Handlungskompetenzen im Mittelpunkt. Durch einen hohen Einsatz studentischer Mitarbeitender in den Instituten wird diesen die Möglichkeit geboten, in realen Handlungsvollzügen sowohl die expliziten fachlichen und überfachlichen Lerninhalte zur Anwendung zu bringen als auch implizite Kompetenzen im Prozess der Arbeit zu entwickeln. Die Integration der verschiedenen Lernorte in den Prozess der Arbeit ermöglicht dabei eine effektive Vorbereitung auf das spätere Berufsleben insbesondere in Bezug auf die Förderung von Handlungskompetenzen. Neben der Entwicklung umfangreicher fachlicher Kompetenzen bietet die Universität sowohl ein in das Studium integriertes als auch ein additives Angebot zum Erwerb überfachlicher Kompetenzen, die die Berufsbefähigung fördern und darüber hinaus eine umfassende Teilhabe am gesellschaftlichen Leben ermöglichen und unterstützen. In den vergangenen Jahrzehnten haben sich aus den verschiedensten Initiativen unterschiedliche Angebotsformen an der RWTH etabliert, die sich gegenseitig ergänzen und somit ein weitreichendes Gesamtangebot zum Training von Schlüsselqualifikationen bilden.

Die RWTH geht bei der Gestaltung der Ausbildung der Studierenden von einem umfassenden Kompetenzbegriff aus. Dieser basiert auf der Beschreibung von Erpenbeck und Sauer, die vier Kompetenzbereiche benennen: Fach- und Methodenkompetenz, sozial-kommunikative Kompetenz, personale Kompetenz sowie Handlungskompetenz.[1] Erst durch das Zusammenspiel der verschiedenen Kompetenzen und von explizitem und implizitem Wissen sowie der Intention zur selbständigen Weiterent-

1 Erpenbeck, John/Sauer, Johannes: Das Forschungs- und Entwicklungsprogramm ‚Lernkultur Kompetenzentwicklung', in: AG Quem (Hrsg.): Kompetenzentwicklung 2000, Berlin 2000, S. 289-335.

wicklung entsteht Handlungskompetenz: „Sie beschreibt die Kapazität einer Person zur erfolgreichen Bewältigung neuer Aufgaben."[2]

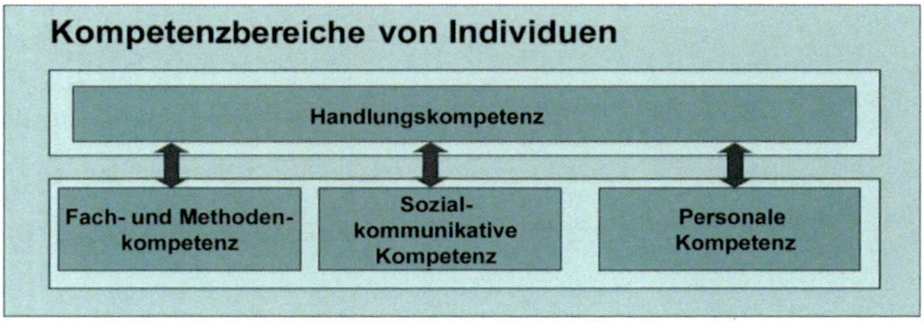

Abb. 1: Kompetenzbereiche von Individuen, Quelle: Erpenbeck/Sauer, 2000.

Selbstorganisiertes Lernen ist der Mechanismus, mit dem Handlungskompetenz erworben wird. Hierzu gehört die Bestimmung von Handlungs- und Lernzielen sowie die Motivation und Kapazität, um die beobachteten Wissens- oder Könnenslücken selbstorganisiert füllen zu können.

Die Fokussierung auf die Handlungskompetenz und die damit im Mittelpunkt stehende Selbstorganisation des Lernens erfordert Rahmenbedingungen, die individuelle Lernwege begleiten und unterstützen. Dies deutet darauf hin, dass aufgrund der individuellen Verschiedenartigkeit jeder Studentin und jedes Studenten die unterschiedlichen Kompetenzentwicklungsbedürfnisse nicht allein durch verpflichtende Schlüsselqualifikations-Curricula optimal abgedeckt werden können. Gerade vor dem Hintergrund des vermehrten Trainings von Schlüsselqualifikationen während der Schulzeit sind vor allem praktische – in die Lehre und in die Arbeit als studentische Mitarbeitende integrierte Möglichkeiten – zum Training von Kompetenzen gefordert. Darüber hinaus tragen frei wählbare Angebote zum Erwerb überfachlicher Kompetenzen einerseits einer individuellen und selbstbestimmten Kompetenzentwicklung, andererseits den dynamisch gewachsenen universitären Strukturen Rechnung.

Die folgenden Ausführungen fokussieren zunächst das Konzept arbeitsintegrierten Lernens an der RWTH, betrachten die Integration der überfachlichen Kompetenzentwicklung in das Studium und schließen mit einer Darstellung der offenen Angebote ab.

2 Bergmann, Bärbel: Einführung: Arbeiten und Lernen, in: dies. u. a. (Hrsg.): Arbeiten und Lernen, Münster 2004, S. 20.

2. Lernen im Prozess der Arbeit an der RWTH

Ein Erfolgsfaktor der RWTH ist die enge Verzahnung von Forschung und Lehre. Hierzu setzt die RWTH auf eine starke Integration der Studierenden in den Forschungsprozess (siehe Abb. 1). Damit wird gewährleistet, dass Theorie und Praxis schneller zueinander finden und die Studierenden den Transfer der theoretischen Inhalte aus den Veranstaltungen auf ihre praktischen Tätigkeiten im zukünftigen Handlungsgebiet besser vollziehen können. Die Integration der Lernprozesse in den Prozess der Arbeit fördert vielfältige Kompetenzen und Fähigkeiten, die insbesondere von der Industrie als Anforderung formuliert werden, durch eine theoretische Vermittlung allein jedoch nicht erworben werden können.

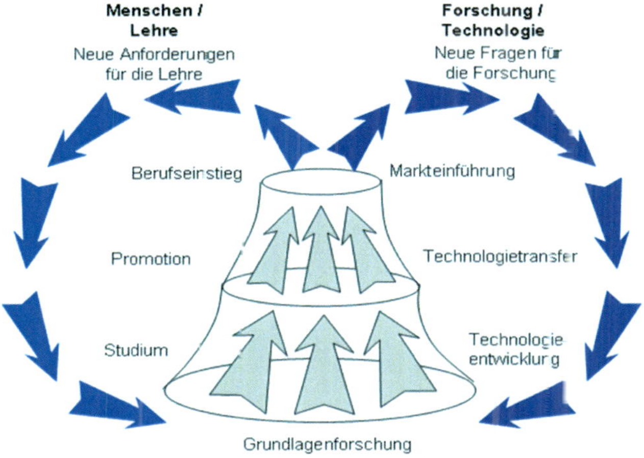

Abb. 2: Die Integration der Aus- und Weiterbildung und der Grundlagen- und Anwendungsforschung in einem gemeinsamen Prozess.[3]

Fachliche Inhalte aus den Lehrveranstaltungen können während der Tätigkeiten in den Instituten in realen Arbeits- und Forschungszusammenhängen zur Anwendung gebracht werden und bieten somit eine ideale Zusammenführung der verschiedenen Fähigkeiten und des erworbenen

3 Isenhardt, Ingrid/Brall, Stefan: Interdisziplinäre und internationale Dienstleistungsangebote als Wettbewerbsvorteil. Das Zentrum für Lern- und Wissensmanagement an der RWTH Aachen, in: Klaus Siebenhaar (Hrsg.): Master your Service! Die Universität als Dienstleister (= Forum Hochschulmarketing der Freien Universität Berlin, Bd. 1), Berlin 2007, S. 171-182.

Wissens. Eine Studie im Auftrag der Hans-Böckler-Stiftung zur fachnahen studentischen Erwerbsarbeit in den Ingenieurwissenschaften kommt zu dem Schluss, dass die überwiegende Mehrheit der jobbenden Studierenden (73 %) einer fachnahen Erwerbsarbeit nachgeht, die Bezug zu ihrem Studium hat. Hierbei bilden sie nach eigenen Angaben häufiger Sozial- und Methodenkompetenzen bei gleichzeitiger Anwendung der fachlichen Inhalte aus. Insgesamt schätzen 70 % der Befragten ihre Tätigkeit als hilfreich für den Berufseinstieg ein und nehmen hierfür auch eine Verlängerung der Studienzeit in Kauf.[4] Ein wesentlicher Erfolgsfaktor ist hierbei, dass im Zusammenspiel von erfahrenen Wissenschaftlerinnen und Wissenschaftlern und studentischen Mitarbeitenden regelmäßige Reflexionen, z. B. in Mitarbeitergesprächen und Lesson-Learned-Workshops, stattfinden.

Die strategische Verankerung der arbeitsintegrierten studentischen Kompetenzentwicklung spiegelt sich auch in dem hohen Anteil studentischer Hilfskräfte an der RWTH von rund 57 % aller Studierender (durchschnittlich 46,8 %). Es wird bei der Untersuchung der Hans-Böckler-Stiftung auch deutlich, dass die Möglichkeiten und Chancen eines arbeitsintegrierten Lernens an der RWTH von den Studierenden als Entwicklungs- und Karrierechance wahrgenommen werden, denn nur gut die Hälfte der Befragten arbeitet neben dem Studium um den Lebensunterhalt zu bestreiten.

Insgesamt versucht die RWTH die Studierenden durch ein Lernen im Prozess der Arbeit näher an zukünftige alltägliche Forschungs- und Arbeitsprozesse heranzuführen, um hierdurch eine umfassende und praxisnahe Ausbildung von Schlüsselkompetenzen zu ermöglichen. Diese Strategie wird unterstützt sowohl durch die Integration eines verpflichtenden Basisangebotes der überfachlichen Kompetenzentwicklung in die Lehre als auch durch die Bereitstellung eines breiten, offenen und freiwilligen Angebots.

4 Metz-Göckel, Sigrid/Neef, Wolfgang/Klein, Annette u. a. (Hrsg.): Abschlussbericht des Projektes JobIng, Dortmund/Berlin 2006, S. 46 f.

3. Integration der überfachlichen Kompetenzentwicklung in das Studium

Die Integration der Schlüsselkompetenzentwicklung in das Studium ist wesentlicher Bestandteil der Verbesserung des Lehrangebots. Dies geschieht einerseits durch die Integration in Fachveranstaltungen und andererseits durch eigenständige Veranstaltungen, die Bestandteil des Studiums sind. Am Beispiel des Studienganges Maschinenbau soll dies im Folgenden verdeutlicht werden.

3.1. Beispiel für eigenständige Lehrangebote innerhalb des Studiums

Im Diplom-Studiengang Maschinenbau sind zur Zeit sechs Semesterwochenstunden überfachliche Lehre verpflichtend zu besuchen. Die Stunden teilen sich dabei gleichmäßig auf das Grund- und das Hauptstudium auf. Im Rahmen dieser sogenannten ‚nicht-technischen Wahlpflichtfächer' können alle Lehrveranstaltungen mit nicht-technischen, insbesondere nicht-ingenieurwissenschaftlichen Inhalten, ausgewählt werden. Im Rahmen der Umstellung auf Bachelor/Master (BA/MA) im Herbst 2007 wird der Stundenanteil der überfachlichen Lehrangebote trotz der Reduzierung des Gesamtstundenkontigents gestärkt. So wird allein im Bachelor-Studiengang der überfachliche Anteil und damit die Gelegenheit zur Teilnahme an überfachlichen Qualifizierungsangeboten auf neun Semesterwochenstunden angehoben. Die Angebote fließen sowohl im Diplom als auch im BA-/MA-Studienangebot als eigenständige Leistungen in die Endergebnisse ein.

Ein Beispiel ist die Lehrveranstaltung ‚Kommunikation und Organisationsentwicklung', die im Wintersemester 2007 erstmalig als Pflichtangebot für rund 1000 Studierende im ersten Semester des Bachelor-Studienganges Maschinenbau angeboten wird. Hier stehen die Veranstalter vor der Herausforderung in zwei Gruppen zu je 500 Personen ein Labor durchzuführen, welches das Handeln in Organisationen zunächst erlebbar macht, bevor dann in der Vorlesung die Inhalte reflektiert und theoretisch vertieft werden. Innerhalb der zweitägigen Blockveranstaltung mit anschließendem semesterbegleitendem Vorlesungsprogramm sollen die Studierenden die Bedeutung der überfachlichen Kompetenzen für das ingenieurwissenschaftliche Berufsfeld erkennen, das Zusammenspiel der unterschiedlichen Ebenen einer Organisation erleben und das eigene Verhalten in einer Organisation und dessen Auswirkungen reflektieren.

3.2. Beispiel für die Integration in Fachlehrveranstaltungen

Die Pflichtlehrveranstaltung ‚Informatik im Maschinenbau' richtet sich im Wesentlichen an die Studierenden des Studienganges Maschinenbau mit dem Ziel, ihnen die für die Aufgaben von Maschinenbauingenieuren relevanten Basiskenntnisse der Informatik zu vermitteln. Damit richtet sich die aus einer Vorlesung, einer Übung und einer Projektaufgabe bestehende Lehrveranstaltung an ca. 1000 Studierende pro Semester.

Während der Projektaufgabe bearbeiten Studierende eine allgemeine, bewusst unscharfe Problemstellung in Teams. Angeleitet werden sie durch studentische und wissenschaftliche Tutorinnen und Tutoren. Die Studierenden machen in einer vorgegebenen Zeit konkrete und praxisnahe Erfahrungen zu den Themen Projektmanagement, Teamprozesse, Problemlösungsprozesse sowie zum Software-Entwicklungs-Prozess. Die überfachlichen Themen sind ebenso Bestandteil der späteren Prüfungen wie die fachspezifischen Inhalte.

4. Offene überfachliche Angebote

4.1. Das interdisziplinäre Lehrangebot

Einrichtungen der RWTH Aachen haben sich bereits Ende der achtziger Jahre in interdisziplinären Foren zusammengeschlossen. Aktuell sind dies die Arbeitsgebiete Umwelt, Werkstoffe, Informatik, Mobilität und Verkehr sowie Technik und Gesellschaft und Life Sciences, welche die fachübergreifende Zusammenarbeit innerhalb der Hochschule und mit externen Partnern fördern.

Die Mitglieder der Foren sind in ihren Disziplinen verankert und nehmen die Arbeit in interdisziplinären Gemeinschaftsprojekten als zusätzliche Aufgabe wahr. Sie tragen auf diese Weise zur Ergänzung der traditionellen und bewährten Fachbereichsstruktur um interdisziplinäre und interfakultative Querbeziehungen bei. Jeder zweite Hochschullehrer der RWTH Aachen beteiligt sich als Mitglied eines oder mehrerer Foren inzwischen in Sonderforschungsbereichen und Graduiertenkollegs, in Forschungsprojekten und Weiterbildungsangeboten an der fachübergreifenden Arbeit der Foren. Beteiligt sind dabei Wissenschaftler aus allen Fachbereichen der Hochschule.

Neben den themenspezifischen Aufgaben in den einzelnen Foren wird zusammen an forenübergreifenden Themenstellungen gearbeitet. Hierzu zählen vor allem interdisziplinäre Lehrveranstaltungen, fächerübergreifende Grund- und Zusatzstudiengänge und Themenabende. Beispiele für solche interdisziplinären Lehrveranstaltungen sind die Angebote ‚Technik begreifen' und ‚Getrennte Welten'. ‚Technik begreifen' behandelt unterschiedliche Aspekte des Technikverständnisses und -einsatzes, der Entwicklung, Auswirkungen und Kommunikation von Technik. ‚Getrennte Welten' versucht, die Kluft zwischen Technik und Geisteswissenschaften zu überbrücken. Insgesamt werden den Studierenden der RWTH über 130 solcher überfachlichen Veranstaltungen angeboten.

4.2. Das Tutorenprogramm

Die Tutorengruppe (TG) der RWTH Aachen wurde bereits 1974 ins Leben gerufen um den Studierende einen problemloseren Einstieg in das Studium zu ermöglichen. Seit 1984 besteht die TG ausschließlich aus Studierenden der TH und FH und bietet hochschulübergreifend an der FH wie an der TH neben der interdisziplinären Schulung der Erstsemestertutorinnen und -tutoren in den Bereichen Präsentation, Moderation, Kommunikation und Teamarbeit ein interdisziplinäres Seminar für höhere Semester zu verschiedenen hochschulpolitischen Themen, Genderaspekten sowie Lern- und Arbeitsverhalten an.

4.3. Trainings

Neben der Integration in die Lehrveranstaltungen sind eigenständige Trainingsangebote ein wesentlicher Baustein zur individuellen Kompetenzentwicklung der Studierenden. Hierbei nimmt das Zentrum für Lern- und Wissensmanagement (ZLW) als zentrale Einrichtung der Hochschule eine Schlüsselstellung ein. Es bietet für Studierende und für das wissenschaftliche Personal insgesamt 24 Veranstaltungen in diesem Bereich an (siehe Abb. 2). Darüber hinaus wird das Angebot durch Veranstaltungen der Gleichstellungsstelle und der Tutorengruppe ergänzt.

FIT für die HOCHSCHULE

RWTH AACHEN

Angebote für Studierende	Angebote für Lehr- und Führungskräfte		
FIT für das STUDIUM	FIT für die FÜHRUNG	FIT für die LEHRE	FIT für die FORSCHUNG
Rhetorik und Teamschulung Moderation von Arbeits-gruppen Zeitmanagement Projektmanagement Problemlöseverhalten I Problemlöseverhalten II (Projektmanagement) Lern- und Arbeitsverhalten	Kommunikation, Verhandlung, und Entscheidungsfindung Effektives Arbeiten in Teams Probleme kreativ lösen Zeit- und Selbstmanagement Personalgespräche und – coaching Konfliktmanagement Projektmanagement für Führungskräfte Wissensmanagement Gesprächslabor für Ingenieure Kunden-Lieferanten-Workshop Systemisches Management	Fit für die Lehre (Basisseminar für wiss. Mitarbeiter) Fit für die Lehre (Basisseminar für studentische Tutoren) Präsentations-Coaching Lehre effektiv planen Lehrcoaching Hospitation	Methodische Grundlagen des Forschens und Gestaltens in technikorientierten Handlungs-systemen Fit für die Forschung (Basis-seminar für wiss. Mitarbeiter) Fit für die Forschung in der EU

Abb. 3: Das Angebot des Zentrums für Lern- und Wissensmanagement für die RWTH, Quelle: eigene Darstellung.

4.3.1. Angebote für Studierende

Das Zentrum für Lern- und Wissensmanagement bietet für Studierende Trainings zur Zusammenarbeit in Teams, zur Präsentation, zur Moderation von Arbeitsgruppen, zum Zeitmanagement, zum Problemlösungsverhalten und zum Lern- und Arbeitsverhalten an. Alle Trainings gehen von den Erfahrungen der Teilnehmenden aus bzw. simulieren alltägliche Handlungszusammenhänge. Gleichzeitig wird die Selbstreflexion durch den Einsatz von Feedbacks gefördert. Hierdurch wird den Studierenden die Möglichkeit geboten, ihr eigenes Handeln zu überprüfen und Handlungskonsequenzen abzuleiten.

Das Angebot wird durch spezifische Seminare für Studentinnen und Mitarbeiterinnen der Gleichstellungsstelle der RWTH Aachen ergänzt. Hier reicht das Angebot von Persönlichkeits- über Karrieretrainings bis hin zur Führungskräfteschulung. Die Tutorengruppe bietet darüber hinaus zwei Seminare zu den Themen Rollenmodelle, Frauen- und Geschlechterpolitik sowie Gendermainstreaming an.

4.3.2. Angebote für Promovierende und wissenschaftliche Mitarbeitende

Die wissenschaftlichen Mitarbeitenden, Professorinnen und Professoren an der RWTH haben eine bedeutende Stellung bei der Vermittlung von Schlüsselqualifikationen. Zum einen können sie die Schlüsselqualifikationen in die Lehre integrieren und zum anderen durch ihre alltägliche Arbeit mit studentischen Mitarbeitenden und Promovierenden in den Instituten die Anwendung vorleben und fördern. Die Ausbildung des wissenschaftlichen Nachwuchses ist damit für die RWTH ein wichtiger Baustein zur Vermittlung von überfachlichen Kompetenzen, der durch eine persönliche Einladung, den Versand von Gutscheinen an alle Mitarbeitenden von Seiten der Hochschulleitung und das Controlling der Einlösung der Gutscheine unterstützt wird.

18 Veranstaltungs- und Beratungsangebote in den Bereichen Führung und Lehre werden unter dem Label ‚Fit für die Hochschule' an der RWTH Aachen auf Initiative des Rektorats angeboten. Darüber hinaus besteht die Möglichkeit auf die Bedürfnisse der Institute zugeschnittene, individuelle Formate zu erhalten. Allen Seminaren ist gemein, dass sie bei den Erfahrungen der Teilnehmenden ansetzen und sie durch praxisnahe Simulationen in die Lage versetzen, ihr eigenes Handeln zu reflektieren. Durch die interdisziplinäre Zusammensetzung der Teilnehmenden wird in den Seminaren ein interorganisationaler Austausch angeregt, der den Teilnehmenden den Blick über die eigene Institution hinaus ermöglicht. Hierdurch wird erreicht, dass die bestehenden Führungs- und Lehrkulturen auf den Prüfstand gestellt werden und vielfach neue Impulse in die Fachbereiche und Institute getragen werden.

Die Bereitstellung eines umfassenden Weiterbildungsangebots für die Wissenschaftler leitet sich aus den Grundsätzen der RWTH ab, welche im Leitbild festgehalten wurden. Die Gestaltung eines qualitativ hochwertigen Studienangebots und die Führung von Mitarbeitenden erfordern von wissenschaftlichen Mitarbeitenden vielfältige überfachliche Kompetenzen, die neben Spitzenleistungen in der eigenen Fachdisziplin bedeutenden Einfluss auf die gesamte Hochschulentwicklung haben. Aus diesem Grunde wurde in den Grundsätzen der RWTH die Sicherung der Kompetenzentwicklung durch Aus-, Fort- und Weiterbildung in den Bereichen Lehre, Führung und Forschung festgeschrieben. Das Angebot ‚Fit für die Hochschule' reagiert dynamisch auf die sich verändernden Qualifizierungsbedürfnisse der wissenschaftlichen Mitarbeitenden an der RWTH.

Dazu werden die Vorstellungen von Mitarbeitenden aller Hierarchieebenen durch formelle und informelle Wege gesammelt und in Bausteine zur Kompetenzentwicklung transferiert. Darüber hinaus werden die Ziele der RWTH durch die einzelnen Seminare unterstützt, da hier vielfältige interdisziplinäre Verknüpfungen angeregt werden, die Auslöser späterer Kooperationsbeziehungen in Lehre und Forschung sein können. Somit ist das Weiterbildungsprogramm ‚Fit für die Hochschule' nicht nur Teil einer strategischen Umsetzung der Grundsätze der RWTH, sondern gleichzeitig auch praktische und gelebte Anwendung des Leitbildes.

4.3.3. Das Angebot der Gleichstellungsstelle

Das überfachliche Seminarangebot des ZLW/IMA wird ergänzt durch Angebote der Gleichstellungsstelle, die spezifisch auf die Bedürfnisse der weiblichen Angehörigen der RWTH ausgerichtet sind. Hier finden sich einerseits Seminare zu den Themen Karriere, Führung und Persönlichkeit als auch ein weitreichendes Mentoringprogramm sowohl für Studentinnen als auch für Wissenschaftlerinnen. Diese Seminare umfassen zudem die Förderung der Schlüsselkompetenzen.

5. Zusammenführung

Die Darstellung der verschiedenen Bereiche der überfachlichen Kompetenzentwicklung an der RWTH zeigt, dass hier verschiedene Gestaltungselemente eng zusammenspielen. Während man durch die Integration in die Lehrveranstaltungen alle Studierenden erreicht, können diese ihre Kompetenzen durch die offenen Angebote individuell erweitern sowie durch eine Tätigkeit in den Instituten praktizieren und überprüfen.

Die Darstellung der offenen Angebote der überfachlichen Kompetenzentwicklung zeigt außerdem, dass die Universität auch mit über Jahrzehnten gewachsenen Angebotsformen zu einer umfassenden Gesamtstrategie gelangen kann. Informationen über Strategien und Angebote werden dazu zielgruppengerecht aufbereitet. Für die Studierenden schafft die RWTH dies durch die Bündelung in einer Präsentation in einem gemeinsamen fachübergreifenden Vorlesungsverzeichnis. Das wissenschaftliche Personal wird durch die umfassende Kommunikation – auch von Seiten der Hochschulleitung – bei der Verwirklichung der Strategie und der Nutzung der Angebote unterstützt.

Die Qualitätssicherung der Maßnahmen wird zum einen durch die Integration in die Lehrevaluation, aber auch durch regelmäßige Berichte der beteiligten Einrichtungen an das Rektorat gefördert. In Zukunft werden die Themen Personalentwicklung, Gender und Diversity durch die Einrichtung eines Integrationsteams noch stärker systematisch verknüpft und besser zugänglich gemacht werden. Das gesamte Programm der RWTH wird auf europäischer Ebene einem qualitativen Benchmark unterzogen. Im Verbund mit den Hochschulen der Idea-League (RWTH Aachen, Imperial College London, TU Delft, ETH Zürich, Paris Tech) wird durch kontinuierliche Qualitätsfeedbacks sichergestellt, dass die Bestrebungen der Aachener Universität auch im internationalen Rahmen eine optimale Ausbildung der Studierenden garantieren (siehe Abb. 3). Hierzu wurden verschiedene Arbeitsgruppen gebildet, die es sich zur Aufgabe gemacht haben, die Angebote nachhaltig und qualitativ hochwertig zu verankern.

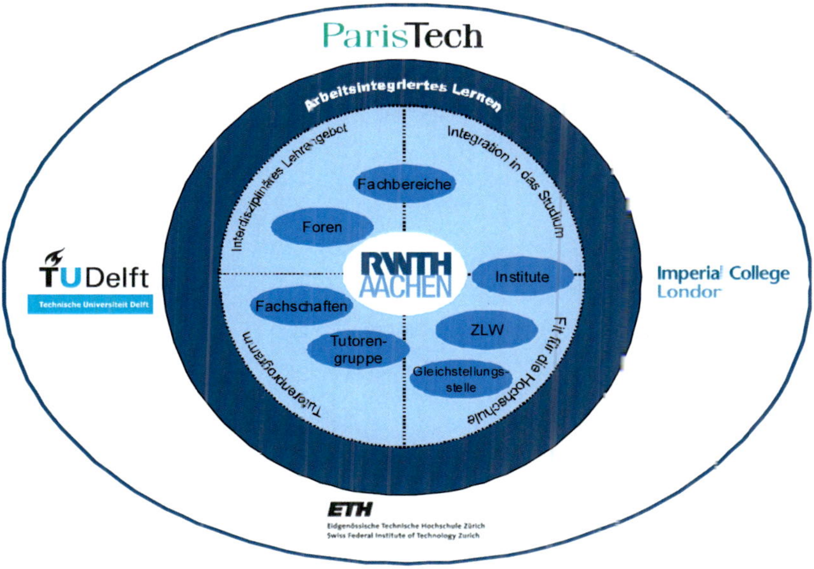

Abb. 4: Modell zur Schlüsse qualifikationsentwicklung an der RWTH Aachen, Quelle: eigene Darstellung.

Die Darstellung hat gezeigt, dass Universitäten trotz ihrer Heterogenität ein vielfältiges Angebot zur Entwicklung von Schlüsselqualifikationen der Studierenden bieten können. Verbindendes Element ist hierbei ein gelebtes arbeitsintegriertes Lernen, das in den Instituten aktiv unterstützt wird. Lernen im Prozess der Arbeit ist somit integraler Bestandteil an der RWTH und wird strategisch zur Entwicklung der Handlungskompetenz der Studierenden und der Promovierenden genutzt, um diese optimal auf die Anforderungen des Berufseinstiegs in Wissenschaft, Industrie und öffentlichen Einrichtungen vorzubereiten.

Literaturverzeichnis

Bergmann, Bärbel: Einführung: Arbeiten und Lernen, in: dies. u. a. (Hrsg.): Arbeiten und Lernen, Münster 2004, S. 13-35.

Erpenbeck, John/Sauer, Johannes: Das Forschungs- und Entwicklungsprogramm ‚Lernkultur Kompetenzentwicklung', in: AG Quem (Hrsg.): Kompetenzentwicklung 2000, Berlin 2000, S. 289-335.

Hees, Frank/Isenhardt, Ingrid: forscher forschen! Grenzüberwindungen zwischen Wissenschaft und Kunde. Generierung und Verteilung von Wissen in der Hochschulentwicklung, in: Elke Kruse/Uwe Küchler/Maria Kuhl (Hrsg.): Unbegrenztes Lernen – Lernen über Grenzen? (= Bildung-Hochschule-Innovation, Bd. 3), Münster 2005.

Henning, Klaus/Isenhardt, Ingrid: Bildungstrends der zukünftigen Dienstleistungsgesellschaft, (= Aachener Reihe Mensch und Technik, Bd. 23, hrsg. vom Hochschuldidaktischen Zentrum und dem Lehrstuhl Informatik für Maschinenbau der RWTH Aachen), Aachen/Mainz 1997.

Henning, Klaus/Pfeifer, Tilo: Dienstleistungsprozesse kundenorientiert gestalten, Aachen/Mainz 2003.

Henning, Klaus/Bornefeld, Gero/Brall, Stefan: Mechanical Engineering at RWTH Aachen University – professional curriculum development and teacher training, in: European Journal of Engineering education– Pedagogic and Didactic Aspects in the Context of the Emerging Knowledge Society, No. 4, Vol. 32, 2007.

Isenhardt, Ingrid/Henning, Klaus/Strina, Guiseppe: Qualifizierung zum Mikro-Unternehmer, in: Hans-Jörg Bullinger (Hrsg.): Dienstleistungen für das 21. Jahrhundert. Gestaltung des Wandels und Aufbruch in die Zukunft, Stuttgart 1997.

Isenhardt, Ingrid/Henning, Klaus/Lorscheider, Bernd: Dienstleistung lernen – Kompetenzen und Lernprozesse in der Dienstleistungsgesellschaft, (= Aachener Reihe Mensch und Technik, Bd. 30, hrsg. vom Hochschuldidaktischen Zentrum und dem Lehrstuhl Informatik für Maschinenbau der RWTH Aachen), Aachen/Mainz 1999.

Isenhardt, Ingrid: Der Kunde des Dienstleisters. Abnehmer, König oder Partner oder das unbekannte Wesen, in: Birgit v. Mager (Hrsg.): Katalog zur Wanderausstellung Service – Ein Produkt, Bonn/Berlin 2001, S. 32-37.

dies./Hees, Frank: Der Mensch in der Kommunikation mit der Technik, (= Aachener Reihe Mensch und Technik, Bd. 53, hrsg. vom Hochschuldidaktischen Zentrum und dem Lehrstuhl Informatik für Maschinenbau der RWTH Aachen), Mainz 2005.

dies./Brall, Stefan: Interdisziplinäre und internationale Dienstleistungsangebote als Wettbewerbsvorteil: Das Zentrum für Lern- und Wissensmanagement an der RWTH-Aachen, in: Klaus Siebenhaar (Hrsg.): Master your Service! Die Universität als Dienstleister (= Forum Hochschulmarketing der Freien Universität Berlin, Bd. 1), Berlin 2007.

Metz-Göckel, Sigrid/Neef, Wolfgang/Klein, Annette/Selent, Petra/Kebir, Noara: Abschlussbericht des Projektes JobIng, Dortmund/Berlin 2006.

Vermittlung von Schlüsselqualifikationen am Beispiel des Karlsruher Lehrmodells für Produktentwicklung (KaLeP)

Albert Albers, Norbert Burkardt und Tobias Deigendesch

Seitens der Industrie und Wirtschaft werden Anforderungen an Hochschulabsolventen technischer Studiengänge gestellt, die bislang nur in eingeschränktem Maße erfüllt werden konnten. Grund hierfür war die mangelnde Integration von Schlüsselqualifikationen in die universitäre Lehre. Eine Möglichkeit, solche Qualifikationen nicht nur theoretisch zu beleuchten, sondern in Lehrveranstaltungen zu integrieren, bietet die Projektarbeit. Dieses Vorgehen zeigt das vorgestellte Karlsruher Lehrmodell für Produktentwicklung (KaLeP). Am Beispiel der Lehrveranstaltung ‚Integrierte Produktentwicklung' wird auf die Vermittlung von Handlungskompetenz näher eingegangen.

1. Einleitung

Die heute entwickelten Produkte, beispielsweise im Automobil-, Maschinen- oder Anlagenbau, und die damit verbundenen Entwicklungsprozesse in den Unternehmen zeichnen sich durch eine zunehmende Komplexität aus, die im Wesentlichen durch multitechnologische und multiskalige Produktstrukturen gekennzeichnet ist. Entwicklungsingenieure, insbesondere die in globalisierten Branchen, sind täglich den Auswirkungen erhöhter Anforderungen hinsichtlich der Produktqualität, aber auch hohem Zeit- und Kostendruck ausgesetzt. Eine Reaktion auf das veränderte Umfeld ist die Entwicklung und Einführung neuer Prozesse und Methoden, beispielsweise der Ansatz der integrierten Produktentwicklung,[1] bei dem durch personelle, räumliche und informatorische Integration Vorteile gegenüber Mitbewerbern geschaffen werden können. Früher suchte die Wirtschaft den mit hervorragendem technischen Wissen ausstaffierten Absolventen, heute dagegen suchen Personalverantwortliche Problemlöser und Kreative. Im Rahmen dieses Paradigmenwechsels müssen Absolventen der Ingenieurwissenschaften Schlüsselqualifikationen mitbringen, die ihnen einen erfolgreichen Start ins Berufsleben erlauben.

1 Vgl. Klaus Ehrlenspiel: Integrierte Produktentwicklung. Denkabläufe, Methodeneinsatz, Zusammenarbeit, 2. Aufl., München/Wien 2003.

Im Jahr 2004 bestätigte eine vom Verein Deutscher Ingenieure (VDI) veröffentlichte Studie, dass die befragten Personalverantwortlichen die größten Defizite bei Bewerbern im Bereich der sozialen und persönlichen Kompetenzen sahen (Abb. 1). Hingegen trennten sich lediglich 13 % aufgrund nicht ausreichender fachlicher Qualifikation von Berufseinsteigern. Eine mit 200 Unternehmen in Niedersachsen durchgeführte Studie des Instituts der Deutschen Wirtschaft[2] ergab 1999, dass über 50 % aller an Nachwuchsführungskräfte gestellten Anforderungen Schlüsselqualifikationen sind. Weiterhin stellt die Studie fest, dass 68 % der befragten Unternehmen sehr große Defizite bei außerfachlichen Fähigkeiten von Technikern sehen. 40 % halten persönliche Eigenschaften und Einstellungen für nicht ausreichend.

Aufgabe der universitären Ausbildung muss die Berufsqualifikation sein, die somit eben nicht nur fachliche, sondern auch bislang außerfachliche Kompetenzen adressieren muss. Das vom Institut für Produktentwicklung eingeführte Karlsruher Lehrmodell für Produktentwicklung (KaLeP) stellt mit der Integration von Schlüsselqualifikationen vermittelnden Elementen erste Schritte in diese Richtung der Entwicklung von umfassender Handlungskompetenz bei Abschluss eines Hochschulstudiums dar. Unter Schlüsselqualifikationen verstehen die Autoren ebensolche Qualifikationen, die notwendig sind, um nachhaltig Fachkompetenz entwickeln, einsetzen und erweitern zu können und die somit Handlungskompetenz ermöglichen.

Wie dies geschehen kann, wird im Folgenden durch die Vorstellung des KaLeP sowie die Umsetzung der Vermittlung von Schlüsselqualifikationen am Beispiel des Hauptfachs ‚Integrierte Produktentwicklung' dargestellt.

2 Institut der Deutschen Wirtschaft Köln: Schlüsselqualifikationen – Studieren mit Weitblick, in: Informationsdienst des Instituts für deutsche Wirtschaft (iwd), H. 14, April 2000, S. 6-7.

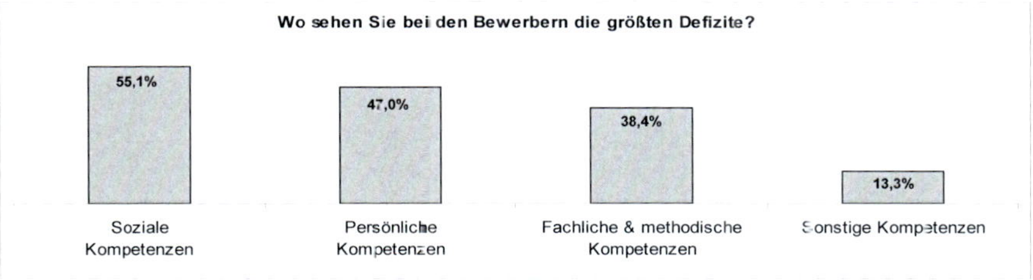

Abb. 1: Befragung von Personalverantwortlichen, Quelle: Ingenieur Karriere (Beilage der VDI-Nachrichten), Nr. 3, 2004.

2. Das Karlsruher Lehrmodell für Produktentwicklung (KaLeP)

Seit seiner Einführung im Jahr 1999 am Institut für Produktentwicklung wurde das Karlsruher Lehrmodell für Produktentwicklung im Rahmen des Diplom-Studienganges Maschinenbau kontinuierlich überarbeitet und verbessert.[3] Um den Anforderungen zukünftiger Arbeitgeber der heutigen Studierenden gerecht zu werden, steht das Modell auf den drei Standbeinen Lehre, Umfeld und Schlüsselqualifikationen (Abb. 2 .

Karlsruher Lehrmodell für Produktentwicklung KaLeP **3 Säulen**		
Lehre	Umfeld	Schlüsselqualifikation
• Vorlesung • Übung / Workshop • Projektarbeit	realitätsnahes Umfeld industriellen Entwicklungszentren entsprechend	• Projektarbeit • Reflektion

Abb. 2: Drei Säulen des KaLeP, Quelle: eigene Darstellung.

3 Vgl. Albert Albers u. a.: Competence-profile oriented education with the Karlsruhe Education Model for Product Development (KaLeP), in: World Transaction on Engineering and Technology Education, No. 2, Vol. 5, 2006, p. 271-274 sowie Albert Albers/Norbert Burkardt: The "Karlsruhe Model" – A successful approach to an academic education in industrial product development, Procs. 3rd Workshop on Global Engineering Education GEE'3; 18.-20. Oktober, Aachen 2000; Onlinedokument http://www.iam.rwth-aachen.de/gee3 [07. 07. 2009].

Absolventen müssen sich Fachkompetenz aneignen, die Vermittlung dieser erfordert ein darauf abgestimmtes Lehrmodell. Sie müssen sich weiterhin an eine professionelle Arbeitsumgebung anpassen und Schlüsselqualifikationen, wie Teamfähigkeit, Teamführung, Frustrationstoleranz oder Zeitmanagement, mitbringen. Das professionelle Umfeld wird durch die Arbeit im Team und die Bereitstellung von Teamarbeitsräumen mit der notwendigen Rechner- und Softwareausstattung, beispielsweise für Computer-Aided-Design oder Festigkeits- und Mehrkörpersimulationen, gewährleistet. Ein studentisches Produktentwicklungszentrum (PEZ) bietet Arbeitsplätze, wie sie üblicherweise in Entwicklungsabteilungen zu finden sind. Das dritte Standbein entsteht durch die individuelle Begleitung der Teamentwicklung sowie durch die Vermittlung nichttechnischer Qualifikationen in Form von Workshops und Kleingruppenarbeit.

KaLeP umfasst mit zunehmendem Fortschritt im Studium der Vertiefungsrichtung Produktentwicklung und Konstruktion drei Lehrveranstaltungen, die sich auf Grundniveau mit Maschinenkonstruktionslehre (Systemebene), auf mittlerem Niveau mit Entwicklungsmethodik (Methodenebene) und auf höchstem Niveau mit dem Management von Produktentwicklungsprozessen (Prozessebene) befassen (Abb. 3 und 4).

Karlsruher Lehrmodell für Produktentwicklung KaLeP **3 Elemente**			
	Systeme	Methoden	Prozesse
Lehrveranstaltung	Maschinen-konstruktionslehre	Produktentstehung	Integrierte Produktentwicklung
Anteil Schlüsselqual.	hoch	mittel	sehr hoch
Lehrinhalte	• Teamarbeit • Selbstorganisation • Kommunikation • Umsetzungsstärke	• Methoden • Kreativitätstechniken	• Teamentwicklung • Teamführung • Projektmanagement • Präsentation • Moderation
Teilnehmerzahl	~800	~400	30

Abb. 3: Drei Elemente des KaLeP (bezogen auf das akademische Jahr 2006/2007), Quelle: eigene Darstellung.

Karlsruher Lehrmodell für Produktentwicklung KaLeP **3 Settings**		
Vorlesung	Übung / Workshop	Projektarbeit
• Inhalt: Theorie • Stil: Frontal	• Inhalt: Leitbeispiele • Stil: Frontal / Aktives Lernen	• Inhalt: Projektaufgaben • Stil: selbständiges Arbeiten mit Coaching

Abb. 4: Drei Settings des KaLeP, Quelle: eigene Darstellung.

Die dreisemestrige Maschinenkonstruktionslehre setzt sich aus je drei Einzelveranstaltungen (Abb. 5) zusammen. In der Vorlesung stehen theoretische Inhalte im Vordergrund, deren konkrete Anwendung an Leitbauteilen und -systemen in Saalübungen vorgestellt wird. Dies wiederum wenden die Studierenden in einer begleitenden Projektarbeit an. Hierbei werden kleine, aber dennoch komplexe realitätsnahe Entwicklungsaufgaben gestellt, die zunächst noch individuell, im dritten Semester nur noch im Team gelöst werden können. Der Projektfortschritt wird in mehreren Projektsitzungen abgefragt und diskutiert. Abschließend präsentieren die Studierenden ihre Ergebnisse. Damit sich die Studierenden in ihrem Lernprozess einordnen können, erhalten sie bei jeder Projektsitzung Rückmeldung hinsichtlich diverser Kriterien, die, wie in Abb. 5 dargestellt, in fünf Kompetenzfeldern zusammengefasst werden können: Fachkompetenz, Methodenkompetenz, Sozialkompetenz, Elaborationspotenzial und Kreativitätspotenzial.

1. Fachkompetenz	2. Methodenkompetenz.	3. Sozialkompetenz
▪ Mathematik ▪ Technische Mechanik ▪ Maschinenelemente ▪ Werkstoffkunde ▪ IT ▪ Fremdsprachen	▪ Entwicklungsmethodik ▪ FMEA ▪ QFD ▪ Versuchsmethodik ▪ Statistik ▪ CAD	▪ Persönliche Arbeitstechniken ▪ Kommunikation ▪ Teamfähigkeit ▪ Visualisierungstechniken ▪ Präsentationstechniken ▪ Führungskompetenz

4. Elaborationspotential	5. Kreativitätspotential
▪ Umsetzungstärke ▪ Kundenorientierung ▪ Kostenbewußtsein ▪ Systematische Arbeitsweise ▪ Entscheidungsfähigkeit	▪ Kreativitätstechniken ▪ Mut zur neuen Lösung ▪ Überwindung des Sicherheitsdenkens

Abb. 5: Kompetenzfelder für Produktentwickler, Quelle: eigene Darstellung.

3. Vermittlung von Schlüsselqualifikationen am Beispiel der Integrierten Produktentwicklung

Die Integrierte Produktentwicklung (IP) ist eine einsemestrige Hauptfachveranstaltung im Diplom-Studiengang Maschinenbau mit einem Umfang von acht Semesterwochenstunden, die von maximal 30 ausgewählten Studierenden belegt werden kann. Sie setzt sich zusammen aus Vorlesungen, Workshops und Projektarbeit. Die im Stil eines offenen Frontalunterrichts gehaltene Vorlesung vermittelt die Grundlagen zu Produktentwicklungsprozessen und dem Management ebensolcher. Damit die Studierenden schon mit einem theoretischen Grundgerüst in die Projektarbeit starten können, beginnt die Veranstaltung mit einer dreitägigen Blockvorlesung, die durch zahlreiche Fallstudien aufgelockert wird. Die weitere Theorie wird über das Semester hinweg projektbegleitend vermittelt. Während der Fokus der Vorlesung auf der fachlichen Qualifikation liegt, werden parallel zur Projektarbeit Workshops angeboten, die sich gezielt auf nebenfachliche Qualifikationen konzentrieren. Inhalte sind hier beispielsweise Themen wie Projektmanagement, Problemlösungs- und Kreativitätsmethoden, Rhetorik und Präsentationstechnik, Besprechungsorganisation und -moderation sowie Methoden aus dem Marketing oder der Kostenrechnung. Elementarer Bestandteil der Workshops ist die Bearbeitung kleinerer Übungen in Gruppen wechselnder Zusammensetzung. Neben dem adressatenzentrierten Lernen spielen hier Aspekte der Sozialkompetenz und Kommunikation eine Rolle. Jeder Workshop endet mit einer kurzen Ergebnispräsentation, zum einen mit dem Ziel der Reflexion, zum anderen um für das Präsentieren weitere Übungsmöglichkeiten zu schaffen.

Der dritte Bestandteil der Veranstaltung ist die begleitende Projektarbeit, die in den letzten Jahren stets mit einem Partner aus der Industrie durchgeführt wurde. Die Kooperation mit externen Partnern stellt einerseits den Praxisbezug sicher, andererseits zeigt sie den Studierenden gegenüber die Relevanz der Lerninhalte auf. Die Lehrziele der Projektarbeit sind, neben der Anwendung von Theorien, Methoden und Werkzeugen auch das Erfahren von Teamarbeit und Teamentwicklung. Die Studierenden bilden kleine Entwicklungsteams mit einer Größe von fünf bis sechs Personen. Für den Zeitraum der Projektarbeit erhalten die Teams in Anlehnung an industrielle Entwicklungsabteilungen eigene kleine Teaminseln mit Besprechungstisch und Rechnerausstattung. Entwicklungstypische Software zur Projektplanung, Szenarioanalyse, Methodenunterstützung, beispielsweise für Mindmapping, Wissensmanagement, Computer Aided Design und Simulation werden bereitgestellt. Um das realitätsnahe Entwicklungsumfeld abzurunden, bilden Vertreter des Industriepartners zusammen mit dem Projektleitungsteam des Instituts ein Gremium zur Projektsteuerung, definieren die Entwicklungsaufgabe und geben Meilensteintermine vor. Die Studierenden berichten bei diesen Meilensteinterminen regelmäßig über ihren Projektfortschritt. Durch die Kooperation mit der Industrie ist es möglich, hier bereits während des Studiums ein realitätsnahes Umfeld zu schaffen, in dem Ergebnisse aufbereitet, präsentiert und verteidigt werden müssen. Die Studierenden haben den Vorteil, die Lernkurve nach vorne zu verlegen, also bereits vor Beschäftigungsbeginn wichtige Rückmeldung hinsichtlich im Berufsleben relevanter Faktoren zu bekommen.

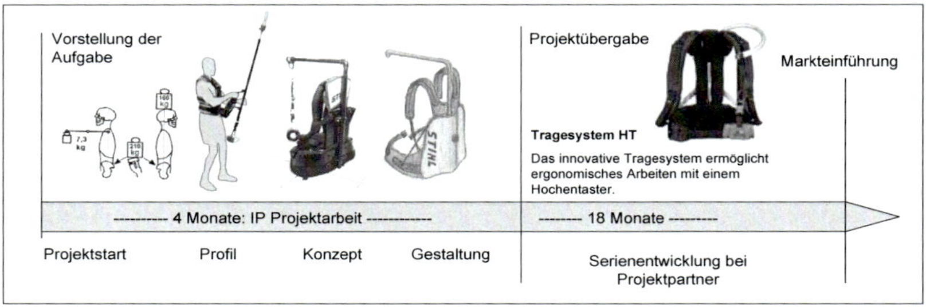

Abb. 6: Projektverlauf am Beispiel der Kooperation mit der Firma Stihl, Quelle: eigene Darstellung.

Für die Studierenden ist das vorrangige Ziel des Projektes die Entwicklung eines innovativen Produktes, wobei sie nebenbei selbständig und durch geeignetes Coaching Schlüsselkompetenzen entwickeln können. Um dieses Ziel erreichen zu können, d. h. um ein tatsächlich marktfähiges und damit innovatives Produkt zu entwickeln, ist der erste Schritt eine umfassende Marktanalyse. Auf dieser Basis werden Szenarien entwickelt, die mögliche konsistente Zukunftsszenarien beschreiben. Damit und mit dem Wissen aus der Marktanalyse lassen sich Suchfelder ableiten, in denen erfolgsträchtige Produktprofile platziert werden. Nach der Freigabe dieser durch das Steuerungsgremium entwickeln die Teams Produktideen und -konzepte, die letztendlich in mindestens virtuellen, häufig sogar in realen Prototypen münden (Abb. 6). Besondere Motivation für junge Produktentwickler folgt aus der Chance, den eigenen Namen in einer Patentschrift wiederzufinden.

Neben der Entwicklung fachbezogener Kompetenzen ist, wie oben beschrieben, die Vermittlung von Schlüsselkompetenzen ein zentraler Punkt des KaLeP. Die Erlangung solcher nebenfachlicher Kompetenzen wird durch Workshops unterstützt, die eigentliche Entwicklung des Studierenden findet jedoch entsprechend unterstützt und begleitet im Projekt statt. Nur hier können Moderation, Kreativitätstechniken, Kommunikation oder Teamentwicklung gemeinsam erfahren werden.

Da Teamfähigkeit eine wichtige Schlüsselqualifikation darstellt, soll diese als Beispiel für die Vermittlung solcher Kompetenzen herangezogen werden. Vor dem Projektstart unterziehen sich die Studierenden einem Typenindikatortest.[4] Auf Basis der Ergebnisse lässt sich die Zusammensetzung der Teams so steuern, dass möglichst viele unterschiedliche Persönlichkeitstypen in den einzelnen Teams vertreten sind. Die Erfahrung zeigte, dass ungünstige Zusammensetzungen bei einigen Teams deutliche Leistungseinbußen mit sich brachten. Ein solches Team, beispielsweise bestehend aus vorwiegend umsetzungsorientierten Mitgliedern, wird im Vergleich zu heterogener zusammengesetzten Teams mit einem ausgeglichenen Verhältnis von ‚Denkern', ‚Kreativen' und ‚Machern' deutlich weniger durchdachte neue Ideen gewinnen können. Im gleichen Maße wie sich die Leistungsfähigkeit solcher Teams verringert, lassen Motivation und Frustrationstoleranz nach, was wiederum Folgen für den Lernerfolg hat. Eine weitere Maßnahme zur Unterstützung der Teamentwicklung, aber auch zur kontinuierlichen Abfrage des Lernerfolgs, sind regelmäßige teaminterne Reflexionsrunden, bei denen das Teamverhalten adressiert wird. Als Argumentationshilfe und Leitfaden dienen hier Fragebögen.

4. Zusammenfassung und Ausblick

Um Studierende berufsqualifizierend auszubilden und mit der von Industrie und Wirtschaft erwarteten Handlungskompetenz auszustatten, sind Wege abseits etablierter Lehr- und Lernkonzepte, wie reinen Frontalunterrichts beispielsweise, notwendig. Durch die Integration von Projektarbeit lässt sich die Lernkurve aus dem Bereich des Berufsanfängers in die universitäre Lehre vorziehen, wobei dies unter gleichzeitiger Vermittlung nebenfachlicher Kompetenzen geschieht. Schlüsselqualifikationen, wie Teamfähigkeit und Führungskompetenz, können somit früher erlangt werden. Dies erfordert jedoch die Schaffung eines geeigneten Umfelds, wie Räumlichkeiten, Rechner- und Softwareausstattung, sowie die Unterstützung der Studierenden durch Schulungsmaßnahmen, Begleitung und Coaching durch entsprechend geschulte Lehrkräfte.

4 Nach Myers-Brigss, vgl. dazu Richard Bents/Reiner Blank: Der MBTI: 16 Grundmuster unseres Verhaltens nach C. G. Jung. Eine dynamische Persönlichkeitstypologie, 2. Aufl., München 1997.

Literaturverzeichnis

Albers, Albert u. a.: Competence-profile oriented education with the Karlsruhe Education Model for Product Development (KaLeP), in: World Transactions on Engineering and Technology Education, No. 2, Vol. 5, 2006, pp. 271-274.

ders./Burkardt, Norbert: The "Karlsruhe Model" – A successful approach to an academic education in industrial product development, Procs. 3rd Workshop on Global Engineering Education GEE'3; 18.-20. Oktober, Aachen 2000; Onlinedokument http://www.iam.rwth-aachen.de/gee3 [07. 07. 2009].

Bents, Richard/Blank, Reiner: Der MBTI. 16 Grundmuster unseres Verhaltens nach C. G. Jung; eine dynamische Persönlichkeitstypologie, 2. Aufl., München 1997.

Ehrlenspiel, Klaus: Integrierte Produktentwicklung. Denkabläufe, Methodeneinsatz, Zusammenarbeit, 2. Aufl., München/Wien 2003.

Ingenieur Karriere (Beilage der VDI-Nachrichten), Nr. 3, 2004.

Institut der Deutschen Wirtschaft Köln: Schlüsselqualifikationen – Studieren mit Weitblick, in: Informationsdienst des Institus für deutsche Wirtschaft (iwd), H. 14, 6. April 2000, S. 6-7.

Humanities in den Ingenieurwissenschaften. Die Vermittlung von Schlüsselqualifikationen an der Technischen Universität Hamburg Harburg (TUHH)[1]

Margarete Jarchow

1. Ausgangslage

Bereits im Jahr 2000 wurde an der TUHH der Lehrstuhl *Humanities* gegründet. Er hat die Aufgabe, die an der TUHH angebotenen naturwissenschaftlich-technischen Studiengänge um geisteswissenschaftliche Inhalte zu ergänzen. Dieser Ansatz der Vermittlung geistes- und kulturwissenschaftlicher Kernkompetenzen wurde 2005 um das von der DFG geförderte Graduiertenkolleg *Kunst und Technik* erweitert, auf dessen interdisziplinäre Arbeitsweise ich im Folgenden ebenfalls eingehe. Mein Beitrag beschäftigt sich mit der Bedeutung der Vermittlung von Schlüsselqualifikationen an Technischen Universitäten und zeigt am Beispiel der TUHH, welche Maßnahmen erfolgreich eingesetzt werden, um die technische Kompetenz der Studierenden durch Schlüsselqualifikationen wie Zeit- und Selbstmanagement, Kommunikationsfähigkeit, Teamwork und Kreativität zu ergänzen.

Das Bild des Ingenieurs, der ausschließlich auf sein technisches Spezialgebiet fixiert ist, gehört seit einigen Jahren der Vergangenheit an. Mit einer Erweiterung des Lehrangebots um geistes- und kulturwissenschaftliche Inhalte wird das Aufbrechen dieser Begrenzung begünstigt. Die Studierenden erwerben durch die Auseinandersetzung mit geisteswissenschaftlichen Inhalten und Methoden *kulturelles Kapital*, das ihnen in ihrer zukünftigen, oft international ausgerichteten Tätigkeit in Ländern mit unterschiedlichen Traditionen und Gebräuchen eine wertvolle Hilfe ist.

Deshalb ist das Humanities-Programm fester Bestandteil zahlreicher Studiengänge an der TUHH. Die von uns angebotenen Kurse gehören zum *Wahlpflichtbereich aller internationalen Master-Studiengänge* (derzeit 12), zum *nichttechnischen Wahlpflichtbereich der allgemeinen Ingenieurwissenschaften* und *der gewerblich-technischen Wissenschaften*. Mit der Umstellung der Diplom-Studiengänge auf Bachelor- und Master-

1 Abbildungen: Roman Jupitz (TUHH), Kerstin Schürmann (formlabor), Bridgeman Berlin, akg-images, agentur laif.

abschlüsse wird sich die Verankerung der Humanities-Veranstaltungen im Curriculum der TUHH noch verfestigen. Seit 2004 gibt es an der TUHH auch die Möglichkeit das Humanities-Programm (10 Semesterwochenstunden) mit einem *Certificate of Humanities* abzuschließen. Das Zertifikat wird unabhängig von den Hauptfachabschlüssen (Diplom, Bachelor oder Master's Degree) verliehen und kann von allen Studierenden der TUHH erworben werden. Ein derart erweitertes Studienprogramm fördert nicht nur die Absolventinnen und Absolventen, sondern auch die internationale Wettbewerbsfähigkeit der Technischen Universitäten.[2]

2. Ziele

Die Ergänzung der technischen Studiengänge um Humanities zielt auf die Fähigkeit der Studierenden ab, die Folgen naturwissenschaftlichen Handelns reflektieren zu können. Mit den Worten von Julian Nida-Rümelin:

> Geisteswissenschaftliche Theorien führen das vielgestaltige Kaleidoskop von empirischen Funden zusammen. Sie erhellen, was menschliche Existenz in ihren emotiven und rationalen, kulturellen und sozialen Dimensionen ausmacht.[3]

Es geht uns darum, ein Denken zu vermitteln und zu entwickeln, dem die Konsequenzen bei der Umsetzung des technisch Machbaren bewusst sind: Die Fähigkeit der *Kontextualisierung von Naturwissenschaften und Technologie mit politisch-historischen und kulturellen Fragestellungen.*

Neben geisteswissenschaftlichen Inhalten und Methoden ist die Vermittlung von Schlüsselqualifikationen ein Ausbildungsziel. Dabei wird die soziale, ethische und kulturelle Kompetenz der angehenden Ingenieurinnen und Ingenieure gefördert. Sie wird im Rahmen unseres Humanities-Curriculum bereits durch die internationale Teilnehmerstruktur unserer Kurse begünstigt. Die Teilnehmerinnen und Teilnehmer kommen aus fast allen Teilen der Welt. Sie diskutieren kulturelle und ethische Fragen und lernen Themen und Fragestellungen in international besetzten Teams zu

2 Vgl. die Ausführungen zum Bologna-Prozess am Ende dieses Beitrags.
3 Nida-Rümelin, Julian: Die Bedeutung der geisteswissenschaftlichen Perspektive, S. 220, in: Sascha Spoun/Werner Wunderlich (Hrsg.): Studienziel Persönlichkeit. Beiträge zum Bildungsauftrag der Universität heute, Mainz 2005, S. 211-221.

erarbeiten. Das öffnet den Blick für fremde Kulturen, schärft das Problembewusstsein und den Blick für andere Standpunkte. Die Beschäftigung mit ethischen und interkulturellen Inhalten führt zum Austausch und zur Reflexion aktueller gesellschaftlicher und politischer Geschehnisse, die (interkulturelle) Ausdrucks- und Kommunikationsfähigkeit, die Sprachkompetenz, verbessert sich hierbei durch ihre praktische Anwendung. Unsere Seminare werden überwiegend in englischer Sprache angeboten, um die Hürden für internationale Beteiligung zu senken und die englische Sprachkompetenz der deutschen Studierenden zu erhöhen.

Daneben betrachten wir *Kreativität* als wichtigen Entwicklungsfaktor zur Ausbildung kultureller und wissenschaftlicher Kompetenz im Studium und fördern sie gezielt,[4] ebenso wie die Stärkung der *Ich-Kompetenz. Ich-Kompetenz* bedeutet, sich der eigenen Talente, aber auch der eigenen Ziele und deren Erreichbarkeit bewusst zu werden. Ingenieurinnen und Ingenieure können zwischen vielfältigen Berufsbildern und Spezialisierungsmöglichkeiten wählen. Sie müssen in der Lage sein, den individuell richtigen Weg zu erkennen, berufliche und persönliche Ziele zu formulieren und konsequent zu verfolgen: Dabei unterstützt sie unser Humanities-Programm.

3. Lehrangebot

3.1. Inhaltliche Ausrichtung

In unseren Lehrveranstaltungen vermitteln wir Kenntnisse der Kultur-, Kunst- und Architekturgeschichte, Kenntnisse aus den Bereichen Musik, Literatur, Philosophie und Ethik sowie Kenntnisse der Geschichte von Naturwissenschaft und Technik, um unsere Studierenden über den historischen Werdegang ihrer Disziplinen zu informieren und ihnen die Möglichkeit zu bieten, ihre Fachdisziplin im Kontext anderer Fachbereiche und deren Entwicklung zu verstehen. Ingenieure haben in den vergangenen Jahrhunderten herausragende, bahnbrechende Leistungen vollbracht. Die historischen Methoden der Ingenieurstätigkeit, ihr Denken, das zumeist einem interdisziplinären Ansatz verpflichtet war (das prominenteste Beispiel hierfür ist Leonardo da Vinci), und die Denkstrukturen und Forschungsansätze anderer Disziplinen stellen einen wertvollen Fundus für innovatives Potenzial dar, den wir gemeinsam mit den Studierenden ausschöpfen.

4 Vgl. hierzu Kapitel 4 des Beitrags.

3.2. Veranstaltungstypen

Wir bieten ein regelmäßiges, umfangreiches Veranstaltungsangebot, das aus einer Kombination von Vorlesungen, Intensiv-Seminaren und interaktiven Kursen besteht. Neben einer kulturhistorischen Grundvorlesung führen wir Seminare zur vertiefenden Betrachtung von Schwerpunktthemen durch. Das Programm wird ergänzt durch Kreativ-Workshops und Exkursionen. Zusätzlich organisieren wir jedes Semester einen öffentlichen Abendvortrag unter dem Titel *Begegnungen von Kultur und Technik*. Alle Vorlesungen und Seminare werden nach einer mündlichen und/oder schriftlichen Prüfung mit einem benoteten Leistungsnachweis abgeschlossen.

3.2.1. Vorlesungen

Diese Abbildungen aus der Humanities-Vorlesung *Bau-, Stil- und Kulturgeschichte* geben Beispiele für die Inhalte und Spannweite unserer Veranstaltungen.

Abb. 1-4.

3.2.2. Seminare

Künstlerische und kulturhistorische Fragen, Gender-Aspekte und philosophisch-ethische Problemstellungen bilden die Schwerpunkte unserer Seminare. Es handelt sich – mit Rücksicht auf den engen Zeitplan der Ingenieursstudierenden – überwiegend um Blockseminare. Dabei passen wir die Lehrinhalte den Anforderungen eines ingenieurwissenschaftlichen Studiums an. In den Ethik-Seminaren werden Diskussionen über aktuelle Problemstellungen des technologisch-naturwissenschaftlichen Fortschritts geführt, Themen wie Biowaffen oder die Klimaveränderung beleuchtet. Auf diese Weise können sich die Studierenden in der breiten Kontextualisierung des Humanities-Programms wiederfinden und aus dem geisteswissenschaftlichen Reflexionsangebot Gewinn für naturwissenschaftlich-technische Fragestellungen ziehen.

3.2.3. Workshops

In den Workshops lernen unsere Studierenden, sich mit unterschiedlichsten künstlerischen Praktiken auseinanderzusetzen, z. B. Improvisationstheater, Bildhauerei, Kalligraphie, Druckgrafik oder Radierungen. Die Studierenden erhalten dadurch Einblicke in handwerkliche Techniken und praktische Vorgehensweisen. Es fördert ihr Bewusstsein für Möglichkeiten und Probleme der Umsetzung von Inhalten und ein Verständnis für die Veränderbarkeit von Materie in Prozessen. Diese Fähigkeiten sind für ingenieurwissenschaftliche Fachrichtungen immens wichtig. Allgemein schulen künstlerische Workshops die Kreativität, das Ich-Bewusstsein und stärken das Teambewusstsein der Studierenden.

3.2.4. Exkursionen

Exkursionen haben uns bereits in historische Altstädte, Museen, Ausstellungen und Musikveranstaltungen geführt. Sie erweitern den Horizont der Studierenden und konfrontieren sie mit konkreten Phänomenen außerhalb ihres gewohnten Lebens- und Studienalltags. Das Teamgefühl verstärkt die Zusammenarbeit, den Austausch zwischen den Studierenden und regt intensive Diskussionen im geschützten Kreis der Gruppe an.

3.2.5. Vortragsreihe: Begegnungen von Kultur und Technik

Durch Vorträge von Persönlichkeiten aus verschiedenen Bereichen des Kulturlebens möchte die öffentliche Veranstaltungsreihe *Begegnungen von Kultur und Technik* einen Austausch zwischen Natur- und Geisteswissenschaften sowie zwischen Kunst und Technik ermöglichen. Sie möchte Interesse für die nichttechnischen Fächer wecken und dem Bereich Humanities an der TUHH ein öffentlichkeitswirksames Forum geben. Für einen, wenn auch nur oberflächlichen Eindruck, füge ich an dieser Stelle Beispiele zu einem philosophischen, einem naturwissenschaftlichen, einem historischen und einem künstlerischen Thema ein.

Abb. 5: Beispiele für die Vortragsreihe Begegnungen von Kultur und Technik.

4. Kreativität als Entwicklungsfaktor im Studium

Kreativität ist ein Prozess, der nicht nur jedem künstlerischen, sondern auch wissenschaftlichen und wirtschaftlichen Tun eigen ist. Dieser Prozess ist nötig, um die Welt der Theorien und praktischen Umsetzungen – der Gedanken und Erzeugnisse – durch permanente Innovation weiter zu entwickeln. Daher berücksichtigen und schulen unsere Humanities-Programme Kreativität als Entwicklungsfaktor im Studium.

Kreativität ist ein der Intelligenz ebenbürtiges Gut, da längst erwiesen ist, dass signifikanter Fortschritt, namentlich in den Naturwissenschaften, beider Faktoren – Intelligenz und Kreativität – bedarf.[5] Die Forschung hat belegt, dass die kreative Fähigkeit des Einzelnen nicht ausschließlich auf Veranlagung beruht, sondern gefördert werden kann. Insbesondere vier Hauptkriterien lassen sich benennen, die wesentlich für die Entfaltung von Kreativität sind und sich trainieren lassen:

Ideenflüssigkeit (fluency): Die Fähigkeit, viele verschiedenartige Lösungen produzieren zu können. Ein Beispiel ist die bekannte Aufgabe, ein Quadrat so zu teilen, dass vier gleich große, gleichförmige, deckungsgleiche Teile entstehen. Eine erste Möglichkeit mag sofort einfallen, eine zweite folgen, die dritte nach etwas mehr Zeit. Weitere dauern oft schon länger. In diese Rubrik fällt auch die Suche nach dem *unusual use*: Die Suche nach ungewöhlichen Umgangs- und Verwendungsformen für alltägliche Gegenstände.

Empfänglichkeit (sensitivity): Eine hohe Empfänglichkeit für unklar definierte Probleme. Beispielsweise soll ein Objekt aus folgenden Elementen konstruiert werden: Kerze, Holzkeil, Apfel, Brett, wassergefülltes Glas, Streichhölzer.

Flexibilität (flexibility): Die Fähigkeit, beim Denken die Kategorien zu wechseln.

5 Vgl. hier und im Folgenden meinen Beitrag ‚Kreativität als Entwicklungsfaktor kultureller Kompetenz im Studium', in: Sascha Spoun/Werner Wunderlich, 2005, S. 367-377.

Originalität (originality): Die Fähigkeit, neuartige bzw. besonders eigenwillige Lösungen zu entwickeln. Eine außergewöhnliche Verwendung von gewöhnlichen Gegenständen, die nur von einem aus hundert Teilnehmern genannt wird.[6]

Die Förderung der *Personal Creative Competence* als Bestandteil universitärer Ausbildung im Bereich der Soft Skills soll wesentlich dazu beitragen, die persönliche kreative Kompetenz des Einzelnen auszubauen, um in Zukunft innovativer mit natur- und ingenieurwissenschaftlichen, aber auch mit geisteswissenschaftlichen Frage- und Problemstellungen umgehen zu können.

5. Das Graduiertenkolleg

2005 wurde an der TUHH das von der Deutschen Forschungsgemeinschaft geförderte Graduiertenkolleg *Kunst und Technik* eingerichtet. Ziel des Graduiertenkollegs ist es, ingenieur- und geisteswissenschaftliche Forschungsgebiete durch übergeordnete Fragestellungen zusammenzuführen. Das gemeinsame Forschungsinteresse richtet sich dabei auf die Bedeutung von Material und Form in Kunst und Technik.

Im Zentrum steht die Frage der Formfindung bzw. der Abhängigkeiten zwischen den technischen Eigenschaften von Materialien und den Möglichkeiten der Formgebung. Ein spezielles Augenmerk liegt auf den Gestaltungsprozessen (Vorgehens- und Produktionsweisen) in Kunst und Technik, ihrer Unterscheid- und Vergleichbarkeit, ihren Grenz- und Überlappungszonen und den durch wechselseitige Inspiration oder Impulse bedingten Parallelentwicklungen. Die Forschung im Kolleg ist inter- und transdisziplinär angelegt und schafft so eine Verständigung zwischen naturwissenschaftlich-technischen und künstlerisch-geisteswissenschaftlichen Disziplinen. Anfang 2008 werden die ersten Doktorarbeiten aus dem Graduiertenkolleg hervorgehen, die neue Erkenntnisse für das wissenschaftliche Arbeiten an der Schnittstelle von Kunst und Technik erbringen werden.

6 Vgl. zu dieser Thematik auch Joy P. Guilford: Some theoretical views of creativity, in: Harry Helson/William Bevan (eds.): Contemporary approaches to psychology, Princeton 1967, pp. 419-459.

Abb. 6, links: Christo und Jeanne Claude, ‚Der verhüllte Reichstag', Berlin (1995); Abb. 7, rechts: Niki de Saint Phalle, ‚Nana', Hannover.

6. Kooperationen

Die Humanities der TUHH pflegen Kooperationspartnerschaften, die den Hochschulbereich ebenso wie seine Studierenden mit außeruniversitären Netzwerken verbinden. Dies ist nicht nur für den Austausch von Inhalten, sondern auch für die weitere Berufsorientierung der Studierenden von großem Vorteil. Als Gesellschaft der Globalisierung nimmt die Bedeutung von Netzwerken, das Denken und Arbeiten in ihnen, ständig zu. Kooperationen bestehen mit der Alfred Toepfer Stiftung, der Claussen Simon Stiftung, der Patriotischen Gesellschaft, der Stiftung Preußischer Kulturbesitz, dem Royal College of Art und ZONTA.

Als Beispiel dieser Kooperationspartnerschaften möchte ich hier die Alfred Toepfer Auszeichnung nennen, die die Humanities der TUHH und die Alfred Toepfer Stiftung F.V.S. gemeinsam einmal jährlich dem/der jahrgangsbesten Absolventen/in des Humanities-Certificates verleihen. Diese/r erhält von der Stiftung ein Preisgeld und wird in das Stipendiatennetzwerk der Stiftung aufgenommen.

Abb. 8: Frau Birte Toepfer, damals Vorstandsvorsitzende der Alfred Toepfer Stiftung, mit unseren beiden ersten Preisträgern.

7. Die TUHH-Humanities und der Bologna-Prozess

Humanities spielen eine entscheidende Rolle bei der Umsetzung der Bologna-Vorgaben. Bereits die *Sorbonne-Erklärung* betonte 1998 die ‚Schlüsselrolle der Hochschulen für die Entwicklung europäischer kultureller Dimensionen'. Diese Schlüsselrolle der Universitäten liegt zukünftig vor allem in der Vermittlung von Schlüsselqualifikationen an ihre Studierenden. Im Kontext des europäischen Wandels bedeutet dies auch, bei den Studierenden ein Bewusstsein für eine europäische kulturelle Identität zu wecken, die den Respekt der kulturellen Vielfalt mit einschließt. Nur die Aufwertung von Schlüsselqualifikationen in universitären Curricula und strukturelle Reformen an Hochschulen können Fähigkeiten vermitteln, die Studierende im zukünftig europäischen und internationalen Kontext brauchen.

Auf dem Weg zu den formulierten Zielen hat die TUHH bereits einiges erreicht:

- Eine geisteswissenschaftliche Erweiterung der ingenieurwissenschaftlichen Ausbildung ist inzwischen allgemein anerkannt.
- Die Humanities werden von den Studierenden akzeptiert und geschätzt. Heute sind die angebotenen Humanities-Seminare oft überfüllt, obwohl wir einige Seminare in bis zu drei parallelen Veranstaltungen anbieten.

- Unser Humanities-Programm orientiert sich an den Forderungen des Bologna-Prozesses, einen einheitlichen europäischen Hochschulraum zu schaffen:

1. Mit unseren Lehrinhalten tragen wir zur Vermittlung gemeinsamer sowie unterschiedlicher kultureller, gesellschaftlicher und politischer Werte und Traditionen der europäischen Länder bei.
2. Gemäß der Forderungen der Bologna-Erklärung haben wir für unsere Humanities-Veranstaltungen Module entwickelt, die inzwischen den Akkreditierungsprozess durchlaufen haben.
3. Die Leistungsbewertung erfolgt nach dem europaweit angestrebten *European Credit Transfer System* (ECTS), gleichzeitig werden unsere Seminare meist in englischer Sprache angeboten, um Hürden für internationale Studierende abzubauen.

8. Ausblick

- Ein wichtiges Ziel für die Zukunft ist die stärkere Vernetzung der Technischen Universitäten.
- Im Interesse der Schaffung eines gemeinsamen europäischen Hochschulraumes sollten die geisteswissenschaftlichen Studiengänge an europäischen Technischen Universitäten eine stärkere Vergleichbarkeit ihres Lehrangebots in Bezug auf Inhalte, Anforderungen und Bewertung erzielen.

Geisteswissenschaftliche Lehrangebote an Technischen Universitäten sollten sich in ihren Curricula und bei der Vermittlung ihrer Lehrinhalte noch stärker der Bewusstwerdung eines gemeinsamen europäischen Kulturraums gemäß der Bologna-Erklärung verpflichtet fühlen.

Unsere moderne, komplexe Gesellschaft fordert ein neues wissenschaftliches Ausbildungsprofil, dessen Anforderungen weit über studiengangspezifische Kompetenzen hinausgeht. Eine erfolgreiche Umsetzung der Forderungen des Bologna-Prozesses setzt voraus, dass naturwissenschaftlich-technische Studiengänge durch Humanities systematisch ergänzt werden. Im *Europa des Wissens* wird es unumgänglich, sämtliche Studiengänge mit erweiternden geisteswissenschaftlichen Lehrinhalten in Form von Pflicht-, Wahlpflicht- und Wahlveranstaltungen auszustatten.

Für Technische Universitäten, die Schlüsselqualifikationen über Ergänzungsangebote aus dem Bereich der Humanities vermitteln, sollte – auch im Interesse der Studierenden – eine europaweite Vergleichbarkeit und die damit verbundene Anerkennung der in diesem Bereich erworbenen Leistungen verbindlich werden. Die besondere Stärke des deutschen wie europäischen Wissens- und Wirtschaftsraumes kann nur ausgeschöpft werden, wenn die Hochschulen ihrer Rolle bei der Vermittlung von Schlüsselqualifikationen stärkeres Gewicht zumessen und sich europaweit vernetzen:

> [...] in der Multilingualität, im Respekt vor anderen Sprachen und Kulturen, in der Vielfalt kultureller und wissenschaftlicher Traditionen, in gelebter, nicht nur proklamierter ‚diversity' liegt eine besondere Stärke des europäischen Wissenschaftsraums, die ausgebaut und nicht in falscher Angleichung an US-Standards nivelliert werden sollte.[7]

7 Nida-Rümelin, Julian: Hochschulpolitik und die Zukunft der Geisteswissenschaften; Onlinedokument http://www.bpb.bund.de/publikationen/CNVMIC,0,0,Hochschulpolitik_und_die_Zukunft_der_Geisteswissenschaften.html [07. 07. 2009].

Schlüsselkompetenzen an der Universität St. Gallen (HSG): Fach- und Kontextstudium vernetzen

Claudius Krucker

1. Die Universität St. Gallen (HSG)

Die Universität St. Gallen (HSG) ist eine öffentliche, vom schweizerischen Kanton St. Gallen getragene Hochschule für Wirtschafts-, Rechts- und Sozialwissenschaften. Vor gut 100 Jahren gegründet, sind wir noch wie vor fachlich spezialisiert: Auch wenn wir die Sozialwissenschaften in unserem Namen führen, kann man bei uns nicht Psychologie oder Geschichte studieren; vielmehr sind die Sozial- und Geisteswissenschaften in die angebotenen Studiengänge der Betriebswirtschaftslehre, der Volkswirtschaftslehre, der Internationalen Beziehungen, des Rechts sowie der Rechtswissenschaft mit Wirtschaftswissenschaften integriert. Neben den Bologna-kompatiblen Abschlüssen Bachelor of Arts und Master of Arts und dem Doktorat bieten wir auch einen Full-time-MBA sowie verschiedene Executive MBA-Programme an. Die Universität St. Gallen ist somit nicht nur lokal verankert, sondern orientiert sich an internationalen Standards und möchte zu den führenden Wirtschaftsuniversitäten in Europa gehören. So verfügt die HSG über ein Netzwerk von über 120 Partneruniversitäten auf der ganzen Welt und ist Mitglied verschiedener Austausch-Netzwerke, wie CEMS (Community of European Management Schools) oder PIM (Program in International Management). Die beiden wichtigsten internationalen Gütesiegel in der Management-Ausbildung, die Akkreditierungen durch EQUIS und AACSB International, dokumentieren unsere Bestrebungen um international anerkannte Qualität. Die Internationalisierung schreitet weiter voran: Eine zunehmende Zahl von Lehrveranstaltungen auf der Bachelor- wie Master-Stufe wird auf Englisch gehalten, derzeit können zwei unserer Master-Programme komplett auf Englisch absolviert werden, ab 2008 sind es derer vier.

Die HSG hat mit rund 5000 Studierenden eine relativ überschaubare Größe. Während in der grundständigen Lehre für Studierende aus der Schweiz kein numerus clausus besteht, müssen wir bei den ausländischen StudienbewerberInnen ein Selektionsverfahren mit einer Zulassungsprüfung durchführen; auf die 120 bis 150 zur Verfügung stehenden Plätze bewerben sich jährlich rund 900 qualifizierte AbiturientInnen.

Die rund 30 Institute und Forschungsstellen bilden einerseits den Brennpunkt der Forschung an der HSG, bauen andererseits auch eine wichtige Brücke in die Praxis: Angewandte Forschungsprojekte, Gutachter-Tätigkeiten sowie eine breite Palette an Seminaren, Tagungen und anderen Weiterbildungsangeboten sorgen für einen regen Austausch unserer Academia mit PraktikerInnen.

2. Die Verankerung von Schlüsselkompetenzen im HSG-Studiensystem

Die Studienarchitektur unserer sogenannten ‚Neukonzeption der Lehre', die wir im Jahr 2001 eingeführt haben, basiert auf drei Stufen und drei Säulen des Studiums.[1]

2.1. Drei Stufen: Assessment, Bachelor, Master

Mit ihrem Gymnasialabschluss steigen die Studierenden auf der *Assessment-Stufe* ein, die ein Jahr dauert und für die Studierenden aller Studienrichtungen ein beinahe identisches Curriculum vorsieht. Die Assessment-Stufe erfüllt einerseits die Funktion eines allgemeinen wissenschaftlichen Propädeutikums hinsichtlich der an der HSG gelehrten Disziplinen; alle Studierenden besuchen Einführungsveranstaltungen in Betriebs- und Volkswirtschaftslehre sowie in Recht und lernen bestimmte Arbeitstechniken und wissenschaftliche Methoden kennen. Andererseits erfüllt die Assessment-Stufe auch eine Selektionsfunktion: Studierende und Universität können relativ schnell auf einer breiten, überprüfbaren und transparenten Basis (15 Prüfungsleistungen verschiedener Art) feststellen, ob sie zueinander passen. Wer nicht erfolgreich ist, kann die Assessment-Stufe einmal und als Ganzes wiederholen. Auf der *Bachelor-Stufe* entscheiden sich die Studierenden für einen von fünf Studienschwerpunkten oder *Majors*. Nach insgesamt drei Jahren Studium (ein Jahr Assessment-Stufe, zwei Jahre Bachelor-Stufe) erhalten sie mit dem Bachelor of Arts HSG einen allgemein wissenschaftlich qualifizierenden Abschluss. Der Bachelor als Erstabschluss soll aber auch den Berufseinstieg ermöglichen; etliche unserer AbsolventInnen seit 2004 beschreiten diesen Weg erfolgreich und die Einstiegsgehälter sind beinahe so hoch wie früher mit dem Diplom nach einem vierjährigen Studium.

1 Ausführlicher zur neuen Studienstruktur der HSG und den Ideen und Intentionen dahinter: Peter Gomez/Sascha Spoun: Reform der universitären Bildung. Tendenzen und Perspektiven der Universität St. Gallen, St. Gallen 2002.

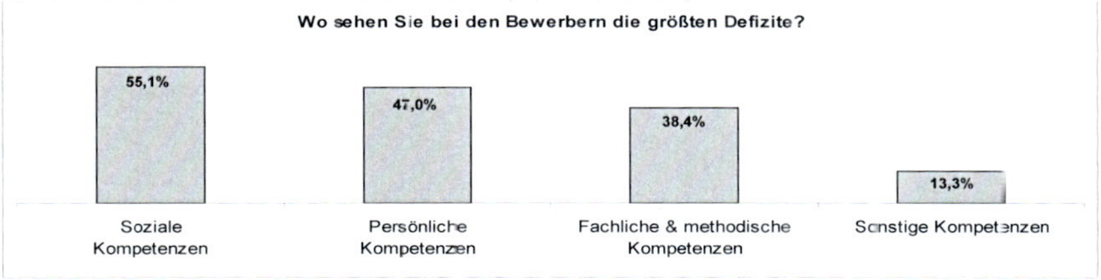

Abb. 1: Befragung von Personalverantwortlichen, Quelle: VDI-Nachrichten: Ingenieur Karriere, VDI-Nachrichten, Nr. 3, 2004.

Mit dem HSG-Bachelor haben unsere AbsolventInnen aber auch die bedingungslose Zugangsberechtigung für mindestens eines unserer zehn Master-Programme, sei es direkt im Anschluss an den Erwerb des Bachelors (was derzeit etwa die Hälfte der Studierenden wahrnimmt), nach einer Unterbrechung des Studiums für Praktika oder Auslandsaufenthalte oder auch als RückkehrerIn nach einem längeren Abstecher in die Berufswelt.

Die Master-Programme sind auf eine Regelstudiendauer von anderthalb bzw. zwei Jahren angelegt. Sie verleihen ihren AbsolventInnen ein klares akademisches Profil und bereiten auf anspruchsvolle Aufgaben in Praxis und Wissenschaft vor. Bei entsprechendem Notenschnitt besteht die Möglichkeit zur Aufnahme eines Doktoratsstudiums.

2.2. Drei Säulen: Kontakt-, Selbst- und Kontextstudium

Das Besondere an der HSG-Studienarchitektur liegt weniger in der eben dargestellten Stufung des Studiums, als vielmehr in der Gliederung des Studiums in drei *Säulen*. Mit diesem Bildungskonzept will die HSG den wachsenden Ansprüchen an geistige Flexibilität und (inter-)kulturelle Qualifikationen der AbsolventInnen Rechnung tragen.

Das *Fachstudium* gliedert sich in die beiden Säulen Kontaktstudium und Selbststudium. Das *Kontaktstudium* umfasst die klassischen Lehrformen wie Vorlesungen, Übungen und Seminare und soll nach dem Konzept nur noch solche Inhalte umfassen, die nicht besser bzw. effizienter im Selbststudium gelernt werden können, also dort, wo die Vermittlung durch einen Dozenten einen tatsächlichen Mehrwert für das Verständnis oder auch eine Zeitersparnis bringt. Rund ein Drittel des Kontaktstudiums auf der Bachelor- und Master-Stufe ist für den Wahlbereich reserviert, den die Studierenden für die Vertiefung oder Verbreiterung ihres Wissens nutzen können. So steht ihnen auch beispielsweise offen, auf der Bachelor-Stufe 16 Credits mit Veranstaltungen technischer Fachrichtungen an einer anderen Universität zu belegen.

Das *Selbststudium* als zweite Säule des Studiums umfasst nicht nur die individuelle Vor- und Nachbereitung von Veranstaltungen, sondern bildet einen eigenen Studienbereich mit Inhalten, die nicht in Präsenzveranstaltungen ‚vorgelesen' werden. Das Selbststudium mit Tutorien, virtuellen Veranstaltungen auf einer eigens dafür betriebenen Lernplattform etc. bezweckt eine Hinführung zum selbstgesteuerten Lernen und erfordert eine schrittweise erhöhte Selbstorganisation der Studierenden. Die Fähigkeit, sich im Sinne des *life-long learning* selbständig neue Wissensgebiete zu erarbeiten, wird künftig eine zentrale Schlüsselqualifikation darstellen – das Selbststudium ist unsere Antwort auf diese Erkenntnis.

Vom Fachstudium terminologisch getrennt ist das sogenannte *Kontextstudium*. Ziel des Kontextstudiums ist es, das Fachwissen (aus dem Fachstudium) in den geistigen, historischen und gesellschaftlichen *Kontext* zu stellen und die Studierenden durch ‚Reflexion und Training' besser als bisher auf die Anforderungen von Berufstätigkeit und Alltagswelt vorzubereiten.

Das Kontextstudium ist kein fakultatives Anhängsel zum Studium, sondern bildet einen zentralen konzeptionellen Teil des Studiums: Genauso wie im Fachstudium, wo jeder Betriebswirt auch Veranstaltungen in Volkswirtschaftslehre und Rechtswissenschaft – zum Verständnis der ökonomischen Zusammenhänge und der rechtlichen Rahmenbedingungen – besuchen muss, ist der ‚Blick über den Tellerrand' mit dem Kontextstudium in der Studienordnung verankerte Wahlpflicht.

2.3. Die drei Teilsäulen des Kontextstudiums: Handlungs-, Reflexions- und Kulturelle Kompetenz

Im Kontextstudium werden drei gleichwertige Teilsäulen unterschieden: Handlungskompetenz, Reflexionskompetenz und Kulturelle Kompetenz.

Unter *Handlungskompetenz* verstehen wir die Kenntnis und Anwendung disziplinenübergreifender Methoden wissenschaftlichen und berufspraktischen Arbeitens und Lernens sowie soziale Kompetenz. Kurse der Teilsäule Handlungskompetenz vermitteln die Fähigkeit zu einem problem- und lösungsorientierten Umgang mit Aufgabenstellungen sowie praxisorientierte Voraussetzungen für ein sozialkompetentes, strategisches und planvolles Handeln in Studium und Beruf.

Unter *Reflexionskompetenz* verstehen wir die intellektuelle Fähigkeit, über geistige Probleme und kulturelle Fragen systematisch fundierte Überlegungen anstellen zu können. Die Veranstaltungen in Geschichte, Philosophie, Wirtschaftsethik, Psychologie und Soziologie führen zu diesem Zweck in Denkmodelle und Verstehensweisen ihrer Disziplinen ein.

Unter *Kultureller Kompetenz* verstehen wir die Fähigkeit, aus der eigenen Kultur heraus andere Kulturen, deren Normen und Werte, Lebenswelten und Ordnungsvorstellungen, Institutionen und Geschichte, Sprache und Kunst verstehen zu können. Für den verständnisvollen Kontakt mit anderen Kulturen und für erfolgreiche interkulturelle Kommunikation sind *Fremdsprachenkenntnisse* unerlässliche Voraussetzungen; so muss jedeR Bachelor-AbsolventIn der HSG zwei Fremdsprachen auf definierten Niveaus nachweisen. Darüber hinaus geben *Kulturfächer* einen (in der Regel literaturbasierten) Zugang zu verschiedenen Kulturen.

Gerade mit dem Kontextstudium brachte die neue Studienarchitektur auch eine administrative Herausforderung mit sich: Auf der Bachelor-Stufe beispielsweise haben wir in der Handlungskompetenz pro Jahr über 70 Kurse, auf die jeder der rund 1600 Studierenden grundsätzlich das gleiche Anrecht hat. Es bedarf somit eines Systems, um die (grundsätzlich knappen) Kursplätze effizient und fair zuzuteilen. Nach Abwägen der Vor- und Nachteile verschiedener Mechanismen haben wir uns für die Einführung eines Bidding-Systems entschieden: Die Studierenden bieten jedes Semester Punkte für die Veranstaltungen, die sie besuchen möchten; die Meistbietenden erhalten die Kursplätze. Restplätze und nicht verbrauchte Punkte können für die nächste von insgesamt vier Runden verwendet werden, am Schluss gibt es noch eine Warteliste. Im folgenden Semester erhalten dann alle wieder gleich viele Punkte als Ausgangsbasis für das nächste Bidding.

2.4. Weitere Schlüsselkompetenz-Angebote der Universität St. Gallen

Mit dem Kontextstudium haben die Schlüsselkompetenzen ihren ‚Heimathafen' im HSG-Studiensystem. Doch auch jenseits von Veranstaltungsformaten mit Prüfungen und Credit Points haben Schlüsselkompetenzen an der HSG einen festen Platz:

- Die *Startwoche* ist eine für alle neu eintretenden Studierenden im ersten Semester obligatorische Einführungswoche. Hier lernen sie nicht nur die Universität, deren Infrastruktur und Studiensystem kennen, sondern werden auch akademisch ins kalte Wasser geworfen: In Gruppen von rund 15 Studierenden arbeiten sie bereits an ihrer ersten Fallstudie, die interdisziplinär angelegt ist und jedes Jahr zu einem anderen Thema speziell für die Startwoche entwickelt wird. Jede Gruppe wird von zwei Studierenden aus höheren Semestern als ‚Schwimmhilfen' durch die Woche geführt.

- Die HSG bietet begleitend zur Assessment-Stufe ein *Coaching-Programm* mit jährlich 70 Plätzen an. Die Studierenden bewerben sich mit einem ausführlichen Selbstreflexions-Fragebogen und werden nach einem strukturierten Eingangsinterview aufgenommen. Das Programm umfasst neben Gesprächen mit dem ihnen zugewiesenen Coach auch verschiedene Veranstaltungen: Integrationsworkshop, Schreibwerkstatt, Gesellschaftliche Spielregeln, Teambuilding-Workshop, Zeitmanagement, ein Workshop ‚Kunst und Alltag' mit regionalen Künstlern und ein Diversity Seminar. Die Assessment-Tage simulieren ein Assessment-Center im Format 1:1, den Höhepunkt bildet eine gemeinsame Studienreise: Luxemburg, Wien und Rom waren in der Vergangenheit die Ziele, immer verbunden mit einem Blick hinter diplomatische oder andere Kulissen.

- Auf der Bachelor-, Master- und Doktorats-Stufe haben die Studierenden die Möglichkeit, sich für das jeweils auf zwei Jahre angelegte *Mentoring-Programm* zu bewerben, das wir in Zusammenarbeit mit unserem Ehemaligenverein HSG Alumni anbieten. Pro Programmzyklus stellen sich über 200 Persönlichkeiten aus Wirtschaft, Politik und Gesellschaft, davon zwei Drittel Ehemalige der HSG, zur Verfügung.

Die Studierenden werden aufgrund ihrer Bewerbung ausgewählt und mit einer eigens entwickelten Software auf einen passenden Mentor gematcht. Neben dem obligatorischen Semesterbericht der Mentees, der gemeinsam besprochen wird und die Basis für die Ziele des folgenden Semesters bildet, sind MentorInnen und Mentees frei in der konkreten Ausgestaltung ihrer Mentoring-Beziehung.

- Die HSG hat eine langjährige Tradition von engagierten Studierenden: Eine aktive Studentenschaft mit studentischen Vertretern in fast allen akademischen Gremien der HSG und über 80 studentische Vereine und Initiativen, von der klassischen Studentenverbindung über herkunfts- oder interessensorientierte Clubs bis hin zu Fachvereinen, einer studentischen Unternehmensberatung, einem Unternehmensgründerforum oder dem International Students' Committee (ISC), das jährlich das St. Gallen Symposium organisiert.
  Besonders herausragendes Engagement kann durch die Universität mit sogenannten *Campus Credits* honoriert werden, beispielsweise das Team des ISC oder auch das studentische Team, das hinter dem alljährlichen FORUM HSG steht, einer der größten Recruiting-Veranstaltungen im deutschsprachigen Raum.

- Qualifizierte, fachlich passende *Praxiserfahrung* kann bei den meisten Master-Programmen mit sogenannten *Praxis Credits* angerechnet werden, sofern sie nicht zu weit zurückliegt. Der Rahmen ist dabei auf maximal sechs Credits begrenzt, womit die Credits nicht der Hauptgrund für ein Praktikum sein werden, aber immerhin die Universität ihren Willen zeigt, Praxiserfahrung zu honorieren.

- Als die beste Methode zur Aneignung *interkultureller Kompetenzen* gilt gemeinhin der längere Aufenthalt im Ausland. Entsprechend hat die HSG ihr Netzwerk an Austausch-Universitäten in den letzten Jahren kontinuierlich weiter ausgebaut und kann heute ihren Studierenden Austauschplätze an über 120 Partneruniversitäten in aller Welt anbieten; pro Jahr gehen mehr als 300 HSG-Studierende in den Austausch.

- Schließlich werden *berufseinstiegsspezifische Kompetenzen* in Seminaren und Workshops des Career Services Centers der HSG vermittelt, beispielsweise in einem zweitägigen Bewerbungstraining oder im Laufbahnplanungs-Workshop. Auch der MBTI (Myers Briggs Type Indicator) oder Assessment-Center Workshops mit Firmen gehören zum Angebot.

3. Erfahrungen

Auch wenn wir die ersten Bachelor-AbsolventInnen nach dem vorgestellten Studienkonzept im Herbst 2004 und die ersten Master-AbsolventInnen im Frühling 2005 ins Berufsleben entlassen haben, so kann ich Ihnen keine Ergebnisse aus systematischen Firmenbefragungen präsentieren, die uns einen Effekt des Kontextstudiums bescheinigen würden. Dies nicht zuletzt, weil der Bachelor mit drei Jahren Studium auch per se etwas Neues in unserer Hochschullandschaft ist, das Kontextstudium also nicht die einzige Veränderung in unserem Studienangebot darstellt.

Es gibt aber verschiedene Indikatoren, die darauf hinweisen, dass das Kontextstudium als Konzept insgesamt funktioniert. Auf der Master-Stufe, wo die fachliche Spezialisierung stärker im Vordergrund steht, sind die Rückmeldungen etwas kritischer als auf der generalistisch ausgerichteten Bachelor-Stufe. Bei unseren Befragungen[2] der Bachelor-AbsolventInnen wird der Beitrag des Kontextstudiums zum gesamten Studium von einer Mehrheit als groß oder sehr groß eingestuft, der Umfang wird mehrheitlich als ‚gerade richtig' beurteilt, wobei nicht überraschend ist, dass verstärkt fachstudiumsnahe Angebote favorisiert werden. Bei der Frage nach der Erfüllung der Erwartungen erzielt der Punkt ‚Breite Ausrichtung des Studiums' einen Spitzenplatz.

Auch individuelle Rückmeldungen bestätigen dies: AbsolventInnen, die während ihres Studiums das Kontextstudium eher kritisch betrachtet haben, sehen vor dem Hintergrund ihres Einstiegs ins Berufsleben das Kontextstudium in einem anderen Licht. Nicht zuletzt erhalten wir auch von Firmen, die bei uns rekrutieren, positive Reaktionen. Das Kontextstudium ist dabei ‚nur' ein Element einer Vielzahl von Angeboten, bildet aber einen wichtigen Pfeiler der ‚HSG-Kultur', wie wir sie fördern wollen.

Der explizite Ausweis eines Teils des Studiums für die Vermittlung von Schlüsselkompetenzen hat Vor- und Nachteile. Einerseits hat dies Signalwirkung nach außen und zeigt Studieninteressenten, Studierenden wie Dozierenden, dass die Universität diesen Kompetenzen großes Gewicht beimisst. So ist das Kontextstudium auch bei uns ein Teil der Abwehrstrategie gegen stromlinienförmige Karrieristen, die ihre Lauf-

2 Die Ergebnisse der Absolventenbefragungen sind auf der Website der Universität St. Gallen veröffentlicht; Onlinedokument http://www.qualitaet.unisg.ch/org/hsg/qs.nsf/wwwPubInhalteGer/Abgeschlossene+Evaluationen?opendocument [07. 07. 2009].

bahn als ‚Heuschrecke' bereits bis ins Detail geplant haben und auf dem Weg dorthin noch ein ‚no frills'-BWL-Studium an einer ‚Elite-Uni' absolvieren möchten.

Andererseits müssen wir aufpassen, nicht ein eigentliches ‚Schlüsselkompetenz-Ghetto' aufzubauen. Das Kontextstudium steht nicht abgehoben für sich, vielmehr muss das Programm dem Kontext des Fachstudiums Rechnung tragen. Dies wird bei uns auf der Master-Stufe deutlich, wo insbesondere seitens der Fachprogramme der Sinn und Zweck des Kontextstudiums kritisch hinterfragt wird. Dies ist naheliegend, steht doch auf der Master-Stufe die fachliche Vertiefung, die Spezialisierung im Vordergrund. Dennoch hat das Kontextstudium auch auf der Master-Stufe seine Berechtigung, sofern es der Programmleitung gelingt (und dahin laufen die Bestrebungen), das Fach- und das Kontextstudium besser zu vernetzen. Die ‚Demarkationslinie' zwischen Fach- und Kontextstudium ist in der Praxis nicht so klar, wie sie im Konzept erscheinen mag. Ein erheblicher Teil des Angebots im Kontextstudium ist fachstudiumsnah, ohne dass es gleich utilitaris-isch werden muss. Andererseits laufen auch Bestrebungen, die überfachlichen Kompetenzen, die im Rahmen von Fachstudiums-Angeboten vermittelt werden, den Dozierenden wie den Studierenden stärker bewusst zu machen und gezielter als bisher einzusetzen.

Wir müssen das Fach- und das Kontextstudium nicht als Konkurrenten, sondern als vernetzte Partner im Geflecht der gesamten curricularen, studienbegleitenden und studentischen Angebote mit dem gemeinsamen Ziel sehen, die Studierenden fachlich gut auszubilden und sie zugleich zu engagierten, verantwortungsvollen und sozialkompetenten Persönlichkeiten zu bilden.

Qualifikationen im Studium – akademische Ausbildung zwischen Bologna-Reform und Arbeitsmarkt

Ute Woschnack

1. Einleitung

Es ist schon interessant, dass in der jüngsten Geschichte der universitären Ausbildung mit der Bologna-Reform das alte Thema ‚Schlüsselqualifikationen' wieder neue Aktualität erhält: überfachliche Qualifikationen, generische Kompetenzen, ‚Dublin Deskriptoren', ‚national qualification frameworks',[1] all diese Begriffe kreisen um das Thema der Schlüsselqualifikationen. Selbstverständlich ist die fachliche Ausbildung, also die Vermittlung des Fachwissens der Disziplin, die Kernaufgabe der Ausbildung an einer universitären Hochschule. Anscheinend reicht aber das Fachwissen (zumindest wenn es nur in seiner fachlichen Dimension als Stoff beschrieben wird) nicht mehr aus, um die wissenschaftlichen Handlungskompetenzen hinreichend konkret zu beschreiben. Zusätzlich zum Fachwissen sind die Expertise und Schlüsselqualifikationen wichtige Dimensionen von Qualifikation. Mit der Expertise wird unterstrichen, dass Qualifikation auch von dem Machen und Reflektieren von domänenspezifischen Erfahrungen abhängt; Schlüsselqualifikationen sind für die Arbeit in verschiedenen Kontexten notwendig.[2]

Im Reformprozess nehmen die Schlüsselqualifikationen eine besondere Rolle ein. Sie sollen die Scharnierfunktion zwischen verschiedenen Ausbildungen sicherstellen und damit die Mobilität ermöglichen. Zudem wird von der Praxis häufig beklagt, dass die Studienabgänger zwar fachlich gut qualifiziert seien, aber bezüglich der überfachlichen Qualifikationen ein Defizit aufweisen.[3]

---

1 Joint Quality Initiative: Shared ‚Dublin' descriptors for Short Cycle, First Cycle, Second Cycle and Third Cyle Awards, Dublin 2004; Onlinedokument http://www.crus.ch/dms.php?id=4702 [07. 07. 2009].

2 Vgl. Ute Woschnack: Qualifikationen von Umweltfachleuten – Untersuchungen zum schweizerischen Markt für professionalisierte Umweltdienstleistungen; Onlinedokument http://opac.nebis.ch [07. 07. 2009].

3 Vgl. Andrea Leu/Heinz Rütter/Heinz de Bary: Die Wirksamkeit der Ingenieurausbildung in der Schweiz, Zürich 1996.

Die Integration der Schlüsselqualifikationen in die akademische Ausbildung möchte ich in diesem Beitrag auf zwei Ebenen diskutieren. Zum einen als eine grundsätzliche curriculare Frage: Welche Rolle spielen die Schlüsselqualifikationen und welche Rolle spielen andere Qualifikationen in der Gestaltung der Studiengänge und bei der Vorbereitung auf das Berufsleben? Und zum anderen skizziere ich kurz konkrete Beispiele aus der Unterrichtspraxis an der Eidgenössischen Technischen Hochschule Zürich.

2. Akademische Ausbildungen und Anforderungen des Arbeitsmarktes

Viele Ausbildungsgänge entwickeln ihre Curricula in erster Linie anhand inhaltlicher Vorstellungen über die Bedürfnisse des Arbeitsmarktes. Welches Wissen und welche Kompetenzen werden vom Arbeitsmarkt nachgefragt und eröffnen den AbsolventInnen gute Chancen?

Ende der 80er Jahre wurden solche Überlegungen gemacht, um den Studiengang Umweltnaturwissenschaften zu entwickeln, deren AbsolventInnen zur Lösung von Umweltproblemen einen professionellen Beitrag leisten können. Die UmweltnaturwissenschafterInnen sollten über Fachwissen und Methoden der relevanten Naturwissenschaften verfügen und zudem in der Lage sein, auch mit den gesellschaftlichen Aspekten komplexer Umweltprobleme umgehen zu können. Entsprechend wurde der Lehrplan sehr naturwissenschaftlich ausgerichtet. Auch wenn innovative Unterrichtskonzepte das Erreichen von Lernzielen wie ‚Systemverständnis' und ‚Einbezug anderer Meinungen' etc. unterstützen, ist das Studium stark durch die Vermittlung von Fachkenntnissen verschiedener Disziplinen geprägt. Das Grundstudium basiert vor allem auf der Vermittlung von mathematischen und naturwissenschaftlichen Inhalten (Anteil von 90 % an der Ausbildung im Grundstudium), für das Fachstudium verlieren die rein naturwissenschaftlichen Studienanteile zu Gunsten von fächerübergreifenden und multidisziplinären Anteilen an Gewicht (ca. 50 %).[4] Dies hat sich bewährt und auch mit der Umstellung auf das gestufte Studienprogramm nicht geändert.

Eine allgemeine Nebenwirkung der Einführung des Kreditpunktesystems im Rahmen der Bologna-Reform ist, dass das Prinzip der additiven, enumerativen Vermittlung von Fachwissen auf der Hochschulebene wei-

4 Departement Umweltnaturwissenschaften: Wegleitung für den Studiengang Umweltnaturwissenschaften Studienjahr 2002/2003, Zürich 2002.

ter verstärkt wird. Die Anerkennung der Studienleistung erfolgt nach der Umstellung auf die gestuften Studiengänge nicht mehr in integrierenden Schlussprüfungen am Ende des Studiums. Die Vergabe der Kreditpunkte erfolgt über die geprüfte erfolgreiche Teilnahme der einzelnen Lehrveranstaltungen oder des Moduls. Mit dem Wegfallen der Schlussprüfung ist ein Gefäß verloren gegangen, in dem das Wissen als Kompetenz sichtbar gemacht werden konnte. Im neuen System ist der Studienabschluss im wahrsten Sinne nur noch die Summe seiner Teile. Eine Ausnahme ist in der Regel die Masterarbeit. Sie ist mitunter die einzige Leistungskontrolle, in der verschiedene Anforderungen über das Studium hinweg überprüft und bewertet werden. Zu diesem Punkt später mehr.

Die Berufsausbildung hat den Auftrag, die Qualifikationen zu erzeugen, die für das kompetente Handeln in einem Beruf notwendig sind. Zumindest für die Studiengänge, die ihre Studierenden für einen Beruf befähigen wollen, gilt der gleiche Auftrag. Für die Entwicklung beruflicher Curricula wird in der sozialwissenschaftlichen und berufspädagogischen Herleitung von benötigten Qualifikationen ein gegebenes, relativ fixes Berufsbild in Form von existierenden Berufen angenommen. Auf diesem Wege können Qualifikationsanforderungen klar formuliert werden. Curricula werden hinsichtlich des zu vermittelnden Fachwissens lerntheoretisch und berufsbezogen ausgestaltet. Je enger die berufliche Qualifizierung an die Platzierung auf dem Arbeitsmarkt gebunden ist, um so mehr wirkt sie als Flexibilitätsbarriere (mit der Ausbildung ist man sozusagen festgefahren und kann nur noch schwer in anderen Tätigkeitsbereichen Fuß fassen). Berücksichtigt man die Veränderungen des Marktes und die damit einhergehenden Flexibilitätsanforderungen, führt dies zu einer Ausformung von Curricula, die statt für konkrete Berufe für ganze Berufsfelder qualifizieren.[5] Diese sind vor allem für Berufe mit kurzen Entwicklungszyklen und damit geringer Gültigkeitsdauer des vermittelten Wissens sinnvoll zu etablieren.[6]

5 Vgl. Kurt Häfeli/Mark Gasche: Beruf und Berufsfeld: Konzeptionelle Überlegungen zu kontroversen Begriffen. Bundesamt für Berufsbildung und Technologie, Bern 2002.

6 Vgl. Felix Rauner: Der berufswissenschaftliche Beitrag zur Qualifikationsforschung und Curriculumsentwicklung, in: ders./Jörg-Peter Pahl/Georg Spöttl (Hrsg.): Berufliches Arbeitsprozesswissen. Ein Forschungsgegenstand der Berufsfeldwissenschaften, Baden-Baden 1999, S. 339-363.

Was heißt das für die Betrachtung von Qualifikationen? Für konkrete, spezifische Berufe ist es relativ einfach, Qualifikationsanforderungen zu analysieren. Arbeitsanalysen geben Auskunft über die notwendigen Kompetenzen. Die Zusammenstellung einer Ausbildung für einen ganzen Berufsbereich, ein Berufsbild bzw. einen Kernberuf muss in einer Verschmelzung der Anforderungen für die in diesen Klassen gruppierten Berufen bestehen. Die Vermittlung von Spezialwissen (Fachwissen) tritt in den Hintergrund, stattdessen werden Handlungsspielräume (Schlüsselqualifikationen) vermittelt.

Es ist denkbar, Arbeitszusammenhänge auf unterschiedlichen Ebenen zu bestimmen. Für Betriebe und Organisationen kann die Organisation selber den gemeinsamen Arbeitszusammenhang darstellen. Ebenso könnte auch ein Thema, z. B. die Behandlung von Umweltproblemen, den Arbeitszusammenhang stellen.

Die Ausbildung an den Hochschulen ist jedoch nicht immer mit einer Berufsausbildung zu vergleichen. Das Spektrum an Tätigkeiten, für das Akademiker nach ihrer Ausbildung qualifiziert sind, ist für die meisten Studienfächer sehr breit (Tätigkeitsfelder sind beispielsweise Forschung, Beratung oder Ausbildung). Damit ist eine gezielte Vorbereitung auf die berufliche Tätigkeit im Rahmen des Studiums nur schwer zu realisieren. Studienrichtungen unterscheiden sich stark hinsichtlich der Nähe zu einem Beruf. Beispielsweise ist in der Medizin als Profession das Studium mit einer Ausbildung quasi gleichzusetzen. Für andere Fachrichtungen – z. B. die Biologie oder die Ingenieurwissenschaften – konnten sich ausbildungsorientierte Berufsgruppen etablieren.[7] Die Hauptaufgabe der universitären Ausbildung besteht jedoch primär in der Vermittlung und Weiterentwicklung von Wissen (Fachwissen) und nicht in der praktischen Anwendung des Wissens im Rahmen einer beruflichen Tätigkeit (Expertise). Inwieweit dies gerechtfertigt ist, bleibt angesichts des hohen Anteils von AbsolventInnen, die in der Wirtschaft tätig sind, offen.[8]

7 Vgl. Harald A. Mieg/Ute Woschnack: Die berufliche Identität von Umweltdienstleistern, in: Arbeit, H. 3, 2002, S. 185-198.

8 Vgl. Andrea Leu/Heinz Rütter/Heinz de Bary: Die Wirksamkeit der Ingenieurausbildung in der Schweiz, Zürich 1996; Ute Woschnack/Peter Frischknecht: Umweltnaturwissenschafterinnen und Umweltnaturwissenschafter der ETHZ – Übergang in die Erwerbstätigkeit – oder: Was kommt nach dem Studium? (Absolventenbericht Erstbefragung), Zürich 1999.

Die Veränderungen der Wirtschaftsbedingungen wirken sich auf den Arbeitsmarkt aus.[9] Für die akademische Ausbildung von besonderer Relevanz sind

a) die Verkürzungen von Innovationszyklen, die zu einem schnellen Veralten von spezialisiertem Wissen führen,

b) die Verlagerung von Wertschöpfung und Beschäftigung von der Produktion in Richtung Dienstleistung und

c) die Nutzungsmöglichkeiten neuer Kommunikationsmittel und Organisationsformen im Zuge der Globalisierung, die der neuen Zeit-Raumbindung gerecht werden. Dies führt unter anderem zu einer „Auflockerung berufstypischer Einsatzkonzepte und Aufgabenprofile durch Integration funktions- und fachfremder Tätigkeitselemente“[10] und fordert den Studierenden ein hohes Maß an Schlüsselqualifikationen ab.

Die Erwartungen der Wirtschaft an HochschulabsolventInnen bezüglich der Qualifikationen tangieren ebenfalls nicht nur die Schlüsselqualifikationen. Die Kritik an der akademischen Ausbildung der AbsolventInnen lässt sich wie folgt zusammenfassen:

> [...] zu wenig praxisbezogen, zu lange Studiendauer bzw. zu hohes Alter der Absolventen, zu einseitig fachorientiert, zu geringes Überblickswissen, zu wenig Fremdsprachenkenntnisse, zu schlechte Integration in die betriebliche Ablauforganisation, mangelnde Führungseigenschaften. Die fachliche Qualifikation der Absolventen wird von der Industrie gelobt – und auch weiterhin auf gleichem Niveau gefordert.[11]

9 Baethge, Martin: Institutionalisierung oder Individualisierung – Arbeit und Bildung im Übergang zur Informationsgesellschaft, S. 22 ff., in: Hanja Hansen/Beatrice Sigrist/Hermann Landoldt (Hrsg.): Bildung und Arbeit – Das Ende einer Differenz?, Aarau 1999, S. 19-38.

10 Ebd., S. 24.

11 Greif, Monika: Ingenieurqualifikation im Umbruch – Aus der Sicht der Hochschulen. Präsentation bei ‚Ingenieure für die Zukunft': Ingenieurqualifikationen – Basis für Innovation und Technologie im internationalen Wettbewerb, Saarbrücken 1995, S. 93.

Ähnliche Erkenntnisse gewinnen Staudt und Kottmann[12] in ihren Studien zur Arbeitsmarktfähigkeit (Employability) von Chemikern. Auf der einen Seite wird eine immer tiefere Ausbildung (Fachwissen) verlangt, auf der anderen Seite der fehlende Praxisbezug bemängelt (Expertise/Schlüsselqualifikationen).

Im Folgenden werde ich anhand des Schlüsselqualifikationskonzepts von Dieter Mertens (1974) Beispiele geben, welche Rolle die Schlüsselqualifikationen im Hochschulkontext derzeit haben.

3. Schlüsselqualifikationen im Hochschulkontext

In diesem Beitrag verbinde ich die Systematik von Dieter Mertens mit der Praxis in der aktuellen universitären Ausbildung. Die Wahl des ‚alten' Ansatzes von Mertens beruht auf der Tatsache, dass das Konzept der Schlüsselqualifikationen Aspekte betont, die für die Ausbildung zentral sind: nämlich die Vermittelbarkeit, die Prüfbarkeit und damit die Zertifizierbarkeit von Qualifikationen.

In der Berufspädagogik glaubte man, mit dem Konzept der Schlüsselqualifikationen einen Weg aus einer Vielzahl von Problemen gefunden zu haben: den Schlüssel zum Erfolg durch Flexibilität. Schlüsselqualifikationen sind im Gegensatz zu spezifischem Fachwissen langlebiger und können in unterschiedlichen Domänen eingesetzt werden. Unter sie fasst man Fähigkeiten und Fertigkeiten, die sich in unterschiedlichen Kontexten einsetzen lassen und zwischen Bereichen transferierbar sind. Sie eröffnen die Möglichkeit, sich neuen Anforderungen im Beruf anzupassen. Das heißt, dass sowohl Veränderungen innerhalb des eigenen Berufs (z. B. der Computer ersetzt die Schreibmaschine im Sekretariat) kompensiert werden können, als auch dass die Übernahme neuer Aufgaben (z. B. durch die Beförderung vom Sachbearbeiter in eine Führungsfunktion) durch den Einsatz von Schlüsselqualifikationen gestützt wird.

Das Modell der Schlüsselqualifikationen wurde seit der Veröffentlichung von Mertens 1974 in verschiedenen Variationen diskutiert und vor allem kritisiert. Der Begriff und die Intention, mit der er von Mertens in die Bildungsdiskussion eingeführt wurde, lohnen aber weiterhin diskutiert

12 Vgl. Erich Staudt/Marcus Kottmann (Hrsg.): Employability von Naturwissenschaftlern und Ingenieuren. Herausforderungen an die Kompetenzentwicklung in dynamischen Wirtschaftsbereichen – Aufgezeigt am Beispiel der Chemiker, Institut für angewandte Innovationsforschung IAI, Bochum 1999.

zu werden. Tatsächlich ist die Gesellschaft dynamischer geworden, das schnelle Veralten von Fachwissen ist eine Tatsache[13] (die Veränderungen von Berufsprofilen infolge von technischen Entwicklungen ist ebenso eingetroffen wie die Erschließung neuer Tätigkeitsfelder). Sowohl in Stellenanzeigen als auch im Bereich der Ausbildung sind Schlüsselqualifikationen immer wieder ein Thema. Trotz der intensiven Diskussion zu Schlüsselqualifikationen ist es nicht gelungen, ein einheitliches Verständnis und eine Operationalisierung des Konzepts zu schaffen.[14]

13 Vgl. z. B. Ulrich Teichler: Ist Studium wissenschaftliche Berufsausbildung? Paper für die GEW-Wissenschaftskonferenz ‚Innovation und Partizipation', Bad Honnef 1999; Peter Jäger: Der Erwerb von Kompetenzen als Konkretisierung der Schlüsselqualifikationen – eine Herausforderung an Schule und Unterricht; Onlinedokument http://www.opus-bayern.de/uni-passau/volltexte/2003/17/pdf/jaeger.pdf [07. 07. 2009].

14 Vgl. Hans-Jörg Didi/Ernst Fay u. a.: Einschätzungen von Schlüsselqualifikationen aus psychologischer Perspektive (Gutachten im Auftrag des BIBB, Zusammenfassung), Bonn 1993; Urs Grob/Katharina Maag Merki: Überfachliche Kompetenzen: Theoretische Grundlagen und empirische Erprobung eines Indikatorensystems, Bern 2001; Martina Stangel-Meseke: Schlüsselqualifikationen in der betrieblichen Praxis: Ein Ansatz in der Psychologie, Wiesbaden 1994; Franz E. Weinert: Concepts of Competence (Definition and Selection of Competencies), Max Planck Institute for Psychological Research, München 1999; Ute Woschnack: Qualifikationen von Umweltfachleuten – Untersuchungen zum schweizerischen Markt für professionalisierte Umweltdienstleistungen; Onlinedokument http://opac.nebis.ch [07. 07. 2009].

Abbildung 1 stellt die vier Klassen von Schlüsselqualifikationen nach Mertens dar. In dieser Darstellung fehlen das fachliche Wissen, welches ja eben die Fachqualifikation ist und keine Schlüsselqualifikation darstellt, sowie die personalen Kompetenzen.[15] Dass Letztere nicht berücksichtigt werden, ließe sich damit erklären, dass sie nicht gut vermittelbar und prüfbar sind und damit nicht ganz den Charakter einer Qualifikation haben. Vielmehr stellen sie Eigenschaften oder individuelle Dispositionen dar, deren Entwicklungsprozess höchstens gefördert werden kann.

Bildungsziel	Konkretisierung	Vehikel, Lerngegenstand
Basisqualifikation		
Logisches Denken Dezisionistisches Denken	Logisches Schließen Risiko-Chancen-Ökonomie Entscheidungsfähigkeit	Formale Logik Schaltalgebra Spieltheorie Entscheidungstheorie Wahrscheinlichkeitstheorie
Horizontalqualifikation		
Informiertheit über Information	Wesen von Informationen Verstehen von Informationen	Allgemeine Informationskunde Allgemeine Lehre der Zeichen (Semiotik) Fremdsprachen Fachwörtersprache Mathematische Symbole
Breitenelemente		
(keine klassifikatorisch übergeordneten Qualifikationen)	Wissen eines größeren beruflichen Sektors	z. B. wiederkehrende Elemente in chemischen Verbindungen wie Kohlenstoff in der organischen Chemie
Vintagefaktoren (Erwachsenenbildung)		
Vermeidung von Unterschieden zwsichen Generationen	Anpassung des Wissens verschiedener Bildungsbiographien	Mengenlehre Sozialkunde Grundwissen über fremde Kulturen

Abb. 1: Beispiele der Konkretisierung von Schlüsselqualifikationen in der Berufsbildung, Quelle: Auszug nach Mertens, 1974, S. 41f.

15 Vgl. z. B. Wilfried Hacker/Wolfgang Skell: Lernen in der Arbeit, Berlin 1993; Karlheinz Sonntag/Ulrich Schäfer-Rauser: Selbsteinschätzung beruflicher Kompetenzen bei der Evaluation von Bildungsmaßnahmen, in: Zeitschrift für Arbeits- und Organisationspsychologie, H. 4, Jg. 37, 1993, S. 163-171; Bärbel Bergmann/Andreas Fritsch u. a. (Hrsg.): Kompetenzentwicklung und Berufsarbeit, Münster 2000.

Mit dem Begriff der Basisqualifikationen fasst Mertens die Qualifikationen zusammen, die „das Allgemeinere über das Speziellere“[16] stellen. Damit sind Fähigkeiten gemeint, die Denken, Verhalten und kognitive Prozesse steuern. Dazu zählt Mertens auch das ‚Lernen lernen‘, zwar nicht als willentlichen oder motivationalen Akt, wohl aber im Schaffen der technischen Voraussetzungen.

In der universitären Ausbildung werden diese Qualifikationen bereits weitgehend vorausgesetzt und durch die Reifeprüfung (Abitur bzw. Matura) als Zulassungsbedingung definiert. Einige der Lerngegenstände, die Mertens beschreibt, werden im Rahmen der Bachelorausbildung vermittelt. Am Beispiel der Mathematik, die für die meisten Ausbildungen an der ETH Zürich obligatorisch ist, kann die Diskussion ansetzen, wo die Grenze zwischen notwendiger Basisqualifikation und der spezifischen Fachausbildung liegt. In welcher Art bzw. welche Art der Mathematik ist für die Ausbildung eines Ingenieurs notwendig? Ist dies identisch mit den Anforderungen des Architekturstudiums? Für die Studierenden stellt die Mathematik häufig ein belastendes Fach dar, wenn die Bedeutung der Inhalte für den weiteren Verlauf des Studiums nicht sichtbar ist. Dann wird Mathematik nur als Selektionsinstrument wahrgenommen und nicht als Basisqualifikation für das Masterstudium.

Die Fähigkeiten, die Mertens unter dem Begriff der ‚Horizontalqualifikationen‘ fasst, beziehen sich auf den Umgang mit Informationen und sind meiner Meinung nach eine der Kernqualifikationen in der von ihm skizzierten modernen Gesellschaft bzw. der Wissensgesellschaft. Während die Basisqualifikationen auf das Funktionieren des geistigen Apparates abzielen, beziehen sich die Horizontalqualifikationen auf Wissen über Wissen: Wie ist Wissen organisiert? Welche Wege bieten sich an, um notwendiges Wissen zu einem Bereich zu eruieren und sich diesen damit zu erschließen? Diese Qualifikationen sind offensichtlich zentral in der akademischen Ausbildung und in allen Disziplinen von großer Bedeutung. Es gehört nahezu zum Handwerk jeder Disziplin, zum einen im Fachbereich recherchieren und zum anderen die wissenschaftlichen Texte lesen und verstehen zu können. Informationen aufnehmen, zu Wissen verarbeiten und daraus neues Wissen generieren, lässt sich als

16 Mertens, Dieter: Schlüsselqualifikationen. Thesen zur Schulung für eine moderne Gesellschaft, in: Mitteilungen aus der Arbeitsmarkt- und Berufsforschung, H. 7, 1974, S. 4[illegible].

Grundlage des wissenschaftlichen Handelns beschreiben. Diese Qualifikation ist zentral für das Überleben im akademischen Umfeld. Diese Bedeutung wird vermehrt wahrgenommen, sie spiegelt sich allerdings noch nicht entsprechend in der Realität der Studienprogramme wider.

Die dritte Art von Schlüsselqualifikationen betitelt Mertens ‚Breitenelemente'. Hiermit sind spezifische Kenntnisse und Fähigkeiten gemeint, die aber in ihrer Bedeutung über den engen beruflichen Bereich hinaus gehen. Beispielsweise sind Kenntnisse des Arbeitsschutzes oder chemischer Grundprinzipien auch für Aktivitäten außerhalb des Berufes von Nutzen. Für die Breitenelemente wie auch für die ‚Vintagefaktoren', die dem Ausgleich von Wissensunterschieden zwischen Generationen dienen sollten, geht es um die Vermittlung spezifischer Wissensinhalte. Sie sind dennoch Schlüsselqualifikationen, da sie nicht auf einen spezifischen Kontext festgelegt sind, sondern sich in unterschiedliche Kontexte übertragen lassen. Durch den fachlichen Bezug zum angestrebten Beruf könnten die Breitenelemente als Ausbildungsziel in der Bachelor-Stufe gesehen werden. Hier muss die Breite des Faches vermittelt werden, nur dann können die Studierenden sich bewusst zwischen den angebotenen Master-Studiengängen entscheiden und Schwerpunkte setzen.

Zwei Qualifikationen der Vintagefaktoren scheinen besonders relevant: das geteilte Wissen (Allgemeinbildung) und kulturelle Kompetenzen. Eine breite Allgemeinbildung ist vor allem bei der Kommunikation mit Laien relevant. Die Kommunikation funktioniert dann am besten, wenn an dem Wissensstand der Laien angeknüpft werden kann. Diese Fähigkeiten sind vor allem für Personen wichtig, die in einem inter- oder transdisziplinären Umfeld arbeiten werden. Die kulturellen Kompetenzen sind in einem Bildungssystem, das auf internationale Mobilität der Studierenden ausgerichtet ist, zentral. Vielfach sind die Studierenden aber nicht auf den Umgang mit anderen Kulturen vorbereitet. Es scheint vielmehr, als würde das Ausbildungsziel dadurch erreicht, dass Studierende und Dozierende aus verschiedenen Kulturen zusammen kommen.

4. Curriculare Aspekte: Vermittelbarkeit und Prüfbarkeit von Schlüsselqualifikationen

Ausgehend von der Überlegung, dass Qualifikationen zertifizierbar, also den Kriterien der Vermittelbarkeit und Prüfbarkeit entsprechen müssen, werden im Folgenden drei Beispiele aus der Ausbildungspraxis gegeben.

4.1. Beispiel Prüfung: Master-Thesis

Zunächst möchte ich auf die Master-Thesis als ein Beispiel einer speziellen Form der Prüfung eingehen. Wie bereits angedeutet, ist diese Arbeit häufig die einzige umfassende Prüfung, in der Wissen verknüpft werden muss und Qualifikationen auf vielen verschiedenen Ebenen gezeigt und bewertet werden müssen. Die Bewertungskriterien umfassen neben der fachlichen Bewertung der Arbeit auch eine ganze Reihe von überfachlichen Kompetenzen. Die Liste der Kompetenzen, die schlussendlich zum Gelingen der Arbeit beitragen, ließe sich noch ergänzen

- Fachwissen einsetzen,
- eine geeignete Methodik zur Bearbeitung der Fragestellung anwenden,
- die Forschungsfrage definieren,
- einen angemessenen Forschungsplan entwickeln,
- die Ergebnisse kritisch diskutieren,
- die Masterarbeit regelgerecht und formal korrekt verfassen,
- die Arbeit angemessen präsentieren können,
- die Arbeit verteidigen,
- selbstständiges Arbeiten,
- Fleiß.

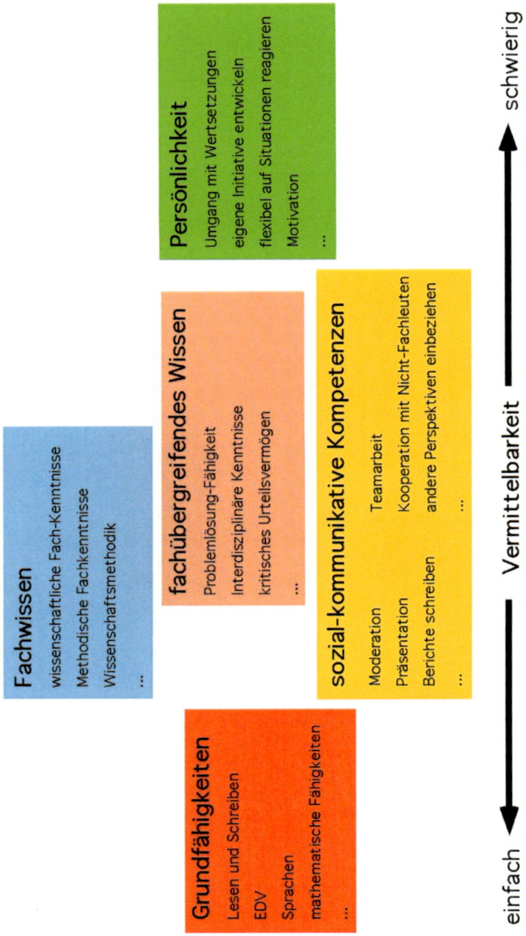

Abb. 2: Die Vermittelbarkeit von Schlüsselqualifikationen, Quelle: Woschnack und Frischknecht, 2002.

Die Vermittelbarkeit der Schlüsselqualifikationen ist recht unterschiedlich (vgl. Abb. 2), sollte aber vor dem Verfassen der Masterarbeit während des Studiums erfolgen. Im Folgenden werden zwei Unterrichtsbeispiele skizziert, die einen Beitrag zur Vermittlung dieser Qualifikationen leisten.

4.2. Beispiel Lehrveranstaltung: Bachelorseminar

Kontext und Beschreibung der Lehrveranstaltung

Zum Abschluss des Bachelorstudiums müssen die ErdwissenschaftlerInnen an der ETH Zürich eine Bachelorarbeit schreiben und diese Arbeit auf einem kleinen internen Kongress präsentieren. Um die Studierenden optimal vorzubereiten, wird eine Veranstaltung angeboten, in der sich die Studierenden Fähigkeiten im Präsentieren ihrer wissenschaftlichen Ergebnisse aneignen können.

Der Aufbau der Veranstaltung basiert zum einen auf der Vermittlung von Wissen über Präsentationstechniken. Zum anderen werden den Studierenden viele Gelegenheiten gegeben, sich in Kurzpräsentationen zu üben. Die Präsentationen werden aufgezeichnet und besprochen. In den Feedbackrunden ergeben sich Erkenntnisse über das Wesen von wissenschaftlichen Präsentationen, den Nutzen der konventionellen Struktur, über das Wechselspiel zwischen Redner und Zuhörern, die Wirkung von verschiedenen Techniken (z. B. Gestaltung von Powerpoint, Sprache und Sprechen) und anderes mehr.

Position und Relevanz im Curriculum

Das Seminar ist so terminiert, dass die Studierenden ihren Bachelorvortrag auf Basis der Kurse vorbereiten können. Zum Teil können bereits Abschnitte der Arbeit präsentiert werden, so dass der Nutzen für diese Studierenden besonders groß ist. Das Seminar stellt ein Angebot dar, an dem die Studierenden freiwillig teilnehmen können. Es gibt keine Kreditpunkte.

Vermittelbarkeit

Die Vermittelbarkeit ist hoch. Wissenschaftliche Erkenntnisse aus der Kommunikationsforschung, Erfahrungen mit Präsentationen lassen sich gut in Inputs fassen und vermitteln. Der Einsatz von videogestütztem Feedback unterstützt zudem individuelle Reflexionsprozesse.

Leistungskontrolle

Der Vortrag auf dem Bachelorkongress gehört zu der Überprüfung der Leistung in der Bachelorarbeit. Die Juroren arbeiten mit einem Bewertungskatalog. Die Kriterien, die dort begutachtet werden, sind ebenfalls die Kriterien, auf die während des Seminars besonderer Wert gelegt wird. Die Bewertung des Vortrags wirkt sich aber praktisch nicht auf die Bewertung der Bachelorarbeit aus.

Diskussion

Das Angebot ermöglicht den Studierenden zu einem günstigen Zeitpunkt, die notwendigen überfachlichen Qualifikationen für die Präsentation der Bachelorarbeit zu erwerben. Die Verankerung im Curriculum ist lose. Meiner Ansicht nach ist es nicht zwingend notwendig, dass eine solche Veranstaltung als verpflichtend angeboten wird. In der Leistungskontrolle während des Vortrags beim Bachelorkongress wird die Präsentationsfähigkeit begutachtet. Woher die Fähigkeiten stammen, spielt keine Rolle. Wichtig ist aber, dass der Studiengang die Möglichkeit bietet, die erwarteten Kompetenzen zu erwerben.

4.3. Beispiel: ETH-UNS Fallstudie[17]

Kontext und Beschreibung der Lehrveranstaltung

Diese Fallstudie ist ein Großprojekt, in dem die Studierenden ihre Fähigkeiten zur transdisziplinären Problemanalyse und -lösung anwenden. Anders als in klassischen Fallstudien, wird hier nicht ein vergangenes Ereignis aufgearbeitet, sondern in Form von Projektunterricht an einem ‚echten Fall' in Kooperation mit den Akteuren gearbeitet. Da ein ganzer Jahrgang gemeinsam mit dem Projektpartner an dem Fall arbeitet, sind vor allem auch Schlüsselqualifikationen wie das Arbeiten in Gruppen, Kommunikation, das Arbeiten mit Daten sehr unterschiedlicher Qualität, Erfassen und Analysieren von komplexen Systemen etc. von großer Bedeutung.

Diese Schlüsselqualifikationen werden implizit geschult oder geübt. Im Vordergrund steht für die Studierenden die fachliche Arbeit am Fall, um in der Problemlösung weiter zu kommen. Besonders die Anforderungen

17 Vgl. Harald A. Mieg/Michael Stauffacher u. a.: Zukunft Schiene Schweiz. ETH UNS Fallstudie 2000, Zürich 2001.

auf der Metaebene (Gruppenprozesse, Kooperation mit Externen etc.) werden dabei von einigen Studierenden als störend empfunden, während andere Studierende die Chance nutzen, auch auf dieser Ebene etwas zu lernen.

Position und Relevanz im Curriculum

Die Teilnahme an der Fallstudie war obligatorisch.

Vermittelbarkeit

Der Erwerb der Schlüsselqualifikationen erfolgt integriert in der Projektarbeit. Die Intensität der Projektarbeit und die Konzentration auf die Lösung des Falls erfordert eine intensive Betreuung durch die Tutorinnen und Tutoren. Die Vermittlung erfolgt zum Teil über Vorlesungen und Workshops zu konkreten Methoden und weitgehend in Form von Coaching. Neben der sachlichen Reflexion des Projektfortschritts ist für den individuellen Lernprozess und den Gruppenprozess vor allem auch ein Feedback auf der Metaebene notwendig.

Leistungskontrolle

Es wird keine Leistungskontrolle durchgeführt. Die Studierenden erhalten formatives Feedback während der Veranstaltung.

Diskussion

Die Projektarbeit in dieser Form der Fallstudie erfordert sehr viele verschiedene Schlüsselqualifikationen. Da die Fallstudie in der Schlussphase des Studiums durchgeführt wird, ist sie eine erste berufsnahe Anwendung des erworbenen Fachwissens. Die Komplexität des Projekts führt dazu, dass die Studierenden ein Stück weit ins kalte Wasser geworfen werden. Neben einem theoretischen Zugang zu einigen Schlüsselqualifikationen (z. B. Wissen über Gruppenprozesse, Einsatzbereiche der verschiedenen Fallstudienmethoden etc.) erleben die Studierenden diese sehr direkt und intensiv. In diesem Ausbildungsteil werden Schlüsselqualifikationen gefordert und gefördert.

5. Diskussion

Die Integration von Schlüsselqualifikationen in die universitäre Ausbildung ist genauso notwendig, wie diese explizit in den Curricula der Studiengänge aufzunehmen. Wie die Beispiele nur andeuten können, gibt es didaktische Methoden, um bestimmte Arten von Schlüsselqualifikationen auszubilden. Allerdings wird in den Beispielen auch deutlich, dass es problematisch ist, die Schlüsselqualifikationen zu explizieren und zu überprüfen. Der Bachelorkongress ist ein Beispiel dafür, wie die erworbenen Schlüsselkompetenzen expliziert und im Diploma Supplement aufgeführt werden können. Im anderen Beispiel, der Fallstudie, ist dies nicht möglich. Zwar können Kompetenzen aufgelistet werden, die Zertifizierung findet jedoch nur auf informellem Weg statt, z. B. in Form einer qualitativen Beschreibung in Arbeitszeugnissen. Diese sind zwar für die Studierenden hilfreich im Sinne eines formativen Feedbacks und ein wertvoller Beleg für den Arbeitgeber, sie sind im Diploma Supplement jedoch nur schwer auszuweisen.

Hier entsteht ein Dilemma. Auf der einen Seite ist das auf Mobilität ausgerichtete System darauf angewiesen, dass alle relevanten Teilkompetenzen, die zur Erlangung eines Abschlusses vorgeschrieben sind, explizit ausweisbar und geprüft sein müssen. Und einige Schlüsselqualifikationen (z. B. Umgang mit Informationen und Wissen) haben darin in der Tat eine Schlüsselrolle. Nur wenn diese deklariert werden, können Eingangsvoraussetzungen definiert werden und nur dann ist klar, auf welchem Qualifikationsniveau die Studiengänge aufbauen können. Auf der anderen Seite steht die Kompetenzorientierung der Studiengänge, die in einer strengen Lesart auf größere Kompetenzbündel hin ausgerichtet ist. In größeren Modulen können komplexere und realitäts- bzw. berufsnähere Kompetenzen entwickelt werden. Dabei verschmelzen das Fachwissen, Schlüsselqualifikationen und Erfahrungen miteinander und die Teilkompetenzen sind nicht mehr sichtbar. Dieses Dilemma ist ein grundsätzliches Problem der Bologna-Reform zwischen der sorgfältigen Zertifizierung von Teilkompetenzen und dem Streben nach übergreifenden Kompetenzen.

Literaturverzeichnis

Baethge, Martin: Institutionalisierung oder Individualisierung – Arbeit und Bildung im Übergang zur Informationsgesellschaft, in: Hanja Hansen/Beatrice Sigrist/Hermann Landoldt (Hrsg.): Bildung und Arbeit – Das Ende einer Differenz?, Aarau 1999, S. 19-38.

Bergmann, Bärbel/Fritsch, Andreas u. a. (Hrsg.): Kompetenzentwicklung und Berufsarbeit, Münster 2000.

CRUS: Qualifikationsrahmen für den schweizerischen Hochschulbereich (nqf.ch-HS). Version für die nationale Tagung am 29. Januar 2008. Ein Projekt von CRUS, KFH und COHEP in Zusammenarbeit mit dem OAQ, 2008; Onlinedokument http://www.crus.ch/dms.php?id=4623 [07. 07. 2009].

Departement Umweltnaturwissenschaften: Wegleitung für den Studiengang Umweltnaturwissenschaften – Studienjahr 2002/2003, ETH Zürich 2002.

Detterman, Douglas K.: The Case for the Prosecution. Transfer as an Epiphenomenon, pp. 1-24, in: ders./Robert J. Sternberg (eds.): Transfer on Trial. Intelligence, Cognition and Instruction, Norwood 1993.

Didi, Hans-Jörg/Fay, Ernst/Kloft, Carmen u. a.: Einschätzungen von Schlüsselqualifikationen aus psychologischer Perspektive, Bonn 1993.

Erhardt, Manfred: Ist das momentane Institutionenspektrum im tertiären Bereich noch zukunftsfähig?, in: Silvia Matalik/Diethard Schade (Hrsg.): Entwicklungen in Aus- und Weiterbildung, Baden-Baden 1998.

European Ministers of Education: The Bologna Declaration. Joint declaration of the European Ministers of Education Convened in Bologna on the 19th June 1999. Retrieved Oktober 2002; Onlinedokument http://www.cepes.ro/information_services/sources/on_line/bologna.pdf [07. 07. 2009].

Greif, Monika: Ingenieurqualifikation im Umbruch – Aus der Sicht der Hochschulen. Präsentation bei ‚Ingenieure für die Zukunft': Ingenieurqualifikationen – Basis für Innovation und Technologie im internationalen Wettbewerb, Saarbrücken 1995.

Grob, Urs/Maag Merki, Katharina: Überfachliche Kompetenzen: Theoretische Grundlagen und empirische Erprobung eines Indikatorensystems, Bern 2001.

Hacker, Wilfried/Skell, Wolfgang: Lernen in der Arbeit, Berlin 1993.

Häfeli, Kurt/Gasche, Mark: Beruf und Berufsfeld: Konzeptionelle Überlegungen zu kontroversen Begriffen. Bundesamt für Berufsbildung und Technologie, Bern 2002.

Jäger, Peter: Der Erwerb von Kompetenzen als Konkretisierung der Schlüsselqualifikationen – eine Herausforderung an Schule und Unterricht; Onlinedokument http://www.opus-bayern.de/uni-passau/volltexte/2003/17/pdf/jaeger.pdf [07. 07. 2009].

Joint Quality Initiative: Shared ‚Dublin' descriptors for Short Cycle, First Cycle, Second Cycle and Third Cyle Awards, Dublin 2004; Onlinedokument http://www.crus.ch/dms.php?id=4702 [07. 07. 2009].

Leu, Andrea/Rütter, Heinz/de Bary, Heinz: Die Wirksamkeit der Ingenieurausbildung in der Schweiz, Zürich 1996.

Mertens, Dieter: Schlüsselqualifikationen. Thesen zur Schulung für eine moderne Gesellschaft, in: Mitteilungen aus der Arbeitsmarkt- und Berufsforschung, H. 7, 1974, S. 36-43.

Mieg, Harald A./Stauffacher, Michael u. a.: Zukunft Schiene Schweiz. ETH UNS Fallstudie 2000, Zürich 2001.

Mieg, Harald A./Woschnack, Ute: Die berufliche Identität von Umweltdienstleistern, in: Arbeit, H. 3, 2002, S. 185-198.

Rauner, Felix: Der berufswissenschaftliche Beitrag zur Qualifikationsforschung und Curriculumsentwicklung, in: ders./Jörg-Peter Pahl/Georg Spöttl (Hrsg.): Berufliches Arbeitsprozesswissen. Ein Forschungsgegenstand der Berufsfeldwissenschaften, Baden-Baden 1999, S. 339-363.

Sonntag, Karlheinz/Schäfer-Rauser, Ulrich: Selbsteinschätzung beruflicher Kompetenzen bei der Evaluation von Bildungsmaßnahmen, in: Zeitschrift für Arbeits- und Organisationspsychologie, H. 4, Jg. 37, 1993, 163-171.

Stangel-Meseke, Martina: Schlüsselqualifikationen in der betrieblichen Praxis: Ein Ansatz in der Psychologie, Wiesbaden 1994.

Staudt, Erich/Kottmann, Marcus (Hrsg.): Employability von Naturwissenschaftlern und Ingenieuren. Herausforderungen an die Kompetenzentwicklung in dynamischen Wirtschaftsbereichen – Aufgezeigt am Beispiel der Chemiker, Institut für angewandte Innovationsforschung IAI, Bochum 1999.

Teichler, Ulrich: Ist Studium wissenschaftliche Berufsausbildung? Paper für die GEW-Wissenschaftskonferenz ‚Innovation und Partizipation', Bad Honnef 1999.

Weinert, Franz E.: Concepts of Competence (Definition and Selection of Competencies), Max Planck Institute for Psychological Research, München 1999.

Woschnack, Ute/Frischknecht, Peter: Umweltnaturwissenschafterinnen und Umweltnaturwissenschafter der ETHZ – Übergang in die Erwerbstätigkeit – oder: Was kommt nach dem Studium? (Absolventenbericht Erstbefragung), Zürich 1999.

dies.: Schlüsselqualifikationen – Vom Arbeitsmarkt verlangt! Von der Hochschule gelehrt?, in: Personal, H. 10, 2002, S. 26-30.

dies.: Qualifikationen von Umweltfachleuten – Untersuchungen zum schweizerischen Markt für professionalisierte Umweltdienstleistungen; Onlinedokument http://opac.nebis.ch [07. 07. 2009].

dies./Eugster, Balthasar/Schatz, Wolfgang: Prüfungen als Schlüsselement kompetenzbasierter Curricula – das Lernziel-Leistungskontrollorientierte Curricummodell (LLC), in: Sigrid Dany/Birgit Szczyrba/Johannes Wildt (Hrsg.): Prüfungen auf der Agenda!, Blickpunkt Hochschuldidaktik, Arbeitsgemeinschaft für Hochschuldidaktik, Bd. 118, Bielefeld 2008.

Die Autorinnen und Autoren

Albert Albers

ist Ordinarius des Instituts für Produktentwicklung an der Universität Karlsruhe (TH). Seine Forschungsschwerpunkte liegen in den Bereichen der Antriebstechnik, Mechatronik, Entwicklungsmethodik und des Computer-Aided-Engineering. Außerdem ist er Präsident des Allgemeinen Fakultätentages (AFT) und Mitglied im Lenkungsausschuss des House of Competence (HoC) am Karlsruher Institut für Technologie (KIT). Er ist u. a. Mitglied des Vereins Deutscher Ingenieure (VDI) und der American Society of Mechanical Engineers (ASME).

Publikationen u. a.:

- Zusammen mit Norbert Burkardt und Tobias Düser: Competence-profile oriented education with the Karlsruhe Education Model for Product Development (KaLeP), in: World Transactions on Engineering and Technological Education, No. 2, Vol. 5, 2006.
- Zusammen mit Sven Matthiesen: Maschinenbau im Informationszeitalter – Das Karlsruher Lehrmodell, in: 44. Internationales Wissenschaftliches Kolloquium 1999, Ilmenau.

Reiner Anderl

studierte Maschinenbau an der Universität Karlsruhe (TH) und promovierte dort 1984. Nach einer Anstellung als Technischer Leiter im Bereich Anlagenbau habilitierte Anderl 1991 an der Universität Karlsruhe (TH). 1993 wechselte er an die Technische Universität Darmstadt zum neugegründeten Fachgebiet ‚Datenverarbeitung in der Konstruktion (DIK)'. Seit 2005 ist Anderl Vizepräsident der TU Darmstadt mit den Aufgaben Wissens- und Technologietransfer, Kooperation mit Wirtschaft und Wissenschaft, Unternehmensgründungen, Patentmanagement sowie Internationale Beziehungen und Alumni. Daneben ist er Mitglied in der Akademie der Wissenschaften und der Literatur, der Zentralen Evaluierungs- und Akkreditierungsagentur (ZEvA) sowie der Kommission für IT-Infrastruktur der DFG.

Publikationen u. a.:

- Zusammen mit Diana Völz und Thomas Rollmann: Knowledge Integration in Global Engineering in Enterprise and Interoperability, Berlin 2008.
- Zusammen mit Adam Polly und Günter Staub: Produktqualität durch Konstruktionsqualität: Modelle und Methoden für das Qualitätsmanagement in der Konstruktion, hrsg. vom Deutschen Institut für Normung e. V., Berlin/Wien/Zürich 1997.

Jochen Berendes

ist wissenschaftlicher Mitarbeiter am ZAK | Zentrum für Angewandte Kulturwissenschaft und Studium Generale der Universität Karlsruhe (TH) mit dem Arbeitsschwerpunkt Koordination der Lehre. Nach dem Studium der Germanistik und Philosophie an den Universitäten Münster, Wien und Tübingen folgten verschiedene berufliche Tätigkeiten in den Bereichen Ethik, Germanistik und Theologie. 1991-1996 und 2003-2008 Mitarbeiter am Interfakultären Zentrum für Ethik in den Wissenschaften (IZEW) der Universität Tübingen. 2003-2005 Koordinator des Landesweiten wissenschaftlichen Begleitprogramms zur Einführung des Ethisch-Philosophischen Grundlagenstudiums (EPG) in Baden-Württemberg. 2005-2008 Mitinitiator und wissenschaftlicher Mitarbeiter im Projekt ‚Verantwortung wahrnehmen' am IZEW. Promotion mit einer literaturwissenschaftlichen Dissertation über Adalbert Stifter.

Publikationen u. a.:

- (Hrsg.): Autonomie durch Verantwortung. Impulse für die Ethik in den Wissenschaften, Paderborn 2007.
- Zusammen mit Georg Mildenberger, Magdalena Steiner und Maria Trübswetter: Ethik als Schlüsselqualifikation. Das Projekt ‚Verantwortung wahrnehmen' an den Universitäten Tübingen und Freiburg, in: Johannes Rohbeck (Hrsg.): Hochschuldidaktik Philosophie (= Jahrbuch für Didaktik der Philosophie und Ethik 2007), Dresden 2007, S. 137-163.

Günther Bergmann

absolvierte ein Studium der Psychologie, Völkerkunde und Soziologie in Marburg und Gießen. Nach Trainer- und Beratungstätigkeiten für verschiedene Unternehmen ist er seit 1993 als Professor für Personalmanagement an der Hochschule Pforzheim tätig. Seine Forschungs- und Beratungsschwerpunkte liegen auf dem Gebiet der Personal- und Organisationsentwicklung.

Publikationen u. a.:

- Studie zur internationalen Personalentwicklung. Personalentwicklung für Expatriates während des Auslandseinsatzes, in: Personalführung, H. 7, 2005, S. 18-31.
- Bildungscontrolling – Transfer – Evaluation, in: Erika Regnet/Laila Hoffmann: Innovative Weiterbildungskonzepte, 3. Aufl., Göttingen 2003, S. 267-280.
- Zusammen mit Meinulf Kolb (Hrsg.): Qualitätsmanagement im Personalbereich. Konzepte für Personalwirtschaft, Personalführung und Personalentwicklung, Landsberg am Lech 1997.

Stefan Brall

studierte Pädagogik mit den Schwerpunkten Erwachsenenbildung und Organisationswissenschaft an der Universität Köln sowie Sozialarbeit an der Universität Siegen. Seit 2001 ist er als Mitarbeiter im Bereich der Kommunikations- und Organisationsentwicklung am Zentrum für Lern- und Wissensmanagement/Lehrstuhl Informationsmanagement im Maschinenbau (ZLW/IMA) an der RWTH Aachen tätig. Seine Arbeitsschwerpunkte liegen in den Bereichen der Hochschul- und Personalentwicklung. Zurzeit arbeitet Brall an seiner Dissertation zu dem Thema arbeitsbegleitender überfachlicher Kompetenzentwicklung an technischen Universitäten.

Publikationen u. a.:

- Zusammen mit Ingo Leisten und Frank Hees: Everyone wants them – we enable them: communicative engineers, in: Tunku Abdul Rahman College (ed.): International Conference on Learning and Teaching, Kualalumpur 2008.

- Zusammen mit Klaus Henning und Gero Bornefeld: Mechanical engineering at RWTH Aachen University: professional curriculum development and teacher training, in: European Journal of Engineering Education, Issue 4, Vol. 32, 2007, pp. 387-399.
- Zusammen mit Frank Hees und Klaus Henning: Integrated Learning and Knowledge Management at the University, in: University of the Western Cape (ed.): Researching Work and Learning, Bellville 2007, pp. 90-96.

Norbert Burkardt

ist als Oberingenieur am Institut für Produktentwicklung an der Universität Karlsruhe (TH) tätig. Er forscht vor allem auf den Gebieten der Entwicklungsmethodik, des Wissensmanagements sowie der Innovationsstrategien.

Publikationen u. a.:

- Zusammen mit Albert Albers und Tobias Düser: Competence-profile oriented education with the Karlsruhe Education Model for Product Development (KaLeP), in: World Transactions on Engineering and Technological Education, No. 2, Vol. 5, 2006.

Tobias Deigendesch

ist wissenschaftlicher Mitarbeiter am Institut für Produktentwicklung an der Universität Karlsruhe (TH) und im Bereich der Lehre für die Integrierte Produktentwicklung zuständig. Seine Forschungsinteressen liegen in den Bereichen der Entwicklungsmethodik und der Konstruktionsunterstützung.

Publikationen u. a.:

- Zusammen mit Albert Albers, Norbert Burkardt und Mirko Meboldt: Enabling Key Competencies by Educational Project Work Exemplified by Teamwork and Cooperation, in: Proceedings Engineering and Product Design Education Conference, Barcelona 2009.

Willi Fuchs

war als promovierter Maschinenbauingenieur u. a. als Lehrbeauftragter an der University of Houston, als Vorstandsvorsitzender der Akkreditierungsagentur für Studiengänge der Ingenieurwissenschaften, Informatik und Naturwissenschaften (ASIIN) sowie als Präsident der Föderation Europäischer Nationaler Ingenieurverbände (FEANI) tätig. Seit 1999 ist er Direktor und geschäftsführendes Mitglied des Präsidiums des Vereins Deutscher Ingenieure (VDI).

Harald Gapski

studierte Kommunikationswissenschaft und Philosophie an der Universität Essen (M.A. 1993), anschließend im Rahmen eines Fulbright Stipendiums Media Studies an der New School for Social Research in New York (M.A. 1995). 2001 promovierte er zum Thema Medienkompetenz an der Universität Essen. Er arbeitete 1994-1995 am Center for Children and Technology/New York, war 1996 wissenschaftlicher Mitarbeiter am Europäischen Medieninstitut in Düsseldorf und ist seit 1997 Leiter der Projektentwicklung und Projektleiter sowie seit 2001 Prokurist der ecmc Europäisches Zentrum für Medienkompetenz GmbH in Marl.

Publikationen u. a.:

- (Hrsg.): Medienkompetenzen messen? Verfahren und Reflexionen zur Erfassung von Schlüsselkompetenzen (= Schriftenreihe Medienkompetenz des Landes Nordrhein-Westfalen, Bd. 3), Düsseldorf/München 2006.
- (Hrsg.): Leitbilder für die Wissensgesellschaft. Fallbeispiele, Strategien und Reflexionen (= Schriftenreihe Medienkompetenz des Landes Nordrhein-Westfalen, Bd. 1), Düsseldorf/München 2005.
- Medienkompetenz. Eine Bestandsaufnahme und Vorüberlegungen zu einem systemtheoretischen Rahmenkonzept, Wiesbaden 2001.

Hermann Glaser

ist als Kulturberater tätig. Bis 1990 war er Vorsitzender des Kulturausschusses im Deutschen Städtetag und von 1964 bis 1990 Schul- und Kulturdezernent der Stadt Nürnberg. Glaser ist Mitglied der Vereinigung P.E.N. und Honorarprofessor an der Technischen Universität Berlin. Vom

Sommersemester 1996 bis zum Wintersemester 1997/98 hatte er die Stiftungsprofessur der L-Bank am Interfakultativen Institut für Angewandte Kulturwissenschaft der Universität Karlsruhe (TH) inne. Glaser ist Autor zahlreicher Bücher zur Kultur- und Geistesgeschichte.

Publikationen u. a.:

- Georg Wilhelm Friedrich Hegel. Weltgeist in Franken, Gunzenhausen 2008.
- Die 60er Jahre. Deutschland zwischen 1960 und 1970, Hamburg 2007.
- Wie Hitler den deutschen Geist zerstörte: Kulturpolitik im Dritten Reich, Hamburg 2005.

Jens Görisch

studierte in Kiel Geographie, Volkswirtschaftslehre und Regionalwissenschaft. Nach dem Diplom 1999 arbeitete er vier Jahre als wissenschaftlicher Mitarbeiter am Fraunhofer Institut für System- und Innovationsforschung (ISI), Karlsruhe, im Bereich Regionalentwicklung und Innovationsdienstleistungen. Seit 2004 ist er als wissenschaftlicher Mitarbeiter am ZAK | Zentrum Zentrum für Angewandte Kulturwissenschaft und Studium Generale der Universität Karlsruhe (TH), u. a. im Projekt ‚Verbund Schlüsselqualifikationen an Technischen Universitäten' und als geschäftsführender Assistent tätig. Seit Mai 2009 ist er Geschäftsführer des ZAK.

Publikationen u. a.:

- Zusammen mit Susanne Bührer: Netzwerkanalysen als Evaluationsinstrument: Methoden und Fallbeispiele, in: Susanne Bührer/Stefan Kuhlmann (Hrsg.): Politische Steuerung von Innovationssystemen? Potenziale der Evaluation von Multi-Akteur-/Multi-Maßnahmenprogrammen, Stuttgart 2003, S. 203-224.
- Zusammen mit Marianne Kulicke: Welche Bedeutungen haben Hochschulen für das regionale Gründungsgeschehen? Zur Qualifizierungsfunktion von Hochschulen für technologieorientierte Gründungen, in: Knut Koschatzky (Hrsg.): Innovative Impulse für die Region – Aktuelle Tendenzen und Entwicklungsstrategien, Stuttgart 2003, S. 169-193.

Wim Görts

studierte Germanistik und Politikwissenschaft an der Rijksuniversiteit Utrecht und der Freien Universität Berlin und später Metalltechnik/Fertigungstechnik an der Technischen Universität Berlin. Er arbeitete mehrere Jahre als Facharbeiter in Klein- und Großbetrieben (Industrie). Nach einer siebenjährigen Tätigkeit in der Forschung und Studienreform als wissenschaftlicher Mitarbeiter an der Technischen Universität Berlin im Bereich der Ingenieurwissenschaften ist er seit 1999 wissenschaftlicher Angestellter der Hochschuldidaktischen Arbeitsstelle der Technischen Universität Darmstadt. Görts hat sich spezialisiert in der Ausbildung von Studierenden in fachergänzenden Schlüsselkompetenzen, der erfolgreichen Anwendung von Projektveranstaltungen und E-Learning in der Lehre, der Qualifizierung von älteren Studierenden als Tutoren und der Integration von internationalen Studierenden.

Publikationen u. a.:

- Zusammen mit Anne Brulez und Edwin Herrmann: ‚Sprungbrett Zukunft' an der TU Darmstadt: Eine neue Qualität in der Schlüsselqualifikationsausbildung, in: Das Hochschulwesen, H. 4, Jg. 56, 2008, S. 118-123.
- (Hrsg.): Projektveranstaltungen in den Sozialwissenschaften, Bielefeld 2003.
- (Hrsg.): Projektveranstaltungen in Mathematik, Informatik und Ingenieurwissenschaften, Bielefeld 2003.

Ingrid Isenhardt

ist als Bildungs- und Sozialwissenschaftlerin seit 1997 als stellvertretende Institutsleiterin am Zentrum für Lern- und Wissensmanagement/Lehrstuhl Informationsmanagement im Maschinenbau (ZLW/IMA) der RWTH Aachen tätig. Schwerpunktmäßig erforscht sie in interdisziplinären Projekten zwischen Geistes- und Sozialwissenschaften sowie Ingenieur- und Naturwissenschaften Lernprozesse für die Dienstleistungsgesellschaft, Personal- und Organisationsentwicklung in Industrie und Hochschule sowie Qualitätsmanagement. Darüber hinaus ist sie als Dozentin im Bereich der überfachlichen Kompetenzentwicklung tätig.

Publikationen u. a.:

- Zusammen mit Stefan Brall: Interdisziplinäre und internationale Dienstleistungsangebote als Wettbewerbsvorteil: Das Zentrum für Lern- und Wissensmanagement an der RWTH-Aachen, in: Klaus Siebenhaar (Hrsg.): Master your Service! Die Universität als Dienstleister, Berlin 2007.
- Zusammen mit Frank Hees und Klaus Henning (Hrsg.): Partizipation & Empowerment: Vordringliche Maßnahmen im Rahmenkonzept ‚Innovative Arbeitsgestaltung' des BMBF, Aachen/Mainz 2003.
- Zusammen mit Klaus Henning und Bernd Lorscheider: Dienstleistung lernen – Kompetenzen und Lernprozesse in der Dienstleistungsgesellschaft, Aachen/Mainz 1999.

Margarete Jarchow

ist Professorin für Humanities an der Technischen Universität Hamburg-Harburg und Key Professorin im Bereich Humanities am dortigen Northern Institute of Technology. Seit 2005 ist sie außerdem Sprecherin des DFG-Graduiertenkollegs ‚Kunst und Technik. Material und Form in künstlerischen und technischen Gestaltungsprozessen'.

Publikationen u. a.:

- Globalisierung durch Technologie. Zur Technik- und Kulturgeschichte des Porzellans, in: dies. (Hrsg.): Begegnungen von Kultur und Technik, Neumünster 2006, S. 63-78.
- Kreativität als Entwicklungsfaktor kultureller Kompetenz im Studium, in: Sascha Spoun/Werner Wunderlich (Hrsg.): Studienziel Persönlichkeit. Beiträge zum Bildungsauftrag der Universität heute, Mainz 2005, S. 367-377.

Bettina Jorzik

war zwischen 1992 und 2001 Referentin im Ministerium für Wissenschaft und Forschung des Landes Nordrhein-Westfalen und zwischen 2001 und 2003 Leiterin des Referats für Internationale Angelegenheiten. Seit 2003 ist sie Programmleiterin des Bereichs ‚Studienreform und akademischer Nachwuchs' beim Stifterverband für die Deutsche Wissenschaft in Essen.

Marion Kamphans

ist wissenschaftliche Mitarbeiterin am Hochschuldidaktischen Zentrum der TU Dortmund, ihre Arbeitsschwerpunkte liegen in der Bildungs- und Hochschulforschung, der Frauen- und Geschlechterforschung sowie im Bereich der Medien in der Bildung. Nach dem Volontariat bei einer Tageszeitung hat sie an der Ruhr-Universität in Bochum Sozialwissenschaft mit Schwerpunkt Politikwissenschaften studiert. Während und nach dem Studium war sie journalistische Mitarbeiterin beim WDR, wo sie im Anschluss an das Studium als Redakteurin gearbeitet hat.

Publikationen u. a.:

- Praktische Umsetzung von Gender Mainstreaming und theoretischer Diskurs: Parallelwelten oder doch eng verbunden?, in: Karin Zimmermann/dies./Sigrid Metz-Göckel (Hrsg.): Perspektiven der Hochschulforschung, Wiesbaden 2008, S. 331-351.
- Zusammen mit Nicole Auferkorte-Michaelis (Hrsg.): Gender Mainstreaming – Konsequenzen für Forschung, Studium und Lehre (= Studien Netzwerk Frauenforschung NRW), H. 8, Dortmund 2007.
- Zusammen mit Nicole Auferkorte-Michaelis: Das ‚Dortmunder-Modell' – Konzept, Vorgehen und Erfahrungen im Bologna-Prozess, in: IFF Info. Zeitschrift des Interdisziplinären Zentrums für Frauen- und Geschlechterforschung (IFF), H. 31, Jg. 23, S. 51-54.

Michael Kaschke

war nach seiner Promotion in Physik an der Friedrich-Schiller-Universität Jena zunächst in der akademischen und industriellen Forschung, u. a. bei IBM in den USA tätig, bevor er seit 1992 in der Carl Zeiss Gruppe in verschiedenen Funktionen in Forschung und Entwicklung sowie im General Management tätig war. Seit 2000 ist er Mitglied des Vorstandes, wo er für die Bereiche Medizintechnik, Mikroskopie sowie für die Konzernfinanzen verantwortlich ist. Außerdem ist er für die Region Asien zuständig und seit 2008 auch Vorstandsvorsitzender der börsennotierten Carl Zeiss Meditec AG. Kaschke lehrt regelmäßig an den Universitäten Karlsruhe und St. Gallen und ist Mitglied im Universitätsrat der Universität Jena und im Beirat des Karlsruhe Institute of Technology (KIT).

Publikationen u. a.:

- Zusammen mit Frank-Oliver Karutz: Kultur(r)evolution durch Innovation? Die veränderte Wirkung des Innovationsmanagements auf die Innovationskultur am Beispiel der Carl Zeiss AG, wo Mut zum Risiko belohnt wird, hrsg. vom Wissenschaftsmanagment, 2007.
- 125 Jahre Spectaris – Innovationen verändern die Welt, hrsg. vom Deutschen Industrieverband für Optische, Medizinische und Mechatronische Technologien e. V., Meckenheim 2006.

Andreas Keller

studierte Politik- und Rechtswissenschaft sowie Soziologie an der Philipps-Universität Marburg und promovierte 1999 zum Dr. phil. Er war zunächst in Forschung und Lehre und später als Politikberater im Deutschen Bundestag tätig, bevor er 2003 an die Hochschulverwaltung der Berliner Charité wechselte. Seit 2007 leitet er als Mitglied des geschäftsführenden Vorstandes der Gewerkschaft Erziehung und Wissenschaft (GEW) den Bereich Hochschule und Forschung. Außerdem ist Keller Bologna-Experte im Rahmen des EU/BMBF-Projektes ‚Promoting Bologna in Germany' und Mitglied der gemeinsamen Bologna-AG von BMBF (Bundesministerium für Bildung und Forschung) und KMK (Kultusministerkonferenz).

Publikationen u. a.:

- Zusammen mit Andrea Adams (Hrsg.): Vom Studentenberg zum Schuldenberg? Perspektiven der Reform der Hochschul- und Studienfinanzierung, Bielefeld 2008.
- Alma mater bolognaise. Perspektiven eines europäischen Hochschulraums im Rahmen des Bologna-Prozesses, Berlin/Frankfurt am Main u. a. 2004.
- Hochschulreform und Hochschulrevolte. Selbstverwaltung und Mitbestimmung in der Ordinarienuniversität, der Gruppenhochschule und der Hochschule des 21. Jahrhunderts, Marburg 2000.

Iris Helene Koban

studierte Romanistik, Volkskunde, Soziologie und Europäische Ethnologie in Freiburg im Breisgau und Berlin. Sie arbeitete von 1997 bis 2005 in verschiedenen Positionen im Wissenschaftskolleg zu Berlin, zuletzt als Referentin für internationale Projekte. Ab 2005 koordinierte sie als wissenschaftliche Mitarbeiterin des ZAK | Zentrum für Angewandte Kulturwissenschaft und Studium Generale an der Universität Karlsruhe (TH) das Projekt ‚Verbund SQ TH/TU' und den Bereich der Lehre. Seit April 2008 ist Koban für die Koordination des Zusatzqualifikationsangebotes der Graduiertenakademie an der Universität Heidelberg verantwortlich.

Claudius Krucker

studierte von 1994 bis 2000 Rechtswissenschaften an der Universität St. Gallen. Nach Abschluss seines Studiums war er zunächst als Projektleiter im Bereich ‚Neukonzeption Lehre' tätig, seit 2004 ist er als hauptverantwortlicher Leiter für die Entwicklung der Lehre an der Universität St. Gallen zuständig.

Klaus Mainzer

studierte Mathematik, Physik und Philosophie und habilitierte sich 1979 an der Universität Münster für das Fach Philosophie. Nach einem Heisenbergstipendium war er sieben Jahre lang Professor für Grundlagen und Geschichte der Exakten Wissenschaften und zudem vier Jahre als Prorektor an der Universität Konstanz tätig. 1988 wechselte er an den Lehrstuhl für Wissenschaftsphilosophie der Universität Augsburg und war Gründungsdirektor des dortigen Instituts für Interdisziplinäre Informatik. Seit 2008 hat Mainzer den neuen Lehrstuhl der Technischen Universität München (TUM) für Philosophie und Wissenschaftstheorie inne und ist Direktor der Carl von Linde-Akademie. Zu seinen Forschungsgebieten gehören die Komplexität von Systemen, die Chaostheorie sowie Künstliche Intelligenz. Klaus Mainzer ist Mitglied zahlreicher interdisziplinärer Institutionen und Akademien, u. a. der European Academy of Science (Academia Europaea) in London.

Publikationen u. a.:

- Komplexität, Paderborn 2008.
- Der kreative Zufall: Wie das Neue in die Welt kommt, München 2007.

- Thinking in Complexity. The Computational Dynamics of Matter, Mind, and Mankind, 5. erweiterte Aufl., Berlin/Heidelberg/New York 2007.

Matthias Maring

ist Leiter des Ethisch-Philosophischen Grundlagenstudiums am Institut für Philosophie der Universität Karlsruhe (TH). Zu seinen Forschungsschwerpunkten zählen u. a. die Wirtschafts-, Technik- und Wissenschaftsethik, die Wissenschaftstheorie und Gender Studies.

Publikationen u. a.:

- (Hrsg.): Ethisch-philosophisches Grundlagenstudium. Ein Studienbuch, 2. Aufl., Münster 2005.
- (Hrsg.): Ethisch-philosophisches Grundlagenstudium 2. Ein Projektbuch, Münster 2005.
- Zusammen mit Renate Dürr, Gunter Gebauer, Hans-Peter Schütt (Hrsg.): Pragmatisches Philosophieren. Festschrift für Hans Lenk, Münster 2005.

Sigrid Metz-Göckel

studierte Soziologie und Psychologie und war von 1976 bis 2005 Hochschullehrerin und Leiterin des Hochschuldidaktischen Zentrums und der Frauenstudien der Universität Dortmund. Sie war Initiatorin und Sprecherin des von der Deutschen Forschungsgemeinschaft geförderten ersten Graduiertenkollegs der Frauenforschung ‚Geschlechterverhältnis und sozialer Wandel. Handlungsspielräume und Definitionsmacht von Frauen' von 1993-99 sowie des Promotionskollegs ‚Wissensmanagement und Selbstorganisation im Kontext hochschulischer Lehr- und Lernprozesse' von 2003 bis Ende 2008, gefördert von der Hans Böckler-Stiftung. Zahlreiche Forschungsaufenthalte führten sie nach Berkeley und Wellesley (USA), nach Paris und Krakau. Seit ihrer Emeritierung im Jahr 2005 leitet Metz-Göckel weiterhin mehrere Forschungsprojekte und ist Redaktionsmitglied der Zeitschrift für Frauenforschung und Geschlechterstudien sowie Mitherausgeberin der Reihe ‚Geschlecht und Gesellschaft' im Verlag für Sozialwissenschaften.

Publikationen u. a.:

- Zusammen mit Marion Kamphans und Karin Zimmermann: Perspektiven der Hochschulforschung, Wiesbaden 2008.
- Zusammen mit Karin Zimmermann: Vision und Mission. Die Integration von Gender in den Mainstream europäischer Forschung, Wiesbaden 2007.
- Zusammen mit Christine Roloff: Genderkompetenz als Schlüsselqualifikation, in: Journal Hochschuldidaktik, H. 1, Jg. 13, 2002, S. 1-4.

Matthias Otten

studierte Sozialwissenschaften mit den Schwerpunkten Soziologie, interkulturelle Didaktik, Sozialrecht und Betriebswirtschaftslehre in Göttingen und war danach als wissenschaftlicher Mitarbeiter am ZAK | Zentrum für Angewandte Kulturwissenschaft und Studium Generale der Universität Karlsruhe (TH) sowie als freiberuflicher Trainer tätig. 2004 promovierte er über die ‚Strukturellen Bedingungen des sozialen Handelns in interkulturellen Bildungskontexten'. Von 2003 bis 2009 war er als wissenschaftlicher Mitarbeiter und als Referent des Vizepräsidenten für Studium und Lehre an der Universität Koblenz-Landau tätig. Seit Mai 2009 ist er Professor für Politikwissenschaft am Institut für Interkulturelle Bildung und Entwicklung (Fakultät für Angewandte Sozialwissenschaften) an der Fachhochschule Köln.

Publikationen u. a.:

- academicus interculturalis? Communities of practice and cosmopolitan profession in Higher Education, in: Intercultural Education, No. 2, Vol. 20, Special issue: Interculturality and Higher Education (im Druck).
- Zusammen mit Alexander Scheitza und Andrea Cnyrim (Hrsg.): Interkulturelle Kompetenz im Wandel (Bd. 1: Grundlegungen, Konzepte und Diskurse/Bd. 2: Ausbildung, Training und Beratung), Frankfurt am Main 2007.
- Interkulturelles Handeln in der globalisierten Hochschulbildung. Eine kultursoziologische Studie, Bielefeld 2006.

Marcus-Christian von Pock

studierte Betriebswirtschaftslehre und International Management in Mittweida und ist seit 1998 als Personalreferent bei der Carl Zeiss Gruppe tätig. Ab 2001 war er Leiter der Abteilung ‚Personalmanagement Chirurgische Geräte'. Im Jahr 2005 wurde er zum Director Human Resource Management der Carl Zeiss Surgical GmbH ernannt.

Joao Porto de Albuquerque

absolvierte im Jahr 2002 ein Bachelorstudium der Informatik und promovierte im Jahr 2006 an der Universität Campinas/Brasilien. Während der Doktorarbeit absolvierte er mit Unterstützung des Deutschen Akademischen Austauschdienstes (DAAD) einen Forschungsaufenthalt an der Universität Dortmund. Nach einem Forschungsstipendium der Alexander von Humboldt-Stiftung am Department Informatik der Universität Hamburg 2006-2008 hat er seit 2008 eine Professur für Information Systems an der Schule für Künste, Natur- und Humanwissenschaften der Universität Sao Paulo.

Publikationen u. a.:

- Zusammen mit Edouard Simon, Arno Rolf und Jan-Hendrik Wahoff: The Challenge of Transdisciplinarity in Information Systems Research: Towards an Integrative Platform, in: Aileen Cater-Steel/Latif Al Hakim (eds.): Information Systems Research Methods, Epistemology and Applications. Hershey, Pennsylvania 2008, pp. 88-103.
- Zusammen mit Arno Rolf und Edouard Simon: Ein transdisziplinärer Rahmen für die GeNeMe, in: Klaus Meissner/Martin Engelien: Virtuelle Organisation und Neue Medien 2007/Workshop GeNeMe 2007 – Gemeinschaften in neuen Medien, Dresden 2007.

Karlheinz Rein

ist als Diplom-Physiker und promovierter Biologe seit 2005 als Projektleiter für den Bereich ‚New Business in der Forschung und Technologie' bei der Carl Zeiss AG verantwortlich. Seit 2007 ist er zudem Assistent des Vorstandes, wobei er strategische Aufgaben im Bereich der Medizintechnik und Mikroskopie wahrnimmt.

Caroline Y. Robertson-von Trotha

ist Gründungsmitglied und Direktorin des Zentrums für Angewandte Kulturwissenschaft und Studium Generale der Universität Karlsruhe (TH). Sie promovierte in Soziologie zum Thema ‚Ethnische Identität' und habilitierte sich 2004 an der Universität Karlsruhe (TH). Sie ist stellvertretende Vorsitzende im Fachausschuss Kultur der Deutschen UNESCO-Kommission, im Wissenschaftsforum ‚Migration und Integrationspolitik in Baden-Württemberg' und im Beirat der Carl von Linde-Akademie. An der Universität Karlsruhe (TH) ist sie Mitglied im Lekungsgremium des neu gegründeten KIT-Schwerpunkts ‚Mensch und Technik' sowie Sprecherin des KIT-Kompetenzfeldes ‚Cultural Heritage and Dynamics of Change'. Ihre Forschungsschwerpunkte sind Transdisziplinärer Kompetenzerwerb, Theorie und Praxis der Öffentlichen Wissenschaft, Multikulturalität und Integration sowie Internationalisierung der Hochschulen.

Publikationen u. a.:

- Dialektik der Globalisierung. Kulturelle Nivellierung bei gleichzeitiger Verstärkung kultureller Differenz, Karlsruhe 2009.
- (Hrsg.): Tod und Sterben in der Gegenwartsgesellschaft. Eine interdisziplinäre Auseinandersetzung, Baden-Baden 2008.
- (Hrsg.): Multikulturalität – Interkulturalität? Probleme und Perspektiven der multikulturellen Gesellschaft, 2. veränderte und erweiterte Aufl., Baden-Baden 2000.

Arno Rolf

hat seit 1986 eine Professur für Informatiksysteme und Gesellschaft am Department Informatik der Universität Hamburg inne. Seine Forschungsschwerpunkte liegen vor allem im Bereich der Interdisziplinären Technikforschung, der Informatiksysteme in Organisationen und globalen Gesellschaften sowie der Umweltinformatik.

Publikationen u. a.:

- MIKROPOLIS 2010. Menschen, Computer, Internet in der globalen Gesellschaft, Marburg 2008.

- Zusammen mit Detlev Krause, Marcel Christ und Edouard Simon: Wissen, wie alles zusammenhängt – Das Mikropolis-Modell als Orientierungswerkzeug für die Gestaltung von Informationstechnik in Organisationen und Gesellschaft, in: Informatik Spektrum, No. 4, Vol. 29, 2006.
- Orientierungskompetenz – Wege, Hindernisse, Potenziale, in: Georg Schreyögg/Peter Conrad (Hrsg.): Managementforschung, H. 16, Wiesbaden 2006, S. 259-284.

Uli Rothfuss

ist Professor für Kulturwissenschaft mit dem Forschungsschwerpunkt Verbale Kommunikation und Autor von über 20 belletristischen Büchern. Seit 2007 ist er Rektor der IB-Hochschule Berlin, einer staatlich anerkannten Hochschule für Soziales, Kommunikation, Wirtschafts- und Erziehungswissenschaften. Darüber hinaus ist Rothfuss Mitglied im Internationalen P.E.N. und Vorsitzender der Europäischen Autorenvereinigung ‚Die KOGGE'.

Publikationen u. a.:

- Vom Atmen der Steine. Gedichte, Ludwigsburg 2006.
- Leila lacht. Ihre Geschichte, Anfang und Ende. Roman, Schweinfurt 2004.

Hartwig Rüll

studierte Physik an den Universitäten München und Hamburg und promovierte im Bereich der Experimentellen Physik. Nachdem er in der Forschung – vor allem in den Bereichen Biometrie, Photonics und der künstlichen Intelligenz – tätig war, arbeitete er bis 2005 als Berater des Bereichsvorstandes bei der Siemens AG. Seit 2005 ist er selbstständiger Berater bei Siemens und PriceWaterHouseCoopers sowie Dozent an der Technischen Universität München (TUM), der Carl von Linde-Akademie sowie an der Bayerischen Eliteakademie.

Petra Selent

absolvierte 1999 ihr Studium der Raumplanung in Dortmund. Nach ihrer Mitarbeit am Rektoratsprojekt ‚Qualität und Innovation – Geschlechtergerechtigkeit als Reformstrategie (QUeR)' wechselte sie als wissenschaftliche Mitarbeiterin an das Hochschuldidaktische Zentrum der Technischen Universität Dortmund. Dort ist sie seitdem für die Bereiche Gender, Fach- und Lehrkultur verantwortlich. Außerdem ist Selent als hochschuldidaktische Moderatorin tätig.

Publikationen u. a.:

- Zusammen mit Annette Ladwig: Shift from teaching to learning and jobbing. Ein Modell zur Integration der studentischen Jobkompetenzen in das ingenieurwissenschaftliche Studium, in: Brigitte Berendt/Hans Peter Voss/Johannes Wildt (Hrsg.): Neues Handbuch Hochschullehre, Teil G: Schlüsselqualifikationen und wissenschaftliches Arbeiten. Kooperation und Teamwork, Berlin 2006.
- Zusammen mit Sigrid Metz-Göckel und Ilse Kamski: Riskieren, promovieren und profilieren – wissenschaftliche Nachwuchsförderung als universitäres Profilelement, in: Personal- und Organisationsentwicklung in Einrichtungen der Lehre und Forschung. Ein Forum für Führungskräfte, Moderatoren, Trainer, Programm-Organisatoren (P-OE), H. 2, Jg. 1, 2006, S. 40-47.

Edouard J. Simon

studierte Politische Wissenschaft und Informatik in Hamburg und Duisburg und war am Department Informatik der Universität Hamburg als wissenschaftlicher Mitarbeiter tätig. Seit 2008 arbeitet er als freier IT-Berater in Berlin. Seine Forschungs- und Interessensschwerpunkte liegen in der Interdisziplinären Innovations- und Technikforschung, in der Open Source-Thematik sowie im computerunterstützten kooperativen Lernen und Arbeiten.

Publikationen u. a.:

- Soziale Bewegung im Internet? Open Source und Freie Software zwischen Technikgestaltung und politischem Engagement, Saarbrücken 2008.

- Zusammen mit Dorina Gumm, Monique Janneck und Roman Langer: Mensch – Technik – Ärger? Zur Beherrschbarkeit soziotechnischer Dynamik aus transdisziplinärer Sicht, Münster 2008.
- Zusammen mit Arno Rolf und Joao Porto de Albuquerque: Notwendige und vorläufige Formalisierungslücken in Organisationen, in: Christiane Funken/Ingo Schulz-Schaeffer: Digitalisierung der Arbeitswelt. Zur Neuordnung formaler und informeller Prozesse in Unternehmen, Wiesbaden 2008.

Diana Völz

studierte Maschinenbau an der Technischen Universität Darmstadt. Während des Studiums verfasste sie ihre Studien- und Diplomarbeit im Fachgebiet ‚Datenverarbeitung in der Konstruktion (DiK)'. Sie ist seit November 2006 Stipendiatin im Graduiertenkolleg ‚Topologie der Technik' am Fachgebiet DiK der Technischen Universität Darmstadt. In ihrer Forschung beschäftigt sie sich mit dem Thema ‚Global verteilte Produktentwicklung'.

Publikationen u. a.:

- Zusammen mit Reiner Anderl und Thomas Rollmann: Knowledge Integration in Global Engineering in Enterprise and Interoperability, Berlin 2008.
- Zusammen mit Reiner Anderl, Thomas Rollmann und Koy Lee: A Contribution to Engineering Data Sharing in Discipline Spanning Global Environments, in: Imre Horváth/Zoltán Rusák (eds.): Proceedings of the 7th International Symposium on Tools and Methods of Competitive Engineering, TMCE 2008, Izmir, Turkey, April 21-25, 2008, Vol. 2, pp. 955-966.

Thomas Wägenbaur

studierte Philosophie und Literatur an den Universitäten Tübingen, Berkeley und Seattle. Assistenzzeit in der Komparatistik an der Universität Tübingen. Seit 2000 Forschung und Lehre in ‚Cultural and Cognitive Studies' an der International University in Germany, Bruchsal. 2005 Gründung des Bachelor-Studienganges in ‚International Communication Management'. Veröffentlichungen zur Literatur-, Kultur- und Medientheorie. Darunter interdisziplinäre Tagungspublikationen zu den Themen

Chaostheorie, Virtuelle Realität, Ethik, kulturelle Evolution und Medienanalyse. Forschungsprojekte zur ‚Finanzkrisen-Kommunikationsanalyse' sowie zur ‚Technologie-Akzeptanz in Schwellenländern'

Publikationen u. a.:

- Interkulturelle Kompetenz globaler Unternehmen – Diskussion des Kulturbegriffs und Analyse der Praxis, in: Anke Bahl/Jürgen Kutscha (Hrsg.): Interkulturelle Kompetenz für die globale Wirtschaft. Begriffe – Erwartungen – Qualifikationsansätze, Bonn 2009.
- Themenheft ‚Visual Culture' in www.parapluie.de (2009).
- Medienanalyse. Methoden. Ergebnisse, Grenzen, Baden-Baden 2006.

Ute Woschnack

beschäftigte sich nach ihrem Studium der Psychologie in Bielefeld im Rahmen ihrer Anstellung am Lehrstuhl Mensch – Umwelt – Beziehungen der ETH Zürich mit der Ausbildung von Umweltnaturwissenschaftlerinnen und -wissenschaftlern sowie mit den Qualifikationen von schweizerischen Umweltfachleuten. Sie war u. a. als Landeskoordinatorin Schweiz des europäischen Netzwerkes für Umweltausbildungen ESSENCE tätig. 2006 Promotion zum Thema ‚Qualifikationsprofile auf dem Markt für umweltbezogene Dienstleistungen in der Schweiz', wobei sie den Zusammenhang von Fachwissen, Expertise und Schlüsselqualifikationen untersuchte. Sie arbeitet seit 2004 als wissenschaftliche Mitarbeiterin am Didaktikzentrum der ETH Zürich. Ihr Schwerpunkt liegt in der hochschuldidaktischen Umsetzung der Bologna-Reform.

Publikationen u. a.:

- Qualifikationen von Umweltfachleuten – Untersuchungen zum schweizerischen Markt für professionalisierte Umweltdienstleistungen. Dissertation, Zürich 2006.
- Zusammen mit Harald Mieg: Fachwissen – Expertise – Schlüsselqualifikationen, in: Arbeit, H. 1, Jg. 12, 2003, S. 85-98.
- Zusammen mit Peter Frischknecht: Umweltnaturwissenschafterinnen und Umweltnaturwissenschafter der ETHZ – Übergang in die Erwerbstätigkeit – oder: Was kommt nach dem Studium? (Absolventenbericht Erstbefragung), Zürich 1999.

Walther Ch. Zimmerli

war neben zahlreichen Gastprofessuren im In- und Ausland u. a. als Ordinarius für Philosophie an der Technischen Universität Braunschweig sowie an den Universitäten Bamberg und Erlangen/Nürnberg, als Professor für Systematische Philosophie an der Universität Marburg und als Präsident der Privaten Universität Witten/Herdecke tätig. 2002 gründete er als Mitglied des Topmanagements des Volkswagen Konzerns die Volkswagen AutoUni in Wolfsburg, deren Präsident er bis 2007 war. Seit Mai 2007 ist er Präsident der Brandenburgischen Technischen Universität Cottbus.

Publikationen u. a.:

- Zusammen mit Markus Holzinger und Klaus Richter (Hrsg.): Corporate ethics and corporate governance, Berlin/New York 2007.
- Zusammen mit Stefan Wolf (Hrsg.): Spurwechsel. Wirtschaft weiter denken, Hamburg 2006.
- Die Zukunft denkt anders. Wege aus dem Bildungsnotstand, Stuttgart/Wien 2006.
- Technologie als ‚Kultur', 2. überarb. Aufl., Hildesheim/Zürich 2005.

FSC
www.fsc.org
MIX
Papier | Fördert
gute Waldnutzung
FSC® C083411

Kolibri 360 GmbH
Ferdinand-Jühlke-Straße 7
99095 Erfurt, Deutschland
produktsicherheit@kolibri360.de